正点原子教你学嵌入式系统丛书

STM32F7 原理与应用
——HAL 库版(下)

张 洋 左忠凯 刘 军 编著

北京航空航天大学出版社

内容简介

本套书籍以 ST 公司的 STM32F767 为目标芯片,详细介绍了 STM32F7 的特点、片内外资源的使用,并辅以 64 个(寄存器版本是 65 个)例程,由浅入深地介绍了 STM32F7 的使用。所有例程都经过精心编写,从原理开始介绍,到代码编写、下载验证,一步步教读者如何实现。所有源码都配有详细注释,且经过严格测试。另外,源码有生成好的 hex 文件,读者只需要通过仿真器下载到开发板即可看到实验现象,亲自体验实验过程。

套书总共分为 4 册:《STM32F7 原理与应用——寄存器版(上)》、《STM32F7 原理与应用——寄存器版(下)》、《STM32F7 原理与应用——HAL 库版(上)》和《STM32F7 原理与应用——HAL 库版(下)》。

本书为《STM32F7 原理与应用——HAL 库版(下)》,共 34 章,通过 34 个高级实验例程,带领大家深入了解 STM32F7 的使用。对于没有学过 STM32 的初学者,强烈建议先阅读上册内容,再来学习本书内容。

本书适合 STM32F7 初学者学习参考,对有一定经验的电子工程技术人员也具有参考价值。本书也可以作为高等院校电子、通信、计算机、信息等相关专业的教学参考用书。

图书在版编目(CIP)数据

STM32F7 原理与应用:HAL 库版.下/张洋,左忠凯,刘军编著.-- 北京:北京航空航天大学出版社,2017.6
ISBN 978 - 7 - 5124 - 2393 - 0

Ⅰ.①S… Ⅱ.①张… ②左… ③刘… Ⅲ.①微控制器 Ⅳ.①TP332.3

中国版本图书馆 CIP 数据核字(2017)第 079257 号

版权所有,侵权必究。

STM32F7 原理与应用——HAL 库版(下)
张 洋 左忠凯 刘 军 编著
责任编辑 董立娟

*

北京航空航天大学出版社出版发行

北京市海淀区学院路 37 号(邮编 100191) http://www.buaapress.com.cn
发行部电话:(010)82317024 传真:(010)82328026
读者信箱:emsbook@buaacm.com.cn 邮购电话:(010)82316936

涿州市新华印刷有限公司印装 各地书店经销

*

开本:710×1 000 1/16 印张:33.25 字数:748 千字
2017 年 6 月第 1 版 2017 年 6 月第 1 次印刷 印数:3 000 册
ISBN 978 - 7 - 5124 - 2393 - 0 定价:79.00 元

若本书有倒页、脱页、缺页等印装质量问题,请与本社发行部联系调换。联系电话:(010)82317024

套书序言

2014年底，意法半导体(ST)发布了STM32F7系列芯片。该芯片采用ARM公司最近发布的最新、最强的ARM Cortex-M7内核，其性能约为意法半导体原有最强处理器STM32F4(采用ARM Cortex-M4内核)的两倍。STM32F7系列微控制器的工作频率高达216 MHz，采用6级超标量流水线和硬件浮点单元(Floating Point Unit, FPU)，测试分数高达1 000 CoreMark。

在ST MCU高级市场部经理曹锦东先生的帮助下，作者有幸于2015年拿到了STM32F7的样片和评估板。STM32F7强大的处理能力以及丰富的外设资源足以应付各种需求，在工业控制、音频处理、智能家居、物联网和汽车电子等领域，有着广泛的应用前景。其强大的DSP处理性能足以替代一部分DSP处理器，在中高端通用处理器市场有很强的竞争力。

由于STM32F7和ARM Cortex-M7公布都不久，除了ST官方的STM32F7文档和源码，网络上很少有相关的教程和代码，遇到问题时也很少有人可以讨论。作为STM32F7在国内较早的使用者，作者经过近两年的学习和研究，将STM32F7的所有资源摸索了一遍，在此过程中，发现并解决了不少bug。为了让没接触过STM32F7的朋友更快、更好地掌握STM32F7，作者设计了一款STM32F7开发板(阿波罗STM32F767开发板)，并对STM32F7的绝大部分资源编写了例程和详细教程。这些教程浅显易懂，使用的描述语言很自然，而且图文并茂，每一个知识点都设计了一个可以运行的示例程序，非常适合初学者学习。

时至今日，书已成型，两年的时间包含了太多的心酸与喜悦，最终呈现给读者的是包括：《STM32F7原理与应用——寄存器版(上)》、《STM32F7原理与应用——寄存器版(下)》、《STM32F7原理与应用——HAL库版(上)》和《STM32F7原理与应用——HAL库版(下)》共4本书的一套书籍。这主要有以下几点考虑：

① STM32F7的代码编写有两种方式：寄存器和HAL库。寄存器方式编写的代码具有精简、高效的特点，但是需要程序员对相关寄存器比较熟悉；HAL库方式编写的代码具有简单、易用的特点，但是效率低，代码量较大。一般想深入学习了解的话，建议选择寄存器方式；想快速上手的话，建议选择HAL库方式。实际应用中，这两种方式都有很多朋友选择，所以分为寄存器和库函数两个版本出版。

② STM32F7的功能十分强大，外设资源也非常丰富，因此教程篇幅也相对较大，而一本书的厚度是有限的，无法将所有内容都编到一本书上，于是分成上下两册。

由于 STM32F7 的知识点非常多，即便分成上下两册，对很多方面也没有深入探讨，需要后续继续研究，而一旦有新的内容，我们将尽快更新到开源电子网（www.openedv.com）。

STM32F7 简介

STM32F7 是 ST 公司推出的第一款基于 ARM Cortex - M7 内核的微处理器，具有 6 级流水线、硬件单/双精度浮点计算单元、L1 I/D Cache、支持 Flash 零等待运行代码、支持 DSP 指令、主频高达 216 MHz，实际性能是 STM32F4 的两倍；另外，还有 QSPI、FMC、TFTLCD 控制器、SAI、SPDIF、硬件 JPEG 编解码器等外设，资源十分丰富。

套书特色

本套书籍作为学习 STM32F7 的入门级教材，也是市面上第一套系统地介绍 STM32F7 原理和应用的教材，具有如下特色：

> 最新。新芯片，使用最新的 STM32F767 芯片；新编译器，使用最新的 MDK5.21 编译器；新库，基于 ST 主推的 HAL 库编写（HAL 库版）代码，不再使用标准库。

> 最全。书中包含了大量例程，基本上 STM32F7 的所有资源都有对应的实例，每个实例都从原理开始讲解→硬件设计→软件设计→结果测试，详细介绍了每个步骤，力求全面掌握各个知识点。

> 循序渐进。书本从实验平台开始→硬件资源介绍→软件使用介绍→基础知识讲解→例程讲解，一步一步地学习 STM32F7，力求做到心中有数，循序渐进。

> 由简入难。书本例程从最基础的跑马灯开始→最复杂的综合实验，由简入难，一步步深入，完成对 STM32F7 各个知识点的学习。

> 无限更新。由于书本的特殊性，无法随时更新，一旦有新知识点的教程和代码，作者都会发布在开源电子网（www.openedv.com），读者多关注即可。

套书结构

本套书籍一共分为 2 个版本，共 4 本：《STM32F7 原理与应用——寄存器版（上）》、《STM32F7 原理与应用——寄存器版（下）》、《STM32F7 原理与应用——HAL 库版（上）》和《STM32F7 原理与应用——HAL 库版（下）》。其中，寄存器版本全部基于寄存器操作，精简高效，适合深入学习和研究；HAL 库版本全部采用 HAL 库操作，简单易用，适合快速掌握和使用。上册详细介绍了实验平台的硬件、开发软件的入门和使用、新建工程、下载调试和 30 个基础例程，并且这 30 个基础例程绝大部分都是针对 STM32F7 内部一些基本外设的使用，比较容易掌握，也是灵活使用 STM32F7 的基础。对于想入门，或者刚接触 STM32F7 的朋友，上册版本是您的理想之选。下册则详细介绍了 34/35（寄存器版多了综合实验）个高级例程，针对 STM32F7 内部的一些高级外设和第三方代码（FATFS、Lwip、μC/OS 和音频解码库等）的使用等做了详细介绍，对学习者要求比较高,适合对 STM32F7 有一定了解、基础比较扎实的朋友学习。

本套书籍的结构如下所示:

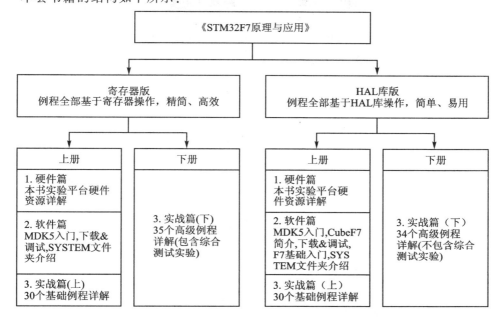

使用本套书籍

　　对于时间充足、有过单片机使用经验、对底层驱动感兴趣的朋友,建议选择寄存器版本学习。因为它全部是基于最底层的寄存器操作,对学习者要求比较高,需要较多的时间来掌握,但是学会之后,编写代码思路会清晰很多,而且代码精简,效率极高。

　　对于想快速入门、对底层接口兴趣不大,专注应用层软件的朋友,建议选择 HAL 库版本学习。因为它的底层驱动,全部由 ST 官方写好了,读者只须学会函数和参数的使用,就能实现对相关外设的驱动,有利于快速编写驱动代码,无须繁琐地查看寄存器,容易入门,能有更多的时间来实现应用层的功能。

　　对于没有学习过 STM32F7 的初学者,建议先学习上册的内容,它对 STM32F7 的软硬件开发环境进行了详细的介绍,从新建工程教起,包括 30 个 STM32F7 内部资源使用的基础例程,每个例程都有详细的解说和示例程序,非常适合初学者入门。

　　对于有一定单片机编程基础、对 STM32F7 有一定了解(最好学过本套书籍上册内容)、想进一步提高的朋友,推荐学习下册内容,它对 STM32F7 的一些高级外设有详细介绍和参考代码,并且对第三方代码组件也有比较详细的介绍,非常适合较大工程的应用。

致　谢

　　感谢北京航空航天大学出版社,它的支持才让本套书籍得以和大家见面。

　　感谢开源电子网的网友,是他们的支持和帮助才让我一步一步走了下来,其中有一些朋友(周莉、刘勇财、刘海涛、李振勇、罗建、黄树乾、吴振阳、彭立峰等)还参与了本套书籍的审校和代码审核工作,特别感谢、八度空间、春风、jerymy_z、yyx112358 等网友,他们参与了本书的审校工作。是众多朋友的认真工作,才使得本套书籍可以较早地出版。

由于作者技术水平有限,精力有限,书中难免出现错误和代码设计缺陷,恳请读者批评指正(邮箱:liujun6037@foxmail.com)。读者可以在开源电子网(www.openedv.com)免费下载到本套书籍的全部源码,并查看与本套书籍对应的不断更新的系列教程。

张 洋

2017 年 5 月于广州

前　言

作为 Cortex-M 系列通用处理器市场的最大占有者，STM32 以其优异的性能、超高的性价比、丰富的本地化教程，迅速占领了市场。ST 公司自 2007 年推出第一款 STM32 以来，先后推出了 STM32F0/F1/F2/F3/F4/F7 等系列产品，涵盖了 Cortex-M0/M3/M4/M7 等内核，总出货量超过 18 亿颗，是 ARM 公司 Cortex-M 系列内核的霸主。

STM32F7 系列是 ST 推出的基于 ARM Cortex-M7 内核的处理器，采用 6 级流水线，性能高达 5 CoreMark/MHz，在 200 MHz 工作频率下测试数据高达 1 000 CoreMark，远超此前性能最高的 STM32F4（Cortex-M4 内核）系列（DSP 性能超过 STM32F4 的两倍）。

STM32F76x 系列（包括 STM32F765/767/768/769 等），主要有如下优势：

> 更先进的内核，采用 Cortex-M7 内核，具有 16 KB 指令/数据 Cache，采用 ST 独有的自适应实时加速技术（ART Accelerator），性能高达 5 CoreMark/MHz。
> 更丰富的外设，拥有高达 512 KB 的片内 SRAM，并且支持 SDRAM、带 TFTLCD 控制器、带图形加速器（Chorme ART）、带摄像头接口（DCMI）、带硬件 JPEG 编解码器、带 QSPI 接口、带 SAI&I^2S 音频接口、带 SPDIF RX 接口、USB 高速 OTG、真随机数发生器、OTP 存储器等。
> 更高的性能，STM32F767 最高运行频率可达 216 MHz，具有 6 级流水线，带有指令和数据 Cache，大大提高了性能，性能大概是 STM32F4 的两倍。而且 STM32F76x 自带了双精度硬件浮点单元（DFFPU），在做 DSP 处理的时候具有更好的性能。

STM32F76x 系列自带了 LCD 控制器和 SDRAM 接口，对于想要驱动大屏或需要大内存的朋友来说，是个非常不错的选择；更重要的是集成了硬件 JPEG 编解码器，可以秒解 JPEG 图片，做界面的时候可以大大提高加载速度，并且可以实现视频播放。本书将以 STM32F767 为例，向大家讲解 STM32F7 的学习。

内容特点

学习 STM32F767 有几份资料经常用到：《STM32F7 中文参考手册》、《STM32F7xx 参考手册》英文版、《STM32F7 编程手册》。

其中，最常用的是《STM32F7 中文参考手册》。该文档是 ST 官方针对 STM32F74x/75x 的一份中文参考资料，里面有绝大部分寄存器的详细描述，内容翔实,但是没有实例,也没有对 Cortex-M7 构架进行大多介绍,读者只能根据自己对书本的理解来编写相关代码。另外,对 STM32F767 特有的部分外设(比如硬件 JPEG 编解码器、DFSDM 等),则必须参考《STM32F7xx 参考手册》英文版来学习。

《STM32F7 编程手册》文档则重点介绍了 Cortex-M7 内核的汇编指令及其使用、内核相关寄存器(比如 SCB、NVIC、SYSTICK 等寄存器)是《STM32F7 中文参考手册》的重要补充。很多在《STM32F7 中文参考手册》无法找到的内容,都可以在这里找到答案,不过目前该文档没有中文版本,只有英文版。

本书将结合以上 3 份资料,从寄存器级别出发,深入浅出地向读者展示 STM32F767 的各种功能。总共配有 65 个实例,基本上每个实例均配有软硬件设计,在介绍完软硬件之后马上附上实例代码,并带有详细注释及说明,让读者快速理解代码。

这些实例涵盖了 STM32F7 的绝大部分内部资源,并且提供了很多实用级别的程序,如内存管理、NAND Flash FTL、拼音输入法、手写识别、图片解码、IAP 等。所有实例均在 MDK5.21A 编译器下编译通过,读者只须下载程序到 ALIENTEK 阿波罗 STM32 开发板即可验证实验。

读者对象

不管你是一个 STM32 初学者,还是一个老手,本书都非常适合。尤其对于初学者,本书将手把手地教你如何使用 MDK,包括新建工程、编译、仿真、下载调试等一系列步骤,让你轻松上手。本书不适用于想通过 HAL 库学习 STM32F7 的读者,因为本书的绝大部分内容都是直接操作寄存器的;如果想通过 HAL 库学习 STM32F7,可看本套书的 HAL 库版本。

配套资料

本书的实验平台是 ALIENTEK 阿波罗 STM32F7 开发板,有这款开发板的朋友可以直接拿本书配套资料上的例程在开发板上运行、验证。而没有这款开发板而又想要的朋友,可以上淘宝购买。当然,如果已有了一款自己的开发板,而又不想再买,也是可以的,只要你的板子上有和 ALIENTEK 阿波罗 STM32F7 开发板上的相同资源(需要实验用到的),代码一般都是可以通用的,你需要做的就只是把底层的驱动函数(比如 I/O 口修改)稍做修改,使之适合你的开发板即可。

本书配套资料包括 ALIENTEK 阿波罗 STM32F7 开发板相关模块原理图(pdf 格式)、视频教程、文档教程、配套软件、各例程程序源码和相关参考资料等,所有这些资料读者都可以在 http://www.openedv.com/thread-13912-1-1.html 免费下载。

张　洋
2017 年 5 月于广州

目 录

第 1 章　触摸屏实验 ··· 1
第 2 章　红外遥控实验 ··· 21
第 3 章　数字温度传感器 DS18B20 实验 ·· 29
第 4 章　数字温湿度传感器 DHT11 实验 ·· 37
第 5 章　9 轴传感器 MPU9250 实验 ··· 44
第 6 章　无线通信实验 ··· 65
第 7 章　Flash 模拟 EEPROM 实验 ·· 81
第 8 章　摄像头实验 ·· 93
第 9 章　内存管理实验 ··· 123
第 10 章　SD 卡实验 ·· 133
第 11 章　NAND Flash 实验 ·· 153
第 12 章　FATFS 实验 ·· 185
第 13 章　汉字显示实验 ··· 200
第 14 章　图片显示实验 ··· 216
第 15 章　硬件 JPEG 解码实验 ·· 228
第 16 章　照相机实验 ·· 252
第 17 章　音乐播放器实验 ·· 269
第 18 章　录音机实验 ·· 300
第 19 章　SPDIF（光纤音频）实验 ·· 313
第 20 章　视频播放器实验 ·· 333
第 21 章　FPU 测试（Julia 分形）实验 ··· 353
第 22 章　DSP 测试实验 ··· 360
第 23 章　手写识别实验 ··· 373
第 24 章　T9 拼音输入法实验 ·· 382
第 25 章　串口 IAP 实验 ··· 393
第 26 章　USB 读卡器（Slave）实验 ·· 407

第27章	USB 声卡(Slave)实验	421
第28章	USB 虚拟串口(Slave)实验	429
第29章	USB U 盘(Host)实验	438
第30章	USB 鼠标键盘(Host)实验	447
第31章	网络通信实验	456
第32章	μC/OS-Ⅱ实验1——任务调度	477
第33章	μC/OS-Ⅱ实验2——信号量和邮箱	492
第34章	μC/OS-Ⅱ实验3——消息队列、信号量集和软件定时器	502
参考文献		521

第 1 章
触摸屏实验

本章将介绍如何使用 STM32F767 来驱动触摸屏。ALIENTEK 阿波罗 STM32F767 开发板本身并没有触摸屏控制器,但是它支持触摸屏,可以通过外接带触摸屏的 LCD 模块(比如 ALIENTEK LCD 模块)来实现触摸屏控制。本章将介绍 STM32 控制 ALIENTKE LCD 模块(包括电阻触摸与电容触摸)实现触摸屏驱动,最终实现一个手写板的功能。

1.1 触摸屏简介

目前最常用的触摸屏有两种:电阻式触摸屏与电容式触摸屏。

1.1.1 电阻式触摸屏

在 iPhone 面世之前,几乎清一色的都是使用电阻式触摸屏。电阻式触摸屏利用压力感应进行触点检测控制,需要直接应力接触,通过检测电阻来定位触摸位置。ALIENTEK 2.4/2.8/3.5 寸 LCD 模块自带的触摸屏都属于电阻式触摸屏,下面简单介绍电阻式触摸屏的原理。

电阻式触摸屏的主要部分是一块与显示器表面非常配合的电阻薄膜屏。这是一种多层的复合薄膜,以一层玻璃或硬塑料平板作为基层,表面涂有一层透明氧化金属(透明的导电电阻)导电层,上面再盖有一层外表面硬化处理、光滑防擦的塑料层,它的内表面也涂有一层涂层,在它们之间有许多细小的(小于 1/1 000 寸)透明隔离点把两层导电层隔开绝缘。当手指触摸屏幕时,两层导电层在触摸点位置就有了接触,电阻发生变化,在 X 和 Y 两个方向上产生信号,然后送到触摸屏控制器。控制器侦测到这一接触并计算出(X,Y)的位置,再根据获得的位置模拟鼠标的方式运作。这就是电阻式触摸屏的最基本的原理。

电阻式触摸屏的优点:精度高,价格便宜,抗干扰能力强,稳定性好。

电阻式触摸屏的缺点:容易被划伤,透光性不太好,不支持多点触摸。

从以上介绍可知,触摸屏都需要一个 A/D 转换器,一般来说是需要一个控制器的。ALIENTEK LCD 模块选择的是 4 线电阻式触摸屏,这种触摸屏的控制芯片有很多,包括 ADS7843、ADS7846、TSC2046、XPT2046 和 AK4182 等。这几款芯片的驱动基本上是一样的,也就是只要写出了 ADS7843 的驱动,这个驱动对其他几个芯片也是有效的,而且封装也有一样的，完全PINTOPIN兼容，所以在替换起来很方便。

ALIENTEK LCD模块自带的触摸屏控制芯片为XPT2046。XPT2046是一款4导线制触摸屏控制器，内含12位分辨率、125 kHz转换速率逐步逼近型A/D转换器。XPT2046支持从1.5~5.25 V的低电压I/O接口；能通过执行两次A/D转换查出被按的屏幕位置，除此之外，还可以测量加在触摸屏上的压力；内部自带2.5 V参考电压可以作为辅助输入、温度测量和电池监测模式之用，电池监测的电压范围可以从0~6 V。XPT2046片内集成有一个温度传感器，在2.7 V的典型工作状态下，关闭参考电压，功耗可小于0.75 mW。XPT2046采用微小的封装形式：TSSOP-16，QFN-16(0.75 mm厚度)和VFBGA-48，工作温度范围为-40~+85 ℃。

该芯片完全兼容ADS7843和ADS7846，详细使用可以参考这两个芯片的datasheet。

1.1.2 电容式触摸屏

现在几乎所有智能手机，包括平板电脑，都采用电容屏作为触摸屏。电容屏是利用人体感应进行触点检测控制，不需要直接接触或只需要轻微接触，通过检测感应电流来定位触摸坐标。

ALIENTEK 4.3/7寸LCD模块自带的触摸屏采用的是电容式触摸屏，下面简单介绍电容式触摸屏的原理。

电容式触摸屏主要分为两种：

① 表面电容式触摸屏。

表面电容式触摸屏技术是利用ITO(铟锡氧化物，是一种透明的导电材料)导电膜，通过电场感应方式感测屏幕表面的触摸行为。但是表面电容式触摸屏有一些局限性，只能识别一个手指或者一次触摸。

② 投射电容式触摸屏。

投射电容式触摸屏是传感器利用触摸屏电极发射出静电场线，一般用于投射电容传感技术的电容类型有两种：自我电容和交互电容。

自我电容又称绝对电容，是最广泛采用的一种方法，通常是指扫描电极与地构成的电容。在玻璃表面有用ITO制成的横向与纵向的扫描电极，这些电极和地之间就构成一个电容的两极。当用手或触摸笔触摸的时候，则会并联一个电容到电路中去，从而使该条扫描线上的总体电容量有所改变。在扫描的时候，控制IC依次扫描纵向和横向电极，并根据扫描前后的电容变化来确定触摸点坐标位置。笔记本电脑触摸输入板就是采用的这种方式，笔记本电脑的输入板采用XY的传感电极阵列形成一个传感格子；当手指靠近触摸输入板时，在手指和感应电极之间产生一个小量电荷。采用特定的运算法则处理来自行、列传感器的信号来确定手指的位置。

交互电容又叫跨越电容，是在玻璃表面的横向、纵向的ITO电极的交叉处形成电容。交互电容的扫描方式就是扫描每个交叉处的电容变化，从而判定触摸点的位置。当触摸的时候就会影响到相邻电极的耦合，从而改变交叉处的电容量。交互电容的扫描方法可以侦测到每个交叉点的电容值和触摸后电容变化，因而它需要的扫描时间与自我电容的扫描方式相比要长一些,需要扫描检测 XY 根电极。目前,智能手机、平板电脑等的触摸屏都是采用交互电容技术。

ALIENTEK 选择的电容式触摸屏也采用的是投射式电容屏(交互电容类型),所以后面仅介绍投射式电容屏。

投射电容式触摸屏采用纵横两列电极组成感应矩阵来感应触摸。以两个交叉的电极矩阵,即 X 轴电极和 Y 轴电极,来检测每一格感应单元的电容变化,如图 1.1.1 所示。图中的电极实际是透明的,这里是为了方便理解。图中,X、Y 轴的透明电极电容屏的精度、分辨率与 X、Y 轴的通道数有关,通道数越多,精度越高。以上就是电容式触摸屏的基本原理。接下来看看电容式触摸屏的优缺点:

电容式触摸屏的优点:手感好、无须校准、支持多点触摸、透光性好。

电容式触摸屏的缺点:成本高、精度不高、抗干扰能力差。

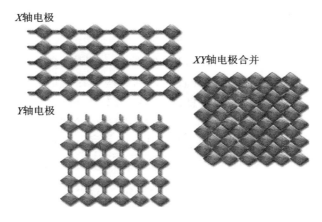

图 1.1.1 投射电容式屏电极矩阵示意图

注意,电容式触摸屏对工作环境的要求是比较高的,在潮湿、多尘、高低温环境下面都不适合使用电容屏。

电容式触摸屏一般需要一个驱动 IC 来检测电容触摸,且一般是通过 I^2C 接口输出触摸数据的。ALIENTEK 7 寸 LCD 模块的电容触摸屏使用 FT5206、FT5426 作为驱动 IC,采用的是 15×28 的驱动结构(15 个感应通道,28 个驱动通道)。ALIENTEK 4.3'LCD 模块则使用 GT9147、OTT2001A 作为驱动 IC,采用 17×10 的驱动结构(10 个感应通道,17 个驱动通道)。

这两个模块都只支持最多 5 点触摸,本例程除 CPLD 方案的 V1 版本 7 寸屏模块不支持外,其他所有 ALIENTEK 的 LCD 模块都支持电容触摸驱动 IC。这里只介绍 GT9147 的驱动,OTT2001A、FT5206 和 FT5426 的驱动同 GT9147 类似,读者可以参考着学习即可。

下面简单介绍下 GT9147,该芯片是深圳汇顶科技研发的一颗电容式触摸屏驱动 IC,支持 100 Hz 触点扫描频率,支持 5 点触摸,支持 18×10 个检测通道,适合小于 4.5 寸的电容式触摸屏使用。

GT9147与MCU连接是通过4根线:SDA、SCL、RST和INT。其中,SDA和SCL是I^2C通信用的,RST是复位脚(低电平有效),INT是中断输出信号。I^2C的详细介绍可参考上册第29章。

GT9147的I^2C地址可以是0X14或者0X5D,复位结束后的5 ms内,如果INT是高电平,则使用0X14作为地址;否则,使用0X5D作为地址,具体的设置过程参见"GT9147数据手册.pdf"文档。本章使用0X14作为器件地址(不含最低位,换算成读/写命令则是读:0X29,写:0X28),接下来介绍一下GT9147的几个重要的寄存器。

1. 控制命令寄存器(0X8040)

该寄存器可以写入不同值,从而实现不同的控制。一般使用0和2这两个值,写入2即可软复位GT9147,硬复位之后一般要往该寄存器写2来实行软复位。然后,写入0即可正常读取坐标数据(并且会结束软复位)。

2. 配置寄存器组(0X8047~0X8100)

这里共186个寄存器,用于配置GT9147的各个参数,这些配置一般由厂家提供(一个数组),所以只需要将厂家给的配置写入到这些寄存器里面即可完成GT9147的配置。由于GT9147可以保存配置信息(可写入内部Flash,从而不需要每次上电都更新配置),有几点注意的地方:① 0X8047寄存器用于指示配置文件版本号、程序写入的版本号,必须大于等于GT9147本地保存的版本号才可以更新配置。② 0X80FF寄存器用于存储校验和,使得0X8047~0X80FF之间所有数据之和为0。③ 0X8100用于控制是否将配置保存在本地,写0不保存配置,写1则保存配置。

3. 产品ID寄存器(0X8140~0X8143)

这里总共由4个寄存器组成,用于保存产品ID。对于GT9147,这4个寄存器读出来就是9、1、4、7这4个字符(ASCII码格式)。因此,可以通过这4个寄存器的值来判断驱动IC的型号,从而判断是OTT2001A还是GT9147,以便执行不同的初始化。

4. 状态寄存器(0X814E)

该寄存器各位描述如表1.1.1所列。

表1.1.1 状态寄存器各位描述

寄存器	bit7	bit6	bit5	bit4	bit3	bit2	bit1	bit0
0X814E	buffer状态	大点	接近有效	按键	有效触点个数			

这里仅关心最高位和最低4位,最高位用于表示buffer状态,如果有数据(坐标/按键),buffer就会是1;最低4位用于表示有效触点的个数,范围是0~5,0表示没有触摸,5表示5点触摸。最后,该寄存器在每次读取后,如果bit7有效,则必须写0,清除这个位,否则不会输出下一次数据。这个要特别注意。

5. 坐标数据寄存器(共 30 个)

这里共分成 5 组(5 个点),每组 6 个寄存器存储数据,以触点 1 的坐标数据寄存器组为例,如表 1.1.2 所列。一般只用到触点的 x、y 坐标,所以只需要读取 0X8150~0X8153 的数据,组合即可得到触点坐标。其他 4 组分别是 0X8158、0X8160、0X8168 和 0X8170 开头的 16 个寄存器组成,分别针对触点 2~4 的坐标。GT9147 支持寄存器地址自增,我们只需要发送寄存器组的首地址,然后连续读取即可,GT9147 会自动地址自增,从而提高读取速度。

表 1.1.2 触点 1 坐标寄存器组描述

寄存器	bit7~0	寄存器	bit7~0
0X8150	触点 1 x 坐标低 8 位	0X8151	触点 1 x 坐标低高位
0X8152	触点 1 y 坐标低 8 位	0X8153	触点 1 y 坐标低高位
0X8154	触点 1 触摸尺寸低 8 位	0X8155	触点 1 触摸尺寸高 8 位

GT9147 相关寄存器的内容就介绍到这里,更详细的资料可参考"GT9147 编程指南.pdf"文档。

GT9147 只需要经过简单的初始化就可以正常使用了,初始化流程:硬复位→延时 10 ms→结束硬复位→设置 I^2C 地址→延时 100 ms→软复位→更新配置(需要时)→结束软复位,此时 GT9147 即可正常使用了。

然后,不停地查询 0X814E 寄存器,判断是否有有效触点,如果有,则读取坐标数据寄存器,得到触点坐标。注意,如果 0X814E 读到的值最高位为 1,就必须对该位写 0,否则无法读到下一次坐标数据。

特别说明:FT5206 和 FT5426 的驱动代码完全一模一样,只是版本号读取的时候稍有差异,读坐标数据和配置等操作完全是一样的。所以,这两个电容屏驱动 IC 可以共用一个.c 文件(ft5206.c)。

1.2 硬件设计

本章实验功能简介:开机的时候先初始化 LCD,读取 LCD ID,随后,根据 LCD ID 判断是电阻触摸屏还是电容触摸屏,如果是电阻触摸屏,则先读取 24C02 的数据判断触摸屏是否已经校准过;如果没有校准,则执行校准程序。校准过后再进入电阻触摸屏测试程序,如果已经校准了,则直接进入电阻触摸屏测试程序。

如果是 4.3 寸电容触摸屏,则先读取芯片 ID,判断是不是 GT9147,如果是,则执行 GT9147 的初始化代码;如果不是,则执行 OTT2001A 的初始化代码。如果是 7 寸电容触摸屏(不支持采用 CPLD 驱动的 7 寸 V1 屏),则执行 FT5206 的初始化代码(兼容 FT5426),初始化电容触摸屏完成后进入电容触摸屏测试程序(电容触摸屏无须校准)。

电阻触摸屏测试程序和电容触摸屏测试程序基本一样,只是电容触摸屏支持最多

5点同时触摸,电阻触摸屏只支持一点触摸,其他一模一样。测试界面的右上角会有一个清空的操作区域(RST),单击这个地方就会将输入全部清除,恢复白板状态。使用电阻触摸屏的时候,可以通过按KEY0来实现强制触摸屏校准,只要按下KEY0就会进入强制校准程序。

所要用到的硬件资源如下:指示灯DS0、KEY0按键、LCD模块(带电阻/电容式触摸屏)、24C02。所有这些资源与STM32F767的连接图在上册都已经介绍了(下同),这里只针对LCD模块与STM32F767的连接端口再说明一下。LCD模块的触摸屏(电阻触摸屏)总共有5根线与STM32F767连接,连接电路图如图1.2.1所示。

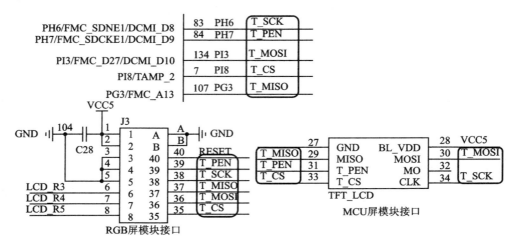

图 1.2.1　触摸屏与 STM32F767 的连接图

可以看出,T_MOSI、T_MISO、T_SCK、T_CS和T_PEN分别连接在STM32F767的PI3、PG3、PH6、PI8和PH7上。另外,阿波罗STM32F767开发板有2种屏幕接口:RGB屏和MCU屏,它们共用触摸屏接口(须分时复用)。

如果是电容式触摸屏,则接口和电阻式触摸屏一样(图1.2.1右侧接口),只是没有用到5根线,而是4根线,分别是T_PEN(CT_INT)、T_CS(CT_RST)、T_CLK(CT_SCL)和T_MOSI(CT_SDA)。其中,CT_INT、CT_RST、CT_SCL和CT_SDA分别是OTT2001A、GT9147、FT5206和FT5426的中断输出信号、复位信号、I^2C的SCL和SDA信号。这里用查询的方式读取数据,OTT2001A、FT5206、FT5426没有用到中断信号(CT_INT),所以同STM32F767的连接最少只需要3根线即可;不过GT9147还需要用到CT_INT做I^2C地址设定,所以需要4根线连接。

1.3　软件设计

打开本章实验工程目录可以看到,我们在HARDWARE文件夹下新建了一个TOUCH文件夹,然后新建了touch.c、touch.h、ctiic.c、ctiic.h、ott2001a.c、ott2001a.h、gt9147.c、gt9147.h、ft5206.c和ft5206.h共10个文件来存放触摸屏相关的代码。同时,

引入这些源文件到工程 HARDWARE 分组之下,并将 TOUCH 文件夹加入头文件包含路径。其中,touch.c 和 touch.h 是电阻触摸屏部分的代码,兼电容触摸屏的管理控制,其他则是电容触摸屏部分的代码。

touch.c 文件里面主要是与触摸屏相关的代码(主要是电阻触摸屏的代码),这里仅介绍几个重要的函数。

首先要介绍的是 TP_Read_XY2 函数,用于从电阻式触摸屏控制 IC 读取坐标的值(0~4 095)。TP_Read_XY2 的代码如下:

```c
//连续2次读取触摸屏 IC,且这两次的偏差不能超过
//ERR_RANGE,满足条件,则认为读数正确,否则读数错误
//该函数能大大提高准确度
//x,y:读取到的坐标值
//返回值:0,失败;1,成功
#define ERR_RANGE 50 //误差范围
u8 TP_Read_XY2(u16 * x,u16 * y)
{
    u16 x1,y1;
    u16 x2,y2;
    u8 flag;
    flag = TP_Read_XY(&x1,&y1);
    if(flag == 0)return(0);
    flag = TP_Read_XY(&x2,&y2);
    if(flag == 0)return(0);
    if(((x2<= x1&&x1<x2 + ERR_RANGE)||(x1<= x2&&x2<x1 + ERR_RANGE))
                                                  //前后两次采样在 + - 50 内
    &&((y2<= y1&&y1<y2 + ERR_RANGE)||(y1<= y2&&y2<y1 + ERR_RANGE)))
    {
        * x = (x1 + x2)/2;
        * y = (y1 + y2)/2;
        return 1;
    }else return 0;
}
```

该函数采用了一个非常好的办法来读取屏幕坐标值,就是连续读两次,且两次读取的值之差不能超过一个特定的值(ERR_RANGE),通过这种方式可以大大提高触摸屏的准确度。另外,该函数调用的 TP_Read_XY 函数用于单次读取坐标值。TP_Read_XY 也采用了一些软件滤波算法,具体见配套资料的源码。接下来介绍另外一个函数 TP_Adjust,该函数源码如下:

```c
//触摸屏校准代码
//得到4个校准参数
void TP_Adjust(void)
{
    u16 pos_temp[4][2];//坐标缓存值
    u8  cnt = 0;u32 tem1,tem2;
    u16 d1,d2;u16 outtime = 0;
    double fac;
    POINT_COLOR = BLUE;
```

```c
BACK_COLOR = WHITE;
LCD_Clear(WHITE);//清屏
POINT_COLOR = RED;//红色
LCD_Clear(WHITE);//清屏
POINT_COLOR = BLACK;
LCD_ShowString(40,40,160,100,16,(u8 *)TP_REMIND_MSG_TBL);//显示提示信息
TP_Drow_Touch_Point(20,20,RED);//画点1
tp_dev.sta = 0;//消除触发信号
tp_dev.xfac = 0;//xfac用来标记是否校准过,所以校准之前必须清掉,以免错误
while(1)//如果连续10秒钟没有按下,则自动退出
{
    tp_dev.scan(1);                              //扫描物理坐标
    if((tp_dev.sta&0xc0) == TP_CATH_PRES)        //按键按下了一次(此时按键松开了)
    {
        outtime = 0;
        tp_dev.sta& = ~(1 << 6);//标记按键已经被处理过了
        pos_temp[cnt][0] = tp_dev.x;
        pos_temp[cnt][1] = tp_dev.y;
        cnt ++ ;
        switch(cnt)
        {
            case 1:
                TP_Drow_Touch_Point(20,20,WHITE);                  //清除点1
                TP_Drow_Touch_Point(lcddev.width - 20,20,RED);     //画点2
                break;
            case 2:
                TP_Drow_Touch_Point(lcddev.width - 20,20,WHITE);   //清除点2
                TP_Drow_Touch_Point(20,lcddev.height - 20,RED);    //画点3
                break;
            case 3:
                TP_Drow_Touch_Point(20,lcddev.height - 20,WHITE);  //清除点3
                TP_Drow_Touch_Point(lcddev.width - 20,lcddev.height - 20,RED);
                //画点4
                break;
            case 4://全部4个点已经得到
                //对边相等
                tem1 = abs(pos_temp[0][0] - pos_temp[1][0]);//x1 - x2
                tem2 = abs(pos_temp[0][1] - pos_temp[1][1]);//y1 - y2
                tem1 * = tem1;
                tem2 * = tem2;
                d1 = sqrt(tem1 + tem2);//得到1,2的距离
                tem1 = abs(pos_temp[2][0] - pos_temp[3][0]);//x3 - x4
                tem2 = abs(pos_temp[2][1] - pos_temp[3][1]);//y3 - y4
                tem1 * = tem1;tem2 * = tem2;
                d2 = sqrt(tem1 + tem2);//得到3,4的距离
                fac = (float)d1/d2;
                if(fac<0.95||fac>1.05||d1 == 0||d2 == 0)//不合格
                {
                    cnt = 0;
                    TP_Drow_Touch_Point(lcddev.width - 20,lcddev.height - 20,WHITE);
                    //清除点4
```

```
                         TP_Drow_Touch_Point(20,20,RED);//画点1
TP_Adj_Info_Show(pos_temp[0][0],pos_temp[0][1],pos_temp[1]
[0],pos_temp[1][1],pos_temp[2][0],pos_temp[2][1],pos_temp[3]
[0],pos_temp[3][1],fac*100);//显示数据
                         continue;
                     }
                     ……//省略部分代码,计算对边和对角线,是否相等
                     //计算结果
                     tp_dev.xfac=(float)(lcddev.width-40)/(pos_temp[1][0]-pos_temp
                     [0][0]);
//得到 xfac
tp_dev.xoff=(lcddev.width-tp_dev.xfac*(pos_temp[1][0]+pos_temp[0][0]))/2;
//得到 xoff
                     tp_dev.yfac=(float)(lcddev.height-40)/(pos_temp[2][1]-pos_temp[0][1]);
//得到 yfac
                     tp_dev.yoff=(lcddev.height-tp_dev.yfac*(pos_temp[2][1]+pos_temp[0][1]))/2;
//得到 yoff
                     if(abs(tp_dev.xfac)>2||abs(tp_dev.yfac)>2)//触屏和预设的相反了
                     {
                         cnt=0;
TP_Drow_Touch_Point(lcddev.width-20,lcddev.height-20,WHITE);//清除点4
                         TP_Drow_Touch_Point(20,20,RED);//画点1
                         LCD_ShowString(40,26,lcddev.width,lcddev.height,16,"TP Need
 readjust!");
                         tp_dev.touchtype=!tp_dev.touchtype;//修改触屏类型
                         if(tp_dev.touchtype)//X,Y 方向与屏幕相反
                         {CMD_RDX=0X90;CMD_RDY=0XD0;}
                         else{CMD_RDX=0XD0;CMD_RDY=0X90;}
                         //X,Y 方向与屏幕相同
                         continue;
                     }
                     POINT_COLOR=BLUE;
                     LCD_Clear(WHITE);//清屏
                     LCD_ShowString(35,110,lcddev.width,lcddev.height,16,"Touch Screen
                     Adjust OK!");//校正完成
                     delay_ms(1000);
                     TP_Save_Adjdata();
                     LCD_Clear(WHITE);//清屏
                     return;//校正完成
                 }
             }
             delay_ms(10);outtime++;
             if(outtime>1000){TP_Get_Adjdata();break;}
         }
     }
```

TP_Adjust 是此部分最核心的代码,这里介绍一下使用到的触摸屏校正原理:传统的鼠标是一种相对定位系统,只和前一次鼠标的位置坐标有关。而触摸屏则是一种绝对坐标系统,要选哪就直接点哪,与相对定位系统有着本质的区别。绝对坐标系统的特点是每一次定位坐标与上一次定位坐标没有关系,每次触摸的数据通过校准转为屏幕

上的坐标,不管在什么情况下,触摸屏这套坐标在同一点的输出数据是稳定的。不过,由于技术原理的原因,并不能保证同一点触摸时每一次采样数据相同,不能保证绝对坐标定位,点不准,这就是触摸屏最怕出现的问题:漂移。对于性能质量好的触摸屏来说,漂移的情况出现并不是很严重。所以很多应用触摸屏的系统启动后,进入应用程序前,先要执行校准程序。通常,应用程序中使用的 LCD 坐标是以像素为单位的。比如说,左上角的坐标是一组非 0 的数值,比如(20,20),而右下角的坐标为(220,300)。这些点的坐标都是以像素为单位的,而从触摸屏中读出的是点的物理坐标,其坐标轴的方向、XY 值的比例因子、偏移量都与 LCD 坐标不同,所以,需要在程序中把物理坐标首先转换为像素坐标,然后再赋给 POS 结构,从而达到坐标转换的目的。

校正思路:了解校正原理之后,可以得出下面的一个从物理坐标到像素坐标的转换关系式:

$$LCDx = xfac * Px + xoff$$
$$LCDy = yfac * Py + yoff$$

其中,(LCDx,LCDy)是在 LCD 上的像素坐标,(Px,Py)是从触摸屏读到的物理坐标。xfac、yfac 分别是 X 轴方向和 Y 轴方向的比例因子,而 xoff 和 yoff 则是这两个方向的偏移量。

只要事先在屏幕上面显示 4 个点(这 4 个点的坐标是已知的),分别按这 4 个点就可以从触摸屏读到 4 个物理坐标,这样就可以通过待定系数法求出 xfac、yfac、xoff、yoff 这 4 个参数。保存好这 4 个参数,在以后的使用中,把所有得到的物理坐标都按照这个关系式来计算,则得到的就是准确的屏幕坐标,从而达到了触摸屏校准的目的。

TP_Adjust 就是根据上面原理设计的校准函数,注意,该函数里面多次使用了 lcddev.width 和 lcddev.height 用于坐标设置,主要是为了兼容不同尺寸的 LCD(比如 320×240、480×320 和 800×480 的屏都可以兼容)。

接下来看看触摸屏初始化函数:TP_Init,该函数根据 LCD 的 ID(即 lcddev.id)判别是电阻屏还是电容屏,从而执行不同的初始化。该函数代码如下:

```
//触摸屏初始化
//返回值:0,没有进行校准;1,进行过校准
u8 TP_Init(void)
{
    GPIO_InitTypeDef GPIO_Initure;
    if(lcddev.id == 0X5510||lcddev.id == 0X4342)
                                    //4.3寸 800*40MCU电容触摸屏或者 4.3寸 480*272 RGB屏
    {
        if(GT9147_Init() == 0)           //是GT9147
        {
            tp_dev.scan = GT9147_Scan;   //扫描函数指向 GT9147 触摸屏扫描
        }else
        {
            OTT2001A_Init();
            tp_dev.scan = OTT2001A_Scan; //扫描函数指向 OTT2001A 触摸屏扫描
        }
```

```c
        tp_dev.touchtype| = 0X80;          //电容屏
        tp_dev.touchtype| = lcddev.dir&0X01;//横屏还是竖屏
        return 0;
    }else if(lcddev.id == 0X1963||lcddev.id == 0X7084||lcddev.id == 0X7016)
    //SSD1963 7寸屏或者7寸 800*480/1024*600 RGB屏
    {
        FT5206_Init();
        tp_dev.scan = FT5206_Scan;          //扫描函数指向GT9147触摸屏扫描
        tp_dev.touchtype| = 0X80;           //电容屏
        tp_dev.touchtype| = lcddev.dir&0X01;//横屏还是竖屏
        return 0;
    }else
    {
        __HAL_RCC_GPIOH_CLK_ENABLE();       //开启GPIOH时钟
        __HAL_RCC_GPIOI_CLK_ENABLE();       //开启GPIOI时钟
        __HAL_RCC_GPIOG_CLK_ENABLE();       //开启GPIOG时钟
        GPIO_Initure.Pin = GPIO_PIN_6;                  //PH6
        GPIO_Initure.Mode = GPIO_MODE_OUTPUT_PP;        //推挽输出
        GPIO_Initure.Pull = GPIO_PULLUP;                //上拉
        GPIO_Initure.Speed = GPIO_SPEED_HIGH;           //高速
        HAL_GPIO_Init(GPIOH,&GPIO_Initure);             //初始化
        GPIO_Initure.Pin = GPIO_PIN_3|GPIO_PIN_8;       //PI3,8
        HAL_GPIO_Init(GPIOI,&GPIO_Initure);             //初始化
        GPIO_Initure.Pin = GPIO_PIN_7;                  //PH7
        GPIO_Initure.Mode = GPIO_MODE_INPUT;            //输入
        HAL_GPIO_Init(GPIOH,&GPIO_Initure);             //初始化
        GPIO_Initure.Pin = GPIO_PIN_3;                  //PG3
        HAL_GPIO_Init(GPIOG,&GPIO_Initure);             //初始化
        TP_Read_XY(&tp_dev.x[0],&tp_dev.y[0]);          //第一次读取初始化
        AT24CXX_Init();                                 //初始化24CXX
        if(TP_Get_Adjdata())return 0;                   //已经校准
        else                                            //未校准
        {
            LCD_Clear(WHITE);                           //清屏
            TP_Adjust();                                //屏幕校准
            TP_Save_Adjdata();
        }
        TP_Get_Adjdata();
    }
    return 1;
}
```

该函数比较简单,重点说一下:tp_dev.scan,这个结构体函数指针默认是指向 TP_Scan 的,如果是电阻屏,则用默认的即可;如果是电容屏,则指向新的扫描函数 GT9147_Scan、OTT2001A_Scan 或 FT5206_Scan(根据芯片 ID 判断到底指向那个),再执行电容触摸屏的扫描函数,这几个函数在后续会介绍。

接下来打开 touch.h 文件,代码如下:

```c
#define TP_PRES_DOWN 0x80       //触屏被按下
#define TP_CATH_PRES 0x40       //有按键按下了
```

```c
#define CT_MAX_TOUCH    5           //电容屏支持的点数,固定为5点
//触摸屏控制器
typedef struct
{
    u8 (*init)(void);               //初始化触摸屏控制器
    u8 (*scan)(u8);                 //扫描触摸屏.0,屏幕扫描;1,物理坐标
    void (*adjust)(void);           //触摸屏校准
    u16 x[CT_MAX_TOUCH];            //当前坐标
    u16 y[CT_MAX_TOUCH];            //电容屏有最多5组坐标,电阻屏则用x[0],y[0]代表
                                    //此次扫描时,触屏的坐标,用x[4],y[4]存储第一次按下时的坐标
    u8  sta;                        //笔的状态
                                    //b7:按下1/松开0
                                    //b6:0,没有按键按下;1,有按键按下
                                    //b5:保留
                                    //b4~b0:电容触摸屏按下的点数(0,表示未按下,1 表示按下)
////////////////////////触摸屏校准参数(电容屏不需要校准)/////////////////////////
    float xfac;
    float yfac;
    short xoff;
    short yoff;
//新增的参数,当触摸屏的左右上下完全颠倒时需要用到
//b0:0,竖屏(适合左右为X坐标,上下为Y坐标的TP)
//    1,横屏(适合左右为Y坐标,上下为X坐标的TP)
//b1~6:保留.
//b7:0,电阻屏
//    1,电容屏
    u8 touchtype;
}_m_tp_dev;
extern _m_tp_dev tp_dev;            //触屏控制器在touch.c里面定义
//电阻屏芯片连接引脚
#define PEN         HAL_GPIO_ReadPin(GPIOH,GPIO_PIN_7) //T_PEN
#define DOUT        HAL_GPIO_ReadPin(GPIOG,GPIO_PIN_3) //T_MISO
#define TDIN(n)     (n? HAL_GPIO_WritePin(GPIOI,GPIO_PIN_3,GPIO_PIN_SET): \
        HAL_GPIO_WritePin(GPIOI,GPIO_PIN_3,GPIO_PIN_RESET))//T_MOSI
#define TCLK(n)     (n? HAL_GPIO_WritePin(GPIOH,GPIO_PIN_6,GPIO_PIN_SET): \
        HAL_GPIO_WritePin(GPIOH,GPIO_PIN_6,GPIO_PIN_RESET))//T_SCK
#define TCS(n)      (n? HAL_GPIO_WritePin(GPIOI,GPIO_PIN_8,GPIO_PIN_SET): \
        HAL_GPIO_WritePin(GPIOI,GPIO_PIN_8,GPIO_PIN_RESET))//T_CS
//电阻屏函数
void TP_Write_Byte(u8 num);                             //向控制芯片写入一个数据
……//省略部分函数定义
u8 TP_Init(void);                                       //初始化
#endif
```

上述代码中重点看看_m_tp_dev结构体,该结构体用于管理和记录触摸屏(包括电阻触摸屏与电容触摸屏)相关信息。通过结构体,在使用的时候一般直接调用tp_dev的相关成员函数、变量屏即可达到需要的效果,这种设计简化了接口,且方便管理和维护,读者可以效仿一下。

ctiic.c和ctiic.h是电容触摸屏的I^2C接口部分代码,与上册第30章的myiic.c和myiic.h基本一样,这里就不单独介绍了,记得把ctiic.c加入HARDWARE组下。接下来看看gt9147.c的代码,如下:

```c
//GT9147 配置参数表
//第一个字节为版本号(0X60),必须保证新的版本号大于等于GT9147 内部
//flash 原有版本号,才会更新配置
const u8 GT9147_CFG_TBL[] =
{
    0X60,0XE0,0X01,0X20,0X03,0X05,0X35,0X00,0X02,0X08,
    ……//省略部分代码
    0XFF,0XFF,0XFF,0XFF,
};
//发送 GT9147 配置参数
//mode:0,参数不保存到 flash
//     1,参数保存到 flash
u8 GT9147_Send_Cfg(u8 mode)
{
    u8 buf[2];
    u8 i = 0;
    buf[0] = 0;
    buf[1] = mode;         //是否写入到 GT9147 FLASH.即是否掉电保存
    for(i = 0;i<sizeof(GT9147_CFG_TBL);i++)buf[0] += GT9147_CFG_TBL[i];//计算校验和
    buf[0] = (~buf[0]) + 1;
    GT9147_WR_Reg(GT_CFGS_REG,(u8 *)GT9147_CFG_TBL,sizeof(GT9147_CFG_TBL)
);//发送寄存器配置
    GT9147_WR_Reg(GT_CHECK_REG,buf,2);//写入校验和,和配置更新标记
    return 0;
}
//向 GT9147 写入一次数据
//reg:起始寄存器地址
//buf:数据缓缓存区
//len:写数据长度
//返回值:0,成功;1,失败
u8 GT9147_WR_Reg(u16 reg,u8 * buf,u8 len)
{
    u8 i;
    u8 ret = 0;
    CT_IIC_Start();
    CT_IIC_Send_Byte(GT_CMD_WR);      //发送写命令
    CT_IIC_Wait_Ack();
    CT_IIC_Send_Byte(reg>>8);         //发送高 8 位地址
    CT_IIC_Wait_Ack();
    CT_IIC_Send_Byte(reg&0XFF);       //发送低 8 位地址
    CT_IIC_Wait_Ack();
    for(i = 0;i<len;i++)
    {
        CT_IIC_Send_Byte(buf[i]);     //发数据
        ret = CT_IIC_Wait_Ack();
        if(ret)break;
    }
    CT_IIC_Stop();                    //产生一个停止条件
    return ret;
}
```

```c
//从GT9147读出一次数据
//reg:起始寄存器地址
//buf:数据缓缓存区
//len:读数据长度
void GT9147_RD_Reg(u16 reg,u8 * buf,u8 len)
{
    u8 i;
    CT_IIC_Start();
    CT_IIC_Send_Byte(GT_CMD_WR);//发送写命令
    CT_IIC_Wait_Ack();
    CT_IIC_Send_Byte(reg>>8);           //发送高8位地址
    CT_IIC_Wait_Ack();
    CT_IIC_Send_Byte(reg&0XFF);         //发送低8位地址
    CT_IIC_Wait_Ack();
    CT_IIC_Start();
    CT_IIC_Send_Byte(GT_CMD_RD);//发送读命令
    CT_IIC_Wait_Ack();
    for(i=0;i<len;i++)
    {
        buf[i]=CT_IIC_Read_Byte(i==(len-1)? 0:1);   //发数据
    }
    CT_IIC_Stop();//产生一个停止条件
}
//初始化GT9147触摸屏
//返回值:0,初始化成功;1,初始化失败
u8 GT9147_Init(void)
{
    u8 temp[5];
    GPIO_InitTypeDef GPIO_Initure;
    __HAL_RCC_GPIOH_CLK_ENABLE();               //开启GPIOH时钟
    __HAL_RCC_GPIOI_CLK_ENABLE();               //开启GPIOI时钟
    GPIO_Initure.Pin=GPIO_PIN_7;                //PH7
    GPIO_Initure.Mode=GPIO_MODE_INPUT;          //输入
    GPIO_Initure.Pull=GPIO_PULLUP;              //上拉
    GPIO_Initure.Speed=GPIO_SPEED_HIGH;         //高速
    HAL_GPIO_Init(GPIOH,&GPIO_Initure);         //初始化
    GPIO_Initure.Pin=GPIO_PIN_8;                //PI8
    GPIO_Initure.Mode=GPIO_MODE_OUTPUT_PP;      //推挽输出
    HAL_GPIO_Init(GPIOI,&GPIO_Initure);         //初始化
    CT_IIC_Init();                              //初始化电容屏的I2C总线
    GT_RST(0);                                  //复位
    delay_ms(10);
    GT_RST(1);                                  //释放复位
    delay_ms(10);
    GPIO_Initure.Pin=GPIO_PIN_7;                //PH7
    GPIO_Initure.Mode=GPIO_MODE_INPUT;          //输入
    GPIO_Initure.Pull=GPIO_NOPULL;              //不带上下拉,浮空输入
    GPIO_Initure.Speed=GPIO_SPEED_HIGH;         //高速
    HAL_GPIO_Init(GPIOH,&GPIO_Initure);         //初始化
    delay_ms(100);
    GT9147_RD_Reg(GT_PID_REG,temp,4);           //读取产品ID
```

```c
        temp[4] = 0;
        printf("CTP ID:% s\r\n",temp);//打印 ID
        if(strcmp((char * )temp,"9147") == 0)//ID == 9147
        {
            temp[0] = 0X02;
            GT9147_WR_Reg(GT_CTRL_REG,temp,1);//软复位 GT9147
            GT9147_RD_Reg(GT_CFGS_REG,temp,1);//读取 GT_CFGS_REG 寄存器
            if(temp[0]<0X60)//默认版本比较低,需要更新 flash 配置
            {
                printf("Default Ver:% d\r\n",temp[0]);
                if(lcddev.id == 0X5510)GT9147_Send_Cfg(1);//更新并保存配置
            }
            delay_ms(10);
            temp[0] = 0X00;
            GT9147_WR_Reg(GT_CTRL_REG,temp,1);//结束复位
            return 0;
        }
        return 1;
}
Constu16 GT9147_TPX_TBL[5] = {GT_TP1_REG,GT_TP2_REG,GT_TP3_REG,
                              GT_TP4_REG,GT_TP5_REG};
//扫描触摸屏(采用查询方式)
//mode:0,正常扫描
//返回值:当前触屏状态
//0,触屏无触摸;1,触屏有触摸
u8 GT9147_Scan(u8 mode)
{
    u8 buf[4],i = 0, res = 0, temp, tempsta;
    static u8 t = 0;//控制查询间隔,从而降低 CPU 占用率
    t ++ ;
    if((t%10) == 0||t<10)//空闲时,每10 次 CTP_Scan 函数才检测1 次,从而节省 CPU 使用率
    {
        GT9147_RD_Reg(GT_GSTID_REG,&mode,1);       //读取触摸点的状态
        if(mode&0X80&&((mode&0XF)<6))
        {
            temp = 0;
            GT9147_WR_Reg(GT_GSTID_REG,&temp,1);//清标志
        }
        if((mode&0XF)&&((mode&0XF)<6))
        {
            temp = 0XFF <<(mode&0XF);  //将点的个数转换为1 的位数,匹配 tp_dev.sta 定义
            tempsta = tp_dev.sta;             //保存当前的 tp_dev.sta 值
            tp_dev.sta = (~temp)|TP_PRES_DOWN|TP_CATH_PRES;
            tp_dev.x[4] = tp_dev.x[0];      //保存触点 0 的数据
            tp_dev.y[4] = tp_dev.y[0];
            for(i = 0;i<5;i ++ )
            {
                if(tp_dev.sta&(1 << i))     //触摸有效吗
                {
                    GT9147_RD_Reg(GT9147_TPX_TBL[i],buf,4);    //读取 XY 坐标值
                    if(lcddev.id == 0X5510)   //4.3 寸 800 * 480 MCU 屏
```

```c
            {
                if(tp_dev.touchtype&0X01)//横屏
                {
                    tp_dev.y[i] = ((u16)buf[1]<<8) + buf[0];
                    tp_dev.x[i] = 800 - (((u16)buf[3]<<8) + buf[2]);
                }else
                {
                    tp_dev.x[i] = ((u16)buf[1]<<8) + buf[0];
                    tp_dev.y[i] = ((u16)buf[3]<<8) + buf[2];
                }
            }else if(lcddev.id == 0X4342) //4.3 寸 480 * 272 RGB 屏
            {
                if(tp_dev.touchtype&0X01)//横屏
                {
                    tp_dev.x[i] = (((u16)buf[1]<<8) + buf[0]);
                    tp_dev.y[i] = (((u16)buf[3]<<8) + buf[2]);
                }else
                {
                    tp_dev.y[i] = ((u16)buf[1]<<8) + buf[0];
                    tp_dev.x[i] = 272 - (((u16)buf[3]<<8) + buf[2]);
                }
            }
        }
        res = 1;
        if(tp_dev.x[0]>lcddev.width||tp_dev.y[0]>lcddev.height)//非法数据(坐标超出了)
        {
            if((mode&0XF)>1)
            //其他点有数据,复制第二个触点的数据到第一个触点
            {
                tp_dev.x[0] = tp_dev.x[1];
                tp_dev.y[0] = tp_dev.y[1];
                t = 0;           //触发一次,则会最少连续监测 10 次,从而提高命中率
            }else                //非法数据,则忽略此次数据(还原原来的)
            {
                tp_dev.x[0] = tp_dev.x[4];
                tp_dev.y[0] = tp_dev.y[4];
                mode = 0X80;
                tp_dev.sta = tempsta;       //恢复 tp_dev.sta
            }
        }else t = 0;             //触发一次,则会最少连续监测 10 次,从而提高命中率
    }
}
if((mode&0X8F) == 0X80)//无触摸点按下
{
    if(tp_dev.sta&TP_PRES_DOWN)      //之前是被按下的
    {
        tp_dev.sta&= ~(1<<7);        //标记按键松开
    }else                            //之前就没有被按下
    {
        tp_dev.x[0] = 0xffff;
        tp_dev.y[0] = 0xffff;
```

```
            tp_dev.sta& = 0XE0;         //清除点有效标记
        }
    }
    if(t>240)t = 10;//重新从10开始计数
    return res;
}
```

这里总共有 5 个函数：GT9147_Send_Cfg 函数用于发送 GT9147 的配置参数，在固件更新的时候需要用到；GT9147_WR_Reg 和 GT9147_RD_Reg 函数用于读/写 GT9147 的寄存器；GT9147_Init 函数用于初始化 GT9147，该函数通过读取 0X8140～0X8143 这 4 个寄存器，并判断是否是"9147"来确定是不是 GT9147 芯片，读取到正确的 ID 后软复位 GT9147，然后根据当前芯片版本号确定是否需要更新配置，通过 GT9147_Send_Cfg 函数发送配置信息（一个数组），配置完后结束软复位即完成 GT9147 初始化。

最后重点介绍 GT9147_Scan 函数，该函数用于扫描电容触摸屏是否有按键按下，由于采用查询的方式读取数据，所以这里使用了一个静态变量（static）来提高效率；当无触摸时候尽量减少对 CPU 的占用，有触摸时又保证能迅速检测到。读取数据时，先读取状态寄存器（GT_GSTID_REG）的值，从而判断触摸点的个数（最多 5 个），然后依次读取各触摸点的坐标数据；在读取到数据后，还需要根据屏幕的分辨率和横竖屏状态进行坐标变换。另外，遇到非法数据的时候，需要对非法数据进行处理，以免干扰程序的正常运行。

ott2001a.c、ft5206.c、ott2001a.h 和 ft5206.h 的代码可参考配套资料本例程源码。注意，ft5206.c 同时支持 FT5206 和 FT5426 这两颗触摸 IC，它们共用一个代码。

最后打开 main.c，里面内容比较多，这里着重介绍 3 个主要函数：

```
//5个触控点的颜色（电容触摸屏用）
const u16 POINT_COLOR_TBL[5] = {RED,GREEN,BLUE,BROWN,GRED};
//电阻触摸屏测试函数
void rtp_test(void)
{
    u8 key;
    u8 i = 0;
    while(1)
    {
        key = KEY_Scan(0);
        tp_dev.scan(0);
        if(tp_dev.sta&TP_PRES_DOWN)           //触摸屏被按下
        {
            if(tp_dev.x[0]<lcddev.width&&tp_dev.y[0]<lcddev.height)
            {
                if(tp_dev.x[0]>(lcddev.width-24)&&tp_dev.y[0]<16)Load_Drow_Dialog();//清除
                    else TP_Draw_Big_Point(tp_dev.x[0],tp_dev.y[0],RED);  //画图
            }
        }else delay_ms(10);     //没有按键按下的时候
        if(key == KEY0_PRES)    //KEY0按下,则执行校准程序
        {
```

```
                LCD_Clear(WHITE);        //清屏
                TP_Adjust();             //屏幕校准
                TP_Save_Adjdata();
                Load_Drow_Dialog();
            }
            i++;
            if(i % 20 == 0)LED0_Toggle;
        }
    }
//电容触摸屏测试函数
void ctp_test(void)
{
    u8 t = 0;
    u8 i = 0;
    u16 lastpos[5][2];          //最后一次的数据
    while(1)
    {
        tp_dev.scan(0);
        for(t = 0;t<5;t++)
        {
            if((tp_dev.sta)&(1 << t))
            {
                //printf("X坐标:%d,Y坐标:%d\r\n",tp_dev.x[0],tp_dev.y[0]);
                if(tp_dev.x[t]<lcddev.width&&tp_dev.y[t]<lcddev.height)
                {
                    if(lastpos[t][0] == 0XFFFF)
                    {
                        lastpos[t][0] = tp_dev.x[t];
                        lastpos[t][1] = tp_dev.y[t];
                    }
                    lcd_draw_bline(lastpos[t][0],lastpos[t][1],tp_dev.x[t],tp_dev.y
                                   [t],2,POINT_COLOR_TBL
                                   [t]);   //画线
                    lastpos[t][0] = tp_dev.x[t];
                    lastpos[t][1] = tp_dev.y[t];
                    if(tp_dev.x[t]>(lcddev.width - 24)&&tp_dev.y[t]<20)
                    {
                        Load_Drow_Dialog();//清除
                    }
                }
            }else lastpos[t][0] = 0XFFFF;
        }

        delay_ms(5);i++;
        if(i % 20 == 0)LED0_Toggle;
    }
}
int main(void)
{
    Cache_Enable();                 //打开L1 - Cache
    HAL_Init();                     //初始化HAL库
```

```
    Stm32_Clock_Init(432,25,2,9);     //设置时钟,216 MHz
…//此处省略部分初始化代码
    LCD_Init();                       //初始化 LCD
    tp_dev.init();                    //触摸屏初始化
    POINT_COLOR = RED;
    LCD_ShowString(30,50,200,16,16,"Apollo STM32F4/F7");
    LCD_ShowString(30,70,200,16,16,"TOUCH TEST");
    LCD_ShowString(30,90,200,16,16,"ATOM@ALIENTEK");
    LCD_ShowString(30,110,200,16,16,"2016/7/12");
    if(tp_dev.touchtype!= 0XFF)
LCD_ShowString(30,130,200,16,16,"Press KEY0 to Adjust");     //电阻屏才显示
    delay_ms(1500);
    Load_Drow_Dialog();
    if(tp_dev.touchtype&0X80)ctp_test();                     //电容屏测试
    else rtp_test();                                         //电阻屏测试
}
```

下面分别介绍一下这 3 个函数。

rtp_test,该函数用于电阻触摸屏的测试,代码比较简单,就是扫描按键和触摸屏。如果触摸屏有按下,则在触摸屏上面划线;如果按中 RST 区域,则执行清屏。如果按键 KEY0 按下,则执行触摸屏校准。

ctp_test,该函数用于电容触摸屏的测试。由于我们采用 tp_dev.sta 来标记当前按下的触摸屏点数,所以判断是否有电容触摸屏按下,也就是判断 tp_dev.sta 的最低 5 位,如果有数据,则划线;如果没数据,则忽略,且 5 个点划线的颜色各不一样,方便区分。另外,电容触摸屏不需要校准,所以没有校准程序。

main 函数比较简单,初始化相关外设,然后根据触摸屏类型去选择执行 ctp_test 还是 rtp_test。

软件部分就介绍到这里,接下来看看下载验证。

1.4 下载验证

编译成功之后,下载代码到 ALIENTEK 阿波罗 STM32 开发板上,电阻触摸屏测试界面如图 1.4.1 所示。图中的电阻屏上画了一些内容,右上角的 RST 可以用来清屏,单击该区域即可清屏重画。另外,按 KEY0 可以进入校准模式,如果发现触摸屏不准,则可以按 KEY0 进入校准,重新校准一下即可正常使用。

如果是电容触摸屏,测试界面如图 1.4.2 所示。图中同样输入了一些内容。电容屏支持多点触摸,每个点的颜色都不一样,图中的波浪线就是 3 点触摸画出来的,最多可以 5 点触摸。注意,本例程不支持老款的 7 寸电容触摸屏模块(CPLD 方案)。

同样,按右上角的 RST 标志可以清屏。电容屏无须校准,所以按 KEY0 无效。KEY0 校准仅对电阻屏有效。

 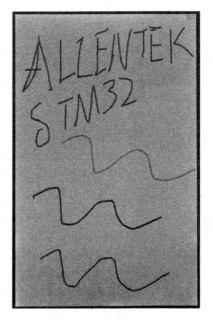

图 1.4.1　电阻触摸屏测试程序运行效果　　　　图 1.4.2　电容触摸屏测试界面

第 2 章

红外遥控实验

本章将介绍如何通过 STM32 来解码红外遥控器的信号。ALIENTEK 阿波罗 STM32F767 开发板标配了红外接收头和一个很小巧的红外遥控器。本章将利用 STM32F767 的输入捕获功能来解码开发板标配的这个红外遥控器的编码信号,并将解码后的键值在 LCD 模块上显示出来。

2.1 红外遥控简介

红外遥控是一种无线、非接触控制技术,具有抗干扰能力强、信息传输可靠、功耗低、成本低、易实现等优点,被诸多电子设备特别是家用电器广泛采用。

由于红外线遥控不具有像无线电遥控那样穿过障碍物去控制被控对象的能力,所以,在设计红外线遥控器时,不必像无线电遥控器那样,每套(发射器和接收器)要有不同的遥控频率或编码(否则就会隔墙控制或干扰邻居的家用电器),同类产品的红外线遥控器可以有相同的遥控频率或编码,而不会出现遥控信号"串门"的情况。这对于大批量生产以及在家用电器上普及红外线遥控提供了极大的方面。由于红外线为不可见光,因此对环境影响很小;而且红外光的波长远小于无线电波的波长,所以红外线遥控不会影响其他家用电器,也不会影响临近的无线电设备。

红外遥控的编码目前广泛使用的是:NEC Protocol 的 PWM(脉冲宽度调制)和 Philips RC-5 Protocol 的 PPM(脉冲位置调制)。ALIENTEK 阿波罗 STM32F767 开发板配套的遥控器使用的是 NEC 协议,其特征如下:

- 8 位地址和 8 位指令长度;
- 地址和命令 2 次传输(确保可靠性);
- PWM 脉冲位置调制,以发射红外载波的占空比代表"0"和"1";
- 载波频率为 38 kHz;
- 位时间为 1.125 ms 或 2.25 ms。

NEC 码的位定义:一个脉冲对应 560 μs 的连续载波,一个逻辑 1 传输需要 2.25 ms(560 μs 脉冲+1680 μs 低电平),一个逻辑 0 的传输需要 1.125 ms(560 μs 脉冲+560 μs 低电平)。而遥控接收头在收到脉冲的时候为低电平,在没有脉冲的时候为高电平,这样,在接收头端收到的信号为:逻辑 1 应该是 560 μs 低+1 680 μs 高,逻辑 0 应该是 560 μs 低+560 μs 高。

NEC 遥控指令的数据格式为：同步码头、地址码、地址反码、控制码、控制反码。同步码由一个 9 ms 的低电平和一个 4.5 ms 的高电平组成，地址码、地址反码、控制码、控制反码均是 8 位数据格式。按照低位在前、高位在后的顺序发送。采用反码是为了增加传输的可靠性（可用于校验）。

遥控器的按键▽按下时，从红外接收头端收到的波形如图 2.1.1 所示。可以看到，其地址码为 0，控制码为 168。100 ms 之后还收到了几个脉冲，这是 NEC 码规定的连发码（由 9 ms 低电平＋2.5 m 高电平＋0.56 ms 低电平＋97.94 ms 高电平组成）。如果在一帧数据发送完毕之后按键仍然没有放开，则发射重复码，即连发码，可以通过统计连发码的次数来标记按键按下的长短、次数。

图 2.1.1　按键▽所对应的红外波形

上册第 14 章介绍过利用输入捕获来测量高电平的脉宽，本章解码红外遥控信号刚好可以利用这个功能来实现遥控解码。

2.2　硬件设计

本实验采用定时器的输入捕获功能实现红外解码，功能简介：开机后，在 LCD 上显示一些信息之后即进入等待红外触发，如果接收到正确的红外信号，则解码，并在 LCD 上显示键值及其代表的意义、按键次数等信息。同样，用 LED0 来指示程序正在运行。

所要用到的硬件资源如下：指示灯 DS0、LCD 模块、红外接收头、红外遥控器。前两个在之前的实例已经介绍过了，遥控器属于外部器件，遥控接收头在板子上，与 MCU 的连接原理图如图 2.2.1 所示。

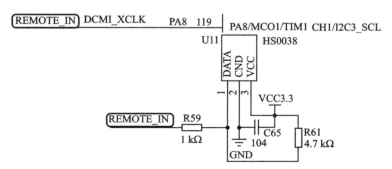

图 2.2.1　红外遥控接收头与 STM32 的连接电路图

红外遥控接收头连接在 STM32 的 PA8（TIM1_CH1）上。硬件上不需要变动，只要程序将 TIM1_CH1 设计为输入捕获，然后将收到的脉冲信号解码就可以了。注意，

REMOTE_IN 和 DCMI_XCLK 共用了 PA8,所以它们不可以同时使用。

开发板配套的红外遥控器外观如图 2.2.2 所示。

图 2.2.2　红外遥控器

2.3　软件设计

打开配套资料的红外遥控器实验工程可以看到,我们添加了 remote.c 和 remote.h 两个文件,同时因为使用的是输入捕获,所以还用到定时器相关的库函数源文件 stm32f7xx_hal_tim.c 和头文件 stm32f7xx_hal_tim.h。

打开 remote.c 文件,代码如下：

```
TIM_HandleTypeDef TIM1_Handler;           //定时器1句柄
//红外遥控初始化
//设置I/O以及TIM1_CH1的输入捕获
//TIM1挂载APB2上
void Remote_Init(void)
{
    TIM_IC_InitTypeDef TIM1_CH1Config;
    TIM1_Handler.Instance = TIM1;            //通用定时器1
    TIM1_Handler.Init.Prescaler = 215;       //预分频器,1MHz的计数频率,1μs加1
    TIM1_Handler.Init.CounterMode = TIM_COUNTERMODE_UP;  //向上计数器
    TIM1_Handler.Init.Period = 10000;        //自动装载值
    TIM1_Handler.Init.ClockDivision = TIM_CLOCKDIVISION_DIV1;
    HAL_TIM_IC_Init(&TIM1_Handler);
    //初始化TIM1输入捕获参数
    TIM1_CH1Config.ICPolarity = TIM_ICPOLARITY_RISING;   //上升沿捕获
    TIM1_CH1Config.ICSelection = TIM_ICSELECTION_DIRECTTI; //映射到TI1上
    TIM1_CH1Config.ICPrescaler = TIM_ICPSC_DIV1;         //配置输入分频,不分频
    TIM1_CH1Config.ICFilter = 0x03; //IC1F=0003 8个定时器时钟周期滤波
    HAL_TIM_IC_ConfigChannel(&TIM1_Handler,&TIM1_CH1Config,
                            TIM_CHANNEL_1);              //配置TIM1通道1
    HAL_TIM_IC_Start_IT(&TIM1_Handler,TIM_CHANNEL_1);    //开始捕获TIM1的通道1
    __HAL_TIM_ENABLE_IT(&TIM1_Handler,TIM_IT_UPDATE);    //使能更新中断
}
//定时器1底层驱动,时钟使能,引脚配置
//此函数会被HAL_TIM_IC_Init()调用
```

```c
//htim:定时器1句柄
void HAL_TIM_IC_MspInit(TIM_HandleTypeDef * htim)
{
    GPIO_InitTypeDef GPIO_Initure;
    if(HTIM->iNSTANCE == TIM1)
    {
        __HAL_RCC_TIM1_CLK_ENABLE();                         //使能TIM1时钟
        __HAL_RCC_GPIOA_CLK_ENABLE();                        //开启GPIOA时钟
        GPIO_Initure.Pin = GPIO_PIN_8;                       //PA8
        GPIO_Initure.Mode = GPIO_MODE_AF_PP;                 //复用推挽输出
        GPIO_Initure.Pull = GPIO_PULLUP;                     //上拉
        GPIO_Initure.Speed = GPIO_SPEED_HIGH;                //高速
        GPIO_Initure.Alternate = GPIO_AF1_TIM1;              //PA8复用为TIM1通道1
        HAL_GPIO_Init(GPIOA,&GPIO_Initure);
        HAL_NVIC_SetPriority(TIM1_CC_IRQn,1,3);              //设置抢占优先级1,子优先级3
        HAL_NVIC_EnableIRQ(TIM1_CC_IRQn);                    //开启ITM1中断
        HAL_NVIC_SetPriority(TIM1_UP_TIM10_IRQn,1,2);        //设置抢占优先级1,子优先级2
        HAL_NVIC_EnableIRQ(TIM1_UP_TIM10_IRQn);              //开启ITM1中断
    }
}
//遥控器接收状态
//[7]:收到了引导码标志
//[6]:得到了一个按键的所有信息
//[5]:保留
//[4]:标记上升沿是否已经被捕获
//[3:0]:溢出计时器
u8      RmtSta = 0;
u16 Dval;            //下降沿时计数器的值
u32 RmtRec = 0;      //红外接收到的数据
u8   RmtCnt = 0;     //按键按下的次数
//定时器1更新(溢出)中断
void TIM1_UP_TIM10_IRQHandler(void)
{
    HAL_TIM_IRQHandler(&TIM1_Handler);//定时器共用处理函数
}
//定时器1输入捕获中断服务程序
void TIM1_CC_IRQHandler(void)
{
    HAL_TIM_IRQHandler(&TIM1_Handler);//定时器共用处理函数
}
//定时器更新(溢出)中断回调函数
void HAL_TIM_PeriodElapsedCallback(TIM_HandleTypeDef * htim)
{
 if(htim->Instance == TIM1){
        if(RmtSta&0x80)//上次有数据被接收到了
        {
            RmtSta&= ~0X10;                                  //取消上升沿已经被捕获标记
            if((RmtSta&0X0F) == 0X00)RmtSta| = 1<<6;
            //标记已经完成一次按键的键值信息采集
            if((RmtSta&0X0F)<14)RmtSta ++ ;
            else
            {
                RmtSta&= ~(1<<7);//清空引导标识
                RmtSta&= 0XF0;   //清空计数器
```

```
        }
    }
}
//定时器输入捕获中断回调函数
void HAL_TIM_IC_CaptureCallback(TIM_HandleTypeDef * htim)//捕获中断发生时执行
{
    if(htim ->Instance == TIM1)
    {
        if(RDATA)//上升沿捕获
        {
            TIM_RESET_CAPTUREPOLARITY(&TIM1_Handler,TIM_CHANNEL_1);
            //一定要先清除原来的设置
            TIM_SET_CAPTUREPOLARITY(&TIM1_Handler,TIM_CHANNEL_1,
                            TIM_ICPOLARITY_FALLING);//CC1P = 1 设置为下降沿捕获
            __HAL_TIM_SET_COUNTER(&TIM1_Handler,0);    //清空定时器值
            RmtSta| = 0X10;                            //标记上升沿已经被捕获
        }else //下降沿捕获
        {
            Dval = HAL_TIM_ReadCapturedValue(&TIM1_Handler,TIM_CHANNEL_1);
            //读取 CCR1 也可以清 CC1IF 标志位
            TIM_RESET_CAPTUREPOLARITY(&TIM1_Handler,TIM_CHANNEL_1);
            //一定要先清除原来的设置
            TIM_SET_CAPTUREPOLARITY(&TIM1_Handler,TIM_CHANNEL_1,
                            TIM_ICPOLARITY_RISING);//配置 TIM5 通道 1 上升沿捕获
            if(RmtSta&0X10)        //完成一次高电平捕获
            {
                if(RmtSta&0X80)//接收到了引导码
                {
                    if(Dval>300&&Dval<800) //560 为标准值,560 μs
                    {
                        RmtRec << = 1;        //左移一位
                        RmtRec| = 0;          //接收到 0
                    }else if(Dval>1400&&Dval<1800) //1680 为标准值,1 680 μs
                    {
                        RmtRec << = 1;        //左移一位
                        RmtRec| = 1;          //接收到 1
                    }else if(Dval>2200&&Dval<2600)
                                //得到按键键值增加的信息 2 500 为标准值 2.5 ms
                    {
                        RmtCnt ++ ;           //按键次数增加 1 次
                        RmtSta& = 0XF0;       //清空计时器
                    }
                }else if(Dval>4200&&Dval<4700) //4500 为标准值 4.5 ms
                {
                    RmtSta| = 1 << 7;         //标记成功接收到了引导码
                    RmtCnt = 0;               //清除按键次数计数器
                }
            }
            RmtSta& = ~(1 << 4);
```

```c
        }
    }
}
//处理红外键盘
//返回值
//    0,没有任何按键按下
//其他,按下的按键键值
u8 Remote_Scan(void)
{
    u8 sta = 0;
    u8 t1,t2;
    if(RmtSta&(1<<6))//得到一个按键的所有信息了
    {
        t1 = RmtRec>>24;              //得到地址码
        t2 = (RmtRec>>16)&0xff;       //得到地址反码
        if((t1 == (u8)~t2)&&t1 == REMOTE_ID)//检验遥控识别码(ID)及地址
        {
            t1 = RmtRec>>8;
            t2 = RmtRec;
            if(t1 == (u8)~t2)sta = t1;//键值正确
        }
        if((sta == 0)||((RmtSta&0X80) == 0))//按键数据错误/遥控已经没有按下了
        {
            RmtSta&= ~(1<<6);    //清除接收到有效按键标识
            RmtCnt = 0;          //清除按键次数计数器
        }
    }
    return sta;
}
```

该部分代码包含 7 个函数。首先是 Remote_Init 函数,该函数和 MSP 回调函数 HAL_TIM_IC_MspInit 共同完成 TIM1 的时基参数初始化、TIM1_CH1 的输入捕获配置、I/O 口初始化配置、I/O 口复用映射配置以及 NVIC 配置。具体内容和输入捕获实验章节基本一致,不同的是换了定时器而已。

由于 TIM1 是高级定时器,它有 2 个中断服务函数:TIM1 _ UP _ TIM10 _ IRQHandler 中断服务函数用于处理 TIM1 的溢出(更新)事件,TIM1 _ CC _ IRQHandler 中断服务函数用于处理 TIM1 的输入捕获事件。对于 HAL 库,根据定时器中断实验讲解,会在中断服务函数中调用 HAL 库提供的公用中断处理函数 HAL_TIM_IRQHandler;该函数内部会对中断进行判断,然后调用相应的中断处理回调函数。

溢出(更新)中断回调函数为 HAL_TIM_PeriodElapsedCallback,在本例程里面,该函数用来处理 TIM1 溢出,并用于标记键值获取完成。每一次红外按键解码时都必须通过定时器溢出事件来标记完成。在本例程里面,输入捕获中断回调函数 HAL_TIM_IC_CaptureCallback 用来实现对红外信号高电平脉冲的捕获,同时根据之前简介的协议内容来解码。这两个中断处理回调函数用到几个全局变量,用于辅助解码,并存储解码结果。

这里简单介绍一下高电平捕获思路：首先，输入捕获设置的是捕获上升沿，在上升沿捕获到以后立即设置输入捕获模式为捕获下降沿(以便捕获本次高电平)，然后，清零定时器的计数器值，并标记捕获到上升沿。当下降沿到来时，再次进入捕获中断服务函数，立即更改输入捕获模式为捕获上升沿(以便捕获下一次高电平)，然后处理此次捕获到的高电平。

最后是 Remote_Scan 函数，用来扫描解码结果，相当于按键扫描。输入捕获解码的红外数据通过该函数传送给其他程序。

接下来打开 remote.h 文件，可以看到下面一行代码：

```
#define REMOTE_ID 0
```

这里的 REMOTE_ID 就是开发板配套的遥控器的识别码，其他遥控器可能不一样，只要修改这个为自己使用的遥控器就可以了。remote.h 中其他的部分是一些函数的声明，最后看看主函数代码如下：

```
int main(void)
{
    u8 key;
    u8 t = 0;
    u8 * str = 0;
    Cache_Enable();                   //打开 L1 - Cache
    HAL_Init();                       //初始化 HAL 库
    Stm32_Clock_Init(432,25,2,9);     //设置时钟,216 MHz
    …                                 //此处省略部分代码
        Remote_Init();                //初始化   红外接收
    while(1)
    {
        key = Remote_Scan();
        if(key)
        {
            LCD_ShowNum(86,130,key,3,16);     //显示键值
            LCD_ShowNum(86,150,RmtCnt,3,16);  //显示按键次数
            switch(key)
            {
                case 0:str = "ERROR";break;
                case 162:str = "POWER";break;
                ..//此处省略部分代码
                case 66:str = "0";break;
                case 82:str = "DELETE";break;
            }
            LCD_Fill(86,170,116 + 8 * 8,170 + 16,WHITE);   //清楚之前的显示
            LCD_ShowString(86,170,200,16,16,str);          //显示 SYMBOL
        }else delay_ms(10);
        t ++ ;
        if(t == 20)
        {
            t = 0;
            LED0_Toggle;
        }
```

```
    }
}
```

main 函数代码比较简单,主要是通过 Remote_Scan 函数获得红外遥控输入的数据(键值),然后显示在 LCD 上面。

至此,软件设计部分就结束了。

2.4 下载验证

编译成功之后,下载代码到 ALIENTEK 阿波罗 STM32 开发板上,可以看到,LCD 显示如图 2.4.1 所示的内容。此时,遥控器按下不同的按键,可以看到,LCD 上显示了不同按键的键值、按键次数和对应遥控器上的符号,如图 2.4.2 所示。

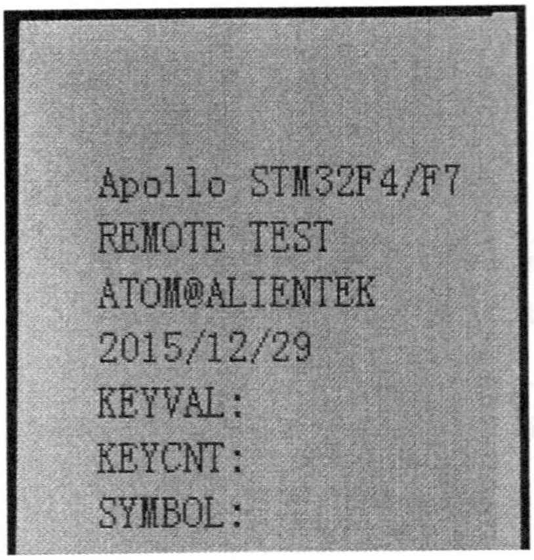

图 2.4.1　程序运行效果图

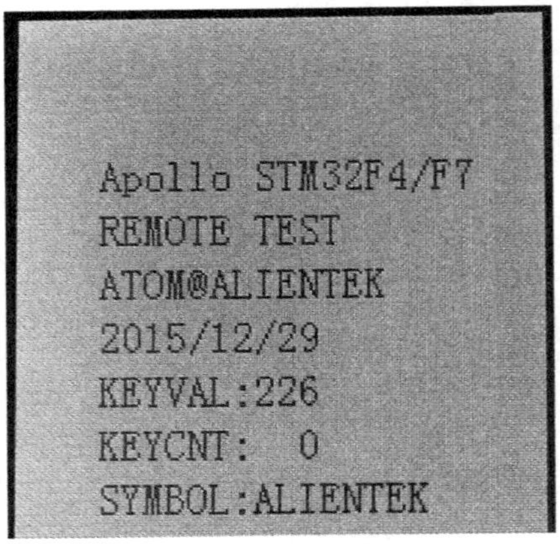

图 2.4.2　解码成功

第 3 章
数字温度传感器 DS18B20 实验

虽然 STM32 内部自带了温度传感器,但是因为芯片温升较大等问题,与实际温度差别较大,所以,本章将介绍如何通过 STM32 来读取外部数字温度传感器的温度,从而得到较为准确的环境温度。本章将学习使用单总线技术,通过它来实现 STM32 和外部温度传感器(DS18B20)的通信,并把从温度传感器得到的温度显示在 LCD 模块上。

3.1 DS18B20 简介

DS18B20 是由 DALLAS 半导体公司推出的一种"一线总线"接口的温度传感器。与传统的热敏电阻等测温元件相比,它是一种新型的体积小、适用电压宽、与微处理器接口简单的数字化温度传感器。一线总线结构具有简洁且经济的特点,可使用户轻松地组建传感器网络,从而为测量系统的构建引入全新概念,测量温度范围为 −55~+125℃,精度为 ±0.5℃。现场温度直接以"一线总线"的数字方式传输,大大提高了系统的抗干扰性。它能直接读出被测温度,并且可根据实际要求通过简单的编程实现 9~12 位的数字值读数方式。它工作在 3~5.5 V 的电压范围,采用多种封装形式,从而使系统设计灵活、方便,设定分辨率及用户设定的报警温度存储在 EEPROM 中,掉电后依然保存。其内部结构如图 3.1.1 所示。

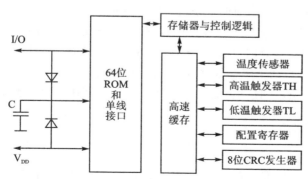

图 3.1.1 DS18B20 内部结构图

ROM 中的 64 位序列号是出厂前被光记好的,可以看作是该 DS18B20 的地址序列码,每个 DS18B20 的 64 位序列号均不相同。64 位 ROM 的排列是:前 8 位是产品家族码,接着 48 位是 DS18B20 的序列号,最后 8 位是前面 56 位的循环冗余校验码(CRC=$X^8+X^5+X^4+1$)。ROM 作用是使每一个 DS18B20 各不相同,这样就可实现一根总线上挂接多个 DS18B20。

所有的单总线器件要求采用严格的信号时序,以保证数据的完整性。DS18B20 共有 6 种信号类型:复位脉冲、应答脉冲、写 0、写 1、读 0 和读 1。所有这些信号,除了应答脉冲以外,都由主机发出同步信号,并且发送的所有命令和数据都是字节的低位在前。这里简单介绍这几个信号的时序:

1. 复位脉冲和应答脉冲

单总线上的所有通信都是以初始化序列开始。主机输出低电平,保持低电平时间至少 480 μs,以产生复位脉冲。接着主机释放总线,4.7 kΩ 的上拉电阻将单总线拉高,延时 15~60 μs 并进入接收模式(Rx)。接着 DS18B20 拉低总线 60~240 μs,以产生低电平应答脉冲;若为低电平,再延时 480 μs。

2. 写时序

写时序包括写 0 时序和写 1 时序。所有写时序至少需要 60 μs,且在 2 次独立的写时序之间至少需要 1 μs 的恢复时间,两种写时序均起始于主机拉低总线。写 1 时序:主机输出低电平,延时 2 μs,然后释放总线,延时 60 μs。写 0 时序:主机输出低电平,延时 60 μs,然后释放总线,延时 2 μs。

3. 读时序

单总线器件仅在主机发出读时序时才向主机传输数据,所以,在主机发出读数据命令后必须马上产生读时序,以便从机能够传输数据。所有读时序至少需要 60 μs,且在 2 次独立的读时序之间至少需要 1 μs 的恢复时间。每个读时序都由主机发起,至少拉低总线 1 μs。主机在读时序期间必须释放总线,并且在时序起始后的 15 μs 之内采样总线状态。典型的读时序过程为:主机输出低电平延时 2 μs,然后主机转入输入模式延时 12 μs,然后读取单总线当前的电平,再延时 50 μs。

再来看看 DS18B20 的典型温度读取过程:复位→发 SKIP ROM 命令(0XCC)→发开始转换命令(0X44)→延时→复位→发送 SKIP ROM 命令(0XCC)→发读存储器命令(0XBE)→连续读出两个字节数据(即温度)→结束。

DS18B20 的介绍就到这里,更详细的介绍可参考 DS18B20 的数据手册。

3.2 硬件设计

由于开发板上的标准配置是没有 DS18B20 传感器的,只有接口,所以要做本章的实验,就必须找一个 DS18B20 插在预留的 DS18B20 接口上。

本章实验功能简介:开机的时候先检测是否有 DS18B20 存在,如果没有,则提示错误。只有在检测到 DS18B20 之后才开始读取温度并显示在 LCD 上,如果发现了

DS18B20,则程序每隔 100 ms 左右读取一次数据,并把温度显示在 LCD 上。同样,用 DS0 来指示程序正在运行。

所要用到的硬件资源如下:指示灯 DS0、LCD 模块、PCF8574T、DS18B20 温度传感器。前 3 部分在之前的实例已经介绍过了,DS18B20 温度传感器属于外部器件(板上没有直接焊接),这里也不介绍。本章仅介绍开发板上 DS18B20 接口和 STM32 的连接电路,如图 3.2.1 所示。

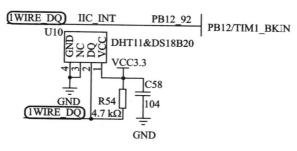

图 3.2.1　DS18B20 接口与 STM32 的连接电路图

可以看出,我们使用的是 STM32 的 PB12 来连接 U10 的 DQ 引脚,图中 U10 为 DHT11(数字温湿度传感器)和 DS18B20 共用的一个接口(DHT11 将在下一章介绍)。这里,1WIRE_DQ 和 IIC_INT(PCF8574T 用)是共用 PB12 的,所以它们不能同时使用。

注意,为了让 PCF8574T 释放 IIC_INT 脚(复位 INT),需要对 PCF8574T 进行一次读取操作,否则无法正常读取 DS18B20/DHT11。

DS18B20 只用到 U10 的 3 个引脚(U10 的 1、2 和 3 脚),将 DS18B20 传感器插入到这个上面就可以通过 STM32 来读取 DS18B20 的温度了。连接示意图如图 3.2.2 所示。可以看出,DS18B20 的平面部分(有字的那面)应该朝内,曲面部分朝外,然后插入如图 3.2.2 所示的 3 个孔内。

图 3.2.2　DS18B20 连接示意图

3.3　软件设计

打开 DS18B20 数字温度传感器实验工程可以看到,我们添加了 ds18b20.c 文件以及其头文件 ds18b20.h 文件,所有 DS18B20 驱动代码和相关定义都分布在这两个文件中。

打开 ds18b20.c，该文件代码如下：

```c
//复位 DS18B20
void DS18B20_Rst(void)
{
    DS18B20_IO_OUT();          //设置为输出
    DS18B20_DQ_OUT(0);         //拉低 DQ
    delay_us(750);             //拉低 750 μs
    DS18B20_DQ_OUT(1);         //DQ = 1
    delay_us(15);              //15 μs
}
//等待 DS18B20 的回应
//返回 1:未检测到 DS18B20 的存在
//返回 0:存在
u8 DS18B20_Check(void)
{
    u8 retry = 0;
    DS18B20_IO_IN();           //设置为输入
    while (DS18B20_DQ_IN&&retry<200)
    {
        retry++;
        delay_us(1);
    };
    if(retry>=200)return 1;
    else retry = 0;
    while (!DS18B20_DQ_IN&&retry<240)
    {
        retry++;
        delay_us(1);
    };
    if(retry>=240)return 1;
    return 0;
}
//从 DS18B20 读取一个位
//返回值:1/0
u8 DS18B20_Read_Bit(void)
{
    u8 data;
    DS18B20_IO_OUT();          //设置为输出
    DS18B20_DQ_OUT(0);
    delay_us(2);
    DS18B20_DQ_OUT(1);
    DS18B20_IO_IN();           //设置为输入
    delay_us(12);
    if(DS18B20_DQ_IN)data = 1;
    else data = 0;
    delay_us(50);
    return data;
}
//从 DS18B20 读取一个字节
```

```c
//返回值:读到的数据
u8 DS18B20_Read_Byte(void)
{
    u8 i,j,dat;
    dat = 0;
    for (i = 1;i<= 8;i++)
    {
        j = DS18B20_Read_Bit();
        dat = (j<<7)|(dat>>1);
    }
    return dat;
}
//写一个字节到 DS18B20
//dat:要写入的字节
void DS18B20_Write_Byte(u8 dat)
{
    u8 j;
    u8 testb;
    DS18B20_IO_OUT();        //设置为输出
    for (j = 1;j<= 8;j++)
    {
        testb = dat&0x01;
        dat = dat>>1;
        if(testb)        // 写 1
        {
            DS18B20_DQ_OUT(0);
            delay_us(2);
            DS18B20_DQ_OUT(1);
            delay_us(60);
        }
        else             //写 0
        {
            DS18B20_DQ_OUT(0);
            delay_us(60);
            DS18B20_DQ_OUT(1);
            delay_us(2);
        }
    }
}
//开始温度转换
void DS18B20_Start(void)
{
    DS18B20_Rst();
    DS18B20_Check();
    DS18B20_Write_Byte(0xcc);// skip rom
    DS18B20_Write_Byte(0x44);// convert
}
//初始化 DS18B20 的 IO 口 DQ 同时检测 DS 的存在
//返回 1:不存在
//返回 0:存在
u8 DS18B20_Init(void)
```

```c
{
    GPIO_InitTypeDef GPIO_Initure;
    __HAL_RCC_GPIOB_CLK_ENABLE();            //开启 GPIOB 时钟
    GPIO_Initure.Pin = GPIO_PIN_12;          //PB12
    GPIO_Initure.Mode = GPIO_MODE_OUTPUT_PP; //推挽输出
    GPIO_Initure.Pull = GPIO_PULLUP;         //上拉
    GPIO_Initure.Speed = GPIO_SPEED_HIGH;    //高速
    HAL_GPIO_Init(GPIOB,&GPIO_Initure);      //初始化
    DS18B20_Rst();
    return DS18B20_Check();
}
//从 ds18b20 得到温度值
//精度:0.1C
//返回值:温度值(-550~1250)
short DS18B20_Get_Temp(void)
{
    u8 temp;
    u8 TL,TH;
    short tem;
    DS18B20_Start ();             //开始转换
    DS18B20_Rst();
    DS18B20_Check();
    DS18B20_Write_Byte(0xcc);     // skip rom
    DS18B20_Write_Byte(0xbe);     // convert
    TL = DS18B20_Read_Byte();     // LSB
    TH = DS18B20_Read_Byte();     // MSB
    if(TH>7)
    {
        TH = ~TH;
        TL = ~TL;
        temp = 0;//温度为负
    }else temp = 1;//温度为正
    tem = TH; //获得高八位
    tem <<= 8;
    tem += TL;//获得低 8 位
    tem = (double)tem * 0.625;//转换
    if(temp)return tem; //返回温度值
    else return - tem;
}
```

该部分代码就是根据前面介绍的单总线操作时序来读取 DS18B20 温度值的。DS18B20 的温度通过 DS18B20_Get_Temp 函数读取,该函数的返回值为带符号的短整型数据,返回值的范围为-550~1250,其实就是温度值扩大了 10 倍。

接下来打开 ds18b20.h,可以看到,其跟 I²C 实验代码很类似,这里不过多讲解。接下来看看主函数代码:

```c
int main(void)
{
    u8 t = 0;
    short temperature;
```

```c
Cache_Enable();                        //打开 L1-Cache
HAL_Init();                            //初始化 HAL 库
Stm32_Clock_Init(432,25,2,9);          //设置时钟,216 MHz
…//此处省略部分初始化代码
LCD_Init();                            //初始化 LCD
PCF8574_Init();                        //初始化 PCF8574
POINT_COLOR = RED;
LCD_ShowString(30,50,200,16,16,"Apollo STM32F4&F7");
LCD_ShowString(30,70,200,16,16,"DS18B20 TEST");
LCD_ShowString(30,90,200,16,16,"ATOM@ALIENTEK");
LCD_ShowString(30,110,200,16,16,"2016/1/16");
PCF8574_ReadBit(BEEP_IO);     //由于 DS18B20 和 PCF8574 的中断引脚共用一个 I/O
                //所以在初始化 DS18B20 之前要先读取一次 PCF8574 的任意一个 I/O,使其释
                    //放掉中断引脚所占用的 I/O(PB12 引脚),否则初始化 DS18B20 会出问题
while(DS18B20_Init())                  //DS18B20 初始化
{
    LCD_ShowString(30,130,200,16,16,"DS18B20 Error");
    delay_ms(200);
    LCD_Fill(30,130,239,130+16,WHITE);
    delay_ms(200);
}
LCD_ShowString(30,130,200,16,16,"DS18B20 OK");
POINT_COLOR = BLUE;//设置字体为蓝色
LCD_ShowString(30,150,200,16,16,"Temp:    .  C");
while(1)
{
    if(t%10 == 0)//每 100ms 读取一次
    {
        PCF8574_ReadBit(BEEP_IO);
                    //读取一次 PCF8574 的任意一个 IO,使其释放掉 PB12 引脚
                    //否则读取 DS18B20 可能会出问题
        temperature = DS18B20_Get_Temp();
        if(temperature<0)
        {
            LCD_ShowChar(30+40,150,'-',16,0);           //显示负号
            temperature = -temperature;                  //转为正数
        }else LCD_ShowChar(30+40,150,' ',16,0);          //去掉负号
        LCD_ShowNum(30+40+8,150,temperature/10,2,16);    //显示正数部分
        LCD_ShowNum(30+40+32,150,temperature%10,1,16);//显示小数部分
    }
    delay_ms(10);
    t++;
    if(t == 20)
    {
        t = 0;
        LED0_Toggle;
    }
}
```

主函数代码比较简单,一系列硬件初始化后,在循环中调用 DS18B20_Get_Temp

函数获取温度值,然后显示在 LCD 上。至此,本章的软件设计就结束了。

3.4 下载验证

编译成功之后,下载代码到 ALIENTEK 阿波罗 STM32 开发板上,可以看到,LCD 显示开始显示当前的温度值(假定 DS18B20 已经接上去了),如图 3.4.1 所示。

图 3.4.1　DS18B20 实验效果图

该程序还可以读取并显示负温度值,只是笔者在广州,所以没办法看到了(除非放到冰箱),具备条件的读者可以测试一下。

第 4 章
数字温湿度传感器 DHT11 实验

上一章介绍了数字温度传感器 DS18B20 的使用,本章将介绍数字温湿度传感器 DHT11 的使用,该传感器不但能测温度,还能测湿度。本章将介绍如何使用 STM32F767 来读取 DHT11 数字温湿度传感器,从而得到环境温度和湿度等信息,并把温湿度值显示在 LCD 模块上。

4.1 DHT11 简介

DHT11 是一款温湿度一体化的数字传感器,包括一个电阻式测湿元件和一个 NTC 测温元件,并与一个高性能 8 位单片机相连接。DHT11 通过单片机等简单的电路连接就能够实时的采集本地湿度和温度。DHT11 与单片机之间能采用简单的单总线进行通信,仅仅需要一个 I/O 口。传感器内部湿度和温度通过 40 bit 的数据一次性传给单片机,数据采用校验和方式进行校验,有效地保证数据传输的准确性。DHT11 功耗很低,5 V 电源电压下,工作平均最大电流 0.5 mA。

DHT11 的技术参数如下:
- 工作电压范围:3.3~5.5 V;
- 工作电流:平均 0.5 mA;
- 输出:单总线数字信号;
- 测量范围:湿度 20%RH~90%RH,温度 0~50℃;
- 精度:湿度±5%,温度±2℃;
- 分辨率:湿度 1%,温度 1℃。

DHT11 的引脚排列如图 4.1.1 所示。

虽然 DHT11 与 DS18B20 类似,都是单总线访问,但是 DHT11 的访问,相对 DS18B20 来说要简单很多。下面先来看看 DHT11 的数据结构。

DHT11 数字温湿度传感器采用单总线数据格式,即单个数据引脚端口完成输入/输出双向传输。其数据包由 5 字节(40 bit)组成,数据分小数部分和整数部分,一次完整的数据传输为 40 bit,高位先出。DHT11 的数据格式为:8 bit 湿度整数数据+8 bit 湿度小数数据+8 bit 温度整数数据+8 bit 温度小数数据+8 bit 校验和。其中,校验和数据为前 4 个字节相加。

传感器数据输出的是未编码的二进制数据,数据(湿度、温度、整数、小数)之间应该

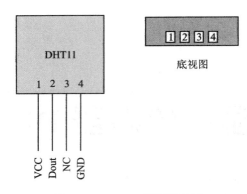

图 4.1.1　DHT11 引脚排列图

分开处理。例如，某次从 DHT11 读到的数据如图 4.1.2 所示。

```
    byte4      byte3      byte2      byte1      byte0
  00101101   00000000   00011100   00000000   01001001
  ‾‾整数‾‾   ‾‾小数‾‾   ‾‾整数‾‾   ‾‾小数‾‾   ‾校验和‾
         ‾‾‾湿度‾‾‾          ‾‾‾温度‾‾‾      ‾校验和‾
```

图 4.1.2　某次读取到 DHT11 的数据

由以上数据就可得到湿度和温度的值，计算方法：

湿度＝ byte4．byte3＝45.0（%RH）

温度＝ byte2．byte1＝28.0（℃）

校验＝ byte4＋byte3＋byte2＋byte1＝73（＝湿度＋温度）（校验正确）

可以看出，DHT11 的数据格式是十分简单的，DHT11 和 MCU 的一次通信最大为 3 ms 左右，建议主机连续读取时间间隔不要小于 100 ms。

下面介绍 DHT11 的传输时序。DHT11 的数据发送流程如图 4.1.3 所示。首先，主机发送开始信号，即拉低数据线，保持 t_1（至少 18 ms）时间，再拉高数据线 t_2（20～40 μs）时间，然后读取 DHT11 的响应，正常的话，DHT11 会拉低数据线，保持 t_3（40～50 μs）时间作为响应信号，然后 DHT11 拉高数据线，保持 t_4（40～50 μs）时间后，开始输出数据。

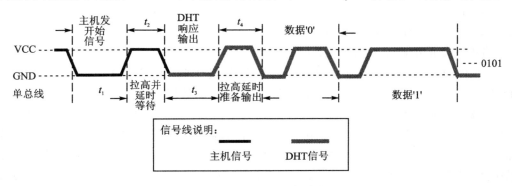

图 4.1.3　DHT11 数据发送流程

DHT11 输出数字"0"的时序如图 4.1.4 所示。

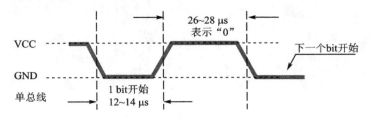

图 4.1.4　DHT11 数字"0"时序

DHT11 输出数字"1"的时序如图 4.1.5 所示。

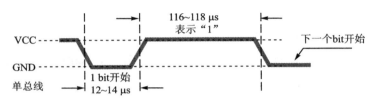

图 4.1.5　DHT11 数字"1"时序

通过以上了解,我们就可以通过 STM32F767 来实现对 DHT11 的读取了。关于 DHT11 的介绍就到这里,更详细的介绍可参考 DHT11 的数据手册。

4.2　硬件设计

由于开发板上标准配置是没有 DHT11 传感器的,只有接口,所以要做本章的实验,就必须找一个 DHT11 插在预留的 DHT11 接口上。

本章实验功能简介:开机的时候先检测是否有 DHT11 存在,如果没有,则提示错误。只有在检测到 DHT11 之后才开始读取温湿度值,并显示在 LCD 上。如果发现了 DHT11,则程序每隔 100 ms 左右读取一次数据,并把温湿度显示在 LCD 上。同样,用 DS0 来指示程序正在运行。

所要用到的硬件资源如下:指示灯 DS0、LCD 模块、PCF8574、TDHT11 温湿度传感器。这些都已经介绍过了。DHT11 和 DS18B20 的接口是共用的,同样,在读取 DHT11 的时候,需要先对 PCF8574T 进行一次读取操作,以释放 IIC_INT 引脚(详见上一章介绍)。DHT11 有 4 个引脚,需要把 U10 的 4 个接口都用上,将 DHT11 传感器插入到这个上面就可以通过 STM32F767 来读取温湿度值了。连接示意图如图 4.2.1 所示。

注意,将 DHT11 贴有字的一面朝内,有很多孔的一面(网面)朝外,然后然后插入如图 4.2.1 所示的 4 个孔内就可以了。

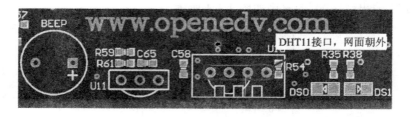

图 4.2.1 DHT11 连接示意图

4.3 软件设计

打开 DHT11 数字温湿度传感器实验工程可以发现,我们在工程中添加了 dht11.c 文件和 dht11.h 文件,所有 DHT11 相关的驱动代码和定义都在这两个文件中。

打开 dht11.c 代码如下:

```
//复位 DHT11
void DHT11_Rst(void)
{
    DHT11_IO_OUT();        //设置为输出
    DHT11_DQ_OUT(0);       //拉低 DQ
    delay_ms(20);          //拉低至少 18 ms
    DHT11_DQ_OUT(1);       //DQ = 1
    delay_us(30);          //主机拉高 20~40 μs
}
//等待 DHT11 的回应
//返回 1:未检测到 DHT11 的存在
//返回 0:存在
u8 DHT11_Check(void)
{
    u8 retry = 0;
    DHT11_IO_IN();         //设置为输出
    while (DHT11_DQ_IN&&retry<100)//DHT11 会拉低 40~80 μs
    {
        retry++;
        delay_us(1);
    };
    if(retry>=100)return 1;
    else retry = 0;
    while (!DHT11_DQ_IN&&retry<100)//DHT11 拉低后会再次拉高 40~80 μs
    {
        retry++;
        delay_us(1);
```

```c
    };
    if(retry>=100)return 1;
    return 0;
}
//从DHT11读取一个位
//返回值:1/0
u8 DHT11_Read_Bit(void)
{
    u8 retry=0;
    while(DHT11_DQ_IN&&retry<100)//等待变为低电平
    {
        retry++;
        delay_us(1);
    }
    retry=0;
    while(!DHT11_DQ_IN&&retry<100)//等待变高电平
    {
        retry++;
        delay_us(1);
    }
    delay_us(40);//等待40 μs
    if(DHT11_DQ_IN)return 1;
    else return 0;
}
//从DHT11读取一个字节
//返回值:读到的数据
u8 DHT11_Read_Byte(void)
{
    u8 i,dat;
    dat=0;
    for (i=0;i<8;i++)
    {
        dat<<=1;
        dat|=DHT11_Read_Bit();
    }
    return dat;
}
//从DHT11读取一次数据
//temp:温度值(范围:0~50°)
//humi:湿度值(范围:20%~90%)
//返回值:0,正常;1,读取失败
u8 DHT11_Read_Data(u8 *temp,u8 *humi)
{
    u8 buf[5];
    u8 i;
    DHT11_Rst();
    if(DHT11_Check()==0)
    {
        for(i=0;i<5;i++)buf[i]=DHT11_Read_Byte();//读取40位数据
        if((buf[0]+buf[1]+buf[2]+buf[3])==buf[4])
        {
```

```
                *humi=buf[0];
                *temp=buf[2];
            }
        }else return 1;
        return 0;
}
//初始化DHT11的I/O口,DQ同时检测DHT11的存在
//返回1:不存在
//返回0:存在
u8 DHT11_Init(void)
{
    GPIO_InitTypeDef GPIO_Initure;
    __HAL_RCC_GPIOB_CLK_ENABLE();           //开启GPIOB时钟
    GPIO_Initure.Pin=GPIO_PIN_12;           //PB12
    GPIO_Initure.Mode=GPIO_MODE_OUTPUT_PP;  //推挽输出
    GPIO_Initure.Pull=GPIO_PULLUP;          //上拉
    GPIO_Initure.Speed=GPIO_SPEED_HIGH;     //高速
    HAL_GPIO_Init(GPIOB,&GPIO_Initure);     //初始化
    DHT11_Rst();
    return DHT11_Check();
}
```

该部分代码就是根据前面介绍的单总线操作时序来读取DHT11的温湿度值的，DHT11的温湿度值通过DHT11_Read_Data函数读取，如果返回0，则说明读取成功；返回1，则说明读取失败。打开dht11.h可以看到，头文件中主要是一些端口配置以及函数声明，代码比较简单。接下来打开main.c，该文件代码如下：

```
int main(void)
{
    u8 t=0;
    u8 temperature;
    u8 humidity;
    Cache_Enable();                 //打开L1-Cache
    HAL_Init();                     //初始化HAL库
    Stm32_Clock_Init(432,25,2,9);   //设置时钟,216 MHz
    delay_init(180);                //初始化延时函数
    uart_init(115200);              //初始化USART
    usmart_dev.init(90);            //初始化USMART
    LED_Init();                     //初始化LED
    KEY_Init();                     //初始化按键
    SDRAM_Init();                   //初始化SDRAM
    LCD_Init();                     //初始化LCD
    PCF8574_Init();                 //初始化PCF8574
    POINT_COLOR=RED;
    LCD_ShowString(30,50,200,16,16,"Apollo STM32F4/F7");
    LCD_ShowString(30,70,200,16,16,"DHT11 TEST");
    LCD_ShowString(30,90,200,16,16,"ATOM@ALIENTEK");
    LCD_ShowString(30,110,200,16,16,"2016/1/16");
    PCF8574_ReadBit(BEEP_IO);       //由于DHT11和PCF8574的中断引脚共用一个I/O
        //所以在初始化DHT11之前要先读取一次PCF8574的任意一个I/O
        //使其释放掉中断引脚所占用的IO(PB12引脚),否则初始化DS18B20会出问题
```

```c
while(DHT11_Init())         //DHT11 初始化
{
    LCD_ShowString(30,130,200,16,16,"DHT11 Error");
    LCD_Fill(30,130,239,130 + 16,WHITE);             delay_ms(200);
}                                                    delay_ms(200);
LCD_ShowString(30,130,200,16,16,"DHT11 OK");
POINT_COLOR = BLUE;//设置字体为蓝色
LCD_ShowString(30,150,200,16,16,"Temp:   C");
LCD_ShowString(30,170,200,16,16,"Humi:   %");
while(1)
{
    if(t % 10 == 0)//每 100ms 读取一次
    {
        PCF8574_ReadBit(BEEP_IO);    //读取一次 PCF8574 的任意一个 I/O
                                     //使其释放掉 PB12 引脚,否则读取 DHT11 可能会出问题
        DHT11_Read_Data(&temperature,&humidity);    //读取温湿度值
        LCD_ShowNum(30 + 40,150,temperature,2,16);  //显示温度
        LCD_ShowNum(30 + 40,170,humidity,2,16);     //显示湿度
    }
    delay_ms(10);
    t ++;
    if(t == 20){t = 0;       LED0_Toggle;      }
}
```

主函数比较简单,进行一系列初始化后,如果 DHT11 初始化成功,那么每隔 100 ms 读取一次转换数据并显示在液晶上。至此,本章的软件设计就结束了。

4.4 下载验证

编译成功之后,下载代码到 ALIENTEK 阿波罗 STM32 开发板上,可以看到,LCD 开始显示当前的温度值(假定 DHT11 已经接上去了),如图 4.4.1 所示。

图 4.4.1 DHT11 实验效果图

至此,本章实验结束。读者可以将本章通过 DHT11 读取到的温度值和上一章通过 DS18B20 读取到的温度值对比一下,看看哪个更准确?

第 5 章

9 轴传感器 MPU9250 实验

本章介绍一款主流的 9 轴（3 轴加速度＋3 轴角速度（陀螺仪）＋3 轴磁力计）传感器：MPU9250，该传感器广泛用于 4 轴、平衡车和空中鼠标等设计，应用范围非常广泛。ALIENTEK 阿波罗 STM32F767 开发板自带了 MPU9250 传感器。本章将使用 STM32F767 来驱动 MPU9250，读取其原始数据，并利用其自带的 DMP 结合 MPL 库实现姿态解算；结合匿名四轴上位机软件和 LCD 显示，教读者如何使用这款功能强大的 9 轴传感器。

5.1 MPU9250 简介

本节将分 2 个部分介绍：① MPU9250 基础介绍。② DMP 使用简介。另外，所有 MPU9250 的相关资料都在配套资料"A 盘→7，硬件资料→MPU9250 资料"文件夹里面。

5.1.1 MPU9250 基础介绍

MPU9250 是 InvenSense 公司推出的全球首款整合性 9 轴运动处理组件，相较于多组件方案，免除了组合陀螺仪与加速度传感器时的轴间差的问题，减少了体积和功耗。

MPU9250 内部集成有 3 轴陀螺仪、3 轴加速度计和 3 轴磁力计，输出都是 16 位的数字量；可以通过集成电路总线（I^{2}C）接口和单片机进行数据交互，传输速率可达 400 kHz/s。陀螺仪的角速度测量范围最高达±2 000°/s，具有良好的动态响应特性。加速度计的测量范围最大为±16g（g 为重力加速度），静态测量精度高。磁力计采用高灵度霍尔型传感器进行数据采集，磁感应强度测量范围为－4 800～4 800 μT，可用于对偏航角的辅助测量。

MPU9250 自带的数字运动处理器（DMP，即 Digital Motion Processor）硬件加速引擎可以整合 9 轴传感器数据，向应用端输出完整的 9 轴融合演算数据。有了 DMP，我们可以使用 InvenSense 公司提供的运动处理库（MPL，即 Motion Process Library）非常方便地实现姿态解算，降低了运动处理运算对操作系统的负荷，也大大降低了开发难度。

MPU9250 的特点包括：
➢ 以数字形式输出 9 轴旋转矩阵、四元数（quaternion）、欧拉角格式（Euler Angle

forma)的融合演算数据(需 DMP 支持);
- 集成 16 位分辨率,量程为:±250°/s、±500°/s、±1 000°/s 与±2 000 的 3 轴角速度传感器(陀螺仪);
- 集成 16 位分辨率,量程为±2g、±4g、±8g 和±16g 的 3 轴加速度传感器;
- 集成 16 位分辨率,量程为±4 800 μT 的磁场传感器(磁力计);
- 自带数字运动处理引擎可减少 MCU 复杂的融合演算数据、感测器同步化、姿势感应等的负荷;
- 自带一个数字温度传感器;
- 可编程数字滤波器;
- 支持 SPI 接口,通信速度高达 20 MHz;
- 自带 512 字节 FIFO 缓冲区;
- 高达 400 kHz 的 I^2C 通信接口。

MPU9250 传感器的检测轴如图 5.1.1 所示。MPU9250 的内部框图如图 5.1.2 所示。

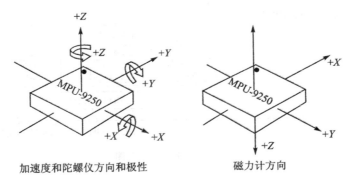

图 5.1.1　MPU9250 检测轴及其方向

其中,SCL 和 SDA 可以连接 MCU 的 I^2C 接口,MCU 通过这个 I^2C 接口来控制 MPU9250。另外还有一个 I^2C 接口:AUX_CL 和 AUX_DA,这个接口可用来连接外部从设备,比如气压传感器。VDDIO 是 I/O 口电压,该引脚最低可以到 1.8 V,一般直接接 VDD 即可。AD0 是 I^2C 接口(接 MCU)的地址控制引脚,控制 I^2C 地址的最低位。如果接 GND,则 MPU9250 的 I^2C 地址是 0X68;如果接 VDD,则是 0X69。注意,这里的地址是不包含数据传输的最低位的(最低位用来表示读/写)。当使用 SPI 接口的时候,使用 SCLK、SDO、SDI 和 nCS 脚来传输数据。

MPU9250 实际上是内部集成了一个 6 轴传感器 MPU6500 和一个 3 轴磁力计 AK8963,它共用一个 I^2C 接口,这样组合成一个 9 轴传感器。前面说了,我们开发板上 MPU9250 的 I^2C 地址是 0X68,实际上是指 MPU6500 的地址是 0X68,而 AK8963 磁力计的 I^2C 地址则是 0X0C(不包含最低位)。

阿波罗 STM32 开发板上 AD0 是接 GND 的,所以 MPU9250 的 I^2C 地址是 0X68

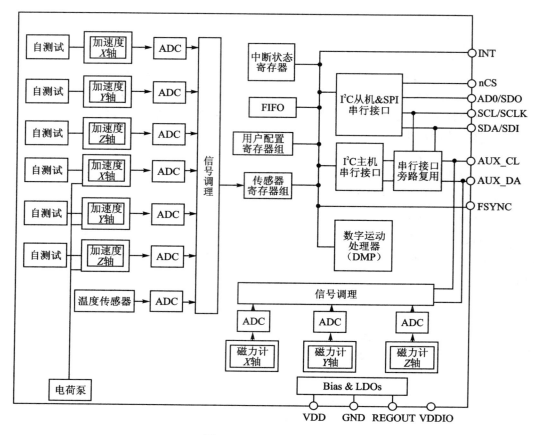

图 5.1.2 MPU9250 框图

(不含最低位)。

接下来介绍一下利用 STM32F767 读取 MPU9250 的加速度和角度传感器数据(非中断方式)时,需要哪些初始化步骤:

① 初始化 I^2C 接口。

MPU9250 采用 I^2C 与 STM32F767 通信,所以需要先初始化与 MPU9250 连接的 SDA、SCL 数据线。这在 I^2C 实验章节已经介绍过了,这里 MPU9250 与 24C02 共用一个 I^2C,所以初始化 I^2C 完全一样。

② 复位 MPU9250。

这一步让 MPU9250 内部所有寄存器恢复默认值,通过对电源管理寄存器 1 (0X6B)的 bit7 写 1 实现。复位后,电源管理寄存器 1 恢复默认值(0X40),然后必须设置该寄存器为 0X00,从而唤醒 MPU9250,进入正常工作状态。

③ 设置角速度传感器(陀螺仪)和加速度传感器的满量程范围。

这一步设置两个传感器的满量程范围(FSR),分别通过陀螺仪配置寄存器(0X1B)和加速度传感器配置寄存器(0X1C)实现。一般设置陀螺仪的满量程范围为 ±2 000 °/s,加速度传感器的满量程范围为±2g。

④ 设置其他参数。

这里还需要配置的参数有关闭中断、关闭 AUX I^2C 接口、禁止 FIFO、设置陀螺仪采样率和设置数字低通滤波器（DLPF）等。本章不用中断方式读取数据，所以关闭中断；也没用到 AUX I^2C 接口外接其他传感器，所以也关闭这个接口，分别通过中断使能寄存器（0X38）和用户控制寄存器（0X6A）控制。MPU9250 可以使用 FIFO 存储传感器数据，不过本章没有用到，所以关闭所有 FIFO 通道，这个通过 FIFO 使能寄存器（0X23）控制，默认都是 0（即禁止 FIFO），所以用默认值就可以了。陀螺仪采样率通过采样率分频寄存器（0X19）控制，这个采样率一般设置为 50 即可。数字低通滤波器（DLPF）则通过配置寄存器（0X1A）设置，一般设置 DLPF 为带宽的 1/2 即可。

⑤ 配置系统时钟源，并使能角速度传感器和加速度传感器。

系统时钟源同样是通过电源管理寄存器 1(0X6B)来设置的，该寄存器的最低 3 位用于设置系统时钟源选择，默认值是 0（内部 8 MHz RC 振荡），不过一般设置为 1，选择 x 轴陀螺 PLL 作为时钟源，以获得更高精度的时钟。同时，使能角速度传感器和加速度传感器，这两个操作通过电源管理寄存器 2(0X6C)来设置，设置对应位为 0 即可开启。

⑥ 配置 AK8963 磁场传感器（磁力计）。

经过前面 5 步配置就完成了对 MPU6500 的配置，此步需要对 AK8963 进行配置。首先，设置控制寄存器 2(0X0B)的最低位为 1，对 AK8963 进行软复位。随后设置控制寄存器 1(0X0A)为 0X11，选择 16 位输出，单次测量模式，随后就可以读取磁力计数据了。

至此，MPU9250 的初始化就完成了，可以正常工作了（其他未设置的寄存器全部采用默认值即可）。接下来就可以读取相关寄存器，得到加速度传感器、角速度传感器和温度传感器的数据了。不过，先简单介绍几个重要的寄存器。

首先介绍电源管理寄存器 1，该寄存器地址为 0X6B，各位描述如表 5.1.1 所列。其中，H_RESET 位用来控制复位，设置为 1，复位 MPU9250；复位结束后，MPU 硬件自动清零该位。SLEEEP 位用于控制 MPU9250 的工作模式，复位后该位为 1，即进入了睡眠模式（低功耗），所以要清零该位，以进入正常工作模式。最后，CLKSEL[2:0]用于选择系统时钟源，选择关系如表 5.1.2 所列。默认是使用内部 20 MHz RC 晶振的，精度不高，一般设置其自动选择最有效的时钟源，设置 CLKSEL=001 即可。

表 5.1.1 电源管理寄存器 1 各位描述

寄存器（HEX）	BIT7	BIT6	BIT5	BIT4	BIT3	BIT2	BIT1	BIT0
6B	H_RESET	SLEEP	CYCLE	GYRO_STB	PD_PTAT	CLKSEL[2:0]		

表 5.1.2 CLKSEL 选择列表

CLKSEL[2:0]	时钟源
000	内部 20 MHz RC 晶振
001～101	自动选择最有效的时钟源—PLL
110	内部 20 MHz RC 晶振
111	关闭时钟,保持时序产生电路复位状态

接着看陀螺仪配置寄存器,该寄存器地址为 0X1B,各位描述如表 5.1.3 所列。该寄存器只关心 GYRO_FS_SEL[1:0]和 FCHOICE[1:0]这 4 个位,GYRO_FS_SEL[1:0]用于设置陀螺仪的满量程范围:0,±250°/s;1,±500°/s;2,±1 000°/s;3,±2 000°/s。一般设置为 3,即±2 000°/s,因为陀螺仪的 ADC 为 16 位分辨率,所以得到灵敏度为:65 536/4 000=16.4 LSB/(°/s)。FCHOICE[1:0]用于控制 DLPF 旁路,一般设置为 3,不旁路 DLPF。

表 5.1.3 陀螺仪配置寄存器各位描述

寄存器(HEX)	BIT7	BIT6	BIT5	BIT4	BIT3	BIT2	BIT1	BIT0
1B	XGYRO_ST	YGYRO_ST	ZGYRO_ST	GYRO_FS_SEL[1:0]		NC	FCHOICE[1:0]	

接下来看加速度传感器配置寄存器,寄存器地址为 0X1C,各位描述如表 5.1.4 所列。该寄存器只关心 ACCEL_FS_SEL[1:0]这两个位,用于设置加速度传感器的满量程范围:0,±2g;1,±4g;2,±8g;3,±16g。一般设置为 0,即±2g,因为加速度传感器的 ADC 也是 16 位,所以得到灵敏度为 65 536/4=16 384 LSB/g。

表 5.1.4 加速度传感器配置寄存器各位描述

寄存器(HEX)	BIT7	BIT6	BIT5	BIT4	BIT3	BIT2	BIT1	BIT0
1C	AX_ST_EN	AY_ST_EN	AZ_ST_EN	ACCEL_FS_SEL[1:0]		Reserved		

接下来看看 FIFO 使能寄存器,寄存器地址为 0X23,各位描述如表 5.1.5 所列。该寄存器用于控制 FIFO 使能,在简单读取传感器数据的时候可以不用 FIFO,设置对应位为 0 即可禁止 FIFO,设置为 1 则使能 FIFO。注意,加速度传感器的 3 个轴全由一个位(ACCEL)控制,只要该位置 1,则加速度传感器的 3 个通道都开启 FIFO 了。

表 5.1.5 FIFO 使能寄存器各位描述

寄存器(HEX)	BIT7	BIT6	BIT5	BIT4	BIT3	BIT2	BIT1	BIT0
23	TEMP_OUT	GY_XOUT	GY_YOUT	GY_ZOUT	ACCEL	SLV_2	SLV_1	SLV_0

接下来看陀螺仪采样率分频寄存器,寄存器地址为 0X19,各位描述如表 5.1.6 所

第 5 章　9 轴传感器 MPU9250 实验

列。该寄存器用于设置 MPU9250 的陀螺仪采样频率,计算公式为:

采样频率＝陀螺仪输出频率／(1＋SMPLRT_DIV)

表 5.1.6　陀螺仪采样率分频寄存器各位描述

寄存器(HEX)	BIT7	BIT6	BIT5	BIT4	BIT3	BIT2	BIT1	BIT0
19	SMPLRT_DIV[7:0]							

这里陀螺仪的输出频率是 1 kHz、8 kHz 或 32 kHz,与数字低通滤波器(DLPF)的设置有关,当 FCHOICE[1:0] 不为 11 的时候,频率为 32 kHz。其他情况:当 DLPF_CFG＝0/7 的时候,频率为 8 kHz,否则是 1 kHz。而且 DLPF 滤波频率一般设置为采样率的一半。采样率假定设置为 50 Hz,那么 SMPLRT_DIV＝1 000/50－1＝19。

接下来看配置寄存器,寄存器地址为 0X1A,各位描述如表 5.1.7 所列。这里主要关心数字低通滤波器(DLPF)的设置位,即 DLPF_CFG[2:0],陀螺仪根据这 3 个位的配置进行过滤。DLPF_CFG 不同配置对应的过滤情况如表 5.1.8 所列。

表 5.1.7　配置寄存器各位描述

寄存器(HEX)	BIT7	BIT6	BIT5	BIT4	BIT3	BIT2	BIT1	BIT0
1A	NC	FIFO_MODE	EXT_SYNC_SET[2:0]			DLPF_CFG[2:0]		

表 5.1.8　DLPF_CFG 配置表

FCHOICE[1:0]	DLPF_CFG[2:0]	角速度传感器(陀螺仪)		
		带宽/Hz	延迟/ms	Fs/kHz
x	0	x	8800	0.064	32
0	1	x	3600	0.11	32
1	1	0	250	0.97	8
1	1	1	184	2.9	1
1	1	10	92	3.9	1
1	1	11	41	5.9	1
1	1	100	20	9.9	1
1	1	101	10	17.85	1
1	1	110	5	33.48	1
1	1	111	3600	0.17	8

一般设置角速度传感器的带宽为其采样率的一半,如前面所说的,如果设置采样率为 50 Hz,那么带宽就应该设置为 25 Hz,取近似值 20 Hz,就应该设置 DLPF_CFG＝100。注意,FCHOICE[1:0](通过 0X1B 寄存器配置)必须设置为 11,否则固定 32 kHz 频率且 DLPF_CFG 的配置无效。

接下来看电源管理寄存器 2,寄存器地址为 0X6C,各位描述如表 5.1.9 所列。该寄存器低 6 位有效,分别控制加速度和陀螺仪的 x、y、z 轴是否开启,这里设置全部都开启,所以全部设置为 0 即可。

表 5.1.9　电源管理寄存器 2 各位描述

寄存器（HEX）	BIT7	BIT6	BIT5	BIT4	BIT3	BIT2	BIT1	BIT0
6C	NC	NC	DIS_XA	DIS_YA	DIS_ZA	DIS_XG	DIS_YG	DIS_ZG

接下来看看陀螺仪数据输出寄存器,总共由 6 个寄存器组成,地址为 0X43～0X48。通过读取这 6 个寄存器就可以读到陀螺仪 x、y、z 轴的值,比如 x 轴的数据,可以通过读取 0X43(高 8 位)和 0X44(低 8 位)寄存器得到,其他轴以此类推。

同样,加速度传感器数据输出寄存器也有 6 个,地址为 0X3B～0X40,通过读取这 6 个寄存器就可以读到加速度传感器 x、y、z 轴的值。比如读 x 轴的数据可以通过读取 0X3B(高 8 位)和 0X3C(低 8 位)寄存器得到,其他轴依此类推。

另外,温度传感器的值可以通过读取 0X41(高 8 位)和 0X42(低 8 位)寄存器得到,温度换算公式为:

$$Temperature = 21 + regval/338.87$$

其中,Temperature 为计算得到的温度值,单位为℃;regval 为从 0X41 和 0X42 读到的温度传感器值。

接下来看 AK8963 的控制寄存器 1,寄存器地址为 0X0A,各位描述如表 5.1.10 所列。
其中,BIT 位控制 AK8963 输出位数,0,表示 14 位;1,表示 16 位;一般设置为 1。MODE[3:0]用于控制 AK8963 的工作模式:0000,掉电模式;0001,单次测量模式;0010,连续测量模式 1;0110,连续测量模式 2;0100,外部触发测量模式;1000,自测试模式;1111,Fuse ROM 访问模式;一般设置 MODE[3:0]＝0001,即单次测量模式。

表 5.1.10　AK8963 控制寄存器 1

寄存器（HEX）	BIT7	BIT6	BIT5	BIT4	BIT3	BIT2	BIT1	BIT0
0A	Reserved			BIT	MODE[3:0]			

接下来看 AK8963 的控制寄存器 2,寄存器地址为 0X0B,各位描述如表 5.1.11 所列。该寄存器仅最低位有效,用于控制 AK8963 的软复位。初始化的时候,设置 SRST＝1 即可让 AK8963 进行一次软复位,复位结束后,自动设置为 0。

表 5.1.11　AK8963 控制寄存器 2

寄存器（HEX）	BIT7	BIT6	BIT5	BIT4	BIT3	BIT2	BIT1	BIT0
0B	Reserved							SRST

第 5 章 9 轴传感器 MPU9250 实验

最后看看磁力计数据输出寄存器,总共由 6 个寄存器组成,地址为 0X03～0X08。通过读取这 6 个寄存器就可以读到磁力计 x、y、z 轴的值,比如 x 轴的数据,可以通过读取 0X03(低 8 位)和 0X04(高 8 位)寄存器得到,其他轴依此类推。

MPU9250 的基础介绍就到这里,详细资料和相关寄存器介绍可参考配套资料:7,硬件资料→MPU9250 资料→PS-MPU-9250A-01.pdf 和 RM-MPU-9250A-00.pdf 这两个文档;另外,该目录还提供了部分 MPU9250 的中文资料,供读者参考学习。

5.1.2 DMP 使用简介

经过 5.1.1 小节的介绍可以读出 MPU9250 的加速度传感器和角速度传感器的原始数据,不过这些原始数据对想搞 4 轴之类的初学者来说用处不大,我们期望得到的是姿态数据,也就是欧拉角:航向角(yaw)、横滚角(roll)和俯仰角(pitch)。有了这 3 个角,就可以得到当前 4 轴的姿态,这才是我们想要的结果。

要得到欧拉角数据,就得利用原始数据进行姿态融合解算。这个比较复杂,知识点比较多,初学者不易掌握。MPU9250 自带了数字运动处理器(即 DMP),并且,InvenSense 提供了一个 MPU9250 的嵌入式运动处理库(MPL),二者结合可以将传感器原始数据直接转换成四元数输出。得到四元数之后,就可以很方便地计算出欧拉角,从而得到 yaw、roll 和 pitch。

使用内置的 DMP,大大简化了 4 轴的代码设计,且 MCU 不用进行姿态解算过程,大大降低了 MCU 的负担,使其有更多的时间去处理其他事件,提高了系统实时性。

InvenSense 提供的最新 MPL 库版本为 6.12 版本,它提供了基于 STM32F4 Discovery 板的参考例程(IAR 工程),只需要将它移植到我们的开发板上即可。官方原版驱动在配套资料:7,硬件资料→MPU9250 资料→motion_driver_6.12.zip。解压之后,里面有 MPL 的参考例程(arm/msp430)、LIB 库(mpl libraries)和说明文档(documentation)等资料,读者可以参考 documentation 文件夹下的几个 PDF 教程来学习 MPL 的使用。

官方 MPL 库移植起来还是比较简单的,主要是实现这 4 个函数:i2c_write、i2c_read、delay_ms 和 get_ms。移植后的驱动代码放在本例程→HARDWARE→MPU9250→MPL 文件夹内,包含 4 个文件夹,如图 5.1.3 所示。

图 5.1.3 移植后的驱动库代码

为了方便读者使用该驱动库(MPL),我们在 inv_mpu.c 里面添加了两个函数:mpu_dmp_init 和 mpu_mpl_get_data 函数,这里简单介绍下这两个函数。

mpu_dmp_init 是 MPU9250 DMP 初始化函数,代码如下:

```c
//MPU9250,dmp 初始化
//返回值:0,正常
//    其他,失败
u8 mpu_dmp_init(void)
{
    u8 res = 0;
    struct int_param_s int_param;    unsigned char accel_fsr;
    unsigned short gyro_rate, gyro_fsr;    unsigned short compass_fsr;
    IIC_Init();                       //初始化 IIC 总线
    if(mpu_init(&int_param) == 0)     //初始化 MPU9250
    {
        res = inv_init_mpl();          //初始化 MPL
        if(res)return 1;
        inv_enable_quaternion();
        inv_enable_9x_sensor_fusion();
        inv_enable_fast_nomot();
        inv_enable_gyro_tc();
        inv_enable_vector_compass_cal();
        inv_enable_magnetic_disturbance();
        inv_enable_eMPL_outputs();
        res = inv_start_mpl();         //开启 MPL
        if(res)return 1;
        res = mpu_set_sensors(INV_XYZ_GYRO|INV_XYZ_ACCEL|
                        INV_XYZ_COMPASS);//设置所需要的传感器
        if(res)return 2;
        res = mpu_configure_fifo(INV_XYZ_GYRO | INV_XYZ_ACCEL);    //设置 FIFO
        if(res)return 3;
        res = mpu_set_sample_rate(DEFAULT_MPU_HZ);                 //设置采样率
        if(res)return 4;
        res = mpu_set_compass_sample_rate(1000/COMPASS_READ_MS);   //磁力计采样率
        if(res)return 5;
        mpu_get_sample_rate(&gyro_rate);
        mpu_get_gyro_fsr(&gyro_fsr);
        mpu_get_accel_fsr(&accel_fsr);
        mpu_get_compass_fsr(&compass_fsr);
        inv_set_gyro_sample_rate(1000000L/gyro_rate);
        inv_set_accel_sample_rate(1000000L/gyro_rate);
        inv_set_compass_sample_rate(COMPASS_READ_MS * 1000L);
        inv_set_gyro_orientation_and_scale(
            inv_orientation_matrix_to_scalar(gyro_orientation),(long)gyro_fsr<<15);
        inv_set_accel_orientation_and_scale(
            inv_orientation_matrix_to_scalar(gyro_orientation),(long)accel_fsr<<15);
        inv_set_compass_orientation_and_scale(
            inv_orientation_matrix_to_scalar(comp_orientation),(long)compass_fsr<<15);
        res = dmp_load_motion_driver_firmware();    //加载 dmp 固件
        if(res)return 6;
        res = dmp_set_orientation(inv_orientation_matrix_to_scalar(gyro_orientation));
        //设置陀螺仪方向
```

```
            if(res)return 7;
            res = dmp_enable_feature(DMP_FEATURE_6X_LP_QUAT|DMP_FEATURE_TAP|
            DMP_FEATURE_ANDROID_ORIENT|DMP_FEATURE_SEND_RAW_ACCEL|
            DMP_FEATURE_SEND_CAL_GYRO|DMP_FEATURE_GYRO_CAL);
            //设置 dmp 功能
            if(res)return 8;
            res = dmp_set_fifo_rate(DEFAULT_MPU_HZ);      //设置 DMP 输出速率(不超过 200 Hz)
            if(res)return 9;
            res = run_self_test();                         //自检
            if(res)return 10;
            res = mpu_set_dmp_state(1);                    //使能 DMP
            if(res)return 11;
        }
        return 0;
    }
```

此函数首先通过 IIC_Init(须外部提供)初始化与 MPU9250 连接的 I²C 接口,然后调用 mpu_init 函数;初始化 MPU9250 之后就是设置 DMP 所用传感器、FIFO、采样率和加载固件等一系列操作;在所有操作都正常之后,最后通过 mpu_set_dmp_state(1)使能 DMP 功能,使能成功以后便可以通过 mpu_mpl_get_data 来读取姿态解算后的数据了。

mpu_mpl_get_data 函数代码如下:

```
//得到 mpl 处理后的数据(注意,本函数需要比较多堆栈,局部变量有点多)
//pitch:俯仰角精度:0.1°范围:-90.0°<---->+90.0°
//roll:横滚角精度:0.1°范围:-180.0°<---->+180.0°
//yaw:航向角精度:0.1°范围:-180.0°<---->+180.0°
//返回值:0,正常
//     其他,失败
u8 mpu_mpl_get_data(float *pitch,float *roll,float *yaw)
{
    unsigned long sensor_timestamp,timestamp;
    short gyro[3], accel_short[3],compass_short[3],sensors;
    unsigned char more;
    long compass[3],accel[3],quat[4],temperature;
    long data[9];       int8_t accuracy;
    if(dmp_read_fifo(gyro, accel_short, quat, &sensor_timestamp, &sensors,&more))return 1;
    if(sensors&INV_XYZ_GYRO)
    {
        inv_build_gyro(gyro,sensor_timestamp);            //把新数据发送给 MPL
        mpu_get_temperature(&temperature,&sensor_timestamp);
        inv_build_temp(temperature,sensor_timestamp);    //发温度值给 MPL,仅陀螺仪需要
    }
    if(sensors&INV_XYZ_ACCEL)
    {
        accel[0] = (long)accel_short[0];          accel[1] = (long)accel_short[1];
accel[2] = (long)accel_short[2];
        inv_build_accel(accel,0,sensor_timestamp);         //把加速度值发给 MPL
    }
    if(!mpu_get_compass_reg(compass_short, &sensor_timestamp))
    {
        compass[0] = (long)compass_short[0];      compass[1] = (long)compass_short[1];
```

```
        compass[2] = (long)compass_short[2];
        inv_build_compass(compass,0,sensor_timestamp);//把磁力计值发给 MPL
    }
    inv_execute_on_data();
    inv_get_sensor_type_euler(data,&accuracy,&timestamp);
    * roll   = (data[0]/q16);   * pitch = -(data[1]/q16);   * yaw = - data[2] / q16;
    return 0;
}
```

此函数用于得到 DMP 姿态解算后的俯仰角、横滚角和航向角。不过本函数局部变量有点多，在使用的时候如果死机，须设置堆栈大一点（在 startup_stm32f767xx.s 里面设置，默认是 800）。

利用这两个函数就可以读取到姿态解算后的欧拉角，使用非常方便。DMP 部分就介绍到这里。

5.2 硬件设计

本实验采用 STM32F767 的 2 个普通 I/O 连接 MPU9250(I^2C)，功能简介：程序先初始化 MPU9250 等外设，然后利用 MPL 库初始化 MPU9250 及使能 DMP，最后，在死循环里面不停读取温度传感器、加速度传感器、陀螺仪、磁力计、MPL 姿态解算后的欧拉角等数据，并通过串口上报给上位机（温度不上报）。利用上位机软件（ANO_TC 匿名科创地面站 v4.exe）可以实时显示 MPU9250 的传感器状态曲线，并显示 3D 姿态。可以通过 KEY0 按键开启、关闭数据上传功能。同时，在 LCD 模块上面显示温度和欧拉角等信息。用 DS0 来指示程序正在运行。

所要用到的硬件资源如下：指示灯 DS0、KEY0 按键、LCD 模块、串口、MPU9250。前 4 个在之前的实例已经介绍过了，这里仅介绍 MPU9250 与阿波罗 STM32F767 开发板的连接。该接口与 MCU 的连接原理图如图 5.2.1 所示。

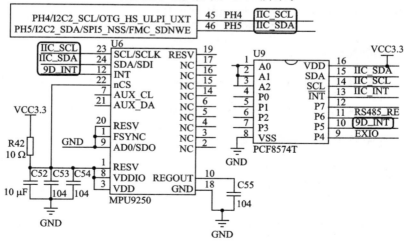

图 5.2.1　MPU9250 与 STM32F767 的连接电路图

第 5 章 9 轴传感器 MPU9250 实验

可以看出，MPU9250 的 SCL、SDA 与 STM32F767 开发板的 PH4、PH5 连接，与 24C02 等共用 I²C 总线。图中，AD0 接 GND，所以 MPU9250 的器件地址是 0X68。

注意，9D_INT 信号是连接在 PCF8574T 的 P5 脚上的，并没有直接连接到 MCU，所以，在需要读取 9D_INT 的时候，需要先初始化 PCF8574T。不过，本例程用不到 9D_INT，所以，可以不初始化 PCF8574T，直接通过 I²C 总线读取数据即可。

5.3 软件设计

打开本章实验工程可以看到，我们在 HARDWARE 分组之下添加了 MPU9250 驱动源文件 mpu9250.c，并且包含了其对应的头文件 mpu9250.h。同时，将 MPL 驱动库代码（见配套资料例程源码：实验 35 MPU9250 九轴传感器实验\HARDWARE\MPU9250\MPL 目录）添加到新建的 MPL 分组之下。工程结构如图 5.3.1 所示。

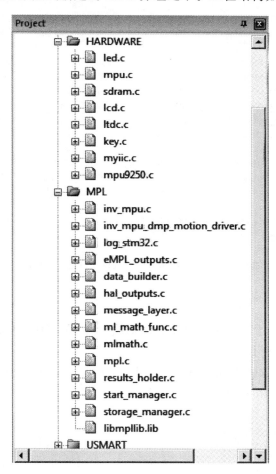

图 5.3.1 MPU9250 工程结构图

注意,MPL 代码要求 MDK Options for Target 的 C/C++选项卡里面必须选中 C99 模式,否则编译出错。

由于篇幅所限,MPL 部分的代码就不详细介绍了,读者可参考 motion_driver_6.12.zip 里面的相关教程进行学习。这里仅介绍 mpu9250.c 里面的部分函数,首先是 MPU_Init,该函数代码如下:

```c
//初始化 MPU9250
//返回值:0,成功
//其他,错误代码
u8 MPU9250_Init(void)
{
    u8 res = 0;
    IIC_Init();              //初始化 IIC 总线
    MPU_Write_Byte(MPU9250_ADDR,MPU_PWR_MGMT1_REG,0X80);//复位 MPU9250
    delay_ms(100);           //延时 100ms
    MPU_Write_Byte(MPU9250_ADDR,MPU_PWR_MGMT1_REG,0X00);//唤醒 MPU9250
    MPU_Set_Gyro_Fsr(3);                            //陀螺仪传感器,±2 000 dps
    MPU_Set_Accel_Fsr(0);                           //加速度传感器,±2g
    MPU_Set_Rate(50);                               //设置采样率 50 Hz
    MPU_Write_Byte(MPU9250_ADDR,MPU_INT_EN_REG,0X00);//关闭所有中断
    MPU_Write_Byte(MPU9250_ADDR,MPU_USER_CTRL_REG,0X00);//主模式关闭
    MPU_Write_Byte(MPU9250_ADDR,MPU_FIFO_EN_REG,0X00);  //关闭 FIFO
    MPU_Write_Byte(MPU9250_ADDR,MPU_INTBP_CFG_REG,0X82);//INT 低有效
    res = MPU_Read_Byte(MPU9250_ADDR,MPU_DEVICE_ID_REG);    //读 MPU6500 ID
    if(res == MPU6500_ID)  //器件 ID 正确
    {
        MPU_Write_Byte(MPU9250_ADDR,MPU_PWR_MGMT1_REG,0X01);//X 轴参考
        MPU_Write_Byte(MPU9250_ADDR,MPU_PWR_MGMT2_REG,0X00);//都工作
        MPU_Set_Rate(50);                           //设置采样率为 50 Hz
    }else return 1;
    res = MPU_Read_Byte(AK8963_ADDR,MAG_WIA);       //读取 AK8963 ID
    if(res == AK8963_ID)
    {
        MPU_Write_Byte(AK8963_ADDR,MAG_CNTL1,0X11);//AK8963 单次测量模式
    }else return 1;
    return 0;
}
```

该函数就是按 5.1.1 小节介绍的方法对 MPU9250 进行初始化,该函数执行成功后便可以读取传感器数据了。

然后再看 MPU_Get_Temperature、MPU_Get_Gyroscope、MPU_Get_Accelerometer 和 MPU_Get_Magnetometer 这 4 个函数,源码如下:

```c
//得到温度值
//返回值:温度值(扩大了 100 倍)
short MPU_Get_Temperature(void)
{
    u8 buf[2];
    short raw;
    float temp;
```

```c
    MPU_Read_Len(MPU9250_ADDR,MPU_TEMP_OUTH_REG,2,buf);
    raw = ((u16)buf[0]<<8)|buf[1];
    temp = 21 + ((double)raw)/333.87;
    return temp * 100;;
}
//得到陀螺仪值(原始值)
//gx,gy,gz:陀螺仪 x,y,z 轴的原始读数(带符号)
//返回值:0,成功
//    其他,错误代码
u8 MPU_Get_Gyroscope(short * gx,short * gy,short * gz)
{
    u8 buf[6],res;
    res = MPU_Read_Len(MPU9250_ADDR,MPU_GYRO_XOUTH_REG,6,buf);
    if(res == 0)
    {
        * gx = ((u16)buf[0]<<8)|buf[1];
        * gy = ((u16)buf[2]<<8)|buf[3];
        * gz = ((u16)buf[4]<<8)|buf[5];
    }
    return res;;
}
//得到加速度值(原始值)
//gx,gy,gz:陀螺仪 x,y,z 轴的原始读数(带符号)
//返回值:0,成功
//    其他,错误代码
u8 MPU_Get_Accelerometer(short * ax,short * ay,short * az)
{
    u8 buf[6],res;
    res = MPU_Read_Len(MPU9250_ADDR,MPU_ACCEL_XOUTH_REG,6,buf);
    if(res == 0)
    {
        * ax = ((u16)buf[0]<<8)|buf[1];
        * ay = ((u16)buf[2]<<8)|buf[3];
        * az = ((u16)buf[4]<<8)|buf[5];
    }
    return res;;
}
//得到磁力计值(原始值)
//mx,my,mz:磁力计 x,y,z 轴的原始读数(带符号)
//返回值:0,成功
//    其他,错误代码
u8 MPU_Get_Magnetometer(short * mx,short * my,short * mz)
{
    u8 buf[6],res;
    res = MPU_Read_Len(AK8963_ADDR,MAG_XOUT_L,6,buf);
    if(res == 0)
    {
        * mx = ((u16)buf[1]<<8)|buf[0];
        * my = ((u16)buf[3]<<8)|buf[2];
        * mz = ((u16)buf[5]<<8)|buf[4];
    }
```

```
        MPU_Write_Byte(AK8963_ADDR,MAG_CNTL1,0X11);
        //AK8963每次读完以后都需要重新设置为单次测量模式
        return res;;
}
```

其中,MPU_Get_Temperature 用于获取 MPU9250 自带温度传感器的温度值,MPU_Get_Gyroscope、MPU_Get_Accelerometer 和 MPU_Get_Magnetometer 分别用于读取陀螺仪、加速度传感器和磁力计的原始数据。

最后看 MPU_Write_Len 和 MPU_Read_Len 这两个函数,代码如下:

```
//IIC连续写
//addr:器件地址
//reg:寄存器地址
//len:写入长度
//buf:数据区
//返回值:0,正常
//      其他,错误代码
u8 MPU_Write_Len(u8 addr,u8 reg,u8 len,u8 *buf)
{
    u8 i;
    IIC_Start();
    IIC_Send_Byte((addr<<1)|0);             //发送器件地址+写命令
    if(IIC_Wait_Ack()){IIC_Stop();return 1;} //等待应答
    IIC_Send_Byte(reg);                      //写寄存器地址
    IIC_Wait_Ack();                          //等待应答
    for(i=0;i<len;i++)
    {
        IIC_Send_Byte(buf[i]);               //发送数据
        if(IIC_Wait_Ack()){IIC_Stop();return 1;} //等待应答
    }
    IIC_Stop();
    return 0;
}
//IIC连续读
//addr:器件地址
//reg:要读取的寄存器地址
//len:要读取的长度
//buf:读取到的数据存储区
//返回值:0,正常
//      其他,错误代码
u8 MPU_Read_Len(u8 addr,u8 reg,u8 len,u8 *buf)
{
    IIC_Start();
    IIC_Send_Byte((addr<<1)|0);             //发送器件地址+写命令
    if(IIC_Wait_Ack()){IIC_Stop();return 1;} //等待应答
    IIC_Send_Byte(reg);                      //写寄存器地址
    IIC_Wait_Ack();                          //等待应答
    IIC_Start();
    IIC_Send_Byte((addr<<1)|1);             //发送器件地址+读命令
    IIC_Wait_Ack();                          //等待应答
    while(len)
```

```
    {
        if(len == 1) * buf = IIC_Read_Byte(0);          //读数据,发送 nACK
        else * buf = IIC_Read_Byte(1);                  //读数据,发送 ACK
        len -- ;
        buf ++ ;
    }
    IIC_Stop();                     //产生一个停止条件
    return 0;
}
```

MPU_Write_Len 用于指定器件和地址,连续写数据,可用于实现 MPL 部分的 i2c_write 函数。MPU_Read_Len 用于指定器件和地址,连续读数据,可用于实现 MPL 部分的 i2c_read 函数。这里实现了 MPL 移植部分的 2 个函数,剩下的 delay_ms 直接采用 delay.c 里面的 delay_ms 实现,get_ms 则直接提供一个空函数即可。

最后看看 main.c 内容,代码如下:

```
//串口 1 发送一个字符
//c:要发送的字符
void usart1_send_char(u8 c)
{
    while(__HAL_UART_GET_FLAG(&UART1_Handler,UART_FLAG_TC) == RESET){};
    USART1 ->TDR = c;
}
//传送数据给匿名 4 轴地面站(V4 版本)
//fun:功能字. 0X01~0X1C
//data:数据缓存区,最多 28 字节
//len:data 区有效数据个数
void usart1_niming_report(u8 fun,u8 * data,u8 len)
{
    u8 send_buf[32];        u8 i;
    if(len>28)return;                                   //最多 28 字节数据
    send_buf[len + 3] = 0      ;                        //校验数置零
    send_buf[0] = 0XAA;                                 //帧头
    send_buf[1] = 0XAA;                                 //帧头
    send_buf[2] = fun;                                  //功能字
    send_buf[3] = len;                                  //数据长度
    for(i = 0;i<len;i ++ )send_buf[4 + i] = data[i];    //复制数据
    for(i = 0;i<len + 4;i ++ )send_buf[len + 4] + = send_buf[i];   //计算校验和
    for(i = 0;i<len + 5;i ++ )usart1_send_char(send_buf[i]);       //发送数据到串口 1
}
//发送加速度传感器数据 + 陀螺仪数据(传感器帧)
//aacx,aacy,aacz:x,y,z 这 3 个方向上面的加速度值
//gyrox,gyroy,gyroz:x,y,z 这 3 个方向上面的陀螺仪值
void mpu9250_send_data(short aacx,short aacy,short aacz,short gyrox,short gyroy,short gyroz)
{
    u8 tbuf[18];
    tbuf[0] = (aacx >>8)&0XFF;
    tbuf[1] = aacx&0XFF;
    tbuf[2] = (aacy >>8)&0XFF;
    tbuf[3] = aacy&0XFF;
```

```c
        tbuf[4] = (aacz>>8)&0XFF;
        tbuf[5] = aacz&0XFF;
        tbuf[6] = (gyrox>>8)&0XFF;
        tbuf[7] = gyrox&0XFF;
        tbuf[8] = (gyroy>>8)&0XFF;
        tbuf[9] = gyroy&0XFF;
        tbuf[10] = (gyroz>>8)&0XFF;
        tbuf[11] = gyroz&0XFF;
        tbuf[12] = 0;//开启 MPL 后,无法直接读取磁力计数据,所以这里直接屏蔽掉.用 0 替代
        tbuf[13] = 0;    tbuf[14] = 0;    tbuf[15] = 0;    tbuf[16] = 0;    tbuf[17] = 0;
        usart1_niming_report(0X02,tbuf,18);//传感器帧,0X02
}
//通过串口 1 上报结算后的姿态数据给计算机(状态帧)
//roll:横滚角.单位 0.01 度。-18000 ->18000 对应 -180.00 -> 180.00 度
//pitch:俯仰角.单位 0.01 度。-9000 - 9000 对应 -90.00 ->90.00 度
//yaw:航向角.单位为 0.1 度 0 ->3600 对应 0 ->360.0 度
//csb:超声波高度,单位:cm
//prs:气压计高度,单位:mm
void usart1_report_imu(short roll,short pitch,short yaw,short csb,int prs)
{
        u8 tbuf[12];
        tbuf[0] = (roll>>8)&0XFF;
        tbuf[1] = roll&0XFF;
        tbuf[2] = (pitch>>8)&0XFF;
        tbuf[3] = pitch&0XFF;
        tbuf[4] = (yaw>>8)&0XFF;
        tbuf[5] = yaw&0XFF;
        tbuf[6] = (csb>>8)&0XFF;
        tbuf[7] = csb&0XFF;
        tbuf[8] = (prs>>24)&0XFF;
        tbuf[9] = (prs>>16)&0XFF;
        tbuf[10] = (prs>>8)&0XFF;
        tbuf[11] = prs&0XFF;
        usart1_niming_report(0X01,tbuf,12);//状态帧,0X01
}
int main(void)
{
        u8 t = 0,report = 1;              //默认开启上报
        u8 key;
        float pitch,roll,yaw;             //欧拉角
        short aacx,aacy,aacz;             //加速度传感器原始数据
        short gyrox,gyroy,gyroz;          //陀螺仪原始数据
        short temp;                       //温度
        Cache_Enable();                   //打开 L1 - Cache
        MPU_Memory_Protection();          //保护相关存储区域
        HAL_Init();                       //初始化 HAL 库
        Stm32_Clock_Init(432,25,2,9);     //设置时钟,216 MHz
        delay_init(180);                  //初始化延时函数
        …//此处省略部分初始化代码
        while(mpu_dmp_init())
        {
```

```c
            LCD_ShowString(30,130,200,16,16,"MPU9250 Error");delay_ms(200);
            LCD_Fill(30,130,239,130+16,WHITE);delay_ms(200);
            LED0_Toggle;        //DS0 闪烁
    }
    LCD_ShowString(30,130,200,16,16,"MPU9250 OK");
    LCD_ShowString(30,150,200,16,16,"KEY0:UPLOAD ON/OFF");
    POINT_COLOR = BLUE;         //设置字体为蓝色
    LCD_ShowString(30,170,200,16,16,"UPLOAD ON ");
    LCD_ShowString(30,200,200,16,16," Temp:      . C");
    LCD_ShowString(30,220,200,16,16,"Pitch:      . C");
    LCD_ShowString(30,240,200,16,16," Roll:      . C");
    LCD_ShowString(30,260,200,16,16,"  Yaw:      . C");
    while(1)
    {
        key = KEY_Scan(0);
        if(key == KEY0_PRES)
        {
            report = ! report;
            if(report)LCD_ShowString(30,170,200,16,16,"UPLOAD ON ");
            else LCD_ShowString(30,170,200,16,16,"UPLOAD OFF");
        }
        if(mpu_mpl_get_data(&pitch,&roll,&yaw) == 0)
        {
            temp = MPU_Get_Temperature();//得到温度值
            MPU_Get_Accelerometer(&aacx,&aacy,&aacz);      //得到加速度传感器数据
            MPU_Get_Gyroscope(&gyrox,&gyroy,&gyroz);       //得到陀螺仪数据
            if(report)mpu9250_send_data(aacx,aacy,aacz,gyrox,gyroy,gyroz);
                                                           //发送加速度+陀螺仪原始数据
            if(report)usart1_report_imu((int)(roll * 100),(int)(pitch * 100),(int)
                                (yaw * 100),0,0);
            if((t % 10) == 0)
            {
                if(temp<0)
                {
                    LCD_ShowChar(30+48,200,'-',16,0);       //显示负号
                    temp = - temp;                           //转为正数
                }else LCD_ShowChar(30+48,200,' ',16,0);     //去掉负号
                LCD_ShowNum(30+48+8,200,temp/100,3,16);     //显示整数部分
                LCD_ShowNum(30+48+40,200,temp%10,1,16);     //显示小数部分
                temp = pitch * 10;
                if(temp<0)
                {
                    LCD_ShowChar(30+48,220,'-',16,0);       //显示负号
                    temp = - temp;                           //转为正数
                }else LCD_ShowChar(30+48,220,' ',16,0);     //去掉负号
                LCD_ShowNum(30+48+8,220,temp/10,3,16);      //显示整数部分
                LCD_ShowNum(30+48+40,220,temp%10,1,16);     //显示小数部分
                temp = roll * 10;
                if(temp<0)
                {
                    LCD_ShowChar(30+48,240,'-',16,0);       //显示负号
```

```
                temp = - temp;                            //转为正数
            }else LCD_ShowChar(30 + 48,240,' ',16,0);     //去掉负号
            LCD_ShowNum(30 + 48 + 8,240,temp/10,3,16);    //显示整数部分
            LCD_ShowNum(30 + 48 + 40,240,temp % 10,1,16); //显示小数部分
            temp = yaw * 10;
            if(temp<0)
            {
                LCD_ShowChar(30 + 48,260,'-',16,0);       //显示负号
                temp = - temp;                            //转为正数
            }else LCD_ShowChar(30 + 48,260,' ',16,0);     //去掉负号
            LCD_ShowNum(30 + 48 + 8,260,temp/10,3,16);    //显示整数部分
            LCD_ShowNum(30 + 48 + 40,260,temp % 10,1,16); //显示小数部分
            t = 0;
            LED0_Toggle;                                  //DS0 闪烁
        }
    }
    t ++;
    }
}
```

此部分代码除了 main 函数,还有几个函数,用于上报数据给上位机软件,利用上位机软件显示传感器波形以及 3D 姿态显示,有助于更好地调试 MPU9250。上位机软件使用 ANO_TC 匿名科创地面站 v4.exe,该软件在开发板配套资料→6,软件资料→软件→匿名地面站文件夹里面可以找到,该软件的使用方法见该文件夹下的"飞控通信协议 v1.3 - 0720.pdf"。其中,usart1_niming_report 函数用于将数据打包、计算校验和,然后上报给匿名地面站软件。MPU9250_send_data 函数用于上报加速度和陀螺仪的原始数据,可用于波形显示传感器数据,通过传感器帧(02H)发送。usart1_report_imu 函数用于上报飞控显示帧,可以实时 3D 显示 MPU9250 的姿态、传感器数据等,通过状态帧(01H)发送。

main 函数比较简单,看代码即可。注意,为了高速上传数据,这里将串口 1 的波特率设置为 500 kbps 了,测试的时候要注意。

至此,软件设计部分就结束了。

5.4 下载验证

编译成功之后,下载代码到 ALIENTEK 阿波罗 STM32 开发板上,可以看到,LCD 显示如图 5.4.1 所示的内容。

屏幕显示了 MPU9250 的温度、俯仰角(pitch)、横滚角(roll)和航向角(yaw)的数值。然后,我们可以晃动开发板查看各角度的变化。

另外,按 KEY0 可以开启或关闭数据上报,开启状态下,我们可以打开 ANO_TC 匿名科创

图 5.4.1 程序运行时 LCD 显示内容

第 5 章　9 轴传感器 MPU9250 实验

地面站 v4.exe，这个软件接收 STM32F767 上传的数据，从而图形化显示传感器数据以及飞行姿态，如图 5.4.2 和图 5.4.3 所示。

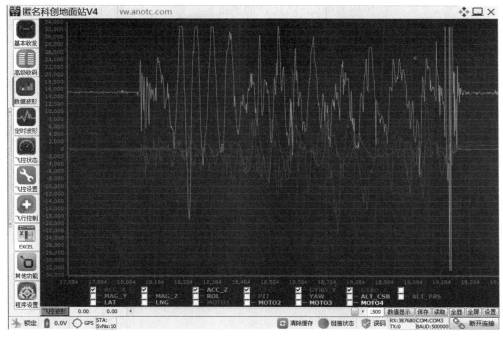

图 5.4.2　传感器数据波形显示

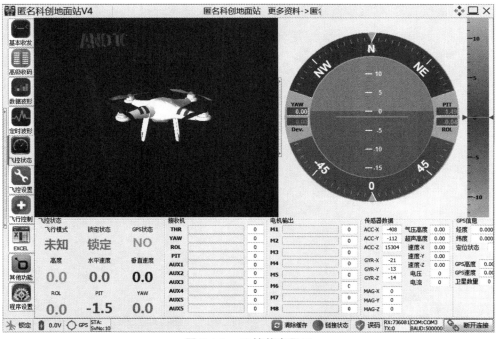

图 5.4.3　飞控状态显示

图 5.4.2 就是波形化显示通过 MPU9250_send_data 函数发送的数据,采用传感器帧(02)发送,总共有 6 条线(ACC_X、ACC_Y、ACC_Z、GYRO_X、GYRO_Y 和 GYRO_Z)显示波形,全部来自传感器帧,分别代表加速度传感器 x、y、z 和角速度传感器(陀螺仪)x、y、z 方向的原始数据(注意,须把选项"程序设置→上位机设置→数据校验"设置为 Off,否则可能看不到数据和飞控状态变化)。

图 5.4.3 则 3D 显示了我们开发板的姿态,通过 usart1_report_imu 函数发送的数据显示,采用状态帧(01)上传,同时还显示了加速度陀螺仪等传感器的原始数据。

第 6 章

无线通信实验

ALIENTKE 阿波罗 STM32F767 开发板带有一个无线模块(WIRELESS)接口,采用 8 脚插针方式与开发板连接,可以用来连接 NRF24L01、WIFI 等无线模块。本章将以 NRF24L01 模块为例介绍如何在 ALIENTEK 阿波罗 STM32 开发板上实现无线通信。本章将使用两块阿波罗 STM32F767 开发板,一块用于发送收据,另外一块用于接收,从而实现无线数据传输。

6.1 SPI & NRF24L01 无线模块简介

本章将通过 STM32F767 的 SPI 接口来驱动 NRF24L01 无线模块,接下来将分别介绍 STM32F7 的 SPI 接口和 NRF24L01 无线模块。

6.1.1 SPI 接口简介

SPI 是 Serial Peripheral interface 的缩写,顾名思义就是串行外围设备接口,是原 Freescale 首先在其 MC68HCXX 系列处理器上定义的。SPI 接口主要应用在 EEPROM、Flash、实时时钟、A/D 转换器,还有数字信号处理器和数字信号解码器之间。

SPI 是一种高速的、全双工、同步的通信总线,并且在芯片的引脚上只占用 4 根线,节约了芯片的引脚,同时为 PCB 的布局上节省空间,提供方便。正是出于这种简单易用的特性,现在越来越多的芯片集成了这种通信协议,STM32F767 也有 SPI 接口。

SPI 接口一般使用 4 条线通信:
- MISO 主设备数据输入,从设备数据输出。
- MOSI 主设备数据输出,从设备数据输入。
- SCLK 时钟信号,由主设备产生。
- CS 从设备片选信号,由主设备控制。

SPI 主要特点有:可以同时发出和接收串行数据,可以当作主机或从机工作,提供频率可编程时钟、发送结束中断标志、写冲突保护、总线竞争保护等。

SPI 模块为了和外设进行数据交换,根据外设工作要求,可以对输出串行同步时钟极性和相位进行配置,时钟极性(CPOL)对传输协议没有重大的影响。如果 CPOL=0,串行同步时钟的空闲状态为低电平;如果 CPOL=1,串行同步时钟的空闲状态为高电平。时钟相位(CPHA)能够配置并用于选择两种不同的传输协议之一进行数据传输。如果 CPHA=0,则在串行同步时钟的第一个跳变沿(上升或下降)数据被采样;如果 CPHA=1,则在串行同步时钟的第二个跳变沿(上升或下降)数据被采样。SPI 主模块和与之通信的外设备时钟相位和极性应该一致。

不同时钟相位下的总线数据传输时序如图 6.1.1 所示。

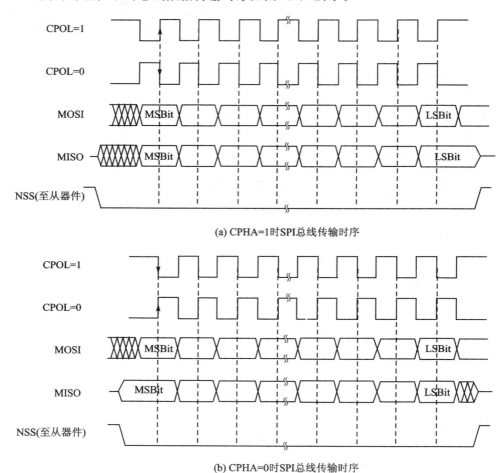

图 6.1.1　不同时钟相位下的总线传输时序(CPHA＝0/1)

对于 STM32F7 来说,SPI 的 MSB 和 LSB 是可以配置的,通过 SPI_CR1 的 LSBFIRST 位进行控制。当该位为 1 时,表示 LSB 在前;当该位为 0 时,表示 MSB 在前。

STM32F7 的 SPI 功能很强大,SPI 时钟最高可以到 54 MHz,支持 DMA,可以配置为 SPI 协议或者 I^2S 协议(支持全双工 I^2S)。

本章将使用 STM32F767 的 SPI 来驱动 NRF24L01 无线模块。这里只简单介绍一下 SPI 的使用,详细介绍可参考《STM32F7 中文参考手册》第 965 页 32 节。

本章使用 STM32F767 的 SPI2 来驱动 NRF24L01,HAL 库中的 SPI 相关函数定

第6章 无线通信实验

义分布在源文件 stm32f7xx_hal_spi.c 和对应的头文件 stm32f7xx_hal_spi.h 中。下面就来看看 STM32F767 的 SPI2 主模式配置步骤：

① 配置相关引脚的复用功能，使能 SPI2 时钟。

要用 SPI2，第一步就要使能 SPI2 的时钟，SPI2 的时钟通过 APB1ENR 的第 14 位来设置。其次，要设置 SPI2 的相关引脚为复用（AF5）输出，这样才会连接到 SPI2 上。这里使用的是 PB13、14、15 这 3 个（而 SCK、MISO、MOSI，CS 使用软件管理方式），所以设置这 3 个为复用 I/O，复用功能为 AF5。

HAL 库中，SPI2 时钟使能方法如下：

```
__HAL_RCC_SPI2_CLK_ENABLE();//使能 SPI2 时钟
```

和串口等其他外设一样，HAL 库同样提供了 SPI 的初始化回调函数来编写与 MCU 相关的配置：

```
void HAL_SPI_MspInit(SPI_HandleTypeDef * hspi);
```

② 初始化 SPI2，设置 SPI2 工作模式等。

这一步全部通过 SPI2_CR1 来设置，这里设置 SPI2 为主机模式、数据格式为 8 位，然后通过 CPOL 和 CPHA 位来设置 SCK 时钟极性及采样方式，并设置 SPI2 的时钟频率（最大 54 MHz），以及数据的格式（MSB 在前还是 LSB 在前）。库函数中初始化 SPI 的函数为：

```
HAL_StatusTypeDef HAL_SPI_Init(SPI_HandleTypeDef * hspi);
```

该函数只有一个入口参数 hspi，为 SPI_HandleTypeDef 结构体指针类型，该结构体定义如下：

```
typedef struct __SPI_HandleTypeDef
{
  SPI_TypeDef                *Instance;        //外设寄存器基地址
  SPI_InitTypeDef            Init;             //初始化结构体
  uint8_t                    *pTxBuffPtr;      //发送缓存
  uint16_t                   TxXferSize;       //发送数据大小
  uint16_t                   TxXferCount;      //还剩余多少个数据要发送
  uint8_t                    *pRxBuffPtr;      //接收缓存
  uint16_t                   RxXferSize;       //接收数据大小
  uint16_t                   RxXferCount;      //还剩余多少个数据要接收
  DMA_HandleTypeDef          *hdmatx;          //DMA 发送句柄
  DMA_HandleTypeDef          *hdmarx;          //DMA 接收句柄
  void                       (* RxISR)(struct __SPI_HandleTypeDef * hspi);
  void                       (* TxISR)(struct __SPI_HandleTypeDef * hspi);
  HAL_LockTypeDef            Lock;
  __IO HAL_SPI_StateTypeDef  State;
  __IO uint32_t              ErrorCode;
}SPI_HandleTypeDef;
```

该结构体成员变量较多。成员变量 Instance 用来设置外设寄存器基地址，对于 SPI2，我们设置为宏定义标识符 SPI2 即可。成员变量 pTxBuffPtr、TxXferSize 和

TxXferCount 用来设置 SPI 发送缓存、发送数据量和发送剩余数据量。成员变量 pRx-BuffPtr、RxXferSize 和 RxXferCount 用来设置接收缓存、接收数据量和接收剩余数据量。CRCSize 用来设置 CRC 校验字节数。hdmatx 和 hdmarx 是 DMA 处理句柄。RxISR 和 TxISR 是函数指针,用来指向 SPI 的接收和发送中断处理函数。这里着重讲解第二个成员变量 Init,该成员变量用来初始化 SPI 时序和工作模式等。Init 成员变量是 SPI_InitTypeDef 结构体类型,该结构体定义如下:

```
typedef struct
{
    uint32_t Mode;                  //模式:主(SPI_MODE_MASTER),从(SPI_MODE_SLAVE)
    uint32_t Direction;             //方式:只接收模式,单线双向通信数据模式,全双工
    uint32_t DataSize;              //8 位还是 16 位帧格式选择项
    uint32_t CLKPolarity;           //时钟极性
    uint32_t CLKPhase;              //时钟相位
    uint32_t NSS;                   //SS 信号由硬件(NSS 引脚)还是软件控制
    uint32_t BaudRatePrescaler;     //设置 SPI 波特率预分频值
    uint32_t FirstBit;              //起始位是 MSB 还是 LSB
    uint32_t TIMode;                //帧格式 SPI motorola 模式还是 TI 模式
    uint32_t CRCCalculation;        //硬件 CRC 是否使能
    uint32_t CRCPolynomial;         //CRC 多项式
    uint32_t CRCLength;
    uint32_t NSSPMode;
}SPI_InitTypeDef;
```

这里结构体成员变量比较多,接下来简单讲解一下:

Mode:用来设置 SPI 的主从模式,这里设置为主机模式 SPI_MODE_MASTER,当然也可以选择为从机模式 SPI_MODE_SLAVE。

Direction:用来设置 SPI 的通信方式,可以选择为半双工、全双工以及串行发、串行收方式,这里选择全双工模式 SPI_DIRECTION_2LINES。

DataSize:为 8 位还是 16 位帧格式选择项,这里是 8 位传输,选择 SPI_DATASIZE_8BIT。

CLKPolarity:用来设置时钟极性,我们设置串行同步时钟的空闲状态为高电平,所以选择 SPI_POLARITY_HIGH。

CLKPhase:用来设置时钟相位,也就是选择在串行同步时钟的第几个跳变沿(上升或下降)数据被采样,可以为第一个或者第二个条边沿采集,这里选择第二个跳变沿,所以选择 SPI_PHASE_2EDGE。

NSS:设置 NSS 信号由硬件(NSS 引脚)还是软件控制,这里通过软件控制 NSS 关键,而不是硬件自动控制,所以选择 SPI_NSS_SOFT。

SPI_BaudRatePrescaler:设置 SPI 波特率预分频值,也就是决定 SPI 的时钟的参数,从 2 分频~256 分频的 8 个可选值,初始化的时候选择 256 分频值 SPI_BAUDRATEPRESCALER_256,传输速度为 108 MHz/256=421.875 kHz。

FirstBit:设置数据传输顺序是 MSB 位在前还是 LSB 位在前,这里选择 SPI_FIRSTBIT_MSB 高位在前。

TIMode:用来设置 TI 模式使能还是禁止,这里禁止即可。

CRCCalculation、CRCPolynomial 和 CRCLength:分别用来设置使能/禁止 CRC 校验、CRC 校验多项式以及 CRC 校验的长度。

NSSPMode:用来设置在连续传输时,是否允许 SPI 在两个连续数据间产生 NSS 脉冲。

设置好上面参数后就可以初始化 SPI 外设了。初始化的范例格式为:

```
SPI2_Handler.Instance = SPI2;                                    //SP2
SPI2_Handler.Init.Mode = SPI_MODE_MASTER;                        //设置 SPI 工作模式,设置为主模式
SPI2_Handler.Init.Direction = SPI_DIRECTION_2LINES;              // SPI 设置为双线模式
SPI2_Handler.Init.DataSize = SPI_DATASIZE_8BIT;                  // SPI 发送接收 8 位帧结构
SPI2_Handler.Init.CLKPolarity = SPI_POLARITY_HIGH;               //时钟的空闲状态为高电平
SPI2_Handler.Init.CLKPhase = SPI_PHASE_2EDGE;                    //同步时钟的第二个跳变沿数据采样
SPI2_Handler.Init.NSS = SPI_NSS_SOFT;                            //内部 NSS 信号有 SSI 位控制
SPI2_Handler.Init.BaudRatePrescaler = SPI_BAUDRATEPRESCALER_256; //波特率 256 分频
SPI2_Handler.Init.FirstBit = SPI_FIRSTBIT_MSB;                   //数据传输从 MSB 位开始
SPI2_Handler.Init.TIMode = SPI_TIMODE_DISABLE;                   //关闭 TI 模式
SPI2_Handler.Init.CRCCalculation = SPI_CRCCALCULATION_DISABLE;   //关闭 CRC 校验
SPI2_Handler.Init.CRCPolynomial = 7;                             //CRC 值计算的多项式
HAL_SPI_Init(&SPI2_Handler);                                     //初始化 SPI2
```

③ 使能 SPI1。

这一步通过 SPI1_CR1 的 bit6 来设置,以启动 SPI1;在启动之后,我们就可以开始 SPI 通信了。库函数使能 SPI1 的方法为:

```
__HAL_SPI_ENABLE(&SPI2_Handler);                                 //使能 SPI2
```

④ SPI 传输数据。

通信接口当然需要有发送数据和接收数据的函数,HAL 库提供的发送数据函数原型为:

```
HAL_StatusTypeDef HAL_SPI_Transmit(SPI_HandleTypeDef * hspi, uint8_t * pData,
                                   uint16_t Size, uint32_t Timeout);
```

这个函数很好理解,往 SPIx 数据寄存器写入数据 Data,从而实现发送。

HAL 库提供的接收数据函数原型为:

```
HAL_StatusTypeDef HAL_SPI_Receive(SPI_HandleTypeDef * hspi, uint8_t * pData,
                                  uint16_t Size, uint32_t Timeout);
```

这个函数也不难理解,从 SPIx 数据寄存器读出接收到的数据。

前面讲解了 SPI 通信的原理,因为 SPI 是全双工,发送一个字节的同时接收一个字节,发送和接收同时完成,所以 HAL 也提供了一个发送接收统一函数:

```
HAL_StatusTypeDef HAL_SPI_TransmitReceive(SPI_HandleTypeDef * hspi, uint8_t * pTxData,
uint8_t * pRxData, uint16_t Size, uint32_t Timeout);
```

该函数发送一个字节的同时负责接收一个字节。

⑤ SPI 中断处理

SPI1 和 SPI2 中断服务函数分别为 SPI1_IRQHandler 和 SPI2_IRQHandler,和串

口中断处理过程一样,HAL 库同样提供了 SPI 中断通用处理入口函数 HAL_SPI_IRQHandler,同时提供了多个中断处理回调函数,通信过程中各种中断最终都会通过相应的回调函数来处理。SPI 相关回调函数如下:

```
void HAL_SPI_TxCpltCallback(SPI_HandleTypeDef * hspi);        //发送完成
void HAL_SPI_RxCpltCallback(SPI_HandleTypeDef * hspi);        //接收完成
void HAL_SPI_TxRxCpltCallback(SPI_HandleTypeDef * hspi);      //发送接收完成
void HAL_SPI_TxHalfCpltCallback(SPI_HandleTypeDef * hspi);    //发送过半
void HAL_SPI_RxHalfCpltCallback(SPI_HandleTypeDef * hspi);    //接收过半
void HAL_SPI_TxRxHalfCpltCallback(SPI_HandleTypeDef * hspi);  //发送接收过半
void HAL_SPI_ErrorCallback(SPI_HandleTypeDef * hspi);         //传输错误
```

6.1.2　NRF24L01 无线模块简介

NRF24L01 无线模块采用的芯片是 NRF24L01,该芯片的主要特点如下:

- 2.4G 全球开放的 ISM 频段,免许可证使用。
- 最高工作速率 2 Mbps,高校的 GFSK 调制,抗干扰能力强。
- 125 个可选的频道,满足多点通信和调频通信的需要。
- 内置 CRC 检错和点对多点的通信地址控制。
- 低工作电压(1.9～3.6 V)。
- 可设置自动应答,确保数据可靠传输。

该芯片通过 SPI 与外部 MCU 通信,最大的 SPI 速度可以达到 10 MHz。本章用到的模块是深圳云佳科技生产的 NRF24L01,该模块已经被很多公司大量使用,成熟度和稳定性都是相当不错的。该模块的外形和引脚图如图 6.1.2 所示。

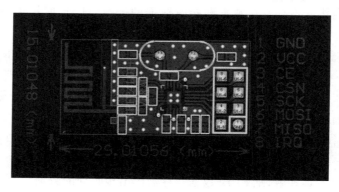

图 6.1.2　NRF24L01 无线模块外观引脚图

模块 VCC 脚的电压范围为 1.9～3.6 V,建议不要超过 3.6 V,否则可能烧坏模块,一般用 3.3 V 电压比较合适。除了 VCC 和 GND 脚,其他引脚都可以和 5 V 单片机的 I/O 口直连;正是因为其兼容 5 V 单片机的 I/O,故使用上具有很大优势。

关于 NRF24L01 的详细介绍可参考 NRF24L01 的技术手册。

6.2 硬件设计

本章实验功能简介：开机的时候先检测 NRF24L01 模块是否存在，检测到 NRF24L01 模块之后，根据 KEY0 和 KEY1 的设置来决定模块的工作模式；设定好工作模式之后，就会不停地发送、接收数据。同样用 DS0 来指示程序正在运行。

所要用到的硬件资源如下：指示灯 DS0、KEY0 和 KEY1 按键、LCD 模块、SPI2、NRF24L01 模块。

NRF24L01 模块属于外部模块，这里仅介绍开发板上 NRF24L01 模块接口和 STM32F767 的连接情况，它们的连接关系如图 6.2.1 所示。这里 NRF24L01 使用的是 SPI2，连接在 PB13、PB14、PB15 上。注意，NRF_IRQ 和 GBC_KEY 共用了 PI11，NRF_CE 和 SPDIF_RX 共用 PG12，所以，它们不能同时使用，需要分时复用。

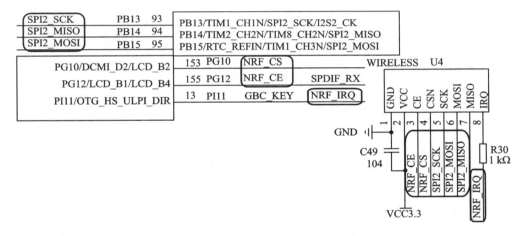

图 6.2.1　NRF24L01 模块接口与 STM32F767 连接原理图

由于无线通信实验是双向的，所以至少要有两个模块能同时工作，这里使用两套阿波罗 STM32F767 开发板来演示。

6.3 软件设计

打开本章实验工程可以看到，我们在工程中添加了 SPI 底层驱动函数，因为 NRF24L01 是 SPI2 通信接口，所以增加了 24l01.c 源文件，并包含了对应的头文件来编写 NRF24L01 底层驱动函数。打开 spi.c 文件可以看到 spi2 相关的驱动函数，内容如下：

```
SPI_HandleTypeDef SPI2_Handler;     //SPI2 句柄
//以下是 SPI 模块的初始化代码,配置成主机模式
```

```c
//SPI 口初始化
//这里针是对 SPI2 的初始化
void SPI2_Init(void)
{
    SPI2_Handler.Instance = SPI2;                                //SP2
    SPI2_Handler.Init.Mode = SPI_MODE_MASTER;          //设置 SPI 工作模式,设置为主模式
    SPI2_Handler.Init.Direction = SPI_DIRECTION_2LINES;//SPI 设置为双线模式
    SPI2_Handler.Init.DataSize = SPI_DATASIZE_8BIT;       // SPI 发送接收 8 位帧结构
    SPI2_Handler.Init.CLKPolarity = SPI_POLARITY_HIGH; //同步时钟空闲状态为高电平
    SPI2_Handler.Init.CLKPhase = SPI_PHASE_2EDGE; //同步时钟第二个跳变沿采样数据
    SPI2_Handler.Init.NSS = SPI_NSS_SOFT;       //内部 NSS 信号有 SSI 位控制
    SPI2_Handler.Init.BaudRatePrescaler = SPI_BAUDRATEPRESCALER_256;
                        //定义波特率预分频的值:波特率预分频值为 256
    SPI2_Handler.Init.FirstBit = SPI_FIRSTBIT_MSB; //数据传输从 MSB 位开始
    SPI2_Handler.Init.TIMode = SPI_TIMODE_DISABLE;     //关闭 TI 模式
    SPI2_Handler.Init.CRCCalculation = SPI_CRCCALCULATION_DISABLE;//关硬件 CRC
    SPI2_Handler.Init.CRCPolynomial = 7;               //CRC 值计算的多项式
    HAL_SPI_Init(&SPI2_Handler);
    __HAL_SPI_ENABLE(&SPI2_Handler);                      //使能 SPI
    SPI2_ReadWriteByte(0Xff);                             //启动传输
}
//SPI2 底层驱动,时钟使能,引脚配置
//此函数会被 HAL_SPI_Init()调用
//hspi:SPI 句柄
void HAL_SPI_MspInit(SPI_HandleTypeDef *hspi)
{
    GPIO_InitTypeDef GPIO_Initure;
    if(hspi->Instance == SPI2)
    {
    __HAL_RCC_GPIOB_CLK_ENABLE();         //使能 GPIOF 时钟
    __HAL_RCC_SPI2_CLK_ENABLE();          //使能 SPI2 时钟
    GPIO_Initure.Pin = GPIO_PIN_13|GPIO_PIN_14|GPIO_PIN_15;   //PB13,14,15
    GPIO_Initure.Mode = GPIO_MODE_AF_PP;                //复用推挽输出
    GPIO_Initure.Pull = GPIO_PULLUP;                    //上拉
    GPIO_Initure.Speed = GPIO_SPEED_FAST;               //快速
    GPIO_Initure.Alternate = GPIO_AF5_SPI2;             //复用为 SPI2
    HAL_GPIO_Init(GPIOB,&GPIO_Initure);                 //初始化
    }
}
//SPI 速度设置函数
//SPI 速度 = fAPB1/分频系数
//@ref SPI_BaudRate_Prescaler:
//SPI_BAUDRATEPRESCALER_2~SPI_BAUDRATEPRESCALER_2 256
//fAPB1 时钟一般为 54 MHz:
void SPI2_SetSpeed(u8 SPI_BaudRatePrescaler)
{
    assert_param(IS_SPI_BAUDRATE_PRESCALER(SPI_BaudRatePrescaler));//判断有效性
    __HAL_SPI_DISABLE(&SPI2_Handler);                 //关闭 SPI
    SPI2_Handler.Instance->CR1&= 0XFFC7;              //位 3-5 清零,用来设置波特率
    SPI2_Handler.Instance->CR1|= SPI_BaudRatePrescaler;//设置 SPI 速度
    __HAL_SPI_ENABLE(&SPI2_Handler);                  //使能 SPI
}
//SPI2 读写一个字节
//TxData:要写入的字节
```

```c
//返回值:读取到的字节
u8 SPI2_ReadWriteByte(u8 TxData)
{
    u8 Rxdata;
    HAL_SPI_TransmitReceive(&SPI2_Handler,&TxData,&Rxdata,1, 1000);
    return Rxdata;                          //返回收到的数据
}
```

这里实现了 4 个函数,分别是 SPI2 初始化函数(SPI2_Init)、SPI 初始化回调函数 HAL_SPI_MspInit、SPI2 通信速度设置函数(SPI2_SetSpeed)和 SPI2 读/写操作函数 (SPI2_ReadWriteByte)。SPI2_Init 函数是按 6.1.1 小节的步骤②讲解的调用 SPI 初始化函数 HAL_SPI_Init 来实现 SPI2 初始化。SPI 初始化回调函数 HAL_SPI_MspInit 内部主要根据 6.1.1 小节讲解的步骤①来实现 SPI2 时钟使能和 I/O 复用映射。SPI2_ReadWriteByte 函数主要是通过调用 HAL 库中 SPI 发送接收函数 HAL_SPI_TransmitReceive 来实现数据的发送和接收。这里着重看一下 SPI2_SetSpeed 函数,该函数用来设置 SPI2 的传输速度,也就是波特率,SPI2 的传输速度是通过 SPI2→CR1 寄存器的位 3~5 来设置,具体设置方法参考《STM32F7 中文参考手册》32.9.1 小节中的 CR1 寄存器描述。

打开 24l01.c 文件,代码如下:

```c
const u8 TX_ADDRESS[TX_ADR_WIDTH] = {0x34,0x43,0x10,0x10,0x01}; //发送地址
const u8 RX_ADDRESS[RX_ADR_WIDTH] = {0x34,0x43,0x10,0x10,0x01}; //发送地址
//针对 NRF24L01 修改 SPI2 驱动
void NRF24L01_SPI_Init(void)
{
    __HAL_SPI_DISABLE(&SPI2_Handler);                   //先关闭 SPI2
    SPI2_Handler.Init.CLKPolarity = SPI_POLARITY_LOW;   //同步时钟的空闲状态为低电平
    SPI2_Handler.Init.CLKPhase = SPI_PHASE_1EDGE;       //同步时钟第一个跳变沿采样数据
    HAL_SPI_Init(&SPI2_Handler);
    __HAL_SPI_ENABLE(&SPI2_Handler);                    //使能 SPI2
}
//初始化 24L01 的 I/O 口
void NRF24L01_Init(void)
{
    GPIO_InitTypeDef GPIO_Initure;
    __HAL_RCC_GPIOG_CLK_ENABLE();                       //开启 GPIOG 时钟
    __HAL_RCC_GPIOI_CLK_ENABLE();                       //开启 GPIOI 时钟
    GPIO_Initure.Pin = GPIO_PIN_10|GPIO_PIN_12;         //PG10,12
    GPIO_Initure.Mode = GPIO_MODE_OUTPUT_PP;            //推挽输出
    GPIO_Initure.Pull = GPIO_PULLUP;                    //上拉
    GPIO_Initure.Speed = GPIO_SPEED_HIGH;               //高速
    HAL_GPIO_Init(GPIOG,&GPIO_Initure);                 //初始化
    GPIO_Initure.Pin = GPIO_PIN_11;                     //PI11
    GPIO_Initure.Mode = GPIO_MODE_INPUT;                //输入
    HAL_GPIO_Init(GPIOI,&GPIO_Initure);                 //初始化
    SPI2_Init();                                        //初始化 SPI2
    NRF24L01_SPI_Init();                                //针对 NRF 的特点修改 SPI 的设置
    NRF24L01_CE(0);                                     //使能 24L01
```

```c
        NRF24L01_CSN(1);            //SPI 片选取消
}
//检测 24L01 是否存在
//返回值:0,成功;1,失败
u8 NRF24L01_Check(void)
{
    u8 buf[5] = {0XA5,0XA5,0XA5,0XA5,0XA5};
    u8 i;
    SPI2_SetSpeed(SPI_BAUDRATEPRESCALER_8);         //SPI 速度为 6.75 MHz
    NRF24L01_Write_Buf(NRF_WRITE_REG + TX_ADDR,buf,5);  //写入 5 个字节的地址
    NRF24L01_Read_Buf(TX_ADDR,buf,5);               //读出写入的地址
    for(i = 0;i<5;i ++ )if(buf[i]! = 0XA5)break;
    if(i! = 5)return 1;                             //检测 24L01 错误
    return 0;                                       //检测到 24L01
}
//SPI 写寄存器
//reg:指定寄存器地址
//value:写入的值
u8 NRF24L01_Write_Reg(u8 reg,u8 value)
{
    u8 status;
    NRF24L01_CSN(0);                //使能 SPI 传输
    status = SPI2_ReadWriteByte(reg);   //发送寄存器号
    SPI2_ReadWriteByte(value);          //写入寄存器的值
    NRF24L01_CSN(1);                //禁止 SPI 传输
    return(status);                 //返回状态值
}
//读取 SPI 寄存器值
//reg:要读的寄存器
u8 NRF24L01_Read_Reg(u8 reg)
{
    u8 reg_val;
    NRF24L01_CSN(0);                //使能 SPI 传输
    SPI2_ReadWriteByte(reg);            //发送寄存器号
    reg_val = SPI2_ReadWriteByte(0XFF); //读取寄存器内容
    NRF24L01_CSN(1);                //禁止 SPI 传输
    return(reg_val);                //返回状态值
}
//在指定位置读出指定长度的数据
//reg:寄存器(位置)
// * pBuf:数据指针
//len:数据长度
//返回值,此次读到的状态寄存器值
u8 NRF24L01_Read_Buf(u8 reg,u8 * pBuf,u8 len)
{
    u8 status,u8_ctr;
    NRF24L01_CSN(0);                //使能 SPI 传输
    status = SPI2_ReadWriteByte(reg);   //发送寄存器值(位置),并读取状态值
    for(u8_ctr = 0;u8_ctr<len;u8_ctr ++ )pBuf[u8_ctr] = SPI2_ReadWriteByte(0XFF);//读出数据
    NRF24L01_CSN(1);                //关闭 SPI 传输
    return status;                  //返回读到的状态值
```

```c
}
//在指定位置写指定长度的数据
//reg:寄存器(位置)
//*pBuf:数据指针
//len:数据长度
//返回值,此次读到的状态寄存器值
u8 NRF24L01_Write_Buf(u8 reg, u8 * pBuf, u8 len)
{
    u8 status,u8_ctr;
    NRF24L01_CSN(0);                    //使能 SPI 传输
    status = SPI2_ReadWriteByte(reg);//发送寄存器值(位置),并读取状态值
    for(u8_ctr = 0; u8_ctr<len; u8_ctr ++ )SPI2_ReadWriteByte( * pBuf ++ ); //写入数据
    NRF24L01_CSN(1);                    //关闭 SPI 传输
    return status;                       //返回读到的状态值
}
//启动 NRF24L01 发送一次数据
//txbuf:待发送数据首地址
//返回值:发送完成状况
u8 NRF24L01_TxPacket(u8 * txbuf)
{
    u8 sta;
    SPI2_SetSpeed(SPI_BAUDRATEPRESCALER_8);     //SPI 速度为 6.75 MHz
    NRF24L01_CE(0);
    NRF24L01_Write_Buf(WR_TX_PLOAD,txbuf,TX_PLOAD_WIDTH);/
    NRF24L01_CE(1);                     //启动发送
    while(NRF24L01_IRQ!= 0);             //等待发送完成
    sta = NRF24L01_Read_Reg(STATUS);     //读取状态寄存器的值
    NRF24L01_Write_Reg(NRF_WRITE_REG + STATUS,sta);
    if(sta&MAX_TX)                       //达到最大重发次数
    {
        NRF24L01_Write_Reg(FLUSH_TX,0xff);   //清除 TX FIFO 寄存器
        return MAX_TX;
    }
    if(sta&TX_OK)return TX_OK;           //发送完成
    return 0xff;//其他原因发送失败
}
//启动 NRF24L01 发送一次数据
//txbuf:待发送数据首地址
//返回值:0,接收完成;其他,错误代码
u8 NRF24L01_RxPacket(u8 * rxbuf)
{
    u8 sta;
    SPI2_SetSpeed(SPI_BAUDRATEPRESCALER_8);
    sta = NRF24L01_Read_Reg(STATUS);         //读取状态寄存器的值
    NRF24L01_Write_Reg(NRF_WRITE_REG + STATUS,sta);
    if(sta&RX_OK)//接收到数据
    {
        NRF24L01_Read_Buf(RD_RX_PLOAD,rxbuf,RX_PLOAD_WIDTH);//读取数据
        NRF24L01_Write_Reg(FLUSH_RX,0xff);   //清除 RX FIFO 寄存器
        return 0;
    }
```

```c
    return 1;//没收到任何数据
}
//该函数初始化 NRF24L01 到 RX 模式
//设置 RX 地址,写 RX 数据宽度,选择 RF 频道,波特率和 LNA HCURR
//当 CE 变高后,即进入 RX 模式,并可以接收数据了
void NRF24L01_RX_Mode(void)
{
    NRF24L01_CE(0);
    NRF24L01_Write_Buf(NRF_WRITE_REG + RX_ADDR_P0,(u8 *)RX_ADDRESS,RX_ADR_WIDTH);
    //写 RX 节点地址
    NRF24L01_Write_Reg(NRF_WRITE_REG + EN_AA,0x01);    //使能通道 0 的自动应答
    NRF24L01_Write_Reg(NRF_WRITE_REG + EN_RXADDR,0x01);//使能通道 0 的接收地址
    NRF24L01_Write_Reg(NRF_WRITE_REG + RF_CH,40);              //设置 RF 通信频率
    NRF24L01_Write_Reg(NRF_WRITE_REG + RX_PW_P0,RX_PLOAD_WIDTH);
    //选择通道 0 的有效数据宽度
    NRF24L01_Write_Reg(NRF_WRITE_REG + RF_SETUP,0x0f);
    //设置 TX 发射参数,0db 增益,2Mbps,低噪声增益开启
    NRF24L01_Write_Reg(NRF_WRITE_REG + CONFIG, 0x0f);
    //配置基本工作模式的参数;PWR_UP,EN_CRC,16BIT_CRC,接收模式
    NRF24L01_CE(1);//CE 为高,进入接收模式
}
//该函数初始化 NRF24L01 到 TX 模式,设置 TX 地址,数据宽度,RX 自动应答地址
//填充 TX 发送数据,选择 RF 频道,波特率和 LNA HCURR,PWR_UP,CRC 使能
//当 CE 变高后,即进入 RX 模式,并可以接收数据了
//CE 为高大于 10us,则启动发送
void NRF24L01_TX_Mode(void)
{
    NRF24L01_CE(0);
    NRF24L01_Write_Buf(NRF_WRITE_REG + TX_ADDR,(u8 *)TX_ADDRESS,TX_ADR_WIDTH);
    //写 TX 节点地址
    NRF24L01_Write_Buf(NRF_WRITE_REG + RX_ADDR_P0,(u8 *)RX_ADDRESS,RX_ADR_WIDTH);
    //设置 TX 节点地址,主要为了使能 ACK
    NRF24L01_Write_Reg(NRF_WRITE_REG + EN_AA,0x01);        //使能通道 0 的自动应答
    NRF24L01_Write_Reg(NRF_WRITE_REG + EN_RXADDR,0x01); //使能通道 0 的接收地址
    NRF24L01_Write_Reg(NRF_WRITE_REG + SETUP_RETR,0x1a);
    //设置自动重发间隔时间:500 $\mu s$ + 86 $\mu s$;最大自动重发次数:10 次
    NRF24L01_Write_Reg(NRF_WRITE_REG + RF_CH,40);            //设置 RF 通道为 40
    NRF24L01_Write_Reg(NRF_WRITE_REG + RF_SETUP,0x0f);
    //设置 TX 发射参数,0db 增益,2Mbps,低噪声增益开启
    NRF24L01_Write_Reg(NRF_WRITE_REG + CONFIG,0x0e);
    //配置基本工作模式的参数;PWR_UP,EN_CRC,16BIT_CRC,接收模式,开启所有中断
    NRF24L01_CE(1);//CE 为高,10 $\mu s$ 后启动发送
}
```

此部分代码完成了对 NRF24L01 的初始化、模式设置(发送/接收)、数据读/写等操作。注意,NRF24L01_Init 函数里面调用了 SPI2_Init()函数,该函数设置的是 SCK 空闲时为高,NRF24L01 的 SPI 读/写操作如图 6.3.1 所示。

图 6.3.1 中,Cn 代表指令位,Sn 代表状态寄存器位,Dn 代表数据位。从图中可以看出,SCK 空闲的时候是低电平,而数据在 SCK 的上升沿被读/写。所以,我们需要设置 SPI 的 CPOL 和 CPHA 均为 0 来满足 NRF24L01 对 SPI 操作的要求。所以,

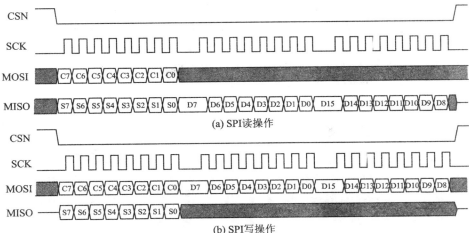

图 6.3.1　NRF24L01 读/写操作时序

NRF24L01_Init 函数里面又单独添加了将 CPOL 和 CPHA 设置为 0 的函数 NRF24L01_SPI_Init,这里主要是修改了下面两行代码:

```
SPI2_Handler.Init.CLKPolarity = SPI_POLARITY_LOW;   //串行同步时钟的空闲状态为低电平
SPI2_Handler.Init.CLKPhase = SPI_PHASE_1EDGE;       //同步时钟的第 1 个跳变沿数据被采样
```

接下来看看 24l01.h 头文件部分内容:

```
#ifndef __24L01_H
#define __24L01_H
#include "sys.h"
//NRF24L01 寄存器操作命令
#define READ_REG            0x00         //读配置寄存器,低 5 位为寄存器地址
......//省略部分定义
#define FIFO_STATUS         0x17         //FIFO 状态寄存器;bit0,RX FIFO 寄存器空标志
//bit1,RX FIFO 满标志;bit2,3,保留 bit4,TX FIFO 空标志;bit5,TX FIFO 满标志
//bit6,1,循环发送上一数据包.0,不循环
//24L01 操作线
#define NRF24L01_CE(n)   (n? HAL_GPIO_WritePin(GPIOG,GPIO_PIN_12,
GPIO_PIN_SET):HAL_GPIO_WritePin(GPIOG,GPIO_PIN_12,GPIO_PIN_RESET))
                                                            //24L01 片选信号
#define NRF24L01_CSN(n)  (n? HAL_GPIO_WritePin(GPIOG,GPIO_PIN_10, \
GPIO_PIN_SET):HAL_GPIO_WritePin(GPIOG,GPIO_PIN_10,GPIO_PIN_RESET))
                                                            //SPI 片选信号
#define NRF24L01_IRQ     HAL_GPIO_ReadPin(GPIOI,GPIO_PIN_11)//IRQ 主机数据输入
//24L01 发送接收数据宽度定义
#define TX_ADR_WIDTH        5            //5 字节的地址宽度
#define RX_ADR_WIDTH        5            //5 字节的地址宽度
#define TX_PLOAD_WIDTH      32           //32 字节的用户数据宽度
#define RX_PLOAD_WIDTH      32           //32 字节的用户数据宽度
void NRF24L01_Init(void);                //初始化
......//省略部分函数申明
u8 NRF24L01_RxPacket(u8 * rxbuf);        //接收一个包的数据
```

\#endif

这里主要定义了一些 24L01 的命令字(这里省略了一部分)以及函数声明,还通过 TX_PLOAD_WIDTH 和 RX_PLOAD_WIDTH 决定了发射和接收的数据宽度,也就是每次发射和接收的有效字节数。NRF24L01 每次最多传输 32 个字节,再多的字节传输则需要多次传送。

最后看看主函数:

```
int main(void)
{
    u8 key,mode;    u16 t = 0;    u8 tmp_buf[33];
    Cache_Enable();                  //打开 L1-Cache
    HAL_Init();                      //初始化 HAL 库
    Stm32_Clock_Init(432,25,2,9);    //设置时钟,216 MHz
    delay_init(216);                 //延时初始化
    …//此处省略部分代码
    NRF24L01_Init();                 //初始化 NRF24L01
    while(NRF24L01_Check())
    {
        LCD_ShowString(30,130,200,16,16,"NRF24L01 Error");    delay_ms(200);
        LCD_Fill(30,130,239,130 + 16,WHITE);          delay_ms(200);
    }
    LCD_ShowString(30,130,200,16,16,"NRF24L01 OK");
    while(1)
    {
        key = KEY_Scan(0);
        if(key == KEY0_PRES){mode = 0;        break;}
            else if(key == KEY1_PRES){mode = 1;    break;}
                t ++ ;
        if(t == 100)LCD_ShowString(10,150,230,16,16,"KEY0:RX_ModeKEY1:TX_Mode");
                                 //闪烁显示提示信息
        if(t == 200){LCD_Fill(10,150,230,150 + 16,WHITE);    t = 0;}
        delay_ms(5);
    }
    LCD_Fill(10,150,240,166,WHITE);//清空上面的显示
    POINT_COLOR = BLUE;//设置字体为蓝色
    if(mode == 0)//RX 模式
    {
        LCD_ShowString(30,150,200,16,16,"NRF24L01 RX_Mode");
        LCD_ShowString(30,170,200,16,16,"Received DATA:");
        NRF24L01_RX_Mode();
        while(1)
        {
            if(NRF24L01_RxPacket(tmp_buf) == 0)//一旦接收到信息,则显示出来
            {
                tmp_buf[32] = 0;//加入字符串结束符
                LCD_ShowString(0,190,lcddev.width - 1,32,16,tmp_buf);
            }else delay_us(100);
            t ++ ;
            if(t == 10000){t = 0;       LED0_Toggle;      }    //大约 1s 钟改变一次状态
```

```
        };
    }else//TX 模式
    {
        LCD_ShowString(30,150,200,16,16,"NRF24L01 TX_Mode");
        NRF24L01_TX_Mode();
        mode = ' ';//从空格键开始
        while(1)
        {
            if(NRF24L01_TxPacket(tmp_buf) == TX_OK)
            {
                LCD_ShowString(30,170,239,32,16,"Sended DATA:");
                LCD_ShowString(0,190,lcddev.width - 1,32,16,tmp_buf);
                key = mode;
                for(t = 0;t<32;t ++ )
                {
                    key ++ ;
                    if(key>('~'))key = ' ';
                    tmp_buf[t] = key;
                }
                mode ++ ;
                if(mode>'~')mode = ' ';
                tmp_buf[32] = 0;//加入结束符
            }else
            {
                LCD_Fill(0,170,lcddev.width,170 + 16 * 3,WHITE);//清空显示
                LCD_ShowString(30,170,lcddev.width - 1,32,16,"Send Failed ");
            };
            LED0_Toggle;
            delay_ms(1500);
        };
    }
}
```

以上代码就实现了 6.2 节介绍的功能，程序运行时先通过 NRF24L01_Check 函数检测 NRF24L01 是否存在，如果存在，则让用户选择发送模式（KEY1）还是接收模式（KEY0）；确定模式之后，设置 NRF24L01 的工作模式，然后执行相应的数据发送、接收处理。

至此，整个实验的软件设计就完成了。

6.4 下载验证

编译成功之后，下载代码到 ALIENTEK 阿波罗 STM32 开发板上，可以看到，LCD 显示如图 6.4.1 所示的内容（假定 NRF24L01 模块已经接上开发板）。

通过 KEY0 和 KEY1 来选择 NRF24L01 模块所要进入的工作模式，两个开发板中一个选择发送，一个选择接收就可以了。设置好后通信界面如图 6.4.2 和图 6.4.3 所示。

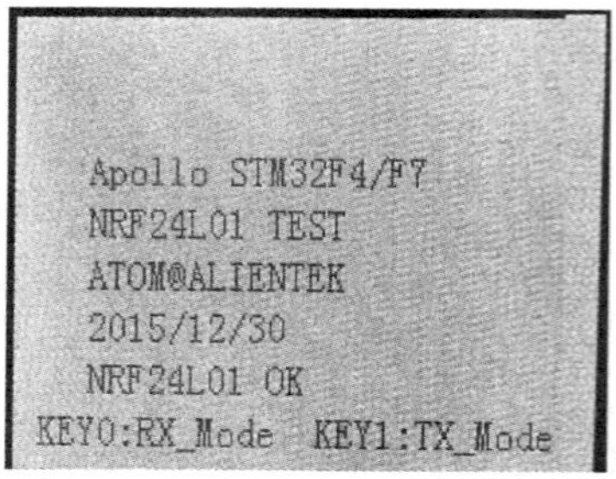

图 6.4.1　选择工作模式界面

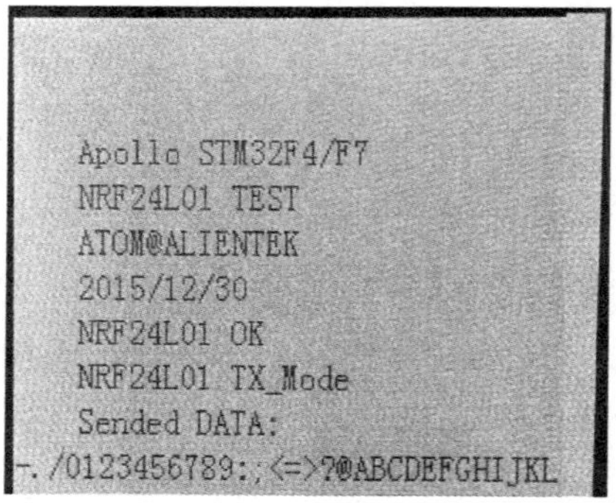

图 6.4.2　开发板 A 发送数据

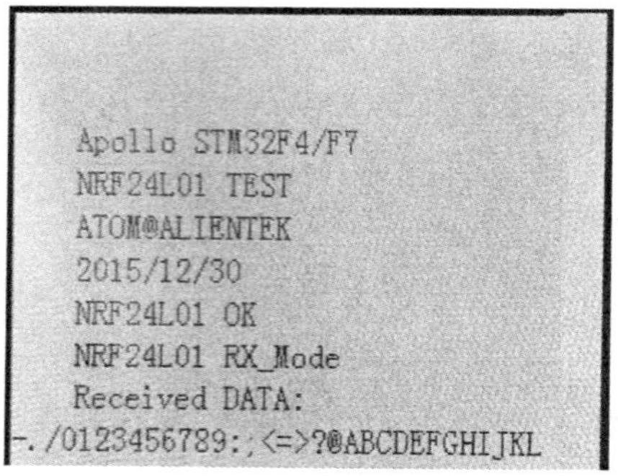

图 6.4.3　开发板 B 接收数据

图 6.4.2 来自开发板 A,工作在发送模式。图 6.4.3 来自开发板 B,工作在接收模式,A 发送,B 接收。可以看到,收发数据是一致的,说明实验成功。

第 7 章
Flash 模拟 EEPROM 实验

STM32F767 本身没有自带 EEPROM，但是 STM32F767 具有 IAP（在应用编程）功能，所以可以把它的 Flash 当成 EEPROM 来使用。本章将利用 STM32F767 内部的 Flash 来实现上册第 33 章实验类似的效果，不过这次是将数据直接存放在 STM32F767 内部，而不是存放在 W25Q256。

7.1 STM32F767 Flash 简介

不同型号 STM32F7xx 芯片的 Flash 容量也有所不同，有 1 MB、2 MB 等不同容量的产品。阿波罗 STM32F767 开发板选择 STM32F767IGT6 的 Flash 容量为 1 024 KB（1 MB），STM32F767IGT6 的闪存模块组织如表 7.1.1 所列。

表 7.1.1 STM32F767IGT6 的闪存模块组织

块	名称	AXIM 接口上的块基址	ICTM 接口上的块基址	大小
主存储器	扇区 0	0X0800 0000～0X0800 7FFF	0X0020 0000～0X0020 7FFF	32 KB
	扇区 1	0X0800 8000～0X0800 FFFF	0X0020 8000～0X0020 FFFF	32 KB
	扇区 2	0X0801 0000～0X0801 7FFF	0X0021 0000～0X0021 7FFF	32 KB
	扇区 3	0X0801 8000～0X0801 FFFF	0X0021 8000～0X0021 FFFF	32 KB
	扇区 4	0X0802 0000～0X0803 FFFF	0X0022 0000～0X0023 FFFF	128 KB
	扇区 5	0X0804 0000～0X0807 FFFF	0X0024 0000～0X0027 FFFF	256 KB
	扇区 6	0X0808 0000～0X080B FFFF	0X0028 0000～0X002B FFFF	256 KB
	扇区 7	0X080C 0000～0X080F FFFF	0X002C 0000～0X002F FFFF	256 KB
系统存储器		0X1FF0 0000～0X1FF0 EDBF	0X0010 0000～0X0010 EDBF	60 KB
OTP 区域		0X1FF0 F000～0X1FF0 F41F	0X0010 F000～0X0010 F41F	1 056 字节
选项字节		0X1FFF 0000～0X1FFF 001F		32 字节

STM32F767IGT6 的闪存模块由主存储器、系统存储器、OPT 区域和选项字节 4 部分组成。

主存储器，该部分用来存放代码和数据常数（如 const 类型的数据）。它可以分为一个 Bank 或者 2 个 Bank，可以通过选项字节的 nDBANK 位来设置，默认是一个 Bank 的，表 7.1.1 所列即单 Bank 的闪存组织结构。双 Bank 的详细设置可参考

《STM32F7xx 参考手册》第 3 章的相关内容。本章仅介绍单 Bank。

在单 Bank 模式下，STM32F767 的主存储器被分为 8 个扇区，前 4 个扇区为 32 KB 大小，第五个扇区是 128 KB 大小，剩下的 3 个扇区都是 256 KB 大小，总共 1 MB。

因为 STM32F7 的 Flash 访问路径有两条：AXIM 和 ITCM，对应不同的地址映射，表中列出了这两条不同访问路径下的扇区地址范围。一般选择 AXIM 接口访问 Flash，其主存储器的起始地址就是 0X08000000。

系统存储器，主要用来存放 STM32F767 的 bootloader 代码，此代码是出厂的时候就固化在 STM32F767 里面了，专门用来给主存储器下载代码的。当 B0 接 V3.3 时，默认从系统存储器启动。

OTP 区域，即一次性可编程区域，共 1 056 字节，被划分为 16 个 64 字节的 OTP 数据块和一个 16 字节的 OTP 锁定块。OTP 数据块和锁定块均无法擦除。锁定块中包含 16 字节的 LOCKBi（0≤i≤15），用于锁定相应的 OTP 数据块（块 0～15）。每个 OTP 数据块均可编程，除非相应的 OTP 锁定字节编程为 0x00。锁定字节的值只能是 0x0 和 0xFF，否则这些 OTP 字节无法正确使用。

选项字节，可由最终用户根据具体的应用要求进行配置，可以控制读保护、写保护、看门狗和启动地址等，详见《STM32F7 中文参考手册》3.4 节。

闪存存储器接口寄存器，该部分用于控制闪存读/写等，是整个闪存模块的控制机构。

在执行闪存写操作时，任何对闪存的读操作都会锁住总线，写操作完成后读操作才能正确地进行；即在进行写或擦除操作时，不能进行代码或数据的读取操作。

1. 闪存的读取

为了准确读取 Flash 数据，必须根据 CPU 时钟（HCLK）频率和器件电源电压在 Flash 存取控制寄存器（FLASH_ACR）中正确地设置等待周期数（LATENCY）。Flash 等待周期与 CPU 时钟频率之间的对应关系如表 7.1.2 所列。

表 7.1.2 CPU 时钟频率对应的 Flash 等待周期表

等待周期(WS)	HCLK/MHz			
(LATENCY)	电压范围 2.7～3.6 V	电压范围 2.4～2.7 V	电压范围 2.1～2.4 V	电压范围 1.8～2.1 V
0WS(1 个 CPU 周期)	0＜HCLK≤30	0＜HCLK≤24	0＜HCLK≤22	0＜HCLK≤20
1WS(2 个 CPU 周期)	30＜HCLK≤60	24＜HCLK≤48	22＜HCLK≤44	20＜HCLK≤40
2WS(3 个 CPU 周期)	60＜HCLK≤90	48＜HCLK≤72	44＜HCLK≤66	40＜HCLK≤60
3WS(4 个 CPU 周期)	90＜HCLK≤120	72＜HCLK≤96	66＜HCLK≤88	60＜HCLK≤80
4WS(5 个 CPU 周期)	120＜HCLK≤150	96＜HCLK≤120	88＜HCLK≤110	80＜HCLK≤100
5WS(6 个 CPU 周期)	150＜HCLK≤180	120＜HCLK≤144	110＜HCLK≤132	100＜HCLK≤120
6WS(7 个 CPU 周期)	180＜HCLK≤210	144＜HCLK≤168	132＜HCLK≤154	120＜HCLK≤140
7WS(8 个 CPU 周期)	210＜HCLK≤216	168＜HCLK≤192	154＜HCLK≤176	140＜HCLK≤160
8WS(9 个 CPU 周期)	—	192＜HCLK≤216	176＜HCLK≤198	160＜HCLK≤180
9WS(10 个 CPU 周期)	—	—	198＜HCLK≤216	—

第 7 章　Flash 模拟 EEPROM 实验

等待周期通过 FLASH_ACR 寄存器的 LATENCY[3:0]这 4 个位设置。系统复位后，CPU 时钟频率为内部 16 MHz RC 振荡器，LATENCY 默认是 0，即一个等待周期。供电电压一般是 3.3 V，所以，在设置 216 MHz 频率作为 CPU 时钟之前，必须先设置 LATENCY 为 7，即 8 个等待周期，否则 Flash 读/写可能出错，从而导致死机。

正常工作时（216 MHz），虽然 Flash 需要 8 个 CPU 等待周期，但是由于 STM32F767 具有自适应实时存储器加速器（ART Accelerator），通过指令缓存存储器预取指令，实现相当于 0 Flash 等待的运行速度。

STM23F7 的 Flash 读取是很简单的。例如，要从地址 addr 读取一个字（一个字为 32 位），可以通过如下的语句读取：

$$data = *(vu32 *)addr;$$

将 addr 强制转换为 vu32 指针，然后取该指针所指向地址的值，即得到了 addr 地址的值。类似的，将上面的 vu32 改为 vu8 即可读取指定地址的一个字节。相对 Flash 读取来说，STM32F767 Flash 的写就复杂一点了，下面我们介绍 STM32F767 闪存的编程和擦除。

2. 闪存的编程和擦除

执行任何 Flash 编程操作（擦除或编程）时，CPU 时钟频率（HCLK）不能低于 1 MHz。如果在 Flash 操作期间发生器件复位，则无法保证 Flash 中的内容。

在对 STM32F767 的 Flash 执行写入或擦除操作期间，任何读取 Flash 的尝试都会导致总线阻塞。只有完成编程操作后，才能正确处理读操作。这意味着，写/擦除操作进行期间不能从 Flash 中执行代码或数据获取操作。

STM32F767 的闪存编程由 7 个 32 位寄存器控制，它们分别是：
- Flash 访问控制寄存器（FLASH_ACR）；
- Flash 秘钥寄存器（FLASH_KEYR）；
- Flash 选项秘钥寄存器（FLASH_OPTKEYR）；
- Flash 状态寄存器（FLASH_SR）；
- Flash 控制寄存器（FLASH_CR）；
- Flash 选项控制寄存器（FLASH_OPTCR）；
- Flash 选项控制寄存器 1（FLASH_OPTCR1）。

STM32F767 复位后，Flash 编程操作是被保护的，不能写入 FLASH_CR 寄存器；通过写入特定的序列（0X45670123 和 0XCDEF89AB）到 FLASH_KEYR 寄存器才可解除写保护，只有在写保护被解除后，我们才能操作相关寄存器。

FLASH_CR 的解锁序列为：
① 写 0X45670123 到 FLASH_KEYR；
② 写 0XCDEF89AB 到 FLASH_KEYR。

通过这两个步骤即可解锁 FLASH_CR，如果写入错误，那么 FLASH_CR 将被锁定，直到下次复位后才可以再次解锁。

STM32F767闪存的编程位数可以通过 FLASH_CR 的 PSIZE 字段配置，PSIZE 的设置必须和电源电压匹配，如图 7.1.1 所示。

	电压范围 2.7～3.6 V（使用外部 V_{PP}）	电压范围 2.7～3.6 V	电压范围 2.4～2.7 V	电压范围 2.1～2.4 V	电压范围 1.8～2.1 V
并行位数	x64	x32	x16	x8	x8
PSIZE(1:0)	11	10	01	00	00

图 7.1.1　编程/擦除并行位数与电压关系

由于开发板用的电压是 3.3 V，所以 PSIZE 必须设置为 10，即 32 位并行位数。擦除或者编程都必须以 32 位为基础进行。

STM32F767 的 Flash 在编程的时候也必须要求其写入地址的 Flash 是被擦除了的（也就是其值必须是 0XFFFFFFFF），否则无法写入。STM32F767 的标准编程步骤如下：

① 检查 FLASH_SR 中的 BSY 位，确保当前未执行任何 Flash 操作。
② 将 FLASH_CR 寄存器中的 PG 位置 1，激活 Flash 编程。
③ 针对所需存储器地址（主存储器块或 OTP 区域内）执行数据写入操作：
　　——并行位数为 x8 时按字节写入（PSIZE=00）；
　　——并行位数为 x16 时按半字写入（PSIZE=01）；
　　——并行位数为 x32 时按字写入（PSIZE=02）；
　　——并行位数为 x64 时按双字写入（PSIZE=03）。
④ 等待 BSY 位清零，完成一次编程。

按以上 4 步操作就可以完成一次 Flash 编程。不过有几点要注意：①编程前要确保写入地址的 Flash 已经擦除。② 要先解锁（否则不能操作 FLASH_CR）。③ 编程操作对 OPT 区域也有效，方法一模一样。

在 STM32F767 的 Flash 编程的时候，要先判断缩写地址是否被擦除了，所以有必要再介绍一下 STM32F767 的闪存擦除。STM32F767 的闪存擦除分为两种：扇区擦除和整片擦除。

扇区擦除步骤如下：

① 检查 FLASH_CR 的 LOCK 是否解锁，如果没有则先解锁；
② 检查 FLASH_SR 寄存器中的 BSY 位，确保当前未执行任何 Flash 操作；
③ 在 FLASH_CR 寄存器中，将 SER 位置 1，并从主存储块的 12 个扇区中选择要擦除的扇区（SNB）；
④ 将 FLASH_CR 寄存器中的 STRT 位置 1，触发擦除操作；
⑤ 等待 BSY 位清零。

经过以上 5 步就可以擦除某个扇区。本章只用到了 STM32F767 的扇区擦除功能，整片擦除功能这里就不介绍了，想了解的读者可以看《STM32F7 中文参考手册》第 3.3.6 小节。

第 7 章 Flash 模拟 EEPROM 实验

接下来看看与读/写相关的寄存器说明。

第一个介绍的是 Flash 访问控制寄存器:FLASH_ACR,各位描述如图 7.1.2 所示。

这里重点看 LATENCY[3:0]这 4 个位,这 4 个位必须根据 MCU 的工作电压和频率进行正确的设置,否则,可能死机,设置规则如图 7.1.1 所示。ARTEN(使能 ART 加速)和 PRFTEN(预取使能)这两个位也比较重要,为了达到最佳性能,这两个位一般都设置为 1 即可。

31	30	29	28	27	26	25	24	23	22	21	20	19	18	17	16
Res	Res	Res	Res	Res	Res	Res	Res	Res	Res	Res	Res	Res	Res	Res	Res

15	14	13	12	11	10	9	8	7	6	5	4	3	2	1	0
Res	Res	Res	ARTRST	Res	ARTEN	PRFTEN	Res	Res	Res	Res	LATENCY				
			rw		rw	rw					rw	rw	rw	rw	

图 7.1.2　FLASH_ACR 寄存器各位描述

第二个介绍的是 Flash 秘钥寄存器:FLASH_KEYR,各位描述如图 7.1.3 所示。

该寄存器主要用来解锁 FLASH_CR,必须在该寄存器写入特定的序列(KEY1 和 KEY2)解锁后,才能对 FLASH_CR 寄存器进行写操作。

31	30	29	28	27	26	25	24	23	22	21	20	19	18	17	16
KEY[31:16]															
w	w	w	w	w	w	w	w	w	w	w	w	w	w	w	w

15	14	13	12	11	10	9	8	7	6	5	4	3	2	1	0
KEY[15:0]															
w	w	w	w	w	w	w	w	w	w	w	w	w	w	w	w

位3:0 FKEYR: FPEC密钥
要将FLASH_CR寄存器解锁并允许对其执行编程/擦除操作,必须顺序编程以下值:
a) KEY1=0x45670123
b) KEY2=0xCDEF89AB

图 7.1.3　FLASH_KEYR 寄存器各位描述

第三个要介绍的是 Flash 控制寄存器:FLASH_CR,各位描述如图 7.1.4 所示。该寄存器本章只用到了 LOCK、STRT、PSIZE[1:0]、SNB[3:0]、SER 和 PG 等位。

31	30	29	28	27	26	25	24	23	22	21	20	19	18	17	16
LOCK	Res	Res	Res	Res	Res	ERRIE	EOPIE	Res	Res	Res	Res	Res	Res	Res	STRT
rs						rw	rw								rs

15	14	13	12	11	10	9	8	7	6	5	4	3	2	1	0
Res	Res	Res	Res	Res	Res	PSIZE[1:0]		Res	SNB[3:0]				MER	SER	PG
						rw	rw		rw	rw	rw	rw	rw	rw	rw

图 7.1.4　FLASH_CR 寄存器各位描述

LOCK 位,用于指示 FLASH_CR 寄存器是否被锁住,该位在检测到正确的解锁序列后,硬件将其清零。在一次不成功的解锁操作后,在下次系统复位之前,该位将不再改变。

STRT 位,用于开始一次擦除操作。在该位写入 1,将执行一次擦除操作。

PSIZE[1:0]位,用于设置编程宽度,3.3 V 时,设置 PSIZE=2 即可。

SNB[3:0]位,这 4 个位用于选择要擦除的扇区编号,取值范围为 0～15。

SER 位,用于选择扇区擦除操作,在扇区擦除的时候,需要将该位置 1。

PG 位,用于选择编程操作,在往 Flash 写数据的时候,该位需要置 1。

FLASH_CR 的其他位可参考《STM32F7 中文参考手册》第 3.7.5 小节。

最后要介绍的是 Flash 状态寄存器:FLASH_SR,各位描述如图 7.1.5 所示。

该寄存器主要用了其 BSY 位,当该位为 1 时,表示正在执行 Flash 操作。当该位为 0 时,表示当前未执行任何 Flash 操作。

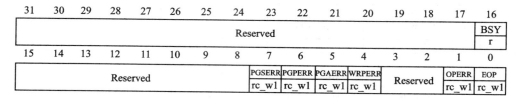

图 7.1.5 FLASH_SR 寄存器各位描述

关于 STM32F767 Flash 的更详细介绍可参考《STM32F7 中文参考手册》第 3 章。下面讲解使用 STM32F7 的官方固件库操作 Flash 的几个常用函数。这些函数和定义分布在源文件 stm32f7xx_hal_flash.c、stm32f7xx_hal_flash_ex.c 以及头文件 stm32f7xx_hal_flash.h、stm32f7xx_hal_flash_ex.h 中。

① 锁定解锁函数。

上面讲解到,在对 Flash 进行写操作前必须先解锁,解锁操作也就是必须在 FLASH_KEYR 寄存器写入特定的序列(KEY1 和 KEY2),HAL 库实现很简单:

```
HAL_StatusTypeDef HAL_FLASH_Unlock(void);//解锁函数
```

同样的道理,在对 Flash 写操作完成之后,我们要锁定 Flash,使用的 HAL 库函数是:

```
HAL_StatusTypeDef HAL_FLASH_Lock(void);//锁定函数
```

② 写操作函数。

HAL 库提供了一个通用的 Flash 写操作函数 HAL_FLASH_Program,该函数声明如下:

```
HAL_StatusTypeDef HAL_FLASH_Program(uint32_t TypeProgram, uint32_t Address,
                                    uint64_t Data);//FLASH 写操作函数
```

该函数有 3 个入口参数。入口参数 TypeProgram 用来区分要写入的数据类型,取值为 FLASH_TYPEPROGRAM_BYTE(字节:8 位)、FLASH_TYPEPROGRAM_HALFWORD(半字:16 位)、FLASH_TYPEPROGRAM_WORD(字:32 位)和 FLASH_TYPEPROGRAM_DOUBLEWORD(双字:64 位),用户根据写入数据类型选择即可。第二个入口参数 Address 用来设置要写入数据的 Flash 地址。第三个入口参数 Data 顾名思义就是要写入的数据类型,这个参数默认是 64 位的;如果要写入小于

第 7 章　Flash 模拟 EEPROM 实验

64 位的数据，则比如 16 位，则程序会进行类型转换。

③ 擦除函数。

HAL 库提供的擦除函数在 stm32f7xx_hal_flash_ex.c 中定义。和编程函数一样，HAL 提供了一个通用的基于小区擦除的函数 HAL_FLASHEx_Erase，该函数声明如下：

```
HAL_StatusTypeDef HAL_FLASHEx_Erase(FLASH_EraseInitTypeDef * pEraseInit,
                                     uint32_t * SectorError);
```

该函数有 2 个入口参数，这里主要看第一个入口参数 pEraseInit，它是 FLASH_EraseInitTypeDef 结构体指针类型。结构体 FLASH_EraseInitTypeDef 定义如下：

```
typedef struct
{
  uint32_t TypeErase;           //擦除类型
# if defined (FLASH_OPTCR_nDBANK)
  uint32_t Banks;               //擦除的 Bank 编号
# endif
  uint32_t Sector;              //擦除的 sector 号
  uint32_t NbSectors;           //擦除的 sector 数量
  uint32_t VoltageRange;        //电压范围
} FLASH_EraseInitTypeDef;
```

成员变量 TypeErase 用来设置擦除类型，是 Sector 擦除还是 BANK 级别的批量擦除，取值为 FLASH_TYPEERASE_SECTORS 或者 FLASH_TYPEERASE_MASSERASE。这个比较好理解，如果是一次擦除一个 Bank 下面的所有 Sector，那么需要选择 FLASH_TYPEERASE_MASSERASE。成员变量 Banks 用来设置要擦除的 Bank 编号，这个只有设置为批量擦除的时候才有效。成员变量 Sector 用来设置要擦除的 Sector 编号。成员变量 NbSectors 用来设置要擦除的 Sector 数量。成员变量 VoltageRange 用来设置电压范围，一共有 4 个值可选，即 FLASH_VOLTAGE_RANGE_1～FLASH_VOLTAGE_RANGE_4，分别对应表 7.1.2 的电压范围，这里使用的是 3.3 V，所以选择 FLASH_VOLTAGE_RANGE_3 即可。

扇区擦除的实例代码如下：

```
FlashEraseInit.TypeErase = FLASH_TYPEERASE_SECTORS;   //擦除类型,扇区擦除
FlashEraseInit.Sector = 3;                             //擦除的扇区号
FlashEraseInit.NbSectors = 1;                          //一次只擦除一个扇区
FlashEraseInit.VoltageRange = FLASH_VOLTAGE_RANGE_3;   //电压范围 2.7～3.6 V
HAL_FLASHEx_Erase(&FlashEraseInit,&SectorError);       //进行扇区擦除操作
```

④ 等待操作完成函数。

在执行闪存写操作时，任何对闪存的读操作都会锁住总线，在写操作完成后读操作才能正确地进行；即在进行写或擦除操作时，不能进行代码或数据的读取操作。所以在每次操作之前，我们都要等待上一次操作完成后这次操作才能开始。HAL 库函数为：

```
HAL_StatusTypeDef FLASH_WaitForLastOperation(uint32_t Timeout);
```

该函数在 HAL 库中很多地方用到，比如擦除函数 HAL_FLASHEx_Erase 中在对 Flash 进行擦除操作后会调用该函数，等待擦除操作完成。

⑤ 读 Flash 特定地址数据函数。

有写就必定有读，而读取 Flash 指定地址数据的函数在固件库并没有给出来，这里提供从指定地址一个读取一个字的函数：

```
u32 STMFLASH_ReadWord(u32 faddr)
{
    return *(vu32 *)faddr;
}
```

7.2 硬件设计

本章实验功能简介：开机的时候先显示一些提示信息，然后在主循环里面检测两个按键，其中一个按键（KEY1）用来执行写入 Flash 的操作，另外一个按键（KEY0）用来执行读出操作，在 LCD 模块上显示相关信息。同时用 DS0 提示程序正在运行。

所要用到的硬件资源如下：指示灯 DS0、KEY1 和 KEY0 按键、LCD 模块、STM32F767 内部 Flash。本章需要用到的资源和电路连接，之前已经全部介绍过了，接下来直接开始软件设计。

7.3 软件设计

打开 Flash 模拟 EEPROM 实验工程，可以看到，工程的 HARDWARE 分组下新添加了源文件 stm32flash.c，也包含了对应的头文件 stm32flash.h。同时，还引入了 HAL 库 Flash 操作源文件 stm32f7xx_hal_flash.c、stm32f7xx_hal_flash_ex.c 和头文件 stm32f7xx_hal_flash.h/stm32f7xx_hal_flash_ex.h。

打开 stmflash.c 文件，代码如下：

```
//读取指定地址的字(32 位数据)
//faddr:读地址
//返回值:对应数据
u32 STMFLASH_ReadWord(u32 faddr)
{
    return *(__IO uint32_t *)faddr;
}
//获取某个地址所在的 flash 扇区
//addr:flash 地址
//返回值:0~11,即 addr 所在的扇区
uint16_t STMFLASH_GetFlashSector(u32 addr)
{
    if(addr<ADDR_FLASH_SECTOR_1)return FLASH_SECTOR_0;
    else if(addr<ADDR_FLASH_SECTOR_2)return FLASH_SECTOR_1;
    else if(addr<ADDR_FLASH_SECTOR_3)return FLASH_SECTOR_2;
```

```c
        else if(addr<ADDR_FLASH_SECTOR_4)return FLASH_SECTOR_3;
        else if(addr<ADDR_FLASH_SECTOR_5)return FLASH_SECTOR_4;
        else if(addr<ADDR_FLASH_SECTOR_6)return FLASH_SECTOR_5;
        else if(addr<ADDR_FLASH_SECTOR_7)return FLASH_SECTOR_6;
        return FLASH_SECTOR_7;
}
//从指定地址开始写入指定长度的数据
//特别注意:因为 STM32F7 的扇区实在太大,没办法本地保存扇区数据,所以本函数
//          写地址如果非 0XFF,那么会先擦除整个扇区且不保存扇区数据.所以
//          写非 0XFF 的地址将导致整个扇区数据丢失.建议写之前确保扇区里
//          没有重要数据,最好是整个扇区先擦除了,然后慢慢往后写
//该函数对 OTP 区域也有效! 可以用来写 OTP 区
//OTP 区域地址范围:0X1FF0F000~0X1FF0F41F
//WriteAddr:起始地址(此地址必须为 4 的倍数!!)
//pBuffer:数据指针
//NumToWrite:字(32 位)数(就是要写入的 32 位数据的个数)
void STMFLASH_Write(u32 WriteAddr,u32 * pBuffer,u32 NumToWrite)
{
    FLASH_EraseInitTypeDef FlashEraseInit;
    HAL_StatusTypeDef FlashStatus = HAL_OK;
    u32 SectorError = 0;
    u32 addrx = 0;
    u32 endaddr = 0;
    if(WriteAddr<STM32_FLASH_BASE||WriteAddr%4)return;    //非法地址
    HAL_FLASH_Unlock();                                   //解锁
    addrx = WriteAddr;                                    //写入的起始地址
    endaddr = WriteAddr + NumToWrite * 4;                 //写入的结束地址
    if(addrx<0X1FF00000)
    {
        while(addrx<endaddr)//扫清一切障碍.(对非 FFFFFFFF 的地方,先擦除)
        {
            if(STMFLASH_ReadWord(addrx)!= 0XFFFFFFFF)
            //有非 0XFFFFFFFF 的地方,要擦除这个扇区
            {
                FlashEraseInit.TypeErase = FLASH_TYPEERASE_SECTORS;       //扇区擦除
                FlashEraseInit.Sector = STMFLASH_GetFlashSector(addrx);//要擦除的扇区
                FlashEraseInit.NbSectors = 1;                             //一次只擦除一个扇区
                FlashEraseInit.VoltageRange = FLASH_VOLTAGE_RANGE_3;
                                                        //电压范围,VCC = 2.7~3.6V 之间
                if(HAL_FLASHEx_Erase(&FlashEraseInit,&SectorError)!= HAL_OK)
                {
                    break;                                                //发生错误了
                }
                SCB_CleanInvalidateDCache();            //清除无效的 D - Cache
            }else addrx + = 4;
            FLASH_WaitForLastOperation(FLASH_WAITETIME);    //等待上次操作完成
        }
    }
    FlashStatus = FLASH_WaitForLastOperation(FLASH_WAITETIME);  //等待上次操作完成
    if(FlashStatus == HAL_OK)
    {
```

```
            while(WriteAddr<endaddr)//写数据
            {
                if(HAL_FLASH_Program(FLASH_TYPEPROGRAM_WORD,WriteAddr,
                                                      *pBuffer)!=HAL_OK)//写入数据
                {
                    break;      //写入异常
                }
                WriteAddr+=4;
                pBuffer++;
            }
        }
        HAL_FLASH_Lock();               //上锁
}
//从指定地址开始读出指定长度的数据
//ReadAddr:起始地址
//pBuffer:数据指针
//NumToRead:字(32位)数
void STMFLASH_Read(u32 ReadAddr,u32 *pBuffer,u32 NumToRead)
{
    u32 i;
    for(i=0;i<NumToRead;i++)
    {
        pBuffer[i]=STMFLASH_ReadWord(ReadAddr);//读取4字节
        ReadAddr+=4;//偏移4字节
    }
}
```

该文件代码中调用的 HAL 库函数在 41.1 节都已经详细讲解。这里重点介绍一下 STMFLASH_Write 函数,该函数用于在 STM32F7 的指定地址写入指定长度的数据,其实现基本类似第 32 章的 W25QXX_Flash_Write 函数,不过使用的时候有几点要注意:

① 写入地址必须是用户代码区以外的地址。

② 写入地址必须是 4 的倍数。

③ 对 OTP 区域编程也有效。

第①点比较好理解,如果把用户代码擦除了,则运行的程序可能就被废了,从而很可能出现死机的情况。不过,因为 STM32F767 的扇区都比较大(最少 32 KB,大的 256 KB),所以本函数不缓存要擦除的扇区内容,也就是如果要擦除,那么就是整个扇区擦除,所以建议使用该函数的时候写入地址定位到用户代码占用扇区以外的扇区,比较保险。

第②点则是 3.3 V 时设置 PSIZE=2 所决定的,每次必须写入 32 位,即 4 字节,所以地址必须是 4 的倍数。第③点,该函数对 OTP 区域的操作同样有效,所以写 OTP 字节时也可以直接通过该函数写入,注意,OTP 是一次写入的,无法擦除,所以,一般不要写 OTP 字节。

STMFLASH_GetFlashSector 函数比较好理解,根据地址确定其 sector 编号。

STMFLASH_Write 函数里面调用了 SCB_CleanInvalidateDCache 函数,用于回写

数据到 SRAM,并重新获取 D Cache 数据,去掉将导致死循环。

对于头文件 stmflash.h,我们定义了从 ADDR_FLASH_SECTOR_0～ADDR_FLASH_SECTOR_19 等一系列宏定义标识符,实际上这些标识符的值就是对应 sector 的起始地址值。

最后打开 main.c 文件,代码如下:

```
//要写入到STM32 FLASH的字符串数组
const u8 TEXT_Buffer[] = {"STM32 FLASH TEST"};
#define TEXT_LENTH sizeof(TEXT_Buffer)               //数组长度
#define SIZE TEXT_LENTH/4 + ((TEXT_LENTH % 4)? 1:0)
#define FLASH_SAVE_ADDR    0X08020000
//设置Flash保存地址;必须为4的倍数,且所在扇区要大于本代码所占用到的扇区
//否则,写操作的时候可能会导致擦除整个扇区,从而引起部分程序丢失.引起死机
int main(void)
{
    u8 key = 0;      u16 i = 0;
    u8 datatemp[SIZE];
    Cache_Enable();                    //打开L1 - Cache
    HAL_Init();                        //初始化HAL库
    Stm32_Clock_Init(432,25,2,9);      //设置时钟,216 MHz
    delay_init(216);                   //延时初始化
    uart_init(115200);                 //串口初始化
    LED_Init();                        //初始化LED
    KEY_Init();                        //初始化按键
    SDRAM_Init();                      //初始化SDRAM
    LCD_Init();                        //初始化LCD
    POINT_COLOR = RED;
    LCD_ShowString(30,50,200,16,16,"Apollo STM32F4/F7");
    LCD_ShowString(30,70,200,16,16,"FLASH EEPROM TEST");
    LCD_ShowString(30,90,200,16,16,"ATOM@ALIENTEK");
    LCD_ShowString(30,110,200,16,16,"2016/7/14");
    LCD_ShowString(30,130,200,16,16,"KEY1:Write  KEY0:Read");
    while(1)
    {
        key = KEY_Scan(0);
        if(key == KEY1_PRES)     //KEY1按下,写入STM32 FLASH
        {
            LCD_Fill(0,170,239,319,WHITE);//清除半屏
            LCD_ShowString(30,170,200,16,16,"Start Write FLASH....");
            STMFLASH_Write(FLASH_SAVE_ADDR,(u32 *)TEXT_Buffer,SIZE);
            LCD_ShowString(30,170,200,16,16,"FLASH Write Finished!");//提示传送完成
        }
        if(key == KEY0_PRES)     //KEY0按下,读取字符串并显示
        {
            LCD_ShowString(30,170,200,16,16,"Start Read FLASH.... ");
            STMFLASH_Read(FLASH_SAVE_ADDR,(u32 *)datatemp,SIZE);
            LCD_ShowString(30,170,200,16,16,"The Data Readed Is:  ");//提示传送完成
            LCD_ShowString(30,190,200,16,16,datatemp);//显示读到的字符串
        }
        i++;
```

```
            delay_ms(10);
            if(i == 20)      {LED0_Toggle;i = 0;}         //提示系统正在运行
        }
    }
```

主函数代码逻辑比较简单，当检测到按键 KEY1 按下后，则往 Flash 指定地址开始的连续地址空间写入一段数据，当检测到按键 KEY0 按下后，读取 Flash 指定地址开始的连续空间数据。至此，软件设计部分就结束了。

7.4 下载验证

编译成功之后，下载代码到 ALIENTEK 阿波罗 STM32 开发板上，按 KEY1 按键写入数据，按 KEY0 读取数据，得到如图 7.4.1 所示界面。

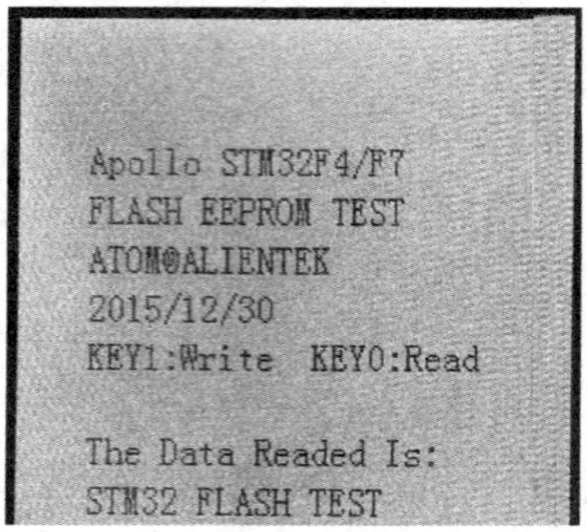

图 7.4.1　程序运行效果图

伴随 DS0 的不停闪烁，提示程序在运行。本章的测试还可以借助 USMART，调用 TMFLASH_ReadWord 和 Test_Write 函数来测试 OTP 区域的读/写。注意，OTP 区域最后 16 字节不要乱写，是用于锁定 OTP 数据块的。

另外，OTP 的一次性可编程也并不像字面意思那样，只能写一次，而是要理解成：只能写 0，不能写 1。举个例子：在地址 0X1FF0 F000 第一次写入 0X12345678，读出来发现是对的，和写入的一样。而在这个地址再次写入 0X12345673 的时候，再读出来变成了 0X12345670，不是第一次写入的值，也不是第二次写入的值，而是两次写入值相与的值，说明第二次也发生了写操作。所以，要理解成只能写 0，不能写 1。

第8章
摄像头实验

ALIENTEK 阿波罗 STM32F767 开发板具有 DCMI 接口,并板载了一个摄像头接口(P7),该接口可以用来连接 ALIENTEK OV5640/OV2640 等摄像头模块。本章将使用 STM32 驱动 ALIENTEK OV5640 摄像头模块,实现摄像头功能。

8.1 OV5640 & DCMI 简介

本节将分为两个部分介绍 OV5640 和 STM32F767 的 DCMI 接口。所有 OV5640 的相关资料都在配套资料:A 盘→7,硬件资料→OV5640 资料文件夹里面。

8.1.1 OV5640 简介

OV5640 是 OV(OmniVision)公司生产的一颗 1/4 寸的 CMOS QSXGA(2 592×1 944)图像传感器,提供了一个完整的 500 万像素摄像头解决方案,并且集成了自动对焦(AF)功能,具有非常高的性价比。

该传感器体积小、工作电压低,提供单片 QSXGA 摄像头和影像处理器的所有功能。通过 SCCB 总线控制,可以输出整帧、子采样、缩放和取窗口等方式的各种分辨率 8、10 位影像数据。该产品 QSXGA 图像最高达到 15 帧/秒(1 080P 图像可达 30 帧,720P 图像可达 60 帧,QVGA 分辨率时可达 120 帧)。用户可以完全控制图像质量、数据格式和传输方式。所有图像处理功能过程,包括伽玛曲线、白平衡、对比度、色度等,都可以通过 SCCB 接口编程。OmniVision 图像传感器应用独有的传感器技术,通过减少或消除光学或电子缺陷,如固定图案噪声、拖尾、浮散等,提高图像质量,得到清晰稳定的彩色图像。

OV5640 的特点有:
- 采用 1.4 μm×1.4 μm 像素大小,并且使用 OmniBSI 技术来达到更高性能(高灵敏度、低串扰和低噪声);
- 自动图像控制功能:自动曝光(AEC)、自动白平衡(AWB)、自动消除灯光条纹、自动黑电平校准(ABLC)和自动带通滤波器(ABF)等;
- 支持图像质量控制:色饱和度调节、色调调节、gamma 校准、锐度和镜头校准等;
- 标准的 SCCB 接口,兼容 I^2C 接口;
- 支持 RawRGB、RGB(RGB565/RGB555/RGB444)、CCIR656、YUV(422/420)、

YCbCr(422)和压缩图像(JPEG)输出格式;
- 支持 QSXGA(500W)图像尺寸输出,以及按比例缩小到其他任何尺寸;
- 支持闪光灯;
- 支持图像缩放、平移和窗口设置;
- 支持图像压缩,即可输出 JPEG 图像数据;
- 支持数字视频接口(DVP)和 MIPI 接口;
- 支持自动对焦;
- 自带嵌入式微处理器。

OV5640 的功能框图图如图 8.1.1 所示。

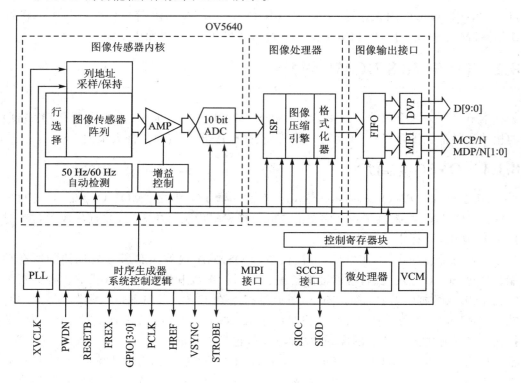

图 8.1.1　OV5640 功能框图

其中,对于 image array 部分的尺寸,OV5640 的官方数据并没有给出具体的数字,其最大的有效输出尺寸为 2 592×1 944,即 500 万像素,我们根据官方提供的一些应用文档发现,其设置的 image array 最大为 2 632×1 951,所以,在接下来的介绍中设定其 image array 最大为 2 632×1 951。

1. DVP 接口说明

OV5640 支持数字视频接口(DVP)和 MIPI 接口,因为 STM32F767 使用的 DCMI 接口仅支持 DVP 接口,所以,OV5640 必须使用 DVP 输出接口才可以连接阿波罗 STM32 开发板。

第 8 章 摄像头实验

OV5640 提供了一个 10 位 DVP 接口（支持 8 位接法），其 MSB 和 LSB 可以通过程序设置先后顺序。ALIENTEK OV5640 模块采用默认的 8 位连接方式，如图 8.1.2 所示。

OV5640 的寄存器通过 SCCB 时序访问并设置，SCCB 时序和 I^2C 时序十分类似，读者可参考配套资料"OmniVision Technologies Seril Camera Control Bus(SCCB) Specification"文档。

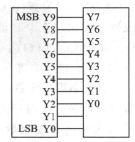

图 8.1.2　OV5640 默认 8 位连接方式

2. 窗口设置说明

接下来介绍一下 OV5640 的 ISP(Image Signal Processor)输入窗口设置、预缩放窗口设置和输出大小窗口设置，这几个设置与我们的正常使用密切相关。它们的设置关系如图 8.1.3 所示。

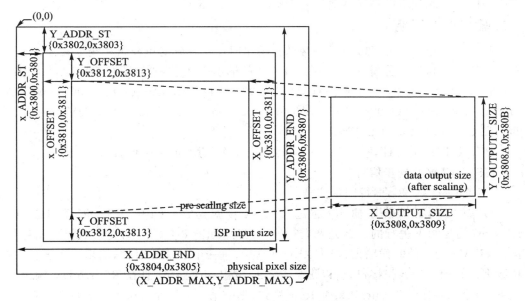

图 8.1.3　OV5640 各窗口设置关系

（1）ISP 输入窗口设置(ISP input size)

该设置允许用户设置整个传感器区域(physical pixel size，2 632×1 951)的感兴趣部分，也就是在传感器里面开窗(X_ADDR_ST、Y_ADDR_ST、X_ADDR_END 和 Y_ADDR_END)，开窗范围从 0×0~2 632×1 951 都可以设置，该窗口所设置的范围将输入 ISP 进行处理。

ISP 输入窗口通过 0X3800~0X3807 这 8 个寄存器进行设置，这些寄存器的定义参见"OV5640_CSP3_DS_2.01_Ruisipusheng.pdf"这个文档(下同)。

(2) 预缩放窗口设置(pre-scaling size)

该设置允许用户在 ISP 输入窗口的基础上,再次设置将要用于缩放的窗口大小。该设置仅在 ISP 输入窗口内进行 x、y 方向的偏移(X_OFFSET/Y_OFFSET),通过 0X3810~0X3813 这 4 个寄存器进行设置。

(3) 输出大小窗口设置(data output size)

该窗口是以预缩放窗口为原始大小,经过内部 DSP 进行缩放处理后,输出给外部的图像窗口大小。它控制最终的图像输出尺寸(X_OUTPUT_SIZE/Y_OUTPUT_SIZE),通过 0X3808~0X380B 这 4 个寄存器进行设置。注意,当输出大小窗口与预缩放窗口比例不一致时,图像将进行缩放处理(会变形);仅当两者比例一致时,输出比例才是 1:1(正常)。

图 8.1.3 右侧 data output size 区域才是 OV5640 输出给外部的图像尺寸,也就是显示在 LCD 上面的图像大小。输出大小窗口与预缩放窗口比例不一致时会进行缩放处理,在 LCD 上面看到的图像将会变形。

3. 输出时序说明

接下来介绍一下 OV5640 的图像数据输出时序。首先简单介绍一些定义:

QSXGA,这里指分辨率为 2 592×1 944 的输出格式,类似的还有 QXGA(2 048×1 536)、UXGA(1 600×1 200)、SXGA(1 280×1 024)、WXGA+(1 440×900)、WXGA(1 280×800)、XGA(1 024×768)、SVGA(800×600)、VGA(640×480)、QVGA(320×240)和 QQVGA(160×120)等。

PCLK,即像素时钟,一个 PCLK 时钟输出一个像素(或半个像素)。

VSYNC,即帧同步信号。

HREF/HSYNC,即行同步信号。

OV5640 的图像数据输出(通过 Y[9:0])就是在 PCLK、VSYNC 和 HREF/HSYNC 的控制下进行的。首先看看行输出时序,如图 8.1.4 所示。可以看出,图像数据在 HREF 为高的时候输出;当 HREF 变高后,每一个 PCLK 时钟,输出一个 8 位、10 位数据。我们采用 8 位接口,所以每个 PCLK 输出一个字节,且在 RGB、YUV 输出格式下,每个 t_p=2 个 Tpclk;如果是 Raw 格式,则一个 t_p=一个 Tpclk。比如采用 QSXGA 时序,RGB565 格式输出,每 2 个字节组成一个像素的颜色(低字节在前,高字节在后),这样每行输出总共有 2 592×2 个 PCLK 周期,输出 2 592×2 个字节。

再来看看帧时序(QSXGA 模式),如图 8.1.5 所示。图中清楚地表示了 OV5640 在 QSXGA 模式下的数据输出。按照这个时序去读取 OV5640 的数据,就可以得到图像数据。

4. 自动对焦(Auto Focus)说明

OV5640 由内置微型控制器完成自动对焦,并且 VCM(Voice Coil Motor,即音圈电机)驱动器也已集成在传感器内部。微型控制器的控制固件(firmware)从主机下载。当固件运行后,内置微型控制器从 OV5640 传感器读得自动对焦所需的信息,计算并驱动 VCM 电机带动镜头到达正确的对焦位置。主机可以通过 I^2C 命令控制微型控制器

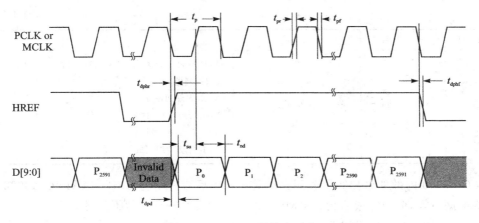

图 8.1.4　OV5640 行输出时序

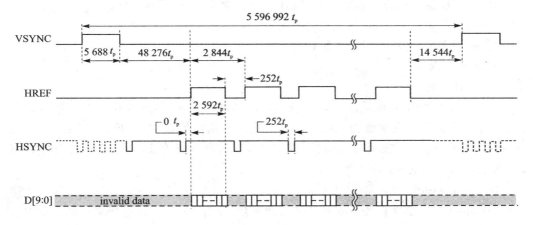

图 8.1.5　OV5640 帧时序

的各种功能。

OV5640 的自动对焦命令(通过 SCCB 总线发送)如表 8.1.1 所列。

表 8.1.1　OV5640 自动对焦命令

地　址	寄存器名	描　述	值
0X3022	CMD_MAIN	AF 主命令寄存器	0X03:触发单次自动对焦过程 0X04:启动持续自动对焦过程 0X06:暂停自动对焦过程 0X08:释放电机回到初始状态 0X12:设置对焦区域 0X00:命令完成
0X3023	CMD_ACK	命令确认	0X00:命令完成 0X01:命令执行中

续表 8.1.1

地 址	寄存器名	描 述	值
0X3029	FW_STATUS	对焦状态	0X7F:固件下载完成,但未执行,可能是固件有问题或微控制器关闭 0X7E:固件初始化中 0X70:释放电机,回到初始状态 0X00:正在自动对焦 0X10:自动对焦完成

OV5640 内部的微控制器收到自动对焦命令后会自动将 CMD_MAIN(0X3022)寄存器数据清零,命令完成后会将 CMD_ACK(0X3023)寄存器数据清零。

自动对焦(AF)过程如下:
① 第一次进入图像预览的时候(图像可以正常输出时)下载固件(firmware);
② 拍照前自动对焦,对焦完成后拍照;
③ 拍照完毕,释放电机到初始状态。

接下来分别说明。
① 下载固件。

OV5640 初始化完成后就可以下载 AF 自动对焦固件了,其操作和下载初始化参数类似。AF 固件下载地址为 0X8000,初始化数组由厂家提供(本例程该数组保存在 ov5640af.h 里面)。下载固件完成后,通过检查 0X3029 寄存器的值来判断固件状态(等于 0X70,说明正常)。

② 自动对焦。

OV5640 支持单次自动对焦和持续自动对焦,通过 0X3022 寄存器来控制。单次自动对焦过程如下:

a. 将 0X3022 寄存器写为 0X03,开始单点对焦过程。
b. 读取寄存器 0X3029,如果返回值为 0X10,则代表对焦已完成。
c. 写寄存器 0X3022 为 0X06,暂停对焦过程,使镜头保持在此对焦位置。

其中,前两步是必须的,第 3 步可以不要,因为单次自动对焦完成以后就不会继续自动对焦了,镜头也就不会动了。

持续自动对焦过程如下:

a. 将 0X22 寄存器写为 0X08,释放电机到初始位置(对焦无穷远)。
b. 将 0X3022 寄存器写为 0X04,启动持续自动对焦过程。
c. 读取寄存器 0X3023,等待命令完成。
d. 当 OV5640 每次检测到失焦时,就会自动进行对焦(一直检测)。

③ 释放电机,结束自动对焦。

最后,在拍照完成或者需要结束自动对焦的时候,在寄存器 0X3022 写入 0X08,即可释放电机,结束自动对焦。

最后说一下 OV5640 的图像数据格式,一般用 2 种输出方式:RGB565 和 JPEG。当输出 RGB565 格式数据的时候,时序完全就是上面两幅图介绍的关系,以满足不同需要。当输出数据是 JPEG 数据的时候,同样也是这种方式输出(所以数据读取方法一模一样),不过 PCLK 数目大大减少了,且不连续,输出的数据是压缩后的 JPEG 数据,输出的 JPEG 数据以"0XFF,0XD8"开头,以"0XFF,0XD9"结尾,且在"0XFF,0XD8"之前,或者"0XFF,0XD9"之后,会有不定数量的其他数据存在(一般是0)。这些数据直接忽略即可,将得到的 0XFF,0XD8~0XFF,0XD9 之间的数据保存为.jpga 或.jpeg 文件,就可以直接在计算机上打开看到图像了。

OV5640 自带的 JPEG 输出功能大大减少了图像的数据量,使其在网络摄像头、无线视频传输等方面具有很大的优势。关于 OV5640 更详细的介绍可参考配套资料的 A 盘→7、硬件资料→OV5640 资料→OV5640_CSP3_DS_2.01_Ruisipusheng.pdf。

8.1.2 STM32F767 DCMI 接口简介

STM32F767 自带了一个数字摄像头(DCMI)接口,该接口是一个同步并行接口,能够接收外部 8 位、10 位、12 位或 14 位 CMOS 摄像头模块发出的高速数据流,可支持不同的数据格式,分别是 YCbCr4:2:2、RGB565 逐行视频和压缩数据(JPEG)。

STM32F767 DCM 接口特点:

- 8 位、10 位、12 位或 14 位并行接口;
- 内嵌码/外部行同步和帧同步;
- 连续模式或快照模式;
- 裁减功能;
- 支持以下数据格式。

① 8、10、12、14 位逐行视频:单色或原始拜尔(Bayer)格式;
② YCbCr 4:2:2 逐行视频;
③ RGB 565 逐行视频;
④ 压缩数据:JPEG。

DCMI 接口包括如下一些信号:

- 数据输入(D[0:13]),用于接摄像头的数据输出,接 OV5640 时只用了 8 位数据。
- 水平同步(行同步)输入(HSYNC),用于接摄像头的 HSYNC、HREF 信号。
- 垂直同步(场同步)输入(VSYNC),用于接摄像头的 VSYNC 信号。
- 像素时钟输入(PIXCLK),用于接摄像头的 PCLK 信号。

DCMI 接口是一个同步并行接口,可接收高速(可达 54 MB/s)数据流。该接口包含 14 条数据线(D13~D0)和一条像素时钟线(PIXCLK)。像素时钟的极性可以编程,因此可以在像素时钟的上升沿或下降沿捕获数据。

DCMI 接收到的摄像头数据被放到一个 32 位数据寄存器(DCMI_DR)中,然后通过通用 DMA 进行传输。图像缓冲区由 DMA 管理,而不是由摄像头接口管理。

从摄像头接收的数据可以按行、帧来组织（原始 YUV、RGB、拜尔模式），也可以是一系列 JPEG 图像。要使能 JPEG 图像接收，则必须将 JPEG 位（DCMI_CR 寄存器的位 3）置 1。

数据流由可选的 HSYNC（水平同步）信号和 VSYNC（垂直同步）信号硬件同步，或者通过数据流中嵌入的同步码同步。

STM32F767 DCMI 接口的框图如图 8.1.6 所示。

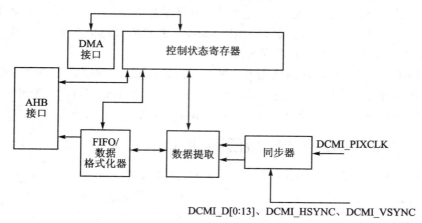

图 8.1.6　DCMI 接口框图

DCMI 接口的数据与 PIXCLK（即 PCLK）保持同步，并根据像素时钟的极性在像素时钟上升沿、下降沿发生变化。HSYNC（HREF）信号指示行的开始、结束，VSYNC 信号指示帧的开始、结束。DCMI 信号波形如图 8.1.7 所示。

图中对应设置为：DCMI_PIXCLK 的捕获沿为下降沿，DCMI_HSYNC 和 DCMI_VSYNC 的有效状态为 1。注意，这里的有效状态实际上对应的是指示数据在并行接口上无效时，HSYNC、VSYNC 引脚上面的引脚电平。

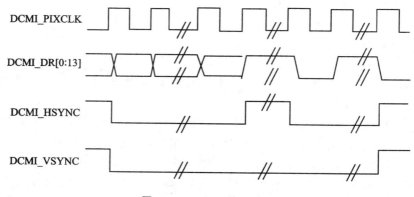

图 8.1.7　DCMI 信号波形

本章用到 DCMI 的 8 位数据宽度通过 DCMI_CR 中的 EDM[1:0]＝00 设置。此时 DCMI_D0～D7 有效，DCMI_D8～D13 上的数据忽略，这个时候，每次需要 4 个像素时钟来捕获一个 32 位数据。捕获的第一个数据存放在 32 位字的 LSB 位置，第四个数据存放在 32 位字的 MSB 位置，捕获数据字节在 32 位字中的排布如表 8.1.2 所列。

表 8.1.2　8 位捕获数据在 32 位字中的排布

字节地址	31:24	23:16	15:8	7:0
0	$D_{n+3}[7:0]$	$D_{n+2}[7:0]$	$D_{n+1}[7:0]$	$D_n[7:0]$
4	$D_{n+7}[7:0]$	$D_{n+6}[7:0]$	$D_{n+5}[7:0]$	$D_{n+4}[7:0]$

　　从表 8.1.2 可以看出，对于 STM32F767 的 DCMI 接口，接收的数据是低字节在前、高字节在后的，所以，要求摄像头输出数据也是低字节在前、高字节在后才可以，否则还得程序上处理字节顺序，会比较麻烦。

　　DCMI 接口支持 DMA 传输，当 DCMI_CR 寄存器中的 CAPTURE 位置 1 时，激活 DMA 接口。摄像头接口每次在其寄存器中收到一个完整的 32 位数据块时，都将触发一个 DMA 请求。

　　DCMI 接口支持两种同步方式：内嵌码同步和硬件（HSYNC 和 VSYNC）同步。这里简单介绍下硬件同步，详细介绍可参考《STM32F7 中文参考手册》第 17.5.3 小节。

　　硬件同步模式下将使用两个同步信号（HSYNC、VSYNC）。根据摄像头模块、模式的不同，可能在水平、垂直同步期间内发送数据。由于系统会忽略 HSYNC、VSYNC 信号有效电平期间内接收的所有数据，HSYNC、VSYNC 信号相当于消隐信号。

　　为了正确地将图像传输到 DMA/RAM 缓冲区，数据传输将与 VSYNC 信号同步。选择硬件同步模式并启用捕获（DCMI_CR 中的 CAPTURE 位置 1）时，数据传输将与 VSYNC 信号的无效电平同步（开始下一帧时）。之后传输便可以连续执行，由 DMA 将连续帧传输到多个连续的缓冲区或一个具有循环特性的缓冲区。为了允许 DMA 管理连续帧，每一帧结束时都将激活 VSIF（垂直同步中断标志，即帧中断），可以利用这个帧中断来判断是否有一帧数据采集完成，方便处理数据。

　　DCMI 接口的捕获模式支持：快照模式和连续采集模式。一般使用连续采集模式，通过 DCMI_CR 中的 CM 位设置。另外，DCMI 接口还支持实现了 4 个字深度的 FIFO，配有一个简单的 FIFO 控制器；每次摄像头接口从 AHB 读取数据时读指针递增，每次摄像头接口向 FIFO 写入数据时写指针递增。因为没有溢出保护，如果数据传输率超过 AHB 接口能够承受的速率，FIFO 中的数据就会被覆盖。如果同步信号出错或者 FIFO 发生溢出，FIFO 将复位，DCMI 接口将等待新的数据帧开始。

　　关于 DCMI 接口的其他特性可参考《STM32F7 中文参考手册》第 17 章相关内容。

　　本章将使用 STM32F767IGT6 的 DCMI 接口连接 ALIENTEK OV5640 摄像头模块，该模块采用 8 位数据输出接口，自带 24 MHz 有源晶振，无须外部提供时钟，模组支持自动对焦功能，且支持闪光灯，整个模块只须提供 3.3 V 供电即可正常使用。

　　ALIENTEK OV5640 摄像头模块外观如图 8.1.8 所示。模块原理图如图 8.1.9 所示。可以看出，ALIENTEK OV5640 摄像头模块自带了有源晶振，用于产生 24 MHz 时钟作为 OV5640 的 XCLK 输入，模块的闪光灯（LED1&LED2）由 OV5640 的 STROBE 脚控制（可编程控制）。同时自带了稳压芯片，用于提供 OV5640 稳定的 2.8 V 和 1.5 V 工作电压,模块通过一个2×9的双排排针(P1)与外部通信,与外部的通信信号如表8.1.3所列。

图 8.1.8　ALIENTEK OV5640 摄像头模块外观图

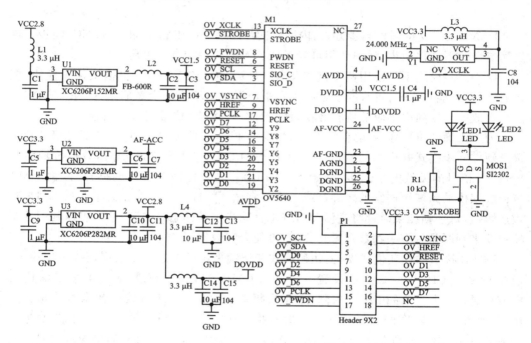

图 8.1.9　ALIENTEK OV5640 摄像头模块原理图

表 8.1.3　OV5640 模块信号及其作用描述

信　号	作用描述	信　号	作用描述
VCC3.3	模块供电脚,接 3.3 V 电源	OV_PCLK	像素时钟输出
GND	模块地线	OV_PWDN	掉电使能(高有效)
OV_SCL	SCCB 通信时钟信号	OV_VSYNC	帧同步信号输出
OV_SDA	SCCB 通信数据信号	OV_HREF	行同步信号输出
OV_D[7:0]	8 位数据输出	OV_RESET	复位信号(低有效)

第8章 摄像头实验

本章将 OV5640 默认配置为 WXGA 输出,也就是 1 280×800 的分辨率,输出信号设置为:VSYNC 高电平有效,HREF 高电平有效,输出数据在 PCLK 的下降沿输出(即上升沿的时候,MCU 才可以采集)。这样,STM32F767 的 DCMI 接口就必须设置为 VSYNC 低电平有效、HSYNC 低电平有效和 PIXCLK 上升沿有效。这些设置都是通过 DCMI_CR 寄存器控制的,该寄存器描述如图 8.1.10 所示。

31	30	29	28	27	26	25	24	23	22	21	20	19	18	17	16	15	14	13	12	11	10	9	8	7	6	5	4	3	2	1	0
Res	Res	Res	Res	Res	Res	Res	Res	Res	Res	Res	OELS	LSM	OEBS	BSM	BSM	Res	ENABLE	Res	Res	EDM	EDM	FCRC	FCRC	VSPOL	HSPOL	PCKPOL	ESS	JPEG	CROP	CM	CAPTURE
											rw	rw	rw	rw	rw		rw			rw	rw	rw	rw	rw	rw	rw	rw	rw	rw	rw	rw

图 8.1.10 DCMI_CR 寄存器各位描述

ENABLE,该位用于设置是否使能 DCMI,不过,使能之前必须将其他配置设置好。

FCRC[1:0],这两个位用于帧率控制,我们捕获所有帧,所以设置为 00 即可。

VSPOL,该位用于设置垂直同步极性,也就是 VSYNC 引脚上面数据无效时的电平状态,根据前面说所,我们应该设置为 0。

HSPOL,该位用于设置水平同步极性,也就是 HSYNC 引脚上面数据无效时的电平状态,同样应该设置为 0。

PCKPOL,该位用于设置像素时钟极性,我们用上升沿捕获,所以设置为 1。

CM,该位用于设置捕获模式,我们用连续采集模式,所以设置为 0 即可。

CAPTURE,该位用于使能捕获,我们设置为 1。该位使能后将激活 DMA,DCMI 等待第一帧开始,然后生成 DMA 请求,并将收到的数据传输到目标存储器中。注意,该位必须在 DCMI 的其他配置(包括 DMA)都设置好了之后才设置。

DCMI_CR 寄存器的其他位就不介绍了 DCMI 的其他寄存器这里也不再介绍,可参考《STM32F7 中文参考手册》第 17.8 节。

最后看下用 DCMI 驱动 OV5640 的步骤(HAL 库中 DCMI 接口相关的库函数分布在源文件 stm32f7xx_hal_dcmi.c、stm32f7xx_hal_dcmi_ex.c 以及头文件 stm32f7xx_hal_dcmi.h 中):

① 配置 OV5640 控制引脚,并配置 OV5640 工作模式。

在启动 DCMI 之前,我们先设置好 OV5640。OV5640 通过 OV_SCL 和 OV_SDA 进行寄存器配置;同时还有 OV_PWDN/OV_RESET 等信号,我们也需要配置对应 I/O 状态,先设置 OV_PWDN 为 0,退出掉电模式,然后拉低 OV_RESET 复位 OV5640,之后再设置 OV_RESET 为 1,结束复位;然后就是对 OV5640 的大把寄存器进行配置了。然后,可以根据我们的需要,设置成 RGB565 输出模式,还是 JPEG 输出模式。

② 配置相关引脚的模式和复用功能(AF13),使能时钟。

OV5640 配置好之后,再设置 DCMI 接口与摄像头模块连接的 I/O 口、使能 I/O 和 DCMI 时钟,然后设置相关 I/O 口为复用功能模式,复用功能选择 AF13(DCMI 复用)。

DCMI 时钟使能方法：

```
__HAL_RCC_DCMI_CLK_ENABLE();        //使能 DCMI 时钟
```

引脚模式配置就是通过 HAL_GPIO_Init 函数来配置的，这里就不多说了。

③ 配置 DCMI 相关设置，初始化 DCMI 接口。

这一步主要通过 DCMI_CR 寄存器设置，包括 VSPOL、HSPOL、PCKPOL、数据宽度等重要参数都在这一步设置。HAL 库提供了 DCMI 初始化函数 HAL_DCMI_Init，函数声明如下：

```
HAL_StatusTypeDef HAL_DCMI_Init(DCMI_HandleTypeDef * hdcmi);
结构体 DCMI_HandleTypeDef 定义为：
typedef struct
{
    DCMI_TypeDef                    * Instance;
    DCMI_InitTypeDef                Init;
    HAL_LockTypeDef                 Lock;
    __IO HAL_DCMI_StateTypeDef      State;
    __IO uint32_t                   XferCount;
    __IO uint32_t                   XferSize;
    uint32_t                        XferTransferNumber;
    uint32_t                        pBuffPtr;
    DMA_HandleTypeDef               * DMA_Handle;
    __IO uint32_t                   ErrorCode;
}DCMI_HandleTypeDef;
```

该结构体第一个成员变量 Instance 用来指向寄存器基地址，设置为 DCMI 即可。

成员变量 XferCount、XferSize、XferTransferNumber、pBuffPtr 和 DMA_Handle 是与 HAL 库中 DMA 处理相关中间变量。由于使用 HAL 库配置的 DCMI DMA 非常复杂，而且灵活性不高，所以本实验是自由独立配置的 DMA。

成员变量 Init 是 DCMI_InitTypeDef 结构体类型，该结构体定义为：

```
typedef struct
{
    uint32_t SynchroMode;            //同步方式为硬件同步还是内嵌码同步
    uint32_t PCKPolarity;            //像素极性
    uint32_t VSPolarity;             //垂直同步极性
    uint32_t HSPolarity;             //水平同步极性
    uint32_t CaptureRate;            //帧捕获率
    uint32_t ExtendedDataMode;       //扩展数据模式
    DCMI_CodesInitTypeDef SyncroCode; //分隔符设置
    uint32_t JPEGMode;               //JPEG 模式选择
    uint32_t ByteSelectMode;         //设置字节选项模式
    uint32_t ByteSelectStart;        //字节选择开始:奇数/偶数字节选择
    uint32_t LineSelectMode;         //行选择模式
    uint32_t LineSelectStart;
}DCMI_InitTypeDef;
```

成员变量 SynchroMode 用来选择同步方式为硬件同步还是内嵌码同步。如果选择硬件同步值 DCMI_SYNCHRO_HARDWARE，那么数据捕获由 HSYNC、VSYNC

信号同步；如果选择内嵌码同步方式值 DCMI_SYNCHRO_EMBEDDED，那么数据捕获由数据流中嵌入的同步码同步。

　　成员变量 PCKPolarity 用来设置像素时钟极性为上升沿有效还是下降沿有效，我们实验使用的是上升沿有效，所以值为 DCMI_PCKPOLARITY_RISING。

　　成员变量 VSPolarity 用来设置垂直同步极性 VSYNC 为低电平有效还是高电平有效，也就是 VSYNC 引脚上面数据无效时的电平状态。我们设置为 VSYNC 低电平有效，所以值为 DCMI_VSPOLARITY_LOW。

　　成员变量 HSPolarity 用来设置水平同步极性为高电平有效还是低电平有效，也就是 HSYNC 引脚上面数据无效时的电平状态。我们设置为 HSYNC 低电平有效，所以值为 DCMI_HSPOLARITY_LOW。

　　成员变量 CaptureRate 用来设置帧捕获率。如果设置为值 DCMI_CR_ALL_FRAME，也就是全帧捕获；设置为 DCMI_CR_ALTERNATE_2_FRAME，也就 2 帧捕获一帧；设置为 DCMI_CR_ALTERNATE_4_FRAME，也就是 4 帧捕获一帧。

　　成员变量 ExtendedDataMode 用来设置扩展数据模式，可以设置为每个像素时钟捕获 8 位、10 位、12 位以及 14 位数据。这里设置为 8 位值 DCMI_EXTEND_DATA_8B。

　　成员变量 SyncroCode 用来设置分隔码，包括帧结束分隔码、行结束分隔码、行开始分隔码以及帧开始分隔码。

　　成员变量 DCMI_CaptureMode 用来设置捕获模式为连续捕获模式还是快照模式。我们实验采取的是连续捕获模式值 DCMI_CaptureMode_Continuous，也就是通过 DMA 连续传输数据到目标存储区。

　　成员变量 JPEGMode 用来设置 JPEG 格式使能。

　　成员变量 ByteSelectMode 用来设置字节选项模式，也就是接口对接收到的数据每隔多少个字节捕获一个字节，取值为 DCMI_BSM_ALL（捕获所有字节）、DCMI_BSM_OTHER（每隔一个字节进行捕获）、DCMI_BSM_ALTERNATE_4（每 4 个字节捕获一个字节）和 DCMI_BSM_ALTERNATE_2（每 4 个字节捕获两个字节）。

　　成员变量 ByteSelectStart 是奇数偶数字节选择开始；也就是接口从帧、行开始捕获第一个数据，同时丢弃第二个字节（DCMI_OEBS_ODD），或者捕获第二个数据同时丢弃第一个字节（DCMI_OEBS_EVEN）。

　　成员变量 LineSelectMode 用来配置行选择模式，也就是选择接口捕获所有接收到的行（DCMI_LSM_ALL）还是每两行捕获一行（DCMI_LSM_ALTERNATE_2）。

　　成员变量 LineSelectStart 用来配置奇数偶数行选择开始，也就是接口在帧开始后捕获第一行丢弃第二行（DCMI_OELS_ODD），或者在帧开始后捕获第二行同时丢弃第一行（DCMI_OELS_EVEN）。

　　函数 HAL_DCMI_Init 初始化实例为：

```
DCMI_HandleTypeDef    DCMI_Handler;                          //DCMI 句柄
DCMI_Handler.Instance = DCMI;
DCMI_Handler.Init.SynchroMode = DCMI_SYNCHRO_HARDWARE;       //硬件同步
```

```
DCMI_Handler.Init.PCKPolarity = DCMI_PCKPOLARITY_RISING;    //PCLK 上升沿有效
DCMI_Handler.Init.VSPolarity = DCMI_VSPOLARITY_LOW;         //VSYNC 低电平有效
DCMI_Handler.Init.HSPolarity = DCMI_HSPOLARITY_LOW;         //HSYNC 低电平有效
DCMI_Handler.Init.CaptureRate = DCMI_CR_ALL_FRAME;          //全帧捕获
DCMI_Handler.Init.ExtendedDataMode = DCMI_EXTEND_DATA_8B;   //8 位数据格式
HAL_DCMI_Init(&DCMI_Handler);                               //初始化 DCMI 接口
```

同样,HAL 库也提供了 DCMI 接口的 MSP 初始化回调函数:

```
void HAL_DCMI_MspInit(DCMI_HandleTypeDef * hdcmi);
```

一般情况下,该函数内部编写时钟使能、I/O 初始化以及 NVIC 相关程序。

④ 配置 DMA。

本章采用连续模式采集,并将采集到的数据输出到 LCD(RGB565 模式)或内存(JPEG 模式),所以源地址都是 DCMI_DR,而目的地址可能是 LCD→RAM 或者 SRAM 的地址。DCMI 的 DMA 传输采用的是 DMA2 数据流 1 的通道 1 来实现的,关于 DMA 的介绍可参考 DMA 实验章节。这里列出本章的 DMA 配置源码,如下:

```
__HAL_RCC_DMA2_CLK_ENABLE();                                //使能 DMA2 时钟
HAL_LINKDMA(&DCMI_Handler,DMA_Handle,DMADMCI_Handler);
//将 DMA 与 DCMI 联系起来
DMADMCI_Handler.Instance = DMA2_Stream1;                    //DMA2 数据流 1
DMADMCI_Handler.Init.Channel = DMA_CHANNEL_1;               //通道 1
DMADMCI_Handler.Init.Direction = DMA_PERIPH_TO_MEMORY;      //外设到存储器
DMADMCI_Handler.Init.PeriphInc = DMA_PINC_DISABLE;          //外设非增量模式
DMADMCI_Handler.Init.MemInc = meminc;                       //存储器增量模式
DMADMCI_Handler.Init.PeriphDataAlignment =
DMA_PDATAALIGN_WORD;                                        //外设数据长度:32 位
DMADMCI_Handler.Init.MemDataAlignment = DMA_MDATAALIGN_WORD;  //32 位长度
DMADMCI_Handler.Init.Mode = DMA_CIRCULAR;                   //使用循环模式
DMADMCI_Handler.Init.Priority = DMA_PRIORITY_HIGH;          //高优先级
DMADMCI_Handler.Init.FIFOMode = DMA_FIFOMODE_ENABLE;        //使能 FIFO
DMADMCI_Handler.Init.FIFOThreshold = DMA_FIFO_THRESHOLD_HALFFULL;//1/2FIFO
DMADMCI_Handler.Init.MemBurst = DMA_MBURST_SINGLE;          //存储器突发传输
DMADMCI_Handler.Init.PeriphBurst = DMA_PBURST_SINGLE;       //外设突发单次传输
HAL_DMA_DeInit(&DMADMCI_Handler);                           //先清除以前的设置
HAL_DMA_Init(&DMADMCI_Handler);                             //初始化 DMA
```

⑤ 设置 OV5640 的图像输出大小,使能 DCMI 捕获。

图像输出大小设置分两种情况:在 RGB565 模式下,根据 LCD 的尺寸设置输出图像大小,以实现全屏显示(图像可能因缩放而变形);在 JPEG 模式下,可以自由设置输出图像大小(可不缩放)。最后,开启 DCMI 捕获即可正常工作了。

8.2 硬件设计

本章实验功能简介:开机后,初始化摄像头模块(OV5640);如果初始化成功,则提示选择模式:RGB565 模式或者 JPEG 模式。KEY0 用于选择 RGB565 模式,KEY1 用于选择 JPEG 模式。

第 8 章 摄像头实验

当使用 RGB565 时,输出图像(固定为 WXGA)将经过缩放处理(完全由 OV5640 的 DSP 控制)显示在 LCD 上面(默认开启连续自动对焦)。可以通过 KEY_UP 按键选择 1∶1 显示,即不缩放,图片不变形,但是显示区域小(液晶分辨率大小);或者缩放显示,即将 1 280×800 的图像压缩到液晶分辨率尺寸显示,图片变形,但是显示了整个图片内容。KEY0 按键可以设置对比度,KEY1 按键可以启动单次自动对焦,KEY2 按键可以设置特效。

当使用 JPEG 模式时,图像可以设置任意尺寸(QSXGA~QQVGA),采集到的 JPEG 数据将先存放到 STM32F767 的 SDRAM 内存里面;每当采集到一帧数据时,就会关闭 DMA 传输;然后将采集到的数据发送到串口 2(此时可以通过上位机软件 ATK-CAM.exe 接收并显示图片),之后再重新启动 DMA 传输。可以通过 KEY_UP 设置输出图片的尺寸(QSXGA~QQVGA)。KEY0 按键可以设置对比度,KEY1 按键可以启动单次自动对焦,KEY2 按键可以设置特效。

同时,可以通过串口 1,借助 USMART 设置/读取 OV5640 的寄存器,方便调试。DS0 指示程序运行状态,DS1 用于指示帧中断。

本实验用到的硬件资源有:指示灯 DS0 和 DS1、4 个按键、串口 1 和串口 2、LCD 模块、PCF8574T、OV5640 摄像头模块。这些资源基本上都介绍过了,这里用到串口 2 来传输 JPEG 数据给上位机,其配置同串口 1 几乎一模一样,只是串口 2 的时钟来自 APB1,频率为 54 MHz。开发板板载的摄像头模块接口与 MCU 的连接如图 8.2.1 所示。

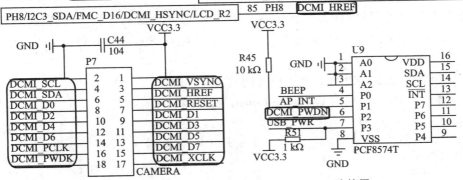

图 8.2.1 摄像头模块接口与 STM32 连接图

图中 P7 就是摄像头模块/OLED 模块共用接口，上册第 16 章曾简单介绍过这个接口，它在开发板的左下角，是一个 2×9 的排座(P7)。从图 8.2.1 可以看出，OV5640 摄像头模块的各信号脚与 STM32 的连接关系为：

DCMI_VSYNC 接 PB7；   DCMI_HREF 接 PH8；
DCMI_PCLK 接 PA6；   DCMI_SCL 接 PB4；
DCMI_SDA 接 PB3；   DCMI_RESET 接 PA15；
DCMI_PWDN 接 PCF8574T 的 P2 脚；   DCMI_XCLK 接 PA8(本章未用到)；
DCMI_D[7:0]接 PB9/PB8/PD3/PC11/PC9/PC8/PC7/PC6。

阿波罗 STM32F767 开发板的内部已经将这些线连接好了，我们只需要将 OV5640 摄像头模块插上去就可以。注意，DCMI 摄像头接口和 SDIO、红外接收头有冲突，使用的时候，必须分时复用才可以，不可同时使用。另外，DCMI_PWDN 连接在 PCF8574T 的 P2 脚上，所以本章必须使用 PCF8574T 来间接控制 DCMI_PWDN。实物连接如图 8.2.2 所示。

图 8.2.2   OV5640 摄像头模块与开发板连接实物图

8.3 软件设计

打开本章实验工程可以看到，因为本实验要使用定时器和串口 2，所以添加了 timer.c 和 usart2.c 文件。同时，新建了 dcmi.c/dcmi.h、sccb.c/sccb.h 以及 ov5540.c/ov5540.h 等文件。

本实验代码比较多，这里仅挑几个重要的地方进行讲解。

首先来看 ov5640.c 里面的 OV5640_Init 函数，该函数代码如下：

```
//初始化 OV5640
//配置完以后，默认输出是 1 600×1 200 尺寸的图片！
//返回值:0,成功
//       其他,错误代码
u8 OV5640_Init(void)
```

```c
{
    u16 i = 0;
    u16 reg;
    //设置 I/O                                    //
    GPIO_InitTypeDef GPIO_Initure;
    __HAL_RCC_GPIOA_CLK_ENABLE();                 //开启 GPIOA 时钟
    GPIO_Initure.Pin = GPIO_PIN_15;               //PA15
    GPIO_Initure.Mode = GPIO_MODE_OUTPUT_PP;      //推挽输出
    GPIO_Initure.Pull = GPIO_PULLUP;              //上拉
    GPIO_Initure.Speed = GPIO_SPEED_HIGH;         //高速
    HAL_GPIO_Init(GPIOA,&GPIO_Initure);           //初始化
    PCF8574_Init();                               //初始化 PCF8574
    OV5640_RST(0);                                //必须先拉低 OV5640 的 RST 脚,再上电
    delay_ms(20);
    OV5640_PWDN_Set(0);                           //POWER ON
    delay_ms(5);
    OV5640_RST(1);                                //结束复位
    delay_ms(20);
    SCCB_Init();                                  //初始化 SCCB 的 IO 口
    delay_ms(5);
    reg = OV5640_RD_Reg(OV5640_CHIPIDH);          //读取 ID 高 8 位
    reg <<= 8;
    reg |= OV5640_RD_Reg(OV5640_CHIPIDL);         //读取 ID 低 8 位
    if(reg!= OV5640_ID)
    {
        printf("ID:%d\r\n",reg);
        return 1;
    }
    OV5640_WR_Reg(0x3103,0X11);                   //system clock from pad, bit[1]
    OV5640_WR_Reg(0X3008,0X82);                   //软复位
    delay_ms(10);
    //初始化 OV5640,采用 SXGA 分辨率(1600 * 1200)
    for(i = 0;i<sizeof(ov5640_uxga_init_reg_tbl)/4;i++)
    {
        OV5640_WR_Reg(ov5640_uxga_init_reg_tbl[i][0],ov5640_uxga_init_reg_tbl[i][1]);
    }
    //检查闪光灯是否正常
    OV5640_Flash_Ctrl(1);//打开闪光灯
    delay_ms(50);
    OV5640_Flash_Ctrl(0);//关闭闪光灯
    return 0x00;          //ok
}
```

此部分代码中先初始化 OV5640 的相关 I/O 口(包括 PCF8574_Init 和 SCCB_Init),最主要的是完成 OV5640 的寄存器序列初始化。OV5640 的寄存器很多(百几十个),配置特麻烦,幸好厂家有提供的参考配置序列(详见"OV5640_camera_module_software_application_notes_1.3_Sonix.pdf"),本章用到的配置序列存放在 ov5640_init_reg_tbl 数组里面,该数组是一个 2 维数组,存储初始化序列寄存器及其对应的值,该数组存放在 ov5640cfg.h 里面。

另外，在 ov5640.c 里面还有几个函数比较重要，这里不贴代码了，只介绍功能：
- OV5640_ImageWin_Set 函数，用于设置 ISP 输入窗口；
- OV5640_OutSize_Set 函数，用于设置预缩放窗口和输出大小窗口；
- OV5640_Focus_Init 函数，用于初始化自动对焦功能；
- OV5640_Focus_Single 函数，用于实现一次自动对焦；
- OV5640_Focus_Constant 函数，用于开启持续自动对焦功能；
- OV5640_ImageWin_Set 和 OV5640_OutSize_Set 就是 8.1.1 小节介绍的 3 个窗口的设置，它们共同决定了图像的输出。

接下来看看 ov5640cfg.h 里面 ov5640_init_reg_tbl 的内容，ov5640cfg.h 文件的代码如下：

```
//JPEG 配置.7.5 帧
//最大支持 2592 * 1944 的 JPEG 图像输出
const u16 OV5640_jpeg_reg_tbl[][2] =
{
    0x4300, 0x30, // YUV 422, YUYV
    ……//省略部分代码
    0x3503, 0x00, // AEC/AGC on
};
//RGB565 配置.15 帧
//最大支持 1280 * 800 的 RGB565 图像输出
const u16 ov5640_rgb565_reg_tbl[][2] =
{
    0x4300, 0X6F,
    ……//省略部分代码
    0x3503, 0x00, // AEC/AGC on
};
//OV5640 初始化寄存器序列表
const u16 ov5640_init_reg_tbl[][2] =
{
    // 24MHz input clock, 24MHz PCLK
    0x3008, 0x42, // software power down, bit[6]
    ……//省略部分代码
    0x4740, 0X21, //VSYNC 高有效
};
```

以上代码省略了很多（全部贴出来太长了），里面总共有 3 个数组。我们大概了解下数组结构，每个数组条目的第一个字节为寄存器号（也就是寄存器地址）；第二个字节为要设置的值，比如{0x4300, 0x30}表示在 0x4300 地址写入 0X30 这个值。

这里面的 ov5640_init_reg_tbl 数组用于初始化 OV5640，该数组必须最先进行配置；ov5640_rgb565_reg_tbl 数组用于设置 OV5640 的输出格式为 RGB565，分辨率为 1 280×800，帧率为 15 帧，在 RGB 模式下使用；OV5640_jpeg_reg_tbl 用于设置 OV5640 的输出格式为 JPEG，分辨率为 2 592×1 944，帧率为 7.5 帧，在 JPEG 模式下使用。

接下来看看 dcmi.c 里面的代码，如下：

```
DCMI_HandleTypeDef   DCMI_Handler;                //DCMI 句柄
DMA_HandleTypeDef    DMADMCI_Handler;             //DMA 句柄
u8 ov_frame = 0;                                  //帧率
extern void jpeg_data_process(void);              //JPEG 数据处理函数
//DCMI 初始化
void DCMI_Init(void)
{
    DCMI_Handler.Instance = DCMI;
    DCMI_Handler.Init.SynchroMode = DCMI_SYNCHRO_HARDWARE;        //硬件同步
    DCMI_Handler.Init.PCKPolarity = DCMI_PCKPOLARITY_RISING;      //PCLK 上升沿有效
    DCMI_Handler.Init.VSPolarity = DCMI_VSPOLARITY_LOW;           //VSYNC 低电平有效
    DCMI_Handler.Init.HSPolarity = DCMI_HSPOLARITY_LOW;           //HSYNC 低电平有效
    DCMI_Handler.Init.CaptureRate = DCMI_CR_ALL_FRAME;            //全帧捕获
    DCMI_Handler.Init.ExtendedDataMode = DCMI_EXTEND_DATA_8B;     //8 位数据格式
    HAL_DCMI_Init(&DCMI_Handler);         //初始化 DCMI,此函数会开启帧中断
    //关闭行中断、VSYNC 中断、同步错误中断和溢出中断
    __HAL_DCMI_DISABLE_IT(&DCMI_Handler,DCMI_IT_LINE| \
DCMI_IT_VSYNC|DCMI_IT_ERR|DCMI_IT_OVR);
    __HAL_DCMI_ENABLE_IT(&DCMI_Handler,DCMI_IT_FRAME);            //使能帧中断
    __HAL_DCMI_ENABLE(&DCMI_Handler);                             //使能 DCMI
}
//DCMI 底层驱动,引脚配置,时钟使能,中断配置
//此函数会被 HAL_DCMI_Init()调用
//hdcmi:DCMI 句柄
void HAL_DCMI_MspInit(DCMI_HandleTypeDef * hdcmi)
{
    GPIO_InitTypeDef GPIO_Initure;
    __HAL_RCC_DCMI_CLK_ENABLE();                  //使能 DCMI 时钟
    __HAL_RCC_GPIOA_CLK_ENABLE();                 //使能 GPIOA 时钟
    ……//省略部分时钟使能代码
    //初始化 PA6
    GPIO_Initure.Pin = GPIO_PIN_6;
    GPIO_Initure.Mode = GPIO_MODE_AF_PP;          //推挽复用
    GPIO_Initure.Pull = GPIO_PULLUP;              //上拉
    GPIO_Initure.Speed = GPIO_SPEED_HIGH;         //高速
    GPIO_Initure.Alternate = GPIO_AF13_DCMI;      //复用为 DCMI
    HAL_GPIO_Init(GPIOA,&GPIO_Initure);           //初始化
    ……//省略部分 IO 配置代码
    HAL_NVIC_SetPriority(DCMI_IRQn,2,2);          //抢占优先级 1,子优先级 2
    HAL_NVIC_EnableIRQ(DCMI_IRQn);                //使能 DCMI 中断
}
//DCMI DMA 配置
//mem0addr:存储器地址 0    将要存储摄像头数据的内存地址(也可以是外设地址)
//mem1addr:存储器地址 1    当只使用 mem0addr 的时候,该值必须为 0
//memblen:存储器位宽,可以为:DMA_MDATAALIGN_BYTE/
//DMA_MDATAALIGN_HALFWORD/DMA_MDATAALIGN_WORD
//meminc:存储器增长方式,可以为:DMA_MINC_ENABLE/DMA_MINC_DISABLE
void DCMI_DMA_Init(u32 mem0addr,u32 mem1addr,u16 memsize,u32 memblen,u32 meminc)
{
    __HAL_RCC_DMA2_CLK_ENABLE();//使能 DMA2 时钟
    __HAL_LINKDMA(&DCMI_Handler,DMA_Handle,DMADMCI_Handler);
```

```c
    //将DMA与DCMI联系起来
    __HAL_DMA_DISABLE_IT(&DMADMCI_Handler,DMA_IT_TC);
    //先关闭DMA传输完成中断(否则在使用MCU屏的时候会出现花屏的情况)
    DMADMCI_Handler.Instance = DMA2_Stream1;              //DMA2 数据流1
    DMADMCI_Handler.Init.Channel = DMA_CHANNEL_1;         //通道1
    DMADMCI_Handler.Init.Direction = DMA_PERIPH_TO_MEMORY;//外设到存储器
    DMADMCI_Handler.Init.PeriphInc = DMA_PINC_DISABLE;    //外设非增量模式
    DMADMCI_Handler.Init.MemInc = meminc;                 //存储器增量模式
    DMADMCI_Handler.Init.PeriphDataAlignment = DMA_PDATAALIGN_WORD;
                                                          //外设数据长度:32位
    DMADMCI_Handler.Init.MemDataAlignment = memblen;      //存储器数据长度:8/16/32位
    DMADMCI_Handler.Init.Mode = DMA_CIRCULAR;             //使用循环模式
    DMADMCI_Handler.Init.Priority = DMA_PRIORITY_HIGH;    //高优先级
    DMADMCI_Handler.Init.FIFOMode = DMA_FIFOMODE_ENABLE;  //使能FIFO
    DMADMCI_Handler.Init.FIFOThreshold = DMA_FIFO_THRESHOLD_HALFFULL;
                                                          //使用1/2的FIFO
    DMADMCI_Handler.Init.MemBurst = DMA_MBURST_SINGLE;    //存储器突发传输
    DMADMCI_Handler.Init.PeriphBurst = DMA_PBURST_SINGLE; //外设突发单次传输
    HAL_DMA_DeInit(&DMADMCI_Handler);                     //先清除以前的设置
    HAL_DMA_Init(&DMADMCI_Handler);                       //初始化DMA
    //在开启DMA之前先使用__HAL_UNLOCK()解锁一次DMA
    __HAL_UNLOCK(&DMADMCI_Handler);
    if(mem1addr == 0)                                     //开启DMA,不使用双缓冲
    {
        HAL_DMA_Start(&DMADMCI_Handler,(u32)&DCMI->DR,mem0addr,memsize);
    }
    else                                                  //使用双缓冲
    {
        HAL_DMAEx_MultiBufferStart(&DMADMCI_Handler,(u32)&DCMI->DR, \
mem0addr,mem1addr,memsize);                               //开启双缓冲
    __HAL_DMA_ENABLE_IT(&DMADMCI_Handler,DMA_IT_TC);      //开启传输完成中断
        HAL_NVIC_SetPriority(DMA2_Stream1_IRQn,2,3);      //DMA中断优先级
        HAL_NVIC_EnableIRQ(DMA2_Stream1_IRQn);
    }
}
//DCMI,启动传输
void DCMI_Start(void)
{
    LCD_SetCursor(0,0);
    LCD_WriteRAM_Prepare();                               //开始写入GRAM
    __HAL_DMA_ENABLE(&DMADMCI_Handler);                   //使能DMA
    DCMI->CR |= DCMI_CR_CAPTURE;                          //DCMI捕获使能
}
//DCMI,关闭传输
void DCMI_Stop(void)
{
    DCMI->CR &= ~(DCMI_CR_CAPTURE);                       //关闭捕获
    while(DCMI->CR&0X01);                                 //等待传输完成
    __HAL_DMA_DISABLE(&DMADMCI_Handler);                  //关闭DMA
}
//DCMI中断服务函数
```

第 8 章 摄像头实验

```c
void DCMI_IRQHandler(void)
{
    HAL_DCMI_IRQHandler(&DCMI_Handler);
}
//捕获到一帧图像处理函数
//hdcmi:DCMI 句柄
void HAL_DCMI_FrameEventCallback(DCMI_HandleTypeDef * hdcmi)
{
    jpeg_data_process();//jpeg 数据处理
    LED1_Toggle;
    ov_frame ++ ;
    //重新使能帧中断,因为 HAL_DCMI_IRQHandler()函数会关闭帧中断
    __HAL_DCMI_ENABLE_IT(&DCMI_Handler,DCMI_IT_FRAME);
}
void ( * dcmi_rx_callback)(void);//DCMI DMA 接收回调函数
//DMA2 数据流 1 中断服务函数
void DMA2_Stream1_IRQHandler(void)
{
    if(__HAL_DMA_GET_FLAG(&DMADMCI_Handler,DMA_FLAG_TCIF1_5)!= RESET) //DMA 传输完成
    {
        __HAL_DMA_CLEAR_FLAG(&DMADMCI_Handler,DMA_FLAG_TCIF1_5);
                                                    //清除 DMA 传输完成中断标志位
        dcmi_rx_callback();      //执行摄像头接收回调函数,读取数据等操作在这里面处理
    }
}
///////////////////////////////////////////////////////
//以下两个函数,供 usmart 调用,用于调试代码
//DCMI 设置显示窗口
//sx,sy:LCD 的起始坐标
//width,height:LCD 显示范围
void DCMI_Set_Window(u16 sx,u16 sy,u16 width,u16 height)
{
    DCMI_Stop();
    LCD_Clear(WHITE);
    LCD_Set_Window(sx,sy,width,height);
    OV5640_OutSize_Set(0,0,width,height);
    LCD_SetCursor(0,0);
    LCD_WriteRAM_Prepare();                             //开始写入 GRAM
    __HAL_DMA_ENABLE(&DMADMCI_Handler);                 //开启 DMA2,Stream1
    DCMI ->CR| = DCMI_CR_CAPTURE;                       //DCMI 捕获使能
}
//通过 usmart 调试,辅助测试用
//pclk/hsync/vsync:3 个信号的有限电平设置
void DCMI_CR_Set(u8 pclk,u8 hsync,u8 vsync)
{
    HAL_DCMI_DeInit(&DCMI_Handler);//清除原来的设置
    DCMI_Handler.Instance = DCMI;
    DCMI_Handler.Init.SynchroMode = DCMI_SYNCHRO_HARDWARE;      //硬件同步
    DCMI_Handler.Init.PCKPolarity = pclk <<5;                   //PCLK 上升沿有效
    DCMI_Handler.Init.VSPolarity = vsync <<7;                   //VSYNC 低电平有效
    DCMI_Handler.Init.HSPolarity = hsync <<6;                   //HSYNC 低电平有效
```

```
    DCMI_Handler.Init.CaptureRate = DCMI_CR_ALL_FRAME;              //全帧捕获
    DCMI_Handler.Init.ExtendedDataMode = DCMI_EXTEND_DATA_8B;       //8位数据格式
    HAL_DCMI_Init(&DCMI_Handler);                                   //初始化DCMI
    DCMI_Handler.Instance ->CR |= DCMI_MODE_CONTINUOUS;             //持续模式
}
```

其中，DCMI_IRQHandler函数用于处理帧中断，可以实现帧率统计（需要定时器支持）和JPEG数据处理等；实际上，当捕获到一帧数据后，调用的是HAL库回调函数HAL_DCMI_FrameEventCallback进行处理。DCMI_DMA_Init函数用于配置DCMI的DMA传输，其外设地址固定为DCMI→DR，而存储器地址可变（LCD或者SRAM）。DMA被配置为循环模式，一旦开启，DMA将不停地循环传输数据。DMA2_Stream1_IRQHandler函数用于在使用RGB屏的时候，双缓冲存储时数据的搬运处理（通过dcmi_rx_callback函数实现）。DCMI_Init函数用于初始化STM32F7的DCMI接口，这是根据8.1.2小节提到的配置步骤进行配置的。最后，DCMI_Start和DCMI_Stop两个函数用于开启或停止DCMI接口。

其他部分代码可参考配套资料本例程源码（实验38 摄像头实验）。

最后，打开main.c文件，代码如下：

```
u8 ovx_mode = 0;                         //bit0:0,RGB565模式;1,JPEG模式
u16 curline = 0;                         //摄像头输出数据,当前行编号
u16 yoffset = 0;                         //y方向的偏移量
#define jpeg_buf_size    30*1024*1024    //定义JPEG数据缓存jpeg_buf的大小(1×4 MB)
#define jpeg_line_size   2*1024          //定义DMA接收数据时,一行数据的最大值
u32 dcmi_line_buf[2][jpeg_line_size];    //RGB屏,摄像头采用一行一行读取,定义行缓存
u32 jpeg_data_buf[jpeg_buf_size] __attribute__((at(0XC0000000 + 1280 * 800 * 2)));
//JPEG数据缓存buf,定义在LCD帧缓存之后
volatile u32 jpeg_data_len = 0;          //buf中的JPEG有效数据长度
volatile u8 jpeg_data_ok = 0;            //JPEG数据采集完成标志
                                         //0,数据没有采集完
                                         //1,数据采集完了,但是还没处理
                                         //2,数据已经处理完成了,可以开始下一帧接收
//JPEG尺寸支持列表
const u16 jpeg_img_size_tbl[][2] =
{
    160,120,     //QQVGA
……//省略部分代码
    2592,1944,   //500W
};
const u8 * EFFECTS_TBL[7] = {"Normal","Cool","Warm","B&W","Yellowish","Inverse",
                             "Greenish"};     //7种特效
const u8 * JPEG_SIZE_TBL[12] = {"QQVGA","QVGA","VGA","SVGA","XGA","WXGA",
"WXGA+","SXGA","UXGA","1080P","QXGA","500W"};//JPEG图片12种尺寸
//处理JPEG数据
//当采集完一帧JPEG数据后,调用此函数,切换JPEG BUF,开始下一帧采集
void jpeg_data_process(void)
{
    u16 i;
```

```
    u16 rlen;                           //剩余数据长度
    u32 * pbuf;
    curline = yoffset;                  //行数复位
    if(ovx_mode&0X01)                   //只有在JPEG格式下,才需要做处理
    {
        if(jpeg_data_ok == 0)           //jpeg数据还未采集完吗
        {
            __HAL_DMA_DISABLE(&DMADMCI_Handler);//关闭DMA
            rlen = jpeg_line_size - __HAL_DMA_GET_COUNTER(&DMADMCI_Handler);
                                        //得到剩余数据长度
            pbuf = jpeg_data_buf + jpeg_data_len;//偏移到有效数据末尾,继续添加
            if(DMADMCI_Handler.Instance ->CR&(1 << 19))for(i = 0;i<rlen;i ++ )pbuf[i] =
                dcmi_line_buf[1][i];//读取buf1里面的剩余数据
            else for(i = 0;i<rlen;i ++ )pbuf[i] = dcmi_line_buf[0][i];
                                        //读取buf0里面的剩余数据
            jpeg_data_len + = rlen;                     //加上剩余长度
            jpeg_data_ok = 1;           //标记JPEG数据采集完成,等待其他函数处理
        }
        if(jpeg_data_ok == 2)                           //上一次的jpeg数据已经被处理了
        {
            __HAL_DMA_SET_COUNTER(&DMADMCI_Handler,jpeg_line_size);
                                        //传输长度为jpeg_buf_size*4字节
            __HAL_DMA_ENABLE(&DMADMCI_Handler);         //打开DMA
            jpeg_data_ok = 0;                           //标记数据未采集
            jpeg_data_len = 0;                          //数据重新开始
        }
    }else
    {
        LCD_SetCursor(0,0);
        LCD_WriteRAM_Prepare();                         //开始写入GRAM
    }
}
//jpeg数据接收回调函数
void jpeg_dcmi_rx_callback(void)
{
    u16 i;
    u32 * pbuf;
    pbuf = jpeg_data_buf + jpeg_data_len;               //偏移到有效数据末尾
    if(DMADMCI_Handler.Instance ->CR&(1 << 19))//buf0已满,正常处理buf1
    {
        for(i = 0;i<jpeg_line_size;i ++ )pbuf[i] = dcmi_line_buf[0][i];
                                                        //读取buf0里面的数据
        jpeg_data_len + = jpeg_line_size;               //偏移
    }else                                               //buf1已满,正常处理buf0
    {
        for(i = 0;i<jpeg_line_size;i ++ )pbuf[i] = dcmi_line_buf[1][i];
                                                        //读取buf1里面的数据
        jpeg_data_len + = jpeg_line_size;               //偏移
    }
```

```c
        SCB_CleanInvalidateDCache();                    //清除无效化 DCache
}
//JPEG 测试
//JPEG 数据,通过串口 2 发送给电脑.
void jpeg_test(void)
{
    u32 i,jpgstart,jpglen;      u8 *p;
    u8 key,headok = 0;u8 effect = 0,contrast = 2;
    u8 size = 2;                                        //默认是 QVGA 320 * 240 尺寸
    u8 msgbuf[15];                                      //消息缓存区
    ……//省略部分代码
    LCD_ShowString(30,180,200,16,16,msgbuf);            //显示当前 JPEG 分辨率
    //自动对焦初始化
    OV5640_RGB565_Mode();                               //RGB565 模式
    OV5640_Focus_Init();
    ……//省略部分代码
    OV5640_Focus_Constant();                            //启动持续对焦
    DCMI_Init();                                        //DCMI 配置
    dcmi_rx_callback = jpeg_dcmi_rx_callback;           //JPEG 接收数据回调函数
    DCMI_DMA_Init((u32)&dcmi_line_buf[0],(u32)&dcmi_line_buf[1],
                jpeg_line_size,DMA_MDATAALIGN_WORD,DMA_MINC_ENABLE);
    OV5640_OutSize_Set(4,0,jpeg_img_size_tbl[size][0],jpeg_img_size_tbl[size][1]);
                                                        //设置输出尺寸
    DCMI_Start();                                       //启动传输
    while(1)
    {
        if(jpeg_data_ok == 1)                           //已经采集完一帧图像了
        {
            p = (u8 *)jpeg_data_buf;
            printf("jpeg_data_len:%d\r\n",jpeg_data_len * 4);//打印帧率
            LCD_ShowString(30,210,210,16,16,"Sending JPEG data...");//提示正在传输
            jpglen = 0;                                 //设置 jpg 文件大小为 0
            headok = 0;                                 //清除 jpg 头标记
            for(i = 0;i<jpeg_data_len * 4;i++)//查找 0XFF,0XD8 和 0XFF,0XD9,获取文件大小
            {
                if((p[i] == 0XFF)&&(p[i + 1] == 0XD8))  //找到 FF D8
                {
                    jpgstart = i;
                    headok = 1;                         //标记找到 jpg 头(FF D8)
                }
                if((p[i] == 0XFF)&&(p[i + 1] == 0XD9)&&headok)//找到头以后,再找 FF D9
                {
                    jpglen = i - jpgstart + 2;
                    break;
                }
            }
            if(jpglen)                                  //正常的 jpeg 数据
            {
                p+ = jpgstart;                          //偏移到 0XFF,0XD8 处
```

```c
            for(i=0;i<jpglen;i++)                    //发送整个jpg文件
            {
                USART2->TDR=p[i];
                while((USART2->ISR&0X40)==0);        //循环发送,直到发送完毕
                key=KEY_Scan(0);
                if(key)break;
            }
        }
        if(key)           //有按键按下,需要处理
        {
……//省略部分代码
        }else LCD_ShowString(30,210,210,16,16,"Send data complete!!");//提示结束
        jpeg_data_ok=2;    //标记jpeg数据处理完了,可以让DMA去采集下一帧了
    }
}
//RGB屏数据接收回调函数
void rgblcd_dcmi_rx_callback(void)
{
    u16 *pbuf;
    if(DMA2_Stream1->CR&(1<<19))                     //DMA使用buf1,读取buf0
    {
        pbuf=(u16*)dcmi_line_buf[0];
    }else                                             //DMA使用buf0,读取buf1
    {
        pbuf=(u16*)dcmi_line_buf[1];
    }
    LTDC_Color_Fill(0,curline,lcddev.width-1,curline,pbuf);//DM2D填充
    if(curline<lcddev.height)curline++;
}
//RGB565测试
//RGB数据直接显示在LCD上面
void rgb565_test(void)
{
u8 key;
    u8 effect=0,contrast=2,fac;
    u8 scale=1;                                      //默认是全尺寸缩放
    u8 msgbuf[15];                                   //消息缓存区
    u16 outputheight=0;
……//省略部分代码
    LCD_ShowString(30,160,200,16,16,"KEY_UP:FullSize/Scale");  //1:1尺寸
    //自动对焦初始化
    OV5640_RGB565_Mode();                            //RGB565模式
    OV5640_Focus_Init();
……//省略部分代码
    OV5640_Focus_Constant();                         //启动持续对焦
    DCMI_Init();                                     //DCMI配置
    if(lcdltdc.pwidth!=0)                            //RGB屏
    {
```

```
            dcmi_rx_callback = rgblcd_dcmi_rx_callback;//RGB 屏接收数据回调函数
            DCMI_DMA_Init((u32)dcmi_line_buf[0],(u32)dcmi_line_buf[1],lcddev.width/2,
                                        DMA_MDATAALIGN_HALFWORD,DMA_MINC_ENABLE);
        }else        //MCU 屏
        {
            DCMI_DMA_Init((u32)&LCD->LCD_RAM,0,1,
                                        DMA_MDATAALIGN_HALFWORD,DMA_MINC_DISABLE);
        }
        TIM3->CR1&= ~(0x01);//关闭定时器 3,关闭帧率统计(如果打开,RGB 屏会抖)
        if(lcddev.height>800)
        {
            yoffset = (lcddev.height - 800)/2;
            outputheight = 800;
            OV5640_WR_Reg(0x3035,0X51);              //降低输出帧率,否则可能抖动
        }else{yoffset = 0;       outputheight = lcddev.height;     }
        curline = yoffset;                           //行数复位
        OV5640_OutSize_Set(4,0,lcddev.width,outputheight);  //满屏缩放显示
        DCMI_Start();                                //启动传输
        LCD_Clear(BLACK);
        while(1)
        {
            key = KEY_Scan(0);
            if(key)
            {
            ……//省略部分代码
            }
            delay_ms(10);
        }
}
int main(void)
{
    u8 key;           u8 t;
    Cache_Enable();                          //打开 L1-Cache
    MPU_Memory_Protection();                 //保护相关存储区域
    HAL_Init();                              //初始化 HAL 库
    Stm32_Clock_Init(432,25,2,9);            //设置时钟,216 MHz
……//省略部分代码
    usart2_init(921600);                     //初始化 USART2
    TIM3_Init(10000 - 1,10800 - 1);          //10 kHz 计数,1 秒钟中断一次
    while(OV5640_Init())                     //初始化 OV5640
    {
……//省略部分代码
    }
    LCD_ShowString(30,130,200,16,16,"OV5640 OK");
    while(1)
    {
key = KEY_Scan(0);
        if(key == KEY0_PRES){ovx_mode = 0;break;}     //RGB565 模式
        else if(key == KEY1_PRES){ovx_mode = 1;break;}  //JPEG 模式
```

```
                t ++ ;
                if(t == 100)LCD_ShowString(30,150,230,16,16,"KEY0:RGB565    KEY1:JPEG");
                if(t == 200)
                {
                    LCD_Fill(30,150,210,150 + 16,WHITE);
                    t = 0;        LED0_Toggle;
                }
                delay_ms(5);
            }
            if(ovx_mode == 1)jpeg_test();
            else rgb565_test();
        }
```

这部分代码比较长,这里省略了一些内容,详细的代码可参考配套资料本例程源码。注意,这里定义了一个非常大的数组 jpeg_data_buf(4 MB),用来存储 JPEG 数据;因为 2 592×1 944 大小的 JPEG 图片有可能大于 3 MB,所以必须将这个数组尽量设置大一点。这个数组定义在 SDRAM,由__attribute__关键字指定数组地址,紧跟 LTDC GRAM 后的地址存放。

main.c 里面总共有 6 个函数,接下来分别介绍。

(1) jpeg_data_process 函数

该函数用于处理 JPEG 数据的接收,在 DCMI_IRQHandler 函数(在 dcmi.c 里面)里面被调用,与 jpeg_dcmi_rx_callback 函数、jpeg_test 函数共同控制 JPEG 的数据传送。JPEG 数据的接收采用 DMA 双缓冲机制,缓冲数组为 dcmi_line_buf(u32 类型,RGB 屏接收 RGB565 数据时也是用这个数组),数组大小为 jpeg_line_size,我们定义的是 2×1 024,即数组大小为 8 KB(数组大小不能小于存储摄像头一行输出数据的大小)。JPEG 数据接收处理流程如图 8.3.1 所示。

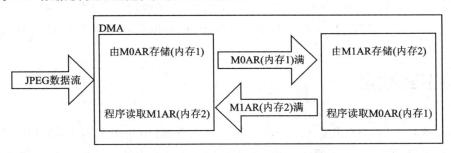

图 8.3.1　JPEG 数据流 DMA 双缓冲接收流程

JPEG 数据采集流程:当 JPEG 数据流传输给 MCU 的时候,首先由 M0AR 存储,此时如果 M1AR 有数据,则可以读取 M1AR 里面的数据;当 M0AR 数据满时,由 M1AR 存储,此时程序可以读取 M0AR 里面所存储的数据,当 M1AR 数据满时,由 M0AR 存储。这个存储数据的操作绝大部分由 DMA 传输完成中断服务函数调用 jpeg_dcmi_rx_callback 函数实现;当一帧数据传输完成时,会进入 DCMI 帧中断服务函数,调用 jpeg_data_process 函数,对最后的剩余数据进行存储,完成一帧 JPEG 数据的采集。

（2）jpeg_dcmi_rx_callback 函数

这是 JPEG 数据接收的主要函数，通过判断 DMA2_Stream1→CR 寄存器读取不同 buf 里面的数据，存储到 SDRAM 里面（jpeg_data_buf）。该函数由 DMA 的传输完成中断服务函数 DMA2_Stream1_IRQHandler 调用。

（3）jpeg_test 函数

该函数将 OV5640 设置为 JPEG 模式，并开启持续自动对焦，可以实现 OV5640 的 JPEG 数据接收，并通过串口 2 发送给上位机软件。

（4）rgblcd_dcmi_rx_callback 函数

该函数仅在使用 RGB 屏且使用 RGB565 模式的时候用到。当使用 RGB 屏的时候，每接收一行数据，就使用 DMA2D 填充到 RGB 屏的 GRAM，这里同样是使用 DMA 的双缓冲机制来接收 RGB565 数据，原理参照图 8.3.1。该函数由 DMA 传输完成中断服务函数调用。

（5）rgb565_test 函数

该函数将 OV5640 设置为 RGB565 模式，并将接收到的数据传送给 LCD。当使用 MCU 屏的时候，完全由硬件 DMA 传输给 LCD，CPU 不用处理；当使用 RGB 屏的时候，数据先由 DMA 接收到双缓存里面，然后在 DMA 传输完成中断服务函数里面调用函数 rgblcd_dcmi_rx_callback，将接收到的数据用 DMA2D 填充到 RGB LCD，并显示到屏幕上。

（6）main 函数

该函数完成对各相关硬件的初始化，然后检测 OV5640，最后通过按键选择来调用 jpeg_test 还是 rgb565_test，从而实现 JPEG 测试和 RGB565 测试。

前面提到，我们要用 USMART 来设置摄像头的参数，只需要在 usmart_nametab 里面添加 OV5640_WR_Reg 和 OV5640_RD_Reg 等相关函数就可以轻松调试摄像头了。

8.4 下载验证

编译成功之后，下载代码到 ALIENTEK 阿波罗 STM32 开发板上，在 OV5640 初始化成功后，屏幕提示选择模式，此时可以按 KEY0 进入 RGB565 模式测试，也可以按 KEY1 进入 JPEG 模式测试。

当按 KEY0 后，选择 RGB565 模式，则 LCD 满屏显示压缩放后的图像（有变形），如图 8.4.1 所示。

此时，可以按 KEY_UP 切换为 1∶1 显示（不变形）。同时，还可以通过 KEY0 按键设置对比度，按 KEY1 按键执行一次自动对焦，按 KEY2 按键设置特效。

按 KEY1 后，选择 JPEG 模式，此时屏幕显示 JPEG 数据传输进程，如图 8.4.2 所示。

第 8 章 摄像头实验

图 8.4.1　RGB565 模式测试图片

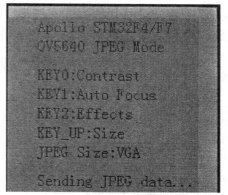

图 8.4.2　JPEG 模式测试图

默认条件下,图像分辨率是 VGA(640×480)的,硬件上需要一根 RS232 串口线连接开发板的 COM2(注意,要用跳线帽将 P8 的 COM2_RX 连接在 PA2(TX))。如果没有 RS232 线,也可以借助我们开发板板载的 USB 转串口实现(有 2 个办法:① 改代码,将串口 2 输出改到串口 1;② 杜邦线连接 P8 的 PA2(TX)和 P4 的 RXD)。

打开上位机软件 ATK‐CAM.exe(路径是配套资料→6,软件资料→软件→串口 & 网络摄像头软件→ATK‐CAM.exe),选择正确的串口,然后波特率设置为 921 600,打开即可收到下位机传过来的图片了,如图 8.4.3 所示。

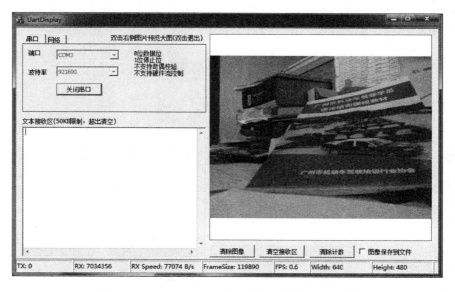

图 8.4.3　ATK‐CAM 软件接收并显示 JPEG 图片

我们可以通过 KEY_UP 设置输出图像的尺寸(QQVGA~QSXGA)。通过 KEY0 按键设置对比度,按 KEY1 按键执行一次自动对焦,按 KEY2 按键设置特效。

同时，还可以在串口（开发板的串口1）通过 USMART 调用 SCCB_WR_Reg 等函数来设置 OV5640 的各寄存器，从而达到调试测试 OV5640 的目的，如图 8.4.4 所示。还可以看出，帧率为 7/8 帧（实际上是 7.5 帧），每张 JPEG 图片的大小是 33 KB 左右（分辨率为 640×480 的时候）。

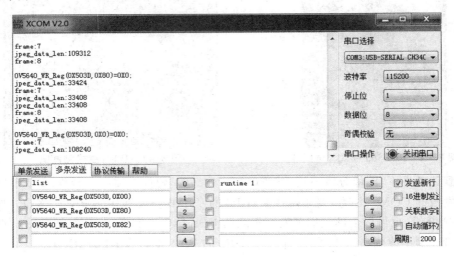

图 8.4.4　USMART 调试 OV5640

第 9 章 内存管理实验

上册第 19 章学会了使用 STM32F767 驱动外部 SDRAM 来扩展 STM32F767 的内存,加上 STM32F767 本身自带的 512 KB 内存,我们可供使用的内存还是比较多的。如果所用的内存都是直接定义一个数组来使用,则灵活性会比较差,很多时候不能满足实际使用需求。本章将学习内存管理,从而实现对内存的动态管理。

9.1 内存管理简介

内存管理是指软件运行时对计算机内存资源的分配和使用的技术,其最主要的目的是如何高效、快速地分配,并且在适当的时候释放和回收内存资源。内存管理的实现方法有很多种,它们其实最终都是要实现 2 个函数:malloc 和 free,malloc 函数用于内存申请,free 函数用于内存释放。

本章介绍一种比较简单的办法来实现分块式内存管理,该方法的实现原理如图 9.1.1 所示。可以看出,分块式内存管理由内存池和内存管理表两部分组成。内存池被等分为 n 块,对应的内存管理表大小也为 n,内存管理表的每一个项对应内存池的一块内存。

内存管理表的项值代表的意义为:当该项值为 0 的时候,代表对应的内存块未被占用;当该项值非零的时候,代表该项对应的内存块已经被占用,其数值代表被连续占用的内存块数。比如某项值为 10,那么说明包括本项对应的内存块在内,总共分配了 10 个内存块给外部的某个指针。

内寸分配方向是从顶→底,即首先从最末端开始找空内存。当内存管理刚初始化的时候,内存表全部清零,表示没有任何内存块被占用。

(1) 分配原理

当指针 p 调用 malloc 申请内存的时候,先判断 p 要分配的内存块数(m),然后从第 n 项开始向下查找,直到找到 m 块连续的空内存块(即对应内存管理表项为 0),然后将这 m 个内存管理表项的值都设置为 m(标记被占用),最后,把最后的这个空内存块的地址返回指针 p,完成一次分配。注意,当内存不够的时候(找到最后也没找到连续的 m 块空闲内存),则返回 NULL 给 p,表示分配失败。

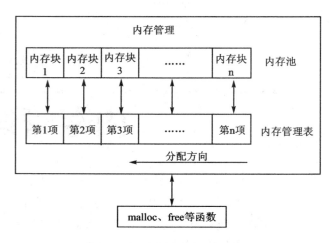

图 9.1.1　分块式内存管理原理

（2）释放原理

当 p 申请的内存用完、需要释放的时候，调用 free 函数实现。free 函数先判断 p 指向的内存地址所对应的内存块，然后找到对应的内存管理表项目，得到 p 所占用的内存块数目 m（内存管理表项目的值就是所分配内存块的数目），将这 m 个内存管理表项目的值都清零，标记释放完成一次内存释放。

9.2　硬件设计

本章实验功能简介：开机后显示提示信息，等待外部输入。KEY0 用于申请内存，每次申请 2 KB 内存。KEY1 用于写数据到申请到的内存里面。KEY2 用于释放内存。KEY_UP 用于切换操作内存区（内部 SRAM 内存、外部 SDRAM 内存、内部 DTCM 内存）。DS0 用于指示程序运行状态。本章还可以通过 USMART 调试，测试内存管理函数。

本实验用到的硬件资源有：指示灯 DS0、4 个按键、串口、LCD 模块、SDRAM。这些都已经介绍过了，接下来开始软件设计。

9.3　软件设计

打开本章实验工程可以看到，我们新增了 MALLOC 分组，同时在分组中新建了文件 malloc.c 以及头文件 malloc.h。内存管理相关的函数和定义主要是在这两个文件中。

打开 malloc.c 文件，代码如下：

```
//内存池(32 字节对齐)
__align(32) u8 mem1base[MEM1_MAX_SIZE];                    //内部 SRAM 内存池
```

```c
__align(32) u8 mem2base[MEM2_MAX_SIZE] __attribute__((at(0XC01F4000)));
//外部SDRAM内存池,前面2M给LTDC用了(1280*800*2)
__align(32) u8 mem3base[MEM3_MAX_SIZE] __attribute__((at(0X2000C000)));//DTCM池
//内存管理表
u32 mem1mapbase[MEM1_ALLOC_TABLE_SIZE];                //内部SRAM内存池MAP
u32 mem2mapbase[MEM2_ALLOC_TABLE_SIZE] __attribute__((at(0XC01F4000+
MEM2_MAX_SIZE)));        //外部SRAM内存池MAP
u32 mem3mapbase[MEM3_ALLOC_TABLE_SIZE] __attribute__((at(0X20000000+
MEM3_MAX_SIZE)));        //内部DTCM内存池MAP
//内存管理参数
const u32 memtblsize[SRAMBANK] = {MEM1_ALLOC_TABLE_SIZE,
MEM2_ALLOC_TABLE_SIZE,MEM3_ALLOC_TABLE_SIZE};          //内存表大小
const u32 memblksize[SRAMBANK] = {MEM1_BLOCK_SIZE,
MEM2_BLOCK_SIZE,MEM3_BLOCK_SIZE};                      //内存分块大小
const u32 memsize[SRAMBANK] = {MEM1_MAX_SIZE,
MEM2_MAX_SIZE,MEM3_MAX_SIZE};                          //内存总大小
//内存管理控制器
struct _m_mallco_dev mallco_dev =
{
    my_mem_init,                    //内存初始化
    my_mem_perused,                 //内存使用率
    mem1base,mem2base,mem3base,     //内存池
    mem1mapbase,mem2mapbase,mem3mapbase, //内存管理状态表
    0,0,0,                          //内存管理未就绪
};
//复制内存
//*des:目的地址
//*src:源地址
//n:需要复制的内存长度(字节为单位)
void mymemcpy(void *des,void *src,u32 n)
{
    u8 *xdes = des;
    u8 *xsrc = src;
    while(n--) *xdes++ = *xsrc++;
}

//设置内存
//*s:内存首地址
//c:要设置的值
//count:需要设置的内存大小(字节为单位)
void mymemset(void *s,u8 c,u32 count)
{
    u8 *xs = s;
    while(count--) *xs++ = c;
}
//内存管理初始化
//memx:所属内存块
void my_mem_init(u8 memx)
{
    mymemset(mallco_dev.memmap[memx],0,memtblsize[memx]*4);//内存状态表数据清零
    mallco_dev.memrdy[memx] = 1;           //内存管理初始化成功
}
```

```c
//获取内存使用率
//memx:所属内存块
//返回值:使用率(扩大了10倍,0~1000,代表0.0%~100.0%)
u16 my_mem_perused(u8 memx)
{
    u32 used = 0;
    u32 i;
    for(i = 0;i<memtblsize[memx];i++)
    {
        if(mallco_dev.memmap[memx][i])used++;
    }
    return (used*1000)/(memtblsize[memx]);
}
//内存分配(内部调用)
//memx:所属内存块
//size:要分配的内存大小(字节)
//返回值:0XFFFFFFFF,代表错误;其他,内存偏移地址
u32 my_mem_malloc(u8 memx,u32 size)
{
    signed long offset = 0;
    u32 nmemb;        //需要的内存块数
    u32 cmemb = 0;//连续空内存块数
    u32 i;
    if(!mallco_dev.memrdy[memx])mallco_dev.init(memx);//未初始化,先执行初始化
    if(size == 0)return 0XFFFFFFFF;//不需要分配
    nmemb = size/memblksize[memx];    //获取需要分配的连续内存块数
    if(size%memblksize[memx])nmemb++;
    for(offset = memtblsize[memx]-1;offset>=0;offset--)//搜索整个内存控制区
    {
        if(!mallco_dev.memmap[memx][offset])cmemb++;//连续空内存块数增加
        else cmemb = 0;                             //连续内存块清零
        if(cmemb == nmemb)                          //找到了连续nmemb个空内存块
        {
            for(i = 0;i<nmemb;i++)                  //标注内存块非空
            {
                mallco_dev.memmap[memx][offset+i] = nmemb;
            }
            return (offset*memblksize[memx]);       //返回偏移地址
        }
    }
    return 0XFFFFFFFF;                              //未找到符合分配条件的内存块
}
//释放内存(内部调用)
//memx:所属内存块
//offset:内存地址偏移
//返回值:0,释放成功;1,释放失败
u8 my_mem_free(u8 memx,u32 offset)
{
    int i;
    if(!mallco_dev.memrdy[memx])                    //未初始化,先执行初始化
    {
```

```c
        mallco_dev.init(memx);
        return 1;                                           //未初始化
    }
    if(offset<memsize[memx])//偏移在内存池内
    {
        int index = offset/memblksize[memx];                //偏移所在内存块号码
        int nmemb = mallco_dev.memmap[memx][index];         //内存块数量
        for(i = 0;i<nmemb;i++)                              //内存块清零
        {
            mallco_dev.memmap[memx][index + i] = 0;
        }
        return 0;
    }else return 2;                                         //偏移超区了
}
//释放内存(外部调用)
//memx:所属内存块
//ptr:内存首地址
void myfree(u8 memx,void * ptr)
{
    u32 offset;
    if(ptr == NULL)return;                                  //地址为0
    offset = (u32)ptr - (u32)mallco_dev.membase[memx];
    my_mem_free(memx,offset);                               //释放内存
}
//分配内存(外部调用)
//memx:所属内存块
//size:内存大小(字节)
//返回值:分配到的内存首地址
void * mymalloc(u8 memx,u32 size)
{
    u32 offset;
    offset = my_mem_malloc(memx,size);
    if(offset == 0XFFFFFFFF)return NULL;
    else return (void *)((u32)mallco_dev.membase[memx] + offset);
}
//重新分配内存(外部调用)
//memx:所属内存块
//*ptr:旧内存首地址
//size:要分配的内存大小(字节)
//返回值:新分配到的内存首地址
void * myrealloc(u8 memx,void * ptr,u32 size)
{
    u32 offset;
    offset = my_mem_malloc(memx,size);
    if(offset == 0XFFFFFFFF)return NULL;
    else
    {
        mymemcpy((void *)((u32)mallco_dev.membase[memx] + offset),ptr,size);
//复制旧内存内容到新内存
        myfree(memx,ptr);                                   //释放旧内存
        return (void *)((u32)mallco_dev.membase[memx] + offset);  //返回新内存首地址
```

```
        }
    }
```

这里通过内存管理控制器 mallco_dev 结构体(mallco_dev 结构体见 malloc.h)实现对 3 个内存池的管理控制。

首先是内部 SRAM 内存池,定义为:

```
__align(64) u8 mem1base[MEM1_MAX_SIZE];
```

然后是外部 SDRAM 内存池,定义为:

```
__align(64) u8 mem2base[MEM2_MAX_SIZE] __attribute__((at(0XC01F4000)));
```

最后是内部 DTCM 内存池,定义为:

```
__align(64) u8 mem3base[MEM3_MAX_SIZE] __attribute__((at(0X20000000)));
```

这里之所以要定义成 3 个,是因为这 3 个内存区域的地址都不一样,STM32F767 内部内存分为两大块:① 普通内存(地址从 0X2002 0000 开始,共 384 KB),这部分内存任何外设都可以访问。② DTCM 内存(地址从 0X2000 0000 开始,共 128 KB),这部分内存可以被 CPU 和 DMA 等外设访问。

外部 SDRAM 地址是从 0XC000 0000 开始的,共 32 768 KB(32 MB),但是,前面 2 MB 用作 RGB LCD 屏的显存,不用于内存管理。所以,用于内存管理的外部 SDRAM 内存池首地址为 0XC01F4000(0XC000 0000+1 280×800×2)。这样总共有 3 部分内存,而内存池必须是连续的内存空间才可以,这样,3 个内存区域就有 3 个内存池,因此,分成了 3 块来管理。

其中,MEM1_MAX_SIZE、MEM2_MAX_SIZE 和 MEM3_MAX_SIZE 为 malloc.h 里面定义了内存池大小,外部 SRAM 内存池指定地址为 0XC01F4000,紧跟 RGB LCD 屏的显存之后;DTCM 内存池从 0X2000 0000 开始,是从 DTCM 内存的首地址开始的;而内部 SRAM 内存池的首地址则由编译器自动分配。__align(64)定义内存池为 64 字节对齐,以适应各种不同场合的需求。

此部分代码的核心函数为:my_mem_malloc 和 my_mem_free,分别用于内存申请和内存释放。思路就是 8.1 节介绍的那样分配和释放内存,不过这两个函数只是内部调用,外部调用使用的是 mymalloc 和 myfree 两个函数。然后打开 malloc.h,关键代码如下:

```
#ifndef NULL
#define NULL 0
#endif
//定义3个内存池
#define SRAMIN      0       //内部内存池
#define SRAMEX      1       //外部内存池(SDRAM)
#define SRAMCCM     2       //CCM内存池(此部分SRAM仅仅CPU可以访问!!!)
#define SRAMBANK    3       //定义支持的SRAM块数
//mem1内存参数设定.mem1完全处于内部SRAM里面
#define MEM1_BLOCK_SIZE     64          //内存块大小为64字节
#define MEM1_MAX_SIZE       160*1024    //最大管理内存160 KB
```

```
#define MEM1_ALLOC_TABLE_SIZE MEM1_MAX_SIZE/MEM1_BLOCK_SIZE//内存表
//mem2 内存参数设定.mem2 的内存池处于外部 SDRAM 里面
#define MEM2_BLOCK_SIZE           64                //内存块大小为 64 字节
#define MEM2_MAX_SIZE             28912 *1024       //最大管理内存 28 912 KB
#define MEM2_ALLOC_TABLE_SIZE MEM2_MAX_SIZE/MEM2_BLOCK_SIZE//内存表
//mem3 内存参数设定.mem3 处于 CCM,用于管理 CCM
#define MEM3_BLOCK_SIZE           64                //内存块大小为 64 字节
#define MEM3_MAX_SIZE             60 *1024          //最大管理内存 60 KB
#define MEM3_ALLOC_TABLE_SIZEMEM3_MAX_SIZE/MEM3_BLOCK_SIZE //内存表
//内存管理控制器
struct _m_mallco_dev
{
    void ( * init)(u8);                         //初始化
    u16 ( * perused)(u8);                       //内存使用率
    u8    * membase[SRAMBANK];                  //内存池管理 SRAMBANK 个区域的内存
    u32 * memmap[SRAMBANK];                     //内存管理状态表
    u8    memrdy[SRAMBANK];                     //内存管理是否就绪
};
extern struct _m_mallco_dev mallco_dev;        //在 mallco.c 里面定义
void mymemset(void * s,u8 c,u32 count);        //设置内存
void mymemcpy(void * des,void * src,u32 n);    //复制内存
void my_mem_init(u8 memx);                     //内存管理初始化函数(外/内部调用)
u32 my_mem_malloc(u8 memx,u32 size);           //内存分配(内部调用)
u8 my_mem_free(u8 memx,u32 offset);            //内存释放(内部调用)
u16 my_mem_perused(u8 memx) ;                  //获得内存使用率(外/内部调用)
////////////////////////////////////////////////////////////
//用户调用函数
void myfree(u8 memx,void * ptr);               //内存释放(外部调用)
void * mymalloc(u8 memx,u32 size);             //内存分配(外部调用)
void * myrealloc(u8 memx,void * ptr,u32 size); //重新分配内存(外部调用)
#endif
```

这部分代码定义了很多关键数据,比如内存块大小的定义 MEM1_BLOCK_SIZE、MEM2_BLOCK_SIZE 和 MEM3_BLOCK_SIZE 都是 64 字节。内部 SRAM 内存池大小为 160 KB,外部 SDRAM 内存池大小为 28 912 KB,内部 DTCM 内存池大小为 120 KB。

MEM1_ALLOC_TABLE_SIZE、MEM2_ALLOC_TABLE_SIZE 和 MEM3_AL-LOC_TABLE_SIZE 分别代表内存池 1、2 和 3 的内存管理表大小。

从这里可以看出,内存分块越小,那么内存管理表就越大;当分块为 4 字节一个块的时候,内存管理表就和内存池一样大了(管理表的每项都是 u32 类型)。显然是不合适的,这里取 64 字节,比例为 1:16,内存管理表相对就比较小了。

最后来看看主函数代码:

```
int main(void)
{
    u8 paddr[20];                      //存放 P Addr: + p 地址的 ASCII 值
    u16 memused = 0;
    u8 key,i = 0, * p = 0, * tp = 0;
```

```
u8 sramx = 0;                                   //默认为内部 sram
Cache_Enable();                                 //打开 L1 - Cache
HAL_Init();                                     //初始化 HAL 库
Stm32_Clock_Init(432,25,2,9);                   //设置时钟,216 MHz
delay_init(216);                                //延时初始化
uart_init(115200);                              //串口初始化
LED_Init();                                     //初始化 LED
KEY_Init();                                     //初始化按键
SDRAM_Init();                                   //初始化 SDRAM
LCD_Init();                                     //初始化 LCD
usmart_dev.init(108);                           //初始化 USMART
my_mem_init(SRAMIN);                            //初始化内部内存池
my_mem_init(SRAMEX);                            //初始化外部内存池
my_mem_init(SRAMDTCM);                          //初始化 DTCM 内存池
……//此处省略部分代码
while(1)
{
    key = KEY_Scan(0);                          //不支持连按
    switch(key)
    {
        case 0:                                 //没有按键按下
            break;
        case KEY0_PRES:                         //KEY0 按下
            p = mymalloc(sramx,2048);           //申请 2 KB
            if(p!= NULL)sprintf((char * )p,"Memory Malloc Test % 03d",i);//向 p 写入一些内容
            break;
        case KEY1_PRES:                         //KEY1 按下
            if(p!= NULL)
            {
                sprintf((char * )p,"Memory Malloc Test % 03d",i);//更新显示内容
                LCD_ShowString(30,270,200,16,16,p);              //显示 P 的内容
            }
            break;
        case KEY2_PRES:                         //KEY2 按下
            myfree(sramx,p);                    //释放内存
            p = 0;                              //指向空地址
            break;
        case WKUP_PRES:                         //KEY UP 按下
            sramx ++ ;
            if(sramx>2)sramx = 0;
            if(sramx == 0)LCD_ShowString(30,170,200,16,16,"SRAMIN ");
            else if(sramx == 1)LCD_ShowString(30,170,200,16,16,"SRAMEX ");
            else LCD_ShowString(30,170,200,16,16,"SRAMDTCM");
            break;
    }
    if(tp!= p&&p!= NULL)
    {
        tp = p;
        sprintf((char * )paddr,"P Addr:0X % 08X",(u32)tp);
```

```
                LCD_ShowString(30,250,200,16,16,paddr);         //显示 p 的地址
                if(p)LCD_ShowString(30,270,200,16,16,p);//显示 P 的内容
                else LCD_Fill(30,270,239,266,WHITE);            //p=0,清除显示
            }
            delay_ms(10);
            i++;
            if((i%20) == 0)                                     //DS0 闪烁
            {
                memused = my_mem_perused(SRAMIN);
                sprintf((char*)paddr,"%d.%01d%%",memused/10,memused%10);
                LCD_ShowString(30+112,190,200,16,16,paddr);     //显示内部内存使用率
                memused = my_mem_perused(SRAMEX);
                sprintf((char*)paddr,"%d.%01d%%",memused/10,memused%10);
                LCD_ShowString(30+112,210,200,16,16,paddr);     //显示外部内存使用率
                memused = my_mem_perused(SRAMDTCM);
                sprintf((char*)paddr,"%d.%01d%%",memused/10,memused%10);
                LCD_ShowString(30+112,230,200,16,16,paddr);     //显示 CCM 内存使用率
                LED0_Toggle;
            }
        }
    }
```

该部分代码比较简单,主要是对 mymalloc 和 myfree 的应用。注意,如果对一个指针进行多次内存申请,而之前的申请又没释放,那么将造成"内存泄露"。这是内存管理不希望发生的,久而久之,可能导致无内存可用的情况。所以,使用的时候一定记得,申请的内存在用完以后一定要释放。

另外,本章希望利用 USMART 调试内存管理,所以在 USMART 里面添加了 mymalloc 和 myfree 两个函数,用于测试内存分配和内存释放。读者可以通过 USMART 自行测试。

9.4 下载验证

编译成功之后,下载代码到 ALIENTEK 阿波罗 STM32 开发板上,得到如图 9.4.1 所示界面。

可以看到,所有内存的使用率均为 0%,说明还没有任何内存被使用;此时按下 KEY0,则可以看到内部 SRAM 内存被使用 1.2%了,同时下面提示了指针 p 所指向的地址(其实就是被分配到的内存地址)和内容。多按几次 KEY0,可以看到,内存使用率持续上升(注意对比 p 的值,可以发现是递减的,说明是从顶部开始分配内存);此时如果按下 KEY2,则可以发现内存使用率降低了 1.2%,但是再按 KEY2 将不再降低,说明"内存泄露"了。这就是前面提到的,对一个指针多次申请内存,而之前申请的内存又没释放,从而导致的"内存泄露"。

按 KEY_UP 按键可以切换当前操作内存(内部 SRAM 内存、外部 SDRAM 内存、内部 CCM 内存),KEY1 键用于更新 p 的内容,更新后的内容将重新显示在 LCD 模块

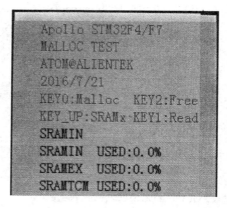

图 9.4.1 程序运行效果图

上面。注意,当使用外部 SDRAM 内存的时候,需要按很多次 KEY0(15 次)才可以看到内存使用率上升 0.1%,因为按一次只是申请 2 KB,15 次才申请 30 KB,内存总大小为 28 912 KB,所以,内存使用率为 30/28 912=0.001(0.1%)。

第 10 章

SD 卡实验

很多单片机系统都需要大容量存储设备来存储数据,目前常用的有 U 盘、Flash 芯片、SD 卡等。它们各有优点,综合比较,最适合单片机系统的莫过于 SD 卡了,它不仅容量可以做到很大(32 GB 以上),支持 SPI/SDMMC 驱动,而且有多种体积的尺寸可供选择(标准的 SD 卡尺寸以及 TF 卡尺寸等),能满足不同应用的要求。

只需要少数几个 I/O 口即可外扩一个高达 32 GB 以上的外部存储器,容量从几十 M 到几十 G 选择尺度很大,更换也很方便,编程也简单,是单片机大容量外部存储器的首选。

ALIENTKE 阿波罗 STM32F767 开发板自带了标准的 SD 卡接口,使用 STM32F767 自带的 SDMMC 接口驱动,4 位模式,最高通信速度可达 48 MHz(分频器旁路时),最高每秒可传输数据 24 MB,对于一般应用足够了。本章将介绍如何在 ALIENTEK 阿波罗 STM32 开发板上实现 SD 卡的读取。

10.1 SDMMC 简介

ALIENTEK 阿波罗 STM32F767 开发板自带 SDMMC 接口,本节将简单介绍 STM32F767 的 SDMMC 接口,包括主要功能及框图、时钟、命令与响应、相关寄存器简介等,最后将介绍 SD 卡的初始化流程。

10.1.1 SDMMC 主要功能及框图

STM32F767 的 SDMMC 控制器支持多媒体卡(MMC 卡)、SD 存储卡、SDIO 卡等设备。SDMMC 的主要功能如下:

- 与多媒体卡系统规格书版本 4.2 全兼容,支持 3 种不同的数据总线模式:1 位(默认)、4 位和 8 位。
- 与较早的多媒体卡系统规格版本全兼容(向前兼容)。
- 与 SD 存储卡规格版本 2.0 全兼容。
- 与 SD I/O 卡规格版本 2.0 全兼容:支持两种不同的数据总线模式,分别是 1 位(默认)和 4 位。
- 8 位总线模式下数据传输速率可达 50 MHz。
- 数据和命令输出使能信号,用于控制外部双向驱动器。

STM32F767 的 SDMMC 控制器包含 2 个部分,分别是 SDMMC 适配器模块和 APB2 总线接口,其功能框图如图 10.1.1 所示。

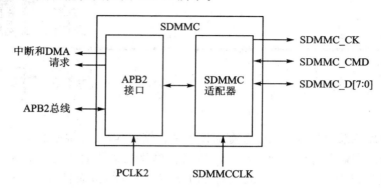

图 10.1.1　STM32F767 的 SDMMC 控制器功能框图

复位后,默认情况下 SDMMC_D0 用于数据传输。初始化后主机可以改变数据总线的宽度(通过 ACMD6 命令设置)。

如果一个多媒体卡接到了总线上,则 SDMMC_D0、SDMMC_D[3:0] 或 SDMMC_D[7:0] 可以用于数据传输。MMC 版本 V3.31 和之前版本的协议只支持一位数据线,所以只能用 SDMMC_D0(为了通用性考虑,程序里面只要检测到是 MMC 卡,就设置为一位总线数据)。

如果一个 SD 或 SD I/O 卡接到了总线上,则可以通过主机来配置数据传输使用 SDMMC_D0 或 SDMMC_D[3:0]。所有的数据线都工作在推挽模式。

SDMMC_CMD 有两种操作模式:

① 用于初始化时的开路模式(仅用于 MMC 版本 V3.31 或之前版本);

② 用于命令传输的推挽模式(SD/SD I/O 卡和 MMC V4.2 在初始化时也使用推挽驱动)。

10.1.2　SDMMC 的时钟

从图 10.1.1 可以看到,SDMMC 总共有 3 个时钟,分别是:

① 卡时钟(SDMMC_CK):每个时钟周期在命令和数据线上传输一位命令或数据。对于多媒体卡 V3.31 协议,时钟频率可以在 0～20 MHz 间变化;对于多媒体卡 V4.0/4.2 协议,时钟频率可以在 0～48 MHz 间变化;对于 SD 或 SD I/O 卡,时钟频率可以在 0～25 MHz 间变化。

② SDMMC 适配器时钟(SDMMCCLK):该时钟用于驱动 SDMMC 适配器,来自于 PLL48CK,一般为 48 MHz,并用于产生 SDMMC_CK 时钟(当系统时钟为 180 MHz 的时候,PLL48CK=45 MHz)。

③ APB2 总线接口时钟(PCLK2):该时钟用于驱动 SDMMC 的 APB2 总线接口,其频率为 HCLK/2,一般为 108 MHz。

前面提到,SD 卡时钟(SDMMC_CK)根据卡的不同可能有好几个区间,这就涉及

第10章 SD卡实验

时钟频率的设置，SDMMC_CK 与 SDMMCCLK 的关系（时钟分频器不旁路时）为：

$$SDMMC\_CK = SDMMCCLK/(2+CLKDIV)$$

其中，SDMMCCLK 为 PLL48CK，一般是 48 MHz；而 CLKDIV 是分频系数，可以通过 SDMMC 的 SDMMC_CLKCR 寄存器进行设置（确保 SDMMC_CK 不超过卡的最大操作频率）。注意，以上公式是时钟分频器不旁路时的计算公式，当时钟分频器旁路时，SDMMC_CK 直接等于 SDMMCCLK。

注意，在 SD 卡刚刚初始化的时候，其时钟频率（SDMMC_CK）是不能超过 400 kHz 的，否则可能无法完成初始化。初始化以后就可以设置时钟频率到最大了，但不可超过 SD 卡的最大操作时钟频率。

10.1.3 SDMMC 的命令与响应

SDMMC 的命令分为应用相关命令（ACMD）和通用命令（CMD）两部分。应用相关命令（ACMD）进行发送时，必须先发送通用命令（CMD55），然后才能发送应用相关命令（ACMD）。SDMMC 的所有命令和响应都是通过 SDMMC_CMD 引脚传输的。任何命令的长度都固定为 48 位，SDMMC 的命令格式如表 10.1.1 所列。

所有的命令都由 STM32F767 发出，其中，开始位、传输位、CRC7 和结束位由 SDMMC 硬件控制，我们需要设置的就只有命令索引和参数部分。其中，命令索引（如 CMD0、CMD1 之类的）在 SDMMC_CMD 寄存器里面设置，命令参数则由寄存器 SDMMC_ARG 设置。

一般情况下，选中的 SD 卡在接收到命令之后都会回复一个应答（注意，CMD0 是无应答的），这个应答称为响应，响应也是在 CMD 线上串行传输的。STM32F767 的 SDMMC 控制器支持 2 种响应类型，即短响应（48 位）和长响应（136 位），这两种响应类型都带 CRC 错误检测（注意，不带 CRC 的响应应该忽略 CRC 错误标志，如 CMD1 的响应）。

短响应的格式如表 10.1.2 所列。长响应的格式如表 10.1.3 所列。

表 10.1.1 SDMMC 命令格式

位的位置	宽度/位	值	说　明
47	1	0	起始位
46	1	1	传输位
[45:40]	6	—	命令索引
[39:8]	32	—	参数
[7:1]	7	—	CRC7
0	1	1	结束位

表 10.1.2 SDMMC 短响应格式

位的位置	宽度/位	值	说　明
47	1	0	起始位
46	1	1	传输位
[45:40]	6	—	命令索引
[39:8]	32	—	参数
[7:1]	7	—	CRC7(或 1111111)
0	1	1	结束位

同样，硬件为我们滤除了开始位、传输位、CRC7 以及结束位等信息。对于短响应，

命令索引存放在 SDMMC_RESPCMD 寄存器,参数则存放在 SDMMC_RESP1 寄存器里面。对于长响应,则仅留 CID/CSD 位域,存放在 SDMMC_RESP1～SDMMC_RESP4 这 4 个寄存器。

SD 存储卡总共有 5 类响应(R1、R2、R3、R6、R7),这里以 R1 为例简单介绍一下。R1(普通响应命令)响应输入短响应,其长度为 48 位。R1 响应的格式如表 10.1.4 所列。

表 10.1.3　SDMMC 长响应格式

位的位置	宽度/位	值	说明
135	1	0	起始位
134	1	1	传输位
[133:128]	6	111111	保留
[127:1]	127	—	CID 或 CSD(包括内部 CRC7)
0	1	1	结束位

表 10.1.4　R1 响应格式

位的位置	宽度/位	值	说明
47	1	0	起始位
46	1	0	传输位
[45:40]	6	X	命令索引
[39:8]	32	X	卡状态
[7:1]	7	X	卡状态
0	1	1	结束位

收到 R1 响应后,我们可以从 SDMMC_RESPCMD 寄存器和 SDMMC_RESP1 寄存器分别读出命令索引和卡状态信息。关于其他响应的介绍可参考配套资料《SD 卡 2.0 协议.pdf》或《STM32F7 中文参考手册》第 35 章。

最后看看数据在 SDMMC 控制器与 SD 卡之间的传输。对于 SDI/SDMMC 存储器,数据是以数据块的形式传输的;而对于 MMC 卡,数据是以数据块或者数据流的形式传输。本节只考虑数据块形式的数据传输。

SDMMC(多)数据块读操作如图 10.1.2 所示。可见,从机收到主机相关命令后开始发送数据块给主机,所有数据块都带有 CRC 校验值(CRC 由 SDMMC 硬件自动处理)。单个数据块读取时,收完一个数据块即可停止,无须发送停止命令(CMD12)。多块数据读的时候,SD 卡将一直发送数据给主机,直到接到主机发送的 STOP 命令(CMD12)。SDMMC(多)数据块写操作如图 10.1.3 所示。

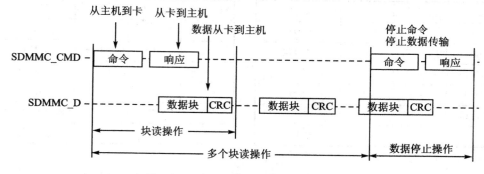

图 10.1.2　SDMMC(多)数据块读操作

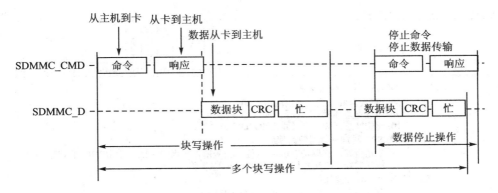

图 10.1.3 SDMMC（多）数据块写操作

数据块写操作同数据块读操作基本类似，只是数据块写的时候多了一个繁忙判断，新的数据块必须在 SD 卡非繁忙的时候发送。这里的繁忙信号由 SD 卡拉低 SDMMC_D0，以表示繁忙，由 SDMMC 硬件自动控制，不需要软件处理。

10.1.4　SDMMC 相关寄存器介绍

第一个来看 SDMMC 电源控制寄存器（SDMMC_POWER），该寄存器定义如图 10.1.4 所示。

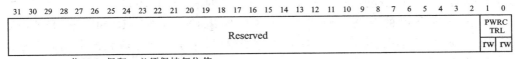

位31:2　保留，必须保持复位值

位1:0　PWRCTRL：电源控制位
　　这些位用于定义卡时钟的当前功能状态：
　　00：掉电：停止为卡提供时钟。　10：保留，上电
　　01：保留　　　　　　　　　　　11：通电：为卡提供时钟

图 10.1.4　SDMMC_POWER 寄存器位定义

该寄存器复位值为 0，所以 SDMMC 的电源是关闭的。要启用 SDMMC，第一步就是要设置该寄存器最低 2 个位均为 1，让 SDMMC 上电，开启卡时钟。

第二个看 SDMMC 时钟控制寄存器（SDMMC_CLKCR），该寄存器主要用于设置 SDMMC_CK 的分配系数、开关等，并可以设置 SDMMC 的数据位宽。该寄存器的定义如图 10.1.5 所示。

图中仅列出了部分要用到的位设置。WIDBUS 用于设置 SDMMC 总线位宽，正常使用时设置为 1，即 4 位宽度。BYPASS 用于设置分频器是否旁路，一般要使用分频器，所以这里设置为 0，禁止旁路。CLKEN 用于设置是否使能 SDMMC_CK，这里设置为 1。最后，CLKDIV 用于控制 SDMMC_CK 的分频，一般设置为 0 即可得到 24 MHz 的 SDMMC_CK 频率。

第三个要介绍的是 SDMMC 参数制寄存器（SDMMC_ARG）。该寄存器比较简

31 30 29 28 27 26 25 24 23 22 21 20 19 18 17 16 15	14	13	12 11	10	9	8	7 6 5 4 3 2 1 0
Reserved	HWFC_EN	NEGEDGE	WID BUS	BYPASS	PWRSAV	CLKEN	CLKDIV
	rw	rw	rw rw	rw	rw	rw	rw rw rw rw rw rw rw rw

位12:11 WIDBUS：宽总线模式使能位
    00：默认总线模式：使用SDIO_D0
    01：4位宽总线模式：使用SDIO_D[3:0]
    10：8位宽总线模式：使用SDIO_D[7:0]
位10 BYPASS：时钟分频器旁路使能位
   0：禁止旁路：在驱动SDIO_CK输出信号前，根据CLKDIV值对SDIOCLK进行分频。
   1：使能旁路：SDIOCLK直接驱动SDIO_CK输出信号
位8 CLKEN：时钟使能位
   0：禁止SDIO_CK；1：使能SDIO_CK
位7:0 CLKDIV：时钟分频系数
   该字段定义输入时钟(SDIOCLK)与输出时钟(SDIO_CK)之间的分频系数：
   SDIO_CK频率=SDIOCLK/[CLKDIV+2]

图 10.1.5　SDMMC_CLKCR 寄存器位定义

单，就是一个32位寄存器，用于存储命令参数。注意，必须在写命令之前先写这个参数寄存器。

  第四个要介绍的是 SDMMC 命令响应寄存器(SDMMC_RESPCMD)。该寄存器为32位，但只有低6位有效，比较简单，用于存储最后收到的命令响应中的命令索引。如果传输的命令响应不包含命令索引，则该寄存器的内容不可预知。

  第五个要介绍的是 SDMMC 响应寄存器组(SDMMC_RESP1~SDMMC_RESP4)。该寄存器组总共由 4 个 32 位寄存器组成，用于存放接收到的卡响应部分信息。如果收到短响应，则数据存放在 SDMMC_RESP1 寄存器里面，其他3个寄存器没有用到。而如果收到长响应，则依次存放在 SDMMC_RESP1~SDMMC_RESP4 里面，如表 10.1.5 所列。

表 10.1.5　响应类型和 SDMMC_RESPx 寄存器

寄存器	短响应	长响应
SDIO_RESP1	卡状态[31:0]	卡状态[127:96]
SDIO_RESP2	未使用	卡状态[95:64]
SDIO_RESP3	未使用	卡状态[63:32]
SDIO_RESP4	未使用	卡状态[31:1]

  第七个介绍 SDMMC 命令寄存器(SDMMC_CMD)，该寄存器各位定义如图 10.1.6 所示。图中只列出了部分位的描述。其中，低 6 位为命令索引，也就是要发送的命令索引号(比如发送 CMD1，其值为1，索引就设置为1)。位[7:6]用于设置等待响应位，用于指示 CPSM 是否需要等待以及等待类型等。CPSM 即命令通道状态机，详细介绍可参考《STM32F7 中文参考手册》第 1 095 页。命令通道状态机一般都是开启的，所以位 10 要设置为 1。

31 30 29 28 27 26 25 24 23 22 21 20 19 18 17 16 15 14 13 12	11	10	9	8	7	6	5 4 3 2 1 0
Reserved	SDIOSuspend	CPSMEN	WAITPEND	WAITINT	WAITRESP		CMDINDEX
	rw	rw	rw	rw	rw	rw	rw rw rw rw rw rw

  位10 CPSMEN：命令路径状态机(CPSM)使能位
    如果此位置1，则使能CPSM。
  位7:6 WAITRESP：等待响应位
    这些位用于配置CPSM是否毛等待响应，如果等待，将等待哪种类型的响应。
    00：无响应，但CMDSENT标志除外
    01：短响应，但CMDREND或CCRCFAIL标志除外
    10：无响应，但CMDSENT标志除外
    11：长响应，但CMDREND或CCRCFAIL标志除外
  位5:0 CMDINDEX：命令索引
    命令索引作为命令消息的一部分发送给卡

图 10.1.6   SDMMC_CMD 寄存器位定义

  第八个要介绍的是 SDMMC 数据定时器寄存器(SDMMC_DTIMER)。该寄存器用于存储以卡总线时钟(SDMMC_CK)为周期的数据超时时间。一个计数器将从 SDMMC_DTIMER 寄存器加载数值，并在数据通道状态机(DPSM)进入 Wait_R 或繁忙状态时进行递减计数；当 DPSM 处在这些状态时，如果计数器减为 0，则设置超时标志。DPSM 即数据通道状态机，类似 CPSM，详细可参考《STM32F7 中文参考手册》第 1 099 页。注意，在写入数据控制寄存器、进行数据传输之前，必须先写入该寄存器 (SDMMC_DTIMER)和数据长度寄存器(SDMMC_DLEN)。

  第九个要介绍的是 SDMMC 数据长度寄存器(SDMMC_DLEN)。该寄存器低 25 位有效，用于设置需要传输的数据字节长度。对于块数据传输，该寄存器的数值必须是数据块长度(通过 SDMMC_DCTRL 设置)的倍数。

  第十个要介绍的是 SDMMC 数据控制寄存器(SDMMC_DCTRL)，该寄存器各位定义如图 10.1.7 所示。

  该寄存器用于控制数据通道状态机(DPSM)，包括数据传输使能、传输方向、传输模式、DMA 使能、数据块长度等信息，都是通过该寄存器设置。我们需要根据实际情况来配置该寄存器，才可正常实现数据收发。

  接下来介绍几个位定义十分类似的寄存器，它们是状态寄存器(SDMMC_STA)、清除中断寄存器(SDMMC_ICR)和中断屏蔽寄存器(SDMMC_MASK)。这 3 个寄存器每个位的定义都相同，只是功能各有不同，所以可以一起介绍，这里以状态寄存器 (SDMMC_STA)为例，该寄存器各位定义如图 10.1.8 所示。

  状态寄存器可以用来查询 SDMMC 控制器的当前状态，以便处理各种事务。比如 SDMMC_STA 的位 2 表示命令响应超时，说明 SDMMC 的命令响应出了问题。通过设置 SDMMC_ICR 的位 2 可以清除这个超时标志，而设置 SDMMC_MASK 的位 2 则可以开启命令响应超时中断，设置为 0 关闭。

  最后介绍 SDMMC 的数据 FIFO 寄存器(SDMMC_FIFO)、数据 FIFO 寄存器包括

31	30	29	28	27	26	25	24	23	22	21	20	19	18	17	16
Res	Res	Res	Res	Res	Res	Res	Res	Res	Res	Res	Res	Res	Res	Res	Res

15	14	13	12	11	10	9	8	7	6	5	4	3	2	1	0
Res	Res	Res	Res	SDIO EN	RW MOD	RW STOP	RW START	\multicolumn{4}{c}{DBLOCKSIZE}			DMA EN	DT MODE	DTDIR	DTEN
				rw	rw	rw	rw	rw	rw	rw	rw	rw	rw	rw	rw

位11 SDIOEN：SI I/O使能功能
　　如果将该位置1，则DPSM执行定于SD I/O卡的操作
位10 RWMOD：读取等待模式
　　0：通过停止SDMMC_D2进行读取等待控制
　　1：使用SDMMC_CK进行读取等待控制
位9 RWSTOP：读取等待停止
　　0：如果将PWSTART位置1，则读取等待正在进行中
　　1：如果将PWSTART位置1，则使能读取等待停止
位8 RWSTART：读取等待开始
　　如果将该位置1，则读取等待操作开始
位7:4 DBLOCKSIZE：数据块大小
　　定义在选择了块数据传输模式时数据块的长度：
　　0000：（十进制数0）块长度=2^0=1字节　　1000：（十进制数8）块长度=2^8=256字节
　　0001：（十进制数1）块长度=2^1=2字节　　1001：（十进制数9）块长度=2^9=512字节
　　0010：（十进制数2）块长度=2^2=4字节　　1010：（十进制数10）块长度=2^{10}=1 024字节
　　0011：（十进制数3）块长度=2^3=8字节　　1011：（十进制数11）块长度=2^{11}=2 048字节
　　0100：（十进制数4）块长度=2^4=16字节　　1100：（十进制数12）块长度=2^{12}=4 096字节
　　0101：（十进制数5）块长度=2^5=32字节　　1101：（十进制数13）块长度=2^{13}=8 192字节
　　0110：（十进制数6）块长度=2^6=64字节　　1110：（十进制数14）块长度=2^{14}=16 384字节
　　0111：（十进制数7）块长度=2^7=128字节　　1111：（十进制数15）保留
位3 DMAEN：DMA使能位
　　0：禁止DMA　1：使能DMA
位2 DTMODE：数据传输模式选择1：流或SDIO多字节数据传输
　　0：块数据传输　1：流或SDIO多字节数据传输
位1 DTDIR：数据传输方向选择
　　0：从控制器到卡　1：从卡到控制器
[0] DTEN：数据传输使能位
　　如果将1写入到DTEN位，则数据传输开始。根据方向位DTDIR，如果传输开始时立即将RW置1开始，则DPSM变为Wait_S状态、Wait_R状态或读取等待状态。在数据传输结束后不需要将使能位清零，但必须更新SDMMC_DCTRL以使能新的数据传输

图 10.1.7　SDMMC_DCTRL 寄存器位定义

接收和发送 FIFO，它们由一组连续的 32 个地址上的 32 个寄存器组成，CPU 可以使用 FIFO 读/写多个操作数。例如，要从 SD 卡读数据，就必须读 SDMMC_FIFO 寄存器；要写数据到 SD 卡，则要写 SDMMC_FIFO 寄存器。SDMMC 将这 32 个地址分为 16 个一组，发送和接收各占一半。每次读/写的时候，最多就是读取发送 FIFO 或写入接收 FIFO 的一半大小的数据，也就是 8 个字（32 字节）。注意，操作 SDMMC_FIFO（不论读出还是写入）时必须是以 4 字节对齐的内存进行操作，否则将导致出错！

至此，SDMMC 的相关寄存器就介绍完了，还有几个不常用的寄存器可参考《STM32F7 中文参考手册》第 35 章。

31 30 29 28 27 26 25 24 23	22	21	20	19	18	17	16	15	14	13	12	11	10	9	8	7	6	5	4	3	2	1	0
Reserved	SDIOIT	RXDAVL	TXDAVL	RXFIFOE	TXFIFOE	RXFIFOF	TXFIFOF	RXFIFOHF	TXFIFOHE	RXACT	TXACT	CMDACT	DBCKEND	STBITERR	DATAEND	CMDSENT	CMDREND	RXOVERR	TXUNDERR	DTIMEOUT	CTIMEOUT	DCRCFAIL	CCRCFAIL
Res	r	r	r	r	r	r	r	r	r	r	r	r	r	r	r	r	r	r	r	r	r	r	r

位22 SDIOIT：收到了SDIO中断

位21 RXDAVL：接书FIFO中有数据可用

位20 TXDAVL：传输FIFO中有数据可用

位19 RXFIFOE：接收FIFO为空

位18 TXFIFOE：发送FIFO为空
　　　　如果使能了硬件流控制，则TXFIFOE信号在FIFO包含2个字时激活。

位17 RXFIFOF：接书FIFO已满
　　　　如果使能了硬件流控制，则RXFIFOF信号在FIFO差2个字便变满之前激活。

位16 TXFIFOF：传输FIFO已满

位15 RXFIFOHF：接收FIFO半满：FIFO中至少有8个字

位14 TXFIFOHE：传输FIFO半空：至少可以写入8个字到FIFO

位13 RXACT：数据接收正在进行中

位12 TXACT：数据传输正进行中

位11 CMDACT：命令传输正在进行中

位10 DBCKEND：已发送/接收数据块（CRC校验通过）

位9 STBITERR：在宽总线模式下，并非在所有数据信号上都检测到了起始位

位8 DATAEND：数据结束（数据计数器SDIDCOUNT为零）

位7 CMDSENT：命令已发送（不需要响应）

位6 CMDREND：已接收命令响应（CRC校验通过）

位5 RXOVERR：收到了FIFO上溢错误

位4 TXUNDERR：传输FIFO下溢错误

位3 DTIMEOUT：数据超时

位2 CTIMEOUT：命令响应超时
　　　　命令超时周期为固定值64个SDMMC_CK时钟周期

位1 DCRCFAIL：已发送/接收数据块（CRC检验失败）

位0 CCRCFAIL：已接收命令响应（CRC检验失败）

图 10.1.8 SDMMC_STA 寄存器位定义

10.1.5 SD 卡初始化流程

　　最后来看看 SD 卡的初始化流程。要实现 SDMMC 驱动 SD 卡，最重要的步骤就是 SD 卡的初始化，只要 SD 卡初始化完成了，那么剩下的（读/写操作）就简单了，所以这里重点介绍 SD 卡的初始化。从 SD 卡 2.0 协议（见配套资料资料）文档可以得到 SD 卡初始化流程图，如图 10.1.9 所示。

　　从图 10.1.9 中看到，不管什么卡（这里将卡分为 4 类，分别是 SD2.0 高容量卡（SDHC，最大 32 GB）、SD2.0 标准容量卡（SDSC，最大 2 GB）、SD1.x 卡和 MMC 卡），首先要执行的是卡上电（需要设置 SDMMC_POWER[1:0]=11），上电后发送 CMD0，对卡进行软复位；之后发送 CMD8 命令，用于区分 SD 卡 2.0；只有 2.0 及以后的卡才支持

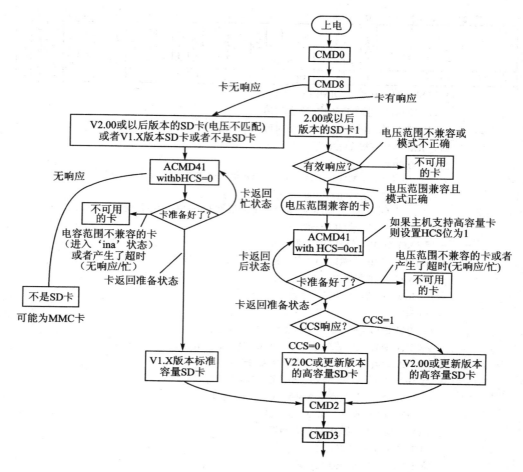

图 10.1.9 SD 卡初始化流程

CMD8 命令,MMC 卡和 V1.x 的卡是不支持该命令的。CMD8 的格式如表 10.1.6 所列。

表 10.1.6 CMD8 命令格式

位域	47	46	[45:40]	[39:20]	[19:16]	[15:8]	[7:1]	0
位宽	1	1	6	20	4	8	7	1
值	0	1	001000	0000h	x	x	x	1
描述	起始位	传输位	命令索引	保留位	供电电压 (VHS)	检查模式	CRC7	结束位

这里需要在发送 CMD8 的时候,通过其带的参数设置 VHS 位,以告诉 SD 卡主机的供电情况。VHS 位定义如表 10.1.7 所列。

第 10 章　SD 卡实验

表 10.1.7　VHS 位定义

供电电压	说　明
0000b	未定义
0001b	2.7～3.6 V
0010b	低电压范围保留值
0100b	保留
1000b	保留
Others	未定义

这里使用参数 0X1AA，即告诉 SD 卡主机供电为 2.7～3.6 V 之间。如果 SD 卡支持 CMD8，且支持该电压范围，则会通过 CMD8 的响应（R7）将参数部分原本返回给主机；如果不支持 CMD8 或者不支持这个电压范围，则不响应。

发送 CMD8 后，再发送 ACMD41（注意，发送 ACMD41 之前要先发送 CMD55）来进一步确认卡的操作电压范围；并通过 HCS 位来告诉 SD 卡，主机是不是支持高容量卡（SDHC）。ACMD41 的命令格式如表 10.1.8 所列。

表 10.1.8　ACMD41 命令格式

ACMD 索引	类型	参数	响应	缩写	指令描述
ACMD41	bcr	[31]保留位 [30]HCS(OCR[30]) [29:24]保留位 [23:0]VDD 电压窗口 (OCR[23:]0)	R3	SD_SEND_OP_COND	发送主机容量支持信息（HCS）以及要求被访问的卡中响应时通过 CMD 线发送其操作条件寄存器（OCR）内容给主机。当 SD 卡接收到 SEND_IF_COND 命令时，HCS 有效。保留位必须设置为 0，CCS 位赋值给 OCR[30]

ACMD41 得到的响应（R3）包含 SD 卡 OCR 寄存器内容，OCR 寄存器内容定义如表 10.1.9 所列。

对于支持 CMD8 指令的卡，主机通过将 ACMD41 的参数设置 HCS 位为 1 来告诉 SD 卡主机支持 SDHC 卡；如果设置为 0，则表示主机不支持 SDHC 卡。如果 SDHC 卡接收到 HCS 为 0，则永远不会返回卡就绪状态。对于不支持 CMD8 的卡，HCS 位设置为 0 即可。

SD 卡在接收到 ACMD41 后，则返回 OCR 寄存器内容，如果是 2.0 的卡，则主机可以通过判断 OCR 的 CCS 位来判断是 SDHC 还是 SDSC；如果是 1.x 的卡，则忽略该位。OCR 寄存器的最后一个位用于告诉主机 SD 卡是否上电完成，如果上电完成，则该位将会被置 1。

表 10.1.9 OCR 寄存器定义

OCR 位位置	描 述	
0~6	保留	
7	低电压范围保留位	
8~14	保留	
15	2.7~2.8	VDD电压窗口
16	2.8~2.9	
17	2.9~3.0	
18	3.0~3.1	
19	3.1~3.2	
20	3.2~3.3	
21	3.3~3.4	
22	3.4~3.5	
23	3.5~3.6	
24~29	保留	
30	卡容量状态位(CCS)[1]	
31	卡上电状态位(busy)[2]	

1、仅在卡上电状态位为1的时候有效
2、当卡还未完成上电流程时，此位为0

MMC 卡不支持 ACMD41，不响应 CMD55。对 MMC 卡，我们只需要发送 CMD0 后再发送 CMD1(作用同 ACMD41)，并检查 MMC 卡的 OCR 寄存器，从而实现 MMC 卡的初始化。

至此，我们便实现了对 SD 卡的类型区分。图 10.1.9 中最后发送了 CMD2 和 CMD3 命令，用于获得卡 CID 寄存器数据和卡相对地址(RCA)。

CMD2 用于获得 CID 寄存器的数据。CID 寄存器数据各位定义如表 10.1.10 所列。

表 10.1.10 卡 CID 寄存器位定义

名 字	域	宽 度	CID 位划分
制造商 ID	MID	8	[127:120]
OEM/应用 ID	OID	16	[119:104]
产品名称	PNM	40	[103:64]
产品修订	PRV	8	[63:56]
产品序列号	PSN	32	[55:24]
保留	—	4	[23:20]
制造日期	MDT	12	[19:8]
CRC7 校验值	CRC	7	[7:1]
未用到,恒为 1	—	1	[0:0]

SD 卡在收到 CMD2 后将返回 R2 长响应(136 位)，其中，包含 128 位有效数据(CID 寄存器内容)，分别存放在 SDMMC_RESP1~4 这 4 个寄存器里面。通过读取这

4个寄存器就可以获得SD卡的CID信息。

　　CMD3，用于设置卡相对地址（RCA，必须为非0）。SD卡（非MMC卡）在收到CMD3后，将返回一个新的RCA给主机，方便主机寻址。RCA的存在允许一个SDMMC接口挂多个SD卡，通过RCA来区分主机要操作的是哪个卡。MMC卡不是由SD卡自动返回RCA，而是主机主动设置MMC卡的RCA，即通过CMD3带参数（高16位用于RCA设置）来实现RCA设置。同样，MMC卡也支持一个SDMMC接口挂多个MMC卡，不同于SD卡的是，所有的RCA都是由主机主动设置的，而SD卡的RCA则是SD卡发给主机的。

　　获得卡RCA之后，我们便可以发送CMD9（带RCA参数）来获得SD卡的CSD寄存器内容，从CSD寄存器可以得到SD卡的容量和扇区大小等十分重要的信息。CSD寄存器的详细介绍可参考《SD卡2.0协议.pdf》。

　　至此，SD卡初始化基本就结束了，最后通过CMD7命令选中要操作的SD卡，然后即可开始对SD卡的读/写操作了。SD卡的其他命令和参数可参考《SD卡2.0协议.pdf》。

10.2　硬件设计

　　本章实验功能简介：开机的时候先初始化SD卡，如果SD卡初始化完成，则提示LCD初始化成功。按下KEY0读取SD卡扇区0的数据，然后通过串口发送到计算机。如果没初始化通过，则在LCD上提示初始化失败。同样用DS0来指示程序正在运行。

　　本实验用到的硬件资源有：指示灯DS0、KEY0按键、串口、LCD模块、SD卡。前面四部分之前已经介绍过了，这里介绍一下阿波罗STM32F767开发板板载的SD卡接口和STM32F767的连接关系，如图10.2.1所示。

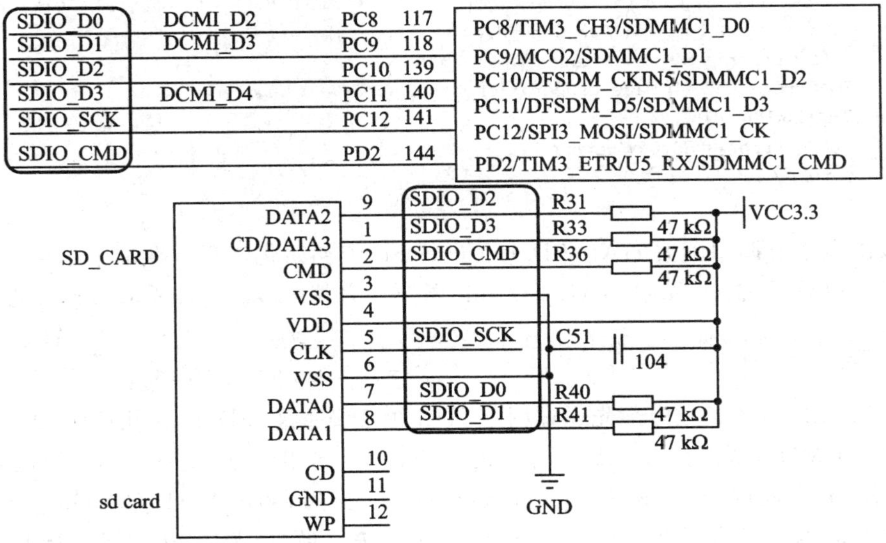

图10.2.1　SD卡接口与STM32F767连接原理图

阿波罗STM32F767开发板的SD卡座（SD_CARD）在PCB背面，SD卡座与STM32F767的连接在开发板上是直接连接在一起的，硬件上不需要任何改动。

10.3 软件设计

打开本章实验工程可以看到，我们增加了HAL库SD卡支持源文件stm32f7xx_hal_sd.c、stm32f7xx_ll_sdmmc.h以及对应头文件stm32f7xx_hal_sd.h、stm32f7xx_ll_sdmmc.h，同时还编写了源文件sdmmc_sdcard.c以及头文件sdmmc_sdcard.h来存放SD卡相关函数。

HAL库提供的SD驱动已经相当完整，我们只需要进行一些适配即可使用。接下来主要讲解sdmmc_sdcard.c中的源码。首先看看函数SD_Init，内容如下：

```
//SD卡初始化
//返回值:0 初始化正确;其他值,初始化错误
u8 SD_Init(void)
{
    u8 SD_Error;
    //初始化时的时钟不能大于400KHZ
    SDCARD_Handler.Instance = SDMMC1;
    SDCARD_Handler.Init.ClockEdge = SDMMC_CLOCK_EDGE_RISING;        //上升沿
    SDCARD_Handler.Init.ClockBypass = SDMMC_CLOCK_BYPASS_DISABLE;
            //不使用bypass模式,直接用HCLK进行分频得到SDMMC_CK
    SDCARD_Handler.Init.ClockPowerSave = SDMMC_CLOCK_POWER_SAVE_DISABLE;
                                                                    //空闲时不关闭时钟电源
    SDCARD_Handler.Init.BusWide = SDMMC_BUS_WIDE_1B;                //1位数据线
    SDCARD_Handler.Init.HardwareFlowControl =
SDMMC_HARDWARE_FLOW_CONTROL_DISABLE;                                //关闭硬件流控
    SDCARD_Handler.Init.ClockDiv = SDMMC_TRANSFER_CLK_DIV;          //设置时钟频率
    SD_Error = HAL_SD_Init(&SDCARD_Handler,&SDCardInfo);
    if(SD_Error!= SD_OK) return 1;
    SD_Error = HAL_SD_WideBusOperation_Config(&SDCARD_Handler,
SDMMC_BUS_WIDE_4B);                                                 //使能宽总线模式
    if(SD_Error!= SD_OK) return 2;
    return 0;
}
```

该函数主要调用函数HAL_SD_Init进行SD卡初始化流程并获取卡信息，有兴趣的读者可以看看HAL库中HAL_SD_Init函数的完整内容。首先看看该函数声明：

```
HAL_SD_ErrorTypedef HAL_SD_Init(SD_HandleTypeDef * hsd,
                                HAL_SD_CardInfoTypedef * SDCardInfo);
```

HAL_SD_Init函数内部先通过调用HAL库静态函数SD_Initialize_Cards来发送CMD2和CMD3，从而获得CID寄存器内容和SD卡的相对地址（RCA），并通过CMD9获取CSD寄存器内容，完成SD卡的初始化流程。然后，调用HAL_SD_Get_CardInfo函数来获取卡信息保存在入口参数SDCardInfo中。最后，调用SDMMC_Init函数初始化SDMMC接口时钟相关参数。接下来我们分析函数HAL_SD_Init的入口参数；

第10章 SD卡实验

```
typedef struct
{
    SD_TypeDef              * Instance;           //寄存器基地址
    SD_InitTypeDef          Init;                 //SDMMC初始化变量
    HAL_LockTypeDef         Lock;                 //过程变量
    uint32_t                CardType;             //卡类型
    uint32_t                RCA;                  //卡相对地址
    uint32_t                CSD[4];               //保存SD卡CSD寄存器信息
    uint32_t                CID[4];               //保存SD卡CID寄存器信息
    __IO uint32_t           SdTransferCplt;       //非阻塞模式完成标志
    __IO uint32_t           SdTransferErr;        //非阻塞模式错误标志
    __IO uint32_t           DmaTransferCplt;      //dmac传输结束标志
    __IO uint32_t           SdOperation;          //sd卡传输操作:读/写
    DMA_HandleTypeDef       * hdmarx;             //DMA接收指针
    DMA_HandleTypeDef       * hdmatx;             //DMA发送指针
}SD_HandleTypeDef;
```

该结构体的各个成员变量含义都在程序中注释了。这里主要看看 Init 成员变量，它是 SD_InitTypeDef 结构体类型，用来设置 SDMMC 的初始化参数。该结构体实际是 SDMMC_InitTypeDef 结构体类型：

```
#define SD_InitTypeDef          SDMMC_InitTypeDef
```

接下来看看 SDMMC_InitTypeDef 结构体定义：

```
typedef struct
{
    uint32_t ClockEdge;              //SDMMC CLK 上升沿/下降沿产生 SDMMC _CK
    uint32_t ClockBypass;            //时钟分频器旁路使能位
    uint32_t ClockPowerSave;         //节能模式配置位
    uint32_t BusWide;                //宽总线模式位数:默认/4位/8位
    uint32_t HardwareFlowControl;    //硬件流控制使能
    uint32_t ClockDiv;               //时钟分频银子
}SDMMC_InitTypeDef;
```

该结构体用在初始化 SDMMC 接口时钟相关参数中，操作的是 SDMMC_CLKCR 寄存器。各位成员变量含义已在程序中已经注释了，具体可参考前面讲解的 SDMMC_CLKCR 寄存器各位定义。

接下来看看 HAL_SD_MspInit 函数，该函数主要有 3 个作用：第一是使能相应时钟，第二是初始化 SDMMC 相关 I/O 口模式和映射，第三是在 DMA 模式下初始化 DMA 配置以及设置 NVIC。关于 DMA 相关知识可参考 DMA 实验。

接下来看看 SD_GetCardInfo 函数内容：

```
u8 SD_GetCardInfo(HAL_SD_CardInfoTypedef * cardinfo)
{
    u8 sta;
    sta = HAL_SD_Get_CardInfo(&SDCARD_Handler,cardinfo);
    return sta;
}
```

该函数非常简单，调用 HAL 库函数 HAL_SD_Get_CardInfo 获取卡信息保存在

cardinfo 中。

最后看看在非 DMA 模式下 SD_ReadDisk 读卡函数和 SD_WriteDisk 写卡函数，函数内容如下：

```c
//读 SD 卡
//buf:读数据缓存区
//sector:扇区地址
//cnt:扇区个数
//返回值:错误状态;0,正常;其他,错误代码
u8 SD_ReadDisk(u8 * buf,u32 sector,u8 cnt)
{
    u8 sta = SD_OK;
    long long lsector = sector;
    u8 n;
    lsector << = 9;
    INTX_DISABLE();              //关闭总中断(POLLING 模式,严禁中断打断 SDIO 读/写操作)
    if((u32)buf % 4! = 0)
    {
        for(n = 0;n<cnt;n + + )
        {
            sta = HAL_SD_ReadBlocks(&SDCARD_Handler,(uint32_t * )
            SDIO_DATA_BUFFER,lsector + 512 * n,512,1);   //单个 sector 的读操作
            memcpy(buf,SDIO_DATA_BUFFER,512);
            buf + = 512;
        }
    }elsesta = HAL_SD_ReadBlocks(&SDCARD_Handler,(uint32_t * )buf,lsector,512,cnt);
    INTX_ENABLE();                                       //开启总中断
    return sta;
}
//写 SD 卡
//buf:写数据缓存区
//sector:扇区地址
//cnt:扇区个数
//返回值:错误状态;0,正常;其他,错误代码
u8 SD_WriteDisk(u8 * buf,u32 sector,u8 cnt)
{
    u8 sta = SD_OK;
    long long lsector = sector;
    u8 n;
    lsector << = 9;
    INTX_DISABLE();//关闭总中断(POLLING 模式,严禁中断打断 SDIO 读/写操作!!!)
    if((u32)buf % 4! = 0)
    {
        for(n = 0;n<cnt;n + + )
        {
            memcpy(SDIO_DATA_BUFFER,buf,512);
            sta = HAL_SD_WriteBlocks (&SDCARD_Handler,(uint32_t * )
                            SDIO_DATA_BUFFER,lsector + 512 * n,512,1);
                                                    //单个 sector 的写操作
            buf + = 512;
        }
```

第10章 SD卡实验

```
    }elsesta = HAL_SD_WriteBlocks(&SDCARD_Handler,(uint32_t *)buf,lsector,512,cnt);
    INTX_ENABLE();//开启总中断
    return sta;
}
```

这两个函数在下一章(FATFS实验)将会用到的,其中,SD_ReadDisk用于读数据,通过调用HAL库SD卡读块函数HAL_SD_ReadBlocks实现。SD_WriteDisk用于写数据,通过调用HAL库SD卡写块函数HAL_SD_WriteBlocks实现。注意,因为FATFS提供给SD_ReadDisk或者SD_WriteDisk的数据缓存区地址不一定是4字节对齐的,所以在这两个函数里面做了4字节对齐判断;如果不是4字节对齐的,则通过一个4字节对齐缓存(SDMMC_DATA_BUFFER)作为数据过度,以确保传递给底层读写函数的buf是4字节对齐的。

接下来看看HAL库提供的读块函数HAL_SD_ReadBlocks和写块函数HAL_SD_WriteBlocks:

```
HAL_SD_ErrorTypedef HAL_SD_ReadBlocks(SD_HandleTypeDef * hsd, uint32_t
 * pReadBuffer, uint64_t ReadAddr, uint32_t BlockSize, uint32_t NumberOfBlocks);
HAL_SD_ErrorTypedef HAL_SD_WriteBlocks(SD_HandleTypeDef * hsd, uint32_t
 * pWriteBuffer, uint64_t WriteAddr, uint32_t BlockSize, uint32_t NumberOfBlocks);
```

HAL_SD_ReadBlocks函数的作用是读取从ReadAddr地址开始的NumberOfBlocks个块的数据,保存在pReadBuffer指针指向的连续存储空间中,同时块大小通过参数BlockSize设置。HAL_SD_WriteBlocks函数的作用是把pWriteBuffer指向的连续存储空间中的数据写入从地址WriteAddr开始的一个连续区域,而连续区域大小为NumberOfBlocks个块,块大小通过BlockSize来设置。

sdmmc_sdcard.h头文件中主要关注下面一行代码:

```
#define SD_DMA_MODE             0       //1:DMA模式,0:查询模式
```

宏定义标识符SD_DMA_MODE用来设置SD模式为DMA模式还是查询模式。默认情况下设置为查询模式,对于使用DMA模式操作代码,读者可以对照sdmmc_sdcard.c文件中代码学习。

最后看看main.c文件,代码如下:

```
//通过串口打印SD卡相关信息
void show_sdcard_info(void)
{
    switch(SDCardInfo.CardType)
    {
        case STD_CAPACITY_SD_CARD_V1_1:printf("Card Type:SDSC V1.1\r\n");break;
        case STD_CAPACITY_SD_CARD_V2_0:printf("Card Type:SDSC V2.0\r\n");break;
        case HIGH_CAPACITY_SD_CARD:printf("Card Type:SDHC V2.0\r\n");break;
        case MULTIMEDIA_CARD:printf("Card Type:MMC Card\r\n");break;
    }
    printf("Card ManufacturerID:% d\r\n",SDCardInfo.SD_cid.ManufacturerID);//制造商ID
    printf("Card RCA:% d\r\n",SDCardInfo.RCA);         //卡相对地址
    printf("Card Capacity:% d MB\r\n",(u32)(SDCardInfo.CardCapacity >>20));//显示容量
```

```c
                printf("Card BlockSize:%d\r\n\r\n",SDCardInfo.CardBlockSize);        //显示块大小
}
//测试SD卡的读取
//从secaddr地址开始,读取seccnt个扇区的数据
//secaddr:扇区地址    seccnt:扇区数
void sd_test_read(u32 secaddr,u32 seccnt)
{
…//此处省略函数定义
}
//测试SD卡的写入(慎用,最好写全是OXFF的扇区,否则可能损坏SD卡)
//从secaddr地址开始,写入seccnt个扇区的数据
//secaddr:扇区地址   seccnt:扇区数
void sd_test_write(u32 secaddr,u32 seccnt)
{
…//此处省略函数定义
}
int main(void)
{
    u8 key;u8 t = 0,* buf;
    u32 sd_size;
    Cache_Enable();                      //打开L1-Cache
    HAL_Init();                          //初始化HAL库
    Stm32_Clock_Init(432,25,2,9);        //设置时钟,216 MHz
    delay_init(216);                     //延时初始化
    uart_init(115200);                   //串口初始化
    usmart_dev.init(108);                //初始化USMART
    LED_Init();                          //初始化LED
    KEY_Init();                          //初始化按键
    SDRAM_Init();                        //初始化SDRAM
    LCD_Init();                          //初始化LCD
    my_mem_init(SRAMIN);                 //初始化内部内存池
    my_mem_init(SRAMEX);                 //初始化外部SDRAM内存池
    ……//此处省略部分液晶显示代码
    LCD_ShowString(30,130,200,16,16,"KEY0:Read Sector 0");
    while(SD_Init())//检测不到SD卡
    {
        LCD_ShowString(30,150,200,16,16,"SD Card Error!");       delay_ms(500);
        LCD_ShowString(30,150,200,16,16,"Please Check! ");       delay_ms(500);
        LED0_Toggle;//DS0闪烁
    }
    show_sdcard_info();                  //打印SD卡相关信息
    POINT_COLOR = BLUE;                  //设置字体为蓝色
    //检测SD卡成功
    LCD_ShowString(30,150,200,16,16,"SD Card OK    ");
    LCD_ShowString(30,170,200,16,16,"SD Card Size:      MB");
    LCD_ShowNum(30 + 13 * 8,170,SDCardInfo.CardCapacity >> 20,5,16);//显示SD卡容量
    while(1)
    {
        key = KEY_Scan(0);
        if(key == KEY0_PRES)             //KEY0按下了
        {
            buf = mymalloc(0,512);       //申请内存
```

```
                if(SD_ReadDisk(buf,0,1) == 0)      //读取 0 扇区的内容
                {
                    LCD_ShowString(30,190,200,16,16,"USART1 Sending Data...");
                    printf("SECTOR 0 DATA:\r\n");
                    for(sd_size = 0;sd_size＜512;sd_size ++)printf("%x ",buf[sd_
                    size]);//打印数据
                    printf("\r\nDATA ENDED\r\n");
                    LCD_ShowString(30,190,200,16,16,"USART1 Send Data Over!");
                }
                myfree(0,buf);//释放内存
            }
            t ++ ;
            delay_ms(10);
            if(t == 20)    {LED0_Toggle;    t = 0;    }
    }
}
```

这里总共 4 个函数：

1) show_sdcard_info 函数

该函数用于从串口输出 SD 卡相关信息,包括卡类型、制造商 ID、卡相对地址、容量和块大小等信息。

2) sd_test_read

该函数用于测试 SD 卡的读取,通过 USMART 调用,可以指定 SD 卡的任何地址,读取指定个数的扇区数据,将读到的数据通过串口打印出来,从而验证 SD 卡数据的读取。

3) sd_test_write 函数

该函数用于测试 SD 卡的写入,通过 USMART 调用,可以指定 SD 卡的任何地址,写入指定个数的扇区数据,写入数据自动生成(都是 3 的倍数),写入完成后在串口打印写入结果。可以通过 sd_test_read 函数来检验写入数据是否正确。注意,千万别乱写,否则可能把卡写成砖头或数据丢失。写之前,先读取该地址的数据,最好全部是 0XFF 才写(全部 0X00 也行),其他情况最好别写。

4) main 函数

该函数先初化相关外设和 SD 卡,初始化成功后调用 show_sdcard_info 函数,输出 SD 卡相关信息,并在 LCD 上面显示 SD 卡容量。然后进入死循环,如果有按键 KEY0 按下,则通过 SD_ReadDisk 读取 SD 卡的扇区 0(物理磁盘,扇区 0),并将数据通过串口打印出来。这里用了上一章学过的内存管理,以后尽量使用内存管理来设计。

最后,将 sd_test_read 和 sd_test_write 函数加入 USMART 控制,这样就可以通过串口调试助手测试 SD 卡的读/写了,方便测试。

10.4　下载验证

编译成功之后,下载代码到 ALIENTEK 阿波罗 STM32 开发板上,可以看到,LCD 显示如图 10.4.1 所示的内容(假设 SD 卡已经插上了)。

图 10.4.1　程序运行效果图

打开串口调试助手,按下 KEY0 就可以看到从开发板发回来的数据了,如图 10.4.2 所示。

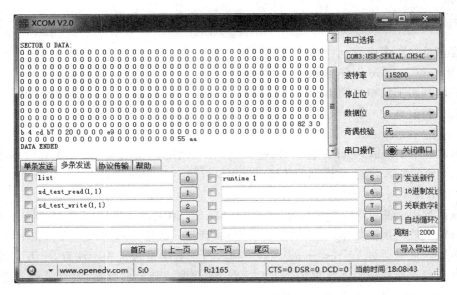

图 10.4.2　串口收到的 SD 卡扇区 0 内容

注意,不同的 SD 卡读出来的扇区 0 是不尽相同的,所以不要因为读出来的数据和图 10.4.2 不同而感到惊讶。

最后,可以通过 USMART 调用 sd_test_read 和 sd_test_write 函数,从而进一步检测 SD 卡的读取和写入,读者可以自行测试。注意,写 SD 卡的时候,千万别乱写,否则可能把卡写坏,或者丢失数据。

第 11 章

NAND Flash 实验

阿波罗 STM32F767 核心板上面板载了一颗 512 MB 的 NAND Flash 芯片,型号为 MT29F4G08,可以用来存储数据。相对于 SPI Flash(W25Q256)和 SD 卡等存储设备,NAND Flash 采用 8 位并口访问,具有访问速度快的优势。

本章将使用 STM32F767 来驱动 MT29F4G08,并结合一个简单的坏块管理与磨损均衡算法,来实现对 MT29F4G08 的读/写控制。

11.1 NAND Flash 简介

11.1.1 简 介

NAND Flash 的概念是由东芝公司在 1989 年率先提出的,它内部采用非线性宏单元模式,为固态大容量内存的实现提供了廉价有效的解决方案。NAND Flash 存储器具有容量较大、改写速度快等优点,适用于大量数据的存储,在业界得到了广泛应用,如 SD 卡、TF 卡、U 盘等,一般都是采用 NAND Flash 作为存储的。接下来介绍 NAND Flash 的一些重要知识。

1. NAND Flash 信号线

NAND Flash 的信号线如表 11.1.1 所列。

表 11.1.1 NAND Flash 信号线

信号线	说 明
CLE	命令锁存使能,高电平有效,表示写入的是命令
ALE	地址锁存使能,高电平有效,表示写入的是地址
CE#	芯片使能,低电平有效,用于选中 NAND 芯片
RE#	读使能,低电平有效,用于读取数据
WE#	写使能,低电平有效,用于写入数据
WP#	写保护,低电平有效
R/B	就绪/忙,注意,用于判断编程、擦除操作是否完成
I/O0~7	地址/数据输入/输出口

因为NAND Flash地址/数据是共用数据线的,所以必须由CLE/ALE信号告诉NAND Flash,发送的数据是命令还是地址。

2. 存储单元

我们以阿波罗STM32F767开发板所使用的MT29F4G08(x8,8位数据)为例介绍NAND Flash存储单元,该存储单元组织结构如图11.1.1所示。

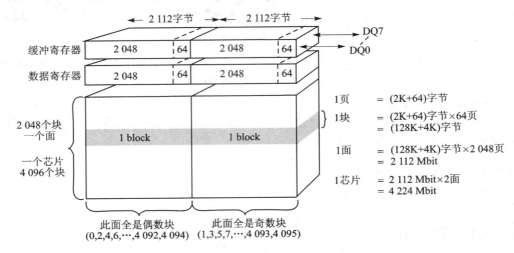

图 11.1.1　MT29F4G08 存储单元组织结构图

由图可知,MT29F4G08由2个plane组成,每个plane有2 048个block,每个block由64个page组成,每个page有(2K+64)字节(,即2 112字节)的存储容量。所以,MT29F4G08的总容量为2×2 048×64×(2K+64)=553 648 128字节(512 MB)。其中,plane、block、page等的个数根据NAND Flash型号的不同会有所区别,注意查看对应NAND Flash芯片的数据手册。

NAND Flash的最小擦除单位是block,对MT29F4G08来说,是(128+4)KB,NAND Flash的写操作具有只可以写0、不能写1的特性,所以,在写数据的时候,必须先擦除block(擦除后,block数据全部为1)才可以写入。

NAND Flash的page由2部分组成:数据存储区(data area)和备用区域(spare area),对MT29F4G08来说,数据存储区大小为2 KB,备用区域大小为64字节。我们存储的有效数据一般都存储在数据存储区(data area)。备用区域(spare area)一般用来存放ECC(Error Checking and Correcting)校验值,本章将利用这个区域来实现NAND Flash坏块管理和磨损均衡。

NAND Flash的地址分为3类:块地址(Block Address)、页地址(Page Address)和列地址(Column Address)。以MT29F4G08为例,这3个地址通过5个周期发送,如表11.1.2所列。

第 11 章 NAND Flash 实验

表 11.1.2　MT29F4G08 寻址说明

周期	I/O7	I/O6	I/O5	I/O4	I/O3	I/O2	I/O1	I/O0
1	CA7	CA6	CA5	CA4	CA3	CA2	CA1	CA0
2	0	0	0	0	CA11	CA10	CA9	CA8
3	BA7	BA6	PA5	PA4	PA3	PA2	PA1	PA0
4	BA15	BA14	BA13	BA12	BA11	BA10	BA9	BA8
5	0	0	0	0	0	0	BA17	BA16

表中,CA0～CA11 为列地址(Column Address),用于在一个 Page 内部寻址,MT29F4G08 的一个 page 大小为 2 112 字节,需要 12 个地址线寻址;PA0～PA5 为页地址(Page Address),用于在一个 block 内部寻址,MT29F4G08 一个 block 大小为 64 个 page,需要 6 个地址线寻址;BA6～BA17 为块地址(Block Address),用于块寻址,MT29F4G08 总共有 4 096 个 block,需要 12 根地址线寻址。

整个寻址过程分 5 次发送(5 个周期),首先发送列地址,再发送页地址和块地址。这里提醒一下:块地址和页地址其实是可以写在一起的,由一个参数传递即可,所以表中的 BA 并不是由 BA0 开始的,可以理解为这个地址(PA+BA)为整个 NAND Flash 的 page 地址。在完成寻址以后,用数据线 I/O0～I/O7 来传输数据了。

3. 控制命令

NAND Flash 的驱动需要用到一系列命令,这里列出了常用的一些命令,方便读者了解 NAND Flash 的操作,如表 11.1.3 所列。表中需要注意两点:① 有的指令一个周期完成传送,有的指令需要分两次传送(2 个周期);② 对于指令名称,不同厂家的数据手册里面标注可能不一样,但是其指令值(HEX 值)一般都是一样的。

表 11.1.3　NAND Flash 操作常用命令

命令(HEX)		名　称	说　明
1#	2#		
0X90		READID	读取 NAND 的 ID 和相关特性,可由此判断 NAND 的容量等信息
0XEF		SET FEATURE	设置 NAND 的相关参数,比如时序模式
0XFF		RESET	复位 NAND
0X70		READ STATUS	读取 NAND 的状态,比如可以判断编程/擦除操作是否完成
0X00	0X30	READ PAGE	该指令由 2 部分组成(分 2 次发),用于读取一个 page 里面的数据(不能跨页读)
0X80	0X10	WRITE PAGE	该指令由 2 部分组成(分 2 次发),用于写入一个 page 的数据(不能跨页写)

续表 11.1.3

命令（HEX）		名 称	说 明
1#	2#		
0X60	0XD0	ERASE BLOCK	该指令由 2 部分组成（分 2 次发），用于擦除一个 block
0X00	0X35	READ FOR INTERNAL DATA MOVE	这两个指令（分 4 次发）组成 NAND 的内部数据移动操作；该操作可以实现复制一个 page 到另外一个 page（仅限同一 plane 内），且支持复制时写入数据；该操作可以极大地方便数据写入
0X85	0X10	PROGRAM FOR INTERNAL DATA MOVE	

表中前 4 条命令相对比较简单，这里主要介绍后面 5 条指令。

(1) READ PAGE

该指令用于读取 NAND 的一个 page（包括 spare 区数据，但不能跨页读），时序如图 11.1.2 所示。可见，READ PAGE 的命令分两次发送，首先发送 00H 命令，然后发送 5 次地址（block&page&column 地址），指定读取的地址，随后发送 30H 命令，等待 RDY 后即可读取 page 里面的数据。注意，不能跨页读，所以最多一次读取一个 page 的数据（包括 spare 区）。

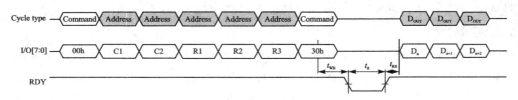

图 11.1.2　READ PAGE 指令时序图

(2) WRITE PAGE

该指令用于写一个 PAGE 的数据（包括 spare 区数据，但不能跨页写），时序如图 11.1.3 所示。可见，WRITE PAGE 的命令分两次发送，首先发送 80H 命令，然后发送 5 次地址（block&page&column 地址），指定写入的地址；在地址写入完成后，等待 t_{ADL} 时间后开始发送需要写入的数据；在数据发送完毕后，发送 10H 命令；最后发送 READ STATUS 命令，查询 NAND Flash 状态，等待状态为 READY 后完成一次 page 写入操作。

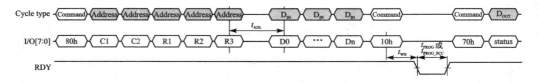

图 11.1.3　READ PAGE 指令时序图

(3) ERASE BLOCK

该指令用于擦除 NAND 的一个 block（NAND 的最小擦除单位），时序如图 11.1.4

所示。可见,ERASE BLOCK 的命令分两次发送,首先发送 60H 命令,然后发送 3 次地址(block 地址),指定要擦除的 block 地址,随后发送 D0H 命令,等待 RDY 成功后完成一个 block 的擦除。

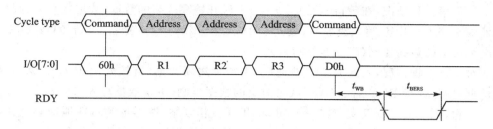

图 11.1.4　ERASE BLOCK 指令时序图

(4) READ FOR INTERNAL DATA MOVE

该指令用于在 NAND 内部进行数据移动时(页对页)指定需要读取的 page 地址,如有必要,可以读取出 page 里面的数据。该指令时序如图 11.1.5 所示。

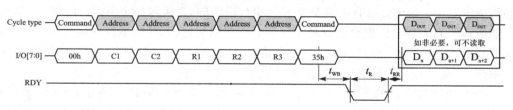

图 11.1.5　READ FOR INTERNAL DATA MOVE 指令时序图

可见,READ FOR INTERNAL DATA MOVE 的命令分两次发送,首先发送 00H 命令,然后发送 5 次地址(block&page&column 地址),指定读取的地址,随后发送 35H 命令,等待 RDY 后,可以读取对应 page 里面的数据。在内部数据移动过程中,我们仅用该指令指定需要复制的 page 地址(源地址),并不需要读取其数据,所以最后的 D_{out} 过程一般都可以省略。

(5) PROGRAM FOR INTERNAL DATA MOVE

该指令用于在 NAND 内部进行数据移动时(页对页)指定需要写入的 page 地址(目标地址),如有必要,在复制过程中可以写入新的数据。该指令时序如图 11.1.6 所示。

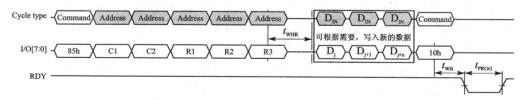

图 11.1.6　PROGRAM FOR INTERNAL DATA MOVE 指令时序图

如图 11.1.6 所示,该指令首先发送 85H 命令,然后发送 5 次地址

(block&page&column 地址)指定写入的页地址(目标地址),源地址则由 READ FOR INTERNAL DATA MOVE 指令指定。接下来分两种情况:① 要写入新的数据(覆盖源 PAGE 的内容);② 无须写入新的数据。

对于第一种情况,在等待 t_{WHR}(或 t_{ADL})之后开始写入新的数据,数据在页内的起始地址由 C1&C2 指定;写入完成后,发送 10H 命令开始进行页复制,等待 RDY 后完成一次页对页的数据复制(带新数据写入)。

对于第二种情况,发送完 5 次地址后,无须发送新数据,直接发送 10H 命令,开始进行页复制,等待 RDY 后,完成一次页对页的数据复制(不带数据写入)。

注意,页对页复制仅支持同一个 plane 里面互相复制(源地址和目标地址必须在同一个 plane 里面),如果不是同一个 plane 里面的页,则不可以执行页对页复制。

NAND Flash 其他命令的介绍可参考 MT29F4G08 的数据手册。

4. ECC 校验

ECC,英文全称为 Error Checking and Correction,是一种对传输数据的错误检测和修正的算法。NAND Flash 存储单元是串行组织的,当读取一个单元的时候,读出放大器所检测到的信号强度会被这种串行存储结构削弱,这就降低了所读信号的准确性,从而导致读数出错(一般只有一个 bit 出错)。ECC 可以检测这种错误,并修正错误的数据位,因此,ECC 在 NAND Flash 驱动里面被广泛使用。

ECC 有 3 种常用的算法:汉明码(Hamming Code)、RS 码(Reed Solomon Code)和 BCH 码。STM32 的 FMC 模块就支持硬件 ECC 计算,使用的就是汉明码,接下来简单介绍一下汉明码的编码和使用。

(1) 汉明码编码

汉明码的编码计算比较简单,通过计算块上的数据包得到 2 个 ECC 值(ECCo 和 ECCe)。为计算 ECC 值,数据包中的比特数据要先进行分割,如 1/2 组、1/4 组、1/8 组等,直到其精度达到单个比特为止。以 8 bit(即 1 字节)的数据包为例进行说明,如表 11.1.4 所列。

表 11.1.4 8 bit 数据包校验的数据分割

数据位	7	6	5	4	3	2	1	0
1/8 偶校验		1		1		0		1
1/4 偶校验			0	1			0	1
1/2 偶校验					0	0	0	1
数据包	0	1	0	1	0	0	0	1
1/2 奇校验	0	1	0	1				
1/4 奇校验	0	1			0	0		
1/8 奇校验	0		0		0		0	

8 位数据可以按 1/2、1/4 和 1/8 进行分割(1/8 分割时,达到单个比特精度)。以 1/2 分割偶校验为例,1/2 分割时,每 4 个 bit 组成一个新 bit,新的 bit0 等于原来的 bit0

第 11 章 NAND Flash 实验

~3，新的 bit1 等于原来的 bit4~7，而我们只要偶数位的数据，也就是新 bit0 的数据，实际上就是原来的 bit0~3 的数据，这样就获取了 1/2 偶校验的数据。其他分割依此类推。

表 11.1.3 中，数据包上方的 3 行数据经计算后得到偶校验值（ECCe），数据包下方的 3 行数据经计算后得到奇校验值（ECCo）。1/2 校验值经"异或"操作构成 ECC 校验的最高有效位，1/4 校验值构成 ECC 校验的次高有效位，最低有效位由具体到比特的校验值填补。ECC 校验值（ECCo 和 ECCe）的计算过程，如图 11.1.7 所示。

```
            1/2        1/4        1/8
ECCe=    0^0^0^1    0^1^0^1    1^1^0^1    =101
ECCo=    0^1^0^1    0^1^0^0    0^0^0^0    =010
```

图 11.1.7　计算奇偶 ECC 值

即偶校验值 ECCe 为 101，奇校验值 ECCo 为 010。图 11.1.7 所示为只有一字节数据的数据包，更大的数据包需要更多的 ECC 值。事实上，每 n bit 的 ECC 数值可满足 2^n bit 数据包的校验要求。不过，汉明码算法要求一对 ECC 数据（奇＋偶），所以总共要求 2n bit 的 ECC 校验数据来处理 2^n bit 的数据包。

得到 ECC 值后，我们需要将原数据包和 ECC 数值都写入 NAND 里面。当原数据包从 NAND 中读取时，ECC 值将重新计算；如果新计算的 ECC 不同于先前编入 NAND 器件的 ECC，那么表明数据在读/写过程中发生了错误。例如，原始数据 01010001 中有一个单一的比特出现错误，出错后的数据是 01010101。此时，重新计算 ECC 的过程如图 11.1.8 所示。

```
            1/2        1/4        1/8
nECCe=   0^1^0^1    0^1^0^1    1^1^1^1    =000
nECCo=   0^1^0^1    0^1^0^1    0^0^0^0    =000
```

图 11.1.8　出错时计算的奇偶 ECC 值

可以看到，此时的 nECCo 和 nECCe 都为 000。此时，把所有 4 个 ECC 数值进行按位"异或"，就可以判断是否出现了一个单一比特的错误或者是多比特的错误。如果计算结果为全"0"，说明数据在读/写过程中未发生变化。如果计算的结果为全"1"，表明发生了 1 bit 错误，其他情况则说明有至少 2 bit 数据出现了错误。不过，汉明码编码算法只能够保证更正单一比特的错误，对于两个或是更多的比特出错，汉明码就无能为力了（可以检测出错误，但无法修正）。不过，一般情况下，SLC NAND 器件（STM32 仅支持 SLC NAND）出现 2 bit 及以上的错误非常罕见，所以，使用汉明码基本上够用。

对 4 个 ECC 进行"异或"的计算方法如下：
$$ECCe\hat{}ECCo\hat{}nECCe\hat{}nECCo=101\hat{}010\hat{}000\hat{}000=111$$

这样，经过上式计算，4 个 ECC 的"异或"结果为全 1，表示有一个 bit 出错了。对于这种 1 bit 错误的情况，出错的地址可通过将原有 ECCo 值和新 ECCo 值（nECCo）进行按位"异或"来得到，计算方法如下：

$$ECCo \hat{\ } nECCo = 010 \hat{\ } 000 = 010$$

计算结果为 010(2),表明原数据第 2 bit 位出现了问题。然后,对出错后的数据的 bit2 进行取反(该位与 1 "异或"即可)就可以得到正确的数据:01010101^00000100 =01010001。

一个 8 位数据需要 6 位 ECC 码,看起来效率不高,但是随着数据的增多,汉明码编码效率将会越来越高。比如,一般以 512 字节为单位来计算 ECC 值,只需要 24 bit 的 ECC 码即可表示($2^{12}=4\,096$ bit=512 字节,$12\times 2=24$ bit)。

(2) STM32 硬件 ECC

STM32 的 FMC 支持 NAND Flash 硬件 ECC 计算,采用的就是汉明码计算方法,可以实现 1 bit 错误的修正和 2 bit 以上错误的检测,支持页大小按 256、512、1 024、2 048、4 096 和 8 192 字节为单位进行 ECC 计算。

当 FMC 的硬件 ECC 功能开启后,FMC 模块根据用户设置的参数(计算页大小、数据位宽等)对 NAND Flash 数据线上传递的(读/写)数据进行 ECC 计算;数据传输结束后,ECC 计算结果自动存放在 FMC_ECCR 寄存器中。不过 STM32 的硬件 ECC 只负责计算 ECC 值,并不对数据进行修复。错误检测和数据修复需要用户自己实现。另外,STM32 的硬件 ECC 支持存储区域 3,其他存储区域不支持。

STM32 硬件 ECC 计算结果读取过程(以 512 字节页大小为例):

① 设置 FMC_PCR 的 ECCEN 位为 1,使能 ECC 计算;
② 写入/读取 512 字节数据;
③ 等待 FMC_SR 的 FEMPT 位为 1(等待 FIFO 空);
④ 读取 FMC_ECCR,得到 ECC 值;
⑤ 设置 FMC_PCR 的 ECCEN 位为 0,关闭 ECC,以便下一次重新计算。

重复以上步骤,就可以在不同时刻进行读/写数据的 ECC 计算。在实际使用的时候,写入/读取数据时都要开启 STM32 的硬件 ECC 计算。写入的时候,将 STM32 硬件 ECC 计算出来的 ECC 值写入 NAND Flash 数据所存 page 的 spare 区。在读取数据的时候,STM32 硬件 ECC 会重新计算一个 ECC 值(ecccl),而从 spare 区对应位置又可以读取之前写入的 ECC 值(eccrd),当这两个 ECC 值不相等的时候,说明读数有问题,需要进行 ECC 校验。ECC 检查和修正代码如下:

```c
//获取 ECC 的奇数位/偶数位
//oe:0,偶数位
//    1,奇数位
//eccval:输入的 ecc 值
//返回值:计算后的 ecc 值(最多 16 位)
u16 NAND_ECC_Get_OE(u8 oe,u32 eccval)
{
    u8 i;
    u16 ecctemp = 0;
    for(i = 0;i<24;i++)
    {
        if((i%2) == oe)if((eccval>>i)&0X01)ecctemp+ = 1<<(i>>1);
```

第 11 章　NAND Flash 实验

```
    }
    return ecctemp;
}
//ECC 校正函数
//eccrd:读取出来,原来保存的 ECC 值
//ecccl:读取数据时,硬件计算的 ECC 只
//返回值:0,错误已修正
//     其他,ECC 错误(有大于 2 个 bit 的错误,无法恢复)
u8 NAND_ECC_Correction(u8 * data_buf,u32 eccrd,u32 ecccl)
{
    u16 eccrdo,eccrde,eccclo,ecccle;
    u16 eccchk = 0;
    u16 errorpos = 0;
    u32 bytepos = 0;
    eccrdo = NAND_ECC_Get_OE(1,eccrd);       //获取 eccrd 的奇数位
    eccrde = NAND_ECC_Get_OE(0,eccrd);       //获取 eccrd 的偶数位
    eccclo = NAND_ECC_Get_OE(1,ecccl);       //获取 ecccl 的奇数位
    ecccle = NAND_ECC_Get_OE(0,ecccl);       //获取 ecccl 的偶数位
    eccchk = eccrdo^eccrde^eccclo^ecccle;
    if(eccchk == 0XFFF)                      //全 1,说明只有 1 bit ECC 错误
    {
        errorpos = eccrdo^eccclo;            //计算出错 bit 位置
        bytepos = errorpos/8;                //计算字节位置
        data_buf[bytepos]^= 1 <<(errorpos % 8); //对出错位进行取反,修正错误
    }else return 1;                          //不是全 1,说明至少有 2 bit ECC 错误,无法修复
    return 0;
}
```

经过以上代码处理,我们就可以利用 STM32 的硬件 ECC,修正 1 bit 错误,并报告 2 bit 及以上错误。

11.1.2　FTL 简介

因为 NAND Flash 在使用过程中可能会产生坏块,且每个 block 的擦除次数是有限制的,超过规定次数后 block 将无法再擦除(即产生坏块),因此,需要这样一段程序,它可以实现:① 坏块管理;② 磨损均衡,从而使应用程序可以很方便地访问 NAND Flash(无需关系坏块问题),且最大限度地延长 NAND Flash 的寿命。

FTL 是 Flash Translation Layer 的简写,即闪存转换层,是 NAND 闪存芯片与基础文件系统之间的一个转换层,自带了坏块管理和磨损均衡算法,使得操作系统和文件系统能够像访问硬盘一样访问 NAND 闪存设备,而无须关心坏块和磨损均衡问题。

本章将介绍一个比较简单的 FTL 层算法,它可以支持坏块管理和磨损均衡,提供支持文件系统(如 FATFS)的访问接口,通过这个 FTL 可以很容易地实现 NAND Flash 的文件系统访问。

要做好 NAND Flash 的坏块管理,有以下几点需要实现:

① 如何识别坏块,标记坏块;

② 转换表;

③ 保留区。

1. 如何识别坏块，标记坏块

经过前面的介绍可知，NAND在使用过程中会产生坏块，而坏块是不能再用来存储数据的，必须对坏块进行识别和标记，并保存这些标记。

NAND Flash 的坏块识别有几种方式：① NAND厂家出厂的时候会在每个 block 的第一个 page 和第二个 page 的 spare 区的第一个字节写入非 0XFF 的值来表示，可以通过这个判断该块是否为坏块；② 通过给每个 block 写入数值（0XFF/0X00），然后读取出来，从而判断写入的数据和读取的数据是否完全一样来识别坏块；③ 读取数据时，通过校验 ECC 错误来识别坏块。

NAND Flash 的坏块标记：我们使用每个 block 的第一个 page 和第二个 page（第二个 page 是备份用的）spare 区的第一个字节来标记，当这个字节的值为 0XFF 时，表示该块为好块；当这个字节的值不等于 0XFF 时，表示该块为坏块。以 MT29F4G08 为例，坏块表示方法如表 11.1.5 所列。表中，假设某个 block 为坏块，那么它的第一个 page 和第二个 page 的 spare 区第一个字节就不是 0XFF 了（我们改为 0XAA），以表示其是一个坏块。如果是好块，这两个字节必须都是 0XFF，只要任何一个不是 0XFF，则表示该块是一个坏块。

表 11.1.5　NAND Flash 坏块标记说明表

block 编号	page 编号	数据区			spare 区			
		0	……	2047	0	1	……	63
n	0		……		0XAA			
	1		……		0XAA			
	……	……						
	63							

这样，只需要判断每个 block 的第一和第二个 page 的 spare 区的第一个字节，就可以判断是否为坏块，从而达到了标记和保存坏块标记的目的。

2. 转换表

文件系统访问文件的时候使用的是逻辑地址，是按顺序编号的，它不考虑坏块情况。而 NAND Flash 存储地址，我们称为物理地址，是有可能存在坏块的。所以，这两个地址之间必须有一个映射表，将逻辑地址转换为物理地址，且不能指向坏块的物理地址，这个映射表称为逻辑地址-物理地址转换表，简称转换表，如图 11.1.9 所示。

图 11.1.9 表示某个时刻逻辑地址与物理地址的对应关系。由图可知，对于逻辑地址（0~n）到物理地址的映射，映射关系不是一一对应的，而是无序的；这个映射关系是不固定的，随时可能会变化，逻辑地址到物理地址通过映射表进行映射，所以映射表也

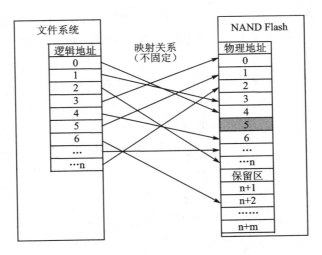

图 11.1.9 逻辑-物理地址转换表

是随时需要更新的。

图中,假定 NAND 的第 5 个 block 是坏块,那么映射表一定不能将这个块地址映射给逻辑地址,所以,必须对这个块进行坏块标记,不再作为正常块使用(坏块标记参考前面的介绍)。另外,当产生了一个坏块的时候,我们必须从保留区(下文介绍)提取一个未用过的块(block)来替代这个坏块,以确保所有逻辑地址都有正常的物理地址可用。

逻辑地址到物理地址的映射关系采用一个数组来存储,这个数组即映射表(简称 lut 表),同时,这个映射表必须存储到 NAND Flash 里面,以便上电后重建。这里也是利用每个 block 第一个 page 的 spare 区来存储映射表,另外,还需要标记这个 block 是否被使用了,所以,block 第一个 page 的 spare 区规划如表 11.1.6 所列。

表 11.1.6 每个 block 第一个 page 的 spare 区前 4 个字节规划表

block 编号	page 编号	数据区		Spare 区					
		0	…… 2 047	0	1	2	3	……	63
n	0		……	0XFF	0XCC	0X01	0X00		
	1		……	0XFF					
	……		……						
	63		……						

如表 11.1.6 所列,每个 block 第一个 page 的 spare 区第一个字节用来表示该块是否为坏块(前面已介绍);第二个字节用来表示该块是否被占用(0XFF,表示未占用;0XCC,表示已被占用);第三和第四个字节用来存储该块所映射到的逻辑地址,如果为 0XFFFF,则表示该块还未被分配逻辑地址,其他值则表示该块对应的逻辑地址,MT29F4G08 有 4 096 个 block,所以这两个字节表示的有效逻辑地址范围就是 0~

4 095。因此，要想判断一个 block 是否是一个未被使用的好块，则只须读取这个 block 第一个 page 的 spare 区前 4 个字节，如果为 0XFFFFFFFF，则说明是一个未被使用的好块。

上电的时候，重建映射表（lut 表）的过程就是读取 NAND Flash 每个 block 第一个 page 的 spare 区前 4 个字节。当这个块是好块（第一个字节为 0XFF），且第三和第四字节组成的 u16 类型数据（逻辑地址，记为 LBNnum）小于 NAND Flash 的总块数时，这个 block 地址（物理地址，记为 M）就是映射表里面第 LBNnum 个元素所对应的地址，即 lut[LBNnum]＝M。

3. 保留区

保留区有两个作用：① 产生坏块的时候，用来替代坏块；② 在复写数据的时候，用来替代被复写的块，以提高写入速度，并实现磨损均衡处理。

第一个作用，如图 11.1.9 所示，当产生坏块后（第 5 个块），使用一个保留区里面的块（n＋2）来替代这个坏块，从而保证每个逻辑地址都有对应的物理地址（好块地址）。

第二个作用，当文件系统要往某个已经被写过数据的块里面写入新数据的时候，由于 NAND 的特性必须是要先擦除，才能写入新数据。一般的方法：先将整个块数据读出来，再改写需要写入新数据的部分，然后擦除这个块，重新写入这个块。这个过程非常耗时，且需要很大的内存（MT29F4G08 一个 block 大小为 128 KB），所以不太实用。

比较好的办法是利用 NAND Flash 的页复制功能，它可以将 NAND Flash 内部某个 block 的数据，以页为单位，复制到另外一个空闲的 block 里面，而且可以写入新的数据（参见 11.1.1 小节的指令介绍）时，利用这个功能，我们无须读出整个 block 的数据，只需要在页复制过程中在正确的地址写入需要写入的新数据即可。这就要求 NAND Flash 必须有空闲的块用作页复制的目标地址，保留区里面的块就可以作为空闲块给页复制使用。而且，为了保证不频繁擦除一个块（提高寿命），我们在保留区里面应预留足够的空闲块，用来均分擦除次数，从而实现简单的磨损均衡处理。

这样，FTL 层的坏块管理和磨损均衡原理就介绍完了。我们根据这个原理去设计相应的代码，就可以实现 FTL 层的功能，从而更好地使用 NAND Flash。

前面提到，我们需要用到 ECC 校验来确保数据的正确性，一般的软件 ECC 校验都是由 FTL 层实现的，为了简化代码，加快 ECC 计算的速度，我们在 FTL 层并不做 ECC 计算和校验，而是放到 NAND Flash 的底层驱动去实现。11.1.1 小节最后介绍了 ECC 原理和纠错方法，每 512 个字节的数据会生成 3 个字节的 ECC 值，而这个 ECC 值必须存储在 NAND Flash 里面，同样将 ECC 值存储在每个 page 的 spare 区，而且，为了方便读/写，我们用 4 个字节来存储这 3 个字节的 ECC 值。ECC 存储关系如表 11.1.7 所列。

表 11.1.7　每个 page 的 spare 区 ECC 存储关系表

block 编号	page 编号	数据区		spare 区						
		0	...	2 047	0	...	16:19	20:23	24:27	28:31	...	63
n	0				0XFF	...	ECC01	ECC02	ECC03	ECC04	...
	1				0XFF	...	ECC11	ECC12	ECC13	ECC14	...
	2						ECC21	ECC22	ECC23	ECC24	
	...				...						
	63					...	ECC631	ECC632	ECC633	ECC634	...

可见,每个 page 的一个数据区有 2 048 字节,而每 512 字节数据生成一个 ECC 值,用 4 字节存储,这样,每个 page 需要 16 字节用于存储 ECC 值。表中的 ECCx1～ECCx4(x=0～63)就是存储的 ECC 值,从每个 page 的 spare 区第 16 字节(0X10)开始存储 ECC 值,总共占用 16 字节,对应关系为:ECCx1→数据区 0～511 字节;ECCx2→数据区 512～1 023 字节;ECCx3→数据区 1 024～1 535 字节;ECCx4→数据区 1 536～2 047 字节。

在 page 写入数据的时候,我们将 STM32 硬件计算出的 ECC 值写入 spare 区对应的地址。当读取 page 数据的时候,STM32 硬件 ECC 会计算出一个新的 ECC 值,同时,将该值与 page 的 spare 区读取之前保存 ECC 值比较,就可以判断数据是否有误,以及进行数据修复(1 bit)。注意,我们对 ECC 处理是以 512 字节为单位的,如果写入、读取的数据不是 512 的整数倍,则不会进行 ECC 处理。

11.1.3　FMC NAND Flash 接口简介

上册的第 18 和 19 章对 STM32F767 的 FMC 接口进行了简介,并利用 FMC 接口实现了对 MCU 屏和 SDRAM 的驱动。本章将介绍如何利用 FMC 接口驱动 NAND Flash。STM32F767 FMC 接口的 NAND Flash/PC 卡控制器具有如下特点:
  ➢ 两个 NAND Flash 存储区域,可独立配置;
  ➢ 支持 8 位和 16 位 NAND Flash;
  ➢ 支持 16 位 PC 卡兼容设备;
  ➢ 支持硬件 ECC 计算(汉明码);
  ➢ 支持 NAND Flash 预等待功能。

通过 11.1.1 小节的介绍,我们对 NAND Flash 有了一个比较深入的了解,包括接线、控制命令和读/写流程等,接下来介绍配置 FMC NAND Flash 控制器需要用到的几个寄存器。

首先介绍 NAND Flash 的控制寄存器:FMC_PCR,该寄存器各位描述如图 11.1.10 所示。该寄存器只有部分位有效,且都需要进行配置:

PWAITEN:该位用于设置等待特性:0,禁止;1,使能。这里设置为 0,禁止使用控制器自带的等待特性,因为使能将导致 RGB 屏抖动(STM32 硬件 bug)。

31 30 29 28 27 26 25 24 23 22 21 20	19 18 17	16 15 14 13	12 11 10 9	8	7 6	5 4	3	2	1	0
Reserved	ECCPS	TAR	TCLK	Res	ECCEN	PWID	PTYP	PBKEN	PWAITEN	Reserved
	rw rw rw	rw rw rw rw	rw rw rw rw		rw	rw rw	rw	rw	rw	

图 11.1.10　FMC_PCR 寄存器各位描述

　　PBKEN：该位用于使能存储区域：0，禁止；1，使能。要正常使用某个存储区域，必须设置该位为 1，所以这个位要设置为 1。

　　PTYP：该位用于设置存储器类型：0，保留；1，NAND Flash。我们用来驱动 NAND Flash，所以该位设置为 1。

　　PWID：这两个位用于设置数据总线宽度：00，8 位宽度；01，16 位宽度。我们使用的 MT29F4G08 为 8 位宽度，所以这里应该设置为 00。

　　ECCEN：该位用于使能 STM32 的硬件 ECC 计算逻辑：0，禁止/复位 ECC；1，使能 ECC 计算。每次读/写数据前，应该设置该位为 1，在数据读/写完毕，读取完 ECC 值之后设置该位为 0，复位 ECC，以便下一次 ECC 计算。

　　TCLR：这 4 个位用于设置 CLE 到 RE 的延迟：0000～1111，表示 1～16 个 HCLK 周期。对应 NAND Flash 数据手册的 t_{CLR} 时间参数，这里设置的 t_clr=(TCLR+SET+2)THCLK。TCLR 就是本寄存器的设置，SET 对应 MEMSET 的值（笔者只用到 MEMSET），THCLK 对应 HCLK 的周期。MT29F4G08 的 t_{CLR} 时间最少为 10 ns，以 216 MHz 主频计算，一个 HCLK=4.63 ns（下同），我们设置 TCLR=5，则 t_clr 至少为 6 个 HCLK，即 27.8 ns。

　　TAR：这 4 个位用于设置 ALE 到 RE 的延迟：0000～1111，表示 1～16 个 HCLK 周期。对应 NAND Flash 数据手册的 t_{AR} 时间参数，这里设置的 t_ar=(TAR+SET+2)THCLK。TAR 就是本寄存器的设置，SET 对应 MEMSET 的值（笔者只用到 MEMSET），THCLK 对应 HCLK 的周期。MT29F4G08 的 t_{AR} 时间最少为 10 ns，我们设置 TAR=5，则 t_ar 至少为 6 个 HCLK，即 27.8 ns。

　　ECCCPS：这 3 个位用于设置 ECC 的页大小：000，256 字节；001，512 字节；010，1 024 字节；011，2 048 字节；100，4 096 字节；101，8 192 字节。我们需要以 512 字节为单位进行 ECC 计算，所以 ECCCPS 设置为 001 即可。

　　接下来介绍 NAND Flash 的空间时序寄存器：FMC_PMEM，该寄存器各位描述如图 11.1.11 所示。该寄存器用于控制 NAND Fkash 的访问时序，非常重要。先来了解下 NAND Flash 控制器的通用存储器访问波形，如图 11.1.12 所示。

31 30 29 28 27 26 25 24	23 22 21 20 19 18 17 16	15 14 13 12 11 10 9 8	7 6 5 4 3 2 1 0
MEMHIZx	MEMHOLDx	MEMWAITx	MEMSETx
rw rw rw rw rw rw rw rw	rw rw rw rw rw rw rw rw	rw rw rw rw rw rw rw rw	rw rw rw rw rw rw rw rw

图 11.1.11　FMC_PMEM 寄存器各位描述

第 11 章 NAND Flash 实验

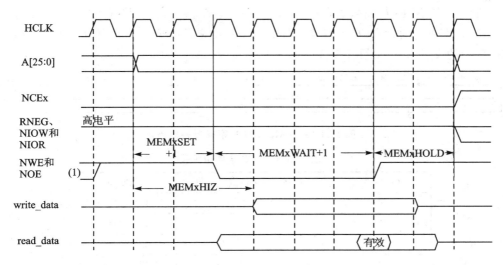

图 11.1.12　NAND Flash 通用存储器访问波形

由图可知，MEMxSET ＋ MEMxHOLD 控制 NWE/NOE 的高电平时间，MEMxWAIT 控制 NWE/NOE 的低电平时间，MEMxHIZ 控制写入时数据线高阻态时间。接下来分别介绍这几个参数：

MEMSETx：这 8 个位定义使能命令(NWE/NOE)前地址建立所需要的 HCLK 时钟周期数，表示 NWE/NOE 的高电平时间，0000 0000～1111 1111 表示 1～256 个 HCLK 周期。MT29F4G08 的 t_{REH}/t_{WH} 最少为 10 ns，我们设置 MEMSETx＝1，即 2 个 HCLK 周期，约 9.3 ns。另外，MEMHOLDx 也可以用于控制 NWE/NOE 的高电平时间，在连续访问的时候，MEMHOLDx 和 MEMSETx 共同构成 NWE/NOE 的高电平脉宽时间。

MEMWAITx：这 8 个位用于设置使能命令(NWE/NOE)所需的最小 HCLK 时钟周期数(使能 NWAIT 将使这个时间延长)，实际上就是 NWE/NOE 的低电平时间，0000 0000～1111 1111 表示 1～256 个 HCLK 周期。MT29F4G08 的 t_{RP}/t_{WP} 最少为 10 ns，我们设置 MEMWAITx＝3，即 4 个 HCLK 周期，约 18.5 ns。这里需要设置时间比较长一点，否则可能访问不正常。

MEMHOLDx：这 8 个位用于设置禁止使能命令(NWE/NOE)后保持地址(和写访问数据)的 HCLK 时钟周期数，也可以用于设置一个读/写周期内的 NWE/NOE 高电平时间，0000 0000 ～ 1111 1111 表示 0 ～ 255 个 HCLK 周期。我们设置 MEMHOLDx＝1，表示一个 HCLK 周期，加上前面的 MEMSETx，所以 NEW/NOE 高电平时间为 3 个 HCLK，即 13.9 ns 左右。

MEMHIZx：这 8 个位定义通用存储空间开始执行写访问之后，数据总线保持高阻态所持续的 HCLK 时钟周期数。该参数仅对写入事务有效，0000～1111 1111 表示 1～256 个 HCLK 周期。我们设置 MEMHIZx＝1，表示 2 个 HCLK 周期，即 9.3 ns 左右。

接下来介绍 ECC 结果寄存器：FMC_ECCR，该寄存器各位描述如图 11.1.13 所示。

该寄存器包含由 ECC 计算逻辑计算所得的结果。根据 ECCPS 位（在 FMC_PCRx 寄存器）的设置，ECCx 的有效位数也有差异，如表 11.1.8 所列。

31	30	29	28	27	26	25	24	23	22	21	20	19	18	17	16	15	14	13	12	11	10	9	8	7	6	5	4	3	2	1	0
ECCx																																
r																																

图 11.1.13　FMC_ECCR 寄存器各位描述

表 11.1.8　ECC 结果相关位

ECCPS[2:0]	以字节为单位的页大小	ECC 位
000	256	ECC[21:0]
001	512	ECC[23:0]
010	1 024	ECC[25:0]
011	2 048	ECC[27:0]
100	4 096	ECC[29:0]
101	8 192	ECC[31:0]

我们以 512 字节作为页大小（ECCPS=001），所以 ECCx 的低 24 位有效，用于存储计算所得的 ECC 值。接下来介绍 NAND Flash 的状态和中断寄存器：FMC_SR，该寄存器各位描述如图 11.1.14 所示。

31	30	29	28	27	26	25	24	23	22	21	20	19	18	17	16	15	14	13	12	11	10	9	8	7	6	5	4	3	2	1	0
Reserved																											FEMPT	IFEN	ILEN	IREN	IFS	ILS	IRS
																											r	rw	rw	rw	rw	rw	rw

图 11.1.14　FMC_SR 寄存器各位描述

该寄存器我们只关心第 6 位：FEMPT 位，该位用于表示 FIFO 的状态。当 FEMPT=0 时，表示 FIFO 非空，表示还有数据在传输；当 FEMPT=1 时，表示 FIFO 为空，表示数据传输完成。在计算 ECC 的时候，我们必须等待 FEMPT=1 再去读取 ECCR 寄存器的值，确保数据全部传输完毕。

至此，FMC NAND Flash 部分的寄存器就介绍完了，详细介绍可参考《STM32F7 中文参考手册》第 13.6 节。通过以上 3 个小节的了解就可以开始编写 NAND Flash 的驱动代码了。

阿波罗 STM32F767 核心板板载的 MT29F4G08 芯片挂在 FMC NAND Flash 的控制器上面（NCE3），其原理图如图 11.1.15 所示。可以看出，MT29F4G08 同 STM32F767 的连接关系：I/O[0:7]接 FMC_D[0:7]，CLE 接 FMC_A16_CLE，ALE 接 FMC_A17_ALE，WE 接 FMC_NWE，RE 接 FMC_NOE；CE 接 FMC_NCE3，R/B 接 FMC_NWAIT。

最后来看看要实现对 MT29F4G08 的驱动，需要对 FMC 进行哪些配置。这里需

第 11 章　NAND Flash 实验

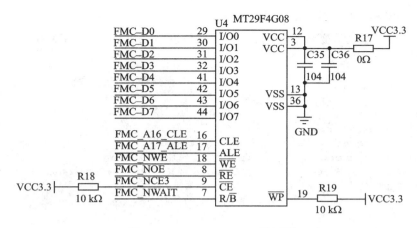

图 11.1.15　MT29F4G08 原理图

要引入 stm32f7xx_ll_fmc.c、stm32f7xx_hal_nand.c 源文件以及对应的头文件，具体步骤如下：

① 使能 FMC 时钟，并配置 FMC 相关的 I/O 及其时钟使能。

要使用 FMC，当然首先得开启其时钟。然后需要把 FMC_D0~7、FMC_A16_CLE 和 FMC_A17_ALE 等相关 I/O 口全部配置为复用输出，并使能各 I/O 组的时钟。

② 初始化 NAND，设置控制参数（设置 FMC_PCR3）和时间参数（设置 FMC_PMEM3）。

该步骤通过设置寄存器 FMC_PCR3（因为使用的是 FMC_NAND_BANK3，所以对应寄存器 FMC_PCR3）来设置 NAND Flash 的相关控制参数，比如数据宽度、CLR/AR 延迟、ECC 页大小等，通过设置寄存器 FMC_PMEM3（因为使用的是 FMC_NAND_BANK3，所以对应寄存器 FMC_PMEM3）来设置 NAND 的相关时间参数，控制 FMC 访问 NAND Flash 的时序。HAL 库提供了 NAND Flash 初始化函数 HAL_NAND_Init：

```
HAL_StatusTypeDef  HAL_NAND_Init(NAND_HandleTypeDef * hnand,
                     FMC_NAND_PCC_TimingTypeDef * ComSpace_Timing,
                     FMC_NAND_PCC_TimingTypeDef * AttSpace_Timing);
```

该函数有 3 个入口参数，第一个入口参数 hnand 用来设置 NAND Flash 的控制参数，第二个入口参数 ComSpace_Timing 用来设置 NAND 通用存储器空间时序，第三个入口参数 AttSpace_Timing 用来设置 NAND 特性存储器空间时序。这里着重讲解第一个入口参数 hnand 的定义，该参数为 NAND_HandleTypeDef 结构体类型，该结构体定义为：

```
typedef struct
{
  FMC_NAND_TypeDef           * Instance;
  FMC_NAND_InitTypeDef       Init;
  HAL_LockTypeDef            Lock;
  __IO HAL_NAND_StateTypeDef State;
  NAND_InfoTypeDef           Info;
```

```
}NAND_HandleTypeDef;
```

这里主要关注成员变量 Init 的含义,该成员变量是 FMC_NAND_InitTypeDef 结构体类型,该结构体定义为:

```
typedef struct
{
    uint32_t NandBank;              //BANK 编号
    uint32_t Waitfeature;           //等待特性使能/失能
    uint32_t MemoryDataWidth;       //数据总线宽度:8 位/16 位
    uint32_t EccComputation;        //ECC 计算逻辑使能/失能
    uint32_t ECCPageSize;           //ECC 页大小:256/512/1 024/2 048/4 096/8 192 字节
    uint32_t TCLRSetupTime;         //CLE 到 RE 的延迟
    uint32_t TARSetupTime;          //ALE 到 RE 的延迟
}FMC_NAND_InitTypeDef;
```

这些成员变量设置值对应的是 FMC_PCR 寄存器相应位。

HAL 库同样为 NAND 初始化提供了 MSP 回调函数 HAL_NAND_MspInit:

```
void HAL_NAND_MspInit(NAND_HandleTypeDef * hnand);
```

该函数内部一般用来使能时钟,初始化 I/O 口。

③ 配置 FMC_PCR3 寄存器,使能存储区域 3。

在 FMC 的配置完成后,设置 FMC_PCR3 寄存器的 PBKEN 位(bit2)为 1,使能存储区域 3。如果使用 HAL 库,那么在函数 HAL_NAND_Init 的尾部有使能存储区域的操作,我们就不需要重复进行此步骤。操作方法为:

```
__FMC_NAND_ENABLE(hnand->Instance, hnand->Init.NandBank);
```

通过以上几个步骤就完成了 FMC 的配置,可以访问 MT29F4G08 了。最后,因为我们使用的是 FMC 的 BANK3,所以 MT29F4G08 的访问地址为 0X80000000,而 NAND Flash 的命令/地址控制由 CLE/ALE 控制,也就是由 FMC_A17_CLE 和 FMC_A16_ALE 控制,因此,发送命令和地址的语句为:

```
*(vu8 *)(0X80000000|(1<<17)) = CMD;
*(vu8 *)(0X80000000|(1<<16)) = ADDR;
```

11.2 硬件设计

本章实验功能简介:开机后,先检测 NAND Flash 并初始化 FTL,如果初始化成功,则显示提示信息。按下 KEY0 按键可以通过 FTL 读取扇区 2 的数据,按 KEY1 按键可以通过 FTL 写入扇区 2 的数据,按 KEY2 按键则可以恢复扇区 2 的数据(防止损坏文件系统),DS0 指示程序运行状态。

本实验用到的硬件资源有:指示灯 DS0;KEY0、KEY1 和 KEY2 按键;串口;LCD 模块;MT29F4G08。这些都已经介绍过了(MT29F4G08 与 STM32F767 的各 I/O 对应关系可参考配套资料原理图),接下来开始软件设计。

11.3 软件设计

打开本章实验工程可以看到，我们在 HARDWARE 分组之下添加了 nand.c、ftl.c 以及 nandtester.c 这 3 个源文件，同时包含了对应的头文件。由于代码量比较多，这里仅挑一些重点的函数介绍，详细的代码可打开本例程源码查看。

这里需要说明一下，由于 ST 官方 HAL 库提供的 NAND 相关驱动函数在使用过程发现了很多兼容性问题，并且没有提供坏块管理操作，使用起来并不是非常方便，所以我们重写了一套 NAND 操作函数供读者参考。

在 nand.c 里面，我们只介绍 NAND_Init、HAL_NAND_MspInit、NAND_ReadPage 和 NAND_WritePage 函数。NAND_Init 函数代码如下：

```c
//初始化 NAND FLASH
u8 NAND_Init(void)
{
    FMC_NAND_PCC_TimingTypeDef ComSpaceTiming,AttSpaceTiming;
    NAND_MPU_Config();
    NAND_Handler.Instance = FMC_Bank3;
    NAND_Handler.Init.NandBank = FMC_NAND_BANK3;//NAND 挂在 BANK3 上
    NAND_Handler.Init.Waitfeature = FMC_NAND_PCC_WAIT_FEATURE_DISABLE;
    //关闭等待特性
    NAND_Handler.Init.MemoryDataWidth = FMC_NAND_PCC_MEM_BUS_WIDTH_8;
    //8 位数据宽度
    NAND_Handler.Init.EccComputation = FMC_NAND_ECC_DISABLE//禁止 ECC
    NAND_Handler.Init.ECCPageSize = FMC_NAND_ECC_PAGE_SIZE_512BYTE;
    //ECC 页大小为 512 字节
    NAND_Handler.Init.TCLRSetupTime = 10; //设置 TCLR(tCLR = CLE 到 RE 的延时) =
    //(TCLR + TSET + 2) * THCLK,THCLK = 1/180 MHz = 4.6 ns
    NAND_Handler.Init.TARSetupTime = 10;
    //设置 TAR(tAR = ALE 到 RE 的延时) = (TAR + TSET + 1) * THCLK,THCLK = 1/180 MHz = 4.6 ns
    ComSpaceTiming.SetupTime = 10;           //建立时间
    ComSpaceTiming.WaitSetupTime = 10;       //等待时间
    ComSpaceTiming.HoldSetupTime = 10;       //保持时间
    ComSpaceTiming.HiZSetupTime = 10;        //高阻态时间
    AttSpaceTiming.SetupTime = 10;           //建立时间
    AttSpaceTiming.WaitSetupTime = 10;       //等待时间
    AttSpaceTiming.HoldSetupTime = 10;       //保持时间
    AttSpaceTiming.HiZSetupTime = 10;        //高阻态时间
    HAL_NAND_Init(&NAND_Handler,&ComSpaceTiming,&AttSpaceTiming);
    NAND_Reset();                            //复位 NAND
    delay_ms(100);
    nand_dev.id = NAND_ReadID();             //读取 ID
    printf("NAND ID:% # x\r\n",nand_dev.id);
    NAND_ModeSet(4);                         //设置为 MODE4,高速模式
    if(nand_dev.id == MT29F16G08ABABA)       //NAND 为 MT29F16G08ABABA
    {
        nand_dev.page_totalsize = 4320;
        nand_dev.page_mainsize = 4096;
```

```
        nand_dev.page_sparesize = 224;
        nand_dev.block_pagenum = 128;
        nand_dev.plane_blocknum = 2048;
        nand_dev.block_totalnum = 4096;
    } else if(nand_dev.id == MT29F4G08ABADA)//NAND 为 MT29F4G08ABADA
    {
        nand_dev.page_totalsize = 2112;
        nand_dev.page_mainsize = 2048;
        nand_dev.page_sparesize = 64;
        nand_dev.block_pagenum = 64;
        nand_dev.plane_blocknum = 2048;
        nand_dev.block_totalnum = 4096;
    }else return 1;        //错误,返回
    return 0;
}
```

该函数用于初始化 NAND Flash,主要是调用函数 HAL_NAND_Init 函数初始化 NAND、配置相关控制参数和 FMC 时序,另外,该函数会读取 NAND ID,从而判断 NAND Flash 的型号,执行不同的参数初始化。nand_dev 是 nand.h 里面定义的一个 NAND 属性结构体,用来存储 NAND Flash 的一些特性参数,方便驱动。

函数 HAL_NAND_MspInit 是 NAND 的 MSP 初始化回调函数,用来初始化与 MCU 相关的步骤,包括时钟使能和 I/O 初始化。

接下来看 NAND_ReadPage 函数的代码,如下:

```
//读取 NAND Flash 的指定页指定列的数据(main区和spare区都可以使用此函数)
//PageNum:要读取的页地址,范围:0~(block_pagenum * block_totalnum - 1)
//ColNum:要读取的列开始地址(也就是页内地址),范围;0~(page_totalsize - 1)
// * pBuffer:指向数据存储区
//NumByteToRead:读取字节数(不能跨页读)
//返回值:0,成功
//      其他,错误代码
u8 NAND_ReadPage(u32 PageNum,u16 ColNum,u8 * pBuffer,u16 NumByteToRead)
{
    vu16 i = 0;u8 res = 0;
    u8 eccnum = 0;          //需要计算的 ECC 个数,每 NAND_ECC_SECTOR_SIZE 一个 ecc
    u8 eccstart = 0;        //第一个 ECC 值所属的地址范围
    u8 errsta = 0;u8 * p;
    * (vu8 * )(NAND_ADDRESS|NAND_CMD) = NAND_AREA_A;      //发送命令
    * (vu8 * )(NAND_ADDRESS|NAND_ADDR) = (u8)ColNum;      //发送地址
    * (vu8 * )(NAND_ADDRESS|NAND_ADDR) = (u8)(ColNum >> 8);
    * (vu8 * )(NAND_ADDRESS|NAND_ADDR) = (u8)PageNum;
    * (vu8 * )(NAND_ADDRESS|NAND_ADDR) = (u8)(PageNum >> 8);
    * (vu8 * )(NAND_ADDRESS|NAND_ADDR) = (u8)(PageNum >> 16);
    * (vu8 * )(NAND_ADDRESS|NAND_CMD) = NAND_AREA_TRUE1;
    //下面两行代码是等待 R/B 引脚变为低电平,其实主要起延时作用的,等待 NAND
    //操作 R/B 引脚。因为我们是通过将 STM32 的 NWAIT 引脚(NAND 的 R/B 引脚)配置
    //为普通 I/O,代码中通过读取 NWAIT 引脚的电平来判断 NAND 是否准备就绪
    res = NAND_WaitRB(0);              //先等待 RB = 0
    if(res)return NSTA_TIMEOUT;        //超时退出
    //下面 2 行代码是真正判断 NAND 是否准备好的
```

```c
res = NAND_WaitRB(1);                          //等待 RB = 1
if(res)return NSTA_TIMEOUT;                    //超时退出
if(NumByteToRead % NAND_ECC_SECTOR_SIZE)
//不是 NAND_ECC_SECTOR_SIZE 的整数倍,不进行 ECC 校验
{
    //读取 NAND FLASH 中的数据
    for(i = 0;i<NumByteToRead;i++) * (vu8 * )pBuffer++ = * (vu8 * )NAND_ADDRESS;
}else
{
    eccnum = NumByteToRead/NAND_ECC_SECTOR_SIZE;    //得到 ecc 计算次数
    eccstart = ColNum/NAND_ECC_SECTOR_SIZE;         //从第几个 ECC 开始
    p = pBuffer;
    for(res = 0;res<eccnum;res++)
    {
        FMC_Bank2_3 ->PCR3| = 1 << 6;               //使能 ECC 校验
        for(i = 0;i<NAND_ECC_SECTOR_SIZE;i++)       //读取数据
        {
            * (vu8 * )pBuffer++ = * (vu8 * )NAND_ADDRESS;
        }
        while(! (FMC_Bank2_3 ->SR3&(1 << 6)));      //等待 FIFO 空
        nand_dev.ecc_hdbuf[res + eccstart] = FMC_Bank2_3 ->ECCR3;//读取 ECC 值
        FMC_Bank2_3 ->PCR3& = ~(1 << 6);            //复位 ECC
    }
    i = nand_dev.page_mainsize + 0X10 + eccstart * 4;//读取 spare 区,之前存储的 ecc 值
    NAND_Delay(30);                                 //等待 tADL
    * (vu8 * )(NAND_ADDRESS|NAND_CMD) = 0X05;       //随机读指令
    * (vu8 * )(NAND_ADDRESS|NAND_ADDR) = (u8)i;     //发送地址
    * (vu8 * )(NAND_ADDRESS|NAND_ADDR) = (u8)(i >> 8);
    * (vu8 * )(NAND_ADDRESS|NAND_CMD) = 0XE0;       //开始读数据
    NAND_Delay(30);                                 //等待 tADL
    pBuffer = (u8 * )&nand_dev.ecc_rdbuf[eccstart];
    for(i = 0;i<4 * eccnum;i++)                     //读取保存的 ECC 值
    {
        * (vu8 * )pBuffer++ = * (vu8 * )NAND_ADDRESS;
    }
    for(i = 0;i<eccnum;i++)                         //检验 ECC
    {
        if(nand_dev.ecc_rdbuf[i + eccstart]! = nand_dev.ecc_hdbuf[i + eccstart])
                                                    //不相等
        {
            //进行 ECC 校验,并纠正 1bit ECC 错误
            res = NAND_ECC_Correction(p + NAND_ECC_SECTOR_SIZE * i,
            nand_dev.ecc_rdbuf[i + eccstart],nand_dev.ecc_hdbuf[i + eccstart]);
            if(res)errsta = NSTA_ECC2BITERR;        //标记 2BIT 及以上 ECC 错误
            else errsta = NSTA_ECC1BITERR;          //标记 1BIT ECC 错误
        }
    }
}
if(NAND_WaitForReady()! = NSTA_READY)errsta = NSTA_ERROR;   //失败
return errsta;                //成功
}
```

该函数用于读取 NAND 里面的数据,通过指定页地址(PageNum)和列地址(ColNum)就可以读取 NAND Flash 里面任何地址的数据,不过该函数读数据时不能跨页读,所以一次最多读取一个 page 的数据(包括 spare 区数据)。当读取数据长度为 NAND_ECC_SECTOR_SIZE(512 字节)的整数倍时,将执行 ECC 校验;ECC 校验完全是按照 11.1 节介绍的方法来实现的,当出现 ECC 错误时,调用 NAND_ECC_Correction 函数进行 ECC 纠错,可以实现 1 bit 错误纠正,并报告 2 bit 及以上的错误。

接下来看 NAND_WritePage 函数的代码,如下:

```c
u8 NAND_WritePage(u32 PageNum,u16 ColNum,u8 * pBuffer,u16 NumByteToWrite)
{
    vu16 i = 0;
    u8 res = 0;
    u8 eccnum = 0;          //需要计算的 ECC 个数,每 NAND_ECC_SECTOR_SIZE 字节一个 ecc
    u8 eccstart = 0;        //第一个 ECC 值所属的地址范围
    *(vu8 *)(NAND_ADDRESS|NAND_CMD) = NAND_WRITE0;
    //发送地址
    *(vu8 *)(NAND_ADDRESS|NAND_ADDR) = (u8)ColNum;
    *(vu8 *)(NAND_ADDRESS|NAND_ADDR) = (u8)(ColNum >> 8);
    *(vu8 *)(NAND_ADDRESS|NAND_ADDR) = (u8)PageNum;
    *(vu8 *)(NAND_ADDRESS|NAND_ADDR) = (u8)(PageNum >> 8);
    *(vu8 *)(NAND_ADDRESS|NAND_ADDR) = (u8)(PageNum >> 16);
    NAND_Delay(30);//等待 tADL
    if(NumByteToWrite % NAND_ECC_SECTOR_SIZE)
    //不是 NAND_ECC_SECTOR_SIZE 的整数倍,不进行 ECC 校验
    {
        for(i = 0;i<NumByteToWrite;i++)         //写入数据
        {
            *(vu8 *)NAND_ADDRESS = *(vu8 *)pBuffer++;
        }
    }else
    {
        eccnum = NumByteToWrite/NAND_ECC_SECTOR_SIZE;    //得到 ecc 计算次数
        eccstart = ColNum/NAND_ECC_SECTOR_SIZE;
        for(res = 0;res<eccnum;res++)
        {
            FMC_Bank3 ->PCR| = 1 << 6;                   //使能 ECC 校验
            for(i = 0;i<NAND_ECC_SECTOR_SIZE;i++)        //写入数据
            {
                *(vu8 *)NAND_ADDRESS = *(vu8 *)pBuffer++;
            }
            while(!(FMC_Bank3 ->SR&(1 << 6)));           //等待 FIFO 空
            nand_dev.ecc_hdbuf[res + eccstart] = FMC_Bank3 ->ECCR;  //读取硬件 ECC 值
            FMC_Bank3 ->PCR& = ~(1 << 6);                //禁止 ECC 校验
        }
        i = nand_dev.page_mainsize + 0X10 + eccstart * 4;//计算写入 ECC 的 spare 区地址
        NAND_Delay(30);                                  //等待
        *(vu8 *)(NAND_ADDRESS|NAND_CMD) = 0X85;          //随机写指令
                                                         //发送地址
        *(vu8 *)(NAND_ADDRESS|NAND_ADDR) = (u8)i;
```

第 11 章　NAND Flash 实验

```
        *(vu8*)(NAND_ADDRESS|NAND_ADDR) = (u8)(i>>8);
        NAND_Delay(30);//等待 tADL
        pBuffer = (u8*)&nand_dev.ecc_hdbuf[eccstart];
        for(i = 0;i<eccnum;i++)                        //写入 ECC
        {
            for(res = 0;res<4;res++)
            {
                *(vu8*)NAND_ADDRESS = *(vu8*)pBuffer++;
            }
        }
    }
    *(vu8*)(NAND_ADDRESS|NAND_CMD) = NAND_WRITE_TURE1;
    if(NAND_WaitForReady()!= NSTA_READY)return NSTA_ERROR;//失败
    return 0;//成功
}
```

该函数用于往 NAND 里面写数据,通过指定页地址(PageNum)和列地址(ColNum)就可以往 NAND Flash 里面任何地址写数据(包括 spare 区),同样,该函数也不支持跨页写。当读取数据长度为 NAND_ECC_SECTOR_SIZE(512 字节)的整数倍时,将执行 ECC 校验,并将 ECC 值写入 spare 区对应的地址,以便读取数据时进行 ECC 校验。

nand.c 里面的其他代码以及 nand.h 里面的代码可参考本例程源码。接下来看看 ftl.c 里面的代码,该文件中只介绍 FTL_Init、FTL_Format、FTL_CreateLUT、FTL_LBNToPBN、FTL_WriteSectors 和 FTL_ReadSectors 这 7 个函数。

首先,FTL_Init 函数代码如下:

```
//FTL 层初始化
//返回值:0,正常其他,失败
u8 FTL_Init(void)
{
    u8 temp;
    if(NAND_Init())return 1;                                      //初始化 NAND FLASH
    if(nand_dev.lut)myfree(SRAMIN,nand_dev.lut);
    nand_dev.lut = mymalloc(SRAMIN,(nand_dev.block_totalnum)*2);  //给 LUT 表申请内存
    memset(nand_dev.lut,0,nand_dev.block_totalnum*2);             //全部清理
    if(!nand_dev.lut)return 1;                                    //内存申请失败
    temp = FTL_CreateLUT(1);
    if(temp)
    {
        printf("format nand flash...\r\n");
        temp = FTL_Format();                                      //格式化 NAND
        if(temp){ printf("format failed! \r\n");  return 2; }
    }else                                                         //创建 LUT 表成功
    {
        printf("total block num: %d\r\n",nand_dev.block_totalnum);
        printf("good block num: %d\r\n",nand_dev.good_blocknum);
        printf("valid block num: %d\r\n",nand_dev.valid_blocknum);
    }
    return 0;
}
```

该函数用于初始化 FTL,包括初始化 NAND Flash、为 lut 表申请内存、创建 lut 表等操作;如果创建 lut 表失败,则通过 FTL_Format 函数格式化 NAND Flash。

FTL_Format 函数代码如下:

```c
u8 FTL_Format(void)
{
    u8 temp;
    u32 i,n;
    u32 goodblock = 0;
    nand_dev.good_blocknum = 0;
#if FTL_USE_BAD_BLOCK_SEARCH == 1              //使用擦-写-读的方式,检测坏块
    nand_dev.good_blocknum = FTL_SearchBadBlock();  //搜寻坏块.耗时很久
#else                    //直接使用 NAND FLASH 的出厂坏块标志(其他块,默认是好块)
    for(i = 0;i<nand_dev.block_totalnum;i++)
    {
        temp = FTL_CheckBadBlock(i);          //检查一个块是否为坏块
        if(temp == 0)                         //好块
        {
            temp = NAND_EraseBlock(i);
            if(temp)                          //擦除失败,认为坏块
            {
                printf("Bad block:%d\r\n",i);
                FTL_BadBlockMark(i);          //标记是坏块
            }else nand_dev.good_blocknum++;   //好块数量加一
        }
    }
#endif
    printf("good_blocknum:%d\r\n",nand_dev.good_blocknum);
    if(nand_dev.good_blocknum<100) return 1;  //如果好块数量少于 100 则 NAND Flash 报废
    goodblock = (nand_dev.good_blocknum * 93)/100;  //%93 的好块用于存储数据
    n = 0;
    for(i = 0;i<nand_dev.block_totalnum;i++)  //在好块中标记上逻辑块信息
    {
        temp = FTL_CheckBadBlock(i);          //检查一个块是否为坏块
        if(temp == 0)                         //好块
        {
            NAND_WriteSpare(i * nand_dev.block_pagenum,2,(u8 *)&n,2);
                                              //写入逻辑块编号
            n++;                              //逻辑块编号加 1
            if(n == goodblock) break;         //全部标记完了
        }
    }
    if(FTL_CreateLUT(1))return 2;             //重建 LUT 表失败
    return 0;
}
```

该函数用于格式化 NAND Flash,执行的操作包括:① 检测/搜索整个 NAND 的坏块,并做标记;② 分割所有好块,93%用作物理地址(并进行逻辑编号),7%用作保留区;③ 重新创建 lut 表。此函数将 11.1.2 小节介绍的 FTL 层坏块管理的几个要点(识

别坏块并标记、生成转换表、生成保留区)都实现了,从而完成对 NAND Flash 的格式化(不是文件系统那种格式化,这里的格式化是指针对 FTL 层的初始化设置)。

接下来看 FTL_CreateLUT 函数,该函数代码如下:

```c
//重新创建 LUT 表
//mode:0,仅检查第一个坏块标记
//      1,两个坏块标记都要检查(备份区也要检查)
//返回值:0,成功
//      其他,失败
u8 FTL_CreateLUT(u8 mode)
{
    u32 i;    u8 buf[4];
    u32 LBNnum = 0;                                          //逻辑块号
    for(i = 0;i<nand_dev.block_totalnum;i++)nand_dev.lut[i] = 0XFFFF;
                                                             //复位,初始化为无效值
    nand_dev.good_blocknum = 0;
    for(i = 0;i<nand_dev.block_totalnum;i++)
    {
        NAND_ReadSpare(i * nand_dev.block_pagenum,0,buf,4);  //读取 4 个字节
        if(buf[0] == 0XFF&&mode)NAND_ReadSpare(i * nand_dev.block_pagenum + 1,
                        0,buf,1);                            //好块,且需要检查 2 次坏块标记
            if(buf[0] == 0XFF)                               //是好块
            {
                LBNnum = ((u16)buf[3]<<8) + buf[2];          //得到逻辑块编号
                if(LBNnum<nand_dev.block_totalnum)           //逻辑块号肯定小于总的块数量
                    nand_dev.lut[LBNnum] = i;                //更新 LUT 表,写 LBNnum 对应的物理块编号
                nand_dev.good_blocknum++;
            }else printf("bad block index:%d\r\n",i);
    }
    //LUT 表建立完成以后检查有效块个数
    for(i = 0;i<nand_dev.block_totalnum;i++)
    {
        if(nand_dev.lut[i]>= nand_dev.block_totalnum){nand_dev.valid_blocknum = i;break;}
    }
    if(nand_dev.valid_blocknum<100)return 2;//有效块数小于 100,有问题,需要重新格式化
    return 0;                                                //LUT 表创建完成
}
```

该函数用于重建 lut 表,读取保存在每个 block 第一个 page 的 spare 区的逻辑编号,存储在 nand_dev.lut 表里,并初始化有效块(nand_dev.valid_blocknum)和好块(nand_dev.good_blocknum)的数量,从而完成转换表(lut 表)的创建。

接下来看 FTL_LBNToPBN 函数,该函数代码如下:

```c
//逻辑块号转换为物理块号
//LBNNum:逻辑块编号
//返回值:物理块编号
u16 FTL_LBNToPBN(u32 LBNNum)
{
    u16 PBNNo = 0;
    //当逻辑块号大于有效块数的时候返回 0XFFFF
```

```
        if(LBNNum>nand_dev.valid_blocknum)return 0XFFFF;
        PBNNo = nand_dev.lut[LBNNum];
        return PBNNo;
}
```

该函数用于将逻辑块地址改为物理块地址,输入参数 LBNNum 表示逻辑块编号,返回值表示 LBNNum 对应的物理块地址。有了该函数,就可以很方便地实现逻辑块地址到物理块地址的映射。

接下来看 FTL_WriteSectors 函数,该函数代码如下:

```
//写扇区(支持多扇区写),FATFS 文件系统使用
//pBuffer:要写入的数据
//SectorNo:起始扇区号
//SectorSize:扇区大小(不能大于 NAND_ECC_SECTOR_SIZE 定义的大小,否则会出错!!)
//SectorCount:要写入的扇区数量
//返回值:0,成功
//       其他,失败
u8 FTL_WriteSectors(u8 * pBuffer,u32 SectorNo,u16 SectorSize,u32 SectorCount)
{
    u8 flag = 0;u16 temp; u32 i = 0;
    u16 wsecs;                          //写页大小
    u32 wlen;                           //写入长度
    u32 LBNNo;                          //逻辑块号
    u32 PBNNo;                          //物理块号
    u32 PhyPageNo;                      //物理页号
    u32 PageOffset;                     //页内偏移地址
    u32 BlockOffset;                    //块内偏移地址
    u32 markdpbn = 0XFFFFFFFF;          //标记了的物理块编号
    for(i = 0;i<SectorCount;i ++ )
    {
        LBNNo = (SectorNo + i)/(nand_dev.block_pagenum * (nand_dev.page_mainsize/Sector-
            Size));                     //根据逻辑扇区号和扇区大小计算出逻辑块号
        PBNNo = FTL_LBNToPBN(LBNNo);                //将逻辑块转换为物理块
        if(PBNNo> = nand_dev.block_totalnum)return 1; //物理块号大于总块数,则失败
        BlockOffset = ((SectorNo + i) % (nand_dev.block_pagenum * (nand_dev.page_
            mainsize/SectorSize))) * SectorSize;//计算块内偏移
        PhyPageNo = PBNNo * nand_dev.block_pagenum + BlockOffset/nand_dev.page_mains-
            ize;                        //计算出物理页号
        PageOffset = BlockOffset % nand_dev.page_mainsize;//计算出页内偏移地址
        temp = nand_dev.page_mainsize - PageOffset;     //page 内剩余字节数
        temp/ = SectorSize;                     //可以连续写入的 sector 数
        wsecs = SectorCount - i;                //还剩多少个 sector 要写
        if(wsecs> = temp)wsecs = temp;//大于可连续写入的 sector 数,则写入 temp 个扇区
        wlen = wsecs * SectorSize;              //每次写 wsecs 个 sector
        //读出写入大小的内容判断是否全为 0XFFFFFFFF(以 4 字节为单位读取)
        flag = NAND_ReadPageComp(PhyPageNo,PageOffset,0XFFFFFFFF,wlen/4,&temp);
        if(flag)return 2;                       //读写错误,坏块
        //全为 0XFF,可以直接写数据
        if(temp == (wlen/4))flag = NAND_WritePage(PhyPageNo,PageOffset,pBuffer,wlen);
        else flag = 1;                          //不全是 0XFF,则另作处理
        if(flag == 0&&(markdpbn! = PBNNo))      //标记了的物理块与当前物理块不同
```

```
            {
                flag = FTL_UsedBlockMark(PBNNo);     //标记此块已经使用
                markdpbn = PBNNo;                    //标记完成,标记块 = 当前块,防止重复标记
            }
            if(flag)//不全为 0XFF/标记失败,将数据写到另一个块
            {
                temp = ((u32)nand_dev.block_pagenum * nand_dev.page_mainsize - BlockOffset)
                    /SectorSize;                     //计算整个 block 还剩下多少个 SECTOR 可以写入
                wsecs = SectorCount - i;             //还剩多少个 sector 要写
                if(wsecs > = temp)wsecs = temp;
                                                     //大于可连续写入的 sector 数,则写入 temp 个扇区
                wlen = wsecs * SectorSize;           //每次写 wsecs 个 sector
                //复制到另外一个 block,并写入数据
                flag = FTL_CopyAndWriteToBlock(PhyPageNo,PageOffset,pBuffer,wlen);
        if(flag)return 3;//失败
            }
            i + = wsecs - 1;
            pBuffer + = wlen;//数据缓冲区指针偏移
        }
        return 0;
    }
```

该函数非常重要,它是 FTL 层对文件系统的接口函数,用于往 NAND Flash 里面写入数据;用户调用该函数时,无须关心坏块和磨损均衡问题,完全可以把 NAND Flash 当成一个 SD 卡来访问。该函数输入参数 SectorNo 用于指定扇区地址,扇区大小由 SectorSize 指定,一般设置 SectorSize = NAND_ECC_SECTOR_SIZE,方便进行 ECC 校验处理。

该函数根据 SectorNo 和 SectorSize,首先计算出逻辑块地址(LBNNo),并将逻辑块地址转换为物理块地址(PBNNo),然后计算出块内的页地址(PhyPageNo)和页内的偏移地址(PageOffset),并计算该页内还可以连续写入的扇区数(如果可以连续写,则可以提高速度),然后判断要写入的区域数据是否全为 0XFF;如果全是 0XFF,则直接写入,写入完成对该物理块进行已被使用标记。如果不是全 0XFF;则需要利用 NAND 页复制功能,将本页数据复制到另外一个 Block,并写入要写入的数据,这个操作由 FTL_CopyAndWriteToBlock 函数来完成。

最后看 FTL_ReadSectors 函数,该函数代码如下:

```
//读扇区(支持多扇区读),FATFS 文件系统使用
//pBuffer:数据缓存区
//SectorNo:起始扇区号
//SectorSize:扇区大小
//SectorCount:要写入的扇区数量
//返回值:0,成功
//       其他,失败
u8 FTL_ReadSectors(u8 * pBuffer,u32 SectorNo,u16 SectorSize,u32 SectorCount)
{
    u8 flag = 0;u32 i = 0;
    u16 rsecs;                 //单次读取页数
```

```c
    u32 LBNNo;                    //逻辑块号
    u32 PBNNo;                    //物理块号
    u32 PhyPageNo;                //物理页号
    u32 PageOffset;               //页内偏移地址
    u32 BlockOffset;              //块内偏移地址
    for(i = 0;i<SectorCount;i++)
    {
        LBNNo = (SectorNo + i)/(nand_dev.block_pagenum * (nand_dev.page_mainsize
            /SectorSize));        //根据逻辑扇区号和扇区大小计算出逻辑块号
    PBNNo = FTL_LBNToPBN(LBNNo);                     //将逻辑块转换为物理块
        if(PBNNo> = nand_dev.block_totalnum)return 1; //物理块号大于总块数,则失败
        BlockOffset = ((SectorNo + i) % (nand_dev.block_pagenum * (nand_dev.page_
            mainsize/SectorSize))) * SectorSize;         //计算块内偏移
        PhyPageNo = PBNNo * nand_dev.block_pagenum + BlockOffset/nand_dev.page_mainsize;
                                                        //计算出物理页号
        PageOffset = BlockOffset % nand_dev.page_mainsize;//计算出页内偏移地址
        rsecs = (nand_dev.page_mainsize - PageOffset)/SectorSize; //一次最多可以读取多少页
        if(rsecs>(SectorCount - i))rsecs = SectorCount - i;
                                                //最多不能超过 SectorCount - i
        flag = NAND_ReadPage(PhyPageNo,PageOffset,pBuffer,rsecs * SectorSize);
                                                //读取数据
        if(flag == NSTA_ECC1BITERR) //对于 1bit ecc 错误,可能为坏块,读 2 次确认
        flag = NAND_ReadPage(PhyPageNo,PageOffset,pBuffer,rsecs * SectorSize);
        if(flag == NSTA_ECC1BITERR)//重读数据,再次确认,还是有 1BIT ECC 错误
        {
            //将整个数据,搬运到另外一个 block,防止此 block 是坏块
            FTL_CopyAndWriteToBlock(PhyPageNo,PageOffset,pBuffer,rsecs * SectorSize);
            flag = FTL_BlockCompare(PhyPageNo/nand_dev.block_pagenum,0XFFFFFFFF);
                                                //全 1 检查,确认是否为坏块
            if(flag == 0)
            {
                flag = FTL_BlockCompare(PhyPageNo/nand_dev.block_pagenum,0X00);
                                                //全 0 检查,确认是否为坏块
                NAND_EraseBlock(PhyPageNo/nand_dev.block_pagenum);//检测完擦除
            }
            if(flag)//全 0/全 1 检查出错,肯定是坏块了
            {
                FTL_BadBlockMark(PhyPageNo/nand_dev.block_pagenum);//标记为坏块
                FTL_CreateLUT(1);        //重建 LUT 表
            }
            flag = 0;
        }
        //2bit ecc 错误,不处理(可能是初次读取数据导致的)
        if(flag == NSTA_ECC2BITERR)flag = 0;
        if(flag)return 2;                     //失败
        pBuffer + = SectorSize * rsecs;       //数据缓冲区指针偏移
        i+ = rsecs - 1;
    }
    return 0;
}
```

该函数也是 FTL 层对文件系统的接口函数,用于读取 NAND Flash 里面的数据,

第11章　NAND Flash 实验

同样,用户在调用该函数时,无须关心坏块管理和磨损均衡问题,可以像访问 SD 卡一样,调用该函数来实现读取 NAND Flash 的数据。该函数的实现原理同前面介绍的 FTL_WriteSectors 函数基本类似,不过该函数对读数时出现的 ECC 错误进行了处理,对于读取数据时出现 1 bit ECC 错误的 block 进行两次读取(多次确认,以免误操作),如果两次读取都有 1 bit ECC 错误,那么该 block 可能是坏块。当出现此错误后,我们先将该 block 的数据复制到另外一个 block(备份现有数据),然后对该 block 进行擦除和写 0,再判断擦除/写 0 是否正常。如果正常,则说明这个块不是坏块,还可以继续使用。如果不正常,则说明该块确实是一个坏块,必须进行坏块标记,并重建 lut 表。如果读数时出现 2 bit ECC 错误,这个不一定就是出错了,而有可能是读取还未写入过数据的 block(未写入过数据,那么 ECC 值肯定也是未写入过,如果进行 ECC 校验的话必定出错)而导致的 ECC 错误,对于此类错误我们直接不予处理(忽略)就可以了。

ftl.c 里面的其他代码以及 ftl.h 里面的代码可参考本例程源码。另外,nandtester.c 和 nandtester.h 这两个文件主要用于 USMART 调试 nand.c 和 ftl.c 里面的相关函数,可参考本例程源码。

最后,打开 main.c 文件,代码如下:

```c
int main(void)
{
    u8 key,t = 0;
    u16 i;
    u8 * buf;
    u8 * backbuf;
    Cache_Enable();                         //打开 L1-Cache
    MPU_Memory_Protection();                //保护相关存储区域
    HAL_Init();                             //初始化 HAL 库
    Stm32_Clock_Init(432,25,2,9);           //设置时钟,216 MHz
    delay_init(216);                        //延时初始化
    uart_init(115200);                      //串口初始化
    usmart_dev.init(108);                   //初始化 USMART
    LED_Init();                             //初始化 LED
    KEY_Init();                             //初始化按键
    SDRAM_Init();                           //初始化 SDRAM
    LCD_Init();                             //初始化 LCD
    my_mem_init(SRAMIN);                    //初始化内部内存池
    my_mem_init(SRAMEX);                    //初始化外部 SDRAM 内存池
    POINT_COLOR = RED;
    LCD_ShowString(30,50,200,16,16,"Apollo STM32F4/F7");
    LCD_ShowString(30,70,200,16,16,"NAND TEST");
    LCD_ShowString(30,90,200,16,16,"ATOM@ALIENTEK");
    LCD_ShowString(30,110,200,16,16,"2016/7/15");
    LCD_ShowString(30,130,200,16,16,"KEY0:Read Sector 2");
    LCD_ShowString(30,150,200,16,16,"KEY1:Write Sector 2");
    LCD_ShowString(30,170,200,16,16,"KEY2:Recover Sector 2");
    while(FTL_Init())                       //检测 NAND FLASH,并初始化 FTL
```

```c
        {
            LCD_ShowString(30,190,200,16,16,"NAND Error!");          delay_ms(500);
            LCD_ShowString(30,190,200,16,16,"Please Check");         delay_ms(500);
            LED0_Toggle;//DS0 闪烁
        }
    backbuf = mymalloc(SRAMIN,NAND_ECC_SECTOR_SIZE);    //申请一个扇区的缓存
    buf = mymalloc(SRAMIN,NAND_ECC_SECTOR_SIZE);        //申请一个扇区的缓存
    POINT_COLOR = BLUE;                                 //设置字体为蓝色
    sprintf((char *)buf,"NAND Size:%dMB",(nand_dev.block_totalnum/1024) *
            (nand_dev.page_mainsize/1024) * nand_dev.block_pagenum);
    LCD_ShowString(30,190,200,16,16,buf);               //显示 NAND 容量
    FTL_ReadSectors(backbuf,2,NAND_ECC_SECTOR_SIZE,1);
    //预先读取扇区 0 到备份区域,防止乱写导致文件系统损坏
    while(1)
    {
        key = KEY_Scan(0);
        switch(key)
        {
            case KEY0_PRES://KEY0 按下,读取 sector
                key = FTL_ReadSectors(buf,2,NAND_ECC_SECTOR_SIZE,1);//读取扇区
                if(key == 0)//读取成功
                {
                    LCD_ShowString(30,210,200,16,16,"USART1 Sending Data...   ");
                    printf("Sector 2 data is:\r\n");
                    for(i = 0;i<NAND_ECC_SECTOR_SIZE;i++)printf("%x ",buf[i]);//输出
                    printf("\r\ndata end.\r\n");
                    LCD_ShowString(30,210,200,16,16,"USART1 Send Data Over!   ");
                }
                break;
            case KEY1_PRES://KEY1 按下,写入 sector
                for(i = 0;i<NAND_ECC_SECTOR_SIZE;i++)buf[i] = i + t;
                                                         //填充数据(随机)
                LCD_ShowString(30,210,210,16,16,"Writing data to sector..");
                key = FTL_WriteSectors(buf,2,NAND_ECC_SECTOR_SIZE,1);//写入扇区
                if(key == 0)LCD_ShowString(30,210,200,16,16,"Write data successed ");
                else LCD_ShowString(30,210,200,16,16,"Write data failed    ");
                                                         //写入失败
                break;
            case KEY2_PRES://KEY2 按下,恢复 sector 的数据
                LCD_ShowString(30,210,210,16,16,"Recovering data...     ");
                key = FTL_WriteSectors(backbuf,2,NAND_ECC_SECTOR_SIZE,1);//写
                if(key == 0)LCD_ShowString(30,210,200,16,16,"Recovering data OK    ");
                else LCD_ShowString(30,210,200,16,16,"Recovering data failed  ");
                break;
        }
        t++;
        delay_ms(10);
        if(t == 20){    LED0_Toggle;        t = 0;    }
    }
}
```

第 11 章 NAND Flash 实验

此部分代码比较简单,我们先初始化相关外设,然后初始化 FTL。在 FTL 初始化成功以后,先对扇区 2 的数据进行备份,随后进入死循环,检测按键,可以通过 KEY0、KEY1、KEY2 按键对扇区 2 的数据进行读取、写入和还原操作。同样,DS0 闪烁,用于提示程序正在运行。

最后,将 NAND_EraseChip、NAND_EraseBlock、FTL_CreateLUT、FTL_Format、test_writepage 和 test_readpage 等函数加入 USMART 控制,这样,我们就可以通过串口调试助手测试 NAND Flash 的各种操作了,方便测试。软件部分就介绍到这里。

11.4 下载验证

编译成功之后,下载代码到 ALIENTEK 阿波罗 STM32 开发板上,得到如图 11.4.1 所示界面。

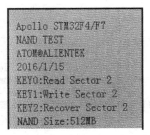

图 11.4.1 程序运行效果图

此时,可以按下 KEY0、KEY1、KEY2 等按键进行对应的测试。按 KEY0 可以读取扇区 2 里面的数据,通过串口调试助手查看,如图 11.4.2 所示。

另外,还可以利用 USMART,调用相关函数,从而执行不同的操作,如图 11.4.3 所示。

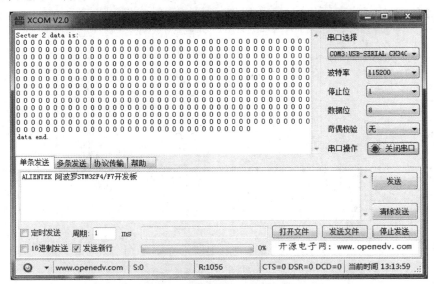

图 11.4.2 串口查看扇区 2 里面的数据

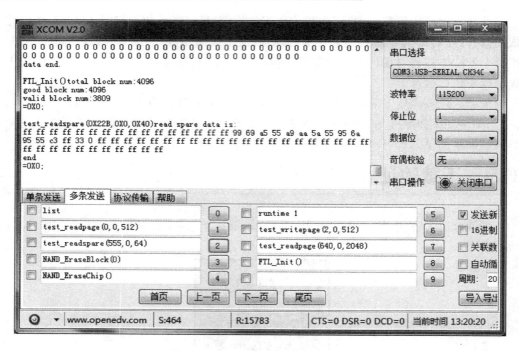

图 11.4.3 USMART 调用相关函数

第 12 章

FATFS 实验

前两章学习了 SD 卡和 NAND Flash 的使用,不过仅仅是简单地实现读/写扇区而已,真正要好好应用它们,就必须使用文件系统管理,本章将使用 FATFS 来管理 SD 卡(同时也管理 NAND Flash 和 SPI Flash,不过仅以 SD 卡为例讲解),从而实现 SD 卡文件的读/写等基本功能。

12.1 FATFS 简介

FATFS 是一个完全免费开源的 FAT 文件系统模块,专门为小型的嵌入式系统而设计。它完全用标准 C 语言编写,所以具有良好的硬件平台独立性,可以移植到 8051、PIC、AVR、SH、Z80、H8、ARM 等系列单片机上,且只须做简单的修改。它支持 FATl2、FATl6、FAT32 和 exFAT(R0.12 及以后版本),支持多个存储媒介;有独立的缓冲区,可以对多个文件进行读/写,并特别对 8 位单片机和 16 位单片机做了优化。

FATFS 的特点有:
- Windows 兼容的 FAT 文件系统(支持 FAT12/FAT16/FAT32/exFAT);
- 与平台无关,移植简单;
- 代码量少、效率高;
- 多种配置选项:
    支持多卷(物理驱动器或分区,最多 10 个卷);
    多个 ANSI/OEM 代码页包括 DBCS;
    支持长文件名、ANSI/OEM 或 Unicode;
    支持 RTOS;
    支持多种扇区大小;
    只读、最小化的 API 和 I/O 缓冲区等。

FATFS 的这些特点,加上免费、开源的原则,使得 FATFS 应用非常广泛。FATFS 模块的层次结构如图 12.1.1 所示。

最顶层是应用层,使用者无须理会 FATFS 的内部结构和复杂的 FAT 协议,只需要调用 FATFS 模块提供给用户的一系列应用接口函数,如 f_open、f_read、f_write 和 f_close 等,就可以像在 PC 上读/写文件那样简单。

中间层 FATFS 模块实现了 FAT 文件读/写协议。FATFS 模块提供的是 ff.c 和

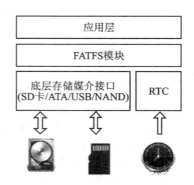

图 12.1.1　FATFS 层次结构图

ff.h。除非有必要，使用者一般不用修改，使用时将头文件直接包含进去即可。

需要我们编写移植代码的是 FATFS 模块提供的底层接口，它包括存储媒介读/写接口（disk I/O）和供给文件创建修改时间的实时时钟。

FATFS 的源码可以在 http://elm-chan.org/fsw/ff/00index_e.html 网站下载到，目前最新版本为 R0.12a。本章就介绍最新版本的 FATFS，下载最新版本的 FATFS 软件包，解压后可以得到两个文件夹：doc 和 src。doc 里面主要是对 FATFS 的介绍，而 src 里面才是我们需要的源码。

其中，与平台无关的是：
- ffconf.h　　　　　　FATFS 模块配置文件；
- ff.h　　　　　　　　FATFS 和应用模块公用的包含文件；
- ff.c　　　　　　　　FATFS 模块；
- diskio.h　　　　　　FATFS 和 disk I/O 模块公用的包含文件；
- interger.h　　　　　数据类型定义；
- option　　　　　　 可选的外部功能（比如支持中文等）。

与平台相关的代码（需要用户提供）是：
- diskio.c　　　　　　FATFS 和 disk I/O 模块接口层文件。

FATFS 模块在移植的时候一般只需要修改 2 个文件，即 ffconf.h 和 diskio.c。FATFS 模块的所有配置项都存放在 ffconf.h 里面，我们可以通过配置里面的一些选项来满足自己的需求。接下来介绍几个重要的配置选项。

① _FS_TINY。这个选项在 R0.07 版本中开始出现，之前的版本都是以独立的 C 文件出现（FATFS 和 Tiny FATFS），有了这个选项之后，两者整合在一起了，使用起来更方便。我们使用 FATFS，所以把这个选项定义为 0 即可。

② _FS_READONLY，用来配置是不是只读，本章需要读/写都用，所以这里设置为 0 即可。

③ _USE_STRFUNC，用来设置是否支持字符串类操作，比如 f_putc、f_puts 等，本章需要用到，故设置这里为 1。

④ _USE_MKFS，用来定时是否使能格式化，本章需要用到，所以设置这里为 1。

⑤ _USE_FASTSEEK，用来使能快速定位，我们设置为 1，使能快速定位。

⑥ _USE_LABEL，用来设置是否支持磁盘盘符(磁盘名字)读取与设置。我们设置为 1，使能，就可以通过相关函数读取或者设置磁盘的名字了。

⑦ _CODE_PAGE，用来设置语言类型，包括很多选项(见 FATFS 官网说明)，这里设置为 936，即简体中文(GBK 码，需要 c936.c 文件支持，该文件在 option 文件夹)。

⑧ _USE_LFN，用来设置是否支持长文件名(还需要_CODE_PAGE 支持)，取值范围为 0～3。0，表示不支持长文件名，1～3 是支持长文件名，但是存储地方不一样，我们选择使用 3，通过 ff_memalloc 函数来动态分配长文件名的存储区域。

⑨ _VOLUMES，用来设置 FATFS 支持的逻辑设备数目，我们设置为 3，即支持 3 个设备。

⑩ _MAX_SS，扇区缓冲的最大值，一般设置为 512。

⑪ _FS_EXFAT，用于定义是否支持 exFAT 文件系统，我们设置为 1，以支持 exFAT 文件系统。

其他配置项参见 FATFS 的说明文档，下面来讲讲 FATFS 的移植，主要分为 3 步：

① 数据类型：在 integer.h 里面定义好数据的类型。这里需要了解要用的编译器的数据类型，并根据编译器定义好数据类型。

② 配置：通过 ffconf.h 配置 FATFS 的相关功能，以满足需要。

③ 函数编写：打开 diskio.c，编写底层驱动，一般需要编写 6 个接口函数，如图 12.1.2 所示。

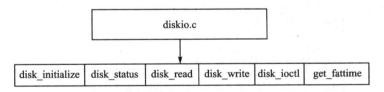

图 12.1.2　diskio 需要实现的函数

FATFS 在 STM32F7 上的移植步骤如下：

① 我们使用的是 MDK5.21A 编译器，数据类型和 integer.h 里面定义的一致，所以此步不需要做任何改动。

② 关于 ffconf.h 里面的相关配置，前面已经介绍过了(之前介绍的 11 个配置)，将对应配置修改为我们介绍时候的值即可，其他的配置用默认配置。

③ 因为 FATFS 模块完全与磁盘 I/O 层分开，因此需要下面的函数来实现底层物理磁盘的读/写与获取当前时间。底层磁盘 I/O 模块并不是 FATFS 的一部分，并且必须由用户提供。这些函数一般有 6 个，在 diskio.c 里面。

首先是 disk_initialize 函数，该函数介绍如图 12.1.3 所示。

第二个函数是 disk_status 函数，该函数介绍如图 12.1.4 所示。

第三个函数是 disk_read 函数，该函数介绍如图 12.1.5 所示。

函数名称	disk_initialize
函数原型	DSTATUS disk_initialize(BYTE pdrv)
功能描述	初始化磁盘驱动器
函数参数	pdrv:指定要初始化的磁盘驱动器号,即盘符,取值范围:0~9
返回值	STA_NOINIT:磁盘未初始化 RES_OK:磁盘初始化成功
注意事项	①该函数初始化一个磁盘驱动器,为读/写做准备,函数成功时,返回 0 ②应用程序不要调用该函数,否则可能损坏卷上的 FAT 结构 ③如果需要重新初始化,调用 f_mount 函数即可
使用示例	disk_initialize(0);//初始化驱动器 0(磁盘 0)

图 12.1.3 disk_initialize 函数介绍

函数名称	disk_status
函数原型	DSTATUS disk_status(BYTE pdrv)
功能描述	返回当前磁盘驱动器的状态
函数参数	pdrv:指定要确认的磁盘驱动器号,即盘符,取值范围:0~9
返回值	STA_NOINIT:表明磁盘未初始化 STA_NODISK:表明磁盘驱动器中没有设备 STA_PROTECT:表明磁盘被写保护 RES_OK:表示磁盘正常,可以支持接下来的操作
注意事项	无
使用示例	disk_status(0);//获取驱动器 0 的状态(磁盘 0)

图 12.1.4 disk_status 函数介绍

函数名称	disk_read
函数原型	DRESULT disk_read(BYTE pdrv,BYTE *buff,DWORD sector,UINT count)
功能描述	从磁盘驱动器上读取一个/多个扇区的数据
函数参数	pdrv:指定要读取的磁盘驱动器号,即盘符,取值范围:0~9 buff:数据缓冲区首地址 sector:指定要读取的起始扇区地址 count:指定要读取的扇区数(1~65 535)
返回值	RES_OK:函数执行成功 RES_ERROR:读取期间产生了无法恢复的错误 RES_PARERR:非法参数 RES_NOTRDY:磁盘驱动器未准备好(未初始化)
注意事项	FATFS指定的buff地址并不总是对齐的,如果硬件不支持不对齐数据传输,则需要在函数里面做相应处理,否则可能读数出错
使用示例	disk_read(0,buf,0,1);//从磁盘 0 的扇区 0 地址,读取一个扇区的数据

图 12.1.5 disk_read 函数介绍

第四个函数是 disk_write 函数,该函数介绍如图 12.1.6 所示。
第五个函数是 disk_ioctl 函数,该函数介绍如图 12.1.7 所示。
最后一个函数是 get_fattime 函数,该函数介绍如图 12.1.8 所示。
以上 6 个函数将在软件设计部分一一实现。通过以上 3 个步骤就完成了对 FATFS 的移植,就可以在我们的代码里面使用 FATFS 了。

FATFS 提供了很多 API 函数,详见 FATFS 的自带介绍文件。注意,在使用 FATFS 的时候,必须先通过 f_mount 函数注册一个工作区,才能开始后续 API 的使用。

第 12 章　FATFS 实验

函数名称	disk_write
函数原型	DRESULT disk_write(BYTE pdrv,BYTE *buff,DWORD sector,UINT count)
功能描述	往磁盘驱动器上写入一个/多个扇区的数据
函数参数	pdrv: 指定要写入的磁盘驱动器号,即盘符,取值范围: 0~9 buff: 数据缓冲区首地址 sector: 指定要写入的起始扇区地址 count: 指定要写入的扇区数(1~65 535)
返回值	RES_OK:函数执行成功 RES_ERROR:写入期间产生了无法恢复的错误 RES_PARERR:非法参数 RES_NOTRDY:磁盘驱动器未准备好(未初始化)
注意事项	FATFS指定的buff地址并不总是对齐的,如果硬件不支持不对齐数据传输,则需要在函数里面做相应处理,否则可能写入出错
使用示例	disk_write(0,buf,0,1);//往磁盘0的扇区0地址,写一个扇区的数据

图 12.1.6　disk_write 函数介绍

函数名称	disk_ioctl
函数原型	DRESULT disk_ioctl(BYTE pdrv,BYTE cmd,void *buff)
功能描述	控制设备指定特性和除了读/写外的杂项功能
函数参数	pdrv:指定要磁盘驱动器号,即盘符,取值范围: 0~9 cmd:指定命令代码 buff:指向参数缓冲区首地址,取决于命令,无参数时,指向 NULL
返回值	RES_OK:函数执行成功 RES_ERROR:访问期间产生了无法恢复的错误 RES_PARERR:非法参数 RES_NOTRDY:磁盘驱动器未准备好(未初始化)
注意事项	CTRL_SYNC:确保磁盘驱动器已完成写处理,当磁盘 I/O 有一个写回缓存时,立即刷新原扇区,只读配置下该命令无效 GET_SECTOR_SIZE:获取磁盘扇区大小,_MAX_SS≥1 024时可用 GET_SECTOR_COUNT:获取磁盘扇区总数 GET_BLOCK_SIZE:获取磁盘块大小
使用示例	disk_ioctl(0,cmd,buf);//往磁盘 0 发送 cmd 命令,参数为 buf

图 12.1.7　disk_ioctl 函数介绍

函数名称	get_fattime
函数原型	DWORD get_fattime (void)
功能描述	获取当前时间
函数参数	无
返回值	当前时间以 DWORD(u32)返回,位域为: bit31:25　年(0~127),从 1980 年开始 bit24:21　月(1~12) bit20:16　日(1~31) bit15:11　时(0~23) bit10:5　分(0~59) bit4:0　秒((0~29)*2),偶数秒
注意事项	①如果没有用到 RTC,则可以直接返回0,但是无法记录 ②对于秒钟,只能精确到偶数秒
使用示例	temp=get_fattime();//获取当前时间,存放到 temp

图 12.1.8　get_fattime 函数介绍

12.2 硬件设计

本章实验功能简介：开机的时候先初始化 SD 卡，初始化成功之后，注册 3 个工作区（一个给 SD 卡用、一个给 SPI Flash 用、一个给 NAND Flash 用），然后获取 SD 卡的容量和剩余空间，并显示在 LCD 模块上，最后等待 USMART 输入指令进行各项测试。本实验通过 DS0 指示程序运行状态。

本实验用到的硬件资源有：指示灯 DS0、串口、LCD 模块、SD 卡、SPI Flash、NAND Flash。这些之前都已经介绍过，这里不再介绍。

12.3 软件设计

打开本章实验目录可以看到，我们在工程目录下新建了一个 FATFS 的文件夹，然后将 FATFS R0.12b 程序包解压到该文件夹下。同时，在 FATFS 文件夹里面新建了一个 exfuns 文件夹，用于存放针对 FATFS 做的一些扩展代码。设计完如图 12.3.1 所示。

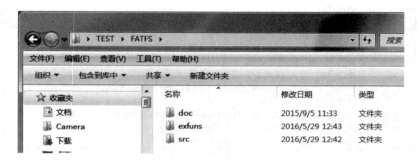

图 12.3.1　FATFS 文件夹子目录

打开实验工程可以看到，我们新建了 FATFS 分组，将必要的源文件添加到了 FATFS 分组之下。打开 diskio.c，代码如下：

```
#define SD_CARD          0         //SD卡,卷标为0
#define EX_FLASH         1         //外部spi flash,卷标为1
#define EX_NAND          2         //外部nand flash,卷标为2
//对于W25Q256
//前25MB给fatfs用,25MB后存放字库,字库占用6.01MB.剩余部分给客户自己用
#define FLASH_SECTOR_SIZE    512
#define FLASH_SECTOR_COUNT   1024*25*2    //W25Q1218,前25MB给FATFS占用
#define FLASH_BLOCK_SIZE     8            //每个BLOCK有8个扇区
//NAND FALSH全部归FATFS管理
u32    NANDFLASH_SECTOR_COUNT;
u8     NANDFLASH_BLOCK_SIZE;
//初始化磁盘
DSTATUS disk_initialize (
```

```c
    BYTE pdrv                    /* Physical drive nmuber (0..) */
)
{
    u8 res = 0;
    switch(pdrv)
    {
        case SD_CARD:            //SD 卡
            res = SD_Init();     //SD 卡初始化
            break;
        case EX_FLASH:           //外部 flash
            W25QXX_Init();       //W25QXX 初始化
            break;
        case EX_NAND:            //外部 NAND
            res = FTL_Init();    //NAND 初始化
            break;
        default:
            res = 1;
    }
    if(res)return  STA_NOINIT;
    else return 0;               //初始化成功
}
//获得磁盘状态
DSTATUS disk_status (
    BYTE pdrv                    /* Physical drive nmuber (0..) */
)
{
    return 0;
}
//读扇区
//drv:磁盘编号 0~9
//*buff:数据接收缓冲首地址
//sector:扇区地址
//count:需要读取的扇区数
DRESULT disk_read (
    BYTE pdrv,        /* Physical drive nmuber (0..) */
    BYTE *buff,       /* Data buffer to store read data */
    DWORD sector,     /* Sector address (LBA) */
    UINT count        /* Number of sectors to read (1..128) */
)
{
    u8 res = 0;
    if (!count)return RES_PARERR;//count 不能等于 0,否则返回参数错误
    switch(pdrv)
    {
        case SD_CARD://SD 卡
            res = SD_ReadDisk(buff,sector,count);
            while(res)//读出错
            {
                SD_Init();       //重新初始化 SD 卡
                res = SD_ReadDisk(buff,sector,count);
                //printf("sd rd error:%d\r\n",res);
```

```c
            }
            break;
        case EX_FLASH:    //外部 Flash
            for(;count>0;count--)
            {
                W25QXX_Read(buff,sector*FLASH_SECTOR_SIZE,
FLASH_SECTOR_SIZE);
                sector++;
                buff+=FLASH_SECTOR_SIZE;
            }
            res=0;
            break;
        case EX_NAND:    //外部 NAND FLASH
            res=FTL_ReadSectors(buff,sector,512,count);    //读取数据
            break;
        default:
            res=1;
    }
    //处理返回值,将 SPI_SD_driver.c 的返回值转成 ff.c 的返回值
    if(res==0x00)return RES_OK;
    else return RES_ERROR;
}
//写扇区
//drv:磁盘编号 0~9
//*buff:发送数据首地址
//sector:扇区地址
//count:需要写入的扇区数
#if _USE_WRITE
DRESULT disk_write (
    BYTE pdrv,            /* Physical drive nmuber (0..) */
    const BYTE *buff,     /* Data to be written */
    DWORD sector,         /* Sector address (LBA) */
    UINT count            /* Number of sectors to write (1..128) */
)
{
    u8 res=0;
    if(!count)return RES_PARERR;//count 不能等于 0,否则返回参数错误
    switch(pdrv)
    {
        case SD_CARD://SD 卡
            res=SD_WriteDisk((u8*)buff,sector,count);
            while(res)//写出错
            {
                SD_Init();        //重新初始化 SD 卡
                res=SD_WriteDisk((u8*)buff,sector,count);
                //printf("sd wr error:%d\r\n",res);
            }
            break;
        case EX_FLASH:         //外部 flash
            for(;count>0;count--)
            {
```

```c
                    W25QXX_Write((u8 *)buff,sector * FLASH_SECTOR_SIZE,
                                FLASH_SECTOR_SIZE);
                    sector ++ ;
                    buff + = FLASH_SECTOR_SIZE;
                }
                res = 0;
                break;
            case EX_NAND:        //外部 NAND FLASH
                res = FTL_WriteSectors((u8 *)buff,sector,512,count)://写入数据
                break;
            default:
                res = 1;
    }
    //处理返回值,将 SPI_SD_driver.c 的返回值转成 ff.c 的返回值
    if(res == 0x00)return RES_OK;
    else return RES_ERROR;
}
#endif
//其他表参数的获得
//drv:磁盘编号 0~9
//ctrl:控制代码
//*buff:发送/接收缓冲区指针
#if _USE_IOCTL
DRESULT disk_ioctl (
    BYTE pdrv,          /* Physical drive nmuber (0..) */
    BYTE cmd,           /* Control code */
    void * buff         /* Buffer to send/receive control data */
)
{
    DRESULT res;
    if(pdrv == SD_CARD)//SD 卡
    {
        switch(cmd)
        {
            case CTRL_SYNC:
                res = RES_OK;
                break;
            case GET_SECTOR_SIZE:
                *(DWORD *)buff = 512;
                res = RES_OK;
                break;
            case GET_BLOCK_SIZE:
                *(WORD *)buff = SDCardInfo.CardBlockSize;
                res = RES_OK;
                break;
            case GET_SECTOR_COUNT:
                *(DWORD *)buff = SDCardInfo.CardCapacity/512;
                res = RES_OK;
                break;
            default:
                res = RES_PARERR;
```

```
            break;
        }
    }else if(pdrv == EX_FLASH)        //外部 Flash
    {
        switch(cmd)
        {
            case CTRL_SYNC:
                res = RES_OK;
                break;
            case GET_SECTOR_SIZE:
                *(WORD*)buff = FLASH_SECTOR_SIZE;
                res = RES_OK;
                break;
            case GET_BLOCK_SIZE:
                *(WORD*)buff = FLASH_BLOCK_SIZE;
                res = RES_OK;
                break;
            case GET_SECTOR_COUNT:
                *(DWORD*)buff = FLASH_SECTOR_COUNT;
                res = RES_OK;
                break;
            default:
                res = RES_PARERR;
                break;
        }
    }else if(pdrv == EX_NAND)        //外部 NAND Flash
    {
        switch(cmd)
        {
            case CTRL_SYNC:
                res = RES_OK;
                break;
            case GET_SECTOR_SIZE:
                *(WORD*)buff = 512;         //NAND Flash 扇区强制为 512 字节大小
                res = RES_OK;
                break;
            case GET_BLOCK_SIZE:
                *(WORD*)buff = nand_dev.page_mainsize/512;
                //block 大小,定义成一个 page 的大小
                res = RES_OK;
                break;
            case GET_SECTOR_COUNT:
                *(DWORD*)buff = nand_dev.valid_blocknum * nand_dev.block_pagenum * nand_dev.page_mainsize/512;//NAND FLASH 的总扇区大小
                res = RES_OK;
                break;
            default:
                res = RES_PARERR;
                break;
        }
    }
```

```
    }else res = RES_ERROR;//其他的不支持
    return res;
}
#endif
//获得时间
//User defined function to give a current time to fatfs module    */
//31-25: Year(0-127 org.1980), 24-21: Month(1-12), 20-16: Day(1-31) */
//15-11: Hour(0-23), 10-5: Minute(0-59), 4-0: Second(0-29 *2) */
DWORD get_fattime (void)
{
    return 0;
}
//动态分配内存
void * ff_memalloc (UINT size)
{
    return (void*)mymalloc(SRAMIN,size);
}
//释放内存
void ff_memfree (void* mf)
{
    myfree(SRAMIN,mf);
}
```

该函数实现了 12.1 节提到的 6 个函数,同时因为在 ffconf.h 里面设置对长文件名的支持为方法 3,所以必须实现 ff_memalloc 和 ff_memfree 这两个函数。本章用 FATFS 管理了 3 个磁盘:SD 卡、SPI Flash 和 NAND Flash。SD 卡和 NAND Flash 的扇区大小一般固定为 512 字节,而 SPI Flash 物理扇区(擦除单位)是 4 KB,为了方便设计,强制将其扇区定义为 512 字节,这样带来的好处就是设计使用相对简单,坏处就是擦除次数大增,所以不要随便往 SPI Flash 里面写数据,非必要最好别写,频繁写很容易将 SPI Flash 写坏。

NAND Flash 与文件系统的读/写接口就是采用上一章介绍的 FTL 层函数(FTL_ReadSectors 和 FTL_WriteSectors 函数)来实现的,有了 FTL 层,我们就可以像访问 SD 卡一样,访问 NAND Flash,而无须担心坏块和磨损均衡问题。

另外,diskio.c 里面的函数直接决定了磁盘编号(盘符/卷标)所对应的具体设备,比如,以上代码中设置 SD_CARD 为 0,EX_FLASH 位为 1,EX_NAND 为 2,对应到 disk_read/disk_write 函数里面,我们就通过 switch 来判断到底要操作 SD 卡、SPI Flash 或 NAND Flash,然后,分别执行对应设备的相关操作,以此实现磁盘编号和磁盘的关联。

保存 diskio.c,然后打开 ffconf.h,修改相关配置并保存,此部分代码参考本例程源码。cc936.c 主要提供 UNICODE 到 GBK、GBK 到 UNICODE 的码表转换,里面就是两个大数组,并提供一个 ff_convert 的转换函数,供 UNICODE 和 GBK 码互换,这个在中文长文件名支持的时候必须用到。

前面提到,我们在 FATFS 文件夹下还新建了一个 exfuns 的文件夹,用于保存一些针对 FATFS 的扩展代码,本章编写了 4 个文件,分别是 exfuns.c、exfuns.h、fattester.c

和 fattester.h。其中，exfuns.c 主要定义了一些全局变量，方便 FATFS 的使用，同时实现了磁盘容量获取等函数。fattester.c 文件则主要是为了测试 FATFS 用，因为 FATFS 的很多函数无法直接通过 USMART 调用，所以 fattester.c 里面对这些函数进行了一次再封装，使得可以通过 USMART 调用。这几个文件的代码参考本例程源码。

最后，打开 main.c，如下：

```c
int main(void)
{
    u32 total,free;
    u8 t = 0;           u8 res = 0;
    Cache_Enable();                     //打开 L1-Cache
    MPU_Memory_Protection();            //保护相关存储区域
    HAL_Init();                         //初始化 HAL 库
    Stm32_Clock_Init(432,25,2,9);       //设置时钟,216 MHz
    delay_init(216);                    //延时初始化
    uart_init(115200);                  //串口初始化
    usmart_dev.init(108);               //初始化 USMART
    LED_Init();                         //初始化 LED
    KEY_Init();                         //初始化按键
    SDRAM_Init();                       //初始化 SDRAM
    LCD_Init();                         //初始化 LCD
    W25QXX_Init();                      //初始化 W25Q256
    my_mem_init(SRAMIN);                //初始化内部内存池
    my_mem_init(SRAMEX);                //初始化外部内存池
    my_mem_init(SRAMDTCM);              //初始化 CCM 内存池
    POINT_COLOR = RED;
    LCD_ShowString(30,50,200,16,16,"Apollo STM32F4/F7");
    LCD_ShowString(30,70,200,16,16,"FATFS TEST");
    LCD_ShowString(30,90,200,16,16,"ATOM@ALIENTEK");
    LCD_ShowString(30,110,200,16,16,"2016/7/15");
    LCD_ShowString(30,130,200,16,16,"Use USMART for test");
    while(SD_Init())                    //检测不到 SD 卡
    {
        LCD_ShowString(30,150,200,16,16,"SD Card Error!");   delay_ms(500);
        LCD_ShowString(30,150,200,16,16,"Please Check! ");   delay_ms(500);
        LED0_Toggle;                    //DS0 闪烁
    }
    FTL_Init();
    exfuns_init();                      //为 FATFS 相关变量申请内存
    f_mount(fs[0],"0:",1);              //挂载 SD 卡
    res = f_mount(fs[1],"1:",1);        //挂载 Flash
    if(res == 0X0D)//Flash 磁盘,FAT 文件系统错误,重新格式化 Flash
    {
        LCD_ShowString(30,150,200,16,16,"Flash Disk Formatting...");   //格式化 Flash
        res = f_mkfs("1:",1,4096);//格式化 FLASH,1,盘符;1,不需要引导区,8 个扇区为 1 个簇
        if(res == 0)
        {
            f_setlabel((const TCHAR *)"1:ALIENTEK");//设 Flash 磁盘名为:ALIENTEK
```

```
                LCD_ShowString(30,150,200,16,16,"Flash Disk Format Finish");//格式化完成
            }else LCD_ShowString(30,150,200,16,16,"Flash Disk Format Error ");
                                                                    //格式化失败
        delay_ms(1000);
    }
    res = f_mount(fs[2],"2:",1);              //挂载 NAND Flash
    if(res == 0X0D)//NAND FLASH 磁盘,FAT 文件系统错误,重新格式化 NAND Flash
    {
        LCD_ShowString(30,150,200,16,16,"NAND Disk Formatting...");//格式化 NAND
        res = f_mkfs("2:",1,4096);//格式化 Flash,2,盘符;1,不需要引导区,8 个扇区为一个簇
        if(res == 0)
        {
            f_setlabel((const TCHAR *)"2:NANDDISK");//设 NAND 盘名为:NANDDISK
            LCD_ShowString(30,150,200,16,16,"NAND Disk Format Finish");//格式化完成
        }else LCD_ShowString(30,150,200,16,16,"NAND Disk Format Error ");//格式化失败
        delay_ms(1000);
    }
    LCD_Fill(30,150,240,150 + 16,WHITE);           //清除显示
    while(exf_getfree("0:",&total,&free))          //得到 SD 卡的总容量和剩余容量
    {
        LCD_ShowString(30,150,200,16,16,"SD Card Fatfs Error!");    delay_ms(200);
        LCD_Fill(30,150,240,150 + 16,WHITE);       //清除显示
        delay_ms(200);
        LED0_Toggle;//DS0 闪烁
    }
    POINT_COLOR = BLUE;//设置字体为蓝色
    LCD_ShowString(30,150,200,16,16,"FATFS OK!");
    LCD_ShowString(30,170,200,16,16,"SD Total Size:     MB");
    LCD_ShowString(30,190,200,16,16,"SD  Free Size:     MB");
    LCD_ShowNum(30 + 8 * 14,170,total >> 10,5,16);      //显示 SD 卡总容量 MB
    LCD_ShowNum(30 + 8 * 14,190,free >> 10,5,16);       //显示 SD 卡剩余容量 MB
    while(1)
    {
        t ++ ;
        delay_ms(200);
        LED0_Toggle;
    }
}
```

在 main 函数里面,我们为 SD、SPI Flash 和 NAND Flash 都注册了工作区(挂载),在初始化 SD 卡并显示其容量信息后,进入死循环,等待 USMART 测试。

最后,在 usmart_config.c 里面的 usmart_nametab 数组添加如下内容:

```
(void * )W25QXX_Erase_Chip,"void W25QXX_Erase_Chip(void)",
(void * )mf_mount,"u8 mf_mount(u8 * path,u8 mt)",
(void * )mf_open,"u8 mf_open(u8 * path,u8 mode)",
(void * )mf_close,"u8 mf_close(void)",
(void * )mf_read,"u8 mf_read(u16 len)",
(void * )mf_write,"u8 mf_write(u8 * dat,u16 len)",
```

……//省略部分代码
		(void *)mf_puts,"u8 mf_puts(u8 * c)",
		(void *)NAND_EraseBlock,"u8 NAND_EraseBlock(u32 BlockNum)",
		(void *)NAND_EraseChip,"void NAND_EraseChip(void)",

这些函数均在 fattester.c 里面实现,通过调用这些函数即可实现对 FATFS 对应 API 函数的测试。至此,软件设计部分就结束了。

12.4　下载验证

编译成功之后,下载代码到 ALIENTEK 阿波罗 STM32 开发板上,可以看到,LCD 显示如图 12.4.1 所示的内容(假定 SD 卡已经插上了)。

打开串口调试助手就可以串口调用前面添加的各种 FATFS 测试函数了,比如输入"mf_scan_files("0:")"即可扫描 SD 卡根目录的所有文件,如图 12.4.2 所示。

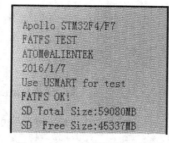

图 12.4.1　程序运行效果图

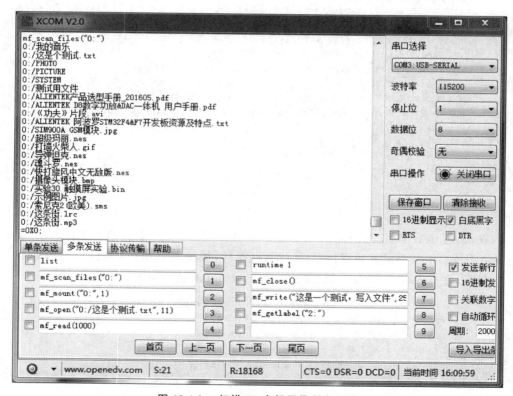

图 12.4.2　扫描 SD 卡根目录所有文件

其他函数的测试采用类似的办法即可实现。注意，这里 0 代表 SD 卡，1 代表 SPI Flash，2 代表 NAND Flash。另外，在删除文件夹的时候，必须保证 mf_unlink 函数文件夹是空的，这样才可以正常删除，否则不能删除。

第 13 章
汉字显示实验

汉字显示在很多单片机系统都需要用到,少则几个字,多则整个汉字库的支持,更有甚者还要支持多国字库,那就更麻烦了。本章将介绍如何用 STM32F767 控制 LCD 显示汉字。本章将使用外部 SPI Flash 来存储字库,并可以通过 SD 卡更新字库。STM32F767 读取存在 SPI Flash 里面的字库,然后将汉字显示在 LCD 上面。

13.1 汉字显示原理简介

常用的汉字内码系统有 GB2312、GB13000、GBK、BIG5(繁体)等几种,其中,GB2312 支持的汉字仅有几千个,很多时候不够用,而 GBK 内码不仅完全兼容 GB2312,还支持了繁体字,总汉字数有 2 万多个,完全能满足一般应用的要求。

本实例将制作 3 个 GBK 字库,制作好的字库放在 SD 卡里面,然后通过 SD 卡将字库文件复制到外部 Flash 芯片 W25Q256 里,这样,W25Q256 就相当于一个汉字字库芯片了。

汉字在液晶上的显示原理与前面显示字符的是一样的。汉字在液晶上的显示其实就是一些点的显示与不显示,这就相当于我们的笔,有笔经过的地方就画出来,没经过的地方就不画。以 12×12 的汉字为例,假设其取模方向为从上到下、从左到右的方向,且高位在前,那么其取模原理如图 13.1.1 所示。

图 13.1.1 中,取模的时候,从最左上方的点开始取(从上到下,从左到右),且高位在前(bit7 表示第一个位),那么第一个字节就是 0X11(1,表示浅蓝色的点,即要画出来的点;0 则表示不要画出来),第二个字节是 0X10,第三个字节(到第二列了,每列 2 个字节)是 0X1E……,依次类推。一个 12×12 的汉字总共有 12 列,每列 2 个字节,总共需要 24 个字节来表示。

在显示的时候,我们只需要读取这个汉字的点阵数据(12×12 字体,一个汉字的点阵数据为 24 个字节),然后将这些数据按取模方式反向解析出来(坐标要处理好),每个字节中是 1 的位就画出来,不是 1 的位就忽略,这样,就可以显示出这个汉字了。

所以要显示汉字,我们首先要知道汉字的点阵数据,这些数据可以由专门的软件来生成。知道显示了一个汉字,就可以推及整个汉字库了。汉字在各种文件里面的存储不是以点阵数据的形式存储的(否则占用的空间就太大了),而是以内码的形式存储的,就是 GB2312、GBK、BIG5 等这几种的一种。每个汉字对应着一个内码,知道了内码之

第13章　汉字显示实验

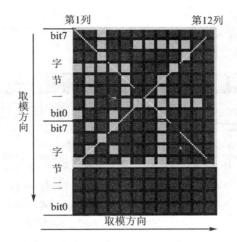

图 13.1.1　从上到下、从左到右取模原理

后再去字库里面查找这个汉字的点阵数据,然后在液晶上显示出来。这个过程我们看不到,但是计算机是要去执行的。

单片机要显示汉字也与此类似:汉字内码(GBK/GB2312)→查找点阵库→解析→显示。所以,只要有了整个汉字库的点阵,就可以把计算机上的文本信息在单片机上显示出来了。这里要解决的最大问题就是制作一个与汉字内码对得上号的汉字点阵库,而且要方便单片机的查找。每个 GBK 码由 2 个字节组成,第一个字节为 0X81～0XFE,第二个字节分为两部分,一是 0X40～0X7E,二是 0X80～0XFE。其中,与 GB2312 相同的区域,字完全相同。

把第一个字节代表的意义称为区,那么 GBK 里面总共有 126 个区(0XFE－0X81＋1),每个区内有 190 个汉字(0XFE－0X80＋0X7E－0X40＋2),总共就有 126×190＝23 940 个汉字。我们的点阵库只要按照这个编码规则从 0X8140 开始,逐一建立,每个区的点阵大小为每个汉字所用的字节数×190。这样,我们就可以得到在这个字库里面定位汉字的方法:

当 GBKL＜0X7F 时:$Hp=((GBKH-0x81)\times 190 + GBKL - 0X40)(size \cdot 2)$

当 GBKL＞0X80 时:$Hp=((GBKH-0x81)\times 190 + GBKL - 0X41)(size \cdot 2)$

其中,GBKH、GBKL 分别代表 GBK 的第一个字节和第二个字节(也就是高位和低位),size 代表汉字字体的大小(比如 16 字体、12 字体等),Hp 为对应汉字点阵数据在字库里面的起始地址(假设是从 0 开始存放)。这样只要得到了汉字的 GBK 码,就可以显示这个汉字了,从而实现汉字在液晶上的显示。

上一章提到要用 cc936.c 来支持长文件名,但是 cc936.c 文件里面的两个数组太大了(172 KB),直接刷在单片机里面太占用 Flash,所以必须把这两个数组存放在外部 Flash。cc936 里面包含的两个数组 oem2uni 和 uni2oem 用来存放 unicode 和 gbk 的互相转换对照表,这两个数组很大,这里利用 ALIENTEK 提供的一个 C 语言数组转 BIN(二进制)的软件:C2B转换助手V1.1.exe,将这两个数组转为BIN文件。我们将这两个数组复制出来存放为一个新的文本文件,假设为UNIGBK.TXT,然后用C2B转换助手打开这个文本文件,如图13.1.2所示。

图13.1.2 C2B转换助手

然后单击"转换",就可以在当前目录下(文本文件所在目录下)得到一个UNIGBK.bin的文件。这样就完成将C语言数组转换为.bin文件,然后只需要将UNIGBK.bin保存到外部Flash就实现了该数组的转移。

cc936.c里面主要是通过ff_convert调用这两个数组,从而实现UNICODE和GBK的互转,该函数源代码如下:

```
WCHAR ff_convert (          /* Converted code, 0 means conversion error */
    WCHAR    src,           /* Character code to be converted */
    UINT     dir            /* 0: Unicode to OEMCP, 1: OEMCP to Unicode */
)
{
    const WCHAR * p;     WCHAR c;
    int i, n, li, hi;
    if (src < 0x80) {       /* ASCII */
        c = src;
    } else {
        if (dir) {          /* OEMCP to unicode */
            p = oem2uni;
            hi = sizeof(oem2uni) / 4 - 1;
        } else {            /* Unicode to OEMCP */
            p = uni2oem;
            hi = sizeof(uni2oem) / 4 - 1;
        }
        li = 0;
        for (n = 16; n; n--) {
            i = li + (hi - li) / 2;
            if (src == p[i * 2]) break;
```

第13章 汉字显示实验

```
            if (src > p[i * 2]) li = i;
            else hi = i;
        }
        c = n ? p[i * 2 + 1] : 0;
    }
    return c;
}
```

此段代码通过二分法(16 阶)在数组里面查找 UNICODE(或 GBK)码对应的 GBK (或 UNICODE)码。将数组存放在外部 Flash 的时候,将该函数修改为:

```
WCHAR ff_convert (        /* Converted code, 0 means conversion error */
    WCHAR    src,         /* Character code to be converted */
    UINT     dir          /* 0: Unicode to OEMCP, 1: OEMCP to Unicode */
)
{
    WCHAR t[2];     WCHAR c;
    u32 i, li, hi;  u16 n;
    u32 gbk2uni_offset = 0;
    if (src < 0x80)c = src;                     //ASCII,直接不用转换
    else
    {
        if(dir)gbk2uni_offset = ftinfo.ugbksize/2;  //GBK 2 UNICODE
        elsegbk2uni_offset = 0;                     //UNICODE 2 GBK
        hi = ftinfo.ugbksize/2;                     //对半开
        hi = hi / 4 - 1;
        li = 0;
        for (n = 16; n; n--)
        {
            i = li + (hi - li) / 2;
            W25QXX_Read((u8 *)&t,ftinfo.ugbkaddr + i * 4 + gbk2uni_offset,4);
                                                //读出 4 个字节
            if (src == t[0]) break;
            if (src > t[0])li = i;
            else hi = i;
        }
        c = n ? t[1] : 0;
    }
    return c;
}
```

代码中的 ftinfo.ugbksize 为刚刚生成的 UNIGBK.bin 的大小,而 ftinfo.ugbkaddr 是存放 UNIGBK.bin 文件的首地址。这里同样采用的是二分法查找。

字库的生成要用到一款软件,即由易木雨软件工作室设计的点阵字库生成器 V3.8。该软件可以在 WINDOWS 系统下生成任意点阵大小的 ASCII、GB2312(简体中文)、GBK(简体中文)、BIG5(繁体中文)、HANGUL(韩文)、SJIS(日文)、Unicode、泰文、越南文、俄文、乌克兰文、拉丁文、8859 系列等共二十几种编码的字库,不但支持生成二进制文件格式的文件,也可以生成 BDF 文件,还支持生成图片功能,并支持横向、纵向等多种扫描方式,且扫描方式可以根据用户的需求进行增加。该软件的界面

如图 13.1.3 所示。

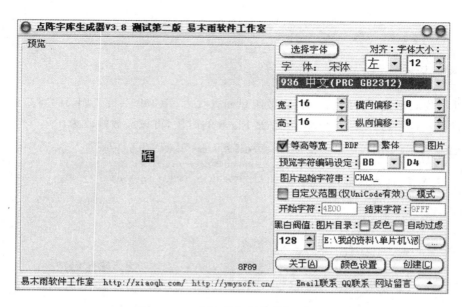

图 13.1.3 点阵字库生成器默认界面

要生成 16×16 的 GBK 字库，则选择 936 中文 PRC GBK，字宽和高均选择 16，字体大小选择 12，然后模式选择纵向取模方式二（从上到下，从左到右，且字节高位在前，低位在后），最后单击"创建"，就可以开始生成我们需要的字库了（.DZK 文件，生成完以后，我们手动修改后缀为.fon）。具体设置如图 13.1.4 所示。

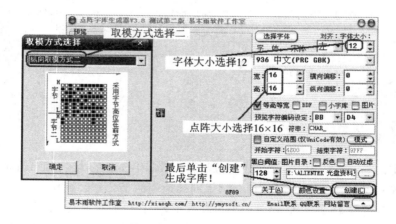

图 13.1.4 生成 GBK16×16 字库的设置方法

注意，计算机端的字体大小与我们生成点阵大小的关系为：

$$fsize = dsize \cdot 6/8$$

其中，fsize 是计算机端字体大小，dsize 是点阵大小（12、16、24、32 等）。所以，16×

第13章 汉字显示实验

16 点阵大小对应的是 12 字体。

生成以后,我们把文件名和后缀改成 GBK16.FON(这里是手动修改后缀)。同样的方法生成 12×12 的点阵库(GBK12.FON)、24×24 的点阵库(GBK24.FON)和 32×32 的点阵库(GBK32.FON),总共制作 4 个字库。

另外,该软件还可以生成其他很多字库,字体也可选,读者可以根据自己的需要按照上面的方法生成即可。该软件的详细介绍参见软件自带的《点阵字库生成器说明书》。

13.2 硬件设计

本章实验功能简介:开机的时候先检测 W25Q256 中是否已经存在字库,如果存在,则按次序显示汉字(4 种字体都显示)。如果没有,则检测 SD 卡和文件系统,并查找 SYSTEM 文件夹下的 FONT 文件夹,在该文件夹内查找 UNIGBK.BIN、GBK12.FON、GBK16.FON、GBK24.FON 和 GBK32.FON。检测到这些文件之后就开始更新字库,更新完毕才开始显示汉字。通过按按键 KEY0 可以强制更新字库。同样也是用 DS0 来指示程序正在运行。

所要用到的硬件资源如下:指示灯 DS0、KEY0 按键、串口、LCD 模块、SD 卡、SPI Flash。这几部分在之前的实例中都介绍过了,在此就不介绍了。

13.3 软件设计

打开本章实验目录可以看到,首先在工程根目录文件夹下面新建了一个 TEXT 的文件夹。在 TEXT 文件夹下新建 fontupd.c、fontupd.h、text.c、text.h 这 4 个文件。同时,在实验工程中新建了 TEXT 分组,将新建的源文件加入到分组之下,并将头文件包含路径加入到工程的 PATH 中。

打开 fontupd.c,代码如下:

```
//字库区域占用的总扇区数大小(4 个字库 + unigbk 表 + 字库信息 = 6 302 984 字节,约占 1 539
//个 W25QXX 扇区,一个扇区 4 KB)
#define FONTSECSIZE         1539
//字库存放起始地址
#define FONTINFOADDR       1024 * 1024 * 25//开发板是从 25 MB 地址以后开始存放字库
                        //前面 25 MB 被 FATFS 占用了,25 MB 以后紧接 4 个字库 + UNIGBK.BIN,总大
                        //小 6.01 MB,被字库占用了,不能动! 31.01 MB 以后,用户可以自由使用
                        //用来保存字库基本信息、地址、大小等
_font_info ftinfo;
//字库存放在磁盘中的路径
u8 * const GBK_PATH[5] =
{
"/SYSTEM/FONT/UNIGBK.BIN",      //UNIGBK.BIN 的存放位置
"/SYSTEM/FONT/GBK12.FON",       //GBK12 的存放位置
"/SYSTEM/FONT/GBK16.FON",       //GBK16 的存放位置
```

```
"/SYSTEM/FONT/GBK24.FON",        //GBK24 的存放位置
"/SYSTEM/FONT/GBK32.FON",        //GBK32 的存放位置
};
//更新时的提示信息
u8 * const UPDATE_REMIND_TBL[5] =
{
"Updating UNIGBK.BIN",           //提示正在更新 UNIGBK.bin
"Updating GBK12.FON",             //提示正在更新 GBK12
"Updating GBK16.FON",             //提示正在更新 GBK16
"Updating GBK24.FON",             //提示正在更新 GBK24
"Updating GBK32.FON",             //提示正在更新 GBK32
};
//显示当前字体更新进度
//x,y:坐标
//size:字体大小
//fsize:整个文件大小
//pos:当前文件指针位置
u32 fupd_prog(u16 x,u16 y,u8 size,u32 fsize,u32 pos)
{
…//此处省略部分代码
}
//更新某一个
//x,y:坐标
//size:字体大小
//fxpath:路径
//fx:更新的内容 0,ungbk;1,gbk12;2,gbk16;3,gbk24;4,gbk32;
//返回值:0,成功;其他,失败
u8 updata_fontx(u16 x,u16 y,u8 size,u8 * fxpath,u8 fx)
{
    u32 flashaddr = 0;
    FIL * fftemp;
    u8 * tempbuf;      u8 res;
    u16 bread;u8 rval = 0;
    u32 offx = 0;
    fftemp = (FIL * )mymalloc(SRAMIN,sizeof(FIL));       //分配内存
    if(fftemp == NULL)rval = 1;
    tempbuf = mymalloc(SRAMIN,4096);                      //分配 4 096 个字节空间
    if(tempbuf == NULL)rval = 1;
    res = f_open(fftemp,(const TCHAR * )fxpath,FA_READ);
    if(res)rval = 2;//打开文件失败
    if(rval == 0)
    {
        switch(fx)
        {
            case 0:                                       //更新 UNIGBK.BIN
                ftinfo.ugbkaddr = FONTINFOADDR + sizeof(ftinfo);//信息头后 UNIGBK 表
                ftinfo.ugbksize = fftemp->fsize; //UNIGBK 大小
                flashaddr = ftinfo.ugbkaddr;
                break;
            case 1:
                ftinfo.f12addr = ftinfo.ugbkaddr + ftinfo.ugbksize;
                                                          //UNIGBK 后 GBK12 字库
```

```c
                ftinfo.gbk12size = fftemp->fsize;           //GBK12 字库大小
                flashaddr = ftinfo.f12addr;                 //GBK12 的起始地址
                break;
            case 2:
                ftinfo.f16addr = ftinfo.f12addr + ftinfo.gbk12size;
                                                            //GBK12 后跟 GBK16 字库
                ftinfo.gbk16size = fftemp->fsize;           //GBK16 字库大小
                flashaddr = ftinfo.f16addr;                 //GBK16 的起始地址
                break;
            case 3:
                ftinfo.f24addr = ftinfo.f16addr + ftinfo.gbk16size;
                                                            //GBK16 后跟 GBK24 字库
                ftinfo.gbk24size = fftemp->fsize;           //GBK24 字库大小
                flashaddr = ftinfo.f24addr;                 //GBK24 的起始地址
                break;
            case 4:
                ftinfo.f32addr = ftinfo.f24addr + ftinfo.gbk24size;
                                                            //GBK24 后跟 GBK32 字库
                ftinfo.gbk32size = fftemp->fsize;           //GBK32 字库大小
                flashaddr = ftinfo.f32addr;                 //GBK32 的起始地址
                break;
        }

        while(res == FR_OK)//死循环执行
        {
            res = f_read(fftemp,tempbuf,4096,(UINT * )&bread);   //读取数据
            if(res!= FR_OK)break;                                //执行错误
            W25QXX_Write(tempbuf,offx + flashaddr,4096);         //从 0 开始写入 4 096 个数据
            offx + = bread;
            fupd_prog(x,y,size,fftemp->fsize,offx);              //进度显示
            if(bread!= 4 096)break;                              //读完了
        }
        f_close(fftemp);
    }
    myfree(SRAMIN,fftemp);                                  //释放内存
    myfree(SRAMIN,tempbuf);                                 //释放内存
    return res;
}
//更新字体文件,UNIGBK,GBK12,GBK16,GBK24,GBK32 一起更新
//x,y:提示信息的显示地址
//size:字体大小
//src:字库来源磁盘."0:",SD 卡;"1:",FLASH 盘,"2:",U 盘
//提示信息字体大小
//返回值:0,更新成功
//       其他,错误代码
u8 update_font(u16 x,u16 y,u8 size,u8 * src)
{
    u8 * pname;
    u32 * buf;
    u8 res = 0;
    u16 i,j;
```

```c
    FIL * fftemp;
    u8 rval = 0;
    res = 0XFF;
    ftinfo.fontok = 0XFF;
    pname = mymalloc(SRAMIN,100);                          //申请100字节内存
    buf = mymalloc(SRAMIN,4096);                           //申请4 KB内存
    fftemp = (FIL * )mymalloc(SRAMIN,sizeof(FIL));         //分配内存
    if(buf == NULL||pname == NULL||fftemp == NULL)
    {
        myfree(SRAMIN,fftemp);
        myfree(SRAMIN,pname);
        myfree(SRAMIN,buf);
        return 5;                                          //内存申请失败
    }
    for(i = 0;i<5;i++)        //先查找文件UNIGBK,GBK12,GBK16,GBK24,GBK32是否正常
    {
        strcpy((char * )pname,(char * )src);               //copy src 内容到pname
        strcat((char * )pname,(char * )GBK_PATH[i]);       //追加具体文件路径
        res = f_open(fftemp,(const TCHAR * )pname,FA_READ);//尝试打开
        if(res)
        {
            rval| = 1 << 7;                                //标记打开文件失败
            break;                                         //出错了,直接退出
        }
    }
    myfree(SRAMIN,fftemp);                                 //释放内存
    if(rval == 0)                                          //字库文件都存在
    {
    LCD_ShowString(x,y,240,320,size,"Erasing sectors... ");//提示正在擦除扇区
    for(i = 0;i<FONTSECSIZE;i++)                           //先擦除字库区域,提高写入速度
    {
        fupd_prog(x + 20 * size/2,y,size,FONTSECSIZE,i);   //进度显示
        W25QXX_Read((u8 * )buf,((FONTINFOADDR/4096) + i) * 4096,4096);  //读扇区
        for(j = 0;j<1024;j++)                              //校验数据
        {
            if(buf[j]! = 0XFFFFFFFF)break;                 //需要擦除
        }
        if(j! = 1024)W25QXX_Erase_Sector((FONTINFOADDR/4096) + i);  //擦除扇区
    }
    for(i = 0;i<5;i++)         //依次更新UNIGBK,GBK12,GBK16,GBK24,GBK32
    {
        LCD_ShowString(x,y,240,320,size,UPDATE_REMIND_TBL[i]);
        strcpy((char * )pname,(char * )src);               //copy src 内容到pname
        strcat((char * )pname,(char * )GBK_PATH[i]);       //追加具体文件路径
        res = updata_fontx(x + 20 * size/2,y,size,pname,i);    //更新字库
        if(res)
        {
            myfree(SRAMIN,buf);
            myfree(SRAMIN,pname);
            return 1 + i;
        }
```

```
        }
        //全部更新好了
        ftinfo.fontok = 0XAA;
        W25QXX_Write((u8 *)&ftinfo,FONTINFOADDR,sizeof(ftinfo));     //保存字库信息
    }
    myfree(SRAMIN,pname);                                             //释放内存
    myfree(SRAMIN,buf);
    return rval;                                                      //无错误
}
//初始化字体
//返回值:0,字库完好
//      其他,字库丢失
u8 font_init(void)
{
    u8 t = 0;
    W25QXX_Init();
    while(t<10)//连续读取10次,都是错误,说明确实是有问题,得更新字库了
    {
        t ++ ;
        W25QXX_Read((u8 *)&ftinfo,FONTINFOADDR,sizeof(ftinfo));
        //读出 ftinfo 结构体数据
        if(ftinfo.fontok == 0XAA)break;
        delay_ms(20);
    }
    if(ftinfo.fontok! = 0XAA)return 1;
    return 0;
}
```

此部分代码主要用于字库的更新操作(包含 UNIGBK 的转换码表更新),其中,ftinfo 是 fontupd.h 里面定义的一个结构体,用于记录字库首地址及字库大小等信息。因为我们将 W25Q256 的前 25 MB 给 FATFS 管理(用做本地磁盘),随后,紧跟字库结构体、UNIGBK.bin 和 3 个字库,这部分内容首地址是(1 024×12)×1 024,大小约 6.01 MB,最后 W25Q256 还剩下约 0.99 MB 给用户自己用。

打开 fontupd.h 文件,代码如下:

```
extern u32 FONTINFOADDR;       //字体信息保存地址,占 41 个字节,第 1 个字节用于标记字库
                               //是否存在.后续每 8 个字节一组,分别保存起始地址和文件大小
//字库信息结构体定义
//用来保存字库基本信息、地址,大小等
__packed typedef struct
{
    u8 fontok;                 //字库存在标志,0XAA,字库正常;其他,字库不存在
    u32 ugbkaddr;              //unigbk 的地址
    u32 ugbksize;              //unigbk 的大小
    u32 f12addr;               //gbk12 地址
    u32 gbk12size;             //gbk12 的大小
    u32 f16addr;               //gbk16 地址
    u32 gbk16size;             //gbk16 的大小
    u32 f24addr;               //gbk24 地址
    u32 gbk24size;             //gbk24 的大小
```

```
    u32 f32addr;                    //gbk32 地址
    u32 gbk32size;                  //gbk32 的大小
}_font_info;
extern _font_info ftinfo;           //字库信息结构体
u32 fupd_prog(u16 x,u16 y,u8 size,u32 fsize,u32 pos);      //显示更新进度
u8 updata_fontx(u16 x,u16 y,u8 size,u8 * fxpath,u8 fx);    //更新指定字库
u8 update_font(u16 x,u16 y,u8 size,u8 * src);              //更新全部字库
u8 font_init(void);                                        //初始化字库
#endif
```

这里可以看到 ftinfo 的结构体定义,总共占用 41 个字节,第一个字节用来标识字库是否正常,其他的用来记录地址和文件大小。

接下来打开 text.c 文件,代码如下:

```
//code 字符指针开始
//从字库中查找出字模
//code 字符串的开始地址,GBK 码
//mat  数据存放地址 (size/8+((size%8)? 1:0))*(size) bytes 大小
//size:字体大小
void Get_HzMat(unsigned char * code,unsigned char * mat,u8 size)
{
    unsigned char qh,ql;
    unsigned char i;
    unsigned long foffset;
    u8 csize = (size/8+((size%8)? 1:0))*(size);
                                //得到字体一个字符对应点阵集所占的字节数
    qh = * code;
    ql = *(++ code);
    if(qh<0x81||ql<0x40||ql == 0xff||qh == 0xff)  //非常用汉字
    {
        for(i = 0;i<csize;i++) * mat++ = 0x00;    //填充满格
        return;                                   //结束访问
    }
    if(ql<0x7f)ql - = 0x40;                       //注意
    else ql - = 0x41;
    qh - = 0x81;
    foffset = ((unsigned long)190 * qh+ql) * csize;   //得到字库中的字节偏移量
    switch(size)
    {
        case 12:
            W25QXX_Read(mat,foffset+ftinfo.f12addr,csize);
            break;
        case 16:
            W25QXX_Read(mat,foffset+ftinfo.f16addr,csize);
            break;
        case 24:
            W25QXX_Read(mat,foffset+ftinfo.f24addr,csize);
            break;
        case 32:
            W25QXX_Read(mat,foffset+ftinfo.f32addr,csize);
            break;
```

```c
}
//显示一个指定大小的汉字
//x,y:汉字的坐标
//font:汉字 GBK 码
//size:字体大小
//mode:0,正常显示,1,叠加显示
void Show_Font(u16 x,u16 y,u8 * font,u8 size,u8 mode)
{
    u8 temp,t,t1;
    u16 y0 = y;
    u8 dzk[128];
    u8 csize = (size/8 + ((size % 8)? 1:0)) * (size);
                                //得到字体一个字符对应点阵集所占的字节数
    if(size!= 12&&size!= 16&&size!= 24&&size!= 32)return;  //不支持的 size
    Get_HzMat(font,dzk,size);               //得到相应大小的点阵数据
    for(t = 0;t＜csize;t ++ )
    {
        temp = dzk[t];                  //得到点阵数据
        for(t1 = 0;t1＜8;t1 ++ )
        {
            if(temp&0x80)LCD_Fast_DrawPoint(x,y,POINT_COLOR);
            else if(mode == 0)LCD_Fast_DrawPoint(x,y,BACK_COLOR);
            temp ≪ = 1;
            y ++ ;
            if((y - y0) == size)
            {
                y = y0;
                x ++ ;
                break;
            }
        }
    }
}
//在指定位置开始显示一个字符串
//支持自动换行
//(x,y):起始坐标
//width,height:区域
//str    :字符串
//size :字体大小
//mode:0,非叠加方式;1,叠加方式
void Show_Str(u16 x,u16 y,u16 width,u16 height,u8 * str,u8 size,u8 mode)
{
…//此处省略部分代码
}
//在指定宽度的中间显示字符串
//如果字符长度超过了 len,则用 Show_Str 显示
//len:指定要显示的宽度
void Show_Str_Mid(u16 x,u16 y,u8 * str,u8 size,u8 len)
{
…//此处省略部分代码
}
```

此部分代码总共有 4 个函数,这里省略了两个函数(Show_Str_Mid 和 Show_Str)的代码,另外两个函数中,Get_HzMat 函数用于获取 GBK 码对应的汉字字库,通过 12.1 节介绍的办法,在外部 Flash 查找字库,然后返回对应的字库点阵。Show_Font 函数用于在指定地址显示一个指定大小的汉字,采用的方法和 LCD_ShowChar 采用的方法一样,都是画点显示,这里就不细说了。

text.h 头文件是一些函数申明,这里不细说了。

前面提到我们对 cc936.c 文件做了修改,将其命名为 mycc936.c,并保存在 exfuns 文件夹下,将工程 FATFS 组下的 cc936.c 删除,然后重新添加 mycc936.c 到 FATFS 组下。mycc936.c 的源码就不贴出来了,其实就是在 cc936.c 的基础上去掉了两个大数组,然后对 ff_convert 进行了修改,详见本例程源码。

main 函数如下:

```c
int main(void)
{
    u32 fontcnt;
    u8 i,j;
    u8 fontx[2];                    //gbk 码
    u8 key,t;
    Cache_Enable();                 //打开 L1-Cache
    MPU_Memory_Protection();        //保护相关存储区域
    HAL_Init();                     //初始化 HAL 库
    Stm32_Clock_Init(432,25,2,9);   //设置时钟,216 MHz
    delay_init(216);                //延时初始化
    uart_init(115200);              //串口初始化
    LED_Init();                     //初始化 LED
    KEY_Init();                     //初始化按键
    SDRAM_Init();                   //初始化 SDRAM
    LCD_Init();                     //初始化 LCD
    W25QXX_Init();                  //初始化 W25Q256
    my_mem_init(SRAMIN);            //初始化内部内存池
    my_mem_init(SRAMEX);            //初始化外部 SDRAM 内存池
    my_mem_init(SRAMDTCM);          //初始化内部 DTCM 内存池
    exfuns_init();                  //为 fatfs 相关变量申请内存
    f_mount(fs[0],"0:",1);          //挂载 SD 卡
    f_mount(fs[1],"1:",1);          //挂载 SPI Flash
    f_mount(fs[2],"2:",1);          //挂在 NAND Flash
    while(font_init())              //检查字库
    {
        UPD:
        LCD_Clear(WHITE);           //清屏
        POINT_COLOR = RED;          //设置字体为红色
        LCD_Show-String(30,50,200,16,16,"Apollo STM32F4/F7");
        while(SD_Init())            //检测 SD 卡
        {
            LCD_ShowString(30,70,200,16,16,"SD Card Failed!");
            delay_ms(200);
```

```c
            LCD_Fill(30,70,200 + 30,70 + 16,WHITE);
            delay_ms(200);
        }
        LCD_ShowString(30,70,200,16,16,"SD Card OK");
        LCD_ShowString(30,90,200,16,16,"Font Updating...");
        key = update_font(20,110,16,"0:");//更新字库
        while(key)//更新失败
        {
            LCD_ShowString(30,110,200,16,16,"Font Update Failed!");
            delay_ms(200);
            LCD_Fill(20,110,200 + 20,110 + 16,WHITE);
            delay_ms(200);
        }
        LCD_ShowString(30,110,200,16,16,"Font Update Success!        ");
        delay_ms(1500);
        LCD_Clear(WHITE);//清屏
    }
    POINT_COLOR = RED;
    Show_Str(30,30,200,16,"阿波罗 STM32F4/F7 开发板",16,0);
    Show_Str(30,50,200,16,"GBK 字库测试程序",16,0);
    Show_Str(30,70,200,16,"正点原子@ALIENTEK",16,0);
    Show_Str(30,90,200,16,"2016 年 7 月 15 日",16,0);
    Show_Str(30,110,200,16,"按 KEY0,更新字库",16,0);
    POINT_COLOR = BLUE;
    Show_Str(30,130,200,16,"内码高字节:",16,0);
    Show_Str(30,150,200,16,"内码低字节:",16,0);
    Show_Str(30,170,200,16,"汉字计数器:",16,0);
    Show_Str(30,200,200,32,"对应汉字为:",32,0);
    Show_Str(30,232,200,24,"对应汉字为:",24,0);
    Show_Str(30,256,200,16,"对应汉字(16*16)为:",16,0);
    Show_Str(30,272,200,12,"对应汉字(12*12)为:",12,0);
    while(1)
    {
        fontcnt = 0;
        for(i = 0x81;i<0xff;i ++ )
        {
            fontx[0] = i;
            LCD_ShowNum(118,150,i,3,16);                    //显示内码高字节
            for(j = 0x40;j<0xfe;j ++ )
            {
                if(j == 0x7f)continue;
                fontcnt ++ ;
                LCD_ShowNum(118,150,j,3,16);                //显示内码低字节
                LCD_ShowNum(118,170,fontcnt,5,16);          //汉字计数显示
                fontx[1] = j;
                Show_Font(30 + 176,200,fontx,32,0);
                Show_Font(30 + 132,232,fontx,24,0);
                Show_Font(30 + 144,256,fontx,16,0);
                Show_Font(30 + 108,272,fontx,12,0);
                t = 200;
                while(t -- )//延时,同时扫描按键
```

```
            {
                delay_ms(1);
                key = KEY_Scan(0);
                if(key == KEY0_PRES)goto UPD;
            }
            LED0_Toggle;
        }
    }
}
```

此部分代码就实现了硬件描述部分描述的功能,至此整个软件设计就完成了。这节有太多的代码,而且工程也增加了不少,整个工程截图如图 13.3.1 所示。

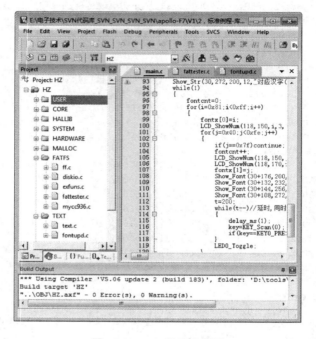

图 13.3.1　工程建成截图

13.4　下载验证

编译成功之后,下载代码到 ALIENTEK 阿波罗 STM32 开发板上,可以看到,LCD 开始显示汉字及汉字内码,如图 13.4.1 所示。一开始就显示汉字,是因为 ALIENTEK 阿波罗 STM32F767 开发板在出厂的时候都是测试过的,里面刷了综合测试程序,已经把字库写入到了 W25Q256 里面,所以并不会提示更新字库。如果想要更新字库,则必须先找一张 SD 卡,把配套资料→5,SD 卡根目录文件文件夹下面的 SYSTEM 文件夹复制到 SD 卡根目录下,插入开发板并按复位,之后,在显示汉字的时候按下 KEY0,就可以开始更新字库了。

字库更新界面如图 13.4.2 所示。

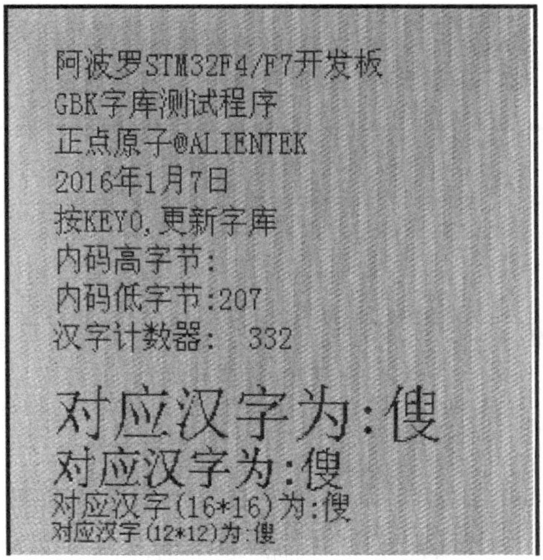

图 13.4.1　汉字显示实验显示效果 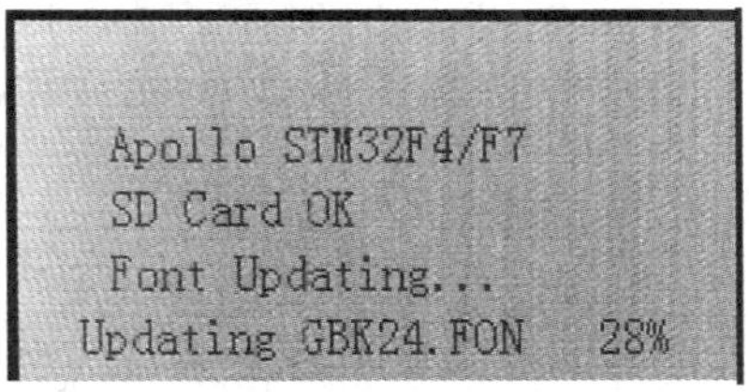　　　　　　图 13.4.2　汉字字库更新界面

还可以通过 USMART 来测试该实验,将 Show_Str 函数加入 USMART 控制(方法前面已经讲了很多次了)就可以通过串口调用该函数,在屏幕上显示任何想要显示的汉字了,有兴趣的读者可以测试一下。

第 14 章
图片显示实验

在开发产品的时候,很多时候都会用到图片解码,本章将介绍如何通过 STM32F767 来解码 BMP、JPG、JPEG、GIF 等图片,并在 LCD 上显示出来。

14.1 图片格式简介

常用的图片格式有很多,一般最常用的有 3 种:JPEG(或 JPG)、BMP 和 GIF。其中,JPEG(或 JPG)和 BMP 是静态图片,GIF 则是可以实现动态图片。下面简单介绍一下这 3 种图片格式。

首先来看看 BMP 图片格式。BMP(全称 Bitmap)是 Window 操作系统中的标准图像文件格式,文件后缀名为".bmp",使用非常广。它采用位映射存储格式,除了图像深度可选以外,不采用其他任何压缩,因此,BMP 文件所占用的空间很大,但是没有失真。BMP 文件的图像深度可选 1 bit、4 bit、8 bit、16 bit、24 bit 及 32 bit。BMP 文件存储数据时,图像的扫描方式是按从左到右、从下到上的顺序。

典型的 BMP 图像文件由 4 部分组成:

① 位图头文件数据结构,包含 BMP 图像文件的类型、显示内容等信息;
② 位图信息数据结构,包含 BMP 图像的宽、高、压缩方法以及定义颜色等信息;
③ 调色板,这个部分是可选的,有些位图需要调色板,有些位图,比如真彩色图(24位的 BMP),就不需要调色板;
④ 位图数据,这部分的内容根据 BMP 位图使用的位数不同而不同,在 24 位图中直接使用 RGB,而其他小于 24 位的使用调色板中的颜色索引值。

关于 BMP 的详细介绍可参考配套资料的"BMP 图片文件详解.pdf",接下来看看 JPEG 文件格式。

JPEG 是 Joint Photographic Experts Group(联合图像专家组)的缩写,文件后辍名为".jpg"或".jpeg",是最常用的图像文件格式,由一个软件开发联合会组织制定,同 BMP 格式不同。JPEG 是一种有损压缩格式,能够将图像压缩在很小的储存空间,图像中重复或不重要的资料会被丢失,因此容易造成图像数据的损伤(BMP 不会,但是 BMP 占用空间大)。尤其是使用过高的压缩比例,将使最终解压缩后恢复的图像质量明显降低;如果追求高品质图像,不宜采用过高压缩比例。但是 JPEG 压缩技术十分先进,它用有损压缩方式去除冗余的图像数据,在获得极高的压缩率的同时能展现十分丰富生动的图像，换句话说，就是可以用最少的磁盘空间得到较好的图像品质。而且JPEG 是一种很灵活的格式，具有调节图像质量的功能，允许用不同的压缩比例对文件进行压缩，支持多种压缩级别，压缩比率通常在 10:1～40:1 之间，压缩比越大，品质就越低；相反地，压缩比越小，品质就越好。比如可以把 1.37 Mbit 的 BMP 位图文件压缩至 20.3 KB。当然，也可以在图像质量和文件尺寸之间找到平衡点。JPEG 格式压缩的主要是高频信息，对色彩的信息保留较好，适合应用于互联网，可减少图像的传输时间，可以支持 24 bit 真彩色，也普遍应用于需要连续色调的图像。

JPEG、JPG 的解码过程可以简单概述为如下几个部分：

① 从文件头读出文件的相关信息。

JPEG 文件数据分为文件头和图像数据两大部分，其中，文件头记录了图像的版本、长宽、采样因子、量化表、哈夫曼表等重要信息。所以解码前必须将文件头信息读出，以备图像数据解码过程之用。

② 从图像数据流读取一个最小编码单元（MCU），并提取出里边的各个颜色分量单元。

③ 将颜色分量单元从数据流恢复成矩阵数据。

使用文件头给出的哈夫曼表对分割出来的颜色分量单元进行解码，把其恢复成 8×8 的数据矩阵。

④ 8×8 的数据矩阵进一步解码。

此部分解码工作以 8×8 的数据矩阵为单位，其中包括相邻矩阵的直流系数差分解码、使用文件头给出的量化表反量化数据、反 Zig-zag 编码、隔行正负纠正、反向离散余弦变换这 5 个步骤，最终输出仍然是一个 8×8 的数据矩阵。

⑤ 颜色系统 YCrCb 向 RGB 转换。

将一个 MCU 的各个颜色分量单元解码结果整合起来，将图像颜色系统从 YCrCb 向 RGB 转换。

⑥ 排列整合各个 MCU 的解码数据。

不断读取数据流中的 MCU 并对其解码，直至读完所有 MCU 为止，将各个 MCU 解码后的数据正确排列成完整的图像。

JPEG 的解码本身是比较复杂的，FATFS 的作者提供了一个轻量级的 JPG、JPEG 解码库：TjpgDec，最少仅需 3 KB 的 RAM 和 3.5 KB 的 Flash 即可实现 JPG、JPEG 解码，这里采用 TjpgDec 作为 JPG、JPEG 的解码库。关于 TjpgDec 的详细使用可参考配套资料：6，软件资料\图片编解码\TjpgDec 技术手册这个文档。

BMP 和 JPEG 这两种图片格式均不支持动态效果，而 GIF 则是可以支持动态效果。GIF（Graphics Interchange Format）是 CompuServe 公司开发的图像文件存储格式，1987 年开发的 GIF 文件格式版本号是 GIF87a，1989 年进行了扩充，扩充后的版本号定义为 GIF89a。

GIF 图像文件以数据块（block）为单位来存储图像的相关信息。一个 GIF 文件由表示图形/图像的数据块、数据子块以及显示图形/图像的控制信息块组成，称为 GIF

数据流（Data Stream）。数据流中的所有控制信息块和数据块都必须在文件头（Header）和文件结束块（Trailer）之间。

GIF 文件格式采用了 LZW（Lempel-Ziv Walch）压缩算法来存储图像数据，定义了允许用户为图像设置背景的透明（transparency）属性。此外，GIF 文件格式可在一个文件中存放多幅彩色图形/图像。如果在 GIF 文件中存放多幅图，则它们可以像演幻灯片那样显示或者像动画那样演示。

一个 GIF 文件的结构可分为文件头（File Header）、GIF 数据流（GIF Data Stream）和文件终结器（Trailer）3 个部分。文件头包含 GIF 文件署名（Signature）和版本号（Version）；GIF 数据流由控制标识符、图像块（Image Block）和其他的一些扩展块组成；文件终结器只有一个值为 0x3B 的字符（";"）表示文件结束。

关于 GIF 的详细介绍可参考配套资料 GIF 解码相关资料。

14.2 硬件设计

本章实验功能简介：开机的时候先检测字库，然后检测 SD 卡是否存在，如果 SD 卡存在，则开始查找 SD 卡根目录下的 PICTURE 文件夹，如果找到，则显示该文件夹下面的图片文件（支持 bmp、jpg、jpeg 或 gif 格式），循环显示。通过按 KEY0 和 KEY2 可以快速浏览下一张和上一张，KEY_UP 按键用于暂停/继续播放，DS1 用于指示当前是否处于暂停状态。如果未找到 PICTURE 文件夹/任何图片文件，则提示错误。同样用 DS0 来指示程序正在运行。

所要用到的硬件资源如下：指示灯 DS0 和 DS1、KEY0、KEY2 和 KEY_UP 共 3 个按键，串口，LCD 模块，SD 卡，SPI Flash。这几部分在之前的实例中都介绍过了，在此就不介绍了。注意，在 SD 卡根目录下要建一个 PICTURE 的文件夹，用来存放 JPEG、JPG、BMP 或 GIF 等图片。

14.3 软件设计

打开本章实验工程目录可以看到，我们在工程根目录下面新建了一个 PICTURE 文件夹。在该文件夹里面新建了 bmp.c、bmp.h、tjpgd.c、tjpgd.h、integer.h、gif.c、gif.h、piclib.c 和 piclib.h 共 9 个文件。打开实验工程可以看到，我们在工程中新建了 PICTURE 分组，添加了相关源文件到工程，同时将 PICTURE 文件夹加入头文件包含路径。

其中，bmp.c 和 bmp.h 用于实现对 bmp 文件的解码，tjpgd.c 和 tjpgd.h 用于实现对 jpeg/jpg 文件的解码，gif.c 和 gif.h 用于实现对 gif 文件的解码。这几个代码太长了，读者可参考配套资料本例程的源码。打开 piclib.c，代码如下：

```
extern u32 * ltdc_framebuf[2];      //LTDC LCD 帧缓存指针必须指向对应大小的内存区域
_pic_info picinfo;                  //图片信息
```

```c
_pic_phy pic_phy;                    //图片显示物理接口
////////////////////////////////////////////////////////
//lcd.h 没有提供划横线函数,需要自己实现
void piclib_draw_hline(u16 x0,u16 y0,u16 len,u16 color)
{
    if((len == 0)||(x0>lcddev.width)||(y0>lcddev.height))return;
    LCD_Fill(x0,y0,x0 + len - 1,y0,color);
}
//填充颜色
//x,y:起始坐标
//width,height:宽度和高度
//*color:颜色数组
void piclib_fill_color(u16 x,u16 y,u16 width,u16 height,u16 * color)
{
    u16 i,j;
    if(lcdltdc.pwidth! = 0&&lcddev.dir == 0)
                                //如果是 RGB 屏,且竖屏,则填充函数不可直接用
    {
        for(i = 0;i<height;i ++ )
        {
            for(j = 0;j<width;j ++ )
            {
                * (u16 * )((u32)ltdc_framebuf[lcdltdc.activelayer] + lcdltdc.pixsize *
(lcdltdc.pwidth * (lcdltdc.pheight - x - j - 1) + y + i)) = color[i * width + j];
            }
        }
    }else LCD_Color_Fill(x,y,x + width - 1,y + height - 1,color);//其他情况,直接填充
}
////////////////////////////////////////////////////////
//画图初始化,在画图之前,必须先调用此函数
//指定画点/读点
void piclib_init(void)
{
    pic_phy.read_point = LCD_ReadPoint;         //读点函数实现,仅 BMP 需要
    pic_phy.draw_point = LCD_Fast_DrawPoint;    //画点函数实现
    pic_phy.fill = LCD_Fill;                    //填充函数实现,仅 GIF 需要
    pic_phy.draw_hline = piclib_draw_hline;     //画线函数实现,仅 GIF 需要
    pic_phy.fillcolor = piclib_fill_color;      //颜色填充函数实现,仅 TJPGD 需要
    picinfo.lcdwidth = lcddev.width;            //得到 LCD 的宽度像素
    picinfo.lcdheight = lcddev.height;          //得到 LCD 的高度像素
    picinfo.ImgWidth = 0;                       //初始化宽度为 0
    picinfo.ImgHeight = 0;                      //初始化高度为 0
    picinfo.Div_Fac = 0;                        //初始化缩放系数为 0
    picinfo.S_Height = 0;                       //初始化设定的高度为 0
    picinfo.S_Width = 0;                        //初始化设定的宽度为 0
    picinfo.S_XOFF = 0;                         //初始化 x 轴的偏移量为 0
    picinfo.S_YOFF = 0;                         //初始化 y 轴的偏移量为 0
    picinfo.staticx = 0;                        //初始化当前显示到的 x 坐标为 0
    picinfo.staticy = 0;                        //初始化当前显示到的 y 坐标为 0
}
//快速 ALPHA BLENDING 算法
```

```c
//src:源颜色
//dst:目标颜色
//alpha:透明程度(0~32)
//返回值:混合后的颜色
u16 piclib_alpha_blend(u16 src,u16 dst,u8 alpha)
{
    u32 src2;      u32 dst2;
    //Convert to 32bit |- - - - -GGGGGG- - - - -RRRRR- - - - -BBBBB|
    src2 = ((src << 16)|src)&0x07E0F81F;
    dst2 = ((dst << 16)|dst)&0x07E0F81F;
    //Perform blending R:G:B with alpha in range 0..32
    //Note that the reason that alpha may not exceed 32 is that there are only
    //5bits of space between each R:G:B value, any higher value will overflow
    //into the next component and deliver ugly result
    dst2 = ((((dst2 - src2) * alpha) >> 5) + src2)&0x07E0F81F;
    return (dst2 >> 16)|dst2;
}
//初始化智能画点
//内部调用
void ai_draw_init(void)
{
    float temp,temp1;
    temp = (float)picinfo.S_Width/picinfo.ImgWidth;
    temp1 = (float)picinfo.S_Height/picinfo.ImgHeight;
    if(temp<temp1)temp1 = temp;//取较小的那个
    if(temp1>1)temp1 = 1;
    //使图片处于所给区域的中间
    picinfo.S_XOFF + = (picinfo.S_Width - temp1 * picinfo.ImgWidth)/2;
    picinfo.S_YOFF + = (picinfo.S_Height - temp1 * picinfo.ImgHeight)/2;
    temp1 * = 8192;//扩大8192倍
    picinfo.Div_Fac = temp1;
    picinfo.staticx = 0xffff;
    picinfo.staticy = 0xffff;//放到一个不可能的值上面
}
//判断这个像素是否可以显示
//(x,y):像素原始坐标
//chg      :功能变量
//返回值:0,不需要显示.1,需要显示
u8 is_element_ok(u16 x,u16 y,u8 chg)
{
    if(x!= picinfo.staticx||y!= picinfo.staticy)
    {
        if(chg == 1){    picinfo.staticx = x;    picinfo.staticy = y;}
        return 1;
    }else return 0;
}
//智能画图
//FileName:要显示的图片文件  BMP/JPG/JPEG/GIF
//x,y,width,height:坐标及显示区域尺寸
//fast:使能jpeg/jpg小图片(图片尺寸小于等于液晶分辨率)快速解码,0,不使能;1,使能
//图片在开始和结束的坐标点范围内显示
```

第14章 图片显示实验

```
u8 ai_load_picfile(const u8 * filename,u16 x,u16 y,u16 width,u16 height,u8 fast)
{
    u8     res;//返回值
    u8 temp;
    if((x+width)>picinfo.lcdwidth)return PIC_WINDOW_ERR;        //x坐标超范围了
    if((y+height)>picinfo.lcdheight)return PIC_WINDOW_ERR;      //y坐标超范围了
    //得到显示方框大小
    if(width == 0||height == 0)return PIC_WINDOW_ERR;           //窗口设定错误
    picinfo.S_Height = height;
    picinfo.S_Width = width;
    //显示区域无效
    if(picinfo.S_Height == 0||picinfo.S_Width == 0)
    {
        picinfo.S_Height = lcddev.height;
        picinfo.S_Width = lcddev.width;
        return FALSE;
    }
    if(pic_phy.fillcolor == NULL)fast = 0;//颜色填充函数未实现,不能快速显示
    //显示的开始坐标点
    picinfo.S_YOFF = y;
    picinfo.S_XOFF = x;
    //文件名传递
    temp = f_typetell((u8 * )filename);        //得到文件的类型
    switch(temp)
    {
        case T_BMP:    res = stdbmp_decode(filename); break;             //解码bmp
        case T_JPG:
        case T_JPEG:   res = jpg_decode(filename,fast);break;            //解码JPG/JPEG
        case T_GIF:res = gif_decode(filename,x,y,width,height);break;    //解码gif
        default:res = PIC_FORMAT_ERR;break;                              //非图片格式
    }
    return res;
}
//动态分配内存
void * pic_memalloc (u32 size)
{
    return (void * )mymalloc(SRAMDTCM,size);
}
//释放内存
void pic_memfree (void * mf)
{
    myfree(SRAMDTCM,mf);
}
```

  此段代码总共9个函数,其中,因为LCD驱动代码没有提供piclib_draw_hline和piclib_fill_color函数,所以在这里单独实现;如果LCD驱动代码提供了,则直接用LCD提供的即可。

  piclib_init函数,用于初始化图片解码的相关信息,其中,_pic_phy是在piclib.h里面定义的一个结构体,用于管理底层LCD接口函数,这些函数必须由用户在外部实现。_pic_info则是另外一个结构体,用于图片缩放处理。

piclib_alpha_blend 函数,用于实现半透明效果,在小格式(图片分辨率小于 LCD 分辨率)bmp 解码的时候可能被用到。

ai_draw_init 函数,用于实现图片在显示及区域的居中显示及初始化,其实就是根据图片大小选择缩放比例和坐标偏移值。

is_element_ok 函数,用于判断一个点是不是应该显示出来,在图片缩放的时候该函数是必须用到的。

ai_load_picfile 函数,是整个图片显示的对外接口,外部程序通过调用该函数可以实现 bmp、jpg/jpeg 和 gif 的显示。该函数根据输入文件的后缀名来判断文件格式,然后交给相应的解码程序(bmp 解码/jpeg 解码/gif 解码)执行解码,完成图片显示。注意,这里用到一个 f_typetell 函数来判断文件的后缀名,f_typetell 函数在 exfuns.c 里面实现,具体可参考配套资料本例程源码。

最后,pic_memalloc 和 pic_memfree 函数分别用于图片解码时需要用到的内存申请和释放,通过调用 mymalloc 和 myfreee 函数来实现。

接下来看看头文件 piclib.h 关键代码,如下:

```
#define PIC_FORMAT_ERR           0x27        //格式错误
#define PIC_SIZE_ERR             0x28        //图片尺寸错误
#define PIC_WINDOW_ERR           0x29        //窗口设定错误
#define PIC_MEM_ERR              0x11        //内存错误
/////////////////////////////////////////////////////
#ifndef TRUE
#define TRUE    1
#endif
#ifndef FALSE
#define FALSE   0
#endif
//图片显示物理层接口
//在移植的时候,必须由用户自己实现这几个函数
typedef struct
{
    u32(*read_point)(u16,u16);        //u32 read_point(u16 x,u16 y)     读点函数
    void(*draw_point)(u16,u16,u32);   //void draw_point(u16 x,u16 y,u32 color)画点函数
    void(*fill)(u16,u16,u16,u16,u32);
//void fill(u16 sx,u16 sy,u16 ex,u16 ey,u32 color) 单色填充函数
    void(*draw_hline)(u16,u16,u16,u16);
//void draw_hline(u16 x0,u16 y0,u16 len,u16 color)  画水平线函数
    void(*fillcolor)(u16,u16,u16,u16,u16*);
//void piclib_fill_color(u16 x,u16 y,u16 width,u16 height,u16 *color) 颜色填充
}_pic_phy;
extern _pic_phy pic_phy;
/////////////////////////////////////////////////////
//图像信息
typedef struct
{
    u16 lcdwidth;           //LCD 的宽度
    u16 lcdheight;          //LCD 的高度
```

第14章 图片显示实验

```
    u32 ImgWidth;            //图像的实际宽度和高度
    u32 ImgHeight;
    u32 Div_Fac;             //缩放系数(扩大了 8192 倍的)
    u32 S_Height;            //设定的高度和宽度
    u32 S_Width;
    u32   S_XOFF;            //x 轴和 y 轴的偏移量
    u32 S_YOFF;
    u32 staticx;             //当前显示到的 xy 坐标
    u32 staticy;
}_pic_info;
extern _pic_info picinfo;//图像信息
////////////////////////////////////////////////
void piclib_fill_color(u16 x,u16 y,u16 width,u16 height,u16 * color);
…//此处省略部分函数声明
void pic_memfree(void * mf);     //pic 释放内存
////////////////////////////////////////////////
#endif
```

这里基本就是前面提到的两个结构体的定义以及一些函数的申明,main.c 文件内容如下:

```
//得到 path 路径下,目标文件的总个数
//path:路径
//返回值:总有效文件数
u16 pic_get_tnum(u8 * path)
{
    u8 res;    u16 rval = 0;
    DIR tdir;                                            //临时目录
    FILINFO * tfileinfo;                                 //临时文件信息
    tfileinfo = (FILINFO * )mymalloc(SRAMIN,sizeof(FILINFO));  //申请内存
    res = f_opendir(&tdir,(const TCHAR * )path);         //打开目录
    if(res == FR_OK&&tfileinfo)
    {
        while(1)                                         //查询总的有效文件数
        {
            res = f_readdir(&tdir,tfileinfo);            //读取目录下的一个文件
            if(res! = FR_OK||tfileinfo->fname[0] == 0)break;  //错误了/到末尾了,退出
            res = f_typetell((u8 * )tfileinfo->fname);
            if((res&0XF0) == 0X50)                       //取高 4 位,看看是不是图片文件
            {
                rval ++ ;                                //有效文件数增加 1
            }
        }
    }
    myfree(SRAMIN,tfileinfo);                            //释放内存
    return rval;
}
int main(void)
{
    u8 res;
    DIR picdir;                                          //图片目录
```

```c
    FILINFO * picfileinfo;                      //文件信息
    u8 * pname;                                 //带路径的文件名
    u16 totpicnum;                              //图片文件总数
    u16 curindex;                               //图片当前索引
    u8 key;                                     //键值
    u8 pause = 0;                               //暂停标记
    u8 t;       u16 temp;
    u32 * picoffsettbl;                         //图片文件 offset 索引表
    Cache_Enable();                             //打开 L1-Cache
    MPU_Memory_Protection();                    //保护相关存储区域
    HAL_Init();                                 //初始化 HAL 库
    Stm32_Clock_Init(432,25,2,9);               //设置时钟,216 MHz
    delay_init(216);                            //延时初始化
    uart_init(115200);                          //串口初始化
    usmart_dev.init(108);                       //初始化 USMART
    LED_Init();                                 //初始化 LED
    KEY_Init();                                 //初始化按键
    SDRAM_Init();                               //初始化 SDRAM
    LCD_Init();                                 //初始化 LCD
    W25QXX_Init();                              //初始化 W25Q256
    my_mem_init(SRAMIN);                        //初始化内部内存池
    my_mem_init(SRAMEX);                        //初始化外部内存池
    my_mem_init(SRAMDTCM);                      //初始化 CCM 内存池
    exfuns_init();                              //为 fatfs 相关变量申请内存
    f_mount(fs[0],"0:",1);                      //挂载 SD 卡
    f_mount(fs[1],"1:",1);                      //挂载 Flash.
    f_mount(fs[2],"2:",1);                      //挂载 NAND Flash.
    POINT_COLOR = RED;
    while(font_init())                          //检查字库
    {
        LCD_ShowString(30,50,200,16,16,"Font Error!");   delay_ms(200);
        LCD_Fill(30,50,240,66,WHITE);           delay_ms(200);  //清除显示
    }
    Show_Str(30,50,200,16,"阿波罗 STM32F4/F7 开发板",16,0);
    Show_Str(30,70,200,16,"图片显示程序",16,0);
    Show_Str(30,90,200,16,"KEY0:NEXT KEY2:PREV",16,0);
    Show_Str(30,110,200,16,"KEY_UP:PAUSE",16,0);
    Show_Str(30,130,200,16,"正点原子@ALIENTEK",16,0);
    Show_Str(30,150,200,16,"2016 年 7 月 15 日",16,0);
    while(f_opendir(&picdir,"0:/PICTURE"))//打开图片文件夹
    {
        Show_Str(30,170,240,16,"PICTURE 文件夹错误!",16,0);   delay_ms(200);
        LCD_Fill(30,170,240,186,WHITE);          delay_ms(200);//清除显示
        delay_ms(200);
    }
    totpicnum = pic_get_tnum("0:/PICTURE");  //得到总有效文件数
    while(totpicnum == NULL)//图片文件为 0
    {
        Show_Str(30,170,240,16,"没有图片文件!",16,0);   delay_ms(200);
        LCD_Fill(30,170,240,186,WHITE);         delay_ms(200);//清除显示
    }
```

```c
picfileinfo = (FILINFO * )mymalloc(SRAMIN,sizeof(FILINFO));      //申请内存
pname = mymalloc(SRAMIN,_MAX_LFN * 2 + 1);        //为带路径的文件名分配内存
picoffsettbl = mymalloc(SRAMIN,4 * totpicnum);    //申请 4 * totpicnum 个字节的内存
//用于存放图片索引
while(! picfileinfo||! pname||! picoffsettbl)     //内存分配出错
{
    Show_Str(30,170,240,16,"内存分配失败!",16,0);    delay_ms(200);
    LCD_Fill(30,170,240,186,WHITE);//清除显示         delay_ms(200);
}
//记录索引
res = f_opendir(&picdir,"0:/PICTURE");            //打开目录
if(res == FR_OK)
{
    curindex = 0;                                 //当前索引为 0
    while(1)                                      //全部查询一遍
    {
        temp = picdir.dptr;                       //记录当前 dptr 偏移
        res = f_readdir(&picdir,picfileinfo);     //读取目录下的一个文件
        if(res!= FR_OK||picfileinfo ->fname[0] == 0)break; //错误了/到末尾了,退出
        res = f_typetell((u8 * )picfileinfo->fname);
        if((res&0XF0) == 0X50)                    //取高 4 位,看看是不是图片文件
        {
            picoffsettbl[curindex] = temp;        //记录索引
            curindex ++ ;
        }
    }
}
Show_Str(30,170,240,16,"开始显示...",16,0);
delay_ms(1500);
piclib_init();                                    //初始化画图
curindex = 0;                                     //从 0 开始显示
res = f_opendir(&picdir,(const TCHAR * )"0:/PICTURE");   //打开目录
while(res == FR_OK)//打开成功
{
    dir_sdi(&picdir,picoffsettbl[curindex]);      //改变当前目录索引
    res = f_readdir(&picdir,picfileinfo);         //读取目录下的一个文件
    if(res!= FR_OK||picfileinfo ->fname[0] == 0)break;   //错误了/到末尾了,退出
    strcpy((char * )pname,"0:/PICTURE/");         //复制路径(目录)
    strcat((char * )pname,(const char * )picfileinfo->fname);//将文件名接在后面
    LCD_Clear(BLACK);
    ai_load_picfile(pname,0,0,lcddev.width,lcddev.height,1);//显示图片
    Show_Str(2,2,lcddev.width,16,pname,16,1);     //显示图片名字
    t = 0;
    while(1)
    {
        key = KEY_Scan(0);                        //扫描按键
        if(t>250)key = 1;                         //模拟一次按下 KEY0
        if((t % 20) == 0)LED0_Toggle;             //LED0 闪烁,提示程序正在运行
        if(key == KEY2_PRES)                      //上一张
        {
            if(curindex)curindex -- ;
```

```
                else curindex = totpicnum - 1;
                break;
            }else if(key == KEY0_PRES)//下一张
            {
                curindex ++ ;
                if(curindex > = totpicnum)curindex = 0;//到末尾的时候,自动从头开始
                break;
            }else if(key == WKUP_PRES)
            {
                pause = ! pause;
                LED1(! pause);//暂停的时候 LED1 亮
            }
            if(pause == 0)t ++ ;
            delay_ms(10);
        }
        res = 0;
    }
    myfree(SRAMIN,picfileinfo);      //释放内存
    myfree(SRAMIN,pname);            //释放内存
    myfree(SRAMIN,picoffsettbl);     //释放内存
}
```

此部分除了 main 函数,还有一个 pic_get_tnum 函数,用来得到 path 路径下所有有效文件(图片文件)的个数。main 函数里面通过读/写偏移量(图片文件在 PICTURE 文件夹下的读/写偏移位置可以看作是一个索引)来查找上一个/下一个图片文件,这里需要用到 FATFS 自带的一个函数 dir_sdi 来设置当前目录的偏移量(因为 f_readdir 只能沿着偏移位置一直往下找,不能往上找),方便定位到任何一个文件。dir_sdi 在 FATFS 下面被定义为 static 函数,所以我们必须在 ff.c 里面将该函数的 static 修饰词去掉,然后在 ff.h 里面添加该函数的申明,以便 main 函数使用。

其他部分就比较简单了,至此,整个图片显示实验的软件设计部分就结束了。该程序将实现浏览 PICTURE 文件夹下的所有图片,并显示其名字,每隔 3 s 左右切换一幅图片的功能。

14.4 下载验证

编译成功之后,下载代码到 ALIENTEK 阿波罗 STM32 开发板上,可以看到,LCD 开始显示图片(假设 SD 卡及文件都准备好了,即在 SD 卡根目录新建 PICTURE 文件夹,并在该文件夹内存放一些图片文件如.bmp、.jpg、.gif),如图 14.4.1 所示。

按 KEY0 和 KEY2 可以快速切换到下一张或上一张,KEY_UP 按键可以暂停自动播放,同时 DS1 亮指示处于暂停状态,再按一次 KEY_UP 则继续播放。同时,由于我们的代码支持 gif 格式的图片显示(注意,尺寸不能超过 LCD 屏幕尺寸),所以可以放一些 gif 图片到 PICTURE 文件夹来看动画了。

本章同样可以通过 USMART 来测试该实验,将 ai_load_picfile 函数加入

第14章 图片显示实验

图 14.4.1 图片显示实验显示效果

USMART 控制就可以通过串口调用该函数,在屏幕上任何区域显示任何想要显示的图片了。同时,可以发送"runtime 1"来开启 USMART 的函数从而执行时间统计功能,从而获取解码一张图片所需时间,方便验证。

第 15 章

硬件 JPEG 解码实验

上一章学习了图片解码,学会了使用软件解码显示 bmp、jpg、jpeg、gif 等格式的图片,但是软件解码速度都比较慢,本章将学习如何使用 STM32F767 自带的硬件 JPEG 编解码器,从而实现对 JPG、JPEG 图片的硬解码,大大提高解码速度。

15.1 硬件 JPEG 编解码器简介

STM32F767 自带了硬件 JPEG 编解码器,可以实现快速 JPG、JPEG 编解码,本章仅使用 JPG、JPEG 解码器。STM32F7 的 JPEG 编解码器具有如下特点:
- 支持 JPEG 编码/解码;
- 支持 24 位颜色深度(即 RGB888);
- 单周期解码/编码一个像素;
- 支持 JPEG 头数据编解码;
- 4 个可编程量化表;
- 完全可编程的哈弗曼表(AC 和 DC 各 2 个);
- 完全可编程的最小编码单元(MCU);
- 单周期哈弗曼编码/解码。

STM32F7 的 JPEG 编解码器框图如图 15.1.1 所示。我们只需要对相关寄存器进行设置,然后读/写输入/输出 FIFO 即可完成 JPEG 的编解码。本章只介绍如何利用 STM32F7 的硬件 JPEG 解码器实现对 JPG/JPEG 图片的解码。

硬件 JPEG 解码器支持解码符合 ISO/IEC10918—1 协议规范的 JPEG 数据流,并且支持解码 JPEG 头(可配置),通过输入 FIFO 读取需要解码的 JPEG 数据,通过输出 FIFO 将解码完成的 YUV 数据传输给外部。

注意,硬件 JPEG 解码器解码完成后是 YUV 格式的数据,并不是 RGB 格式的数据,所以不能直接显示到 LCD 上面,必须经过 YUV→RGB 的转换才可以显示在 LCD 上面。

硬件 JPEG 解码时 FIFO 数据的处理(读取/写入)有两种方式:① 中断方式;② DMA 方式。为了达到最快的解码速度,一般使用 DMA 来处理 FIFO 数据。接下来介绍一下硬件 JPEG 解码的数据处理过程。

① 输入 FIFO DMA。

第 15 章 硬件 JPEG 解码实验

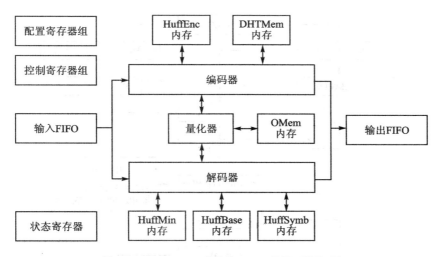

图 15.1.1　STM32F7 硬件 JPEG 编解码器框图

通过设置 JPEG_CR 寄存器的 IDMAEN 位为 1,可以使能 JPEG 输入 FIFO 的 DMA。当输入 FIFO(总容量为 32 字节)至少半空的时候,将产生一个 DMA 请求,读取 16 字节数据到输入 FIFO。通过设置 IDMAEN 位为 0,可以暂停 FIFO 获取数据,这个操作在 DMA 传输完成,读取下一批 JPEG 数据的时候经常用到。

注意,在当前图片解码完成后,开启下一张图片解码之前,需要对输入 FIFO 进行一次清空(设置 JPEG_CR 寄存器的 IFF 位),否则上一张图片的数据会影响到下一张图片的解码。

② 输出 FIFO DMA。

通过设置 JPEG_CR 寄存器的 ODMAEN 位为 1,可以使能 JPEG 输出 FIFO 的 DMA。当输出 FIFO(总容量为 32 字节)至少半满的时候,将产生一个 DMA 请求,可以从输出 FIFO 读取 16 字节数据。通过设置 ODMAEN 位为 0 可以暂停 FIFO 输出数据,这个操作在 DMA 传输完成,执行 YUV(RGB 转换的时候经常用到。

注意,当图片解码结束以后,输出 FIFO 里面可能还有数据,此时需要手动读取 FIFO 里面的数据,直到 JPEG_SR 寄存器的 OFNEF 位为 0。

③ JPEG 头解码。

通过设置 JPEG_CONFR1 寄存器的 HDR 位为 1,可以使能 JPEG 头解码,通过设置 JPEG_CR 寄存器 HPDIE 位为 1,可以使能 JPEG 头解码完成中断。完成 JPEG 头解码之后,我们可以获取当前 JPEG 图片的很多参数,包括颜色空间、色度抽样、高度、宽度和 MCU 总数等信息。这些参数对后面的解码和颜色转换(YUV(RGB)非常重要。

硬件 JPEG 使用 DMA 实现 JPG/JPEG 图片解码的数据处理流程如图 15.1.2 所示。

由图可知,数据处理主要由 2 个 DMA 完成:输入 DMA 和输出 DMA,分别处理硬

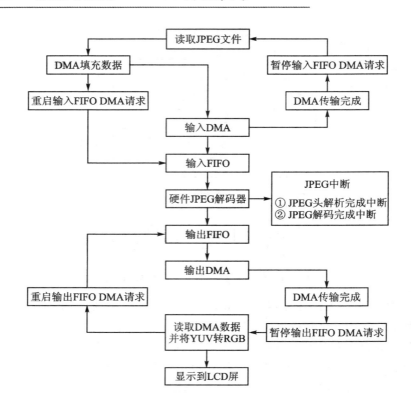

图 15.1.2 硬件 JPEG 解码数据处理流程(DMA 方式)

件 JPEG 的输入 FIFO 和输出 FIFO 的数据。通过适当控制输入 FIFO/输出 FIFO 的暂停和重启,从而控制整个数据处理的进程,暂停 FIFO 的时间越少,解码速度就越快。

图中还用到了 2 个 JPEG 中断:JPEG 头解析完成中断和 JPEG 解码完成中断,它们共用一个中断服务函数。JPEG 头解析完成中断,在 JPEG 头解码完成后进入,此时可以获取 JPG/JPEG 图片的很多重要信息,方便后续解码。JPEG 解码完成中断,在 JPG/JPEG 图片解码完成后进入,标志着整张图片解码完成。接下来介绍本章需要用到的一些寄存器。

首先是 JPEG 内核控制寄存器:JPEG_CONFR0,该寄存器仅最低位(START 位)有效,设置该位为 1,可以启动 JPEG 解码流程。通过设置该位为 0,可以退出当前 JPEG 解码。

接下来看 JPEG 配置寄存器 1:JPEG_CONFR1,该寄存器各位描述如图 15.1.3 所示。

YSIZE[15:0],定义 JPEG 图片的高度,读取该寄存器可以获得图片高度(注意,需要在 JPEG 头解析成功以后,才可以读取该寄存器获取图片高度,下同)。

HDR 位,用于设置是否使能 JPEG 头解码,一般设置为 1,使能 JPEG 头解码。

DE 位,用于设置硬件 JPEG 工作模式,我们设置为 1,表示使用 JPEG 解码模式。

NF[1:0],这两个位用于定义色彩组成:00,表示灰度图片;01,未用到;10,表示

31	30	29	28	27	26	25	24	23	22	21	20	19	18	17	16
YSIZW[15:0]															
rw															
15	14	13	12	11	10	9	8	7	6	5	4	3	2	1	0
Res	Res	Res	Res	Res	Res	Res	HDR	NS[1:0]		COLSPACE[1:0]		DE	Res	NF[1:0]	

图 15.1.3 JPEG_CONFR1 寄存器各位描述

YUV/RGB；11 表示 CYMK。

接下来看 JPEG 配置寄存器 3：JPEG_CONFR3，该寄存器各位描述如图 15.1.4 所示。该寄存器仅高 16 位（YSIZE[15:0]）有效，定义 JPEG 图片的宽度，读取该寄存器可以获得图片宽度。

31	30	29	28	27	26	25	24	23	22	21	20	19	18	17	16
XSIZE[15:0]															
rw															
15	14	13	12	11	10	9	8	7	6	5	4	3	2	1	0
Res	Res	Res	Res	Res	Res	Res	Res	Res	Res	Res	Res	Res	Res	Res	Res

图 15.1.4 JPEG_CONFR3 寄存器各位描述

另外，还有 JPEG 配置寄存器 4~7：JPEG_CONFR4~7，对于这 4 个寄存器，ST 官方数据手册解释也不是很清楚，但是参考 ST 官方提供的参考代码可知，这 4 个寄存器的 NB[3:0] 位用来表示 YUV 的抽样方式（YUV422、YUV420、YUV444），详见本例程源码。

接下来看 JPEG 控制寄存器：JPEG_CR，该寄存器各位描述如图 15.1.5 所示。

31	30	29	28	27	26	25	24	23	22	21	20	19	18	17	16
Res	Res	Res	Res	Res	Res	Res	Res	Res	Res	Res	Res	Res	Res	Res	Res
15	14	13	12	11	10	9	8	7	6	5	4	3	2	1	0
Res	OFF	IFF	ODMAEN	IDMAEN	Res	Res	Res	Res	HPDIE	EOCIE	OFNEIE	OFTIE	IFNFIE	IFTIE	JCEN
	r0	r0	rw	rw					rw	rw	rw	rw	rw	rw	rw

图 15.1.5 JPEG_CR 寄存器各位描述

OFF 位，用于清空输出 FIFO，在启动新图片解码之前，需要对输出 FIFO 进行清空。

IFF 位，用于清空输入 FIFO，在启动新图片解码之前，需要对输入 FIFO 进行清空。

ODMAEN 位，用于使能输出 FIFO 的 DMA，我们设置此位为 1。

IDMAEN 位，用于使能输入 FIFO 的 DMA，我们设置此位为 1。

HPDIE 位，用于使能 JPEG 头解码完成中断，我们设置为 1，使能 JPEG 头解码完成中断,在中断服务函数里面读取 JPEG 的相关信息(长宽、颜色空间、色度抽样等),并根据色度抽样方式获取对应的 YUV→RGB 转换函数。

EOCIE 位,用于使能 JPEG 解码完成中断,我们设置为 1,使能 JPEG 解码完成中断,在中断服务函数里面标记 JPEG 解码完成,以便结束 JPEG 解码流程。

JCEN 位,用于使能硬件 JPEG 内核,我们必须设置此位为 1,以启动硬件 JPEG 内核。

接下来看 JPEG 状态寄存器:JPEG_SR,该寄存器各位描述如图 15.1.6 所示。

31	30	29	28	27	26	25	24	23	22	21	20	19	18	17	16
Res	Res	Res	Res	Res	Res	Res	Res	Res	Res	Res	Res	Res	Res	Res	Res
15	14	13	12	11	10	9	8	7	6	5	4	3	2	1	0
Res	Res	Res	Res	Res	Res	Res	Res	COF ro	HPDF ro	EOCF ro	OFNEF ro	OFTF ro	IFNFF ro	IFTF ro	Res

图 15.1.6　JPEG_SR 寄存器各位描述

HPDF 位,表示 JPEG 头解码完成的标志,当该位为 1 时,表示 JPEG 头解析成功,我们可以读取相关寄存器,获取 JPEG 图片的长宽、颜色空间和色度抽样等重要信息。向 JPEG_FCR 寄存器的 CHPDF 位写 1,可以清零此位。

EOCF 位,表示 JPEG 解码完成的标志,当该位为 1 时,表示一张 JPEG 图像解码完成,此时可以从输出 FIFO 读取最后的数据。向 JPEG_FCR 寄存器的 CEOCF 位写 1,可以清零此位。

接下来看 JPEG 标志清零寄存器:JPEG_FCR,该寄存器各位描述如图 15.1.7 所示。该寄存器仅两位有效:CHPDF 位和 CEOCF 位,向这两个位写入 1,可以分别清除 JPEG_SR 寄存器的 HPDF 和 EOCF 位。

31	30	29	28	27	26	25	24	23	22	21	20	19	18	17	16
Res	Res	Res	Res	Res	Res	Res	Res	Res	Res	Res	Res	Res	Res	Res	Res
15	14	13	12	11	10	9	8	7	6	5	4	3	2	1	0
Res	Res	Res	Res	Res	Res	Res	Res	Res	CHPDF w1c	CEOCF w1c	Res	Res	Res	Res	Res

图 15.1.7　JPEG_FCR 寄存器各位描述

最后,还有 JPEG 数据输入寄存器(JPEG_DIR)和 JPEG 数据输出寄存器(JPEG_DOR),这两个寄存器都是 32 位有效,前者用于往输入 FIFO 写入数据,后者用于读取输出 FIFO 的数据。

至此,本实验所需要用到的相关寄存器就全部介绍完了,更详细的介绍可参考《STM32F7xx 参考手册》21.5 节。

接下来看看在 DMA 模式下,使用 STM32F7 的硬件 JPEG 解码 JPG/JPEG 的简要步骤(HAL 库中硬件 JPEG 解码函数分布在 stm32f7xx_hal_jpeg.c 和头文件

stm32f7xx_hal_jpeg.h 中）：

① 初始化硬件 JPEG 内核。

首先，通过设置 AHB2ENR 的 bit1 位为 1，使能硬件 JPEG 内核时钟，然后通过 JPEG_CR 寄存器的 JCEN 位，使能硬件 JPEG。通过清零 JPEG_CONFR0 寄存器的 START 位，停止 JPEG 编解码进程。通过设置 JPEG_CONFR1 寄存器的 HDR 位，使能 JPEG 头解码。最后，设置 JPEG 中断服务函数的中断优先级，完成初始化硬件 JPEG 内核过程。

在 HAL 库中，初始化 JPEG 是通过函数 HAL_JPEG_Init 来实现的，该函数声明如下：

```
HAL_StatusTypeDef HAL_JPEG_Init(JPEG_HandleTypeDef * hjpeg);
```

该函数的使用方法可以参考实验源码。

JPEG 时钟使能方法：

```
__HAL_RCC_JPEG_CLK_ENABLE();                //使能 JPEG 时钟
```

和其他外设一样，HAL 库也提供了硬件 JPEG 初始化回调函数，声明如下：

```
void HAL_JPEG_MspInit(JPEG_HandleTypeDef * hjpeg);
```

一般情况下，时钟使能、中断优先级设置都放在回调函数中。

② 初始化硬件 JPEG 解码。

在初始化硬件 JPEG 内核以后，我们配置 JPEG 内核工作在 JPEG 解码模式。通过设置 JPEG_CONFR1 寄存器的 DE 位来使能 JPEG 解码模式。然后设置 JPEG_CR 寄存器的 OFF、IFF、HPDIE、EOCIE 等位，清空输出/输入 FIFO，并开启 JPEG 头解码完成和 JPEG 解码完成中断。最后，设置 JPEG_CONFR0 寄存器的 START 位，启动 JPEG 解码进程。操作过程如下：

```
JPEG->CONFR1 |= JPEG_CONFR1_DE;                        //使能硬件 JPEG 解码模式
__HAL_JPEG_ENABLE_IT(&JPEG_Handler,JPEG_IT_HPD);       //使能 Header 解码完中断
__HAL_JPEG_ENABLE_IT(&JPEG_Handler,JPEG_IT_EOC);       //使能解码完成中断
JPEG->CONFR0 |= JPEG_CONFR0_START;                     //使能 JPEG 编解码进程
```

注意，此时并未开启 JPEG 的输入和输出 DMA，只要不往输入 FIFO 写入数据，JPEG 内核就一直处于等待数据输入状态。

③ 配置硬件 JPEG 输入输出 DMA。

这一步将配置 JPEG 的输入 DMA 和输出 DMA，分别负责 JPEG 输入 FIFO 和输出 FIFO 的数据传输。对于输入 DMA，目标地址为 JPEG_DIR 寄存器地址，源地址为一片内存区域，利用输入 DMA 实现 JPEG 输入 FIFO 数据的自动填充。对于输出 DMA，目标地址为一片内存区域，源地址为 JPEG_DOR 寄存器地址，利用输出 DMA 实现 JPEG 输出 FIFO 数据自动搬运到对应内存区域。对于输入 DMA 和输出 DMA，我们都需要开启传输完成中断，并设置相关中断服务函数。传输完成中断里面实现对输入/输出数据的处理。

对于JPEG输入/输出DMA配置,我们主要调用HAL库函数HAL_DMA_Init处理即可,具体的配置方法可参考15.3节实验源码讲解。

```
HAL_StatusTypeDef HAL_DMA_Init(DMA_HandleTypeDef * hdma);
```

④ 编写相关中断服务函数,启动DMA。

我们总共开启了4个中断:JPEG头解码完成中断、JPEG解码完成中断、输入DMA传输完成中断和输出DMA传输完成中断。前两个中断共用一个中断服务函数,所以总共需要编写3个中断服务函数。另外,我们采用回调函数的方式对数据进行处理,总共需要编写4个回调函数,分别对应4个中断产生时的数据处理。配置完这些以后启动DMA,并通过设置JPEG_CR寄存器的IDMAEN和ODMAEN位,开启JPEG的输入和输出FIFO DMA请求,开始执行JPEG解码。

⑤ 处理JPEG数据输出数据,执行YUV→RGB转换,并送LCD显示。

最后,在主循环里面,根据输入DMA和输出DMA的数据处理情况,持续从源文件读取JPEG数据流,并将硬件JPEG解码完成的YUV数据流转换成RGB格式。最后,在完成一张JPEG解码之后,将RGB数据直接一次性显示到LCD屏幕上,实现图片显示。

15.2 硬件设计

本章实验功能简介:本实验开机的时候先检测字库,然后检测SD卡是否存在,如果SD卡存在,则开始查找SD卡根目录下的PICTURE文件夹,如果找到,则显示该文件夹下面的图片文件(支持bmp、jpg、jpeg或gif格式),循环显示。通过按KEY0和KEY2可以快速浏览下一张和上一张,KEY_UP按键用于暂停/继续播放,DS1用于指示当前是否处于暂停状态。如果未找到PICTURE文件夹/任何图片文件,则提示错误。同样用DS0来指示程序正在运行。

本实验也可以通过USMART调用ai_load_picfile和minibmp_decode解码任意指定路径的图片。

注意,本例程的实验现象同上一章(图片显示实验)一模一样,唯一的区别就是JPEG解码速度(要求图片分辨率小于等于LCD分辨率)变快了很多。STM32F7的硬件JPEG解码性能可以在最快40 ms内完成一张800×480的JPEG图片解码(读数据＋解码＋YUV→RGB转换,但是不包括显示)。

所要用到的硬件资源如下:指示灯DS0和DS1,KEY0、KEY2和KEY_UP共3个按键,串口,LCD模块,SD卡,SPI Flash,硬件JPEG解码器。前面6个部分之前的实例中都介绍过了,在此就不介绍了;最后的硬件JPEG解码器完全是STM32F7的内部资源,不需要在开发板上做任何操作,只需要软件配置即可。注意,SD卡根目录下要建一个PICTURE的文件夹,用来存放JPEG、JPG、BMP或GIF等图片。

15.3 软件设计

打开本章实验工程目录可以看到,首先在 HARDWARE 文件夹所在的文件夹下新建一个 JPEGCODEC 文件夹,新建 jpeg_utils.c、jpeg_utils.h、jpeg_utils_tbl.h、jpegcodec.c 和 jpegcodec.h 共 5 个文件,并将 JPEGCODEC 文件夹加入头文件包含路径。其中,jpeg_utils.c、jpeg_utils.h 和 jpeg_utils_tbl.h 这 3 个文件实现了 YUV→RGB 的转换,支持 YUV420、YUV422、YUV444、灰度和 CMYK 到 RGB565、RGB888 和 ARGB8888 的转换。这几个文件由我们移植 ST 官方 JPEG 解码例程相关代码而来,并做出了适当修改,以获得最快的转换速度。jpegcodec.c 和 jpegcodec.h 是硬件 JPEG 解码的底层驱动代码。然后在 PICTURE 文件夹下新建 hjpgd.c 和 hjpgd.h,用于实现 JPG/JPEG 图片的硬件 JPEG 解码。

从工程界面可以看到,我们将 jpeg_utils.c 和 jpegcodec.c 加入 HARDWARE 组下,并将 hjpgd.c 加入 PICTURE 组下。由于篇幅所限,我们就不把所有代码都贴出来了,仅列出一些重要的函数讲解。

首先,看 jpegcodec.c 文件里面,比较重要的函数代码如下:

```c
void (*jpeg_in_callback)(void);              //JPEG DMA 输入回调函数
void (*jpeg_out_callback)(void);             //JPEG DMA 输出回调函数
void (*jpeg_eoc_callback)(void);             //JPEG 解码完成回调函数
void (*jpeg_hdp_callback)(void);             //JPEG Header 解码完成回调函数
//DMA2_Stream0 中断服务函数
//处理硬件 JPEG 解码时输入的数据流
void DMA2_Stream0_IRQHandler(void)
{
    if(__HAL_DMA_GET_FLAG(&JPEGDMAIN_Handler,DMA_FLAG_TCIF0_4)\!=RESET)
                                //DMA 传输完成
    {
        __HAL_DMA_CLEAR_FLAG(&JPEGDMAIN_Handler,DMA_FLAG_TCIF0_4);
                                //清除 DMA 传输完成中断标志位
        JPEG->CR&=~(1<<11);     //关闭 JPEG 的 DMA IN
        __HAL_JPEG_DISABLE_IT(&JPEG_Handler,JPEG_IT_IFT|JPEG_IT_IFNF| \
        JPEG_IT_OFT|JPEG_IT_OFNE|JPEG_IT_EOC|JPEG_IT_HPD);
                                //关闭 JPEG 中断,防止被打断
        if(jpeg_in_callback!=NULL)jpeg_in_callback();      //执行回调函数
        __HAL_JPEG_ENABLE_IT(&JPEG_Handler,JPEG_IT_EOC| \JPEG_IT_HPD);
                                //使能 EOC 和 HPD 中断
    }
}
//DMA2_Stream1 中断服务函数
//处理硬件 JPEG 解码后输出的数据流
void DMA2_Stream1_IRQHandler(void)
{
    if(__HAL_DMA_GET_FLAG(&JPEGDMAOUT_Handler,DMA_FLAG_TCIF1_5)\!=RESET)
                                //DMA 传输完成
    {
```

```c
        __HAL_DMA_CLEAR_FLAG(&JPEGDMAOUT_Handler,DMA_FLAG_TCIF1_5);
                                        //清除 DMA 传输完成中断标志位
        JPEG->CR&= ~(1 << 12);      //关闭 JPEG 的 DMA OUT
        __HAL_JPEG_DISABLE_IT(&JPEG_Handler,JPEG_IT_IFT|JPEG_IT_IFNF|\
        JPEG_IT_OFT|JPEG_IT_OFNE|JPEG_IT_EOC|JPEG_IT_HPD);//关闭 JPEG 中断,
        if(jpeg_out_callback!= NULL)jpeg_out_callback();//执行回调函数
        __HAL_JPEG_ENABLE_IT(&JPEG_Handler,JPEG_IT_EOC|JPEG_IT_HPD);
                                        //使能 EOC 和 HPD 中断
    }
}
//JPEG 解码中断服务函数
void JPEG_IRQHandler(void)
{
    if(__HAL_JPEG_GET_FLAG(&JPEG_Handler,JPEG_FLAG_HPDF)!= RESET)
                                        //JPEG Header 解码完成
    {
        jpeg_hdp_callback();
        __HAL_JPEG_DISABLE_IT(&JPEG_Handler,JPEG_IT_HPD);//关 Jpeg Header 中断
        __HAL_JPEG_CLEAR_FLAG(&JPEG_Handler,JPEG_FLAG_HPDF);//清 HPDF 位
    }
    if(__HAL_JPEG_GET_FLAG(&JPEG_Handler,JPEG_FLAG_EOCF)!= RESET) //解码完
    {
        JPEG_DMA_Stop();
        jpeg_eoc_callback();
        __HAL_JPEG_CLEAR_FLAG(&JPEG_Handler,JPEG_FLAG_EOCF);//清除 EOC 位
        __HAL_DMA_DISABLE(&JPEGDMAIN_Handler);    //关闭 JPEG 数据输入 DMA
        __HAL_DMA_DISABLE(&JPEGDMAOUT_Handler);   //关闭 JPEG 数据输出 DMA
    }
}
//初始化硬件 JPEG 内核
//tjpeg:jpeg 编解码控制结构体
//返回值:0,成功
//    其他,失败
u8 JPEG_Core_Init(jpeg_codec_typedef * tjpeg)
{
    u8 i;
    JPEG_Handler.Instance = JPEG;
    HAL_JPEG_Init(&JPEG_Handler);        //初始化 JPEG

    for(i = 0;i<JPEG_DMA_INBUF_NB;i ++)
    {
        tjpeg->inbuf[i].buf = mymalloc(SRAMIN,JPEG_DMA_INBUF_LEN);
        if(tjpeg->inbuf[i].buf == NULL)
        {
            JPEG_Core_Destroy(tjpeg);
            return 1;
        }
    }
    for(i = 0;i<JPEG_DMA_OUTBUF_NB;i ++)
    {
        tjpeg->outbuf[i].buf = mymalloc(SRAMIN,JPEG_DMA_OUTBUF_LEN + 32);
```

```c
                                            //有可能会多需要32字节内存
        if(tjpeg->outbuf[i].buf == NULL)
        {
            JPEG_Core_Destroy(tjpeg);
            return 1;
        }
    }
    return 0;
}
//关闭硬件JPEG内核,并释放内存
//tjpeg:jpeg编解码控制结构体
void JPEG_Core_Destroy(jpeg_codec_typedef * tjpeg)
{
    u8 i;
    JPEG_DMA_Stop();//停止DMA传输
    for(i = 0;i<JPEG_DMA_INBUF_NB;i++)myfree(SRAMIN,tjpeg->inbuf[i].buf);
    for(i = 0;i<JPEG_DMA_OUTBUF_NB;i++)myfree(SRAMIN,tjpeg->outbuf[i].buf);
}
//初始化硬件JPEG解码器
//tjpeg:jpeg编解码控制结构体
void JPEG_Decode_Init(jpeg_codec_typedef * tjpeg)
{
    u8 i;
    tjpeg->inbuf_read_ptr = 0;
    tjpeg->inbuf_write_ptr = 0;
    tjpeg->indma_pause = 0;
    tjpeg->outbuf_read_ptr = 0;
    tjpeg->outbuf_write_ptr = 0;
    tjpeg->outdma_pause = 0;
    tjpeg->state = JPEG_STATE_NOHEADER;       //图片解码结束标志
    tjpeg->blkindex = 0;                      //当前MCU编号
    tjpeg->total_blks = 0;                    //总MCU数目
    for(i = 0;i<JPEG_DMA_INBUF_NB;i++){tjpeg->inbuf[i].sta = 0;tjpeg->inbuf[i].size = 0;}
    for(i = 0;i<JPEG_DMA_OUTBUF_NB;i++){tjpeg->outbuf[i].sta = 0;tjpeg->outbuf[i].size = 0;}
    JPEG->CONFR1| = JPEG_CONFR1_DE;           //使能硬件JPEG解码模式
    __HAL_JPEG_ENABLE_IT(&JPEG_Handler,JPEG_IT_HPD);   //使能Header解码完中断
    __HAL_JPEG_ENABLE_IT(&JPEG_Handler,JPEG_IT_EOC);//使能解码完成中断
    JPEG->CONFR0| = JPEG_CONFR0_START;        //使能JPEG编解码进程
}
//启动JPEG DMA解码过程
void JPEG_DMA_Start(void)
{
    __HAL_DMA_ENABLE(&JPEGDMAIN_Handler);     //打开JPEG数据输入DMA
    __HAL_DMA_ENABLE(&JPEGDMAOUT_Handler);    //打开JPEG数据输出DMA
    JPEG->CR| = 3<<11;
}
//停止JPEG DMA解码过程
void JPEG_DMA_Stop(void)
{
    JPEG->CR& = ~(3<<11);                     //JPEG IN&OUT DMA禁止
```

```c
        JPEG ->CONFR0& = ~(1 << 0);                         //停止 JPEG 编解码进程
        __HAL_JPEG_DISABLE_IT(&JPEG_Handler,JPEG_IT_IFT|JPEG_IT_IFNF| \
        JPEG_IT_OFT|JPEG_IT_OFNE|JPEG_IT_EOC|JPEG_IT_HPD);   //关闭所有中断
        JPEG ->CFR = 3 << 5;                                 //清空标志
}
//暂停 DMA IN 过程
void JPEG_IN_DMA_Pause(void)
{
        JPEG ->CR& = ~(1 << 11);                             //暂停 JPEG 的 DMA IN
}
//恢复 DMA IN 过程
//memaddr:存储区首地址
//memlen:要传输数据长度(以字节为单位)
void JPEG_IN_DMA_Resume(u32 memaddr,u32 memlen)
{
        if(memlen % 4)memlen + = 4 - memlen % 4;             //扩展到 4 的倍数
        memlen/ = 4;                                         //除以 4
        DMA2 ->LIFCR| = 0X3D << 6 * 0;                       //清空通道 0 上所有中断标志
        DMA2_Stream0 ->M0AR = memaddr;                       //设置存储器地址
        DMA2_Stream0 ->NDTR = memlen;                        //传输长度为 memlen
        DMA2_Stream0 ->CR| = 1 << 0;                         //开启 DMA2,Stream0
        JPEG ->CR| = 1 << 11;                                //恢复 JPEG DMA IN
}
//暂停 DMA OUT 过程
void JPEG_OUT_DMA_Pause(void)
{
        JPEG ->CR& = ~(1 << 12);                             //暂停 JPEG 的 DMA OUT
}
//恢复 DMA OUT 过程
//memaddr:存储区首地址
//memlen:要传输数据长度(以字节为单位)
void JPEG_OUT_DMA_Resume(u32 memaddr,u32 memlen)
{
        if(memlen % 4)memlen + = 4 - memlen % 4;             //扩展到 4 的倍数
        memlen/ = 4;                                         //除以 4
        DMA2 ->LIFCR| = 0X3D << 6 * 1;                       //清空通道 1 上所有中断标志
        DMA2_Stream1 ->M0AR = memaddr;                       //设置存储器地址
        DMA2_Stream1 ->NDTR = memlen;                        //传输长度为 memlen
        DMA2_Stream1 ->CR| = 1 << 0;                         //开启 DMA2,Stream1
        JPEG ->CR| = 1 << 12;                                //恢复 JPEG DMA OUT
}
//获取图像信息
//tjpeg:jpeg 解码结构体
void JPEG_Get_Info(jpeg_codec_typedef * tjpeg)
{
        u32 yblockNb,cBblockNb,cRblockNb;
        switch(JPEG ->CONFR1&0X03)
        {
            case 0:tjpeg ->Conf.ColorSpace = JPEG_GRAYSCALE_COLORSPACE;break;
            case 2:tjpeg ->Conf.ColorSpace = JPEG_YCBCR_COLORSPACE;break;
```

第 15 章　硬件 JPEG 解码实验

```
            case 3:tjpeg->Conf.ColorSpace = JPEG_CMYK_COLORSPACE;break;
    }
    tjpeg->Conf.ImageHeight = (JPEG->CONFR1&0XFFFF0000)>>16;      //获得图像高度
    tjpeg->Conf.ImageWidth  = (JPEG->CONFR3&0XFFFF0000)>>16;      //获得图像宽度
    if((tjpeg->Conf.ColorSpace == JPEG_YCBCR_COLORSPACE)||
    (tjpeg->Conf.ColorSpace == JPEG_CMYK_COLORSPACE))
    {
        yblockNb  = (JPEG->CONFR4&(0XF<<4))>>4;
        cBblockNb = (JPEG->CONFR5&(0XF<<4))>>4;
        cRblockNb = (JPEG->CONFR6&(0XF<<4))>>4;
        if((yblockNb == 1)&&(cBblockNb == 0)&&(cRblockNb == 0))
            tjpeg->Conf.ChromaSubsampling = JPEG_422_SUBSAMPLING; //16x8 block
        else if ((yblockNb == 0)&&(cBblockNb == 0)&&(cRblockNb == 0))
            tjpeg->Conf.ChromaSubsampling = JPEG_444_SUBSAMPLING;
        else if ((yblockNb == 3)&&(cBblockNb == 0)&&(cRblockNb == 0))
            tjpeg->Conf.ChromaSubsampling = JPEG_420_SUBSAMPLING;
        else tjpeg->Conf.ChromaSubsampling = JPEG_444_SUBSAMPLING;
    }else tjpeg->Conf.ChromaSubsampling = JPEG_444_SUBSAMPLING;//默认用 4:4:4
    tjpeg->Conf.ImageQuality = 0;       //图像质量参数在最后才可获取,先设置为 0
}
```

这里总共列出了 13 个函数,接下来简单介绍一下这些函数。

DMA2_Stream0_IRQHandler 中断服务函数,用于处理 JPEG 解码时输入 FIFO 的数据。当输入 DMA 传输完成时会进入该函数,我们通过 jpeg_in_callback 回调函数(该函数在后面再做介绍)处理输入 DMA 传输完成事务。

DMA2_Stream1_IRQHandler 中断服务函数,用于处理 JPEG 解码时输出 FIFO 的数据。当输出 DMA 传输完成时会进入该函数,我们通过 jpeg_out_callback 回调函数(该函数在后面再做介绍)处理输出 DMA 传输完成事务。

JPEG_IRQHandler 中断服务函数,根据 JPEG_SR 的状态标志位,分别处理 JPEG 头解码完成中断和 JPEG 文件解码完成中断。当 JPEG 头解码完成时,调用 jpeg_hdp_callback 回调函数处理相关事务。当 JPEG 文件解码完成时,调用 jpeg_eoc_callback 回调函数处理相关事务,同时停止 DMA 传输。

JPEG_Core_Init 函数,用于初始化硬件 JPEG 内核。在该函数里面完成了对 tjpeg→inbuf[i].buf 和 tjpeg→outbuf[i].buf 两个数组申请内存。tjpeg 是 jpegcodec.h 里面定义的一个结构体,用于控制整个 JPEG 解码,该结构体定义如下:

```
//JPEG 数据缓冲结构体
typedef struct
{
    u8 sta;              //状态:0,无数据;1,有数据
    u8 * buf;            //JPEG 数据缓冲区
    u16 size;            //JPEG 数据长度
}jpeg_databuf_type;
//jpeg 编解码控制结构体
typedef struct
{
```

```
    JPEG_ConfTypeDef    Conf;                           //当前 JPEG 文件相关参数
    jpeg_databuf_type inbuf[JPEG_DMA_INBUF_NB];         //DMA IN buf
    jpeg_databuf_type outbuf[JPEG_DMA_OUTBUF_NB];       //DMA OUT buf
    vu8 inbuf_read_ptr;                                 //DMA IN buf 当前读取位置
    vu8 inbuf_write_ptr;                                //DMA IN buf 当前写入位置
    vu8 indma_pause;                                    //输入 DMA 暂停状态标识
    vu8 outbuf_read_ptr;                                //DMA OUT buf 当前读取位置
    vu8 outbuf_write_ptr;                               //DMA OUT buf 当前写入位置
    vu8 outdma_pause;                                   //输入 DMA 暂停状态标识
    vu8 state;                                          //解码状态:0,未识别 Header
                                                        //1,识别到 Header; 2,解码完成
    u32 blkindex;                                       //当前 block 编号
    u32 total_blks;                                     //jpeg 文件总 block 数
    u32 ( * ycbcr2rgb)(u8 * ,u8 * ,u32 ,u32);           //颜色转换函数指针,原型请参考
                                                        //JPEG_YCbCrToRGB_Convert_Function
}jpeg_codec_typedef;
```

其中,inbuf 和 outbuf 分别代表输入 DMA FIFO 和输出 DMA FIFO;使用 FIFO 来处理 DMA 数据,可以提高读/写效率。注意,这里的输入 DMA FIFO、输出 DMA FIFO 同 JPEG 的输入 FIFO、输出 FIFO 是不一样的,要注意区分。通过 JPEG_DMA_INBUF_NB 和 JPEG_DMA_OUTBUF_NB 宏定义,可以修改输入 DMA FIFO 和输出 DMA FIFO 的深度。

另外,还有输入/输出 DMA FIFO 的读/写位置、暂停状态、解码状态、当前 MCU block 编号、总 MCU block 数和颜色转换函数指针等参数。该结构体里面的 JPEG_ConfTypeDef 结构体定义是在 jpeg_utils.h 里面定义的,该结构体定义如下:

```
//JPEG 文件信息结构体
typedef struct
{
    u8   ColorSpace;                //图像的颜色空间:gray-scale/YCBCR/RGB/CMYK
    u8   ChromaSubsampling;         //YCBCR/CMYK 颜色空间的色度抽样情况
//0:4:4:4; 1:4:2:2; 2:4:1:1; 3:4:2:0
    u32  ImageHeight;               //图像高度
    u32  ImageWidth;                //图像宽度
    u8   ImageQuality;              //图像编码质量:1~100
}JPEG_ConfTypeDef;
```

JPEG_Core_Destroy 函数,用于关闭 JPEG 处理(停止 DMA 传输),并释放内存。

JPEG_Decode_Init 函数,用于初始化硬件 JPEG 解码器,同时对输入 DMA FIFO 和输出 DMA FIFO 的相关标记进行清理处理,以便开始 JPEG 解码。

JPEG_DMA_Start 和 JPEG_DMA_Stop 函数,分别用于启动和关闭 JPEG DMA 解码。

JPEG_IN_DMA_Pause 和 JPEG_IN_DMA_Resume 函数,分别用于暂停和重启输入 DMA。

JPEG_OUT_DMA_Pause 和 JPEG_OUT_DMA_Resume 函数,分别用于暂停和重启输出 DMA。

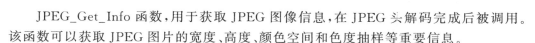

JPEG_Get_Info 函数,用于获取 JPEG 图像信息,在 JPEG 头解码完成后被调用。该函数可以获取 JPEG 图片的宽度、高度、颜色空间和色度抽样等重要信息。

接下来看 jpeg_utils.c 文件,该文件移植自 ST 官方的硬件 JPEG 解码代码,这里仅介绍其中的 JPEG_GetDecodeColorConvertFunc 函数,该函数代码如下:

```c
//获取 YCbCr 到 RGB 颜色转换函数和总的 MCU Block 数目
//pJpegInfo:JPEG 文件信息结构体
//pFunction:JPEG_YCbCrToRGB_Convert_Function 的函数指针,根据 jpeg 图像参数,指向
//不同的颜色转换函数
//ImageNbMCUs:总的 MCU 块数目
//返回值:0,正常;        1,失败
u8 JPEG_GetDecodeColorConvertFunc(JPEG_ConfTypeDef * pJpegInfo,
JPEG_YCbCrToRGB_Convert_Function * pFunction, u32 * ImageNbMCUs)
{
    u32 hMCU, vMCU;
    JPEG_ConvertorParams.ColorSpace = pJpegInfo->ColorSpace;         //色彩空间
    JPEG_ConvertorParams.ImageWidth = pJpegInfo->ImageWidth;         //图像宽度
    JPEG_ConvertorParams.ImageHeight = pJpegInfo->ImageHeight;       //图像高度
    JPEG_ConvertorParams.ImageSize_Bytes = pJpegInfo->ImageWidth * pJpegInfo->
ImageHeight * JPEG_BYTES_PER_PIXEL;         //转换后的图像总字节数
    JPEG_ConvertorParams.ChromaSubsampling = pJpegInfo->ChromaSubsampling;//抽样
    if(JPEG_ConvertorParams.ColorSpace == JPEG_YCBCR_COLORSPACE)//YCbCr420
    {
        if(JPEG_ConvertorParams.ChromaSubsampling == JPEG_420_SUBSAMPLING)
        {
            * pFunction = JPEG_MCU_YCbCr420_ARGB_ConvertBlocks;//YCbCr420
            JPEG_ConvertorParams.LineOffset = JPEG_ConvertorParams.ImageWidth % 16;
            if(JPEG_ConvertorParams.LineOffset!= 0)
            {
                JPEG_ConvertorParams.LineOffset = 16 - JPEG_ConvertorParams.LineOffset;
            }
            JPEG_ConvertorParams.H_factor = 16;
            JPEG_ConvertorParams.V_factor = 16;
        }else if(JPEG_ConvertorParams.ChromaSubsampling ==
JPEG_422_SUBSAMPLING)//YCbCr422
        {
            * pFunction = JPEG_MCU_YCbCr422_ARGB_ConvertBlocks;//YCbCr422
            JPEG_ConvertorParams.LineOffset = JPEG_ConvertorParams.ImageWidth % 16;
            if(JPEG_ConvertorParams.LineOffset!= 0)
            {
                JPEG_ConvertorParams.LineOffset = 16 - JPEG_ConvertorParams.LineOffset;
            }
            JPEG_ConvertorParams.H_factor = 16;
            JPEG_ConvertorParams.V_factor = 8;
        }else    //YCbCr444
        {
            * pFunction = JPEG_MCU_YCbCr444_ARGB_ConvertBlocks;//YCbCr444
            JPEG_ConvertorParams.LineOffset = JPEG_ConvertorParams.ImageWidth % 8;
            if(JPEG_ConvertorParams.LineOffset!= 0)
            {
```

```
            JPEG_ConvertorParams.LineOffset = 8 - JPEG_ConvertorParams.LineOffset;
        }
        JPEG_ConvertorParams.H_factor = 8;
        JPEG_ConvertorParams.V_factor = 8;
}else if(JPEG_ConvertorParams.ColorSpace == JPEG_GRAYSCALE_COLORSPACE)
                                                                //GrayScale 颜色空间
{
    *pFunction = JPEG_MCU_Gray_ARGB_ConvertBlocks;//使用 Y Gray 转换
    JPEG_ConvertorParams.LineOffset = JPEG_ConvertorParams.ImageWidth % 8;
    if(JPEG_ConvertorParams.LineOffset!= 0)
        {
            JPEG_ConvertorParams.LineOffset = 8 - JPEG_ConvertorParams.LineOffset;
        }
    JPEG_ConvertorParams.H_factor = 8;
    JPEG_ConvertorParams.V_factor = 8;
}elseif(JPEG_ConvertorParams.ColorSpace == JPEG_CMYK_COLORSPACE)
{
    *pFunction = JPEG_MCU_YCCK_ARGB_ConvertBlocks;//使用 CMYK 颜色转换
    JPEG_ConvertorParams.LineOffset = JPEG_ConvertorParams.ImageWidth % 8;
    if(JPEG_ConvertorParams.LineOffset!= 0)
        {
            JPEG_ConvertorParams.LineOffset = 8 - JPEG_ConvertorParams.LineOffset;
        }
    JPEG_ConvertorParams.H_factor = 8;
    JPEG_ConvertorParams.V_factor = 8;
}else return 0X01;        //不支持的颜色空间
JPEG_ConvertorParams.WidthExtend = JPEG_ConvertorParams.ImageWidth +
                                    JPEG_ConvertorParams.LineOffset;
JPEG_ConvertorParams.ScaledWidth = JPEG_BYTES_PER_PIXEL *
                                    JPEG_ConvertorParams.ImageWidth;
hMCU = (JPEG_ConvertorParams.ImageWidth/JPEG_ConvertorParams.H_factor);
if((JPEG_ConvertorParams.ImageWidth % JPEG_ConvertorParams.H_factor)!= 0)
    hMCU++ ;// + 1 for horizenatl incomplete MCU
vMCU = (JPEG_ConvertorParams.ImageHeight/JPEG_ConvertorParams.V_factor);
if((JPEG_ConvertorParams.ImageHeight % JPEG_ConvertorParams.V_factor)!= 0)
    vMCU++ ;    // + 1 for vertical incomplete MCU
JPEG_ConvertorParams.MCU_Total_Nb = (hMCU * vMCU);
*ImageNbMCUs = JPEG_ConvertorParams.MCU_Total_Nb;
return 0X00;
}
```

该函数参数有 3 个:pJpegInfo 是一个 JPEG_ConfTypeDef 结构体指针,用于传递当前 JPEG 的参数;pFunction 是函数指针,类型为 JPEG_YCbCrToRGB_Convert_Function,定义如下:

```
typedef u32 ( * JPEG_YCbCrToRGB_Convert_Function)(u8 * pInBuffer,u8 * pOutBuffer,u32
BlockIndex,u32 DataCount);
```

相关参数说明:

pInBuffer:指向输入的 YCbCr blocks 缓冲区;

第 15 章 硬件 JPEG 解码实验

pOutBuffer：指向输出的 RGB888/ARGB8888 帧缓冲区；
BlockIndex：输入 buf 里面的第一个 MCU 块编号；
DataCount：输入缓冲区的大小。
该函数指针可以指向在 jpeg_utils.c 里面定义的其他 5 个函数：

> JPEG_MCU_YCbCr420_ARGB_ConvertBlocks 函数，实现 YUV420→RGB 的转换。
> JPEG_MCU_YCbCr422_ARGB_ConvertBlocks 函数，实现 YUV422→RGB 的转换。
> JPEG_MCU_YCbCr444_ARGB_ConvertBlocks 函数，实现 YUV444→RGB 的转换。
> JPEG_MCU_Gray_ARGB_ConvertBlocks 函数，实现灰度图像→RGB 的转换。
> JPEG_MCU_YCCK_ARGB_ConvertBlocks 函数，实现 CMYK→RGB 的转换。

这 5 个函数都是用于色彩转换，支持将 YUV、灰度和 CMYK 格式转换为 RGB565、RGB888 和 ARGB8888 等格式，详细参考 jpeg_utils.c 的源代码。

ImageNbMCUs 用于表示当前 JPG/JPEG 文件总 MCU 数，该函数其他代码可参考源码注释理解。

接下来看 hjpgd.c 里面的代码，该文件代码如下：

```c
jpeg_codec_typedef hjpgd;                              //JPEG 硬件解码结构体
//JPEG 输入数据流，回调函数，用于获取 JPEG 文件原始数据
//每当 JPEG DMA IN BUF 为空的时候，调用该函数
void jpeg_dma_in_callback(void)
{
    hjpgd.inbuf[hjpgd.inbuf_read_ptr].sta = 0;         //此 buf 已经处理完了
    hjpgd.inbuf[hjpgd.inbuf_read_ptr].size = 0;        //此 buf 已经处理完了
    hjpgd.inbuf_read_ptr ++ ;                          //指向下一个 buf
    if(hjpgd.inbuf_read_ptr >= JPEG_DMA_INBUF_NB)hjpgd.inbuf_read_ptr = 0;  //归零
    if(hjpgd.inbuf[hjpgd.inbuf_read_ptr].sta == 0)     //无有效 buf
    {
        JPEG_IN_DMA_Pause();                           //暂停读取数据
        hjpgd.indma_pause = 1;                         //暂停读取数据
    }else                                              //有效的 buf
    {
JPEG_IN_DMA_Resume((u32)hjpgd.inbuf[hjpgd.inbuf_read_ptr].buf,
hjpgd.inbuf[hjpgd.inbuf_read_ptr].size);               //继续下一次 DMA 传输
    }
}
//JPEG 输出数据流（YUV）回调函数，用于输出 YUV 数据流
void jpeg_dma_out_callback(void)
{
    u32 * pdata = 0;
    hjpgd.outbuf[hjpgd.outbuf_write_ptr].sta = 1;      //此 buf 已满
    hjpgd.outbuf[hjpgd.outbuf_write_ptr].size = JPEG_DMA_OUTBUF_LEN - (DMA2_Stream1 ->
NDTR << 2);                                            //此 buf 里面数据的长度
    if(hjpgd.state == JPEG_STATE_FINISHED)//解码完成,须读 DOR 最后的数据
```

```c
        {
            pdata = (u32 *)(hjpgd.outbuf[hjpgd.outbuf_write_ptr].buf + hjpgd.outbuf[hjpgd.
                outbuf_write_ptr].size);
            while(JPEG->SR&(1<<4))
            {
                *pdata = JPEG->DOR;
                pdata++;
                hjpgd.outbuf[hjpgd.outbuf_write_ptr].size+=4;
            }
        }
        hjpgd.outbuf_write_ptr++;                              //指向下一个 buf
        if(hjpgd.outbuf_write_ptr>=JPEG_DMA_OUTBUF_NB)hjpgd.outbuf_write_ptr=0;
        if(hjpgd.outbuf[hjpgd.outbuf_write_ptr].sta==1)//无有效 buf
        {
            JPEG_OUT_DMA_Pause();                              //暂停输出数据
            hjpgd.outdma_pause=1;                              //暂停输出数据
        }else                                                  //有效的 buf
        {
            JPEG_OUT_DMA_Resume((u32)hjpgd.outbuf[hjpgd.outbuf_write_ptr].buf,
                        JPEG_DMA_OUTBUF_LEN);                  //继续下一次 DMA 传输
        }
    }
}
//JPEG 整个文件解码完成回调函数
void jpeg_endofcovert_callback(void)
{
    hjpgd.state=JPEG_STATE_FINISHED;                           //标记 JPEG 解码完成
}
//JPEG header 解析成功回调函数
void jpeg_hdrover_callback(void)
{
    hjpgd.state=JPEG_STATE_HEADEROK;                           //HEADER 获取成功
    JPEG_Get_Info(&hjpgd);              //获取 JPEG 相关信息,包括大小、色彩空间、抽样等
    JPEG_GetDecodeColorConvertFunc(&hjpgd.Conf,&hjpgd.ycbcr2rgb,
                        &hjpgd.total_blks);//获取 JPEG 色彩转换函数,以及总 MCU 数
    picinfo.ImgWidth=hjpgd.Conf.ImageWidth;
    picinfo.ImgHeight=hjpgd.Conf.ImageHeight;
    ai_draw_init();
}
//JPEG 硬件解码图片
//注意:
//1,待解吗图片的分辨率,必须小于等于屏幕的分辨率
//2,请保证图片的宽度是 16 的倍数,以免左侧出现花纹
//pname:图片名字(带路径)
//返回值:0,成功
//      其他,失败
u8 hjpgd_decode(u8 *pname)
{
    FIL *ftemp;
    u16 *rgb565buf;
    vu32 timecnt=0; u32 mcublkindex=0;
    u8 fileover=0;u8 i=0;u8 res;
```

第 15 章 硬件 JPEG 解码实验

```
res = JPEG_Core_Init(&hjpgd);                        //初始化 JPEG 内核
if(res)return 1;
ftemp = (FIL * )mymalloc(SRAMIN,sizeof(FIL));        //申请内存
if(f_open(ftemp,(char * )pname,FA_READ)!= FR_OK)     //打开图片失败
{
    JPEG_Core_Destroy(&hjpgd);
    myfree(SRAMIN,ftemp);                            //释放内存
    return 2;
}
rgb565buf = mymalloc(SRAMEX,lcddev.width * lcddev.height * 2);//申请整帧内存
JPEG_Decode_Init(&hjpgd);                            //初始化硬件 JPEG 解码器
for(i = 0;i<JPEG_DMA_INBUF_NB;i ++ )
{
    res = f_read(ftemp,hjpgd.inbuf[i].buf,JPEG_DMA_INBUF_LEN,&br);//填满 FIFO
    if(res == FR_OK&&br){ hjpgd.inbuf[i].size = br;hjpgd.inbuf[i].sta = 1;}
                                                     //标记 buf 满
    if(br == 0)break;
}
JPEG_IN_OUT_DMA_Init ((u32)hjpgd.inbuf[0].buf,(u32)hjpgd.outbuf[0].buf,
                hjpgd.inbuf[0].size,JPEG_DMA_OUTBUF_LEN);//配置 DMA
jpeg_in_callback = jpeg_dma_in_callback;             //JPEG DMA 读取数据回调函数
jpeg_out_callback = jpeg_dma_out_callback;           //JPEG DMA 输出数据回调函数
jpeg_eoc_callback = jpeg_endofcovert_callback;       //JPEG 解码结束回调函数
jpeg_hdp_callback = jpeg_hdrover_callback;           //JPEG Header 解码完成回调函数
JPEG_DMA_Start();                                    //启动 DMA 传输
while(1)
{
    SCB_CleanInvalidateDCache();                     //清空 D catch
    if(hjpgd.inbuf[hjpgd.inbuf_write_ptr].sta == 0&&fileover == 0)//有 buf 为空
    {
        res = f_read (ftemp,hjpgd.inbuf[hjpgd.inbuf_write_ptr].buf,
                    JPEG_DMA_INBUF_LEN,&br);         //填满一个缓冲区
        if(res == FR_OK&&br)
        {
            hjpgd.inbuf[hjpgd.inbuf_write_ptr].size = br;    //读取
            hjpgd.inbuf[hjpgd.inbuf_write_ptr].sta = 1;      //buf 满
        }else if(br == 0){ timecnt = 0; fileover = 1;}
                                                     //清零计时器,标记文件结束
        if(hjpgd.indma_pause == 1&&hjpgd.inbuf[hjpgd.inbuf_read_ptr].sta == 1)
        //之前是暂停的,重新开始传输
        {
            JPEG_IN_DMA_Resume ((u32)hjpgd.inbuf[hjpgd.inbuf_read_ptr].buf,
                        hjpgd.inbuf[hjpgd.inbuf_read_ptr].size);
                                                     //继续下一次 DMA 传输
            hjpgd.indma_pause = 0;
        }
        hjpgd.inbuf_write_ptr ++ ;
        if (hjpgd.inbuf_write_ptr> = JPEG_DMA_INBUF_NB)
            hjpgd.inbuf_write_ptr = 0;
    }
    if(hjpgd.outbuf[hjpgd.outbuf_read_ptr].sta == 1)  //buf 里面有数据要处理
```

```
                    {
                        mcublkindex += hjpgd.ycbcr2rgb(hjpgd.outbuf[hjpgd.outbuf_read_ptr].buf,
                            (u8 *)rgb565buf,mcublkindex,hjpgd.outbuf[hjpgd.outbuf_read_ptr].size);
                        hjpgd.outbuf[hjpgd.outbuf_read_ptr].sta = 0;        //标记 buf 为空
                        hjpgd.outbuf[hjpgd.outbuf_read_ptr].size = 0;       //数据量清空
                        hjpgd.outbuf_read_ptr ++ ;
                        if(hjpgd.outbuf_read_ptr >= JPEG_DMA_OUTBUF_NB)
                           hjpgd.outbuf_read_ptr = 0;//限制范围
                        if(mcublkindex == hjpgd.total_blks) break;
                    }else if(hjpgd.outdma_pause == 1&&hjpgd.outbuf[hjpgd.outbuf_write_ptr].sta == 0)
                    //out 暂停,且当前 writebuf 已经为空了,则恢复 out 输出
                    {
                        JPEG_OUT_DMA_Resume((u32)hjpgd.outbuf[hjpgd.outbuf_write_ptr].buf,
                                            JPEG_DMA_OUTBUF_LEN);           //继续下一次 DMA 传输
                        hjpgd.outdma_pause = 0;
                    }
                    timecnt ++ ;
                    if(fileover)        //文件结束后,及时退出,防止死循环
                    {
                        if(hjpgd.state == JPEG_STATE_NOHEADER)break;        //解码失败了
                        if(timecnt>0X3FFF)break;                            //超时退出
                    }
                }
                if(hjpgd.state == JPEG_STATE_FINISHED)                      //解码完成了
                {
                    piclib_fill_color(picinfo.S_XOFF,picinfo.S_YOFF,hjpgd.Conf.ImageWidth,
                                        hjpgd.Conf.ImageHeight,rgb565buf);
                }
                myfree(SRAMIN,ftemp);myfree(SRAMEX,rgb565buf);
                JPEG_Core_Destroy(&hjpgd);
                return 0;
            }
```

该文件里面总共有 5 个函数,接下来分别介绍:

jpeg_dma_in_callback 函数,用于处理 JPEG 输入数据流,当 JPEG 输入 DMA 传输完成时,调用该函数。对已处理的 buf 标记清零,然后切换到下一个 buf。当 buf 不够时,暂停 JPEG 输入 FIFO 获取数据,并标记暂停;当 buf 足够时,切换到下一个 buf,继续传输。

jpeg_dma_out_callback 函数,用于处理 JPEG 输出数据流,当 JPEG 输入 DMA 传输完成时,调用该函数。对已满的 buf 标记满,并标记容量,然后切换到下一个 buf。当 buf 不够时,暂停获取 JPEG 输出 FIFO 的数据,并标记暂停;当 buf 足够时,切换到下一个 buf,继续传输。当解码状态结束时,需要手动读取 JPEG_DOR 寄存器的数据。

jpeg_endofcovert_callback 函数,在 JPG/JPEG 文件解码结束时调用。该函数处理非常简单,直接将当前解码状态标记为 JPEG 解码完成(JPEG_STATE_FINISHED)即可。

jpeg_hdrover_callback 函数,在 JPEG 头解码成功后调用。该函数先标记状态为 JPEG 头解码成功(JPEG_STATE_HEADEROK),然后调用 JPEG_Get_Info 函数获

取 JPEG 相关信息,通过 JPEG_GetDecodeColorConvertFunc 函数取得颜色转换函数和总 MCU 数。最后初始化画图,准备解码显示。

hjpgd_decode 函数,用于解码一张 JPG/JPEG 图片。该函数采用 15.1 节最后介绍的步骤来解码 JPG/JPEG 图片。

另外,需要将 hjpgd_decode 函数加入到图片解码库里面,修改 ai_load_picfile 函数代码如下:

```
//智能画图
//FileName:要显示的图片文件   BMP/JPG/JPEG/GIF
//x,y,width,height:坐标及显示区域尺寸
//fast:使能 jpg 小图片(图片尺寸小于等于液晶分辨率)快速解码,0,不使能;1,使能
//      当有硬件 JPEG 解码的时候,快速解码使用硬件 jpeg 解码,以提高速度
//图片在开始和结束的坐标点范围内显示
u8 ai_load_picfile(const u8 * filename,u16 x,u16 y,u16 width,u16 height,u8 fast)
{
    u8    res; u8 temp;
    if((x + width)>picinfo.lcdwidth)return PIC_WINDOW_ERR;     //x 坐标超范围了
    if((y + height)>picinfo.lcdheight)return PIC_WINDOW_ERR;   //y 坐标超范围了
    if(width == 0||height == 0)return PIC_WINDOW_ERR;          //窗口设定错误
    picinfo.S_Height = height;
    picinfo.S_Width = width;
    if(picinfo.S_Height == 0||picinfo.S_Width == 0)            //显示区域无效
    {
        picinfo.S_Height = lcddev.height;
        picinfo.S_Width = lcddev.width;
        return FALSE;
    }
    if(pic_phy.fillcolor == NULL)fast = 0;     //颜色填充函数未实现,不能快速显示
    //显示的开始坐标点
    picinfo.S_YOFF = y;
    picinfo.S_XOFF = x;
    //文件名传递
    temp = f_typetell((u8 * )filename);                        //得到文件的类型
    switch(temp)
    {
        case T_BMP:res = stdbmp_decode(filename);break;        //解码 bmp
        case T_JPG:
        case T_JPEG:
            if(fast)                                           //可能需要硬件解码
            {
                res = jpg_get_size(filename,&picinfo.ImgWidth,&picinfo.ImgHeight);
                if(res == 0)
                {
                    if (picinfo.ImgWidth< = lcddev.width&&picinfo.ImgHeight< =
                      lcddev.height&&picinfo.ImgWidth< = picinfo.S_Width&&
                      picinfo.ImgHeight< = picinfo.S_Height)  //则可以硬件解码
                    {
                        res = hjpgd_decode((u8 * )filename);   //采用硬解码 JPG/JPEG
                    }else res = jpg_decode(filename,fast);     //采用软件解码 JPG/JPEG
                }
```

```
            }else res = jpg_decode(filename,fast);        //统一采用软件解码 JPG/JPEG
            break;
        case T_GIF:res = gif_decode(filename,x,y,width,height);break;   //解码 gif
        default:res = PIC_FORMAT_ERR;break;                 //非图片格式
    }
    return res;
}
```

当 JPG/JPEG 图片尺寸满足小于等于屏幕分辨率,且启用快速解码时,则通过调用 hjpgd_decode 函数实现硬件 JPEG 解码,从而大大提高速度。

最后看看 main.c 文件,代码如下:

```
//得到 path 路径下,目标文件的总个数
//path:路径
//返回值:总有效文件数
u16 pic_get_tnum(u8 * path)
{
    ……//请参考上一章例程源码/本例程源码
}
int main(void)
{
    u8 led0sta = 1;u8 res;
    DIR picdir;                                 //图片目录
    FILINFO * picfileinfo;                      //文件信息
    u8 * pname;                                 //带路径的文件名
    u16 totpicnum;                              //图片文件总数
    u16 curindex;                               //图片当前索引
    u8 key;u8 t;u16 temp;
    u8 pause = 0;                               //暂停标记
    u32 * picoffsettbl;                         //图片文件 offset 索引表
    Cache_Enable();                             //打开 L1 - Cache
    MPU_Memory_Protection();                    //保护相关存储区域
    HAL_Init();                                 //初始化 HAL 库
    Stm32_Clock_Init(432,25,2,9);               //设置时钟,216 MHz
    ……//省略部分代码
    totpicnum = pic_get_tnum("0:/PICTURE");     //得到总有效文件数
    while(totpicnum == NULL)                    //图片文件为 0
    {
        Show_Str(30,170,240,16,"没有图片文件!",16,0);delay_ms(200);
        LCD_Fill(30,170,240,186,WHITE);delay_ms(200);
    }
    picfileinfo = (FILINFO *)mymalloc(SRAMIN,sizeof(FILINFO));//申请内存
    pname = mymalloc(SRAMIN,_MAX_LFN * 2 + 1);              //为带路径的文件名分配内存
    picoffsettbl = mymalloc(SRAMIN,4 * totpicnum);
                                                //申请 4 * totpicnum 内存,存放图片索引
    while(! picfileinfo||! pname||! picoffsettbl)           //内存分配出错
    {
        Show_Str(30,170,240,16,"内存分配失败!",16,0);delay_ms(200);
        LCD_Fill(30,170,240,186,WHITE);delay_ms(200);
    }
    res = f_opendir(&picdir,"0:/PICTURE");                  //打开目录
```

```c
if(res == FR_OK)
{
    curindex = 0;//当前索引为 0
    while(1)//全部查询一遍
    {
        temp = picdir.dptr;                              //记录当前 dptr 偏移
        res = f_readdir(&picdir,picfileinfo);            //读取目录下的一个文件
        if(res!=FR_OK||picfileinfo->fname[0]==0)break;//错误了/到末尾了,退出
        res = f_typetell((u8*)picfileinfo->fname);
        if((res&0XF0) == 0X50)                           //取高 4 位,看看是不是图片文件
        {
            picoffsettbl[curindex] = temp;//记录索引
            curindex ++ ;
        }
    }
}
Show_Str(30,170,240,16,"开始显示...",16,0); delay_ms(1500);
piclib_init();                                           //初始化画图
curindex = 0;                                            //从 0 开始显示
res = f_opendir(&picdir,(const TCHAR*)"0:/PICTURE");    //打开目录
while(res == FR_OK)//打开成功
{
    dir_sdi(&picdir,picoffsettbl[curindex]);             //改变当前目录索引
    res = f_readdir(&picdir,picfileinfo);                //读取目录下的一个文件
    if(res!=FR_OK||picfileinfo->fname[0]==0)break;     //错误了/到末尾了,退出
    strcpy((char*)pname,"0:/PICTURE/");                  //复制路径(目录)
    strcat((char*)pname,(const char*)picfileinfo->fname);//将文件名接在后面
    LCD_Clear(BLACK);
    ai_load_picfile(pname,0,0,lcddev.width,lcddev.height,1);//显示图片
    Show_Str(2,2,lcddev.width,16,pname,16,1);            //显示图片名字
    t = 0;
    while(1)
    {
        key = KEY_Scan(0);                               //扫描按键
        if(t>250)key = 1;                                //模拟一次按下 KEY0
        if((t%20) == 0) LED0_Toggle;//LED0 闪烁,提示程序正在运行
        if(key == KEY2_PRES)                             //上一张
        {
            if(curindex)curindex -- ;
            else curindex = totpicnum - 1;
            break;
        }else if(key == KEY0_PRES)                       //下一张
        {
            curindex ++ ;
            if(curindex>=totpicnum)curindex = 0;//到末尾的时候,自动从头开始
            break;
        }else if(key == WKUP_PRES){pause = !pause;LED1(!pause);}//暂停 LED1 亮
        if(pause == 0)t ++ ;
        delay_ms(10);
    }
    res = 0;
```

```
        }
   ……//省略部分代码
        }
```

这部分代码比较长,我们省略了一些内容,详细的代码可参考配套资料本例程源码。

这里除了 main 函数,还有一个 pic_get_tnum 的函数,用来得到 path 路径下所有有效文件(图片文件)的个数。main 函数里面通过读/写偏移量(图片文件在 PICTURE 文件夹下的读/写偏移位置可以看作一个索引)来查找上一个/下一个图片文件(使用 dir_sdi 函数)。通过 ai_load_picfile 函数实现对 JPG/JPEG 图片的解码。这里将 fast 参数设置为 1,当图片文件的分辨率小于等于液晶分辨率的时候,则使用硬件 JPEG 进行解码。

至此,本例程代码编写完成。最后,本实验可以通过 USMART 来调用相关函数,以对比性能。将 mf_scan_files、ai_load_picfile 和 hjpgd_decode 等函数添加到 USMART 管理,即可以通过串口调用这几个函数,从而测试对比软件 JPEG 解码和硬件 JPEG 解码的速度差别。

15.4 下载验证

编译成功之后,下载代码到 ALIENTEK 阿波罗 STM32 开发板上,可以看到,LCD 开始显示图片(假设 SD 卡及文件都准备好了,即在 SD 卡根目录新建 PICTURE 文件夹,并在该文件同夹内存放一些图片文件(.bmp/.jpg/.gif)),如图 15.4.1 所示。

图 15.4.1　硬件 JPEG 解码实验显示效果

第 15 章　硬件 JPEG 解码实验

按 KEY0 和 KEY2 可以快速切换到下一张或上一张，KEY_UP 按键可以暂停自动播放，同时 DS1 亮，指示处于暂停状态，再按一次 KEY_UP 则继续播放。对比上一章实验可以发现，对于小尺寸的 JPG/JPEG 图片（小于液晶分辨率），本例程解码速度明显提升。

通过 USMART 调用 ai_load_picfile 函数，对比测试同一张图片，使用硬件 JPEG 解码和不使用硬件 JPEG 解码时速度差别明显，如图 15.4.2 所示。

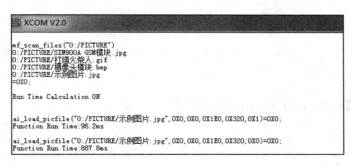

图 15.4.2　硬件 JPEG 与软件 JPEG 解码速度对比

图 15.4.2 是我们使用 4.3 寸 800×480 分辨率的 MCU 屏做的测试，可以看出，对于同一张图片（图片分辨率 800×480），硬件 JPEG 解码时只需要 96.2 ms，软件 JPEG 解码则需要 887.8 ms，硬件 JPEG 解码速度是软件 JPEG 解码的 9.2 倍。可见，硬件 JPEG 解码大大提高了对 JPG/JPEG 图片的解码能力。

第 16 章

照相机实验

上一章学习了图片解码,本章将学习 BMP&JPEG 编码,结合前面的摄像头实验,实现一个简单的照相机。

16.1 BMP&JPEG 编码简介

本章要实现的照相机支持 BMP 图片格式的照片和 JPEG 图片格式的照片,这里简单介绍一下这两种图片格式的编码。这里使用 ATK‑OV5640‑AF 摄像头来实现拍照。关于 OV5640 的相关知识点可参考第 8 章。

16.1.1 BMP 编码简介

上一章学习了各种图片格式的解码,本章介绍最简单的图片编码方法:BMP 图片编码。通过前面的了解可知,BMP 文件由文件头、位图信息头、颜色信息和图形数据 4 部分组成。

① BMP 文件头(14 字节):BMP 文件头数据结构含有 BMP 文件的类型、文件大小和位图起始位置等信息。

```
//BMP 文件头
typedef __packed struct
{
    u16     bfType ;           //文件标志.只对 'BM',用来识别 BMP 位图类型
    u32     bfSize ;           //文件大小,占 4 个字节
    u16     bfReserved1 ;      //保留
    u16     bfReserved2 ;      //保留
    u32     bfOffBits ;        //从文件开始到位图数据(bitmap data)开始之间的偏移量
}BITMAPFILEHEADER ;
```

② 位图信息头(40 字节):BMP 位图信息头数据用于说明位图的尺寸等信息。

```
typedef __packed struct
{
    u32 biSize ;               //说明 BITMAPINFOHEADER 结构所需要的字数
    long    biWidth ;          //说明图像的宽度,以像素为单位
    long    biHeight ;         //说明图像的高度,以像素为单位
    u16     biPlanes ;         //为目标设备说明位面数,其值将总是被设为 1
    u16     biBitCount ;       //说明比特数/像素,其值为 1、4、8、16、24、或 32
    u32 biCompression ;        //说明图像数据压缩的类型.其值可以是下述值之一
```

```
//BI_RGB:没有压缩
//BI_RLE8:每个像素 8 比特的 RLE 压缩编码,压缩格式由 2 字节组成
//BI_RLE4:每个像素 4 比特的 RLE 压缩编码,压缩格式由 2 字节组成
//BI_BITFIELDS:每个像素的比特由指定的掩码决定
u32 biSizeImage ;     //说明图象的大小,以字节为单位。当用 BI_RGB 格式时,可设置为 0
long  biXPelsPerMeter ;    //说明水平分辨率,用像素/米表示
long  biYPelsPerMeter ;    //说明垂直分辨率,用像素/米表示
u32 biClrUsed ;            //说明位图实际使用的彩色表中的颜色索引数
u32 biClrImportant ;       //说明对图像显示有重要影响的颜色索引的数目
                           //如果是 0,表示都重要
}BITMAPINFOHEADER ;
```

③ 颜色表:颜色表用于说明位图中的颜色,它有若干个表项,每一个表项是一个 RGBQUAD 类型的结构,定义一种颜色。

```
typedef __packed struct
{
    u8 rgbBlue ;           //指定蓝色强度
    u8 rgbGreen ;          //指定绿色强度
    u8 rgbRed ;            //指定红色强度
    u8 rgbReserved ;       //保留,设置为 0
}RGBQUAD ;
```

颜色表中 RGBQUAD 结构数据的个数由 biBitCount 来确定:当 biBitCount=1、4、8 时,分别有 2、16、256 个表项;当 biBitCount 大于 8 时,没有颜色表项。

BMP 文件头、位图信息头和颜色表组成位图信息(我们将 BMP 文件头也加进来,方便处理),BITMAPINFO 结构定义如下:

```
typedef __packed struct
{
    BITMAPFILEHEADER bmfHeader;
    BITMAPINFOHEADER bmiHeader;
    RGBQUAD bmiColors[1];
}BITMAPINFO;
```

④ 位图数据:位图数据记录了位图的每一个像素值,记录顺序是在扫描行内是从左到右,扫描行之间是从下到上。位图的一个像素值所占的字节数:

当 biBitCount=1 时,8 个像素占一个字节;

当 biBitCount=4 时,2 个像素占一个字节;

当 biBitCount=8 时,一个像素占一个字节;

当 biBitCount=16 时,一个像素占 2 个字节;

当 biBitCount=24 时,一个像素占 3 个字节;

当 biBitCount=32 时,一个像素占 4 个字节。

biBitCount=1 表示位图最多有两种颜色,默认情况下是黑色和白色,也可以自己定义这两种颜色。图像信息头装调色板中将有两个调色板项,称为索引 0 和索引 1。图像数据阵列中的每一位表示一个像素。如果一个位是 0,显示时就使用索引 0 的 RGB 值;如果位是 1,则使用索引 1 的 RGB 值。

biBitCount=16 表示位图最多有 65 536 种颜色。每个像素用 16 位（2 个字节）表示。这种格式叫高彩色，或叫增强型 16 位色，或 64K 色。它的情况比较复杂，当 biCompression 成员的值是 BI_RGB 时，它没有调色板。16 位中，最低的 5 位表示蓝色分量，中间的 5 位表示绿色分量，高的 5 位表示红色分量，一共占用了 15 位，最高的一位保留，设为 0。这种格式也被称作 555 的 16 位位图。如果 biCompression 成员的值是 I_BITFIELDS，那么情况就复杂了，首先是原来调色板的位置被 3 个 DWORD 变量占据，称为红、绿、蓝掩码，分别用于描述红、绿、蓝分量在 16 位中所占的位置。在 Windows 95（或 98）中，系统可接受两种格式的位域：555 和 565，在 555 格式下，红、绿、蓝的掩码分别是 0x7C00、0x03E0、0x001F；而在 565 格式下，它们则分别为 0xF800、0x07E0、0x001F。读取一个像素之后，可以分别用掩码"与"上像素值，从而提取出想要的颜色分量（当然还要再经过适当的左右移操作）。NT 系统中则没有格式限制，只不过要求掩码之间不能有重叠。（注：这种格式的图像使用起来是比较麻烦的，不过因为它的显示效果接近于真彩，而图像数据又比真彩图像小得多，所以，它更多被用于游戏软件。）

biBitCount=32 表示位图最多有 4 294 967 296（即 2^{32}）种颜色。这种位图的结构与 16 位位图结构非常类似，当 biCompression 成员的值是 BI_RGB 时，它也没有调色板，32 位中有 24 位用于存放 RGB 值，顺序是：最高位保留、红 8 位、绿 8 位、蓝 8 位。这种格式也称为 888 32 位图。如果 biCompression 成员的值是 BI_BITFIELDS，原来调色板的位置将被 3 个 DWORD 变量占据，成为红、绿、蓝掩码，分别用于描述红、绿、蓝分量在 32 位中所占的位置。在 Windows 95（or 98）中，系统只接受 888 格式，也就是说 3 个掩码的值将只能是 0xFF0000、0xFF00、0xFF。而在 NT 系统中只要注意使掩码之间不产生重叠就行。（注：这种图像格式比较规整，因为它是 DWORD 对齐的，所以在内存中进行图像处理时可进行汇编级的代码优化（简单）。）

至此，我们对 BMP 有了一个比较深入的了解，本章采用 16 位 BMP 编码（因为我们的 LCD 就是 16 位色的，而且 16 位 BMP 编码比 24 位 BMP 编码更省空间），故需要设置 biBitCount 的值为 16，这样得到新的位图信息（BITMAPINFO）结构体：

```
typedef __packed struct
{
    BITMAPFILEHEADER bmfHeader;
    BITMAPINFOHEADER bmiHeader;
    u32 RGB_MASK[3];                //调色板用于存放 RGB 掩码
}BITMAPINFO;
```

其实就是颜色表由 3 个 RGB 掩码代替。最后来看看将 LCD 的显存保存为 BMP 格式的图片文件的步骤：

① 创建 BMP 位图信息，并初始化各个相关信息。

这里要设置 BMP 图片的分辨率为 LCD 分辨率、BMP 图片的大小（整个 BMP 文件大小）、BMP 的像素位数（16 位）和掩码等信息。

② 创建新 BMP 文件，写入 BMP 位图信息。

要保存 BMP，当然要存放在某个地方（文件），所以需要先创建文件，同时先保存

BMP 位图信息，之后才开始 BMP 数据的写入。

③ 保存位图数据。

这里就比较简单了，只需要从 LCD 的 GRAM 里面读取各点的颜色值，依次写入第②步创建的 BMP 文件即可。注意，保存顺序（即读 GRAM 顺序）是从左到右、从下到上。

④ 关闭文件。

使用 FATFS 时，在文件创建之后必须调用 f_close，文件才会真正体现在文件系统里面，否则是不会写入的！这个要特别注意，写完之后一定要调月 f_close。

16.1.2 JPEG 编码简介

JPEG(Joint Photographic Experts Group)是一个由 ISO 和 IEC 两个组织机构联合组成的一个专家组，负责制定静态的数字图像数据压缩编码标准；这个专家组开发的算法称为 JPEG 算法，并且成为国际上通用的标准，因此又称为 JPEG 标准。JPEG 是一个适用范围很广的静态图像数据压缩标准，既可用于灰度图像，又可用于彩色图像。

JPEG 专家组开发了两种基本的压缩算法，一种是采用以离散余弦变换(Discrete Cosine Transform,DCT)为基础的有损压缩算法，另一种是采用以预测技术为基础的无损压缩算法。使用有损压缩算法时，在压缩比为 25∶1 的情况下，压缩后还原得到的图像与原始图像相比较，非图像专家难于找出它们之间的区别，因此得到了广泛的应用。

JPEG 压缩是有损压缩，它利用了人的视角系统的特性，使用量化和无损压缩编码相结合来去掉视角的冗余信息和数据本身的冗余信息。

JPEG 压缩编码分为 3 个步骤：

① 使用正向离散余弦变换(Forward Discrete Cosine Transform,FDCT)把空间域表示的图变换成频率域表示的图。

② 使用加权函数对 DCT 系数进行量化，这个加权函数对于人的视觉系统是最佳的。

③ 使用霍夫曼可变字长编码器对量化系数进行编码。

本章要实现的 JPEG 拍照并不需要自己压缩图像，因为我们使用 ALIENTEK OV5640 摄像头模块，直接就可以输出压缩后的 JPEG 数据，完全不需要理会压缩过程。所以本章实现 JPEG 拍照的关键在于准确接收 OV5640 摄像头模块发送过来的编码数据，然后将这些数据保存为.jpg 文件，就可以实现 JPEG 拍照了。

第 42 章定义了一个很大的数组 jpeg_data_buf(4 MB)来存储 JPEG 图像数据，但本章可以使用内存管理来申请内存，无须定义这么大的数组，使用上更加灵活。另外，DCMI 接口使用 DMA 直接传输 JPEG 数据到外部 SDRAM 时会出现数据丢失，所以 DMA 接收 JPEG 数据只能用内部 SRAM，然后再复制到外部 SDRAM。所以，本章将使用 DMA 的双缓冲机制来读取。DMA 双缓冲读取 JPEG 数据框图如图 16.1.1 所示。

DMA 接收来自 OV5640 的 JPEG 数据流，首先使用 M0AR(内存 1)来存储，当

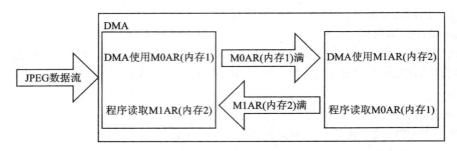

图 16.1.1　DMA 双缓冲读取 JPEG 数据原理框图

M0AR 满了以后,自动切换到 M1AR(内存 2),同时程序读取 M0AR(内存 1)的数据到外部 SDRAM;当 M1AR 满了以后,又切回 M0AR,同时程序读取 M1AR(内存 2)的数据到外部 SDRAM。依次循环(此时的数据处理是通过 DMA 传输完成中断实现的,在中断里面处理),直到帧中断,结束一帧数据的采集,读取剩余数据到外部 SDRAM,完成一次 JPEG 数据的采集。

这里,M0AR、M1AR 所指向的内存必须是内部内存,不过由于采用了双缓冲机制,所以就不必定义一个很大的数组,一次性接收所有 JPEG 数据了,而是可以分批次接收,数组可以定义得比较小。

最后,将存储在外部 SDRAM 的 jpeg 数据保存为.jpg/.jpeg 存放在 SD 卡,这就完成了一次 JPEG 拍照。

16.2　硬件设计

本章实验功能简介:开机的时候先检测字库,然后检测 SD 卡根目录是否存在 PHOTO 文件夹,如果不存在则创建,如果创建失败,则报错(提示拍照功能不可用)。找到 SD 卡的 PHOTO 文件夹后,开始初始化 OV5640;初始化成功之后,就一直在屏幕显示 OV5640 拍到的内容。按下 KEY_UP 按键的时候,可以选择缩放或 1:1 显示,默认缩放。按下 KEY0 可以拍 bmp 图片照片(分辨率为 LCD 辨率)。按下 KEY1 可以拍 JPEG 图片照片(分辨率为 QSXGA,即 2 592×1 944)。拍照保存成功之后,蜂鸣器会发出"滴"的一声,提示拍照成功。DS0 用于指示程序运行状态,DS1 用于提示 DCMI 帧中断。

所要用到的硬件资源如下:指示灯 DS0 和 DS1、KEY0、KEY1 和 KEY_UP 按键、PCF8574T(控制蜂鸣器)、串口、LCD 模块、SD 卡、SPI Flash、OV5640 摄像头模块。这几部分在之前的实例中都介绍过了,在此就不介绍了。注意,SD 卡与 DCMI 接口有部分 I/O 共用,所以它们不能同时使用,必须分时复用,本章的共用 I/O 只有在拍照保存的时候才切换为 SD 卡使用,其他时间都是被 DCMI 占用的。

16.3 软件设计

打开本章实验工程,由于本章要用到 OV5640 和 PCF8574T 等外设,所以,先添加了 dcmi.c、sccb.c、ov5640.c、beep.c、sdram.c 和 pcf8574.c 等文件到 HARDWARE 组下。

然后来看下 PICTURE 组 bmp.c 文件里面的 bmp 编码函数:bmp_encode,代码如下:

```c
//BMP 编码函数
//将当前 LCD 屏幕的指定区域截图,存为 16 位格式的 BMP 文件 RGB565 格式
//保存为 rgb565 则需要掩码,需要利用原来的调色板位置增加掩码.这里增加了掩码
//保存为 rgb555 格式则需要颜色转换,耗时间比较久,所以保存为 565 是最快速的办法
//filename:存放路径
//x,y:在屏幕上的起始坐标
//mode:模式.0,仅创建新文件;1,如果存在文件,则覆盖该文件.如果没有,则创建新的文件
//返回值:0,成功;其他,错误码
u8 bmp_encode(u8 * filename,u16 x,u16 y,u16 width,u16 height,u8 mode)
{
    FIL * f_bmp;u8 res = 0;
    u16 bmpheadsize;            //bmp 头大小
    BITMAPINFO hbmp;            //bmp 头
    u16 tx,ty;                  //图像尺寸
    u16 * databuf;              //数据缓存区地址
    u16 pixcnt;                 //像素计数器
    u16 bi4width;               //水平像素字节数
    if(width == 0||height == 0)return PIC_WINDOW_ERR;     //区域错误
    if((x + width - 1)>lcddev.width)return PIC_WINDOW_ERR;  //区域错误
    if((y + height - 1)>lcddev.height)return PIC_WINDOW_ERR; //区域错误
    # if BMP_USE_MALLOC == 1     //使用 malloc
    databuf = (u16 *)pic_memalloc(1024);
    //开辟至少 bi4width 大小的字节的内存区域,对 240 宽的屏,480 个字节就够了
    if(databuf == NULL)return PIC_MEM_ERR;            //内存申请失败
    f_bmp = (FIL *)pic_memalloc(sizeof(FIL));        //开辟 FIL 字节的内存区域
    if(f_bmp == NULL){pic_memfree(databuf);return PIC_MEM_ERR;}//内存申请失败
    # else
    databuf = (u16 *)bmpreadbuf;
    f_bmp = &f_bfile;
    # endif
    bmpheadsize = sizeof(hbmp);                      //得到 bmp 文件头的大小
    mymemset((u8 *)&hbmp,0,sizeof(hbmp));            //申请到的内存置零
    hbmp.bmiHeader.biSize = sizeof(BITMAPINFOHEADER); //信息头大小
    hbmp.bmiHeader.biWidth = width;                  //bmp 的宽度
    hbmp.bmiHeader.biHeight = height;                //bmp 的高度
    hbmp.bmiHeader.biPlanes = 1;                     //恒为 1
    hbmp.bmiHeader.biBitCount = 16;                  //bmp 为 16 位色 bmp
    hbmp.bmiHeader.biCompression = BI_BITFIELDS;//每个像素的比特由指定的掩码决定
    hbmp.bmiHeader.biSizeImage = hbmp.bmiHeader.biHeight * hbmp.bmiHeader.biWidth *
                                 hbmp.bmiHeader.biBitCount/8;//bmp 数据区大小
```

```
            hbmp.bmfHeader.bfType = ((u16)'M'<<8)+'B';        //BM 格式标志
            hbmp.bmfHeader.bfSize = bmpheadsize + hbmp.bmiHeader.biSizeImage;//整个 bmp 的大小
            hbmp.bmfHeader.bfOffBits = bmpheadsize;           //到数据区的偏移
            hbmp.RGB_MASK[0] = 0X00F800;                      //红色掩码
            hbmp.RGB_MASK[1] = 0X0007E0;                      //绿色掩码
            hbmp.RGB_MASK[2] = 0X00001F;                      //蓝色掩码
            if(mode == 1)res = f_open(f_bmp,(const TCHAR *)filename,FA_READ|FA_WRITE);
            //尝试打开之前的文件
            if(mode == 0||res == 0x04)res = f_open(f_bmp,(const TCHAR *)filename,FA_WRITE|
                                  FA_CREATE_NEW);//模式 0,或者尝试打开失败,则创建新文件
            if((hbmp.bmiHeader.biWidth * 2) % 4)//水平像素(字节)不为 4 的倍数
            {
                bi4width = ((hbmp.bmiHeader.biWidth * 2)/4 + 1) * 4;//实际像素,必须为 4 的倍数
            }else bi4width = hbmp.bmiHeader.biWidth * 2;      //刚好为 4 的倍数
            if(res == FR_OK)//创建成功
            {
                res = f_write(f_bmp,(u8 *)&hbmp,bmpheadsize,&bw);//写入 BMP 首部
                for(ty = y + height - 1;hbmp.bmiHeader.biHeight;ty -- )
                {
                    pixcnt = 0;
                    for(tx = x;pixcnt! = (bi4width/2);)
                    {
                        if(pixcnt<hbmp.bmiHeader.biWidth)databuf[pixcnt] = LCD_ReadPoint(tx,ty);
                        //读取坐标点的值
                        else databuf[pixcnt] = 0Xffff;//补充白色的像素
                        pixcnt ++ ;tx ++ ;
                    }
                    hbmp.bmiHeader.biHeight -- ;
                    res = f_write(f_bmp,(u8 *)databuf,bi4width,&bw);//写入数据
                }
                f_close(f_bmp);
            }
        # if BMP_USE_MALLOC == 1         //使用 malloc
            pic_memfree(databuf);pic_memfree(f_bmp);
        # endif
            return res;
        }
```

该函数实现了对 LCD 屏幕的任意指定区域进行截屏保存,用到的方法就是 16.1.1 小节介绍的方法;该函数实现了将 LCD 任意指定区域的内容保存为 16 位 BMP 格式,存放在指定位置(由 filename 决定)。注意,代码中的 BMP_USE_MALLOC 是在 bmp.h 定义的一个宏,用于设置是否使用 malloc,本章选择使用 malloc。

最后来看看 main.c 文件源码:

```
//处理 JPEG 数据
//当采集完一帧 JPEG 数据后,调用此函数,切换 JPEG BUF。开始下一帧采集
void jpeg_data_process(void)
{
    u16 i;
```

```c
    u16 rlen;                          //剩余数据长度
    u32 *pbuf;
    curline = yoffset;                 //行数复位
    if(ovx_mode&0X01)                  //只有在 JPEG 格式下,才需要做处理
    {
        if(jpeg_data_ok == 0)          //jpeg 数据还未采集完吗
        {
            DMA2_Stream1->CR& = ~(1<<0);           //停止当前传输
            while(DMA2_Stream1->CR&0X01);          //等待 DMA2_Stream1 可配置
            rlen = jpeg_line_size - DMA2_Stream1->NDTR;//得到剩余数据长度
            pbuf = jpeg_data_buf + jpeg_data_len;//偏移到有效数据末尾,继续添加
            if(DMA2_Stream1->CR&(1<<19))
                for(i = 0;i<rlen;i ++)pbuf[i] = dcmi_line_buf[1][i];
                //读取 buf1 里面的剩余数据
            else for(i = 0;i<rlen;i ++)pbuf[i] = dcmi_line_buf[0][i];
                                        //读取 buf0 里面的剩余数据
            jpeg_data_len + = rlen;     //加上剩余长度
            jpeg_data_ok = 1;           //标记 JPEG 数据采集完按成,等待其他函数处理
        }
        if(jpeg_data_ok == 2)           //上一次的 jpeg 数据已经被处理了
        {
            DMA2_Stream1->NDTR = jpeg_line_size;//传输长度为 jpeg_buf_size*4 字节
            DMA2_Stream1->CR| = 1<<0;   //重新传输
            jpeg_data_ok = 0;           //标记数据未采集
            jpeg_data_len = 0;          //数据重新开始
        }
    }else
    {
        if(bmp_request == 1)            //有 bmp 拍照请求,关闭 DCMI
        {
            DCMI_Stop();                //停止 DCMI
            bmp_request = 0;            //标记请求处理完成
        }
        LCD_SetCursor(0,0);
        LCD_WriteRAM_Prepare();         //开始写入 GRAM
    }
}
//jpeg 数据接收回调函数
void jpeg_dcmi_rx_callback(void)
{
    u16 i;
    u32 *pbuf;
    pbuf = jpeg_data_buf + jpeg_data_len;         //偏移到有效数据末尾
    if(DMA2_Stream1->CR&(1<<19))                  //buf0 已满,正常处理 buf1
    {
        for(i = 0;i<jpeg_line_size;i ++)pbuf[i] = dcmi_line_buf[0][i];
                                        //读取 buf0 里面的数据
        jpeg_data_len + = jpeg_line_size;         //偏移
    }else //buf1 已满,正常处理 buf0
    {
```

```c
        for(i = 0;i<jpeg_line_size;i++)pbuf[i] = dcmi_line_buf[1][i];
                                                    //读取 buf1 里面的数据
        jpeg_data_len + = jpeg_line_size;           //偏移
    }
}

//RGB 屏数据接收回调函数
void rgblcd_dcmi_rx_callback(void)
{
    u16 * pbuf;
    if(DMA2_Stream1 ->CR&(1 <<19))                  //DMA 使用 buf1,读取 buf0
    {
        pbuf = (u16 * )dcmi_line_buf[0];
    }else                                           //DMA 使用 buf0,读取 buf1
    {
        pbuf = (u16 * )dcmi_line_buf[1];
    }
    LTDC_Color_Fill(0,curline,lcddev.width - 1,curline,pbuf);   //DM2D 填充
    if(curline<lcddev.height)curline ++ ;
    if(bmp_request == 1&&curline == (lcddev.height - 1))//有 bmp 拍照请求,关闭 DCMI
    {
        DCMI_Stop();                                //停止 DCMI
        bmp_request = 0;                            //标记请求处理完成
    }
}
//切换为 OV5640 模式
void sw_ov5640_mode(void)
{
    GPIO_InitTypeDef GPIO_Initure;
    OV5640_WR_Reg(0X3017,0XFF);     //开启 OV5650 输出(可以正常显示)
    OV5640_WR_Reg(0X3018,0XFF);
    //GPIOC8/9/11 切换为 DCMI 接口
    GPIO_Initure.Pin = GPIO_PIN_8|GPIO_PIN_9|GPIO_PIN_11;
    GPIO_Initure.Mode = GPIO_MODE_AF_PP;            //推挽复用
    GPIO_Initure.Pull = GPIO_PULLUP;                //上拉
    GPIO_Initure.Speed = GPIO_SPEED_HIGH;           //高速
    GPIO_Initure.Alternate = GPIO_AF13_DCMI;        //复用为 DCMI
    HAL_GPIO_Init(GPIOC,&GPIO_Initure);             //初始化
}
//切换为 SD 卡模式
void sw_sdcard_mode(void)
{
    GPIO_InitTypeDef GPIO_Initure;
    OV5640_WR_Reg(0X3017,0X00);     //关闭 OV5640 全部输出(不影响 SD 卡通信)
    OV5640_WR_Reg(0X3018,0X00);
    //GPIOC8/9/11 切换为 SDIO 接口
    GPIO_Initure.Pin = GPIO_PIN_8|GPIO_PIN_9|GPIO_PIN_11;
    GPIO_Initure.Mode = GPIO_MODE_AF_PP;            //推挽复用
    GPIO_Initure.Pull = GPIO_PULLUP;                //上拉
    GPIO_Initure.Speed = GPIO_SPEED_HIGH;           //高速
    GPIO_Initure.Alternate = GPIO_AF12_SDMMC1;      //复用为 SDIO
```

```
    HAL_GPIO_Init(GPIOC,&GPIO_Initure);
}
//文件名自增(避免覆盖)
//mode:0,创建.bmp 文件;1,创建.jpg 文件
//bmp 组合成:形如"0:PHOTO/PIC13141.bmp"的文件名
//jpg 组合成:形如"0:PHOTO/PIC13141.jpg"的文件名
void camera_new_pathname(u8 * pname,u8 mode)
{
……//省略部分代码
}
//OV5640 拍照 jpg 图片
//返回值:0,成功
//     其他,错误代码
u8 ov5640_jpg_photo(u8 * pname)
{
    FIL *  f_jpg;
    u8 res = 0,headok = 0;
    u32 bwr;
    u32 i,jpgstart,jpglen;      u8 * pbuf;
    f_jpg = (FIL * )mymalloc(SRAMIN,sizeof(FIL));       //开辟 FIL 字节的内存区域
    if(f_jpg == NULL)return 0XFF;                       //内存申请失败
    ovx_mode = 1;
    jpeg_data_ok = 0;
    sw_ov5640_mode();                                   //切换为 OV5640 模式
    OV5640_JPEG_Mode();                                 //JPEG 模式
    OV5640_OutSize_Set(16,4,2592,1944);                 //设置输出尺寸(500W)
    dcmi_rx_callback = jpeg_dcmi_rx_callback;           //JPEG 接收数据回调函数
    DCMI_DMA_Init((u32)dcmi_line_buf[0],(u32)dcmi_line_buf[1],jpeg_line_size,
    DMA_MDATAALIGN_WORD,DMA_MINC_ENABLE);//DCMI DMA 配置
    DCMI_Start();                       //启动传输
    while(jpeg_data_ok! = 1);           //等待第一帧图片采集完
    jpeg_data_ok = 2;                   //忽略本帧图片,启动下一帧采集
    while(jpeg_data_ok! = 1);           //等待第二帧图片采集完,第二帧才保存到 SD 卡去
    DCMI_Stop();                        //停止 DMA 搬运
    ovx_mode = 0;
    sw_sdcard_mode();                   //切换为 SD 卡模式
    res = f_open(f_jpg,(const TCHAR * )pname,FA_WRITE|FA_CREATE_NEW);
                                        //模式 0,或者尝试打开失败,则创建新文件
    if(res == 0)
    {
        printf("jpeg data size:%d\r\n",jpeg_data_len * 4);//串口打印 JPEG 文件大小
        pbuf = (u8 * )jpeg_data_buf;
        jpglen = 0;             //设置 jpg 文件大小为 0
        headok = 0;             //清除 jpg 头标记
        for(i = 0;i<jpeg_data_len * 4;i++)
                                //查找 0XFF,0XD8 和 0XFF,0XD9,获取 jpg 文件大小
        {
            if((pbuf[i] == 0XFF)&&(pbuf[i + 1] == 0XD8))//找到 FF D8
            {
                jpgstart = i;
                headok = 1;     //标记找到 jpg 头(FF D8)
```

```c
            }
            if((pbuf[i] == 0XFF)&&(pbuf[i + 1] == 0XD9)&&headok)//找到头以后,再找 FF D9
            {
                jpglen = i - jpgstart + 2;
                break;
            }
        }
        if(jpglen)                    //正常的 JPEG 数据
        {
            pbuf + = jpgstart;        //偏移到 0XFF,0XD8 处
            res = f_write(f_jpg,pbuf,jpglen,&bwr);
            if(bwr! = jpglen)res = 0XFE;
        }else res = 0XFD;
    }
    jpeg_data_len = 0;
    f_close(f_jpg);
    sw_ov5640_mode();          //切换为 OV5640 模式
    OV5640_RGB565_Mode();//RGB565 模式
    if(lcdltdc.pwidth! = 0)//RGB 屏
    {
        dcmi_rx_callback = rgblcd_dcmi_rx_callback;//RGB 屏接收数据回调函数
        DCMI_DMA_Init ((u32)dcmi_line_buf[0],(u32)dcmi_line_buf[1],lcddev.width/2,
                    DMA_MDATAALIGN_HALFWORD,DMA_MINC_ENABLE);//DCMI DMA 配置
    }else                      //MCU 屏
    {
        DCMI_DMA_Init((u32)&LCD ->LCD_RAM,0,1,DMA_MDATAALIGN_HALFWORD,
        DMA_MINC_DISABLE);     //DCMI DMA 配置,MCU 屏,竖屏
    }
    myfree(SRAMIN,f_jpg);
    return res;
}
int main(void)
{
    u8 res,fac;
    u8 * pname;                       //带路径的文件名
    u8 key;                           //键值
    u8 i;
    u8 sd_ok = 1;                     //0,sd 卡不正常;1,SD 卡正常
    u8 scale = 1;                     //默认是全尺寸缩放
    u8 msgbuf[15];                    //消息缓存区
    u16 outputheight = 0;
    Cache_Enable();                   //打开 L1 - Cache
    MPU_Memory_Protection();          //保护相关存储区域
    HAL_Init();                       //初始化 HAL 库
    Stm32_Clock_Init(432,25,2,9);     //设置时钟,216 MHz
    delay_init(216);                  //延时初始化
    uart_init(115200);                //串口初始化
    usmart_dev.init(108);             //初始化 USMART
    LED_Init();                       //初始化 LED
    KEY_Init();
    ……//省略部分代码
```

```c
    res = f_mkdir("0:/PHOTO");              //创建 PHOTO 文件夹
    if(res!=FR_EXIST&&res!=FR_OK)            //发生了错误
    {
        res = f_mkdir("0:/PHOTO");           //创建 PHOTO 文件夹
        Show_Str(30,190,240,16,"SD 卡错误!",16,0);           delay_ms(200);
        Show_Str(30,190,240,16,"拍照功能将不可用!",16,0);    delay_ms(200);
        sd_ok = 0;
    }
    dcmi_line_buf[0] = mymalloc(SRAMIN,jpeg_line_size*4);  //为 jpeg dma 接收申请内存
    dcmi_line_buf[1] = mymalloc(SRAMIN,jpeg_line_size*4);  //为 jpeg dma 接收申请内存
    jpeg_data_buf = mymalloc(SRAMEX,jpeg_buf_size);        //为 jpeg 申请内存(最大 4 MB)
    pname = mymalloc(SRAMIN,30);//为带路径的文件名分配 30 个字节的内存
    while(pname == NULL||!dcmi_line_buf[0]||!dcmi_line_buf[1]||!jpeg_data_buf)
                                                           //分配出错
    {
        Show_Str(30,190,240,16,"内存分配失败!",16,0);    delay_ms(200);
        LCD_Fill(30,190,240,146,WHITE);                  delay_ms(200);//清除显示
    }
    while(OV5640_Init())//初始化 OV5640
    {
        Show_Str(30,190,240,16,"OV5640 错误!",16,0);      delay_ms(200);
        LCD_Fill(30,190,239,206,WHITE);                   delay_ms(200);
    }
    Show_Str(30,210,230,16,"OV5640 正常",16,0);
    //自动对焦初始化
    OV5640_RGB565_Mode();           //RGB565 模式
    OV5640_Focus_Init();
    OV5640_Light_Mode(0);           //自动模式
    OV5640_Color_Saturation(3);     //色彩饱和度 0
    OV5640_Brightness(4);           //亮度 0
    OV5640_Contrast(3);             //对比度 0
    OV5640_Sharpness(33);           //自动锐化
    OV5640_Focus_Constant();        //启动持续对焦
    DCMI_Init();                    //DCMI 配置
    if(lcdltdc.pwidth!=0)           //RGB 屏
    {
        dcmi_rx_callback = rgblcd_dcmi_rx_callback;//RGB 屏接收数据回调函数
        DCMI_DMA_Init((u32)dcmi_line_buf[0],(u32)dcmi_line_buf[1],lcddev.width/2,
                DMA_MDATAALIGN_HALFWORD,DMA_MINC_ENABLE);//DCMI DMA 配置
    }else                           //MCU 屏
    {
        DCMI_DMA_Init((u32)&LCD->LCD_RAM,0,1,DMA_MDATAALIGN_
HALFWORD,DMA_MINC_DISABLE); //DCMI DMA 配置,MCU 屏,竖屏
    }
    if(lcddev.height>800)
    {
        yoffset = (lcddev.height-800)/2;
        outputheight = 800;
        OV5640_WR_Reg(0x3035,0X51);//降低输出帧率,否则可能抖动
    }else
    {
```

```
            yoffset = 0;
            outputheight = lcddev.height;
}
curline = yoffset;              //行数复位
OV5640_OutSize_Set(16,4,lcddev.width,outputheight);     //满屏缩放显示
DCMI_Start();                   //启动传输
LCD_Clear(BLACK);
while(1)
{
    key = KEY_Scan(0);//不支持连按
    if(key)
    {
        if(key!= KEY2_PRES)
        {
            if(key == KEY0_PRES)//BMP 拍照则等待 1 秒去抖以获得稳定 bmp 照片
            {
                delay_ms(300);
                bmp_request = 1;            //请求关闭 DCMI
                while(bmp_request);         //等带请求处理完成
            }else DCMI_Stop();
        }
        if(key == WKUP_PRES)                //缩放处理
        {
            scale = ! scale;
            if(scale == 0)
            {
                fac = 800/outputheight;//得到比例因子
                OV5640_OutSize_Set ((1280 - fac * lcddev.width)/2,
                            (800 - fac * outputheight)/2,lcddev.width,out-
                            putheight);
                sprintf((char * )msgbuf,"Full Size 1:1");
            }else
            {
                OV5640_OutSize_Set(16,4,lcddev.width,outputheight);
                sprintf((char * )msgbuf,"Scale");
            }
            delay_ms(800);
        }else if(key == KEY2_PRES)OV5640_Focus_Single();//手动单次自动对焦
        else if(sd_ok)                      //SD 卡正常才可以拍照
        {
            sw_sdcard_mode();               //切换为 SD 卡模式
            if(key == KEY0_PRES)            //BMP 拍照
            {
                camera_new_pathname(pname,0);       //得到文件名
                res = bmp_encode(pname,0,yoffset,lcddev.width,outputheight,0);
                sw_ov5640_mode();           //切换为 OV5640 模式
            }else if(key == KEY1_PRES)//JPG 拍照
            {
                camera_new_pathname(pname,1);       //得到文件名
                res = ov5640_jpg_photo(pname);
                if(scale == 0)
                {
```

第16章　照相机实验

```
                            fac = 800/lcddev.height;//得到比例因子
        OV5640_OutSize_Set((1280 - fac * lcddev.width)/2,
        (800 - fac * lcddev.height)/2,lcddev.width,lcddev.height);
                        }else OV5640_OutSize_Set(16,4,lcddev.width,outputheight);
            if(lcddev.height＞800)OV5640_WR_Reg(0x3035,0X51);//降帧率防抖
            }
            if(res)Show_Str(30,130,240,16,"写入文件错误!",16,0);//拍照有误
            else
            {
                Show_Str(30,130,240,16,"拍照成功!",16,0);
                Show_Str(30,150,240,16,"保存为:",16,0);
                Show_Str(30 + 56,150,240,16,pname,16,0);
                PCF8574_WriteBit(BEEP_IO,0);        //蜂鸣器短叫,提示拍照完成
                delay_ms(100);
                PCF8574_WriteBit(BEEP_IO,1);        //关闭蜂鸣器
            }
            delay_ms(1000);           //等待1秒钟
            DCMI_Start();     //先使能dcmi然后关闭面再开DCMI防止RGB屏侧移
            DCMI_Stop();
        }else //提示SD卡错误
        {
            Show_Str(30,130,240,16,"SD卡错误!",16,0);
            Show_Str(30,150,240,16,"拍照功能不可用!",16,0);
        }
        if(key!= KEY2_PRES)DCMI_Start();//开始显示
    }
    delay_ms(10);
    i++ ;
    if(i == 20){i = 0;    LED0_Toggle;       }//DS0 闪烁
}
}
```

　　这部分代码比较长，我们省略了一些内容，详细的代码可参考配套资料本例程源码。main.c 里面总共有 8 个函数，接下来分别介绍。

　　1) jpeg_data_process 函数

　　该函数用于处理 JPEG 数据的接收，在 DCMI_IRQHandler 函数（在 dcmi.c 里面）里面被调用，它与 jpeg_dcmi_rx_callback 函数、ov5640_jpg_photo 函数共同控制 JPEG 的数据的采集。JPEG 数据的接收采用 DMA 双缓冲机制，缓冲数组为 dcmi_line_buf（u32 类型，RGB 屏接收 RGB565 数据时，也是用这个数组）;数组大小为 jpeg_line_size，我们定义的是 2×1 024，即数组大小为 8 KB（数组大小不能小于存储摄像头一行输出数据的大小）;JPEG 数据接收处理流程就是按图 16.1.1 所示流程来实现的。由 DMA 传输完成中断和 DCMI 帧中断，两个中断服务函数共同完成 jpeg 数据的采集。采集到的 JPEG 数据全部存储在 jpeg_data_buf 数组里面，jpeg_data_buf 数组采用内存管理，从外部 SDRAM 申请 4 MB 内存作为 JPEG 数据的缓存。

　　2) jpeg_dcmi_rx_callback 函数

　　这是 jpeg 数据接收的主要函数，通过判断 DMA2_Stream1→CR 寄存器来读取不

同 dcmi_line_buf 里面的数据，并存储到 SDRAM 里面（jpeg_data_buf）。该函数由 DMA 的传输完成中断服务函数 DMA2_Stream1_IRQHandler 调用。

3）rgblcd_dcmi_rx_callback 函数

该函数仅在使用 RGB 屏的时候用到。当使用 RGB 屏的时候，我们每接收一行数据，就使用 DMA2D 填充到 RGB 屏的 GRAM，这里同样是使用 DMA 的双缓冲机制来接收 RGB565 数据，原理参照图 16.1.1。该函数由 DMA 传输完成中断服务函数调用。

4）sw_ov5640_mode

因为 SD 卡和 OV5640 有几个 I/O 共用，所以这几个 I/O 需要分时复用。该函数用于切换 GPIO8/9/11 的复用功能为 DCMI 接口，并开启 OV5640，这样摄像头模块可以开始正常工作。

5）sw_sdcard_mode

该函数用于切换 GPIO8/9/11 的复用功能为 SDMMC 接口，并关闭 OV5640，这样，SD 卡可以开始正常工作。

6）camera_new_pathname 函数

该函数用于生成新的带路径的文件名，且不会重复，防止文件互相覆盖。该函数可以生成.bmp/.jpg 的文件名，方便拍照的时候保存到 SD 卡里面。

7）ov5640_jpg_photo 函数

该函数实现 OV5640 的 JPEG 图像采集，并保存图像到 SD 卡，完成 JPEG 拍照。该函数首先设置 OV5640 工作在 JPEG 模式，然后，设置输出分辨率为最高的 QSXGA (2 592×1 944)。然后，开始采集 JPEG 数据，将第二帧 JPEG 数据保留下来，并写入 SD 卡里面，完成一次 JPEG 拍照。这里丢弃第一帧 JPEG 数据是防止采集到的图像数据不完整，从而导致图片错误。

另外，在保存 jpeg 图片的时候，我们将 0XFF,0XD8 和 0XFF,0XD9 之外的数据进行了剔除，只留下 0XFF,0XD8～0XFF,0XD9 之间的数据，保证图片文件最小，且无其他乱的数据。

注意，在保存图片的时候，必须将 PC8/9/11 切换为 SD 卡模式，并关闭 OV5640 的输出。在图片保存完成以后，切换回 OV5640 模式，并重新使能 OV5640 的输出。

8）main 函数

该函数完成对各相关硬件的初始化，然后检测 OV5640，初始化 OV5640 位 RGB565 模式，并将采集到的图像显示到 LCD 上面，从而实现对图像进行预览。进入主循环以后，按 KEY0 按键可以实现 BMP 拍照（实际上就是截屏，通过 bmp_encode 函数实现），按 KEY1 按键可实现 JPEG 拍照（2 592×1 944 分辨率，通过 ov5640_jpg_photo 函数实现），按 KEY2 按键可以实现自动对焦（单次），按 KEY_UP 按键可以实现图像缩放/不缩放预览。main 函数实现了 16.2 节提到的功能。

至此，照相机实验代码编写完成。最后，本实验可以通过 USMART 来设置 OV5640 的相关参数，将 OV5640_Contrast、OV5640_Color_Saturation 和 OV5640_Light_Mode 等函数添加到 USMART 管理，即可通过串口设置 OV5640 的参数，方便调试。

16.4 下载验证

编译成功之后,下载代码到 ALIENTEK 阿波罗 STM32 开发板上,得到如图 16.4.1 所示界面。

随后,进入监控界面。此时,按下 KEY0 和 KEY1 即可进行 bmp/jpg 拍照。拍照得到的照片效果如图 16.4.2 和图 16.4.3 所示。

如果发现对焦不清晰,则可以按 KEY2 进行一次自动对焦。按 KEY_UP 可以实现缩放/不缩放显示。

图 16.4.1 程序运行效果图

图 16.4.2 拍照样图(bmp 拍照样图)

图 16.4.3　拍照样图(jpg 拍照样图)

第 17 章
音乐播放器实验

ALIENTEK 阿波罗 STM32F767 开发板拥有串行音频接口(SAI),支持 I^2S、LSB/MSB、PCM/DSP、TDM 和 AC'97 等协议,且外扩了一颗 HIFI 级 CODEC 芯片:WM8978G,支持最高 192K 24 bit 的音频播放,并且支持录音(下一章介绍)。本章将利用阿波罗 STM32F767 开发板实现一个简单的音乐播放器(仅支持 WAV 播放)。

17.1 WAV、WM8978、SAI 简介

17.1.1 WAV 简介

WAV 即 WAVE 文件,是计算机领域最常用的数字化声音文件格式之一,是微软专门为 Windows 系统定义的波形文件格式(Waveform Audio)。由于其扩展名为".wav"。它符合 RIFF(Resource Interchange File Format)文件规范,用于保存 Windows 平台的音频信息资源,被 Windows 平台及其应用程序所广泛支持。该格式也支持 MSADPCM、CCITT A LAW 等多种压缩运算法,支持多种音频数字。取样频率和声道、标准格式化的 WAV 文件和 CD 格式一样,也是 44.1 kHz 的取样频率,16 位量化数字,因此在声音文件质量和 CD 相差无几。

WAV 一般采用线性 PCM(脉冲编码调制)编码,本章主要讨论 PCM 的播放,因为这个最简单。WAV 文件是由若干个 Chunk 组成的,按照在文件中的出现位置,包括 RIFF WAVEChunk、Format Chunk、Fact Chunk(可选)和 Data Chunk。每个 Chunk 由块标识符、数据大小和数据 3 部分组成,如图 17.1.1 所示。

| 块的标志符(4字节) |
| 数据大小(4字节) |
| 数据 |

图 17.1.1 Chunk 结构示意图

其中,块标识符由 4 个 ASCII 码构成,数据大小则标出紧跟其后的数据的长度(单位为字节)。注意,这个长度不包含块标识符和数据大小的长度,即不包含最前面的 8 个字节。所以,实际 Chunk 的大小为数据大小加 8。

首先来看看 RIFF 块(RIFF WAVE Chunk)，该块以"RIFF"作为标示，紧跟 wav 文件大小(该大小是 wav 文件的总大小-8)，然后数据段为"WAVE"，表示是 wav 文件。RIFF 块的 Chunk 结构如下：

```
//RIFF 块
typedef __packed struct
{
    u32 ChunkID;           //chunk id;这里固定为"RIFF",即 0X46464952
    u32 ChunkSize ;        //集合大小;文件总大小-8
    u32 Format;            //格式;WAVE,即 0X45564157
}ChunkRIFF ;
```

接着看看 Format 块(Format Chunk)，该块以"fmt "作为标示(注意有个空格)。一般情况下，该段的大小为 16 字节，但是有些软件生成的 wav 格式中该部分可能有 18 个字节，含有 2 个字节的附加信息。Format 块的 Chunk 结构如下：

```
//fmt 块
typedef __packed struct
{
    u32 ChunkID;           //chunk id;这里固定为"fmt ",即 0X20746D66
    u32 ChunkSize ;        //子集合大小(不包括 ID 和 Size);这里为:20
    u16 AudioFormat;       //音频格式,0X10,表示线性 PCM;0X11 表示 IMA ADPCM
    u16 NumOfChannels;     //通道数量;1,表示单声道;2,表示双声道
    u32 SampleRate;        //采样率;0X1F40,表示 8 kHz
    u32 ByteRate;          //字节速率
    u16 BlockAlign;        //块对齐(字节)
    u16 BitsPerSample;     //单个采样数据大小;4 位 ADPCM,设置为 4
}ChunkFMT;
```

接下来再看看 Fact 块(Fact Chunk)，该块为可选块，以"fact"作为标示，不是每个 WAV 文件都有。在非 PCM 格式的文件中，一般会在 Format 结构后面加入一个 Fact 块，该块 Chunk 结构如下：

```
//fact 块
typedef __packed struct
{
    u32 ChunkID;           //chunk id;这里固定为"fact",即 0X74636166
    u32 ChunkSize ;        //子集合大小(不包括 ID 和 Size);这里为:4
    u32 DataFactSize;      //数据转换为 PCM 格式后的大小
}ChunkFACT;
```

DataFactSize 是这个 Chunk 中最重要的数据，如果这是某种压缩格式的声音文件，那么从这里就可以知道它解压缩后的大小，对于解压时的计算会有很大的好处。不过本章使用的是 PCM 格式，所以不存在这个块。

最后来看看数据块(Data Chunk)，该块是真正保存 wav 数据的地方，以"data"作为该 Chunk 的标示，然后是数据的大小。数据块的 Chunk 结构如下：

```
//data 块
typedef __packed struct
{
```

```
    u32 ChunkID;              //chunk id;这里固定为"data",即 0X61746164
    u32 ChunkSize ;           //子集合大小(不包括 ID 和 Size);文件大小 – 60
}ChunkDATA;
```

ChunkSize 后紧接着就是 wav 数据。根据 Format Chunk 中的声道数以及采样 bit 数,wav 数据的 bit 位置可以分成如表 17.1.1 所列的几种形式。

表 17.1.1　WAV 文件数据采样格式

单声道	取样 1	取样 2	取样 3	取样 4	取样 5	取样 6
8 位量化	声道 0	声道 0	声道 0	声道 0	声道 0	声道 0
双声道	取样 1		取样 2		取样 3	
8 位量化	声道 0(左)	声道 1(右)	声道 0(左)	声道 1(右)	声道 0(左)	声道 1(右)
单声道	取样 1		取样 2		取样 3	
16 位量化	声道 0 (低字节)	声道 0 (高字节)	声道 0 (低字节)	声道 0 (高字节)	声道 0 (低字节)	声道 0 (高字节)
双声道	取样 1				取样 2	
16 位量化	声道 0 (低字节)	声道 0 (高字节)	声道 1 (低字节)	声道 1 (高字节)	声道 0 (低字节)	声道 0 (高字节)
单声道	取样 1			取样 2		
24 位量化	声道 0 (低字节)	声道 0 (中字节)	声道 0 (高字节)	声道 0 (低字节)	声道 0 (中字节)	声道 0 (高字节)
双声道	取样 1					
24 位量化	声道 0 (低字节)	声道 0 (中字节)	声道 0 (高字节)	声道 1 (低字节)	声道 1 (中字节)	声道 1 (高字节)

本章播放的音频支持 16 位和 24 位,立体声,所以每个取样为 4/6 个字节,低字节在前,高字节在后。得到这些 wav 数据以后,通过 I^2S 发给 WM8978,就可以欣赏音乐了。

17.1.2　WM8978 简介

WM8978 是欧胜(Wolfson)推出的一款全功能音频处理器,带有一个 HI-FI 级数字信号处理内核,支持增强 3D 硬件环绕音效以及 5 频段的硬件均衡器,可以有效改善音质;有一个可编程的陷波滤波器,用以去除屏幕开、切换等噪声。

WM8978 同样集成了对麦克风的支持以及用于一个强悍的扬声器功放,可提供高达 900 mW 的高质量音响效果扬声器功率。

一个数字回放限制器可防止扬声器声音过载,WM8978 进一步提升了耳机放大器输出功率,在推动 16 Ω 耳机的时候,每声道最大输出功率高达 40 mW,可以连接市面上绝大多数适合随身听的高端 HI-FI 耳机。

WM8988 的主要特性有:

> I^2S 接口,支持最高 192K 24 bit 音频播放;
> DAC 信噪比 98 dB,ADC 信噪比 90 dB;
> 支持无电容耳机驱动(提供 40 mW@16 Ω 的输出能力);
> 支持扬声器输出(提供 0.9 W@8 Ω 的驱动能力);
> 支持立体声差分输入/麦克风输入;
> 支持左右声道音量独立调节;
> 支持 3D 效果,支持 5 路 EQ 调节。

WM8978 的控制通过 I^2S 接口(即数字音频接口)同 MCU 进行音频数据传输(支持音频接收和发送),通过两线(MODE=0,即 I^2C 接口)或三线(MODE=1)接口进行配置。WM8978 的 I^2S 接口由 4 个引脚组成:

> ADCDAT:ADC 数据输出;
> DACDAT:DAC 数据输入;
> LRC:数据左/右对齐时钟;
> BCLK:位时钟,用于同步。

WM8978 可作为 I^2S 主机,输出 LRC 和 BLCK 时钟,不过一般使用 WM8978 作为从机来接收 LRC 和 BLCK。另外,WM8978 的 I^2S 接口支持 5 种不同的音频数据模式:左(MSB)对齐标准、右(LSB)对齐标准、飞利浦(I^2S)标准、DSP 模式 A 和 DSP 模式 B。本章用飞利浦标准来传输 I^2S 数据。

飞利浦(I^2S)标准模式下,数据在跟随 LRC 传输的 BCLK 的第二个上升沿时传输 MSB,其他位一直到 LSB 按顺序传输。传输依赖于字长、BCLK 频率和采样率,在每个采样的 LSB 和下一个采样的 MSB 之间都应该有未用的 BCLK 周期。飞利浦标准模式的 I^2S 数据传输协议如图 17.1.2 所示。

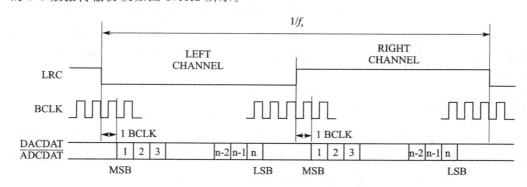

图 17.1.2 飞利浦标准模式 I^2S 数据传输图

图中,f_s 即音频信号的采样率,比如 44.1 kHz,因此可以知道,LRC 的频率就是音频信号的采样率。另外,WM8978 还需要一个 MCLK,本章采用 STM32F767 为其提供 MCLK 时钟,MCLK 的频率必须等于 $256f_s$,也就是音频采样率的 256 倍。

WM8978 的框图如图 17.1.3 所示。可以看出,WM8978 内部有很多的模拟开关来选择通道,同时还有很多调节器来设置增益和音量。

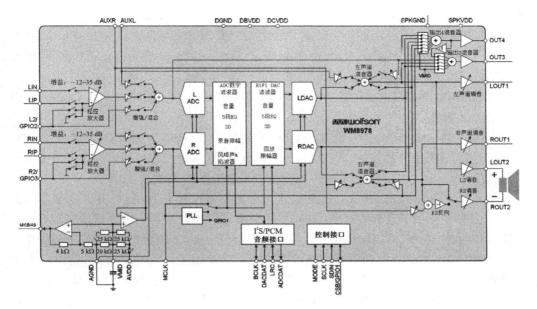

图 17.1.3 WM8978 框图

本章通过 I²C 接口（MODE=0）连接 WM8978，不过 WM8978 的 I²C 接口比较特殊：① 只支持写，不支持读数据；② 寄存器长度为 7 位，数据长度为 9 位；③ 寄存器字节的最低位用于传输数据的最高位（也就是 9 位数据的最高位，7 位寄存器的最低位）。WM8978 的 I²C 地址固定为 0X1A，详细介绍参见数据手册第 77 页。

这里简单介绍一下要正常使用 WM8978 来播放音乐，应该执行哪些配置：

① 寄存器 R0(00h)，用于控制 WM8978 的软复位，写任意值到该寄存器地址即可实现软复位 WM8978。

② 寄存器 R1(01h)，主要用于设置 BIASEN(bit3)，该位设置为 1，模拟部分的放大器才会工作，才可以听到声音。

③ 寄存器 R2(02h)，用于设置 ROUT1EN(bit8)、LOUT1EN(bit7) 和 SLEEP(bit6) 这 3 个位。ROUT1EN 和 LOUT1EN 设置为 1，则使能耳机输出，SLEEP 设置为 0，进入正常工作模式。

④ 寄存器 R3(03h)，用于设置 LOUT2EN(bit6)、ROUT2EN(bit5)、RMIXER(bit3)、LMIXER(bit2)、DACENR(bit1) 和 DACENL(bit0) 这 6 个位。LOUT2EN 和 ROUT2EN 设置为 1，使能喇叭输出；LMIXER 和 RMIXER 设置为 1，使能左右声道混合器；DACENL 和 DACENR 则是使能左右声道的 DAC 了，必须设置为 1。

⑤ 寄存器 R4(04h)，用于设置 WL(bit6:5) 和 FMT(bit4:3) 这 4 个位。WL(bit6:5) 用于设置字长（即设置音频数据有效位数），00 表示 16 位音频，10 表示 24 位音频；FMT(bit4:3) 用于设置 I²S 音频数据格式（模式），一般设置为 10，表示 I²S 格式，即飞利浦模式。

⑥ 寄存器 R6(06h)，直接全部设置为 0 即可，设置 MCLK 和 BCLK 都来自外部，

即由 STM32F767 提供。

⑦ 寄存器 R10(0Ah)，用于设置 SOFTMUTE(bit6)和 DACOSR128(bit3)两个位，SOFTMUTE 设置为 0，关闭软件静音；DACOSR128 设置为 1，DAC 得到最好的 SNR。

⑧ 寄存器 R43(2Bh)，只需要设置 INVROUT2 为 1 即可反转 ROUT2 输出，从而更好地驱动喇叭。

⑨ 寄存器 R49(31h)，用于设置 SPKBOOST(bit2)和 TSDEN(bit1)这两个位。SPKBOOST 用于设置喇叭的增益，默认设置为 0 就可以了(gain=−1)；如果想获得更大的声音，设置为 1(gain=+1.5)即可；TSDEN 用于设置过热保护，设置为 1(开启)即可。

⑩ 寄存器 R50(32h)和 R51(33h)，这两个寄存器设置类似，一个用于设置左声道(R50)，另外一个用于设置右声道(R51)。我们只需要设置这两个寄存器的最低位为 1 即可，将左右声道的 DAC 输出接入左右声道混合器里面，才能在耳机/喇叭听到音乐。

⑪ 寄存器 R52(34h)和 R53(35h)，这两个寄存器用于设置耳机音量，同样一个用于设置左声道(R52)，另外一个用于设置右声道(R53)。这两个寄存器的最高位(HPVU)用于设置是否更新左右声道的音量，最低 6 位用于设置左右声道的音量，可以先设置好两个寄存器的音量值，最后，设置其中一个寄存器最高位为 1 即可更新音量设置。

⑫ 寄存器 R54(36h)和 R55(37h)，这两个寄存器用于设置喇叭音量，同 R52、R53 设置一模一样，这里就不细说了。

以上就是用 WM8978 播放音乐时的设置，按照以上所述对各个寄存器进行相应配置，之后即可使用 WM8978 正常播放音乐了。还有其他一些 3D 设置、EQ 设置等可参考 WM8978 的数据手册自行研究。

17.1.3　SAI 简介

STM32F767 自带了两个串行音频接口(SAI1 和 SAI2)，SAI 具有灵活性高、配置多样的特点，可以支持 I^2S 标准、LSB 或 MSB 对齐、PCM/DSP、TDM 和 AC'97 等协议，适用于多声道或单声道应用。

SAI 通过两个完全独立的音频子模块来实现这种灵活性与可配置性，每个音频子模块与 4 个引脚(SD、SCK、FS 和 MCLK)相连。如果将两个子模块声明为同步模块，则其中一些引脚可以共用，从而可释放一些引脚用作通用 I/O。MCLK 引脚是否用作输出引脚取决于实际应用、解码的要求以及音频模块是否配置为主模块。SAI 可以配置为主模式或配置为从模式。音频子模块既可作为接收器，又可作为发送器；既可与另一模块同步，又可以不同步。

STM32F767 自带的 SAI 接口特点有：
➢ 具有两个独立的音频子模块，子模块既可作为接收器，也可作为发送器，并自带 FIFO；
➢ 每个音频子模块集成 8 个字，每个字 32 位的 FIFO；

- 两个音频子模块间可以是同步或异步模式;
- 两个音频子模块的主/从配置相互独立;
- 当两个音频子模块都配置为主模式时,每个子模块可设置互相独立的采样率;
- 数据大小可配置:8 位、10 位、16 位、20 位、24 位或 32 位;
- 支持 I²S、LSB 或 MSB 对齐、PCM/DSP、TDM 和 AC'97 等音频协议;
- 16 个大小可配置的 Slot,可选择音频帧中的哪些 Slot 有效;
- 支持 LSB 或 MSB 数据传输;
- 支持 DMA,有 2 个专用通道,用于处理对每个 SAI 音频子模块的专用集成 FIFO 的访问。

STM32F767 的 SAI 框图如图 17.1.4 所示。

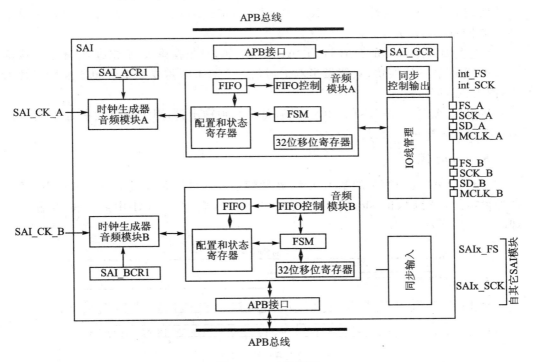

图 17.1.4　SAI 框图

本章将用 SAI 接口来驱动 WM8978,而 WM8978 的接口是 I²S 接口的,所以,本章只介绍 SAI 支持 I²S 协议使用的方法,其他协议的使用介绍参见《STM32F7 中文参考手册.pdf》第 33 章。

1. SAI I²S 信号线

SAI 作为 I²S 使用的时候,同 I²S 接口连接的信号线如表 17.1.2 所列。

表中,A/B 表示 SAI 内部的两个独立的音频子模块,可以独立地连接 I²S,也可以共同连接同一个 I²S(主从同步模式)。主从同步模式常用于全双工 I²S 通信(读/写同时进行),还可以省略一些信号线(SCK/FS/MCLK 等)。

表 17.1.2　SAI 同 I²S 接口连接关系表

信号线	说　明
FS_A/B	通道识别信号，连接 I²S 的左/右对齐时钟信号(LRC)
SCK_A/B	位时钟信号，连接 I²S 的位时钟信号(BLCK)
SD_A/B	数据输入/输出脚，连接 I²S 的数据输出/输入脚(DACDAT/ADCDAT)
MCLK_A/B	主时钟信号，连接 I²S 的的主时钟引脚(MCLK)

FS_A/B：连接 I²S 的 LRC 脚，用于切换左右声道的数据，它的频率等于音频信号采样率(f_s)。

SCK_A/B：连接 I²S 的 BLCK 脚，用作位时钟，是 I²S 主模式下的串行时钟输出以及从模式下的串行时钟输入。SCK_A/B 频率= FS_A/B 频率(f_s)×slot 个数×单个 slot 大小(slot 后面介绍)。

SD_A/B：连接 I²S 的 DACDAT/ADCDAT 脚，是数据输入/输出脚，用于发送或接收数据(单个音频子模块，只能做半双工通信。全双工时需要 2 个音频子模块同时工作，使用主从同步模式)。

MCLK_A/B：连接 I²S 的 MCLK 脚，是主时钟输出脚，固定输出频率为 $256f_s$，f_s 即音频信号采样频率(f_s)。

2. SAI slot 简介

slot 是 SAI 音频帧中的基本元素，音频帧中 slot 的数目通过 SAI_xSLOTR 寄存器配置，每个音频帧的 slot 数最大是 16。在 I²S 模式下，SAI 中 slot 的传输方式如图 17.1.5 所示。

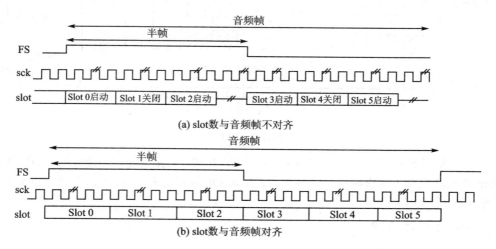

图 17.1.5　SAI I²S 模式下 slot 传输示意图

图 17.1.5 中，一个音频帧中，slot 的个数为 6 个，每个半帧有 3 个 slot。根据 slot 数与音频帧的对齐与否又分为两种情况，一般设计为 slot 数与音频帧对齐，也就是

图 17.1.5(b)所示的传输方式:一个半帧刚好是 3 个 slot,每个 slot 可以传输一个声道的音频数据,这样,6 个 slot 就可以传输 6 个声道的音频数据。一般音频文件都是立体声,所以只需要 2 个 slot 即可,每个半帧一个 slot。STM32 的 SAI 最多可以实现 16 声道数据传输(16 个 slot)。

每个 slot 的大小是可以配置的,如图 17.1.6 所示。

可见,数据大小(DS)可以和 slot 相等,也可以不相等(16 bit/32 bit)。当数据大小小于 slot 大小的时候,可以通过 SAI_xSLOTR 寄存器的 FBOFF 位设置数据的偏移。各种设置的约束条件为:

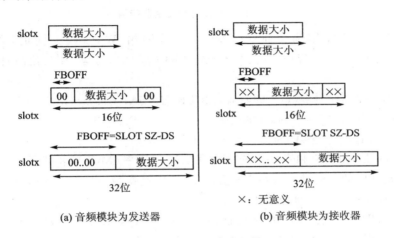

图 17.1.6 slot 大小配置

$$FBOFF \leqslant (SLOTSZ - DS)$$
$$DS \leqslant SLOTSZ$$
$$NBSLOT * SLOTSZ \leqslant FRL$$

其中,FBOFF 为数据在 slot 里面的偏移量,SLOTSZ 为单个 slot 的位数,DS 为数据大小位数,NBSLOT 为一帧中 slot 的个数,FRL 为帧长度(位数)。

在 I²S 模式下,我们配置 slot 大小为 32 位,每一帧 slot 个数为 2 个,偏移量为 0,这样就可以支持 16~32 位的立体声音乐播放了。

3. SAI 时钟发生器

SAI 每个音频子模块都有自己的时钟发生器,这样两个模块完全独立,可以同时工作,并互不干扰。当音频模块定义为主模块时,时钟发生器将产生位时钟(SCK)以及用于外部解码器的主时钟(MCLK)。当音频模块定义为从模块时,时钟发生器将关闭(关 SCK 和 MCLK)。SAI 的时钟发生器架构如图 17.1.7 所示。

图中,NODIV 可以用于控制是否使能分频器,一般设置为 0,使能分频器。如果设置为 1,那么分频器将关闭(主分频器和位时钟分频器都关闭),MCLK_x(x=A/B,下同)将无输出,而 SCK_x 则等于 SAI_CK_x。

SAI_CK_x 时钟来自于 PLLSAI 或 PLLI2S 的 Q 分频输出,随后经过主时钟分频

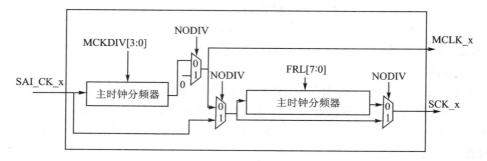

图 17.1.7　SAI 时钟发生器架构

器（MCKDIV）分频,作为主时钟（MCLK）提供给 WM8978。同时,经主分频（MCKDIV）分频后,还会经由位时钟分频器（FRLP[7:0]）分频,作为位时钟（SCK）提供给 WM8978。

当 MCKDIV[3:0]！＝0000 的时候,MCLK_x＝SAI_CK_x/(MCKDIV[3:0]・2)

当 MCKDIV[3:0]＝＝0000 的时候,MCLK_x＝SAI_CK_x

位时钟（SCK）计算公式:SCK_x＝MCLK_x(FRL[7:0]＋1)/256

其中,256 是 MCLK 和音频采样率之间的固定比率（MCLK 恒等于 $256f_s$）,FRL[7:0]是音频帧中的位时钟－1(在 I²S 协议下,必须是奇数,＋1 后为偶数),因此,可以得到音频采样率（f_s）的计算公式为:

当 MCKDIV[3:0]！＝0000 的时候:f_s＝SAI_CK_x/(MCKDIV[3:0]・512)

当 MCKDIV[3:0]＝＝0000 的时候:f_s＝SAI_CK_x/(256)

其中,SAI_CK_x 来自于 PLLI2S/PLLSAI 的 Q 分频,以来自 PLLI2S 为例,计算公式为:

SAI_CK_x＝(HSE/pllm) * PLLI2SN/PLLI2SQ/(PLLI2SDIVQ＋1)

HSE 是 25 MHz,而 pllm 在系统时钟初始化就确定了,是 25,结合以上公式可得 f_s 的计算公式如下:

MCKDIV[3:0]！＝0000 时:

f_s＝1 000・PLLI2SN/PLLI2SQ/(PLLI2SDIVQ＋1)/(MCKDIV・512)

MCKDIV[3:0]＝＝0000 时:

f_s＝1 000・PLLI2SN/PLLI2SQ/(PLLI2SDIVQ＋1)/(256)

f_s 单位是 kHz。其中,PLL2SN 取值范围 192～432,PLLI2SQ 取值范围 2～15,PLLI2SDIVQ 取值范围 0～31,MCKDIV 的值范围 0～15。根据以上约束条件便可以根据 f_s 来设置各个系数的值了,不过很多时候,并不能取得和 f_s 一模一样的频率,只能近似等于 f_s,比如 44.1 kHz 采样率,我们设置 PLL2SN＝429,PLL2SQ＝2,PLLI2SDIVQ＝18,MCKDIV＝0,得到 f_s＝44.099 5 kHz,误差为 0.0011%。晶振频率决定了有时无法通过分频得到所要的 f_s,所以,某些 f_s 如果要实现 0 误差,就必须选用外部时钟才可以。

通过程序去计算这些系数的值是比较麻烦的,所以,事先计算好常用 f_s 对应的系

数值,建立一个表,用的时候,只需要查表取值就可以了,大大简化了代码。常用 f_s 对应系数表如下:

```
//表格式:采样率/10,PLLI2SN,PLLI2SQ, PLLI2SDIVQ, MCKDIV
const u16 SAI_PSC_TBL[][5] =
{
    {800 ,344,7,0,12},      //8 kHz 采样率
    {1102,429,2,18,2},      //11.025 kHz 采样率
    {1600,344,7, 0,6},      //16 kHz 采样率
    {2205,429,2,18,1},      //22.05 kHz 采样率
    {3200,344,7, 0,3},      //32 kHz 采样率
    {4410,429,2,18,0},      //44.1 kHz 采样率
    {4800,344,7, 0,2},      //48 kHz 采样率
    {8820,271,2, 2,1},      //88.2 kHz 采样率
    {9600,344,7, 0,1},      //96 kHz 采样率
    {17640,271,6,0,0},      //176.4 kHz 采样率
    {19200,295,6,0,0},      //192 kHz 采样率
};
```

有了上面的 f_s 系数对应表,我们可以很方便地完成SAI的时钟配置。

4. SAI 相关寄存器

接下来看看本章需要用到的一些相关寄存器。

首先是 SAI 配置寄存器 1:SAI_xCR1(x=A/B,下同),其各位描述如图 17.1.8 所列。该寄存器需要在禁止 SAI 的状况下配置,接下来看看本章需要用到的各位的描述:

31	30	29	28	27	26	25	24	23	22	21	20	19	18	17	16
			Reserved					MCKDIV[3:0]				NODIV	Res	DMAEN	SAIxEN
								rw	rw	rw	rw	rw		rw	rw
15	14	13	12	11	10	9	8	7	6	5	4	3	2	1	0
Reserved			OutDriv	MONO	SYNCEN[1:0]		CKSTR	LSBFIRST	DS[2:0]			Res		PRTCFG[1:0]		MODE[1:0]	
			rw	rw	rw	rw	rw	rw	rw	rw	rw		rw	rw	rw	rw

图 17.1.8 寄存器 SAI_xCR1 各位描述

MODE[1:0]位:00,主发送器;01,主接收器;10,从发送器;11,从接收器。用来播放音乐时,设置为 00 就可以了。

PRTCFG[1:0]位:00,自由协议(I^2S/LSB/MSB/TDM/PCM/DSP 等);10,AC'97 协议。使用 I^2S 协议,需要设置为 00。

DS[2:0]位:010~111,表示 8/10/16/20/24/32 位数据大小,这里使用的音频一般是 16/24 位,所以设置这 3 个位为 100(16 位)或 110(24 位)。

LSBFIRST 位:控制数据传输时是 MSB 还是 LSB,I^2S 为 MSB,这里设置该位为 0。

CKSTR 位:设置时钟选通边沿,这里设置为 1,即数据在时钟的上升沿选通。

SYNCEN[1:0]位:00,音频模块异步工作;01,音频模块与另外一个音频模块同

步。要控制 WM8978 播放音乐,需要设置音频模工作在异步模式,即设置 SYNCEN[1:0]=00。

MONO 位:用于设置单声道/立体声模式,这里设置为 0,工作在立体声模式。

OUTDIV 位:0,当 SAIEN 置 1 时,驱动音频模块输出;1,在该位设置为 1 后立即驱动音频模块输出。这里设置为 1。

SAIxEN 位:0,禁止音频模块;1,使能音频模块。注意,必须在所有 SAI 配置完成以后,才设置该位为 1。

DMAEN 位:DMA 使能位,0,禁止 DMA;1,使能 DMA。这里设置为 1,使能 DMA。

NODIV 位:0,使能主时钟和位时钟分频器;1,禁止主时钟和位时钟分频器;这里一般设置为 0。

MCKDIV[3:0]:主时钟分频器,当设置为 0000 时,表示 1 分频;其他情况,则分频值为 MCKDIV[3:0]•2;这里需要根据音频采样率(f_s)的不同来设置不同的值。

第二个是 SAI 帧配置寄存器:SAI_xFRCR,该寄存器各位描述如图 17.1.9 所示。

31	30	29	28	27	26	25	24	23	22	21	20	19	18	17	16
\multicolumn{13}{c}{Reserved}	FSOFF	FSPOL	FSDEF
													rw	rw	r
15	14	13	12	11	10	9	8	7	6	5	4	3	2	1	0
Res	\multicolumn{7}{c}{FSALL[6:0]}	\multicolumn{8}{c}{FRL[7:0]}
	rw	rw	rw	rw	rw	rw	rw.	rw	rw	rw	rw	rw	rw	rw	rw

图 17.1.9 寄存器 SAI_xFRCR 各位描述

FRL[7:0]位:帧长度设置位,等于音频帧中 SCK 的个数-1。FRL 的最小值为 8,最大值为 256,且 FRL+1 应该为偶数,并且是 2 的指数倍关系。

FSALL[6:0]位:帧同步有效电平长度,用于指定 FS 信号的有效电平长度,即高电平/低电平的宽度应该等于帧长度的一半,计算方法为:FSALL=(FRL+1)/2-1。

FSDEF 位:帧同步定义,0,FS 信号为起始帧信号;1,FS 信号为 SOF 信号+通道识别信号。使用 I^2S 协议的时候,我们设置 FS 为 1。

FSPOL 位:帧同步极性设置,0,FS 低电平有效(下降沿);1,FS 高电平有效(上升沿);这里设置为 FS 低电平有效,即 FSPOL 位为 0。

FSOFF:帧同步偏移,0,在 slot0 的第一位上使能 FS;1,在 slot0 第一位的前一位上使能 FS。使用 I^2S 协议时,需要设置 FSOFF 位为 1,以匹配 I^2S 协议(见图 17.1.1)。

第三个是 SAI slot 寄存器:SAI_xSLOTR,该寄存器各位描述如图 17.1.10 所示。

FBOFF[4:0]位:设置第一个位的偏移量,用于设置 slot 中第一个数据传输位的位置,表示一个偏移值。由于前面设置了 FSOFF 位,所以,设置 FBOFF=0 即可。

SLOTSZ[1:0]位:设置 slot 大小,00,slot 大小等于数据大小;01,16 位;10,32 位。我们设置 SLOTSZ 为 10(32 位),以支持最高 32 位音频的播放。

第 17 章 音乐播放器实验

31	30	29	28	27	26	25	24	23	22	21	20	19	18	17	16
SLOTEN[15:0]															
rw	rw	rw	rw	rw	rw	rw	rw	rw	rw	rw	rw	rw	rw	rw	rw
15	14	13	12	11	10	9	8	7	6	5	4	3	2	1	0
Reserved					NBSLOT[3:0]				SLOTSZ[1:0]		Res	FBOFF[4:0]			
					rw	rw	rw	rw	rw	rw		rw	rw	rw	rw

图 17.1.10 寄存器 SAI_xSLOTR 各位描述

NBSLOT[3:0]位:设置音频帧中 slot 的个数(设置值+1)。比如用立体声时,使用 2 个 slot 就够了,所以设置 NBSLOT=1 即可。

SLOTEN[15:0]位:设置 slot 使能,每个位表示一个 slot,最多是 16 个 slot。这里使用 2 个 slot(即 slot0 和 slot1),所以,设置 SLOTEN 的最低 2 位为 1 即可。

第四个是 PLLI2S 配置寄存器:RCC_PLLI2SCFGR,该寄存器各位描述如图 17.1.11 所示。

该寄存器用于配置 PLLI2SQ 和 PLLI2SN 两个系数,PLLI2SQ 的取值范围是 2~15,PLLI2SN 的取值范围是 49~432。同样,这两个也是根据 f_s 的值来设置的。

31	30	29	28	27	26	25	24	23	22	21	20	19	18	17	16
Res	PLLI2S[2:0]			PLLI2SQ[0:3]				Res	Res	Res	Res	Res	Res	PLLI2SP[1:0]	
	rw	rw	rw	rw	rw	rw	rw							rw	rw
15	14	13	12	11	10	9	8	7	6	5	4	3	2	1	0
Res	PLLI2SN[8:0]									Res	Res	Res	Res	Res	Res
	rw	rw	rw	rw	rw	rw	rw	rw	rw						

图 17.1.11 寄存器 RCC_PLLI2SCFGR 各位描述

第五个是 RCC 专用时钟配置寄存器 1:RCC_DCKCFGR1,其各位描述如图 17.1.12 所示。该寄存器用于配置 SAI1、SAI2 的时钟源(SAI1SEL[1:0]和 SAI2SEL[1:0])以及分频系数(PLLSAIDIVQ 和 PLLI2SDIVQ)。这里使用 SAI 1 来驱动 WM8978,且时钟源为 PLLI2S,所以,需要设置 SAI1SEL[1:0]为 01,得到 SAI1_CK_x=PLLI2S_Q/PLLI2SDIVQ。其中,PLLI2S_Q 和 PLLI2SDIVQ 是根据 f_s 的值来设置的。

31	30	29	28	27	26	25	24	23	22	21	20	19	18	17	16
Res	Res	Res	Res	Res	Res	TIMPRE	SAI2SEL[1:0]		SAI1SEL[1:0]		Res	Res	PLLSAIDIVR[1:0]	
						rw	rw	rw	rw	rw			rw	rw
15	14	13	12	11	10	9	8	7	6	5	4	3	2	1	0
Res	Res	Res	PLLSAIDIVQ[4:0]					Res	Res	Res	PLLI2SDIVQ[4:0]				
			rw	rw	rw	rw	rw				rw	rw	rw	rw	rw

图 17.1.12 寄存器 RCC_DCKCFGR1 各位描述

第六个是 SAI 数据寄存器:SAI_xDR,该寄存器各位描述如图 17.1.13 所示。当需要向 WM8978 发送音频数据的时候,通过写这个寄存器就可以实现。不过,这里采用 DMA 来传输,所以直接设置 DMA 的外设地址为 SAI_xDR 即可。

31	30	29	28	27	26	25	24	23	22	21	20	19	18	17	16
DATA[1:16]															
rw	rw	rw	rw	rw	rw	rw	rw	rw	rw	rw	rw	rw	rw	rw	rw
15	14	13	12	11	10	9	8	7	6	5	4	3	2	1	0
DATA[15:0]															
rw	rw	rw	rw	rw	rw	rw	rw	rw	rw	rw	rw	rw	rw	rw	rw

位31:0 DATA[31:0]：数据
若FIFO未满，写入该寄存器的效果是向FIFO加载数据。
若FIFO未空，读取该寄存器的效果是从FIFO取走数据

图 17.1.13　寄存器 SAI_xDR 各位描述

此外，使用 FIFO 的时候还要用到 SAI_xCR2 寄存器设置 FIFO 阈值和刷新，参考《STM32F7 中文参考手册.pdf》第 33.3.8 小节。

5. SAI 初始化步骤

最后看看要通过 STM32F7 的 SAI 驱动 WM8978 播放音乐的简要步骤（SAI 相关的库函数定义和声明分布在源文件 stm32f7xx_hal_sai.c、stm23f7xx_hal_sai_ex.c 以及头文件 stm32f7xx_hal_sai.h 中）：

1) 初始化 WM8978

这个过程就是在 17.1.2 小节最后那十几个寄存器的配置，包括软复位、DAC 设置、输出设置和音量设置等。

2) 初始化 SAI

此过程主要是设置 SAI_xCR1、SAI_xFRCR 和 SAI_xSLOTR 等寄存器，以及设置 SAI 工作模式、协议、时钟电平特性、slot 相关参数等。HAL 库 SAI 初始化函数为：HAL_SAI_Init，声明如下：

```
HAL_StatusTypeDef HAL_SAI_Init(SAI_HandleTypeDef * hsai);
```

该函数只有一个入口参数 hsai，该参数为 SAI_HandleTypeDef 结构体指针类型。SAI_HandleTypeDef 结构体定义如下：

```
typedef struct __SAI_HandleTypeDef
{
  SAI_Block_TypeDef            * Instance;
  SAI_InitTypeDef              Init;
  SAI_FrameInitTypeDef         FrameInit;
  SAI_SlotInitTypeDef          SlotInit;
  uint8_t                      * pBuffPtr;
  uint16_t                     XferSize;
  uint16_t                     XferCount;
  DMA_HandleTypeDef            * hdmatx;
  DMA_HandleTypeDef            * hdmarx;
  SAIcallback                  mutecallback;
  void ( * InterruptServiceRoutine)(struct __SAI_HandleTypeDef * hsai);
  HAL_LockTypeDef              Lock;
  __IO HAL_SAI_StateTypeDef State;
  __IO uint32_t                ErrorCode;
```

第17章 音乐播放器实验

} SAI_HandleTypeDef;

该结构体成员变量比较多，大致会分为如下几种：

第一种是初始化结构体变量 Init、FrameInit 和 SlotInit，这 3 个成员变量都是结构体类型，分别用来初始化 SAI 的工作模式、协议、时钟电平特性和 slot 相关参数。

第二种是 HAL 库中处理 SAI 接口通信的数据指针 pBuffPtr、传输数据大小 XferSize 和剩余数据量 XferCount 这 3 个变量，这和串口通信很相似。

第三种是 hdmatx 和 hdmarx，为 DMA_HandleTypeDef 结构体指针类型，指向 DMA 句柄。

第四种是回调函数 mutecallback 和 InterruptServiceRoutine。

第五种是 HAL 库中间过程变量。

这里主要讲解 Init、FrameInit 和 SlotInit 这 3 个初始化结构体变量。

成员变量 Init 是 SAI_InitTypeDef 结构体类型，该结构体定义为：

```
typedef struct
{
    uint32_t AudioMode;         //音频模块模式主/从发送/接收器
    uint32_t Synchro;           //同步使能:异步/同步
    uint32_t SynchroExt;
    uint32_t OutputDrive;       //输出驱动:立即驱动音频模块输出还是当 SAIEN 置 1 后输出
    uint32_t NoDivider;         //主时钟分频器使能/失能
    uint32_t FIFOThreshold;     //FIFO 阈值
    uint32_t ClockSource;       //SAI 时钟源选择
    uint32_t AudioFrequency;    //音频频率
    uint32_t Mckdiv;            //主时钟分频器系数
    uint32_t MonoStereoMode;    //模式:单声道还是立体声
    uint32_t CompandingMode;    //压扩模式设置
    uint32_t TriState;          //数据线的三态管理
    uint32_t Protocol;          //协议配置:自由协议还是 AC'97 协议
    uint32_t DataSize;          //数据大小:8/10/16/20/24/32 位
    uint32_t FirstBit;          //MSB 还是 LSB 在先
    uint32_t ClockStrobing;     //时钟选通边沿,SCK 上升沿还是下降沿
} SAI_InitTypeDef;
```

该结构体主要用来配置 SAI_xCR1 寄存器，各个成员变量含义参见注释。

成员变量 FrameInit 是 SAI_FrameInitTypeDef 结构体类型，用来进行帧设置，主要是配置 SAI_xFRCR 寄存器。结构体 SAI_FrameInitTypeDef 定义为：

```
typedef struct
{
    uint32_t FrameLength;        //帧长度
    uint32_t ActiveFrameLength;  //帧同步有效电平长度
    uint32_t FSDefinition;       //帧同步定义
    uint32_t FSPolarity;         //帧同步极性设置
    uint32_t FSOffset;           //帧同步偏移设置
} SAI_FrameInitTypeDef;
```

成员变量 SlotInit 是 SAI_SlotInitTypeDef 结构体类型，用来进行 SLOT 设置，主

要是配置 SAI_xSLOTR 寄存器。结构体 SAI_SlotInitTypeDef 定义为：

```
typedef struct
{
  uint32_t FirstBitOffset;      //第一个位的偏移量
  uint32_t SlotSize;            //设置 slot 大小
  uint32_t SlotNumber;          //设置音频帧中 slot 个数
  uint32_t SlotActive;          //设置 slot 使能
}SAI_SlotInitTypeDef;
```

HAL 库同样提供了 SAI 初始化 MSP 回调函数 HAL_SAI_MspInit，定义如下：

```
void HAL_SAI_MspInit(SAI_HandleTypeDef * hsai);
```

3）解析 WAV 文件，获取音频信号采样率、位数，并设置 SAI 时钟分频器

这里要先解析 WAV 文件，取得音频信号的采样率（f_s）和位数（16 位或 24 位）。根据这两个参数来设置 SAI 的时钟分频，这里用前面介绍的查表法来设置即可。设置完采样率和时钟分频后，便可以使能 SAI 了。

4）设置 DMA

SAI 播放音频的时候，一般是通过 DMA 来传输数据的，所以必须配置 DMA，本章用 SAI 的子模块 A，其 TX 是使用 DMA2 数据流 3 的通道 0 来传输的。并且，STM32F7 的 DMA 具有双缓冲机制，可以提高效率，大大方便了数据传输。本章将 DMA2 数据流 3 设置为双缓冲循环模式，外设和存储器宽度相同（16 位/32 位），并开启 DMA 传输完成中断（方便填充数据）。DMA 配置过程可参考实验源码，并对照第 28 章 DMA 实验讲解学习。

5）编写 DMA 传输完成中断服务函数

为了方便填充音频数据，我们使用 DMA 传输完成中断。每当一个缓冲数据发送完后，硬件自动切换为下一个缓冲，同时进入中断服务函数，填充数据到发送完的这个缓冲。过程如图 17.1.14 所示。

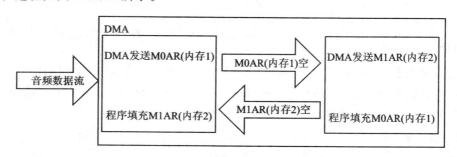

图 17.1.14　DMA 双缓冲发送音频数据流框图

6）开启 DMA 传输，填充数据

最后就只需要开启 DMA 传输，然后及时填充 WAV 数据到 DMA 的两个缓存区即可。此时，就可以在 WM8978 的耳机和喇叭通道听到所播放音乐了。

17.2 硬件设计

本章实验功能简介:开机后先初始化各外设,然后检测字库是否存在;如果检测无问题,则开始循环播放 SD 卡 MUSIC 文件夹里面的歌曲(必须在 SD 卡根目录建立一个 MUSIC 文件夹,并在里面存放歌曲(仅支持 wav 格式)),在 TFTLCD 上显示歌曲名字、播放时间、歌曲总时间、歌曲总数目、当前歌曲的编号等信息。KEY0 用于选择下一曲,KEY2 用于选择上一曲,KEY_UP 用来控制暂停/继续播放。DS0 还是用于指示程序运行状态。

本实验用到的资源如下:指示灯 DS0、3 个按键(KEY_UP/KEY0/KEY1)、串口、LCD 模块、SD 卡、SPI Flash、WM8978、SAI。这些硬件已经都介绍过了,不过 WM8978 和 STM32F767 的连接还没有介绍,连接如图 17.2.1 所示。

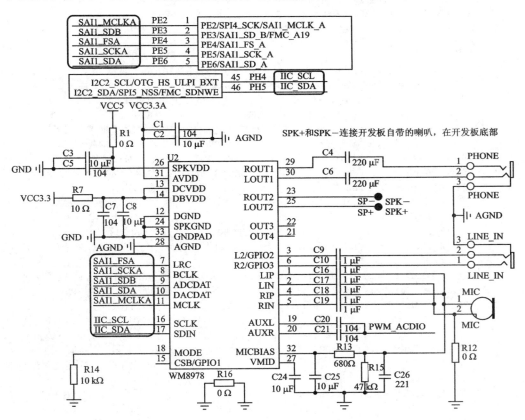

图 17.2.1　WM8978 与 STM32F767 连接原理图

图中,PHONE 接口可以用来插耳机,SPK＋和 SPK－连接了板载的喇叭(在开发板底部)。硬件上,I²C 接口和 24C02 等芯片共用。

本实验需要准备一个 SD 卡(在里面新建一个 MUSIC 文件夹,并在其中存放一些

wav 歌曲),然后下载本实验就可以听歌了。

17.3 软件设计

打开本章实验工程可以看到,我们在工程中新建了 AUDIOCODEC 分组和 APP 分组,且分别添加了 wavplay.c 文件和 audioplay.c 文件。同时,在 HARDWARE 分组下添加了 wm8978.c 文件和 sai.c 文件。

本章代码比较多,这里仅挑一些重点函数介绍。首先是 sai.c 里面,重点函数代码如下:

```c
//SAI Block A 初始化,I²S,飞利浦标准
//mode:工作模式,可以设置:SAI_MODEMASTER_TX/
//SAI_MODEMASTER_RX/SAI_MODESLAVE_TX/SAI_MODESLAVE_RX
//cpol:数据在时钟的上升/下降沿选通,可以设置
//SAI_CLOCKSTROBING_FALLINGEDGE/SAI_CLOCKSTROBING_RISINGEDGE
//datalen:数据大小,可以设置:SAI_DATASIZE_8/10/16/20/24/32
void SAIA_Init(u32 mode,u32 cpol,u32 datalen)
{
    HAL_SAI_DeInit(&SAI1A_Handler);           //清除以前的配置
    SAI1A_Handler.Instance = SAI1_Block_A;    //SAI1 Bock A
    SAI1A_Handler.Init.AudioMode = mode;      //设置 SAI1 工作模式
    SAI1A_Handler.Init.Synchro = SAI_ASYNCHRONOUS;        //音频模块异步
    SAI1A_Handler.Init.OutputDrive = SAI_OUTPUTDRIVE_ENABLE;//驱动音频模块输出
    SAI1A_Handler.Init.NoDivider = SAI_MASTERDIVIDER_ENABLE;//使能主时钟分频器
    SAI1A_Handler.Init.FIFOThreshold = SAI_FIFOTHRESHOLD_1QF;//FIFO 阈值,1/4 FIFO
    SAI1A_Handler.Init.ClockSource = SAI_CLKSOURCE_PLLI2S; //SIA 时钟源为 PLL2S
    SAI1A_Handler.Init.MonoStereoMode = SAI_STEREOMODE;    //立体声模式
    SAI1A_Handler.Init.Protocol = SAI_FREE_PROTOCOL;  //设置 SAI1 协议为:自由协议
    SAI1A_Handler.Init.DataSize = datalen;            //设置数据大小
    SAI1A_Handler.Init.FirstBit = SAI_FIRSTBIT_MSB;   //数据 MSB 位优先
    SAI1A_Handler.Init.ClockStrobing = cpol;  //数据在时钟的上升/下降沿选通
    //帧设置
    SAI1A_Handler.FrameInit.FrameLength = 64;  //设置帧长度为 64,左/右通道 32 个 SCK
    SAI1A_Handler.FrameInit.ActiveFrameLength = 32;//设置帧同步有效电平长度
    SAI1A_Handler.FrameInit.FSDefinition = SAI_FS_CHANNEL_IDENTIFICATION;
                                        //FS 信号为 SOF 信号 + 通道识别信号
    SAI1A_Handler.FrameInit.FSPolarity = SAI_FS_ACTIVE_LOW; //FS 低电平有效(下降沿)
    SAI1A_Handler.FrameInit.FSOffset = SAI_FS_BEFOREFIRSTBIT; //在 slot0 的第一位的
                                        //前一位使能 FS,以匹配飞利浦标准
    //SLOT 设置
    SAI1A_Handler.SlotInit.FirstBitOffset = 0;            //slot 偏移(FBOFF)为 0
    SAI1A_Handler.SlotInit.SlotSize = SAI_SLOTSIZE_32B;   //slot 大小为 32 位
    SAI1A_Handler.SlotInit.SlotNumber = 2;                //slot 数为 2 个
    SAI1A_Handler.SlotInit.SlotActive = SAI_SLOTACTIVE_0|SAI_SLOTACTIVE_1;//使能
    HAL_SAI_Init(&SAI1A_Handler);             //初始化 SAI
    __HAL_SAI_ENABLE(&SAI1A_Handler);         //使能 SAI
}
void HAL_SAI_MspInit(SAI_HandleTypeDef * hsai)
```

```c
{
……//省略IO口初始化代码
}
const u16 SAI_PSC_TBL[][5] =
{
    ……//省略代码,见17.1.3小节
};
//开启SAI的DMA功能,HAL库没有提供此函数
//因此我们需要自己操作寄存器编写一个
void SAIA_DMA_Enable(void)
{
    u32 tempreg = 0;
    tempreg = SAI1_Block_A ->CR1;          //先读出以前的设置
    tempreg| = 1 << 17;                    //使能DMA
    SAI1_Block_A ->CR1 = tempreg;          //写入CR1寄存器中
}
//设置SAIA的采样率(@MCKEN)
//samplerate:采样率,单位:Hz
//返回值:0,设置成功;1,无法设置
u8 SAIA_SampleRate_Set(u32 samplerate)
{
    u8 i = 0;
    RCC_PeriphCLKInitTypeDef RCCSAI1_Sture;
    for(i = 0;i<(sizeof(SAI_PSC_TBL)/10);i++)//看看改采样率是否可以支持
    {
        if((samplerate/10) == SAI_PSC_TBL[i][0])break;
    }
    if(i == (sizeof(SAI_PSC_TBL)/10))return 1;    //搜遍了也找不到
    RCCSAI1_Sture.PeriphClockSelection = RCC_PERIPHCLK_SAI1;   //外设时钟源选择
    RCCSAI1_Sture.Sai1ClockSelection = RCC_SAI1CLKSOURCE_PLLSAI;
    RCCSAI1_Sture.PLLSAI.PLLSAIN = (u32)SAI_PSC_TBL[i][1];     //设置PLLSAIN
    RCCSAI1_Sture.PLLSAI.PLLSAIQ = (u32)SAI_PSC_TBL[i][2];     //设置PLLSAIQ
    RCCSAI1_Sture.PLLSAIDivQ = SAI_PSC_TBL[i][3];              //设置PLLSAIDivQ
    HAL_RCCEx_PeriphCLKConfig(&RCCSAI1_Sture);                 //设置时钟
    __HAL_SAI_DISABLE(&SAI1A_Handler);                         //关闭SAI
    SAI1A_Handler.Init.AudioFrequency = samplerate;            //设置播放频率
    HAL_SAI_Init(&SAI1A_Handler);                              //初始化SAI
    SAIA_DMA_Enable();                                         //开启SAI的DMA功能
    __HAL_SAI_ENABLE(&SAI1A_Handler);                          //开启SAI
    return 0;
}
//SAIA TX DMA配置
//设置为双缓冲模式,并开启DMA传输完成中断
//buf0:M0AR地址
//buf1:M1AR地址
//num:每次传输数据量
//width:位宽(存储器和外设,同时设置),0,8位;1,16位;2,32位
void SAIA_TX_DMA_Init(u8 * buf0,u8 * buf1,u16 num,u8 width)
{
    u32 memwidth = 0,perwidth = 0;         //外设和存储器位宽
    switch(width)
```

```c
        case 0:              //8 位
            memwidth = DMA_MDATAALIGN_BYTE;
            perwidth = DMA_PDATAALIGN_BYTE;
            break;
        case 1:              //16 位
            memwidth = DMA_MDATAALIGN_HALFWORD;
            perwidth = DMA_PDATAALIGN_HALFWORD;
            break;
        case 2:              //32 位
            memwidth = DMA_MDATAALIGN_WORD;
            perwidth = DMA_PDATAALIGN_WORD;
            break;
    }
    __HAL_RCC_DMA2_CLK_ENABLE();                                //使能 DMA2 时钟
    __HAL_LINKDMA(&SAI1A_Handler,hdmatx,SAI1_TXDMA_Handler);
                                                                //将 DMA 与 SAI 联系起来
    SAI1_TXDMA_Handler.Instance = DMA2_Stream3;                 //DMA2 数据流 3
    SAI1_TXDMA_Handler.Init.Channel = DMA_CHANNEL_0;            //通道 0
    SAI1_TXDMA_Handler.Init.Direction = DMA_MEMORY_TO_PERIPH;   //存储器到外设
    SAI1_TXDMA_Handler.Init.PeriphInc = DMA_PINC_DISABLE;       //外设非增量模式
    SAI1_TXDMA_Handler.Init.MemInc = DMA_MINC_ENABLE;           //存储器增量模式
    SAI1_TXDMA_Handler.Init.PeriphDataAlignment = perwidth;     //外设数据长度:16/32 位
    SAI1_TXDMA_Handler.Init.MemDataAlignment = memwidth;        //存储器数据长度:16/32 位
    SAI1_TXDMA_Handler.Init.Mode = DMA_CIRCULAR;                //使用循环模式
    SAI1_TXDMA_Handler.Init.Priority = DMA_PRIORITY_HIGH;       //高优先级
    SAI1_TXDMA_Handler.Init.FIFOMode = DMA_FIFOMODE_DISABLE;    //不使用 FIFO
    SAI1_TXDMA_Handler.Init.MemBurst = DMA_MBURST_SINGLE;       //单次突发传输
    SAI1_TXDMA_Handler.Init.PeriphBurst = DMA_PBURST_SINGLE;    //外设突发单次传输
    HAL_DMA_DeInit(&SAI1_TXDMA_Handler);                        //先清除以前的设置
    HAL_DMA_Init(&SAI1_TXDMA_Handler);                          //初始化 DMA
    HAL_DMAEx_MultiBufferStart(&SAI1_TXDMA_Handler,(u32)buf0,
                    (u32)&SAI1_Block_A->DR,(u32)buf1,num);      //开启双缓冲
    __HAL_DMA_DISABLE(&SAI1_TXDMA_Handler);                     //先关闭 DMA
    delay_us(10);              //10 μs 延时,防止 -O2 优化出问题
    __HAL_DMA_ENABLE_IT(&SAI1_TXDMA_Handler,DMA_IT_TC);         //开传输完成中断
    __HAL_DMA_CLEAR_FLAG(&SAI1_TXDMA_Handler,DMA_FLAG_TCIF3_7);
                                                                //清除 DMA 传输完成中断标志位
    HAL_NVIC_SetPriority(DMA2_Stream3_IRQn,0,0);                //DMA 中断优先级
    HAL_NVIC_EnableIRQ(DMA2_Stream3_IRQn);
}
//SAI DMA 回调函数指针
void ( * sai_tx_callback)(void);                                //TX 回调函数
//DMA2_Stream3 中断服务函数
void DMA2_Stream3_IRQHandler(void)
{
    if(__HAL_DMA_GET_FLAG(&SAI1_TXDMA_Handler,
       DMA_FLAG_TCIF3_7)!= RESET)                               //DMA 传输完成
    {
        __HAL_DMA_CLEAR_FLAG(&SAI1_TXDMA_Handler,DMA_FLAG_TCIF3_7);
```

第17章 音乐播放器实验

```
                                           //清除DMA传输完成中断标志位
        sai_tx_callback();      //执行回调函数,读取数据等操作在这里面处理
    }
}
//SAI开始播放
void SAI_Play_Start(void)
{
    __HAL_DMA_ENABLE(&SAI1_TXDMA_Handler);//开启DMA TX传输
}
//关闭I²S播放
void SAI_Play_Stop(void)
{
    __HAL_DMA_DISABLE(&SAI1_TXDMA_Handler);    //结束播放
}
```

其中,SAIA_Init 完成 SAI_A 子模块的的初始化,通过 3 个参数设置 SAI_A 的详细配置信息。另外一个函数 SAIA_SampleRate_Set 是采用前面介绍的查表法,并根据音频采样率来设置 SAI_A 的时钟部分。函数 SAIA_TX_DMA_Init 用于设置 SAI_A 的 DMA 发送,使用双缓冲循环模式发送数据给 WM8978,并开启了发送完成中断。DMA2_Stream3_IRQHandler 函数是 DMA2 数据流 3 发送完成中断的服务函数,该函数调用 sai_tx_callback 函数(函数指针,使用前须指向特定函数)实现 DMA 数据填充。函数 SAI_Play_Start 和 SAI_Play_Stop 用于开启和关闭 DMA 传输。

再来看 wm8978.c 里面的几个函数,代码如下:

```
//WM8978 初始化
//返回值:0,初始化正常
//      其他,错误代码
u8 WM8978_Init(void)
{
    u8 res;
    IIC_Init();                                 //初始化 IIC 接口
    res = WM8978_Write_Reg(0,0);                //软复位 WM8978
    if(res)return 1;                            //发送指令失败,WM8978 异常
    //以下为通用设置
    WM8978_Write_Reg(1,0X1B);                   //R1,MICEN 设置为 1(MIC 使能),BIASEN 设置为 1
    WM8978_Write_Reg(2,0X1B0);                  //R2,ROUT1,LOUT1 输出使能(耳机可以工作)
    WM8978_Write_Reg(3,0X6C);                   //R3,LOUT2,ROUT2 输出使能(喇叭工作)
    WM8978_Write_Reg(6,0);                      //R6,MCLK 由外部提供
    WM8978_Write_Reg(43,1<<4);                  //R43,INVROUT2 反向,驱动喇叭
    WM8978_Write_Reg(47,1<<8);                  //R47 设置,PGABOOSTL,左通道 MIC 获得 20 倍增益
    WM8978_Write_Reg(48,1<<8);                  //R48 设置,PGABOOSTR,右通道 MIC 获得 20 倍增益
    WM8978_Write_Reg(49,1<<1);                  //R49,TSDEN,开启过热保护
    WM8978_Write_Reg(49,1<<2);                  //R49,SPEAKER BOOST,1.5x
    WM8978_Write_Reg(10,1<<3);                  //R10,SOFTMUTE 关闭,128x 采样,最佳 SNR
    WM8978_Write_Reg(14,1<<3);                  //R14,ADC 128x 采样率
    return 0;
}
//WM8978 DAC/ADC 配置
//adcen:adc 使能(1)/关闭(0)
```

```
//dacen:dac 使能(1)/关闭(0)
void WM8978_ADDA_Cfg(u8 dacen,u8 adcen)
{
    u16 regval;
    regval = WM8978_Read_Reg(3);              //读取 R3
    if(dacen)regval| = 3 << 0;                //R3 最低 2 个位设置为 1,开启 DACR&DACL
    else regval& = ~(3 << 0);                 //R3 最低 2 个位清零,关闭 DACR&DACL.
    WM8978_Write_Reg(3,regval);               //设置 R3
    regval = WM8978_Read_Reg(2);              //读取 R2
    if(adcen)regval| = 3 << 0;                //R2 最低 2 个位设置为 1,开启 ADCR&ADCL
    else regval& = ~(3 << 0);                 //R2 最低 2 个位清零,关闭 ADCR&ADCL.
    WM8978_Write_Reg(2,regval);               //设置 R2
}
//WM8978 输出配置
//dacen:DAC 输出(放音)开启(1)/关闭(0)
//bpsen:Bypass 输出(录音,包括 MIC,LINE IN,AUX 等)开启(1)/关闭(0)
void WM8978_Output_Cfg(u8 dacen,u8 bpsen)
{
    u16 regval = 0;
    if(dacen)regval| = 1 << 0;                //DAC 输出使能
    if(bpsen)
    {
        regval| = 1 << 1;                     //BYPASS 使能
        regval| = 5 << 2;                     //0dB 增益
    }
    WM8978_Write_Reg(50,regval);              //R50 设置
    WM8978_Write_Reg(51,regval);              //R51 设置
}
//设置 I²S 工作模式
//fmt:0,LSB(右对齐);1,MSB(左对齐);2,飞利浦标准 I²S;3,PCM/DSP;
//len:0,16 位;1,20 位;2,24 位;3,32 位;
void WM8978_I2S_Cfg(u8 fmt,u8 len)
{
    fmt& = 0X03;
    len& = 0X03;//限定范围
    WM8978_Write_Reg(4,(fmt << 3)|(len << 5));    //R4,WM8978 工作模式设置
}
```

以上代码中的 WM8978_Init 用于初始化 WM8978,这里只是通用配置(ADC&DAC);初始化之后并不能正常播放音乐,还需要通过 WM8978_ADDA_Cfg 函数使能 DAC,然后通过 WM8978_Output_Cfg 选择 DAC 输出,通过 WM8978_I2S_Cfg 配置 I²S 工作模式;最后设置音量才可以接收 I²S 音频数据,实现音乐播放。用于设置音量、EQ、音效等的函数可参考配套资料本例程源码。

接下来看看 wavplay.c 里面的几个函数,代码如下:

```
__wavctrl wavctrl;                    //WAV 控制结构体
vu8 wavtransferend = 0;               //sai 传输完成标志
vu8 wavwitchbuf = 0;                  //saibufx 指示标志
//WAV 解析初始化
//fname:文件路径+文件名
```

```c
//wavx:wav 信息存放结构体指针
//返回值:0,成功;1,打开文件失败;2,非 WAV 文件;3,DATA 区域未找到
u8 wav_decode_init(u8 * fname,__wavctrl * wavx)
{
    FIL * ftemp;
    u8 * buf;              u32 br = 0;         u8 res = 0;
    ChunkRIFF * riff;
    ChunkFMT * fmt;
    ChunkFACT * fact;
    ChunkDATA * data;
    ftemp = (FIL * )mymalloc(SRAMIN,sizeof(FIL));
    buf = mymalloc(SRAMIN,512);
    if(ftemp&&buf)         //内存申请成功
    {
        res = f_open(ftemp,(TCHAR * )fname,FA_READ);//打开文件
        if(res == FR_OK)
        {
            f_read(ftemp,buf,512,&br);        //读取 512 字节在数据
            riff = (ChunkRIFF * )buf;         //获取 RIFF 块
            if(riff ->Format == 0X45564157)//是 WAV 文件
            {
                fmt = (ChunkFMT * )(buf + 12);     //获取 FMT 块
                fact = (ChunkFACT * )(buf + 12 + 8 + fmt ->ChunkSize);//读取 FACT 块
                if(fact ->ChunkID == 0X74636166||fact ->ChunkID == 0X5453494C)
                    wavx ->datastart = 12 + 8 + fmt ->ChunkSize + 8 + fact ->ChunkSize;
                                        //具有 fact/LIST 块的时候(未测试)
                else wavx ->datastart = 12 + 8 + fmt ->ChunkSize;
                data = (ChunkDATA * )(buf + wavx ->datastart);  //读取 DATA 块
                if(data ->ChunkID == 0X61746164)                //解析成功
                {
                    wavx ->audioformat = fmt ->AudioFormat;     //音频格式
                    wavx ->nchannels = fmt ->NumOfChannels;     //通道数
                    wavx ->samplerate = fmt ->SampleRate;       //采样率
                    wavx ->bitrate = fmt ->ByteRate * 8;        //得到位速
                    wavx ->blockalign = fmt ->BlockAlign;       //块对齐
                    wavx ->bps = fmt ->BitsPerSample;           //位数,16/24/32 位
                    wavx ->datasize = data ->ChunkSize;         //数据块大小
                    wavx ->datastart = wavx ->datastart + 8;    //数据流开始的地方
                    printf("wavx ->audioformat:% d\r\n",wavx ->audioformat);
                    printf("wavx ->nchannels:% d\r\n",wavx ->nchannels);
                    printf("wavx ->samplerate:% d\r\n",wavx ->samplerate);
                    printf("wavx ->bitrate:% d\r\n",wavx ->bitrate);
                    printf("wavx ->blockalign:% d\r\n",wavx ->blockalign);
                    printf("wavx ->bps:% d\r\n",wavx ->bps);
                    printf("wavx ->datasize:% d\r\n",wavx ->datasize);
                    printf("wavx ->datastart:% d\r\n",wavx ->datastart);
                }else res = 3;//data 区域未找到
            }else res = 2;//非 wav 文件
        }else res = 1;//打开文件错误
```

```c
        }
        f_close(ftemp);
        myfree(SRAMIN,ftemp);//释放内存
        myfree(SRAMIN,buf);
        return 0;
}
//填充 buf
//buf:数据区
//size:填充数据量
//bits:位数(16/24)
//返回值:读到的数据个数
u32 wav_buffill(u8 * buf,u16 size,u8 bits)
{
    u16 readlen = 0;
    u32 bread;
    u16 i;
    u32 * p,* pbuf;
    if(bits == 24)                                        //24bit 音频,需要处理一下
    {
        readlen = (size/4) * 3;                           //此次要读取的字节数
        f_read(audiodev.file,audiodev.tbuf,readlen,(UINT * )&bread);//读取数据
        pbuf = (u32 * )buf;
        for(i = 0;i<size/4;i++)
        {
            p = (u32 * )(audiodev.tbuf + i * 3);
            pbuf[i] = p[0];
        }
        bread = (bread * 4)/3;                            //填充后的大小
    }else
    {
        f_read(audiodev.file,buf,size,(UINT * )&bread);   //16 bit 音频,直接读取数据
        if(bread<size)                                    //不够数据了,补充 0
        {
            for(i = bread;i<size - bread;i++)buf[i] = 0;
        }
    }
    return bread;
}
//WAV 播放时,SAI DMA 传输回调函数
void wav_sai_dma_tx_callback(void)
{
    u16 i;
    if(DMA2_Stream3 ->CR&(1 <<19))
    {
        wavwitchbuf = 0;
        if((audiodev.status&0X01) == 0)
        {
            for(i = 0;i<WAV_SAI_TX_DMA_BUFSIZE;i++)//暂停
            {
                audiodev.saibuf1[i] = 0;          //填充 0
            }
```

```c
        }else
        {
            wavwitchbuf = 1;
            if((audiodev.status&0X01) == 0)
            {
                for(i = 0;i<WAV_SAI_TX_DMA_BUFSIZE;i ++ )        //暂停
                {
                    audiodev.saibuf2[i] = 0;                     //填充 0
                }
            }
        }
        wavtransferend = 1;
}
//得到当前播放时间
//fx:文件指针
//wavx:wav 播放控制器
void wav_get_curtime(FIL * fx, __wavctrl * wavx)
{
    long long fpos;
    wavx ->totsec = wavx ->datasize/(wavx ->bitrate/8);      //歌曲总长度(单位:秒)
    fpos = fx ->fptr - wavx ->datastart;                     //得到当前文件播放到的地方
    wavx ->cursec = fpos * wavx ->totsec/wavx ->datasize;    //当前播放到第多少秒了
}
//播放某个 WAV 文件
//fname:wav 文件路径
//返回值:
//KEY0_PRES:下一曲
//KEY1_PRES:上一曲
//其他:错误
u8 wav_play_song(u8 * fname)
{
    u8 key, t = 0,res;
    u32 fillnum;
    audiodev.file = (FIL * )mymalloc(SRAMIN,sizeof(FIL));
    audiodev.saibuf1 = mymalloc(SRAMIN,WAV_SAI_TX_DMA_BUFSIZE);
    audiodev.saibuf2 = mymalloc(SRAMIN,WAV_SAI_TX_DMA_BUFSIZE);
    audiodev.tbuf = mymalloc(SRAMIN,WAV_SAI_TX_DMA_BUFSIZE);
    if(audiodev.file&&audiodev.saibuf1&&audiodev.saibuf2&&audiodev.tbuf)
    {
        res = wav_decode_init(fname,&wavctrl);//得到文件的信息
        if(res == 0)//解析文件成功
        {
            if(wavctrl.bps == 16)
            {
                WM8978_I2S_Cfg(2,0);          //飞利浦标准,16 位数据长度

                SAIA_Init(SAI_MODEMASTER_TX,
                SAI_CLOCKSTROBING_RISINGEDGE,SAI_DATASIZE_16);
                SAIA_SampleRate_Set(wavctrl.samplerate);//设置采样率
                SAIA_TX_DMA_Init(audiodev.saibuf1,audiodev.saibuf2,
```

```c
            WAV_SAI_TX_DMA_BUFSIZE/2,1);  //配置 TX DMA,16 位
        }else if(wavctrl.bps == 24)
        {
            WM8978_I2S_Cfg(2,2);          //飞利浦标准,24 位数据长度
            SAIA_Init(SAI_MODEMASTER_TX,
                SAI_CLOCKSTROBING_RISINGEDGE,SAI_DATASIZE_24);
            SAIA_SampleRate_Set(wavctrl.samplerate);//设置采样率
            SAIA_TX_DMA_Init(audiodev.saibuf1,audiodev.saibuf2,
                WAV_SAI_TX_DMA_BUFSIZE/4,2);//配置 TX DMA,32 位
        }
        sai_tx_callback = wav_sai_dma_tx_callback;   //回调函数
        audio_stop();
        res = f_open(audiodev.file,(TCHAR *)fname,FA_READ);  //打开文件
        if(res == 0)
        {
            f_lseek(audiodev.file, wavctrl.datastart);       //跳过文件头
            fillnum = wav_buffill(audiodev.saibuf1,
                        WAV_SAI_TX_DMA_BUFSIZE,wavctrl.bps);
            fillnum = wav_buffill(audiodev.saibuf2,
                        WAV_SAI_TX_DMA_BUFSIZE,wavctrl.bps);
            audio_start();
            while(res == 0)
            {
                while(wavtransferend == 0);//等待 wav 传输完成;
                wavtransferend = 0;
                if(fillnum != WAV_SAI_TX_DMA_BUFSIZE)//播放结束了吗
                {
                    res = KEY0_PRES;
                    break;
                }
                if(wavwitchbuf)fillnum = wav_buffill(audiodev.saibuf2,
                    WAV_SAI_TX_DMA_BUFSIZE,wavctrl.bps);//填充 buf2
                else fillnum = wav_buffill(audiodev.saibuf1,
                    WAV_SAI_TX_DMA_BUFSIZE,wavctrl.bps);//填充 buf1
                while(1)
                {
                    key = KEY_Scan(0);
                    if(key == WKUP_PRES)//暂停
                    {
                        if(audiodev.status&0X01)audiodev.status& = ~(1<<0);
                        else audiodev.status| = 0X01;
                    }
                    if(key == KEY2_PRES||key == KEY0_PRES)//下一曲/上一曲
                    {
                        res = key;
                        break;
                    }
                    wav_get_curtime(audiodev.file,&wavctrl);
                        //得到总时间和当前播放的时间
                    audio_msg_show(wavctrl.totsec,wavctrl.cursec,wavctrl.bitrate);
                    t ++;
```

```
                            if(t == 20)
                            {
                                t = 0;
                                LED0_Toggle;
                            }
                            if((audiodev.status&0X01) == 0)delay_ms(10);
                            else break;
                        }
                    }
                    audio_stop();
                }else res = 0XFF;
            }else res = 0XFF;
        }else res = 0XFF;
        myfree(SRAMIN,audiodev.tbuf);        //释放内存
        myfree(SRAMIN,audiodev.saibuf1);     //释放内存
        myfree(SRAMIN,audiodev.saibuf2);     //释放内存
        myfree(SRAMIN,audiodev.file);        //释放内存
        return res;
}
```

其中，wav_decode_init 函数用来对 wav 文件进行解析，得到 wav 的详细信息（音频采样率、位数、数据流起始位置等）。wav_buffill 函数中用 f_read 读取数据，并填充数据到 buf 里面。注意，24 位音频的时候，读出的数据需要扩展为 32 位才可填充到 buf，wav_sai_dma_tx_callback 函数是 DMA 发送完成的回调函数（sai_tx_callback 函数指针指向该函数），这里并没有对数据进行填充处理（暂停时进行了填 0 处理），而是采用 2 个标志量：wavtransferend 和 wavwitchbuf，来告诉 wav_play_song 函数是否传输完成以及应该填充哪个数据 buf(saibuf1 或 saibuf2)。

最后，wav_play_song 函数是播放 wav 的最终执行函数，该函数解析完 wav 文件后，设置 WM8978 和 I²S 的参数（采样率、位数等），并开启 DMA，然后不停填充数据，实现 wav 播放。该函数还进行了按键扫描控制来实现上下取切换和暂停/播放等操作。该函数通过判断 wavtransferend 是否为 1 来处理是否应该填充数据，而到底填充到哪个 buf(saibuf1 或 saibuf2)，则是通过 wavwitchbuf 标志来确定的，当 wavwitchbuf＝0 时，说明 DMA 正在使用 saibuf2，程序应该填充 saibuf1；当 wavwitchbuf＝1 时，说明 DMA 正在使用 saibuf1，程序应该填充 saibuf2。

接下来看看 audioplay.c 里面的几个函数，代码如下：

```
void audio_play(void)
{
    u8 res;
    DIR wavdir;                    //目录
    FILINFO * wavfileinfo;         //文件信息
    u8 * pname;                    //带路径的文件名
    u16 totwavnum;                 //音乐文件总数
    u16 curindex;                  //当前索引
    u8 key;                        //键值     u32 temp;
```

```c
u32 * wavoffsettbl;                        //音乐 offset 索引表
WM8978_ADDA_Cfg(1,0);                      //开启 DAC
WM8978_Input_Cfg(0,0,0);                   //关闭输入通道
WM8978_Output_Cfg(1,0);                    //开启 DAC 输出
while(f_opendir(&wavdir,"0:/MUSIC"))       //打开音乐文件夹
{
    Show_Str(60,190,240,16,"MUSIC 文件夹错误!",16,0);
    delay_ms(200);
    LCD_Fill(60,190,240,206,WHITE);        //清除显示
    delay_ms(200);
}
totwavnum = audio_get_tnum("0:/MUSIC");  //得到总有效文件数
while(totwavnum == NULL)//音乐文件总数为 0
{
    Show_Str(60,190,240,16,"没有音乐文件!",16,0);     delay_ms(200);
    LCD_Fill(60,190,240,146,WHITE);                   delay_ms(200);
}
wavfileinfo = (FILINFO * )mymalloc(SRAMIN,sizeof(FILINFO));   //申请内存
pname = mymalloc(SRAMIN,_MAX_LFN * 2 + 1);      //为带路径的文件名分配内存
wavoffsettbl = mymalloc(SRAMIN,4 * totwavnum);
               //申请 4 * totwavnum 个字节的内存,用于存放音乐文件 off block 索引
while(! wavfileinfo||! pname||! wavoffsettbl)//内存分配出错
{
    Show_Str(60,190,240,16,"内存分配失败!",16,0);     delay_ms(200);
    LCD_Fill(60,190,240,146,WHITE);                   delay_ms(200);
}
//记录索引
res = f_opendir(&wavdir,"0:/MUSIC");  //打开目录
if(res == FR_OK)
{
    curindex = 0;//当前索引为 0
    while(1)//全部查询一遍
    {
        temp = wavdir.dptr;                            //记录当前 index
        res = f_readdir(&wavdir,wavfileinfo);          //读取目录下的一个文件
        if(res!= FR_OK||wavfileinfo->fname[0] == 0)break;//错误了/到末尾了,退出
        res = f_typetell((u8 * )wavfileinfo->fname);
        if((res&0XF0) == 0X40)//取高 4 位,看看是不是音乐文件
        {
            wavoffsettbl[curindex] = temp;             //记录索引
            curindex ++ ;
        }
    }
}
curindex = 0;                                          //从 0 开始显示
res = f_opendir(&wavdir,(const TCHAR * )"0:/MUSIC");   //打开目录
while(res == FR_OK)                                    //打开成功
{
    dir_sdi(&wavdir,wavoffsettbl[curindex]);           //改变当前目录索引
    res = f_readdir(&wavdir,wavfileinfo);              //读取目录下的一个文件
    if(res!= FR_OK||wavfileinfo->fname[0] == 0)break;  //错误了/到末尾了,退出
```

```
            strcpy((char *)pname,"0:/MUSIC/");                    //复制路径(目录)
            strcat((char *)pname,(const char *)wavfileinfo->fname);//将文件名接在后面
            LCD_Fill(60,190,lcddev.width-1,190+16,WHITE);         //清除之前的显示
            Show_Str(60,190,lcddev.width-60,16,(u8 *)wavfileinfo->fname,16,0);
                                                                  //显示歌曲名字
            audio_index_show(curindex+1,totwavnum);
            key = audio_play_song(pname);                         //播放这个音频文件
            if(key == KEY2_PRES)         //上一曲
            {
                if(curindex)curindex -- ;
                else curindex = totwavnum - 1;
            }else if(key == KEY0_PRES)//下一曲
            {
                curindex++ ;
                if(curindex >= totwavnum)curindex = 0;//到末尾的时候,自动从头开始
            }else break;         //产生了错误
        }
        myfree(SRAMIN,wavfileinfo);             //释放内存
        myfree(SRAMIN,pname);                    //释放内存
        myfree(SRAMIN,wavoffsettbl);             //释放内存
    }
```

这里,audio_play 函数在 main 函数里面被调用,其首先设置 WM8978 相关配置,再查找 SD 卡里面的 MUSIC 文件夹,统计该文件夹里面总共有多少音频文件(统计包括 wav/MP3/APE/FLAC 等),然后,调用 audio_play_song 函数按顺序播放这些音频文件。

在 audio_play_song 函数里面,通过判断文件类型来调用不同的解码函数,本章只支持 wav 文件,通过 wav_play_song 函数实现 wav 解码。其他格式,如 MP3/APE/FLAC 等,在综合实验会实现其解码函数,读者可以参考综合实验代码,这里就不做介绍了。

最后看看 main 函数源码:

```
int main(void)
{
    Cache_Enable();                          //打开 L1 - Cache
    HAL_Init();                              //初始化 HAL 库
    Stm32_Clock_Init(432,25,2,9);            //设置时钟,216 MHz
    delay_init(216);                         //延时初始化
    uart_init(115200);                       //串口初始化
    LED_Init();                              //初始化 LED
    KEY_Init();                              //初始化按键
    SDRAM_Init();                            //初始化 SDRAM
    LCD_Init();                              //初始化 LCD
    W25QXX_Init();                           //初始化 W25Q256
    WM8978_Init();                           //初始化 WM8978
    WM8978_HPvol_Set(40,40);                 //耳机音量设置
    WM8978_SPKvol_Set(50);                   //喇叭音量设置
    my_mem_init(SRAMIN);                     //初始化内部内存池
    my_mem_init(SRAMEX);                     //初始化外部 SDRAM 内存池
```

```
    my_mem_init(SRAMDTCM);              //初始化内部 DTCM 内存池
    exfuns_init();                       //为 fatfs 相关变量申请内存
    f_mount(fs[0],"0:",1);               //挂载 SD 卡
    f_mount(fs[1],"1:",1);               //挂载 SPI Flash
    while(font_init())                   //检查字库
    {
        LCD_ShowString(30,50,200,16,16,"Font Error!");
        delay_ms(200);
        LCD_Fill(30,50,240,66,WHITE);    //清除显示
        delay_ms(200);
    }
    POINT_COLOR = RED;
    Show_Str(60,50,200,16,"阿波罗 STM32F4/F7 开发板",16,0);
    Show_Str(60,70,200,16,"音乐播放器实验",16,0);
    Show_Str(60,90,200,16,"正点原子@ALIENTEK",16,0);
    Show_Str(60,110,200,16,"2016 年 7 月 18 日",16,0);
    Show_Str(60,130,200,16,"KEY0:NEXT    KEY2:PREV",16,0);
    Show_Str(60,150,200,16,"KEY_UP:PAUSE/PLAY",16,0);
    while(1)
    {
        audio_play();
    }
}
```

该函数就相对简单了,在初始化各个外设后,通过 audio_play 函数开始音频播放。软件部分就介绍到这里,其他未贴出代码可参考配套资料本例程源码。

17.4 下载验证

代码编译成功之后,下载代码到 ALIENTEK 阿波罗 STM32 开发板上,程序先执行字库检测,当检测到 SD 卡根目录的 MUSIC 文件夹包含有效音频文件(WAV 格式音频)的时候,就开始自动播放歌曲了,如图 17.4.1 所示。

图 17.4.1 音乐播放中

可以看出,当前正在播放第 17 首歌曲,总共 18 首歌曲,歌曲名、播放时间、总时长、码率、音量等信息也都有显示。此时,DS0 会随着音乐的播放而闪烁。

图中播放的是 192 kHz、24 位的音乐,码率＝192×24×2＝9 216 kbps,这比最好的 MP3(320 kbps)足足高了 28 倍多！因而,可以带来更好的音质享受。

在开发板的 PHONE 端子插入耳机就可以通过耳机欣赏音乐了。同时,可以通过按 KEY0 和 KEY2 来切换下一曲和上一曲,通过 KEY_UP 控制暂停和继续播放。

本实验还可以通过 USMART 来测试 WM8978 的其他功能,通过将 wm8978.c 里面的部分函数加入 USMART 管理可以很方便地设置 wm8978 的各种参数(音量、3D、EQ 等都可以设置),从而达到验证测试的目的。

至此,我们就完成了一个简单的音乐播放器了,虽然只支持 wav 文件,但是可以在此基础上增加其他音频格式解码器(可参考综合实验),从而实现其他音频格式解码了。

第 18 章

录音机实验

上一章实现了一个简单的音乐播放器,本章将在上一章的基础上,实现一个简单的录音机,实现 wav 录音。

18.1 SAI 录音简介

本章涉及的知识点基本在上一章都有介绍。本章要实现 wav 录音,还是和上一章一样,要了解 wav 文件格式、WM8978 和 SAI 接口。wav 文件格式的内容参见上一章。

ALIENTEK 阿波罗 STM32F767 开发板将板载的一个 MIC 分别接到了 WM8978 的 2 个差分输入通道(LIP/LIN 和 RIP/RIN,原理如图 17.2.1 所示)。代码上采用立体声 wav 录音,不过,左右声道的音源都是一样的,录音出来的 wav 文件听起来就是个单声道效果。

WM8978 在上一章也做了比较详细的介绍,本章主要看一下要进行 MIC 录音时,WM8978 的配置步骤:

① 寄存器 R0(00h),用于控制 WM8978 的软复位,写任意值到该寄存器地址即可实现软复位 WM8978。

② 寄存器 R1(01h),该寄存器主要是要设置 MICBEN(bit4)和 BIASEN(bit3)两个位为 1,开启麦克风(MIC)偏置以及使能模拟部分放大器。

③ 寄存器 R2(02h),用于设置 SLEEP(bit6)、INPGAENR(bit3)、INPGAENL(bit2)、ADCENR(bit1)和 ADCENL(bit0)共 5 个位。SLEEP 设置为 0,进入正常工作模式;INPGAENR 和 INPGAENL 设置为 1,使能 IP PGA 放大器;ADCENL 和 ADCENR 设置为 1,使能左右通道 ADC。

④ 寄存器 R4(04h),用于设置 WL(bit6:5)和 FMT(bit4:3)共 4 个位。WL(bit6:5)用于设置字长(即设置音频数据有效位数),00 表示 16 位音频,10 表示 24 位音频;FMT(bit4:3)用于设置 I²S 音频数据格式(模式),一般设置为 10,表示 I²S 格式,即飞利浦模式。

⑤ 寄存器 R6(06h),该寄存器直接全部设置为 0 即可,设置 MCLK 和 BCLK 都来自外部,即由 STM32F767 提供。

⑥ 寄存器 R14(0Eh),该寄存器要设置 ADCOSR128(bit3)为 1,ADC 得到最好

第18章 录音机实验

的 SNR。

⑦ 寄存器 R44(2Ch)，该寄存器要设置 LIP2INPPGA(bit0)、LIN2INPPGA(bit1)、RIP2INPPGA(bit4)和 RIN2INPPGA(bit5)这 4 个位，将这 4 个位都设置为 1，将左右通道差分输入接入 IN PGA。

⑧ 寄存器 R45(2Dh)和 R46(2Eh)，这两个寄存器用于设置 PGA 增益(调节麦克风增益)，一个用于设置左通道(R45)，另外一个用于设置右通道(R46)。这两个寄存器的最高位(INPPGAUPDATE)用于设置是否更新左右通道的增益，最低 6 位用于设置左右通道的增益，我们可以先设置好两个寄存器的增益，最后设置其中一个寄存器最高位为 1 即可更新增益设置。

⑨ 寄存器 R47(2Fh)和 R48(30h)，这两个寄存器也类似，我们只关心其最高位(bit8)，都设置为 1，可以让左右通道的 MIC 各获得 20 dB 的增益。

⑩ 寄存器 R49(31h)，该寄存器设置 TSDEN(bit1)位为 1，开启过热保护。

以上就是用 WM8978 录音时的设置，按照以上所述对各个寄存器进行相应的配置，之后即可使用 WM8978 正常录音了。不过本章还要用到播放录音的功能，WM8978 的播放配置参见 50.1.2 小节。

通过上一章了解可知道，STM32F767 SAI 的全双工通信需要用到 SAI 的两个子模块(SAI_A 和 SAI_B))，一个工作在主模式，产生 FS、SCK 和 MCLK；一个工作在从模式，通过 SD 引脚接收数据。

本章必须向 WM8978 提供 WS(FS)、CK(SCK)和 MCK(MCLK)等时钟，同时又要录音，所以只能使用全双工模式。工作在主模式的 SAI 子模块循环发送数据 0X0000 给 WM8978，以产生 CK、WS 和 MCK 等信号；工作在从模式的 SAI 子模块，则接收来自 WM8978 的 ADC 数据(ADCDAT)，并保存到 SD 卡，从而实现录音。

本章同时使用 SAI 的两个子模块，以实现录音功能。SAI 的相关寄存器可以参考《STM32F7 中文参考手册.pdf》第 33.5 节。

要实现录音功能，由图 17.2.1 的连接关系可知，SAI_A 子模块必须工作在主模式，循环发送 0X0000，以提供 FS、SCK 和 MCLK 等时钟信号；SAI_B 子模块则工作在从模式，读取 ADCDAT 输出的数据流(SAI_SD_B)，从而实现录音功能。

最后，通过 STM32F767 的 SAI 驱动 WM8978 来实现 wav 录音的简要步骤，如下：

① 初始化 WM8978。

即前面所讲的 WM8978 MIC 录音配置步骤，让 WM8978 的 ADC 以及其模拟部分工作起来。

② 初始化 SAI_A 和 SAI_B。

本章要用到 SAI 的全双工模式，所以，SAI_A 和 SAI_B 都需要配置，其中，SAI_A 配置为主模式，SAI 设置为从模式，且与 SAI_A 同步。其他配置(协议、时钟电平特性、slot 相关参数)基本一样，只是一个是发送一个是接收，且都要使能 DMA。同时，还需要设置音频采样率，不过这个只需要设置 SAI_A 的即可，还是通过上一章介绍的查表法设置。

③ 设置发送和接收 DMA。

放音和录音都是采用 DMA 传输数据,本章放音其实就是个幌子,不过也得设置 DMA(使用 DMA2 数据流 3 的通道 0),配置同上一章一模一样,但不需要开启 DMA 传输完成中断。录音则使用的是 DMA2 数据流 5 的通道 0 来实现 DMA 数据接收,本章将 DMA2 数据流 5 设置为:双缓冲循环模式,外设和存储器都是 16 位宽,并开启传输完成中断(方便接收数据)。

④ 编写接收通道 DMA 传输完成中断服务函数。

为了方便接收音频数据,我们使用 DMA 传输完成中断。每当一个缓冲接收数据满了时,硬件自动切换为下一个缓冲,同时进入中断服务函数,将已满缓冲的数据写入 SD 卡的 wav 文件。过程如图 18.1.1 所示。

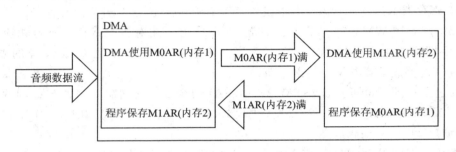

图 18.1.1　DMA 双缓冲接收音频数据流框图

⑤ 创建 wav 文件,并保存 wav 头。

前面 4 步完成的,其实就可以开始读取音频数据了。不过在录音之前需要先创建一个新的文件,并写入 wav 头,然后才能开始写入我们读取到的 PCM 音频数据。

⑥ 开启 DMA 传输,接收数据。

接下来就只需要开启 DMA 传输,再及时将 SAI_SD_B 读到的数据写入到 SD 卡之前新建的 wav 文件里面,就可以实现录音了。

⑦ 计算整个文件大小,重新保存 wav 头并关闭文件。

在结束录音的时候,我们必须知道本次录音的大小(数据大小和整个文件大小),然后更新 wav 头,重新写入文件。最后,必须调用 f_close 将文件关闭,以完成和 SD 卡的写入,并将文件保存。

18.2　硬件设计

本章实验功能简介:开机后,先初始化各外设,然后检测字库是否存在,如果检测无问题,再检测 SD 卡根目录是否存在 RECORDER 文件夹,如果不存在则创建;如果创建失败,则报错。找到 SD 卡的 RECORDER 文件夹后即进入录音模式(包括配置 WM8978 和 SAI 等),此时可以在耳机(或喇叭)听到采集到的音频。KEY0 用于开始/

暂停录音,KEY2 用于保存并停止录音,KEY_UP 用于播放最近一次的录音。

当按下 KEY0 的时候,可以在屏幕上看到录音文件的名字、码率以及录音时间等,然后通过 KEY2 可以保存该文件,同时停止录音(文件名和时间也都将清零)。在完成一段录音后,我们可以通过按 KEY_UP 按键来试听刚刚的录音。DS0 用于提示程序正在运行,DS1 用于提示是否处于暂停录音状态。

本实验用到的资源如下:指示灯 DS0、DS1,3 个按键(KEY_UP/KEY0/KEY2),串口,LCD 模块,SD 卡,SPI Flash,WM8978,SAI。这些前面都已介绍过了。本实验需要准备一个 SD 卡和一个耳机,分别插入 SD 卡接口和耳机接口(PHONE),然后下载本实验就可以实现一个简单的录音机了。

18.3 软件设计

打开本章实验工程可以看到,我们在 APP 分组下新增了 recorder.c 文件,用来存放录音相关源码。因为 recorder.c 代码比较多,这里仅介绍其中几个重要的函数,代码如下:

```c
u8 * sairecbuf1;                              //SAI1 DMA 接收 BUF1
u8 * sairecbuf2;                              //SAI1 DMA 接收 BUF2
//REC 录音 FIFO 管理参数
//由于 FATFS 文件写入时间的不确定性,如果直接在接收中断里面写文件,则可能导致某次写
//入时间过长从而引起数据丢失,故加入 FIFO 控制,以解决此问题
vu8 sairecfifordpos = 0;                      //FIFO 读位置
vu8 sairecfifowrpos = 0;                      //FIFO 写位置
u8 * sairecfifobuf[SAI_RX_FIFO_SIZE];         //定义 10 个录音接收 FIFO
FIL * f_rec = 0;                              //录音文件
u32 wavsize;                                  //wav 数据大小(字节数,不包括文件头!!)
u8 rec_sta = 0;                               //录音状态
                                              //[7]:0,没有开启录音;1,已经开启录音
                                              //[6:1]:保留
                                              //[0]:0,正在录音;1,暂停录音

//读取录音 FIFO
//buf:数据缓存区首地址
//返回值:0,没有数据可读
//       1,读到了 1 个数据块
u8 rec_sai_fifo_read(u8 * * buf)
{
    if(sairecfifordpos == sairecfifowrpos)return 0;
    sairecfifordpos ++ ;              //读位置加 1
    if(sairecfifordpos > = SAI_RX_FIFO_SIZE)sairecfifordpos = 0;//归零
    * buf = sairecfifobuf[sairecfifordpos];
    return 1;
}
//写一个录音 FIFO
//buf:数据缓存区首地址
//返回值:0,写入成功
```

```c
//         1,写入失败
u8 rec_sai_fifo_write(u8 * buf)
{
    u16 i;
    u8 temp = sairecfifowrpos;//记录当前写位置
    sairecfifowrpos ++ ;               //写位置加1
    if(sairecfifowrpos >= SAI_RX_FIFO_SIZE)sairecfifowrpos = 0;//归零
    if(sairecfifordpos == sairecfifowrpos)
    {
        sairecfifowrpos = temp;//还原原来的写位置,此次写入失败
        return 1;
    }
    for(i = 0;i < SAI_RX_DMA_BUF_SIZE;i ++)sairecfifobuf[sairecfifowrpos][i] = buf
        [i];//复制
    return 0;
}
//录音 SAI_DMA 接收中断服务函数,在中断里面写入数据
void rec_sai_dma_rx_callback(void)
{
    if(rec_sta == 0X80)//录音模式
    {
        if(DMA2_Stream5 ->CR&(1 << 19))rec_sai_fifo_write(sairecbuf1);
                                                        //sairecbuf1 写 FIFO
        else rec_sai_fifo_write(sairecbuf2);//sairecbuf2 写入 FIFO
    }
}
const u16 saiplaybuf[2] = {0X0000,0X0000};//2 个数据,用于录音时 SAI_A 主机循环发送 0
//进入 PCM 录音模式
void recoder_enter_rec_mode(void)
{
    WM8978_ADDA_Cfg(0,1);          //开启 ADC
    WM8978_Input_Cfg(1,1,0);       //开启输入通道(MIC&LINE IN)
    WM8978_Output_Cfg(0,1);        //开启 BYPASS 输出
    WM8978_MIC_Gain(46);           //MIC 增益设置
    WM8978_SPKvol_Set(0);          //关闭喇叭
    WM8978_I2S_Cfg(2,0);           //飞利浦标准,16 位数据长度
    SAIA_Init(SAI_MODEMASTER_TX,SAI_CLOCKSTROBING_RISINGEDGE,
              SAI_DATASIZE_16); //SAI1 Block A,主发送,16 位数据
    SAIB_Init(SAI_MODESLAVE_RX,SAI_CLOCKSTROBING_RISINGEDGE,
              SAI_DATASIZE_16);//SAI1 Block B 从模式接收,16 位
    SAIA_SampleRate_Set(REC_SAMPLERATE);//设置采样率
    SAIA_TX_DMA_Init((u8 *)&saiplaybuf[0],(u8 *)&saiplaybuf[1],1,1);//TX DMA,16 位
    __HAL_DMA_DISABLE_IT(&SAI1_TXDMA_Handler,DMA_IT_TC);//关传输完中断
    SAIA_RX_DMA_Init(sairecbuf1,sairecbuf2,SAI_RX_DMA_BUF_SIZE/2,1);//RX DMA
    sai_rx_callback = rec_sai_dma_rx_callback;//初始化回调函数指 sai_rx_callback
    SAI_Play_Start();              //开始 SAI 数据发送(主机)
    SAI_Rec_Start();               //开始 SAI 数据接收(从机)
    recoder_remindmsg_show(0);
}
//初始化 WAV 头
void recoder_wav_init(__WaveHeader * wavhead)        //初始化 WAV 头
```

```c
{
    wavhead->riff.ChunkID = 0X46464952;          //"RIFF"
    wavhead->riff.ChunkSize = 0;                 //还未确定,最后需要计算
    wavhead->riff.Format = 0X45564157;           //"WAVE"
    wavhead->fmt.ChunkID = 0X20746D66;           //"fmt "
    wavhead->fmt.ChunkSize = 16;                 //大小为 16 个字节
    wavhead->fmt.AudioFormat = 0X01;             //0X01,表示 PCM;0X01,表示 IMA ADPCM
    wavhead->fmt.NumOfChannels = 2;              //双声道
    wavhead->fmt.SampleRate = REC_SAMPLERATE;    //设置采样速率
    wavhead->fmt.ByteRate = wavhead->fmt.SampleRate * 4;//采样率 * 通道数 * (ADC 位数/8)
    wavhead->fmt.BlockAlign = 4;                 //块大小 = 通道数 * (ADC 位数/8)
    wavhead->fmt.BitsPerSample = 16;             //16 位 PCM
    wavhead->data.ChunkID = 0X61746164;          //"data"
    wavhead->data.ChunkSize = 0;                 //数据大小,还需要计算
}
//WAV 录音
void wav_recorder(void)
{
    u8 res,i;u8 key;u8 rval = 0;
    __WaveHeader * wavhead = 0;
    DIR recdir;                              //目录
    u8 * pname = 0;u8 * pdatabuf;
    u8 timecnt = 0;                          //计时器
    u32 recsec = 0;                          //录音时间
    while(f_opendir(&recdir,"0:/RECORDER"))//打开录音文件夹
    {
        Show_Str(30,230,240,16,"RECORDER 文件夹错误!",16,0);delay_ms(200);
        LCD_Fill(30,230,240,246,WHITE);delay_ms(200);          //清除显示
        f_mkdir("0:/RECORDER");                                //尝试创建该目录
    }
    sairecbuf1 = mymalloc(SRAMIN,SAI_RX_DMA_BUF_SIZE);     //SAI 录音内存 1 申请
    sairecbuf2 = mymalloc(SRAMIN,SAI_RX_DMA_BUF_SIZE);     //SAI 录音内存 2 申请
    for(i = 0;i<SAI_RX_FIFO_SIZE;i++)
    {
        sairecfifobuf[i] = mymalloc(SRAMIN,SAI_RX_DMA_BUF_SIZE);//FIFO 内存申请
        if(sairecfifobuf[i] == NULL)break;           //申请失败
    }
    f_rec = (FIL *)mymalloc(SRAMIN,sizeof(FIL));     //开辟 FIL 字节的内存区域
    wavhead = (__WaveHeader *)mymalloc(SRAMIN,sizeof(__WaveHeader));//申请内存
    pname = mymalloc(SRAMIN,30);//申请 30 字节内存,类似"0:RECORDER/REC00001.wav"
    if(!sairecbuf1||! sairecbuf2||!f_rec||!wavhead||!pname||i!= SAI_RX_FIFO_SIZE)rval = 1;
    if(rval == 0)
    {
        recoder_enter_rec_mode();    //进入录音模式,此时耳机可以听到咪头采集到的音频
        pname[0] = 0;                //pname 没有任何文件名
        while(rval == 0)
        {
            key = KEY_Scan(0);
            switch(key)
            {
```

```c
        case KEY2_PRES:         //STOP&SAVE
            if(rec_sta&0X80)//有录音
            {
                rec_sta = 0;                                  //关闭录音
                wavhead->riff.ChunkSize = wavsize + 36;       //整个文件的大小-8
                wavhead->data.ChunkSize = wavsize;            //数据大小
                f_lseek(f_rec,0);                             //偏移到文件头
                f_write(f_rec,(const void *)wavhead,sizeof(__WaveHeader),&bw);
                f_close(f_rec);
                wavsize = 0;
                sairecfifordpos = 0;      //FIFO读写位置重新归零
                sairecfifowrpos = 0;
            }
            rec_sta = 0;recsec = 0;
            LED1(1);                                //关闭 DS1
            LCD_Fill(30,190,lcddev.width-1,lcddev.height-1,WHITE);
                                                    //清除显示
            break;
        case KEY0_PRES:         //REC/PAUSE
            if(rec_sta&0X01)rec_sta&= 0XFE;//原来是暂停,取消暂停,继续录音
            else if(rec_sta&0X80)rec_sta| = 0X01;//已经在录音了,则暂停
            else            //还没开始录音
            {
                recsec = 0;
                recoder_new_pathname(pname);              //得到新的名字
                Show_Str(30,190,lcddev.width,16,"录制:",16,0);
                Show_Str(30+40,190,lcddev.width,16,pname+11,16,0);
                                                          //显示名字
                recoder_wav_init(wavhead);                //初始化 wav 数据
                res = f_open(f_rec,(const TCHAR *)pname,
                        FA_CREATE_ALWAYS | FA_WRITE);
                if(res)         //文件创建失败
                {
                    rec_sta = 0;     //创建文件失败,不能录音
                    rval = 0XFE;     //提示是否存在 SD 卡
                }else
                {
                    res = f_write(f_rec,(const void *)wavhead,
                            sizeof(__WaveHeader),&bw);//写入头数据
                    recoder_msg_show(0,0);
                    rec_sta| = 0X80;       //开始录音
                }
            }
            if(rec_sta == 0X80)LED1(0);//提示正在暂停
            else LED1(1);
            break;
        case WKUP_PRES:         //播放最近一段录音
            if(rec_sta!= 0X80)//没有在录音
            {
                if(pname[0])//如果触摸按键被按下,且 pname 不为空
                {
```

```
                    Show_Str(30,190,lcddev.width,16,"播放:",16,0);
                    Show_Str(30 + 40,190,lcddev.width,16,pname + 11,16,0);//显示
                    LCD_Fill(30,210,lcddev.width - 1,230,WHITE);
                    recoder_enter_play_mode();      //进入播放模式
                    audio_play_song(pname);         //播放 pname
                    LCD_Fill(30,190,lcddev.width - 1,lcddev.height - 1,WHITE);
                    recoder_enter_rec_mode();       //重新进入录音模式
                }
            }
            break;
        }
        if(rec_sai_fifo_read(&pdatabuf))//读取一次数据,读到数据了,写入文件
        {
            res = f_write(f_rec,pdatabuf,SAI_RX_DMA_BUF_SIZE,(UINT * )&bw);//写
            if(res)printf("write error:% d\r\n",res);
            wavsize + = SAI_RX_DMA_BUF_SIZE;
        }else delay_ms(5);
        timecnt ++ ;
        if((timecnt % 20) == 0)LED0_Toggle;        //DS0 闪烁
        if(recsec! = (wavsize/wavhead->fmt.ByteRate))   //录音时间显示
        {
            LED0_Toggle;    //DS0 闪烁
            recsec = wavsize/wavhead->fmt.ByteRate;    //录音时间
            recoder_msg_show(recsec,wavhead->fmt.SampleRate * wavhead->
                fmt.NumOfChannels * wavhead->fmt.BitsPerSample);//显示码率
        }
    }
}
myfree(SRAMIN,sairecbuf1);          //释放内存
myfree(SRAMIN,sairecbuf2);          //释放内存
for(i = 0;i<SAI_RX_FIFO_SIZE;i ++ )myfree(SRAMIN,sairecfifobuf[i]);//FIFO 内存释放
myfree(SRAMIN,f_rec);               //释放内存
myfree(SRAMIN,wavhead);             //释放内存
myfree(SRAMIN,pname);               //释放内存
}
```

这里总共 5 个函数,接下来分别介绍。

(1) rec_sai_fifo_read 和 rec_sai_fifo_write 函数

这两个函数用于我们构建的 FIFO 里面的数据读取和写入,SAI 采集到的数据通过 FATFS 写入 SD 卡的时候,因为 FATFS 写入时间不确定(有时候短,有时候长),可能导致数据写入不及时而出现数据丢失,从而录音会有间隔(丢失一部分)。所以,我们构建了一个 FIFO,SAI 采集的数据通过 rec_sai_fifo_write 函数写入 FIFO 里面,在主循环里面,我们通过 rec_sai_fifo_read 函数不停地读取 FIFO 里面的数据,并将数据通过 FATFS 写入 SD 卡里面。只要 rec_sai_fifo_read 的速度不小于 rec_sai_fifo_write 的速度,就可以保证数据不丢失。这个 FIFO 起到了一个缓冲的作用,从而保证录音文件的流畅性。

(2) rec_sai_dma_rx_callback 函数

该函数用于设置 SAI_B 的 DMA 接收完成中断回调函数(通过 sai_rx_callback 指

向该函数实现），在该函数里面调用 rec_sai_fifo_write 函数，将采集到的音频数据写入 FIFO。

（3）recoder_enter_rec_mode 函数

该函数用于设置 WM8978 进入录音模式，并设置 SAI_A、SAI_B 的工作模式、位数等信息，然后配置 DMA 和回调函数的指向，最后开启录音。调用该函数后就可以开始录音了。

（4）recoder_wav_init 函数

该函数初始化 wav 头的绝大部分数据，采样率通过 REC_SAMPLERATE 宏定义修改，默认是 44.1 kHz，位数为 16 位，线性 PCM 格式。另外，由于录音还未真正开始，所以文件大小和数据大小都还是未知的，要等录音结束才能知道。该函数 __WaveHeader 结构体就是由上一章（50.1.1 小节）介绍的 3 个 Chunk 组成，结构为：

```
//wav 头
typedef __packed struct
{
    ChunkRIFF riff;         //riff 块
    ChunkFMT fmt;           //fmt 块
//  ChunkFACT fact;         //fact 块线性 PCM,没有这个结构体
    ChunkDATA data;         //data 块
}__WaveHeader;
```

（5）wav_recorder 函数

该函数实现了硬件设计时介绍的功能（开始/暂停录音、保存录音文件、播放最近一次录音等），实现方法可参考源码理解。另外，该函数使用上一章实现的 audio_play_song 函数来播放最近一次录音。

recorder.c 的其他代码和 recorder.h 的代码可参考配套资料本实验的源码。然后，在 sai.c 里面也增加了几个函数，如下：

```
//SAI Block B 初始化,I²S,飞利浦标准
//mode:工作模式,可以设置:SAI_MODEMASTER_TX/
//SAI_MODEMASTER_RX/SAI_MODESLAVE_TX/SAI_MODESLAVE_RX
//cpol:数据在时钟的上升/下降沿选通,可以设置
//SAI_CLOCKSTROBING_FALLINGEDGE/SAI_CLOCKSTROBING_RISINGEDGE
//datalen:数据大小,可以设置:SAI_DATASIZE_8/10/16/20/24/32
void SAIB_Init(u32 mode,u32 cpol,u32 datalen)
{
    HAL_SAI_DeInit(&SAI1B_Handler);                              //清除以前的配置
    SAI1B_Handler.Instance = SAI1_Block_B;                       //SAI1 Bock B
    SAI1B_Handler.Init.AudioMode = mode;                         //设置 SAI1 工作模式
    SAI1B_Handler.Init.Synchro = SAI_SYNCHRONOUS;                //音频模块同步
    SAI1B_Handler.Init.OutputDrive = SAI_OUTPUTDRIVE_ENABLE;     //立即驱动输出
    SAI1B_Handler.Init.NoDivider = SAI_MASTERDIVIDER_ENABLE;     //使能主时钟分频器
    SAI1B_Handler.Init.FIFOThreshold = SAI_FIFOTHRESHOLD_1QF;    //设置 FIFO 阈值
    SAI1B_Handler.Init.ClockSource = SAI_CLKSOURCE_PLLI2S;       //SIA 时钟源为 PLL2S
    SAI1B_Handler.Init.MonoStereoMode = SAI_STEREOMODE;          //立体声模式
    SAI1B_Handler.Init.Protocol = SAI_FREE_PROTOCOL;             //设置 SAI1 协议为自由协
```
议

第 18 章　录音机实验

```c
    SAI1B_Handler.Init.DataSize = datalen;                    //设置数据大小
    SAI1B_Handler.Init.FirstBit = SAI_FIRSTBIT_MSB;           //数据 MSB 位优先
    SAI1B_Handler.Init.ClockStrobing = cpol;                  //数据在时钟的上升/下降沿选通
    //帧设置
    SAI1B_Handler.FrameInit.FrameLength = 64;      //设置帧长度为 64,左/右通道各 32 个 SCK
    SAI1B_Handler.FrameInit.ActiveFrameLength = 32; //设置帧同步有效电平长度
    SAI1B_Handler.FrameInit.FSDefinition = SAI_FS_CHANNEL_IDENTIFICATION;
    //FS 信号为 SOF 信号 + 通道识别信号
    SAI1B_Handler.FrameInit.FSPolarity = SAI_FS_ACTIVE_LOW;   //FS 低电平有效(下降沿)
    SAI1B_Handler.FrameInit.FSOffset = SAI_FS_BEFOREFIRSTBIT;
                                //在 slot0 的第一位的前一位使能 FS,以匹配飞利浦标准
    //SLOT 设置
    SAI1B_Handler.SlotInit.FirstBitOffset = 0;                //slot 偏移(FBOFF)为 0
    SAI1B_Handler.SlotInit.SlotSize = SAI_SLOTSIZE_32B;       //slot 大小为 32 位
    SAI1B_Handler.SlotInit.SlotNumber = 2;                    //slot 数为 2 个
    SAI1B_Handler.SlotInit.SlotActive = SAI_SLOTACTIVE_0|SAI_SLOTACTIVE_1;
    //使能 slot0 和 slot1
    HAL_SAI_Init(&SAI1B_Handler);
    SAIB_DMA_Enable();          //使能 SAI 的 DMA 功能
    __HAL_SAI_ENABLE(&SAI1B_Handler);   //使能 SAI
}
//SAIA TX DMA 配置
//设置为双缓冲模式,并开启 DMA 传输完成中断
//buf0:M0AR 地址
//buf1:M1AR 地址
//num:每次传输数据量
//width:位宽(存储器和外设,同时设置),0,8 位;1,16 位;2,32 位
void SAIA_RX_DMA_Init(u8 * buf0,u8 * buf1,u16 num,u8 width)
{
    u32 memwidth = 0,perwidth = 0;       //外设和存储器位宽
    switch(width)
    {
        case 0:           //8 位
            memwidth = DMA_MDATAALIGN_BYTE;
            perwidth = DMA_PDATAALIGN_BYTE;
            break;
        case 1:           //16 位
            memwidth = DMA_MDATAALIGN_HALFWORD;
            perwidth = DMA_PDATAALIGN_HALFWORD;
            break;
        case 2:           //32 位
            memwidth = DMA_MDATAALIGN_WORD;
            perwidth = DMA_PDATAALIGN_WORD;
            break;

    }
    __HAL_RCC_DMA2_CLK_ENABLE();                 //使能 DMA2 时钟
    __HAL_LINKDMA(&SAI1B_Handler,hdmarx,SAI1_RXDMA_Handler);
                                                 //将 DMA 与 SAI 联系起来
    SAI1_RXDMA_Handler.Instance = DMA2_Stream5;  //DMA2 数据流 5
    SAI1_RXDMA_Handler.Init.Channel = DMA_CHANNEL_0; //通道 0
```

```c
        SAI1_RXDMA_Handler.Init.Direction = DMA_PERIPH_TO_MEMORY;    //外设到存储器
        SAI1_RXDMA_Handler.Init.PeriphInc = DMA_PINC_DISABLE;         //外设非增量模式
        SAI1_RXDMA_Handler.Init.MemInc = DMA_MINC_ENABLE;             //存储器增量模式
        SAI1_RXDMA_Handler.Init.PeriphDataAlignment = perwidth;       //外设数据长度:16/32 位
        SAI1_RXDMA_Handler.Init.MemDataAlignment = memwidth;          //存储器数据长度:16/32 位
        SAI1_RXDMA_Handler.Init.Mode = DMA_CIRCULAR;                  //使用循环模式
        SAI1_RXDMA_Handler.Init.Priority = DMA_PRIORITY_MEDIUM;       //中等优先级
        SAI1_RXDMA_Handler.Init.FIFOMode = DMA_FIFOMODE_DISABLE;      //不使用 FIFO
        SAI1_RXDMA_Handler.Init.MemBurst = DMA_MBURST_SINGLE;         //存储器单次突发
        SAI1_RXDMA_Handler.Init.PeriphBurst = DMA_PBURST_SINGLE;      //外设单次突发
        HAL_DMA_DeInit(&SAI1_RXDMA_Handler);                          //先清除以前的设置
        HAL_DMA_Init(&SAI1_RXDMA_Handler);                            //初始化 DMA
        HAL_DMAEx_MultiBufferStart(&SAI1_RXDMA_Handler,
        (u32)&SAI1_Block_B->DR,(u32)buf0,(u32)buf1,num);              //开启双缓冲
        __HAL_DMA_DISABLE(&SAI1_RXDMA_Handler);                       //先关闭接收 DMA
        delay_us(10);     //10 μs 延时,防止 -O2 优化出问题
        __HAL_DMA_CLEAR_FLAG(&SAI1_RXDMA_Handler,
        DMA_FLAG_TCIF1_5); //清除 DMA 传输完成中断标志位
        __HAL_DMA_ENABLE_IT(&SAI1_RXDMA_Handler,DMA_IT_TC);           //开传输完成中断
        HAL_NVIC_SetPriority(DMA2_Stream5_IRQn,0,1);                  //DMA 中断优先级
        HAL_NVIC_EnableIRQ(DMA2_Stream5_IRQn);
}
void ( * sai_rx_callback)(void);                                      //RX 回调函数
//DMA2_Stream5 中断服务函数
void DMA2_Stream5_IRQHandler(void)
{
    if(__HAL_DMA_GET_FLAG(&SAI1_RXDMA_Handler,
DMA_FLAG_TCIF1_5)!= RESET)                                            //DMA 传输完成
    {
        __HAL_DMA_CLEAR_FLAG(&SAI1_RXDMA_Handler,DMA_FLAG_TCIF1_5);
                                                //清除 DMA 传输完成中断标志位
        if(sai_rx_callback!= NULL)sai_rx_callback();
                                //执行回调函数,读取数据等操作在这里面处理
    }
}
//SAI 开始录音
void SAI_Rec_Start(void)
{
    __HAL_DMA_ENABLE(&SAI1_RXDMA_Handler);//开启 DMA RX 传输
}
//关闭 SAI 录音
void SAI_Rec_Stop(void)
{
    __HAL_DMA_DISABLE(&SAI1_RXDMA_Handler);//结束录音
}
```

这里新增了 5 个函数,其中,SAIB_Init 函数完成 SAI_B 子模块的初始化,通过 3 个参数设置 SAI_B 的详细配置信息。SAIB_RX_DMA_Init 函数用于设置 SAI_B 的 DMA 接收,使用双缓冲循环模式接收来自 WM8978 的数据,并开启了传输完成中断。DMA2_Stream5_IRQHandler 函数是 DMA2 数据流 5 传输完成中断的服务函数,其调

用 sai_rx_callback 函数(函数指针,使用前须指向特定函数)实现 DMA 数据接收保存。最后,SAI_Rec_Start 和 SAI_Rec_Stop 函数用于开启和关闭 SAI_B 的 DMA 传输。

最后看看 main 函数源码:

```
int main(void)
{
    Cache_Enable();                      //打开 L1-Cache
    HAL_Init();                          //初始化 HAL 库
    Stm32_Clock_Init(432,25,2,9);        //设置时钟,216 MHz
    ……//省略部分代码,详见上一章 main 函数/本例程源码
    POINT_COLOR = RED;
    Show_Str(30,40,200,16,"阿波罗 STM32F4/F7 开发板",16,0);
    Show_Str(30,60,200,16,"录音机实验",16,0);
    Show_Str(30,80,200,16,"正点原子@ALIENTEK",16,0);
    Show_Str(30,100,200,16,"2016 年 1 月 29 日",16,0);
    while(1)
    {
        wav_recorder();
    }
}
```

至此,本实验的软件设计部分结束。

18.4　下载验证

代码编译成功之后,下载代码到 ALIENTEK 阿波罗 STM32 开发板上,程序先检测字库,然后检测 SD 卡的 RECORDER 文件夹,一切顺利通过之后进入录音模式,得到如图 18.4.1 所示界面。

此时,按下 KEY0 就开始录音了,此时屏幕显示录音文件的名字、码率以及录音时长,如图 18.4.2 所示。

图 18.4.1　录音机界面 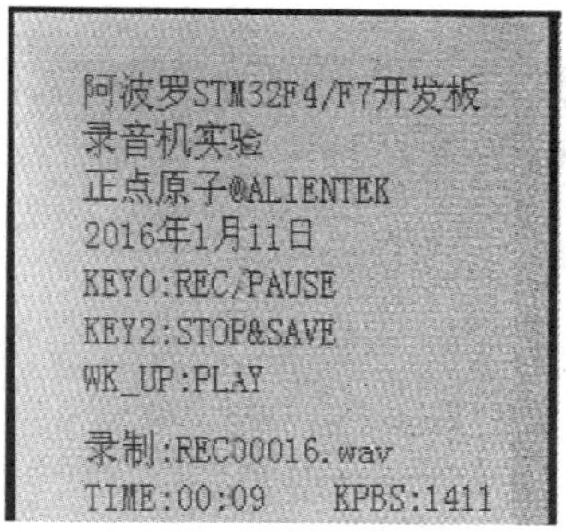　　　　图 18.4.2　录音进行中

在录音的时候按下 KEY0 则执行暂停/继续录音的切换,通过 DS1 指示录音暂停。按下 KEY2 可以停止当前录音,并保存录音文件。完成一次录音文件保存之后,可以通过按 KEY_UP 按键来实现播放这个录音文件(即播放最近一次的录音文件),从而

实现试听。

将开发板的录音文件放到计算机上面,可以通过属性查看录音文件的属性,如图 18.4.3 所示。

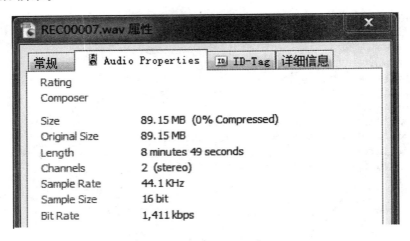

图 18.4.3 录音文件属性

这和我们预期的效果一样,通过计算机端的播放器(winamp/千千静听等)可以直接播放我们所录的音频。经实测,效果还是非常不错的。

第 19 章

SPDIF(光纤音频)实验

前面介绍了 STM32F7 的 SAI 接口,实现了音乐播放器、录音机等功能,本章将介绍 STM32F7 的 SPDIF 接口,结合 SAI 接口和 WM8978 解码器来实现对光纤音频信号的解码。

19.1 SPDIF 简介

SPDIF 是 Sony/Philip Digital Interface Format 的缩写,是由索尼和飞利浦公司联合开发的数字音频接口简称,分为 SPDIF 输入(IN)和 SPDIF 输出(OUT)两种。STM32F7 的 SPDIF 接口仅支持 SPDIF IN,称为 SPDIF RX。

STM32F7 的 SPDIF 接口的主要特点有:
- 提供 4 路输入;
- 自动符号率检测;
- 最大符号率:12.288 MHz;
- 支持 8~192 kHz 的立体声;
- 支持 IEC-60958 和 IEC-61937 音频标准,消费类应用;
- 奇偶校验位管理;
- 使用 DMA 通信进行音频采样;
- 支持控制和用户信息 DMA 传输。

STM32F7 的 SPDIF RX 接口支持符合 IEC-60958 和 EC-61937 标准的 SPDIF 数据流,支持高采样率的简单立体声以及压缩的多通道环绕声(Dolby 或 DTS 音频)。SPDIF RX 接口框图如图 19.1.1 所示。

图中 SPDIFRX_DC 模块负责解码从 SPDIFRX_IN[4:1]输入接收的 SPDIF 数据流。该模块重新采样传入的信号、解码曼彻斯特数据流、并识别帧、子帧和块元素。它传送到 REG_IF 部分、解码数据和相关的状态标志。关于 SPDIFRX_DC 模块的详细介绍可参考《STM32F7 中文参考手册》34.3.2 小节。

SPDIF RX 接口通过 APB1 总线完全控制并且能够处理两个 DMA 通道:
① 专用于传输音频采样的 DMA 通道;
② 专用于传输 IEC60958 通道状态和用户信息的 DMA 通道。

此外,还提供了中断服务,既可用作 DMA 的复用功能,也可用来指示外设的错误

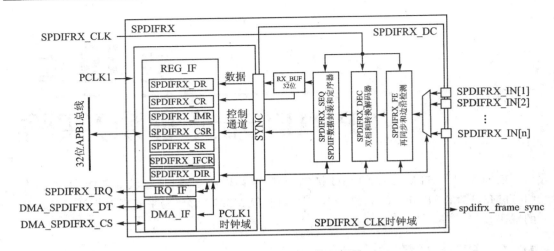

图 19.1.1　SPDIF RX 接口框图

或关键状态。接下来简单介绍一下 SPDIF 协议。

1. SPDIF 块

一个 SPDIF 块由 192 个 SPDIF 帧组成，如图 19.1.2 所示。

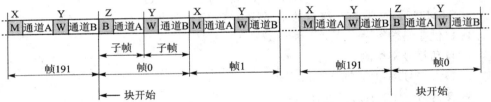

注：出于历史原因，报头"B"、"M"和"W"在专业应用中使用时分别称为"Z"、"X"以及"Y"。

图 19.1.2　SPDIF 块格式

每个 SPDIF 帧又由 2 个子帧组成，如图 19.1.3 所示。

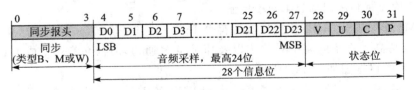

图 19.1.3　SPDIF 子帧格式

每个子帧包含 32 个位，它们的组成如下：

➢ 位 0～3 包含同步报头之一（B/M/W）；

➢ 位 4～27 包含以线性 2 的补码表示的音频采样字，最高有效位（MSB）为位 27；

➢ 使用 20 位编码范围时，位 8～27 包含音频采样字，其中位 8 为 LSB。

➢ 位 28（有效性位"V"）表示数据是否有效（如转换为模拟数据）。

➢ 位 29（用户数据位"U"）包含用户数据信息，如配套资料的音轨编号。

➢ 位30(通道状态位"C")包含通道状态信息,如采样率和复制保护。
➢ 位31(奇偶检验位"P")包含奇偶校验位,位4～31将包含偶数个1和0(偶校验)。

对于线性编码音频应用,第一个子帧(立体声操作中的左声道或"A"通道以及单声道操作中的主通道)通常以报头"M"开始。但是,报头每192帧切换为报头"B"一次,以识别用于组织通道状态和用户信息的块结构的开始。第二个子帧(立体声操作中的右声道或"B"通道以及单声道操作中的辅助通道)始终以报头"W"开始。

2. 同步报头

SPDIF协议规定,总共有3种同步报头:B、M、W(也可以称为Z、X、Y)。同步报头总是以前半个位相反的电平开始的。使能第一个帧的第一个"B"报头的传输前,此前半位值为线路的电平。对于其他报头,此前半位值为之前子帧的奇偶校验位的第二个半位。

SPDIF的3种同步报头的编码方式如图19.1.4所示。

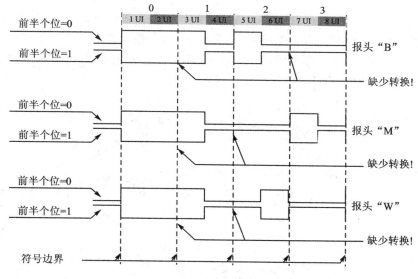

图19.1.4 SPDIF同步报头

3. 位编码

为最大程度减小传输线路上的直流分量值,并加快时钟从数据流中恢复的速度,第4～31位全部采用双相符号编码。

双向符号编码原理:要传输的各个位由两个连续二进制状态构成的符号表示。符号的第一个状态始终不同于前一个符号的第二个状态。如果要传输的位为逻辑0,则符号的第二个状态与第一个状态相同。但如果该位为逻辑1,则两个状态不同。在IEC‐60958规范中,这些状态称为"UI"(单位间隔)。

SPDIF的位编码原理如图19.1.5所示。

图中比特流实际上就是通道解码时钟,每 2 个时钟解码一个位,在两个时钟内,通道编码状态有变化的(10/01),解码为逻辑 1;在两个解码时钟内,通道编码状态没有变化的(00/11),解码为逻辑 0。

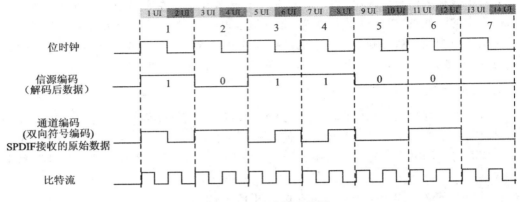

图 19.1.5 通道编码示例

结合通道位编码原理以及图 19.1.4 所示的同步报头编码方式,可以看出,前面 4 个位是不能用这个位编码原理来编码的(因为有 3 个 UI 的状态)。

接下来看看 STM32F7 SPDIFRX 的状态流程,如图 19.1.6 所示。由图可知,STM32F7 的 SPDIFRX 接口总共有 4 种状态:

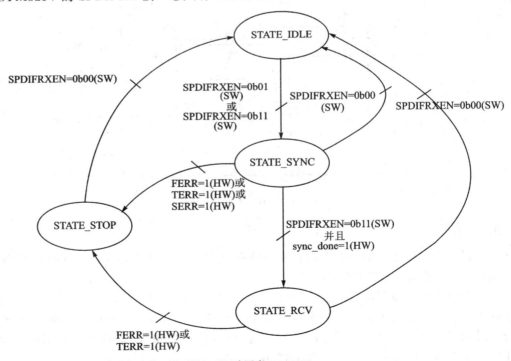

注:sync_done 是内部事件,用于通知已正确同步 SPDIFRX

图 19.1.6 STM32F7 SPDIFRX 状态流程

1) STATE_IDLE

该状态下，禁止 SPDIF 外设，SPDIFRX_CLK 域复位，PCLK1 域功能正常。

2) STATE_SYNC

该状态下，SPDIF 将与数据流同步（同步过程可参考《STM32F7 中文参考手册》34.3.4 小节），阈值定期更新，可通过中断或 DMA 读取用户和通道状态。

3) STATE_RCV

该状态下，SPDIF 将与数据流同步，阈值定期更新，可通过中断或 DMA 通道读取用户、通道状态和音频采样。当检测到"B"报头后，开始保存音频数据。

4) STOP_STATE：

该状态下，SPDIF 将不再同步，用户、通道状态和音频数据的接收都将停止。

可以通过 SPDIFRX_CR 寄存器的 SPDIFRXEN 字段，控制 SPDIFRX 的状态。

当 SPDIFRX 处于 STATE_IDLE 时：

通过将 SPDIFRXEN 设置为 01 或 11，将切换到 STATE_SYNC 状态。

当 SPDIFRX 处于 STATE_SYNC 时：

如果同步失败或者接收的数据未正确解码，且无法在不进行再同步的情况下恢复（FERR 或 SERR 或 TERR=1），则 SPDIFRX 将进入 STATE_STOP 状态并且等待软件应答。

当同步阶段完成时，如果 SPDIFRXEN=01，则保持该状态。

将 SPDIFRXEN 设置为 0，SPDIFRX 将立刻返回至 STATE_IDLE 状态。

当 SPDIFRXEN=11 且 SYNCD=1 时，则 SPDIFRX 进入 STATE_RCV 状态。

当 SPDIFRX 处于 STATE_RCV 时：

如果接收的数据未正确解码，且无法在不进行再同步的情况下恢复（FERR 或 SERR 或 TERR=1），则 SPDIFRX 将进入 STATE_STOP 状态并且等待软件应答。

将 SPDIFRXEN 设置为 0 时，SPDIFRX 将立刻返回至 STATE_IDLE 状态。

在此状态下，如果数据接收正确，则将其通过解码器播放出来就能实现解码了。

当 SPDIFRX 处于 STATE_STOP 时：

SPDIFRX 停止接收和同步，并等待软件将 SPDIFRXEN 位设置为 0，以清零错误标志。

当 SPDIFRXEN 设置为 0 时，IP 被禁止，这意味着所有状态机被复位，并且 RX_BUF 被刷新。注意，标志 FERR、SERR 和 TERR 也会复位。

（1）数据接收

SPDIFRX 为音频采样接收提供了两个 32 位双缓冲区：RX_BUF 和 SPDIFRX_DR。如果 SPDIFRX_DR 为空，则包含在 RX_BUF 中的有效数据将立刻传输至 SPDIFRX_DR。

SPDIFRX 可以使用 DMA 或中断将音频采样传输到存储器中，我们一般使用 DMA 来传输，这样效率比较高。

SPDIFRX 提供多种处理接收数据的方法，用户可以分别处理控制信息流和音频采样流,或将二者一起处理。对于各子帧,数据接收寄存器 SPDIFRX_DR 包含 24 个数据位和可选的 V、U、C、PE 状态位以及 PT,这些可选的位通过 SPDIFRX_CR 寄存器的 VMSK、CUMSK、PMSK 和 PTMSK 等位控制。

PE 位表示奇偶校验错误位,该位将在解码的子帧中检测到奇偶校验错误时置 1;PT 字段包含报头类型(B、M 或 W);V、U 和 C 则是从 SPDIF 接口接收的值的直接副本。

通过 SPDIFRX_CR 寄存器的 DRFMT 位可以选择 3 种音频格式,如图 19.1.7 所示。

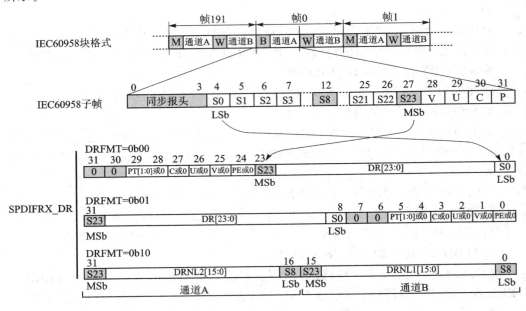

图 19.1.7　SPDIFRX_DR 寄存器格式

将 DRFMT 设置为 00 或 01,可以使数据在 SPDIFRX_DR 寄存器中右对齐或左对齐,此时可以根据软件所需的处理方式启用状态信息(V/C/U/PE/PT 等)或将其强制设置为零。

将 DRFMT 设置为 10 得出的格式在非线性模式下相关,因为每个子帧仅使用 16 位。使用此格式时,两个连续子帧的数据存储到 SPDIFRX_DR 中,存储器占用量将减半。

本章将 DRFMT 设置为 00,使用右对齐格式,且可以支持 24 位音频数据传输。

(2) 时钟策略

SPDIFRX 块需要两个不同的时钟:

➢ APB1 时钟(PCLK1),用于寄存器接口,其频率必须至少大于符号率;

➢ SPDIFRX_CLK,主要由 SPDIFRX_DC 部分使用。

为正确解码传入的 SPDIF 数据流,SPDIFRX_DC 应以至少比最大符号率(符号率 = 采样率×32×2)高 11 倍或者比音频采样率高 704 倍的时钟频率来采样接收到的

第19章 SPDIF(光纤音频)实验

数据。

例如,如果用户预期接收到最高 12.288 MHz 的符号率(对应音频采样率为 192 kHz),则采样率至少为 135.2 MHz。

接下来看看本章需要用到的一些相关寄存器。

首先,是 SPDIFRX 控制寄存器:SPDIFRX_CR,该寄存器各位描述如图 19.1.8 所示。该寄存器只介绍本章需要用到的一些位(下同):

31	30	29	28	27	26	25	24	23	22	21	20	19	18	17	16
Res	Res	Res	Res	Res	Res	Res	Res	Res	Res	Res	Res	Res	INSEL[1]		
													rw	rw	rw
15	14	13	12	11	10	9	8	7	6	5	4	3	2	1	0
WFA	NBTR[1:0]		CHSEL	CBDMAEN	PTMSK	CUMSK	VMSK	PMSK	DRFMT		RXSTEO	RXDMAEN	SPDIFRXEN[1:0][1]	
rw	rw	rw	rw	rw	rw	rw	rw	rw	rw	rw	rw	rw	rw	rw	rw

图 19.1.8 SPDIFRX_CR 寄存器各位描述

INSEL:这 3 个位用于选择 SPDIFRX 的输入通道,STM32F7 总共有 4 个输入通道(0~3),我们硬件上连接在通道 1 上面,所以设置 INSEL=001 即可。

NBTR:这两个位用于设置在同步阶段允许的最大重试次数:00,表示不允许重试;01,表示允许重试 3 次;10,表示允许重试 15 次;11,表示允许重试 63 次。本章设置为10,允许重试 15 次。

CHSEL:用于选择通道状态获取路径。这里设置为 0,选择从通道 A 获取通道状态。

CBDMAEN:用于设置通道状态和用户数据是否使能 DMA 接收。这里设置为 0,禁止 DMA 方式接收通道状态和用户数据。

PTMSK:用于设置报头类型屏蔽位。这里设置为 1,禁止将报头数据写入 SPDIFRX_DR。

CUMSK:用于设置通道状态和用户数据屏蔽位。这里设置为 1,禁止将通道状态和用户数据写入 SPDIFRX_DR。

VMSK:用于设置有效性位屏蔽位。这里设置为 1,禁止将有效性位写入 SPDIFRX_DR。

PMSK:用于设置奇偶校验屏蔽位。这里设置为 1,禁止将奇偶校验写入 SPDIFRX_DR。

DRFMT:用于设置 SPDIFRX_DR 的数据格式。这里设置为 00,选择右对齐格式(LSB)。

RXSTEO:用于设置是否使能立体声模式。这里设置为 1,使能立体声模式。

RXDMAEN:用于设置是否使能数据流 DMA 接收。这里设置为 1,使能 DMA 接收。

SPDIFRXEN:用于设置 SPDIFRX 的使能,实际上就是控制 SPDIFRX 的工作状态:00,禁止 SPDIFRX;01,使能 SPDIFRX 同步;10,保留;11,使能 SPDIFRX 接收器。关于该寄存器的设置对 SPDIFRX 工作状态的影响参考图 19.1.6。

接下来介绍 SPDIFRX 中断屏蔽寄存器:SPDIFRX_IMR,该寄存器的各位描述如图 19.1.9 所示。

31	30	29	28	27	26	25	24	23	22	21	20	19	18	17	16
Res	Res	Res	Res	Res	Res	Res	Res	Res	Res	Res	Res	Res	Res	Res	Res
15	14	13	12	11	10	9	8	7	6	5	4	3	2	1	0
Res	Res	Res	Res	Res	Res	Res	Res	Res	IFEIF	SYNCDIE	SBLKIE	OVRIE	PERRIE	CSRNEIE	RXNEIE
									rw	rw	rw	rw	rw	rw	rw

图 19.1.9 SPDIFRX_IMR 寄存器各位描述

IFEIE:串行接口错误中断使能屏蔽位。这里设置为 1,当 SPDIFRX_SR 寄存器中的 SERR=1、TERR=1 或者 FERR=1 时,将产生 SPDIFRX 中断。

PERRIE:奇偶校验错误中断屏蔽位。这里设置为 1,当 SPDIFRX_SR 寄存器中的 PERR=1 时,将产生 SPDIFRX 中断。

接下来介绍 SPDIFRX 状态寄存器:SPDIFRX _ SR,该寄存器的各位描述如图 19.1.10 所示。

31	30	29	28	27	26	25	24	23	22	21	20	19	18	17	16
Res	WIDTH5[14:0]														
	r	r	r	r	r	r	r	r	r	r	r	r	r	r	r
15	14	13	12	11	10	9	8	7	6	5	4	3	2	1	0
Res	Res	Res	Res	Res	Res	Res	Res	TERR	SERR	FERR	SYNCD	SBD	OVR	PERR	SCRNE	PXNE
								r	r	r	r	r	r	r	r	r

图 19.1.10 SPDIFRX_SR 寄存器各位描述

WIDTH5:使用 SPDIFRX_CLK 计数 5 个符号的持续时间,表示 5 个连续符号的时间内包含的 SPDIFRX_CLK 时钟周期数。该值可用于估算 SPDIFRX 的音频采样率,其精度受 SPDIFRX_CLK 的频率限制。其估算公式为:

$$F_s = 5 \times SPDIFRX\_CLK / (WIDTH5 \cdot 64)$$

F_s 为估算的音频采样率。假定 SPDIFRX_CLK 为 84 MHz,WIDTH5 为 147。计算可得 F_s 为 44.6 kHz,最接近的标准采样率为 44.1 kHz,所以,我们基本可以确定采样率为 44.1 kHz。

注意,同步完成以后(SYNCD=1)才可以读取 WIDTH5 的值,并判断采样率。

TERR:超时错误标志。当该位为 1 时,表示检测到序列错误。

SERR:同步错误标志。当该位为1时,表示检测到同步错误。
FERR:帧错误标志。当该位为1时,表示检测到曼彻斯特编码错误(帧错误)。
SYNCD:同步完成标志。当该位为1时,表示同步完成。
OVR:上溢错误标志。当该位为1时,表示检测到上溢错误。
PERR:奇偶校验错误标志。当该位为1时,表示检测到奇偶校验错误。

接下来介绍 SPDIFRX 中断标志清零寄存器:SPDIFRX_IFCR,该寄存器的各位描述如图 19.1.11 所示。

31	30	29	28	27	26	25	24	23	22	21	20	19	18	17	16
Res	Res	Res	Res	Res	Res	Res	Res	Res	Res	Res	Res	Res	Res	Res	Res

15	14	13	12	11	10	9	8	7	6	5	4	3	2	1	0
Res	Res	Res	Res	Res	Res	Res	Res	Res	Res	SYNCDCF	SBDCF	OVRCF	PERRCF	Res	Res
										w	w	w	w		

图 19.1.11 SPDIFRX_IFCR 寄存器各位描述

OVRCF:清零上溢错误标志。向该位写1,可以清除上溢错误标志。
PERRCF:清零奇偶校验错误标志。向该位写1,可以清除奇偶校验错误标志。

最后介绍 SPDIFRX 数据寄存器:SPDIFRX _ DR,该寄存器的各位描述如图 19.1.12 所示。

31	30	29	28	27	26	25	24	23	22	21	20	19	18	17	16
Res	Res	PT[1:0]		C	U	V	PE	DR[23:16]							
r	r	r	r	r	r	r	r	r	r	r	r	r	r	r	r

15	14	13	12	11	10	9	8	7	6	5	4	3	2	1	0
DR[15:0]															
r	r	r	r	r	r	r	r	r	r	r	r	r	r	r	r

图 19.1.12 SPDIFRX_DR 寄存器各位描述

该寄存器有3种数据格式可选(见图 19.1.7),此图为 DRFMT=00 时的格式,使用右对齐(LSB)格式的 SPDIFRX_DR 寄存器各位描述。该寄存器里面的 PT/C/U/V/PE 等位都不用,我们只用低 24 位(DR[23:0])来读取音频数据。当进入接收模式以后(SPDIFRXEN=11),我们不停地读取 SPDIFRX_DR 的数据,并传送给 SAI 接口,再由 SAI 传输给 WM8978,就可以播放来自 SPDIFRX 接收到的音乐了。不过,我们采用 DMA 来传输,所以直接设置 DMA 的外设地址为 SPDIFRX_DR 即可。

SPDIFRX 的相关寄存器就介绍到这里,更详细的介绍可参考《STM32F7 中文参考手册.pdf》第 34.5 节。

最后看看要通过 STM32F767 的 SPDIFRX 接口接收光纤音频数据,并通过 SAI 驱动 WM8978 播放音乐的简要步骤(HAL 库中 SPDIFRX 相关的库函数定义和声明分布在源文件 stm32f7xx_hal_spdifrx.c、头文件 stm32fxx_hal_spdifrx.h 中)。

① 初始化 WM8978。

最终要通过 WM8978 来输出音乐,我们需要先对其进行配置,详细的配置过程可参考第 17 章。

② 初始化 SPDIF。

此步需要初始化 SPDIFRX 对应的 I/O 口、开启 SPDIFRX 时钟、设置 SPDIFRX 的模式和相关配置,主要通过对 SPDIFRX_CR 寄存器的配置来实现。

4.3 节讲解时钟系统的时候讲解过,SPDIF 时钟由 PLLI2SP 提供,HAL 库中配置 PLLI2SP 时钟是通过函数 HAL_RCCEx_PeriphCLKConfig 来实现的,该函数在讲解时钟系统的时候已经讲解了,这里列出配置 SPDIF 时钟详细源码:

```
SPDIFCLK_Sture.PeriphClockSelection = RCC_PERIPHCLK_SPDIFRX;//SPDIF RX 时钟
SPDIFCLK_Sture.PLLI2S.PLLI2SN = 316; //设置 PLLI2SN
SPDIFCLK_Sture.PLLI2S.PLLI2SP = RCC_PLLI2SP_DIV2;//设置 PLLI2SP:2 分频
HAL_RCCEx_PeriphCLKConfig(&SPDIFCLK_Sture);//设置时钟
```

SPDIF RX 时钟计算公式为:

SPDIF RX CLK 的频率=(HSE/pllm)·PLLI2SN/PLLI2SP

这里 HSE=25 MHz,pllm 为系统初始化的时候设置为 25。当设置 PLLI2SN=316,RLLI2SP 为 2 分频值 RCC_PLLI2SP_DIV2 之后可以得出,SPDIF RX 时钟频率为 $25/25 \times 316/2 = 158$ MHz。

HAL 库中初始化 SPDIF 函数为 HAL_SPDIFRX_Init,该函数声明如下:

```
HAL_StatusTypeDef HAL_SPDIFRX_Init(SPDIFRX_HandleTypeDef * hspdif);
```

该函数只有一个 SPDIFRX_HandleTypeDef 结构体类型指针类型入口参数 hspdif,接下来看看结构体 SPDIFRX_HandleTypeDef 定义,如下:

```
typedef struct
{
  SPDIFRX_TypeDef              * Instance;
  SPDIFRX_InitTypeDef          Init;
  uint32_t                     * pRxBuffPtr;
  uint32_t                     * pCsBuffPtr;
  __IO uint16_t                RxXferSize;
  __IO uint16_t                RxXferCount;
  __IO uint16_t                CsXferSize;
  __IO uint16_t                CsXferCount;
  DMA_HandleTypeDef            * hdmaCsRx;
  DMA_HandleTypeDef            * hdmaDrRx;
  __IO HAL_LockTypeDef         Lock;
  __IO HAL_SPDIFRX_StateTypeDef State;
  __IO uint32_t                ErrorCode;
}SPDIFRX_HandleTypeDef;
```

对于 SPDIFRX 初始化,这里主要讲解 Init 成员变量。该成员变量用来设置 SPDIFRX 的初始化参数,为 SPDIFRX_InitTypeDef 结构体类型,该结构体定义为:

第19章 SPDIF(光纤音频)实验

```
typedef struct
{
    uint32_t InputSelection;         //选择 SPDIFRX 的输入通道
    uint32_t Retries;                //设置在同步阶段允许的最大重试次数
    uint32_t WaitForActivity;        //执行同步前是否等待 SPDIFRX_IN 线路上的活动
    uint32_t ChannelSelection;       //选择通道状态获取路径
    uint32_t DataFormat;             //设置 SPDIFRX_DR 的数据格式
    uint32_t StereoMode;             //设置是否使能立体声模式
    uint32_t PreambleTypeMask;       //设置报头类型屏蔽位
    uint32_t ChannelStatusMask;      //设置通道状态和用户数据屏蔽位
    uint32_t ValidityBitMask;        //设置有效性位屏蔽位
    uint32_t ParityErrorMask;        //设置奇偶校验屏蔽位
}SPDIFRX_InitTypeDef;
```

该结构体各个成员变量的含义都在上面注释了,实际上配置的是 SPDIFRX_CR 寄存器各个位,不理解的可以参考中文参考手册中寄存器位定义描述。

和其他外设接口一样,HAL 库同样提供了 SPDIFRX 初始化回调函数：

```
void HAL_SPDIFRX_MspInit(SPDIFRX_HandleTypeDef * hspdif);
```

③ 设置 SPDIFRX 的 DMA。

我们通过 DMA 双缓冲模式来接收 SPDIF RX 接收到的数据,从而提高效率。每当一个缓冲区数据接收满以后,硬件自动切换为下一个缓冲区,同时可以将满的缓冲区数据通过 SAI 接口传输给 WM8978,从而实现音乐播放。SPDIFRX 使用 DMA 双缓冲接收数据的过程如图 19.1.13 所示。

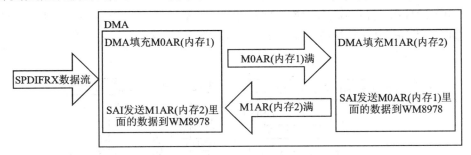

图 19.1.13　DMA 双缓冲发送音频数据流框图

④ 配置 SAI。

在 SPDIFRX 接口同步完成,且与 SAI 接口完成时钟同步(后续介绍),并成功获取音频数据流的采样率以后,就可以配置 SAI 接口。然后将 SPDIFRX 接收到的音频数据流传输给 WM8978,从而实现音频播放。此过程主要配置 SAI 的采样率、工作模式、协议、时钟电平特性、slot 相关参数和 DMA 等。我们同样通过 DMA 双缓冲模式将数据传输给 WM8978。

⑤ 编写 SPDIFRX 中断服务函数。

当 SPDIFRX 传输出现错误的时候(比如突然断开光纤线或采样率发生了变化),需要在 SPDIFRX 中断服务函数里面对其进行处理。当发生不可恢复的错误时,需要重新设置 SPDIFRX 进入 IDLE 状态,以便重新同步。SPDIFRX 中断服务函数为

SPDIF_RX_IRQHandler。

⑥ 开启 DMA 传输。

最后，只需要开启 SPDIFRX 和 SAI 的 DMA 传输，就可以实现 SPDIF 接收光纤音频数据，并通过 WM8978 播放出来。此时，就可以在 WM8978 的耳机和喇叭通道听到光纤传输过来的音乐了。

19.2　硬件设计

本章实验功能简介：开机后，先初始化各外设，然后检测字库是否存在；如果检测无问题，则初始化 WM8978 的 DAC 工作，并开启 DAC 输出，随后设置 SPDIFRX 的 DMA 和回调函数。然后进入死循环等待，不停地检测 SPDIF 的连接状态，当 SPDIF RX 同步完成，且与 SAI 时钟同步完成后，开启 SPDIFRX 和 SAI 的 DMA 数据传输。此时，在屏幕上会显示当前的音频信号采样率，同时在喇叭/耳机可以听到音乐。另外，可以通过 KEY_UP 和 KEY1 来调节音量，KEY_UP 用于增加音量，KEY1 用于减少音量。

本实验用到的硬件资源如下：指示灯 DS0、两个按键（KEY_UP/KEY1）、串口、LCD 模块、SPI Flash、WM8978、光纤接口（SPDIFRX）、SAI。

其中，除了光纤接口，其他资源在之前的学习中都已经介绍过了。光纤接口使用的是 DLR1150 光纤座，该接口和 STM32F767 的连接如图 19.2.1 所示。

图中 DLR1150 就是我们所使用的光纤座（即光纤接口），连接在 STM32F767 的 PG12 脚上，是 SPDIFRX 的输入通道 1。注意，SPDIF_RX 和 NRF_CE 共用 PG12，它们不可以同时使用。

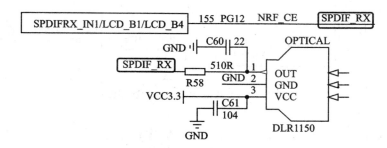

图 19.2.1　光纤接口与 STM32F767 连接原理图

另外，本实验还需要用到一个音频光纤信号发送设备和一条光纤线，这些都需要自备。光纤音频发送设备推荐购买 ALIENTEK 的贝斯（BASE）蓝牙音频接收器，支持光纤输出，购买地址 http://www.openedv.com/thread-86409-1-1.html。

19.3 软件设计

打开本章实验工程可以看到,我们在 HARDWARE 分组下面添加了 spdif.c 文件,同时包含了头文件 spdif.h。打开 spdif.c,内容如下:

```c
#define AUDIODATA_SIZE 200
u32 spdif_audiobuff[2][AUDIODATA_SIZE]; //音频数据双缓冲区,200*4=800 字节
u32 spdif_controlbuff[10];              //SPDIF 传输通道状态和用户信息
spdif_struct spdif_dev;                 //SPDIF 控制结构体
SPDIFRX_HandleTypeDef SPDIFIN1_Handle;  //SPDIF IN1 句柄
DMA_HandleTypeDef SPDIF_DTDMA_Handler;  //SPDIF 音频数据 DMA
//初始化 SPDIF
void SPDIFRX_Init(void)
{
    spdif_dev.spdif_clk = 1580000;  //默认为 158 MHz,单位为 100 Hz
    SPDIFCLK_Config();              //配置 SPDIF 时钟
    SPDIFIN1_Handle.Instance = SPDIFRX;
    SPDIFIN1_Handle.Init.InputSelection = SPDIFRX_INPUT_IN1; //SPDIF 输入 1
    SPDIFIN1_Handle.Init.Retries = SPDIFRX_MAXRETRIES_15; //同步阶段允许重试次数
    SPDIFIN1_Handle.Init.WaitForActivity = SPDIFRX_WAITFORACTIVITY_ON;//等待同步
    SPDIFIN1_Handle.Init.ChannelSelection = SPDIFRX_CHANNEL_A; //通道 A 获取通道状态
    SPDIFIN1_Handle.Init.DataFormat = SPDIFRX_DATAFORMAT_32BITS;   //右对齐
    SPDIFIN1_Handle.Init.StereoMode = SPDIFRX_STEREOMODE_ENABLE;//使能立体声
    SPDIFIN1_Handle.Init.PreambleTypeMask = SPDIFRX_PREAMBLETYPEMASK_OFF;
                                              //报头类型不复制到 SPDIFRX_DR 中
    SPDIFIN1_Handle.Init.ChannelStatusMask = SPDIFRX_CHANNELSTATUS_OFF;
                                              //通道状态和用户位不复制到 SPDIFRX_DR 中
    SPDIFIN1_Handle.Init.ValidityBitMask = SPDIFRX_VALIDITYMASK_ON;
                                              //有效性位不复制到 SPDIFRX_DR 中
    SPDIFIN1_Handle.Init.ParityErrorMask = SPDIFRX_PARITYERRORMASK_ON;
                                              //奇偶校验错误位不复制到 SPDIFRX_DR 中
    HAL_SPDIFRX_Init(&SPDIFIN1_Handle);
    SPDIFIN1_Handle.Instance ->CR |= SPDIFRX_CR_RXDMAEN;
                                              //SPDIF 音频数据使用 DMA 来接收
    SPDIFIN1_Handle.Instance ->CR |= SPDIFRX_CR_CBDMAEN;
                                              //SPDIF 传输通道状态和用户信息使用 DMA 来接收
    //使能 SPDIF 的串行接口错误中断、上溢错误和奇偶校验错误
    __HAL_SPDIFRX_ENABLE_IT(&SPDIFIN1_Handle,SPDIFRX_IT_IFEIE|SPDIFRX_IT_PERRIE);
    SPDIF_AUDIODATA_DMA_Init((u32 * )&spdif_audiobuff[0],(u32 *)& \
                             spdif_audiobuff[1],AUDIODATA_SIZE,2);
}
//SPDIF 时钟配置,设置为 158 MHz
void SPDIFCLK_Config(void)
{
    RCC_PeriphCLKInitTypeDef SPDIFCLK_Sture;
    SPDIFCLK_Sture.PeriphClockSelection = RCC_PERIPHCLK_SPDIFRX; //SPDIF RX 时钟
    SPDIFCLK_Sture.PLLI2S.PLLI2SN = 316;                //设置 PLLI2SN
    SPDIFCLK_Sture.PLLI2S.PLLI2SP = RCC_PLLI2SP_DIV2;   //设置 PLLI2SP;2 分频
```

```c
    HAL_RCCEx_PeriphCLKConfig(&SPDIFCLK_Sture);//设置时钟
}
//SPDIF 音频数据接收 DMA 配置
//设置为双缓冲模式,并开启 DMA 传输完成中断
//buf0:M0AR 地址.  buf1:M1AR 地址
//num:每次传输数据量 width:位宽(存储器和外设,同时设置),0,8 位;1,16 位;2,32 位
void SPDIF_AUDIODATA_DMA_Init(u32 * buf0,u32 * buf1,u16 num,u8 width)
{
    u32 memwidth = 0,perwidth = 0;            //外设和存储器位宽
    switch(width)
    {
        case 0:              //8 位
            memwidth = DMA_MDATAALIGN_BYTE;
            perwidth = DMA_PDATAALIGN_BYTE;
            break;
        case 1:              //16 位
            memwidth = DMA_MDATAALIGN_HALFWORD;
            perwidth = DMA_PDATAALIGN_HALFWORD;
            break;
        case 2:              //32 位
            memwidth = DMA_MDATAALIGN_WORD;
            perwidth = DMA_PDATAALIGN_WORD;
            break;
    }
    __HAL_RCC_DMA1_CLK_ENABLE();                                //使能 DMA1 时钟
    __HAL_LINKDMA(&SPDIFIN1_Handle,hdmaDrRx,SPDIF_DTDMA_Handler);
    //将 DMA 与 SPDIF 联系起来
    SPDIF_DTDMA_Handler.Instance = DMA1_Stream1;                //DMA1 数据流 1
    SPDIF_DTDMA_Handler.Init.Channel = DMA_CHANNEL_0;           //通道 0
    SPDIF_DTDMA_Handler.Init.Direction = DMA_PERIPH_TO_MEMORY;  //外设到存储器
    SPDIF_DTDMA_Handler.Init.PeriphInc = DMA_PINC_DISABLE;      //外设非增量模式
    SPDIF_DTDMA_Handler.Init.MemInc = DMA_MINC_ENABLE;          //存储器增量模式
    SPDIF_DTDMA_Handler.Init.PeriphDataAlignment = perwidth;    //外设数据长度:16/32 位
    SPDIF_DTDMA_Handler.Init.MemDataAlignment = memwidth;       //存储器数据长度 16/32 位
    SPDIF_DTDMA_Handler.Init.Mode = DMA_CIRCULAR;               //使用循环模式
    SPDIF_DTDMA_Handler.Init.Priority = DMA_PRIORITY_HIGH;      //最高优先级
    SPDIF_DTDMA_Handler.Init.FIFOMode = DMA_FIFOMODE_DISABLE;   //不使用 FIFO
    SPDIF_DTDMA_Handler.Init.MemBurst = DMA_MBURST_SINGLE;      //单次突发传输
    SPDIF_DTDMA_Handler.Init.PeriphBurst = DMA_PBURST_SINGLE;   //突发单次传输
    HAL_DMA_DeInit(&SPDIF_DTDMA_Handler);                       //先清除以前的设置
    HAL_DMA_Init(&SPDIF_DTDMA_Handler);                         //初始化 DMA
    HAL_DMAEx_MultiBufferStart(&SPDIF_DTDMA_Handler,(u32)&SPDIFRX->DR,
                               (u32)buf0,(u32)buf1,num);
                                                                //开启双缓冲
}
//进入同步状态,同步完成以后进入接收状态
//返回值:0 未同步;1 同步
u8 WaitSync_TORecv(void)
{
    u8 flag = 0;
    u8 timeout = 0;
```

第19章 SPDIF(光纤音频)实验

```
    __HAL_SPDIFRX_SYNC(&SPDIFIN1_Handle);
    while(__HAL_SPDIFRX_GET_FLAG(&SPDIFIN1_Handle,
                                  SPDIFRX_FLAG_SYNCD)==0)//等待同步完成
    {
        timeout++;
        delay_ms(5);
        if(timeout>100) break;//超时,跳出
    }
    if(timeout>100) flag=0;//未同步
    else //同步完成
    {
        flag=1;
        __HAL_SPDIFRX_RCV(&SPDIFIN1_Handle);//同步完成,进入接收阶段
    }
    return flag;
}
//获取SPDIF收到的音频采样率
void SPDIF_GetRate(void)
{
    u16 spdif_w5;
    u32 spdif_rate;

    spdif_w5=(SPDIFIN1_Handle.Instance->SR)>>16;
    spdif_rate=(spdif_dev.spdif_clk*5)/(spdif_w5&0X7FFF);
    spdif_rate>>=6;         //除以64
    spdif_rate*=100;        //乘以100,得到最终的实际采样率
    if((44100-1500<=spdif_rate)&&(spdif_rate<=44100+1500))
            spdif_dev.spdifrate=44100; //44.1 kHz 的采样率
    else if((48000-1500<=spdif_rate)&&(spdif_rate<=48000+1500))
            spdif_dev.spdifrate=48000; //48 kHz 的采样率
    else if((88200-1500<=spdif_rate)&&(spdif_rate<=88200+1500))
            spdif_dev.spdifrate=88200; //88.2 kHz 的采样率
    else if((96000-1500<=spdif_rate)&&(spdif_rate<=96000+1500))
            spdif_dev.spdifrate=96000; //96 kHz 的采样率
    else if((176400-1500<=spdif_rate)&&(spdif_rate<=176400+1500))
            spdif_dev.spdifrate=176400; //176.4 kHz 的采
    else if((192000-1500<=spdif_rate)&&(spdif_rate<=192000+1500))
            spdif_dev.spdifrate=192000; //192 kHz 的采
    else spdif_dev.spdifrate=0;
}
//SPDIF底层I/O初始化和时钟使能
//此函数会被HAL_SPDIF_Init()调用
//hltdc:SPDIF句柄
void HAL_SPDIFRX_MspInit(SPDIFRX_HandleTypeDef *hspdif)
{
    GPIO_InitTypeDef GPIO_Initure;
    __HAL_RCC_SPDIFRX_CLK_ENABLE();           //使能SPDIF RX 时钟
    __HAL_RCC_GPIOG_CLK_ENABLE();             //使能GPIOG 时钟
    //初始化PG12,SPDIF IN 引脚
    GPIO_Initure.Pin=GPIO_PIN_12;             //PG12,SPDIF IN 引脚
    GPIO_Initure.Mode=GPIO_MODE_AF_PP;        //复用
    GPIO_Initure.Pull=GPIO_NOPULL;            //无上下拉
```

```
        GPIO_Initure.Speed = GPIO_SPEED_HIGH;           //高速
        GPIO_Initure.Alternate = GPIO_AF7_SPDIFRX;      //复用为 SPDIF RX
        HAL_GPIO_Init(GPIOG,&GPIO_Initure);
        HAL_NVIC_SetPriority(SPDIF_RX_IRQn,1,0);        //SPDIF 中断
        HAL_NVIC_EnableIRQ(SPDIF_RX_IRQn);
}
//SPDIF 接收中断服务函数
void SPDIF_RX_IRQHandler(void)
{
    //发生超时、同步和帧错误中断,这 3 个中断一定要处理
    if(__HAL_SPDIFRX_GET_FLAG(&SPDIFIN1_Handle,SPDIFRX_FLAG_FERR)||\
        __HAL_SPDIFRX_GET_FLAG(&SPDIFIN1_Handle,SPDIFRX_FLAG_SERR)||\
        __HAL_SPDIFRX_GET_FLAG(&SPDIFIN1_Handle,SPDIFRX_FLAG_TERR))
    {
        SPDIF_Play_Stop();//发生错误,关闭 SPDIF 播放
//当发生超时、同步和帧错误的时候要将 SPDIFRXEN 写 0 来清除中断
        __HAL_SPDIFRX_IDLE(&SPDIFIN1_Handle);
//当清除中断以后需要重新将 SPDIF 设置为接收模式
        __HAL_SPDIFRX_RCV(&SPDIFIN1_Handle);
    }else if(__HAL_SPDIFRX_GET_FLAG(&SPDIFIN1_Handle.SPDIFRX_FLAG_OVR))
    {
        __HAL_SPDIFRX_CLEAR_IT(&SPDIFIN1_Handle, SPDIFRX_FLAG_OVR);
    }else if(__HAL_SPDIFRX_GET_FLAG(&SPDIFIN1_Handle,SPDIFRX_FLAG_PERR))
    {
        __HAL_SPDIFRX_CLEAR_IT(&SPDIFIN1_Handle, SPDIFRX_FLAG_PERR);
    }
}
//配置音频接口
//AudioFreq:音频采样率
uint32_t SPDIF_AUDIO_Init(uint32_t AudioFreq)
{
SAIA_Init(SAI_MODEMASTER_TX,SAI_CLOCKSTROBING_RISINGEDGE,
                            SAI_DATASIZE_16);//设置 SAI,主发送,16 位数据
    SAIA_SampleRate_Set(AudioFreq);                     //设置采样率
    SAIA_TX_DMA_Init((u8 *)&spdif_audiobuff[0],(u8 *)&spdif_audiobuff[1],
        AUDIODATA_SIZE * 2,1);                          //配置 TX DMA,16 位
    SAI_Play_Start();                                   //开启 DMA
    return 0;
}
//SPDIF 开始播放
void SPDIF_Play_Start(void)
{
    spdif_dev.connsta = 1;       //标记已经打开 SPDIF
    __HAL_DMA_ENABLE(&SPDIF_DTDMA_Handler); //开启 SPDIF DMA 传输
}
//SPDIF 关闭
void SPDIF_Play_Stop(void)
{
    spdif_dev.connsta = 0;       //标记已经关闭 SPDIF
    __HAL_DMA_DISABLE(&SPDIF_DTDMA_Handler);//关闭 SPDIF DMA 传输
    //两个缓冲区一定要清零,否则在断开的时候会有很大杂音
```

第19章 SPDIF(光纤音频)实验

```
        memset((u8 *)&spdif_audiobuff[0],0,AUDIODATA_SIZE * 4);
        memset((u8 *)&spdif_audiobuff[1],0,AUDIODATA_SIZE * 4);
}
```

这里总共9个函数,接下来分别介绍。

1) SPDIFRX_Init 函数

该函数用于初始化 SPDIFRX 接口,包括设置 SPDIFRX 时钟、设置 SPDIFRX 相关参数等;最后开启了奇偶校验错误中断和接口错误中断,用于处理当接收数据出现错误时(包括光纤断开、采样率切换等)重新同步。

2) HAL_SPDIFRX_MspInit 函数

该函数是 SPDIFRX 的初始化回调函数,主要用来配置时钟使能、I/O 口模式和中断分组等。

3) SPDIFCLK_Config 函数

该函数用于设置 SPDIFRX 接口的时钟频率。SPDIFRX 的时钟频率来自 PLLI2S 的 N 分频,默认设置 N 分频为 2,所以 SPDIFRX_CLK 的计算公式就是:

$$SPDIFRX\_CLK = PLLI2SN/2$$

单位为 MHz。另外,SPDIFRX 接口的时钟频率必须大于音频采样率的 704 倍,对于 192 kHz 的音频采样率来说,SPDIFRX_CLK 的频率必须大于 135.168 MHz 才可以识别。所以在 SPDIF_RX_Init 函数里面,通过 SPDIFCLK_Config 函数设置 SPDIFRX_CLK 为 158 MHz,以支持最高 192 kHz 的音频采样率。

4) WaitSync_TORecv 函数

该函数用于等待 SPDIFRX 同步完成,SPDIF 必须在等待同步完成以后才可以获取音频采样率,然后进入接收状态,接收音频数据。

5) SPDIF_AUDIODATA_DMA_Init 函数

该函数用于配置 SPDIFRX 接口的数据接收 DMA,使用双缓冲模式,将 SPDIFRX_DR 的数据存储到内存里面,实现音频数据接收。

6) SPDIF_GetRate 函数

该函数用于获取 SPDIFRX 识别到的音频采样率。该函数首先通过 SPDIFRX_SR 寄存器的 WIDTH5 位,获取大概的音频采样率,然后标准化为最接近的音频采样率。该函数必须在 SPDIF 同步完成以后才可以调用。

7) SPDIF_RX_IRQHandler 函数

该函数用于处理 SPDIFRX 接口的错误中断,当发生超时错误、同步错误和帧错误的时候,必须停止 SPDIFRX 接口,然后重新进入 IDLE 状态,以便重新同步。

8) SPDIF_AUDIO_Init 函数

该函数用来配置音频接口采样率。

9) SPDIF_Play_Start 和 SPDIF_Play_Stop 函数

这两个函数中,前者用于启动 SPDIFRX DMA 传输,在所有配置和状态都正常的情况下,用于启动 SPDIF 音频播放。后者用于关闭 SPDIFRX DMA 传输,停止 SPDIF

播放。其中,spdif_dev 结构体用于控制 SPDIF 接收状态,结构体定义(见 spdif.h)如下:

```c
//SPDIF 控制结构体
typedef struct
{
    u8 connsta;         //连接状态,0 未连接;1 连接上
    u32 spdifrate;      //SPDIF 采样率
    u32 spdif_clk;      //SPDIF 时钟,默认为 158M
}spdif_struct;
```

connsta 表示 SPDIF 连接状态,当 SPDIF 开启 DMA 传输的时候,设置为 1,表示 SPDIF 正在播放。当其为 0 的时候,表示 SPDIF 停止播放。

spdifrate 表示 SPDIF 识别到的音频采样率,单位为 Hz。

spdif_clk 表示 SPDIFRX_CLK 的时钟频率,单位为 Hz。

最后看看 main.c 文件代码:
//显示采样率

```c
//samplerate:音频采样率(单位:Hz)
void spdif_show_samplerate(u32 samplerate)
{
……//此处省略部分显示代码
}
int main(void)
{
    u8 i,strbuff[20];
    u8 volume = 45,key = 0;
    Cache_Enable();                         //打开 L1 - Cache
    HAL_Init();                             //初始化 HAL 库
    Stm32_Clock_Init(432,25,2,9);           //设置时钟,216 MHz
    delay_init(216);                        //延时初始化
    uart_init(115200);                      //串口初始化
    usmart_dev.init(108);                   //初始化 USMART
    LED_Init();                             //初始化 LED
    KEY_Init();                             //初始化按键
    SDRAM_Init();                           //初始化 SDRAM
    LCD_Init();                             //初始化 LCD
    W25QXX_Init();                          //初始化 W25Q256
    WM8978_Init();                          //初始化 WM8978
    WM8978_HPvol_Set(volume,volume);        //耳机音量设置
    WM8978_SPKvol_Set(volume);              //喇叭音量设置
    SPDIFRX_Init();                         //SPDIF 初始化
    my_mem_init(SRAMIN);                    //初始化内部内存池
    my_mem_init(SRAMEX);                    //初始化外部 SDRAM 内存池
    my_mem_init(SRAMDTCM);                  //初始化内部 DTCM 内存池
    exfuns_init();                          //为 fatfs 相关变量申请内存
    f_mount(fs[0],"0:",1);                  //挂载 SD 卡
    POINT_COLOR = RED;
    while(font_init())                      //检查字库
```

```c
{
    LCD_ShowString(30,50,200,16,16,"Font Error!");        delay_ms(200);
    LCD_Fill(30,50,240,66,WHITE);//清除显示                 delay_ms(200);
}
POINT_COLOR = RED;
Show_Str(30,40,200,16,"阿波罗 STM32F4/F7 开发板",16,0);
Show_Str(30,60,200,16,"SPDIF(光纤音频)实验",16,0);
Show_Str(30,80,200,16,"正点原子@ALIENTEK",16,0);
Show_Str(30,100,200,16,"2016 年 8 月 2 日",16,0);
Show_Str(30,120,200,16,"KEY_UP:VOL+    KEY1:VOL- ",16,0);
Show_Str(30,150,200,16,"音量:",16,0);
Show_Str(30,170,200,16,"采样率:",16,0);
POINT_COLOR = BLUE;
LCD_ShowxNum(30 + 40,150,volume,2,16,0X80);    //显示音量
spdif_show_samplerate(0);                      //显示采样率
WM8978_ADDA_Cfg(1,0);                          //开启 DAC
WM8978_Input_Cfg(0,0,0);                       //关闭输入通道
WM8978_Output_Cfg(1,0);                        //开启 DAC 输出
while(1)
{
    key = KEY_Scan(1);
    if(key == WKUP_PRES||key == KEY1_PRES)     //音量控制
    {
        if(key == WKUP_PRES)
        {
            volume ++ ;
            if(volume>63)volume = 63;
        }elseif(volume>0)volume -- ;
        WM8978_HPvol_Set(volume,volume);       //设置耳机音量设置
        WM8978_SPKvol_Set(volume);             //设置喇叭音量设置
        LCD_ShowxNum(30 + 40,150,volume,2,16,0X80);   //显示音量
    }
    if(spdif_dev.connsta == 0)//未连接
    {
        if(WaitSync_TORecv())//等待同步
        {
            SPDIF_GetRate();//获得采样率
            spdif_show_samplerate(spdif_dev.spdifrate);    //显示采样率
            SPDIF_Play_Start(); //同步完成,打开 SPDIF
            if(spdif_dev.spdifrate)
            {
                SPDIF_AUDIO_Init(spdif_dev.spdifrate);
            }
        }
    }
    delay_ms(20);
    i ++ ;
    if(i>10){  i = 0;    LED0_Toggle; }
}
}
```

main 函数里面初始化 WM8978 和 SPDIFRX 等外设,随后在死循环里面等待

SPDIF 同步完成；在首次同步完成以后，获取音频采样率；然后设置 SAI 接口，设置 SAI 的音频采样率，标记 SAI 与 SPDIF 时钟同步完成；然后重新同步（SPDIF 和光纤信号同步），完成以后开启 SPDIF 和 SAI 的 DMA 传输，从而启动音频播放，此时就可以从喇叭或者耳机听到光纤传输过来的音频信号了。主循环里面还加入了音量调节的代码，可以通过 KEY_UP 和 KEY1 调节音量的大小。

至此，本实验的软件设计部分结束。

19.4 下载验证

编译成功之后，下载代码到 ALIENTEK 阿波罗 STM32 开发板上，程序先检测字库，然后进入主循环，等待 SPDIF 信号（光纤信号）的输入，屏幕提示"正在识别…"，如图 19.4.1 所示。

此时，我们利用光纤线连接开发板的光纤座和光纤音频输出设备（比如贝斯蓝牙音频接收器），然后播放歌曲，则可以看到屏幕显示了音频信号的采样率，通过耳机和板载喇叭就可以欣赏所播放的歌曲了，如图 19.4.2 所示。

图 19.4.1　等待 SPDIF 信号输入（光纤音频信号） 　　　　图 19.4.2　识别采样率，播放音乐

此时，按下 KEY_UP 按键可以提高音频，按 KEY1 按键可以降低音量。STM32F7 自带的 SPDIFRX 功能可以实现对光纤、同轴等数字音频信号的解码，在 HiFi 解码方面可以有广泛的应用前景。

最后，本例程支持 44.1 kHz、48 kHz、88.2 kHz 和 96 kHz 等音频采样率，暂不支持 176.4 kHz 和 192 kHz 等高采样率的音频信号。

第 20 章

视频播放器实验

STM32F767 自带了硬件 JPEG 解码器,完全可以用来播放视频,本章将使用 STM32F7 的硬件 JPEG 解码器来实现播放 AVI 视频(MJPEG 编码)。

20.1 AVI 简介

本章使用 STM32F7 的硬件 JPEG 解码器来实现 MJPG 编码的 AVI 格式视频播放,硬件 JPEG 解码器在第 15 章介绍过了,接下来简单介绍一下 AVI 格式。

AVI 是音频视频交错(Audio Video Interleaved)的英文缩写,是微软开发的一种符合 RIFF 文件规范的数字音频与视频文件格式,原先用于 Microsoft Video for Windows(简称 VFW)环境,现在已被多数操作系统直接支持。

AVI 格式允许视频和音频交错在一起同步播放,支持 256 色和 RLE 压缩,但并未限定压缩标准;AVI 仅仅是一个容器,用不同压缩算法生成的 AVI 文件,必须使用相应的解压缩算法才能播放出来。比如本章使用的 AVI 的音频数据采用了 16 位线性 PCM 格式(未压缩),则视频数据须采用 MJPG 编码方式。

介绍 AVI 文件前,先来看看 RIFF 文件结构。AVI 文件采用的是 RIFF 文件结构方式,RIFF(Resource Interchange File Format,资源互换文件格式)是微软定义的一种用于管理 WINDOWS 环境中多媒体数据的文件格式,波形音频 WAVE、MIDI 和数字视频 AVI 都采用这种格式存储。构造 RIFF 文件的基本单元叫数据块(Chunk),每个数据块包含 3 个部分:

  ➢ 4 字节的数据块标记(或者叫做数据块的 ID);
  ➢ 数据块的大小;
  ➢ 数据。

整个 RIFF 文件可以看成一个数据块,其数据块 ID 为 RIFF,称为 RIFF 块。一个 RIFF 文件中只允许存在一个 RIFF 块。RIFF 块中包含一系列的子块,其中有一种子块的 ID 为 LIST,称为 LIST 块。LIST 块中可以再包含一系列的子块,但除了 LIST 块外的其他所有子块都不能再包含子块。

RIFF 和 LIST 块分别比普通的数据块多一个被称为形式类型(Form Type)和列表类型(List Type)的数据域,其组成如下:

  ➢ 4 字节的数据块标记(Chunk ID);

➢ 数据块的大小；
➢ 4 字节的形式类型或者列表类型（ID）；
➢ 数据。

下面看看 AVI 文件的结构。AVI 文件是目前使用的最复杂的 RIFF 文件，能同时存储同步表现的音频视频数据。AVI 的 RIFF 块的形式类型（Form Type）是 AVI，一般包含 3 个子块，如下所述：

➢ 信息块，一个 ID 为 hdrl 的 LIST 块，定义 AVI 文件的数据格式。
➢ 数据块，一个 ID 为 movi 的 LIST 块，包含 AVI 的音视频序列数据。
➢ 索引块，ID 为 idxl 的子块，定义 movi 的 LIST 块的索引数据，是可选块（不一定有）。

接下来详细介绍 AVI 文件的各子块构造，如图 20.1.1 所示。可以看出（注意，'AVI '是带了一个空格的），AVI 文件由信息块（HeaderList）、数据块（MovieList）和索引块（Index Chunk）三部分组成，下面分别介绍这几个部分。

1. 信息块（HeaderList）

信息块，即 ID 为 hdrl 的 LIST 块，包含文件的通用信息、定义数据格式、所用的压缩算法等参数等。hdrl 块还包括了一系列的子块，首先是 avih 块，用于记录 AVI 的全局信息，比如数据流的数量、视频图像的宽度和高度等信息。avih 块（结构体都有把 BlockID 和 BlockSize 包含进来，下同）的定义如下：

```
//avih 子块信息
typedef struct
{
    u32 BlockID;              //块标志:avih == 0X61766968
    u32 BlockSize;            //块大小(不包含最初的 8 字节,即 BlockID 和 BlockSize 不算)
    u32 SecPerFrame;          //视频帧间隔时间(单位为 μs)
    u32 MaxByteSec;           //最大数据传输率,字节/秒
    u32 PaddingGranularity;   //数据填充的粒度
    u32 Flags;                //AVI 文件的全局标记,比如是否含有索引块等
    u32 TotalFrame;           //文件总帧数
    u32 InitFrames;           //为交互格式指定初始帧数(非交互格式应该指定为 0)
    u32 Streams;              //包含的数据流种类个数,通常为 2
    u32 RefBufSize;           //建议读取本文件的缓存大小(应能容纳最大的块)
    u32 Width;                //图像宽
    u32 Height;               //图像高
    u32 Reserved[4];          //保留
}AVIH_HEADER;
```

这里有很多要用到的信息，比如 SecPerFrame，通过该参数可以知道每秒钟的帧率，也就知道了每秒钟需要解码多少帧图片才能正常播放。TotalFrame 告诉我们整个视频有多少帧，结合 SecPerFrame 参数就可以很方便地计算整个视频的时间了。Streams 告诉我们数据流的种类数，一般是 2，即包含视频数据流和音频数据流。

avih 块之后是一个或者多个 strl 子列表，文件中有多少种数据流（即前面的 Streams）就有多少个 strl 子列表。每个 strl 子列表至少包括一个 strh（Stream

第20章 视频播放器实验

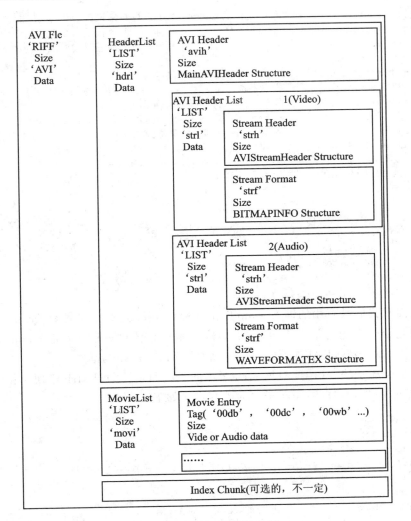

图 20.1.1　AVI 文件结构图

Header)块和一个 strf(Stream Format)块,还有一个可选的 strn(Stream Name)块(未列出)。注意,strl 子列表出现的顺序与媒体流的编号(比如 00dc 前面的 00 即媒体流编号 00)是对应的,比如第一个 strl 子列表说明的是第一个流(Stream 0),假设是视频流,则表征视频数据块的四字符码为 00dc,第二个 strl 子列表说明的是第二个流(Stream 1),假设是音频流,则表征音频数据块的四字符码为 01dw,依此类推。

先看 strh 子块,该块用于说明这个流的头信息,定义如下:

```
//strh 流头子块信息(strh∈ strl)
typedef struct
{
    u32 BlockID;            //块标志:strh == 0X73747268
    u32 BlockSize;          //块大小(不包含最初的 8 字节,即 BlockID 和 BlockSize 不算)
    u32 StreamType;         //数据流种类,vids(0X73646976):视频;auds(0X73647561):音频
```

```
    u32 Handler;              //指定流的处理者,对于音视频来说即解码器,如 MJPG/H264 等
    u32 Flags;                //标记是否允许这个流输出,调色板是否变化
    u16 Priority;             //流的优先级(当有多个同类型的流时优先级最高的为默认流)
    u16 Language;             //音频的语言代号
    u32 InitFrames;           //为交互格式指定初始帧数
    u32 Scale;                //数据量,视频每桢的大小或者音频的采样大小
    u32 Rate;                 //Scale/Rate = 每秒采样数
    u32 Start;                //数据流开始播放的位置,单位为 Scale
    u32 Length;               //数据流的数据量,单位为 Scale
    u32 RefBufSize;           //建议使用的缓冲区大小
    u32 Quality;              //解压缩质量参数,值越大,质量越好
    u32 SampleSize;           //音频的样本大小
    struct                    //视频帧所占的矩形
    {
        short Left;
        short Top;
        short Right;
        short Bottom;
    }Frame;
}STRH_HEADER;
```

这里面对我们最有用的即 StreamType 和 Handler 这两个参数,StreamType 用于告诉我们此 strl 描述的是音频流("auds"),还是视频流("vids")。而 Handler 则告诉我们所使用的解码器,比如 MJPG/H264 等(实际以 strf 块为准)。

然后是 strf 子块,其需要根据 strh 子块的类型而定。如果 strh 子块是视频数据流(StreamType="vids"),则 strf 子块的内容定义如下:

```
//BMP 结构体
typedef struct
{
    u32     BmpSize;          //bmp 结构体大小,包含(BmpSize 在内)
    long Width;               //图像宽
    long Height;              //图像高
    u16  Planes;              //平面数,必须为 1
    u16  BitCount;            //像素位数,0X0018 表示 24 位
    u32  Compression;         //压缩类型,比如:MJPG/H264 等
    u32  SizeImage;           //图像大小
    long XpixPerMeter;        //水平分辨率
    long YpixPerMeter;        //垂直分辨率
    u32  ClrUsed;             //实际使用了调色板中的颜色数,压缩格式中不使用
    u32  ClrImportant;        //重要的颜色
}BMP_HEADER;
//颜色表
typedef struct
{
    u8   rgbBlue;             //蓝色的亮度(值范围为 0-255)
    u8   rgbGreen;            //绿色的亮度(值范围为 0-255)
    u8   rgbRed;              //红色的亮度(值范围为 0-255)
    u8   rgbReserved;         //保留,必须为 0
}AVIRGBQUAD;
```

```
//对于strh,如果是视频流,strf(流格式)使STRF_BMPHEADER块
typedef struct
{
    u32 BlockID;           //块标志,strf == 0X73747266
    u32 BlockSize;         //块大小(不包含最初的8字节,即BlockID和BlockSize不算)
    BMP_HEADER bmiHeader;  //位图信息头
    AVIRGBQUAD bmColors[1];//颜色表
}STRF_BMPHEADER;
```

这里有 3 个结构体,strf 子块完整内容即:STRF_BMPHEADER 结构体,不过对我们有用的信息都存放在 BMP_HEADER 结构体里面。本结构体对视频数据的解码起决定性的作用,它告诉我们视频的分辨率(Width 和 Height)以及视频所用的编码器(Compression),因此决定了视频的解码。本章例程仅支持解码视频分辨率小于屏幕分辨率,且编解码器必须是 MJPG 的视频格式。

如果 strh 子块是音频数据流(StreamType="auds"),则 strf 子块的内容定义如下:

```
//对于strh,如果是音频流,strf(流格式)使STRF_WAVHEADER块
typedef struct
{
    u32 BlockID;      //块标志,strf == 0X73747266
    u32 BlockSize;    //块大小(不包含最初的8字节,即BlockID和BlockSize不算)
    u16 FormatTag;    //格式标志;0X0001 = PCM,0X0055 = MP3
    u16 Channels;     //声道数,一般为2,表示立体声
    u32 SampleRate;   //音频采样率
    u32 BaudRate;     //波特率
    u16 BlockAlign;   //数据块对齐标志
    u16 Size;         //该结构大小
}STRF_WAVHEADER;
```

本结构体对音频数据解码起决定性的作用,它告诉我们音频信号的编码方式(FormatTag)、声道数(Channels)和采样率(SampleRate)等重要信息。本章例程仅支持PCM 格式(FormatTag=0X0001)的音频数据解码。

2. 数据块(MovieList)

信息块,即 ID 为 movi 的 LIST 块,它包含 AVI 的音视频序列数据,是这个 AVI 文件的主体部分。音视频数据块交错地嵌入在 movi 的 LIST 块里面,通过标准类型码进行区分,标准类型码有如下 4 种:

> "##db"(非压缩视频帧);
> "##dc"(压缩视频帧);
> "##pc"(改用新的调色板);
> "##wb"(音频帧)。

其中,##是编号,须根据我们的数据流顺序来确定,也就是前面的 strl 块。比如,如果第一个 strl 块是视频数据,那么对于压缩的视频帧,标准类型码就是 00dc。第二个 strl 块是音频数据,那么对于音频帧,标准类型码就是 01wb。

紧跟着标准类型码的是4个字节的数据长度(不包含类型码和长度参数本身,也就是总长度必须要加8才对),该长度必须是偶数,如果读到为奇数,则加1即可。读数据的时候,一般要一次性读完一个标准类型码所表征的数据方便解码。

3. 索引块(Index Chunk)

最后,紧跟在hdrl列表和movi列表之后的,就是AVI文件可选的索引块。这个索引块为AVI文件中每一个媒体数据块进行索引,并且记录它们在文件中的偏移(可能相对于movi列表,也可能相对于AVI文件开头)。本章用不到索引块,这里就不详细介绍了。

关于AVI文件,我们就介绍到这,有兴趣的读者,可以再看看配套资料6"软件资料→AVI学习资料"里面的相关文档。

最后看看要实现AVI视频文件的播放,主要有哪些步骤,如下:

① 初始化各外设。

要解码视频,相关外设肯定要先初始化好,比如SDMMC(驱动SD卡用)、I^2S、DMA、WM8978、LCD和按键等。这些具体初始化过程在前面的例程都有介绍,大同小异,这里就不再细说了。

② 读取AVI文件并解析。

要解码,得先读取AVI文件,按20.1.1小节的介绍读取出音视频关键信息,音频参数包含编码方式、采样率、位数和音频流类型码(01wb/00wb)等;视频参数包含编码方式、帧间隔、图片尺寸和视频流类型码(00dc/01dc)等;共同的参数有数据流起始地址。有了这些参数,我们便可以初始化音视频解码,为后续解码做好准备。

③ 根据解析结果,设置相关参数。

根据第②步解析的结果,设置I^2S的音频采样率和位数,同时要让视频显示在LCD中间区域,须根据图片尺寸,设置LCD开窗时x、y方向的偏移量。

④ 读取数据流,开始解码。

前面3步完成后就可以正式开始播放视频了。读取视频流数据(movi块),根据类型码执行音频/视频解码。对于音频数据(01wb/00wb),本例程只支持未压缩的PCM数据,所以,直接填充到DMA缓冲区即可,由DMA循环发送给WM8978来播放音频。对于视频数据(00dc/01dc),本例程只支持MJPG,通过硬件JPEG解码。然后,利用定时器来控制帧间隔,以正常速度播放视频,从而实现音视频解码。

⑤ 解码完成,释放资源。

最后,在文件读取完后(或者出错了),需要释放申请的内存、恢复LCD窗口、关闭定时器、停止I^2S播放音乐和关闭文件等一系列操作,等待下一次解码。

20.2 硬件设计

本章实验功能简介:开机后,先初始化各外设,然后检测字库是否存在,如果检测无问题,则开始播放 SD 卡 VIDEO 文件夹里面的视频(.avi 格式)。注意:① 在 SD 卡根目录必须建立一个 VIDEO 文件夹,并在里面存放 AVI 视频(仅支持 MJPG 视频,音频必须是 PCM,且视频分辨率必须小于等于屏幕分辨率)。② 我们需要的视频可以通过狸窝全能视频转换器转换后得到,具体步骤后续会讲到(20.4 节)。

视频播放时,LCD 上还会显示视频名字、当前视频编号、总视频数、声道数、音频采样率、帧率、播放时间和总时间等信息。KEY0 用于选择下一个视频,KEY2 用于选择上一个视频,KEY_UP 可以快进,KEY1 可以快退,DS0 还是用于指示程序运行状态(仅字库错误时)。

本实验用到的资源如下:指示灯 DS0、4 个按键(KEY_UP/KEY0/KEY1/KEY2)、串口、LCD 模块、SD 卡、SPI Flash、WM8978、SAI、硬件 JPEG 解码器。这些前面都已介绍过。本实验须需要准备一个 SD 卡和一个耳机,分别插入 SD 卡接口和耳机接口(PHONE),然后下载本实验就可以看视频了!

20.3 软件设计

本实验在音乐播放器实验的基础上进行修改。本章要用到硬件 JPEG 解码和定时器,所以添加 jpegcodec.c、jpeg_utils.c 和 timer.c。

之后,在工程目录新建 MJPEG 文件夹,再在该文件夹里面新建 JPEG 文件夹,新建 avi.c、avi.h、mjpeg.c 和 mjpeg.h 这 4 个文件。然后,工程里面新建 MJPEG 分组,将 avi.c 和 mjpeg.c 添加到该分组下面,并将 MJPEG 文件夹加入头文件包含路径。

最后,在 APP 文件夹下面新建 videoplayer.c 和 videoplayer.h 两个文件,然后将 videoplayer.c 加入到工程的 APP 组下。本例程代码比较多,这里只介绍一些重要的函数,详细代码可参考本例程源码。

首先是 avi.c 里面的几个函数,代码如下:

```
AVI_INFO avix;                          //avi 文件相关信息
u8 * const AVI_VIDS_FLAG_TBL[2] = {"00dc","01dc"};//视频编码标志字符串,00dc/01dc
u8 * const AVI_AUDS_FLAG_TBL[2] = {"00wb","01wb"};//音频编码标志字符串,00wb/01wb
//avi 解码初始化
//buf:输入缓冲区
//size:缓冲区大小
//返回值:AVI_OK,avi 文件解析成功
//       其他,错误代码
AVISTATUS avi_init(u8 * buf,u32 size)
{
    u16 offset;
    u8 * tbuf;
    AVISTATUS res = AVI_OK;
    AVI_HEADER * aviheader;
    LIST_HEADER * listheader;
    AVIH_HEADER * avihheader;
    STRH_HEADER * strhheader;
```

```c
STRF_BMPHEADER * bmpheader;
STRF_WAVHEADER * wavheader;
tbuf = buf;
aviheader = (AVI_HEADER *)buf;
if(aviheader ->RiffID!= AVI_RIFF_ID)return AVI_RIFF_ERR;          //RIFF ID 错误
if(aviheader ->AviID!= AVI_AVI_ID)return AVI_AVI_ERR;              //AVI ID 错误
buf + = sizeof(AVI_HEADER);                                        //偏移
listheader = (LIST_HEADER *)(buf);
if(listheader ->ListID!= AVI_LIST_ID)return AVI_LIST_ERR;          //LIST ID 错误
if(listheader ->ListType!= AVI_HDRL_ID)return AVI_HDRL_ERR;        //HDRL ID 错误
buf + = sizeof(LIST_HEADER);                                       //偏移
avihheader = (AVIH_HEADER *)(buf);
if(avihheader ->BlockID!= AVI_AVIH_ID)return AVI_AVIH_ERR;         //AVIH ID 错误
avix.SecPerFrame = avihheader ->SecPerFrame;                       //得到帧间隔时间
avix.TotalFrame = avihheader ->TotalFrame;                         //得到总帧数
buf + = avihheader ->BlockSize + 8;                                //偏移
listheader = (LIST_HEADER *)(buf);
if(listheader ->ListID!= AVI_LIST_ID)return AVI_LIST_ERR;          //LIST ID 错误
if(listheader ->ListType!= AVI_STRL_ID)return AVI_STRL_ERR;        //STRL ID 错误
strhheader = (STRH_HEADER *)(buf + 12);
if(strhheader ->BlockID!= AVI_STRH_ID)return AVI_STRH_ERR;         //STRH ID 错误
if(strhheader ->StreamType == AVI_VIDS_STREAM)                     //视频帧在前
{
    if(strhheader ->Handler!= AVI_FORMAT_MJPG)return AVI_FORMAT_ERR;
                                                                   //非 MJPG 视频流,不支持
    avix.VideoFLAG = (u8 *)AVI_VIDS_FLAG_TBL[0];    //视频流标记  "00dc"
    avix.AudioFLAG = (u8 *)AVI_AUDS_FLAG_TBL[1];    //音频流标记  "01wb"
    bmpheader = (STRF_BMPHEADER *)(buf + 12 + strhheader ->BlockSize + 8);//strf
    if(bmpheader ->BlockID!= AVI_STRF_ID)return AVI_STRF_ERR;//STRF ID 错误
    avix.Width = bmpheader ->bmiHeader.Width;
    avix.Height = bmpheader ->bmiHeader.Height;
    buf + = listheader ->BlockSize + 8;           //偏移
    listheader = (LIST_HEADER *)(buf);
    if(listheader ->ListID!= AVI_LIST_ID)//是不含有音频帧的视频文件
    {
        avix.SampleRate = 0;        //音频采样率
        avix.Channels = 0;          //音频通道数
        avix.AudioType = 0;         //音频格式
    }
}else
{
    if(listheader ->ListType!= AVI_STRL_ID)return AVI_STRL_ERR;//STRL ID 错误
    strhheader = (STRH_HEADER *)(buf + 12);
    if(strhheader ->BlockID!= AVI_STRH_ID)
            return AVI_STRH_ERR;//STRH ID 错误
    if(strhheader ->StreamType!= AVI_AUDS_STREAM)
            return AVI_FORMAT_ERR;//格式错误
    wavheader = (STRF_WAVHEADER *)(buf + 12 + strhheader ->BlockSize + 8);//strf
    if(wavheader ->BlockID!= AVI_STRF_ID)
```

```
                        return AVI_STRF_ERR;//STRF ID 错误
            avix.SampleRate = wavheader ->SampleRate;        //音频采样率
            avix.Channels = wavheader ->Channels;            //音频通道数
            avix.AudioType = wavheader ->FormatTag;          //音频格式
        }
    }else if(strhheader ->StreamType == AVI_AUDS_STREAM)    //音频帧在前
    {
        avix.VideoFLAG = (u8 * )AVI_VIDS_FLAG_TBL[1];        //视频流标记  "01dc"
        avix.AudioFLAG = (u8 * )AVI_AUDS_FLAG_TBL[0];        //音频流标记  "00wb"
        wavheader = (STRF_WAVHEADER * )(buf + 12 + strhheader ->BlockSize + 8);//strf
        if(wavheader ->BlockID!= AVI_STRF_ID)return AVI_STRF_ERR;    //STRF ID 错误
        avix.SampleRate = wavheader ->SampleRate;            //音频采样率
        avix.Channels = wavheader ->Channels;                //音频通道数
        avix.AudioType = wavheader ->FormatTag;              //音频格式
        buf + = listheader ->BlockSize + 8;                  //偏移
        listheader = (LIST_HEADER * )(buf);
        if(listheader ->ListID!= AVI_LIST_ID)return AVI_LIST_ERR;    //LIST ID 错误
        if(listheader ->ListType!= AVI_STRL_ID)return AVI_STRL_ERR;//STRL ID 错误
        strhheader = (STRH_HEADER * )(buf + 12);
        if(strhheader ->BlockID!= AVI_STRH_ID)
                        return AVI_STRH_ERR;//STRH ID 错误
        if(strhheader ->StreamType!= AVI_VIDS_STREAM)
                        return AVI_FORMAT_ERR;//格式错误
        bmpheader = (STRF_BMPHEADER * )(buf + 12 + strhheader ->BlockSize + 8);//strf
        if(bmpheader ->BlockID!= AVI_STRF_ID)return AVI_STRF_ERR;    //STRF ID 错误
        if(bmpheader ->bmiHeader.Compression!= AVI_FORMAT_MJPG)
                        return AVI_FORMAT_ERR;//格式错误
        avix.Width = bmpheader ->bmiHeader.Width;
        avix.Height = bmpheader ->bmiHeader.Height;
    }
    offset = avi_srarch_id(tbuf,size,"movi");               //查找 movi ID
    if(offset == 0)return AVI_MOVI_ERR;                      //MOVI ID 错误
    if(avix.SampleRate)//有音频流,才查找
    {
        tbuf + = offset;
        offset = avi_srarch_id(tbuf,size,avix.AudioFLAG);    //查找音频流标记
        if(offset == 0)return AVI_STREAM_ERR;                //流错误
        tbuf + = offset + 4;
        avix.AudioBufSize = * ((u16 * )tbuf);                 //得到音频流 buf 大小
    }
    return res;
}
//查找 ID
//buf:待查缓存区
//size:缓存大小
//id:要查找的 id,必须是 4 字节长度
//返回值:0,查找失败,其他:movi ID 偏移量
u16 avi_srarch_id(u8 * buf,u32 size,u8 * id)
{
    u16 i;
```

```c
        size - = 4;
        for(i = 0;i<size;i++)
        {
            if(buf[i] == id[0])
                if(buf[i + 1] == id[1])
                    if(buf[i + 2] == id[2])
                        if(buf[i + 3] == id[3])return i;//找到"id"所在的位置
        }
        return 0;
}
//得到stream流信息
//buf:流开始地址(必须是01wb/00wb/01dc/00dc开头)
AVISTATUS avi_get_streaminfo(u8 * buf)
{
    avix.StreamID = MAKEWORD(buf + 2);              //得到流类型
    avix.StreamSize = MAKEDWORD(buf + 4);           //得到流大小
    if(avix.StreamSize % 2)avix.StreamSize ++ ;     //奇数加1(avix.StreamSize,必须是偶数)
    if(avix.StreamID == AVI_VIDS_FLAG || avix.StreamID == AVI_AUDS_FLAG)
                            return AVI_OK;
    return AVI_STREAM_ERR;
}
```

这里有3个函数,其中,avi_ini用于解析AVI文件,获取音视频流数据的详细信息,为后续解码做准备。而avi_srarch_id用于查找某个ID,可以是4个字节长度的ID,比如00dc、01wb、movi之类的,在解析数据以及快进快退的时候有用到。avi_get_streaminfo函数则用来获取当前数据流信息,重点是取得流类型和流大小,方便解码和读取下一个数据流。

接下来看mjpeg.c里面的几个函数,代码如下:

```c
//mjpeg 解码初始化
//offx,offy:x,y方向的偏移
//返回值:0,成功
//       1,失败
u8 mjpeg_init(u16 offx,u16 offy,u32 width,u32 height)
{
    u8 res;
    res = JPEG_Core_Init(&mjpeg);                   //初始化JPEG内核
    if(res)return 1;
    rgb565buf = mymalloc(SRAMEX,width * height * 2);  //申请RGB缓存
    if(rgb565buf == NULL)return   2;
    imgoffx = offx;
    imgoffy = offy;
    mjpeg_rgb_framebuf = (u16 * )ltdc_framebuf[lcdltdc.activelayer];
                                                    //指向RGBLCD当前显存
    return 0;
}
//mjpeg结束,释放内存
void mjpegdec_free(void)
{
    JPEG_Core_Destroy(&mjpeg);
```

```c
        myfree(SRAMEX,rgb565buf);
}
//填充颜色
//x,y:起始坐标
//width,height:宽度和高度
// * color:颜色数组
void mjpeg_fill_color(u16 x,u16 y,u16 width,u16 height,u16 * color)
{
    u16 i,j;
    u32 param1;
    u32 param2;
    u32 param3;
    u16 * pdata;
    if(lcdltdc.pwidth! = 0&&lcddev.dir == 0)
                                            //如果是 RGB 屏,且竖屏,则填充函数不可直接用
    {
        param1 = lcdltdc.pixsize * lcdltdc.pwidth * (lcdltdc.pheight - x - 1) + lcdltdc.pixsize * y;
                                            //将运算先做完,提高速度
        param2 = lcdltdc.pixsize * lcdltdc.pwidth;
        for(i = 0;i<height;i ++ )
        {
            param3 = i * lcdltdc.pixsize + param1;
            pdata = color + i * width;
            for(j = 0;j<width;j ++ )
            {
                * (u16 * )((u32)mjpeg_rgb_framebuf + param3 - param2 * j) = pdata[j];
            }
        }
    }else LCD_Color_Fill(x,y,x + width - 1,y + height - 1,color);//其他情况,直接填充
}
//解码一副 JPEG 图片
//buf:jpeg 数据流数组
//bsize:数组大小
//返回值:0,成功
//      其他,错误
u8 mjpegdec_decode(u8 * buf,u32 bsize)
{
    vu32 timecnt = 0;
    u8 fileover = 0;
    u8 i = 0;
    u32 mcublkindex = 0;
    if(bsize == 0)return 0;
    JPEG_Decode_Init(&mjpeg);                       //初始化硬件 JPEG 解码器
    for(i = 0;i<JPEG_DMA_INBUF_NB;i ++ )
    {
        if(bsize>JPEG_DMA_INBUF_LEN)
        {
            mymemcpy(mjpeg.inbuf[i].buf,buf,JPEG_DMA_INBUF_LEN);
            mjpeg.inbuf[i].size = JPEG_DMA_INBUF_LEN;   //读取了的数据长度
            mjpeg.inbuf[i].sta = 1;                     //标记 buf 满
            buf + = JPEG_DMA_INBUF_LEN;                 //源数组往后偏移
```

```
            bsize - = JPEG_DMA_INBUF_LEN;              //文件大小减少
        }else
        {
            mymemcpy(mjpeg.inbuf[i].buf,buf,bsize);
            mjpeg.inbuf[i].size = bsize;                //读取了的数据长度
            mjpeg.inbuf[i].sta = 1;                     //标记 buf 满
            buf + = bsize;                              //源数组往后偏移
            bsize = 0;                                  //文件大小为 0 了
            break;
        }
    }
    JPEG_IN_OUT_DMA_Init((u32)mjpeg.inbuf[0].buf,(u32)mjpeg.outbuf[0].buf,
                    mjpeg.inbuf[0].size,JPEG_DMA_OUTBUF_LEN);           //配置 DMA
    jpeg_in_callback = mjpeg_dma_in_callback;           //JPEG DMA 读取数据回调函数
    jpeg_out_callback = mjpeg_dma_out_callback;         //JPEG DMA 输出数据回调函数
    jpeg_eoc_callback = mjpeg_endofcovert_callback;     //JPEG 解码结束回调函数
    jpeg_hdp_callback = mjpeg_hdrover_callback;         //JPEG Header 解码完成回调函数
    JPEG_DMA_Start();                                   //启动 DMA 传输
    while(1)
    {
        SCB_CleanInvalidateDCache();                    //清空 D catch
        if(mjpeg.inbuf[mjpeg.inbuf_write_ptr].sta == 0&&fileover == 0)   //有 buf 为空
        {
            if(bsize>JPEG_DMA_INBUF_LEN)
            {
                mymemcpy(mjpeg.inbuf[mjpeg.inbuf_write_ptr].buf,buf,
                                    JPEG_DMA_INBUF_LEN);
                mjpeg.inbuf[mjpeg.inbuf_write_ptr].size = JPEG_DMA_INBUF_LEN;
                                                        //读取了的数据长度
                mjpeg.inbuf[mjpeg.inbuf_write_ptr].sta = 1;   //标记 buf 满
                buf + = JPEG_DMA_INBUF_LEN;             //源数组往后偏移
                bsize - = JPEG_DMA_INBUF_LEN;           //文件大小减少
            }else
            {
                mymemcpy(mjpeg.inbuf[mjpeg.inbuf_write_ptr].buf,buf,bsize);
                mjpeg.inbuf[mjpeg.inbuf_write_ptr].size = bsize;  //读取了的数据长度
                mjpeg.inbuf[mjpeg.inbuf_write_ptr].sta = 1;       //标记 buf 满
                buf + = bsize;                          //源数组往后偏移
                bsize = 0;                              //文件大小为 0 了
                timecnt = 0;                            //清零计时器
                fileover = 1;                           //文件结束了
            }
            if(mjpeg.indma_pause == 1&&mjpeg.inbuf[mjpeg.inbuf_read_ptr].sta == 1)
                                                        //之前是暂停的了,继续传输
            {
                JPEG_IN_DMA_Resume((u32)mjpeg.inbuf[mjpeg.inbuf_read_ptr].buf,
                    mjpeg.inbuf[mjpeg.inbuf_read_ptr].size);   //继续下一次 DMA 传输
                mjpeg.indma_pause = 0;
            }
            mjpeg.inbuf_write_ptr ++ ;
            if(mjpeg.inbuf_write_ptr> = JPEG_DMA_INBUF_NB)mjpeg.inbuf_write_ptr = 0;
```

第20章 视频播放器实验

```
        }
        if(mjpeg.outbuf[mjpeg.outbuf_read_ptr].sta == 1)        //buf 里面有数据要处理
        {
            mcublkindex + = mjpeg.ycbcr2rgb(mjpeg.outbuf[mjpeg.outbuf_read_ptr].buf,(u8 *)
            rgb565buf,mcublkindex,mjpeg.outbuf[mjpeg.outbuf_read_ptr].size);
                                                                //转 RGB565
            mjpeg.outbuf[mjpeg.outbuf_read_ptr].sta = 0;        //标记 buf 为空
            mjpeg.outbuf[mjpeg.outbuf_read_ptr].size = 0;       //数据量清空
            mjpeg.outbuf_read_ptr ++ ;
            if(mjpeg.outbuf_read_ptr> = JPEG_DMA_OUTBUF_NB)
                mjpeg.outbuf_read_ptr = 0;//限制范围
            if(mcublkindex == mjpeg.total_blks)break;
        }else if(mjpeg.outdma_pause == 1&&mjpeg.outbuf[mjpeg.outbuf_write_ptr].sta == 0)
                    //out 暂停,且当前 writebuf 已经为空了,则恢复 out 输出
        {
            JPEG_OUT_DMA_Resume((u32)mjpeg.outbuf[mjpeg.outbuf_write_ptr].buf,
                    JPEG_DMA_OUTBUF_LEN);//继续下一次 DMA 传输
            mjpeg.outdma_pause = 0;
        }
        timecnt ++ ;
        if(fileover)//文件结束后,及时退出,防止死循环
        {
            if(mjpeg.state == JPEG_STATE_NOHEADER)break;        //解码失败了
            if(timecnt>0X3FFF)break;                            //超时退出
        }
    }
    if(mjpeg.state == JPEG_STATE_FINISHED)                      //解码完成了
    {
        mjpeg_fill_color(imgoffx,imgoffy,mjpeg.Conf.ImageWidth,
                        mjpeg.Conf.ImageHeight,rgb565buf);
    }
    return 0;
}
```

其中,mjpeg_init 函数用于初始化 JPEG 解码,调用 JPEG_Core_Init 函数来对硬件 JPEG 解码内核进行初始化,然后申请内存,确定视频在液晶上面的偏移(让视频显示在 LCD 中央)。

mjpeg_free 函数,用于释放内存,解码结束后调用。

mjpeg_fill_color 函数,用于解码完成后,将 RGB565 数据填充到液晶屏上。对于 RGB 屏的竖屏模式,不能用 DMA2D 填充,只能用打点的方式填充,通过计算参量提高打点速度。对于 MCU 屏和 RGB 横屏,则直接调用 LCD_Color_Fill 函数进行填充即可。

mjpeg_decode 函数,是解码 JPEG 的主要函数。解码后将 YUV 转换成 RGB565 数据,存放在 rgb565buf 里面,然后通过 mjpeg_fill_color 函数将 RGB565 数据显示到 LCD 屏幕上。

接下来看 videoplayer.c 里面 video_play_mjpeg 函数,代码如下:

```
//播放一个 mjpeg 文件
```

```c
//pname:文件名
//返回值:
//KEY0_PRES:下一曲
//KEY1_PRES:上一曲
//其他:错误
u8 video_play_mjpeg(u8 * pname)
{
    u8 * framebuf;        //视频解码 buf
    u8 * pbuf;            //buf 指针
    FIL * favi;
    u8  res = 0;
    u16 offset = 0;
    u32  nr;
    u8 key;
    u8 saisavebuf;
    saibuf[0] = mymalloc(SRAMIN,AVI_AUDIO_BUF_SIZE);    //申请音频内存
    saibuf[1] = mymalloc(SRAMIN,AVI_AUDIO_BUF_SIZE);    //申请音频内存
    saibuf[2] = mymalloc(SRAMIN,AVI_AUDIO_BUF_SIZE);    //申请音频内存
    saibuf[3] = mymalloc(SRAMIN,AVI_AUDIO_BUF_SIZE);    //申请音频内存
    framebuf = mymalloc(SRAMIN,AVI_VIDEO_BUF_SIZE);     //申请视频 buf
    favi = (FIL * )mymalloc(SRAMIN,sizeof(FIL));        //申请 favi 内存
    memset(saibuf[0],0,AVI_AUDIO_BUF_SIZE);
    memset(saibuf[1],0,AVI_AUDIO_BUF_SIZE);
    memset(saibuf[2],0,AVI_AUDIO_BUF_SIZE);
    memset(saibuf[3],0,AVI_AUDIO_BUF_SIZE);
    if(! saibuf[3]||! framebuf||! favi)
    {
        printf("memory error! \r\n");
        res = 0XFF;
    }
    while(res == 0)
    {
        res = f_open(favi,(char * )pname,FA_READ);
        if(res == 0)
        {
            pbuf = framebuf;
            res = f_read(favi,pbuf,AVI_VIDEO_BUF_SIZE,&nr);//开始读取
            if(res)
            {
                printf("fread error:% d\r\n",res);
                break;
            }
            //开始 avi 解析
            res = avi_init(pbuf,AVI_VIDEO_BUF_SIZE);      //avi 解析
            if(res)
            {
                printf("avi err:% d\r\n",res);
                break;
            }
            video_info_show(&avix);
            TIM6_Init(avix.SecPerFrame/100 - 1,10800 - 1);
                                        //10 kHz 计数频率,加 1 是 100 us
```

```c
offset = avi_srarch_id(pbuf,AVI_VIDEO_BUF_SIZE,"movi");//寻找 movi ID
avi_get_streaminfo(pbuf + offset + 4);           //获取流信息
f_lseek(favi,offset + 12);        //跳过标志 ID,读地址偏移到流数据开始处
res = mjpeg_init((lcddev.width - avix.Width)/2,110 + (lcddev.height - 110 -
avix.Height)/2,avix.Width,avix.Height);//JPG 解码初始化
if(avix.SampleRate)                     //有音频信息,才初始化
{
    WM8978_I2S_Cfg(2,0);        //飞利浦标准,16 位数据长度
    SAIA_Init(SAI_MODEMASTER_TX,SAI_CLOCKSTROBING_
        RISINGEDGE,SAI_DATASIZE_16);//设置 SAI,主发送,16 位数据
    SAIA_SampleRate_Set(avix.SampleRate);     //设置采样率
    SAIA_TX_DMA_Init(saibuf[1],saibuf[2],avix.AudioBufSize/2,1);//设 DMA
    sai_tx_callback = audio_sai_dma_callback;//回调指向 SAI_DMA_Callback
    saiplaybuf = 0;
    saisavebuf = 0;
    SAI_Play_Start(); //开启 sai 播放
}
while(1)//播放循环
{
    if(avix.StreamID == AVI_VIDS_FLAG)     //视频流
    {
        pbuf = framebuf;
        f_read(favi,pbuf,avix.StreamSize + 8,&nr);
                        //读入整帧 + 下一数据流 ID 信息
        res = mjpeg_decode(pbuf,avix.StreamSize);
        if(res)
        {
            printf("decode error! \r\n");
        }
        while(frameup == 0);//等待时间到达(在 TIM6 的中断里面设置为 1)
        frameup = 0;              //标志清零
        frame ++ ;
    }else       //音频流
    {
        video_time_show(favi,&avix);       //显示当前播放时间
        saisavebuf ++ ;
        if(saisavebuf>3)saisavebuf = 0;
        do
        {
            nr = saiplaybuf;
            if(nr)nr -- ;
            else nr = 3;
        }while(saisavebuf == nr);//碰撞等待
        f_read(favi,saibuf[saisavebuf],avix.StreamSize + 8,&nr);//填充 saibuf
        pbuf = saibuf[saisavebuf];
    }
    key = KEY_Scan(0);
    if(key == KEY0_PRES||key == KEY2_PRES)
                    //KEY0/KEY2 按下,播放下一个/上一个视频
    {
        res = key;
```

```
                    break;
                }else if(key == KEY1_PRES||key == WKUP_PRES)
                {
                    SAI_Play_Stop();//关闭音频
                    video_seek(favi,&avix,framebuf);
                    pbuf = framebuf;
                    SAI_Play_Start();//开启 DMA 播放
                }
                if(avi_get_streaminfo(pbuf + avix.StreamSize))//读取下一帧流标志
                {
                    printf("frame error \r\n");
                    res = KEY0_PRES;
                    break;
                }
            }
            SAI_Play_Stop();         //关闭音频
            TIM6 ->CR1&= ~(1 << 0);  //关闭定时器 6
            LCD_Set_Window(0,0,lcddev.width,lcddev.height);//恢复窗口
            mjpeg_free();            //释放内存
            f_close(favi);
        }
    }
    myfree(SRAMIN,saibuf[0]);
    myfree(SRAMIN,saibuf[1]);
    myfree(SRAMIN,saibuf[2]);
    myfree(SRAMIN,saibuf[3]);
    myfree(SRAMIN,framebuf);
    myfree(SRAMIN,favi);
    return res;
}
```

该函数用来播放一个 AVI 视频文件（mjpg 编码），解码过程就是根据 20.1.2 小节最后介绍的步骤进行，不过这里的音频播放用了 4 个 buf，以提高解码的流畅度。

最后，看看主函数：

```
int main(void)
{
    Cache_Enable();                         //打开 L1 - Cache
    MPU_Memory_Protection();                //保护相关存储区域
    HAL_Init();                             //初始化 HAL 库
    Stm32_Clock_Init(432,25,2,9);           //设置时钟,216 MHz
    delay_init(216);                        //延时初始化
    uart_init(115200);                      //串口初始化
    TIM3_Init(10000 - 1,10800 - 1);         //10 kHz 计数,1 秒钟中断一次
    LED_Init();                             //初始化 LED
    KEY_Init();                             //初始化按键
    SDRAM_Init();                           //初始化 SDRAM
    LCD_Init();                             //初始化 LCD
    W25QXX_Init();                          //初始化 W25Q256
    WM8978_Init();                          //初始化 WM8978
    WM8978_ADDA_Cfg(1,0);                   //开启 DAC
```

第 20 章 视频播放器实验

```
WM8978_Input_Cfg(0,0,0);              //关闭输入通道
WM8978_Output_Cfg(1,0);               //开启 DAC 输出
WM8978_HPvol_Set(40,40);              //耳机音量设置
WM8978_SPKvol_Set(50);                //喇叭音量设置
my_mem_init(SRAMIN);                  //初始化内部内存池
my_mem_init(SRAMEX);                  //初始化外部 SDRAM 内存池
my_mem_init(SRAMDTCM);                //初始化内部 CCM 内存池
exfuns_init();                        //为 fatfs 相关变量申请内存
f_mount(fs[0],"0:",1);                //挂载 SD 卡
f_mount(fs[1],"1:",1);                //挂载 SPI FLASH
f_mount(fs[2],"2:",1);                //挂载 NAND FLASH
POINT_COLOR = RED;
while(font_init())                    //检查字库
{
    LCD_ShowString(30,50,200,16,16,"Font Error!");       delay_ms(200);
    LCD_Fill(30,50,240,66,WHITE);//清除显示                delay_ms(200);
}
POINT_COLOR = RED;
Show_Str(60,50,200,16,"阿波罗 STM32F4/F7 开发板",16,0);
Show_Str(60,70,200,16,"视频播放器实验",16,0);
Show_Str(60,90,200,16,"正点原子@ALIENTEK",16,0);
Show_Str(60,110,200,16,"2016 年 7 月 18 日",16,0);
Show_Str(60,130,200,16,"KEY0:NEXT    KEY2:PREV",16,0);
Show_Str(60,150,200,16,"KEY_UP:FF    KEY1:REW",16,0);
delay_ms(1500);
while(1)video_play();
}
```

最后，为了提高速度，我们对编译器进行设置，选择使用-O2 优化，从而优化代码，提高速度（但调试效果不好，建议调试时设置为-O0）。编译器设置如图 20.3.1 所示。设置完后重新编译即可。至此，本实验的软件设计部分结束。

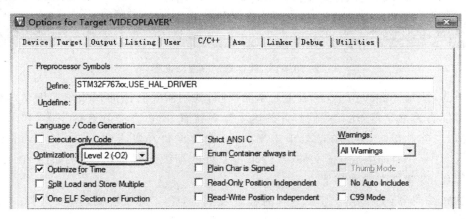

图 20.3.1　编译器优化设置

20.4　下载验证

本章例程仅支持 MJPG 编码的 AVI 格式视频,且音频必须是 PCM 格式,另外视频分辨率不能大于 LCD 分辨率。要满足这些要求,现成的 AVI 文件是很难找到的,所以需要用软件将通用视频(任何视频都可以)转换为我们需要的格式,这里通过狸窝全能视频转换器来实现(路径是配套资料的"6.软件资料→软件→视频转换软件→狸窝全能视频转换器.exe")。安装完后打开,然后进行相关设置,软件设置如图 20.4.1 和图 20.4.2 所示。

图 20.4.1　软件启动界面和设置

首先,如图 20.4.1 所示,单击 1 处添加视频,找到需要转换的视频添加进来。有的视频可能有独立字幕,比如我们打开的这个视频就有,所以在 2 处选择字幕(如果没有的,可以忽略此步)。然后在 3 处单击▼图标,选择预制方案 AVI－Audio－Video Interleaved(＊.avi)即生成.avi 文件,然后单击 4 处的高级设置按钮,进入如图 20.4.2 所示的界面,设置详细参数如下:

视频编码器:选择 MJPEG。本例程仅支持 MJPG 视频解码,所以选择这个编码器。

视频尺寸:480×272。这里须根据所用 LCD 分辨率来选择,假设用 480×800 的 4.3 寸电容屏模块,则这里最大可以设置 480×272。如果是 2.8 屏,则最大宽度只能是 240。

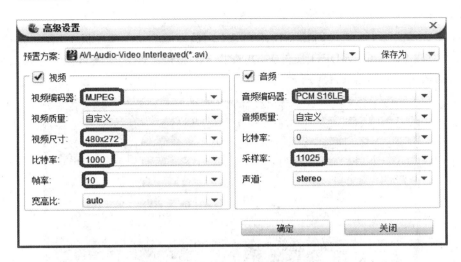

图 20.4.2　高级设置

比特率：1 000。这里设置越大，视频质量越好，解码就越慢（可能会卡），我们设置为 1 000，则可以得到比较好的视频质量，同时也不怎么会卡。

帧率：10。即每秒钟 10 帧。对于 480×272 的视频，本例程最高能播放 30 帧左右的视频。要想提高帧率，有几个办法：①降低分辨率；②降低比特率；③降低音频采样率。

音频编码器：PCMS16LE。本例程只支持 PCM 音频，所以选择音频编码器为这个。

采样率：这里设置为 11 025，即 11.025 kHz 的采样率。这里越高，声音质量越好，不过，转换后的文件就越大，而且视频可能会卡。

其他设置采用默认的即可。设置完以后，单击"确定"即可完成设置。

单击图 20.4.1 的 5 处的文件夹图标来设置转换后视频的输出路径，这里设置到桌面，这样转换后的视频会保存在桌面。最后，单击图中 6 处的按钮即可开始转换了，如图 20.4.3 所示。

图 20.4.3　正在转换

转换完成后，将转换后的.avi 文件复制到 SD 卡（VIDEO 文件夹下，然后插入开发板的SD卡接口,就可以开始测试本章例程了。

编译成功之后,下载代码到ALIENTEK阿波罗STM32开发板上,程序先检测字库,然后检测SD卡的VIDEO文件夹,并查找avi视频文件。在找到有效视频文件后,便开始播放视频,如图20.4.4所示。

图 20.4.4 视频播放中

可以看到,屏幕显示了文件名、索引、声道数、采样率、帧率和播放时间等参数。按KEY0/KEY2可以切换到下一个/上一个视频,按KEY_UP/KEY1可以快进/快退。

至此,本例程介绍就结束了。本实验在阿波罗STM32开发板上实现了视频播放,体现了STM32F767强大的处理能力。

本例程只支持竖屏宽度的分辨率解码(比如800×480的屏,最大只支持480宽度的视频解码),如果想要支持更大分辨率的视频解码,则必须使用横屏模式,需要在本例程源码的基础上稍做修改(参见综合实验的视频播放器功能)。

STM32F767硬件JPEG视频解码性能如下:
➢ 对480×272及以下分辨率,可达30帧;
➢ 对800×480分辨率,可达20帧;
➢ 对1 024×600分辨率,可达10帧。

注意,转换的视频分辨率一定要根据自己的LCD设置,不能超过LCD的尺寸,否则无法播放(可能只听到声音,看不到图像)。

第 21 章
FPU 测试(Julia 分形)实验

本章将介绍如何开启 STM32F767 的硬件 FPU,并对比使用硬件 FPU 和不使用硬件 FPU 的速度差别,以体现硬件 FPU 的优势。

21.1　FPU&Julia 分形简介

21.1.1　FPU 简介

FPU 即浮点运算单元(Float Point Unit)。浮点运算,对于定点 CPU(没有 FPU 的 CPU)来说,必须要按照 IEEE—754 标准的算法来完成运算,相当耗费时间。而对于有 FPU 的 CPU 来说,浮点运算则只是几条指令的事情,速度相当快。

STM32F767 属于 Cortex - M7 架构,带有 32 位双精度硬件 FPU,支持浮点指令集,相对于 Cortex - M0 和 Cortex - M3 等,高出数十倍甚至上百倍的运算性能。

STM32F767 硬件上要开启 FPU 是很简单的,通过一个叫协处理器控制寄存器(CPACR)的寄存器设置即可开启 STM32F767 的硬件 FPU,该寄存器各位描述如图 21.1.1 所示。

31	30	29	28	27	26	25	24	23	22	21	20	19	18	17	16
Reserved								CP11 rw		CP10 rw		Reserved			
15	14	13	12	11	10	9	8	7	6	5	4	3	2	1	0
Reserved															

图 21.1.1　协处理器控制寄存器(CPACR)各位描述

这里就是要设置 CP11 和 CP10 这 4 个位,复位后这 4 个位的值都为 0,此时禁止访问协处理器(禁止了硬件 FPU),将这 4 个位都设置为 1 即可完全访问协处理器(开启硬件 FPU),此时便可以使用 STM32F7 内置的硬件 FPU 了。CPACR 寄存器这 4 个位的设置在 system_stm32f7xx_c 文件里面开启,代码如下:

```
void SystemInit(void)
{
  /* FPU settings ------------------------------------------*/
  #if (__FPU_PRESENT == 1) && (__FPU_USED == 1)
```

```
            SCB->CPACR |= ((3UL << 10 * 2)|(3UL << 11 * 2));  /* set CP10 and CP11 Full
                            Access */
        #endif
        ……//省略部分代码
}
```

此部分代码是系统初始化函数的部分内容,功能就是设置 CPACR 寄存器的 20~23 位为 1,以开启 STM32F7 的硬件 FPU 功能。从程序可以看出,只要定义了全局宏定义标识符 __FPU_PRESENT 以及 __FPU_USED 为 1,那么就可以开启硬件 FPU。其中,宏定义标识符 __FPU_PRESENT 用来确定处理器是否带 FPU 功能,标识符 __FPU_USED 用来确定是否开启 FPU 功能。

实际上,因为 F7 是带 FPU 功能的,所以 stm32f767xx.h 头文件里面默认定义 __FPU_PRESENT 为 1。打开文件搜索即可找到下面一行代码:

```
#define __FPU_PRESENT           1
```

但是,仅仅只是说明处理器有 FPU 功能是不够的,我们还需要开启 FPU 功能。开启 FPU 有两种方法,第一种是直接在头文件 STM32f767xx.h 中定义宏定义标识符 __FPU_USED 的值为 1。第二种是可以直接在 MDK 编译器上面设置,在 MDK5 编译器里面单击 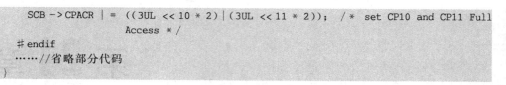 按钮,然后在 Target 选项卡里面,在 Floating Point Hardware 下拉列表框中选择 Use Double Precision,如图 21.1.2 所示。

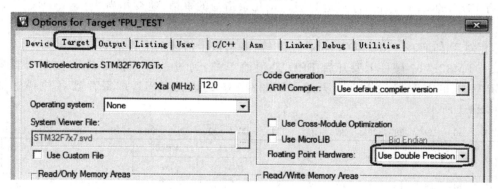

图 21.1.2　编译器开启硬件 FPU 选型

经过这个设置,编译器会自动加入标识符 __FPU_USED 为 1。这样遇到浮点运算时就会使用硬件 FPU 相关指令,从而执行浮点运算,大大减少计算时间。

最后,总结下 STM32F7 硬件 FPU 使用的要点:

① 设置 CPACR 寄存器 bit20~23 为 1,使能硬件 FPU(参考 SystemInit 函数开头部分)。

② MDK 编译器 Target 选项卡中 Floating Point Hardware 选项设置为 Use Double Precision。

经过这两步设置,我们的编写的浮点运算代码即可使用 STM32F7 的硬件 FPU 了,可以大大加快浮点运算速度。

21.1.2 Julia 分形简介

Julia 分形即 Julia 集,最早由法国数学家 Gaston Julia 发现,因此命名为 Julia(朱利亚)集。Julia 集合的生成算法非常简单:对于复平面的每个点,我们计算一个定义序列的发散速度。该序列的 Julia 集计算公式为:

$$z_n + 1 = z_{n2} + c$$

针对复平面的每个 $x + i.y$ 点,我们用 $c = c_x + i.c_y$ 计算该序列:

$$x_{n+1} + i.y_{n+1} = x_{n2} - y_{n2} + 2.i.x_n.y_n + c_x + i.c_y$$

$$x_n + 1 = x_{n2} - y_{n2} + c_x \text{ 且 } y_{n+1} = 2.x_n.y_n + c_y$$

一旦计算出的复值超出给定圆的范围(数值大小大于圆半径),则序列便会发散,达到此限值时完成的迭代次数与该点相关。随后将该值转换为颜色,以图形方式显示复平面上各个点的分散速度。

经过给定的迭代次数后,若产生的复值保持在圆范围内,则计算过程停止,并且序列也不发散。本例程生成 Julia 分形图片的代码如下:

```
#define         ITERATION           128             //迭代次数
#define         REAL_CONSTANT       0.285f          //实部常量
#define         IMG_CONSTANT        0.01f           //虚部常量
//产生 Julia 分形图形
//size_x,size_y:屏幕 x,y 方向的尺寸
//offset_x,offset_y:屏幕 x,y 方向的偏移
//zoom:缩放因子
void GenerateJulia_fpu(u16 size_x,u16 size_y,u16 offset_x,u16 offset_y,u16 zoom)
{
    u8 i;
    u16 x,y;
    float tmp1,tmp2;
    float num_real,num_img;
    float radius;
    for(y = 0;y<size_y;y++)
    {
        for(x = 0;x<size_x;x++)
        {
            num_real = y - offset_y;
            num_real = num_real/zoom;
            num_img = x - offset_x;
            num_img = num_img/zoom;
            i = 0;
            radius = 0;
            while((i<ITERATION - 1)&&(radius<4))
            {
                tmp1 = num_real * num_real;
                tmp2 = num_img * num_img;
                num_img = 2 * num_real * num_img + IMG_CONSTANT;
                num_real = tmp1 - tmp2 + REAL_CONSTANT;
                radius = tmp1 + tmp2;
```

```
            i++;
        }
        if(lcdltdc.pwidth!=0)lcdbuf[lcddev.width-x-1]=color_map[i];
                                                //保存颜色到lcdbuf
        else LCD->LCD_RAM = color_map[i];//绘制到屏幕
    }
    if(lcdltdc.pwidth!=0)LTDC_Color_Fill(0,y,lcddev.width-1,y,lcdbuf);
                                                //DM2D填充
    }
}
```

这种算法非常有效地展示了 FPU 的优势：无须修改代码，只须在编译阶段激活或禁止 FPU(在 MDK 的 Float Point Hardware 选项里面设置 Use Double Precision/Not Used)即可测试使用硬件 FPU 和不使用硬件 FPU 的差距。

注意,该函数将颜色数据填充到 LCD 的时候,根据 MCU 屏还是 RGB 屏,做了不同的处理:如果是 MCU 屏,则可以直接写 LCD_RAM,将颜色显示到 LCD 上面;如果是 RGB 屏,则需要先缓存到 lcdbuf,然后通过 DMA2D 一次性填充,以提高速度。

21.2　硬件设计

本章实验功能简介:开机后,根据迭代次数生成颜色表(RGB565),然后计算 Julia 分形,并显示到 LCD 上面。同时,程序开启了定时器 3,用于统计一帧所要的时间(ms)。在一帧 Julia 分形图片显示完成后,程序会显示运行时间、当前是否使用 FPU 和缩放因子(zoom)等信息,方便观察对比。KEY0/KEY2 用于调节缩放因子,KEY_UP 用于设置自动缩放,还是手动缩放。DS0 用于提示程序运行状况。

本实验用到的资源如下:指示灯 DS0、3 个按键(KEY_UP/KEY0/KEY2)、串口、LCD 模块。这些前面都已介绍过。

21.3　软件设计

本章代码,分成两个工程:
① 实验 51_1 FPU 测试(Julia 分形)实验_开启硬件 FPU;
② 实验 51_2 FPU 测试(Julia 分形)实验_关闭硬件 FPU。
这两个工程的代码一模一样,只是前者使用硬件 FPU 计算 Julia 分形集(MDK 设置 Use Double Precision),后者使用 IEEE—754 标准计算 Julia 分形集(MDK 设置 Not Used)。由于两个工程代码一模一样,这里仅介绍前一个来开启硬件 FPU。

本章代码在 TFTLCD 显示实验的基础上修改,打开 TFTLCD 显示实验的工程,由于要统计帧时间和按键设置,所以在 HARDWARE 组下加入 timer.c 和 key.c 两个文件。

本章不需要添加其他.c 文件,所有代码均在 main.c 里面实现,整个代码如下:

第21章 FPU测试(Julia 分形)实验

```c
//FPU 模式提示
#if __FPU_USED == 1
#define SCORE_FPU_MODE                  "FPU On"
#else
#define SCORE_FPU_MODE                  "FPU Off"
#endif
#define         ITERATION       128             //迭代次数
#define         REAL_CONSTANT   0.285f          //实部常量
#define         IMG_CONSTANT    0.01f           //虚部常量
//颜色表
u16 color_map[ITERATION];
//缩放因子列表
const u16 zoom_ratio[] =
{
    120, 110, 100, 150, 200, 275, 350, 450,
    600, 800, 1000, 1200, 1500, 2000, 1500,
    1200, 1000, 800, 600, 450, 350, 275, 200,
    150, 100, 110,
};
//初始化颜色表
//clut:颜色表指针
void InitCLUT(u16 * clut)
{
    u32 i = 0x00;u16 red = 0,green = 0,blue = 0;
    for(i = 0;i<ITERATION;i++)//产生颜色表
    {
        //产生 RGB 颜色值
        red = (i * 8 * 256/ITERATION) % 256;
        green = (i * 6 * 256/ITERATION) % 256;
        blue = (i * 4 * 256 /ITERATION) % 256;
        //将 RGB888,转换为 RGB565
        red = red >>3;
        red = red <<11;
        green = green >>2;
        green = green <<5;
        blue = blue >>3;
        clut[i] = red + green + blue;
    }
}
//产生 Julia 分形图形
//size_x,size_y:屏幕 x,y 方向的尺寸
//offset_x,offset_y:屏幕 x,y 方向的偏移
//zoom:缩放因子
void GenerateJulia_fpu(u16 size_x,u16 size_y,u16 offset_x,u16 offset_y,u16 zoom)
{
    ……//代码省略,详见 21.1.2 节
}
u8 timeout;
int main(void)
{
    u8 key, i = 0, autorun = 0;
```

```c
    float time;       u8 buf[50];
    Cache_Enable();                             //打开 L1-Cache
    HAL_Init();                                 //初始化 HAL 库
    Stm32_Clock_Init(432,25,2,9);               //设置时钟,216 MHz
    delay_init(216);                            //延时初始化
    uart_init(115200);                          //串口初始化
    LED_Init();                                 //初始化 LED
    KEY_Init();                                 //初始化按键
    SDRAM_Init();                               //初始化 SDRAM
    LCD_Init();                                 //LCD 初始化
    TIM3_Init(65535,10800-1);                   //10 kHz 计数频率,最大计时 6.5 秒超出
    ……//此处省略部分代码
    InitCLUT(color_map);                        //初始化颜色表
    while(1)
    {
        key = KEY_Scan(0);
        switch(key)
        {
            case KEY0_PRES:
                i++;
                if(i>sizeof(zoom_ratio)/2-1)i = 0;//限制范围
                break;
            case KEY2_PRES:
                if(i)i--;
                else i = sizeof(zoom_ratio)/2-1;
                break;
            case WKUP_PRES:
                autorun = !autorun;     //自动/手动
                break;
        }
        if(autorun == 1)//自动时,自动设置缩放因子
        {
            i++;
            if(i>sizeof(zoom_ratio)/2-1)i = 0;//限制范围
        }
        LCD_Set_Window(0,0,lcddev.width,lcddev.height);//设置窗口
        LCD_WriteRAM_Prepare();
        __HAL_TIM_SET_COUNTER(&TIM3_Handler,0);//重设 TIM3 定时器的计数器值
        timeout = 0;
        GenerateJulia_fpu(lcddev.width,lcddev.height,lcddev.width/2,
                                              lcddev.height/2,zoom_ratio[i]);
        time = __HAL_TIM_GET_COUNTER(&TIM3_Handler) + (u32)timeout * 65536;
        sprintf((char *)buf,"%s: zoom:%d   runtime:%0.1fms\r\n",
                                    SCORE_FPU_MODE,zoom_ratio[i],time/10);
        LCD_ShowString(5,lcddev.height-5-12,lcddev.width-5,12,12,buf);
                                                          //显示运行情况
        printf("%s",buf);//输出到串口
        LED0_Toggle;
    }
}
```

这里面总共 3 个函数：InitCLUT、GenerateJulia_fpu 和 main 函数。

InitCLUT 函数，用于初始化颜色表。该函数根据迭代次数（ITERATION）计算出颜色表，并这些颜色值将显示在 TFTLCD 上。

GenerateJulia_fpu 函数，该函数根据给定的条件计算 Julia 分形集，当迭代次数大于等于 ITERATION 或者半径大于等于 4 时，结束迭代，并在 TFTLCD 上面显示迭代次数对应的颜色值，从而得到漂亮的 Julia 分形图。我们可以通过修改 REAL_CONSTANT 和 IMG_CONSTANT 这两个常量的值来得到不同的 Julia 分形图。

main 函数，完成 21.2 节所介绍的实验功能，代码比较简单。这里用到一个缩放因子表：zoom_ratio，里面存储了一些不同的缩放因子，方便演示效果。

最后，为了提高速度，同上一章一样，我们在 MDK 里面选择使用-O2 优化，优化代码速度，本例程代码就介绍到这里。

再次提醒读者，本例程两个代码（实验 51_1 和 51_2）程序是完全一模一样的，它们的区别就是图 21.1.2 的 Floating Point Hardware 的设置不一样，当设置 Use Double Precision 时，使用硬件 FPU；当设置 Not Used 时，不使用硬件 FPU。分别下载这两个代码，通过屏幕显示的 runtime 时间即可看出速度上的区别。

21.4　下载验证

代码编译成功之后，下载本例程任意一个代码（这里以 51_1 为例）到 ALIENTEK 阿波罗 STM32 开发板上，可以看到，LCD 显示 Julia 分形图及相关参数，如图 21.4.1 所示。

实验 51_1 是开启了硬件 FPU 的，所以显示 Julia 分形图片速度比较快。如果下载实验 51_2，同样的缩放因子，会比实验 51_1 慢 11 倍左右。

因此可以看出使用硬件 FPU 和不使用硬件 FPU 的对比，同样的条件下，硬件 FPU 快了近 11 倍，充分体现了 STM32F767 硬件 FPU 的优势。

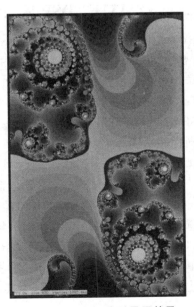

图 21.4.1　Julia 分形显示效果

第 22 章

DSP 测试实验

上一章在 ALIENTEK 阿波罗 STM32 开发板上测试了 STM32F767 的硬件 FPU。STM32F767 除了集成硬件 FPU 外,还支持多种 DSP 指令集。同时,ST 还提供了一整套 DSP 库,方便我们工程中开发应用。

本章将指导读者入门 STM32F767 的 DSP,手把手教读者搭建 DSP 库测试环境,同时通过对 DSP 库中的几个基本数学功能函数和 FFT 快速傅里叶变换函数的测试,让读者对 STM32F767 的 DSP 库有个基本的了解。

22.1 DSP 简介与环境搭建

22.1.1 STM32F7 DSP 简介

STM32F7 采用 Cortex-M7 内核,相比 Cortex-M3 系列,除了内置硬件 FPU 单元,在数字信号处理方面还增加了 DSP 指令集,支持诸如单周期乘加指令(MAC)、优化的单指令多数据指令(SIMD)、饱和算数等多种数字信号处理指令集。相比 Cortex-M3,Cortex-M4 在数字信号处理能力方面得到了大大的提升。Cortex-M7 执行所有的 DSP 指令集都可以在单周期内完成,而 Cortex-M3 需要多个指令和多个周期才能完成同样的功能。

接下来看看 Cortex-M7 的两个 DSP 指令:MAC 指令(32 位乘法累加)和 SIMD 指令。32 位乘法累加(MAC)单元包括新的指令集,能够在单周期内完成一个 32×32+64→64 的操作或两个 16×16 的操作,其计算能力如图 22.1.1 所示。

Cortex-M7 支持 SIMD 指令集,这在 Cortex-M3/M0 系列是不可用的。图 22.1.1 中的指令有的属于 SIMD 指令。与硬件乘法器一起工作使所有这些指令都能在单个周期内执行。受益于 SIMD 指令的支持,Cortex-M4 处理器能在单周期内完成高达 32×32+64→64 的运算,为其他任务释放处理器的带宽,而不是被乘法和加法消耗运算资源。

比如一个比较复杂的运算:两个 16×16 乘法加上一个 32 位加法,如图 22.1.2 所示。图中所示的运算,即 SUM = SUM +(A * C)+(B * D),在 STM32F7 上面可以被编译成由一条单周期指令完成。

上面简单介绍了 Cortex-M7 的 DSP 指令,接下来介绍一下 STM32F7 的 DSP

计 算	指 令	周期
16×16=32	SMULBB,SMULBT,SMULT,SMULTT	1
16×16+32=32	SMLABB,SMLABT,SMLATB,SMLATT	1
16×16+64=64	SMLALBB,SMLALBT,SMLALTB,SMLALTT	1
16×32=32	SMULWB,SMULWT	1
(16×32)+32=32	SMLAWB,SMLAWT	1
(16×16)±(16×16)=32	SMUAD,SMUADX,SMUSD,SMUSDX	1
(16×16)±(16×16)+32=32	SMLAD,SMLADX,SMLSD,SMLSDX	1
(16×16)±(16×16)+64=64	SMLALD,SMLALDX,SMLSLD,SMLSLDX	1
32×32=32	MUL	1
32±(32×32)=32	MLA,MLS	1
32×32=64	SMULL,UMULL	1
(32×32)+64=64	SMLAL,UMLAL	1
(32×32)+32+32=64	UMAAL	1
2±(32×32)=32(上)	SMMLA,SMMLAR,SMMLS,SMMLSR	1
(32×32)=32(上)	SMMUL,SMMULR	1

图 22.1.1 32 位乘法累加(MAC)单元的计算能力

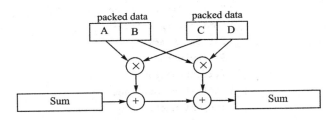

图 22.1.2 SUM 运算过程

库。STM32F7 的 DSP 库源码和测试实例在 ST 提供的 HAL 库:en.stm32cubef7.zip 里面就有(该文件可以在 www.st.com 网站下载,搜索 STM32CubeF7 即可找到最新版本),该文件在配套资料→8,STM32 参考资料→1,STM32CubeF7 固件包文件夹里面,解压该文件,即可找到 ST 提供的 DSP 库,详细路径为配套资料→8,STM32 参考资料→1,STM32CubeF7 固件包→STM32Cube_FW_F7_V1.4.0→Drivers→CMSIS→DSP_Lib,该文件夹下目录结构如图 22.1.3 所示。

DSP_Lib 源码包的 Source 文件夹是所有 DSP 库的源码,Examples 文件夹是相对应的一些测试实例。这些测试实例都是带 main 函数的,也就是拿到工程中可以直接使用。接下来讲解 Source 源码文件夹下面的子文件夹包含的 DSP 库的功能。

BasicMathFunctions
基本数学函数:提供浮点数的各种基本运算函数,如向量加减乘除等运算。

CommonTables
arm_common_tables.c 文件提供位翻转或相关参数表。

ComplexMathFunctions
复杂数学功能,如向量处理、求模运算。

ControllerFunctions

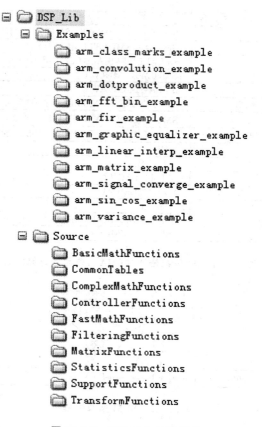

图 22.1.3 DSP_Lib 目录结构

控制功能函数,包括正弦余弦、PID 电机控制、矢量 Clarke 变换、矢量 Clarke 逆变换等。

FastMathFunctions

快速数学功能函数,提供了一种快速的近似正弦、余弦和平方根等相比 CMSIS 计算库要快的数学函数。

FilteringFunctions

滤波函数功能,主要为 FIR 和 LMS(最小均方根)等滤波函数。

MatrixFunctions

矩阵处理函数,包括矩阵加法、矩阵初始化、矩阵反、矩阵乘法、矩阵规模、矩阵减法、矩阵转置等函数。

StatisticsFunctions

统计功能函数,如求平均值、最大值、最小值、计算均方根 RMS、计算方差/标准差等。

SupportFunctions

支持功能函数,如数据复制、Q 格式和浮点格式相互转换、Q 任意格式相互转换。

第22章 DSP测试实验

TransformFunctions

变换功能,包括复数FFT(CFFT)/复数FFT逆运算(CIFFT)、实数FFT(RFFT)/实数FFT逆运算(RIFFT)、DCT(离散余弦变换)和配套的初始化函数。

所有这些DSP库代码合在一起是比较多的,因此,ST提供了.lib格式的文件,方便使用。这些.lib文件就是由Source文件夹下的源码编译生成的,如果想看某个函数的源码,则可以在Source文件夹下面查找。.lib格式文件HAL库包路径:Drivers\CMSIS\Lib\ARM,总共有6个.lib文件,如下:

① arm_cortexM7b_math.lib　　　（Cortex-M7 大端模式）；
② arm_cortexM7l_math.lib　　　（Cortex-M7 小端模式）；
③ arm_cortexM7bfdp_math.lib　　（双精度浮点Cortex-M7 大端模式）；
④ arm_cortexM7lfdp_math.lib　　（双精度浮点Cortex-M7 小端模式）；
⑤ arm_cortexM7bfsp_math.lib　　（单精度浮点Cortex-M7 大端模式）；
⑥ arm_cortexM7lfsp_math.lib　　（单精度浮点Cortex-M7 小端模式）。

我们得根据所用MCU内核类型以及端模式来选择符合要求的.lib文件,本章所用的STM32F7属于CortexM7F内核,双精度浮点小端模式,则应选择arm_cortexM7lfdp_math.lib(双精度浮点Cortex-M7 小端模式)。

DSP_Lib的子文件夹Examples下面存放的文件是ST官方提供的一些DSP测试代码,其提供了简短的测试程序,方便上手,有兴趣的读者可以根据需要自行测试。

22.1.2　DSP库运行环境搭建

本小节讲解怎么搭建DSP库运行环境,只要运行环境搭建好了,使用DSP库里面的函数来做相关处理就非常简单了。本小节将以上一章例程(实验52_1)为基础,搭建DSP运行环境。

在MDK里面搭建STM32F7的DSP运行环境(使用.lib方式)是很简单的,分为3个步骤:

① 添加文件。

首先,在例程工程目录下新建DSP_LIB文件夹,用于存放将要添加的文件:arm_cortexM7lfdp_math.lib和相关头文件,如图22.1.4所示。

其中,arm_cortexM7lfdp_math.lib的由来在22.1.1小节已经介绍过了。Include文件夹则是直接从STM32Cube_FW_F7_V1.4.0→Drivers→CMSIS→Include这个文件夹复制过来的,里面包含了可能要用到的相关头文件。

然后,打开工程,新建DSP_LIB分组,并将arm_cortexM7lfdp_math.lib添加到工程,如图22.1.5所示。

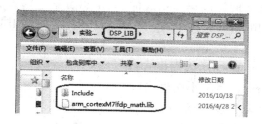
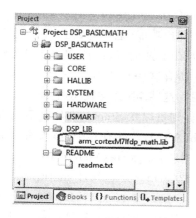

图 22.1.4　DSP_LIB 文件夹添加文件　　　　图 22.1.5　添加 .lib 文件

这样，添加文件就结束了(就添加了一个 .lib 文件)。

② 添加头文件包含路径

添加好 .lib 文件后，我们要添加头文件包含路径，将第①步复制的 Include 文件夹和 DSP_LIB 文件夹加入头文件包含路径，如图 22.1.6 所示。

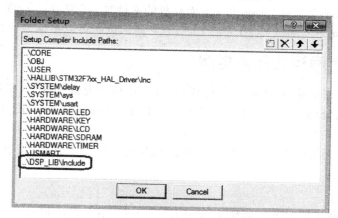

图 22.1.6　添加相关头文件包含路径

③ 添加全局宏定义。

最后，为了使用 DSP 库的所有功能，还需要添加几个全局宏定义：

➢ __FPU_USED；
➢ __FPU_PRESENT；
➢ ARM_MATH_CM7；
➢ __CC_ARM；
➢ ARM_MATH_MATRIX_CHECK；
➢ ARM_MATH_ROUNDING。

添加方法：单击，在弹出的对话框中选择 C/C++ 选项卡，然后在 Define 文本框

里面进行设置,如图22.1.7所示。这里,两个宏之间用",",隔开。并且,上面的全局宏里面没有添加__FPU_USED,因为这个宏定义在Target选项卡设置Floating Point Hardware的时候选择了Use Double Precision(如果没有设置Use Double Precision,则必须设置),故MDK会自动添加这个全局宏,不需要手动添加了。同时,__FPU_PRESENT全局宏的宏定义在stm32f7xx.h头文件里面已经定义。这样,在Define处要输入的所有宏为:STM32F767xx、USE_HAL_DRIVER、ARM_MATH_CM7、__CC_ARM、ARM_MATH_MATRIX_CHECK、ARM_MATH_ROUNDING共6个。

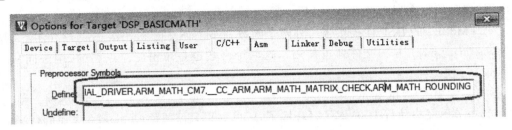

图 22.1.7 DSP库支持全局宏定义设置

至此,STM32F7的DSP库运行环境就搭建完成了。

特别注意,为了方便调试,本章例程将MDK的优化设置为-O0优化,以得到最好的调试效果。

22.2 硬件设计

本例程包含2个源码:实验52_1 DSP BasicMath测试和实验52_2 DSP FFT测试,它们除了main.c里面内容不一样外,其他源码完全一模一样(包括MDK配置)。

实验52_1 DSP BasicMath测试实验功能简介:测试STM32F7的DSP库基础数学函数:arm_cos_f32、arm_sin_f32和标准库基础数学函数cosf、sinf的速度差别,并在LCD屏幕上面显示两者计算所用时间,DS0用于提示程序正在运行。

实验52_2 DSP FFT测试实验功能简介:测试STM32F7的DSP库的FFT函数,程序运行后,自动生成1 024点测试序列。然后,每当KEY0按下后,调用DSP库的FFT算法(基4法)执行FFT运算,在LCD屏幕上面显示运算时间,同时将FFT结果输出到串口,DS0用于提示程序正在运行。

本实验用到的资源如下:指示灯DS0、KEY0按键、串口、TFTLCD模块。这些前面都已介绍过。

22.3 软件设计

本章代码分成两个工程:①实验52_1 DSP BasicMath测试;②实验52_2 DSP FFT测试,接下来分别介绍。

22.3.1 DSP BasicMath 测试

这是使用 STM32F7 的 DSP 库进行基础数学函数测试的一个例程，使用大家耳熟能详的公式进行计算：

$$\sin x^2 + \cos x^2 = 1$$

这里用到的就是 sin 和 cos 函数，不过实现方式不同。MDK 的标准库（math.h）提供了 sin、cos、sinf 和 cosf 这 4 个函数，带 f 的表示单精度浮点型运算，即 float 型，而不带 f 的表示双精度浮点型，即 double。

STM32F7 的 DSP 库提供了另外两个函数：arm_sin_f32 和 arm_cos_f32（注意，需要添加 arm_math.h 头文件才可使用），这两个函数也是单精度浮点型的，用法同 sinf 和 cosf 一模一样。

本例程就是测试 arm_sin_f32&arm_cos_f32 同 sinf&cosf 的速度差别。因为 22.1.2 小节已经搭建好 DSP 库运行环境了，所以这里只需要修改 main.c 里面的代码即可。main.c 代码如下：

```
#include "math.h"
#include "arm_math.h"
#define    DELTA    0.00005f         //误差值
//sin cos 测试
//angle:起始角度    times:运算次数    mode:0,不使用 DSP 库;1,使用 DSP 库
//返回值:0,成功;0XFF,出错
u8 sin_cos_test(float angle,u32 times,u8 mode)
{
    float sinx,cosx,result;
    u32 i = 0;
    if(mode == 0)
    {
        for(i = 0;i<times;i ++ )
        {
            cosx = cosf(angle);         sinx = sinf(angle);
                                        //不使用 DSP 优化的 sin、cos 函数
            result = sinx * sinx + cosx * cosx;  //计算结果应该等于 1
            result = fabsf(result - 1.0f);       //对比与 1 的差值
            if(result>DELTA)return 0XFF;         //判断失败
            angle + = 0.001f;                    //角度自增
        }
    }else
    {
        for(i = 0;i<times;i ++ )
        {
            cosx = arm_cos_f32(angle);  sinx = arm_sin_f32(angle);
                                        //用 DSP 的 sin、cos 函数
            result = sinx * sinx + cosx * cosx;  //计算结果应该等于 1
            result = fabsf(result - 1.0f);       //对比与 1 的差值
            if(result>DELTA)return 0XFF;         //判断失败
            angle + = 0.001f;                    //角度自增
```

```c
        }
        return 0;//任务完成
    }
}
u8 timeout;
int main(void)
{
    float time; u8 buf[50];       u8 res;
    Cache_Enable();                         //打开 L1-Cache
    HAL_Init();                             //初始化 HAL 库
    Stm32_Clock_Init(432,25,2,9);           //设置时钟,216 MHz
    delay_init(216);                        //延时初始化
    uart_init(115200);                      //串口初始化
    LED_Init();                             //初始化 LED
    KEY_Init();                             //初始化按键
    SDRAM_Init();                           //初始化 SDRAM
    LCD_Init();                             //LCD 初始化
    TIM3_Init(65535,10800-1);               //10 kHz 计数频率,最大计时 6.5 秒超出
    POINT_COLOR = RED;
    LCD_ShowString(30,50,200,16,16,"Apollo STM32F4/F7");
    LCD_ShowString(30,70,200,16,16,"DSP BasicMath TEST");
    LCD_ShowString(30,90,200,16,16,"ATOM@ALIENTEK");
    LCD_ShowString(30,110,200,16,16,"2016/1/17");
    LCD_ShowString(30,150,200,16,16," No DSP runtime:");    //显示提示信息
    LCD_ShowString(30,190,200,16,16,"Use DSP runtime:");    //显示提示信息
    POINT_COLOR = BLUE;                                     //设置字体为蓝色
    while(1)
    {
        //不使用 DSP 优化
        __HAL_TIM_SET_COUNTER(&TIM3_Handler,0);//重设 TIM3 定时器的计数器值
        timeout = 0;
        res = sin_cos_test(PI/6,200000,0);
        time = __HAL_TIM_GET_COUNTER(&TIM3_Handler) + (u32)timeout * 65536;
        sprintf((char *)buf,"%0.1fms\r\n",time/10);
        if(res == 0)LCD_ShowString(30+16*8,150,100,16,16,buf);   //显示运行时间
        else LCD_ShowString(30+16*8,150,100,16,16,"error!");     //显示当前运行情况
                                                                 //使用 DSP 优化
        __HAL_TIM_SET_COUNTER(&TIM3_Handler,0);//重设 TIM3 定时器的计数器值
        timeout = 0;
        res = sin_cos_test(PI/6,200000,1);
        time = __HAL_TIM_GET_COUNTER(&TIM3_Handler) + (u32)timeout * 65536;
        sprintf((char *)buf,"%0.1fms\r\n",time/10);
        if(res == 0)LCD_ShowString(30+16*8,190,100,16,16,buf);   //显示运行时间
        else LCD_ShowString(30+16*8,190,100,16,16,"error!");     //显示错误
        LED0_Toggle;
    }
}
```

这里包括 2 个函数:sin_cos_test 和 main 函数。sin_cos_test 函数用于根据给定参数,执行 $\sin x^2 + \cos x^2 = 1$ 的计算。计算完后,计算结果同给定的误差值(DELTA)对比,如果不大于误差值,则认为计算成功,否则计算失败。该函数可以根据给定的模式

参数(mode)来决定使用哪个基础数学函数执行运算,从而得出对比。

main 函数比较简单,这里通过定时器 3 来统计 sin_cos_test 运行时间,从而得出对比数据。主循环里面每次循环都会两次调用 sin_cos_test 函数,首先采用不使用 DSP 库方式计算,然后采用使用 DSP 库方式计算,得出两次计算的时间,显示在 LCD 上面。

22.3.2　DSP FFT 测试

这是使用 STM32F7 的 DSP 库进行 FFT 函数测试的一个例程。

首先简单介绍下 FFT:FFT 即快速傅里叶变换,可以将一个时域信号变换到频域。因为有些信号在时域上是很难看出特征的,但是变换到频域之后就很容易看出特征了,这就是很多信号分析采用 FFT 变换的原因。另外,FFT 可以将一个信号的频谱提取出来,这在频谱分析方面也是经常用的。简而言之,FFT 就是将一个信号从时域变换到频域,方便我们分析处理。

在实际应用中,一般的处理过程是先对一个信号在时域进行采集,比如通过 ADC,按照一定大小采样频率 F 去采集信号,采集 N 个点,那么通过对这 N 个点进行 FFT 运算,就可以得到这个信号的频谱特性。

这里还涉及一个采样定理的概念:在进行模拟/数字信号的转换过程中,当采样频率 F 大于信号中最高频率 f_{max} 的 2 倍时($F>2f_{max}$ 时),采样之后的数字信号完整地保留了原始信号中的信息。采样定理又称奈奎斯特定理。举个简单的例子:比如我们正常人发声,频率范围一般在 8 kHz 以内,那么要通过采样之后的数据来恢复声音,则采样频率必须为 8 kHz 的 2 倍以上,也就是必须大于 16 kHz 才行。

模拟信号经过 ADC 采样之后就变成了数字信号,采样得到的数字信号就可以做 FFT 变换了。N 个采样点数据,在经过 FFT 之后,就可以得到 N 个点的 FFT 结果。为了方便进行 FFT 运算,通常 N 取 2 的整数次方。

假设采样频率为 F,对一个信号采样,采样点数为 N,那么 FFT 之后结果就是一个 N 点的复数,每一个点就对应着一个频率点(以基波频率为单位递增),这个点的模值(sqrt(实部^2+虚部^2))就是该频点频率值下的幅度特性。具体跟原始信号的幅度有什么关系呢? 假设原始信号的峰值为 A,那么 FFT 结果的每个点(除了第一个点直流分量之外)的模值就是 A 的 $N/2$ 倍,而第一个点就是直流分量,它的模值就是直流分量的 N 倍。

这里还有个基波频率,也叫频率分辨率的概念,就是如果按照 F 的采样频率去采集一个信号,一共采集 N 个点,那么基波频率(频率分辨率)就是 $f_k=F/N$。这样,第 n 个点对应信号频率为:$F(n-1)/N$;其中 $n \geqslant 1$,当 $n=1$ 时为直流分量。

如果要自己实现 FFT 算法,对于不懂数字信号处理的朋友来说是比较难的,不过,ST 提供的 STM32F7 DSP 库里面就有 FFT 函数供我们调用,因此,只需要知道如何使用这些函数,就可以迅速地完成 FFT 计算,大大方便了我们的开发。

STM32F7 的 DSP 库里面提供了定点和浮点 FFT 实现方式,并且有基 4 的也有基 2 的,读者可以根据需要自由选择实现方式。注意:对于基 4 的 FFT 输入点数必须是

第 22 章　DSP 测试实验

4^n,而基 2 的 FFT 输入点数则必须是 2^n,并且基 4 的 FFT 算法要比基 2 的快。

本章将采用 DSP 库里面的基 4 浮点 FFT 算法来实现 FFT 变换,并计算每个点的模值,所用到的函数有:

```
arm_status arm_cfft_radix4_init_f32( arm_cfft_radix4_instance_f32 * S,
uint16_t fftLen,uint8_t ifftFlag,uint8_t bitReverseFlag)
void arm_cfft_radix4_f32(const arm_cfft_radix4_instance_f32 * S,float32_t * pSrc)
void arm_cmplx_mag_f32(float32_t * pSrc,float32_t * pDst,uint32_t numSamples)
```

第一个函数 arm_cfft_radix4_init_f32,用于初始化 FFT 运算相关参数。其中,fftLen 用于指定 FFT 长度(16、64、256、1 024、4 096),本章设置为 1 024;ifftFlag 用于指定是傅里叶变换(0)还是反傅里叶变换(1),本章设置为 0;bitReverseFlag 用于设置是否按位取反,本章设置为 1。最后,所有这些参数存储在一个 arm_cfft_radix4_instance_f32 结构体指针 S 里面。

第二个函数 arm_cfft_radix4_f32 就是执行基 4 浮点 FFT 运算,pSrc 传入采集到的输入信号数据(实部+虚部形式),同时 FFT 变换后的数据也按顺序存放在 pSrc 里面,pSrc 必须大于等于 2 倍 fftLen 长度。另外,S 结构体指针参数先由 arm_cfft_radix4_init_f32 函数设置好,然后传入该函数。

第三个函数 arm_cmplx_mag_f32 用于计算复数模值,可以对 FFT 变换后的结果数据执行取模操作。pSrc 为复数输入数组(大小为 2numSamples)指针,指向 FFT 变换后的结果;pDst 为输出数组(大小为 numSamples)指针,存储取模后的值;numSamples 就是总共有多少个数据需要取模。

通过这 3 个函数便可以完成 FFT 计算,并取模值。本节例程(实验 49_2 DSP FFT 测试)同样是在 22.1.2 小节已经搭建好 DSP 库运行环境上面修改代码,只需要修改 main.c 里面的代码即可,本例程 main.c 代码如下:

```
#define FFT_LENGTH          1024        //FFT 长度,默认是 1 024 点 FFT
float fft_inputbuf[FFT_LENGTH * 2];      //FFT 输入数组
float fft_outputbuf[FFT_LENGTH];         //FFT 输出数组
u8 timeout;
int main(void)
{
    arm_cfft_radix4_instance_f32 scfft;
    u8 key,t = 0;
    float time;
    u8 buf[50];
    u16 i;
    Cache_Enable();                     //打开 L1 - Cache
    HAL_Init();                         //初始化 HAL 库
    Stm32_Clock_Init(432,25,2,9);       //设置时钟,216 MHz
    delay_init(216);                    //延时初始化
    uart_init(115200);                  //串口初始化
    LED_Init();                         //初始化 LED
    KEY_Init();                         //初始化按键
    SDRAM_Init();                       //初始化 SDRAM
    LCD_Init();                         //LCD 初始化
```

```c
        TIM3_Init(65535,108-1);              //1 MHz 计数频率,最大计时 6.5 秒超出
        ……//此处省略部分代码
        arm_cfft_radix4_init_f32(&scfft,FFT_LENGTH,0,1);  //初始化 scfft,设定 FFT 相关参数
        while(1)
        {
            key = KEY_Scan(0);
            if(key == KEY0_PRES)
            {
                for(i = 0;i<FFT_LENGTH;i++)//生成信号序列
                {
                    fft_inputbuf[2*i] = 100 + 10*arm_sin_f32(2*PI*i/FFT_LENGTH) +
                        30*arm_sin_f32(2*PI*i*4/FFT_LENGTH) +
                        50*arm_cos_f32(2*PI*i*8/FFT_LENGTH); //生成输入信号实部
                    fft_inputbuf[2*i+1] = 0;                 //虚部全部为 0
                }
                __HAL_TIM_SET_COUNTER(&TIM3_Handler,0);      //重设 TIM3 计数器值
                timeout = 0;
                arm_cfft_radix4_f32(&scfft,fft_inputbuf);    //FFT 计算(基 4)
                time = __HAL_TIM_GET_COUNTER(&TIM3_Handler) + (u32)timeout*65536;
                                                             //计算所用时间
                sprintf((char*)buf,"%0.3fms\r\n",time/1000);
                LCD_ShowString(30+12*8,160,100,16,16,buf);   //显示运行时间
                arm_cmplx_mag_f32(fft_inputbuf,fft_outputbuf,FFT_LENGTH);
                                                             //把运算结果复数求模得幅值
                printf("\r\n%d point FFT runtime:%0.3fms\r\n",FFT_LENGTH,time/1000);
                printf("FFT Result:\r\n");
                for(i = 0;i<FFT_LENGTH;i++)printf("fft_outputbuf[%d]:%f\r\n",i,fft_
                    outputbuf[i]);
            }else delay_ms(10);
            t++;
            if((t%10) == 0)LED0_Toggle;
        }
}
```

以上代码只有一个 main 函数,里面通过前面介绍的 3 个函数:arm_cfft_radix4_init_f32、arm_cfft_radix4_f32 和 arm_cmplx_mag_f32 来执行 FFT 变换并取模值。每当按下 KEY0 就会重新生成一个输入信号序列,并执行一次 FFT 计算,将 arm_cfft_radix4_f32 所用时间统计出来,并显示在 LCD 屏幕上面,同时,将取模后的模值通过串口打印出来。

这里,程序上生成了一个输入信号序列用于测试,输入信号序列表达式:

```
fft_inputbuf[2*i] = 100 + 10*arm_sin_f32(2*PI*i/FFT_LENGTH) +
    30*arm_sin_f32(2*PI*i*4/FFT_LENGTH) +
    50*arm_cos_f32(2*PI*i*8/FFT_LENGTH);    //实部
```

通过该表达式可知,信号的直流分量为 100,外加 2 个正弦信号和一个余弦信号,其幅值分别为 10、30 和 50。

输出结果分析参看 22.4 节,软件设计就介绍到这里。

22.4 下载验证

代码编译成功之后,便可以下载到阿波罗 STM32 开发板上验证了。对于实验 52_1 DSP BasicMath,下载后,可以在屏幕看到两种实现方式的速度差别,如图 22.4.1 所示。

可以看出,使用 DSP 库的基础数学函数时计算所用时间比不使用 DSP 库的短,使用 STM32F7 的 DSP 库的,速度上比传统的实现方式提升了约 16%(具体数据以实测为准)。

对于实验 52_2 DSP FFT 测试,下载后,屏幕显示提示信息,按下 KEY0 就可以看到 FFT 运算所耗时间,如图 22.4.2 所示。

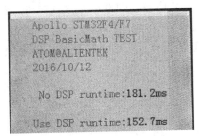

图 22.4.1 使用 DSP 库和不使用 DSP 库的基础数学函数速度对比

图 22.4.2 FFT 测试界面

可以看到,STM32F7 采用基 4 法计算 1 024 个浮点数的 FFT 的,只用了 0.374 ms,速度相当快。同时,可以在串口看到 FFT 变换取模后的各频点模值,如图 22.4.3 所示。

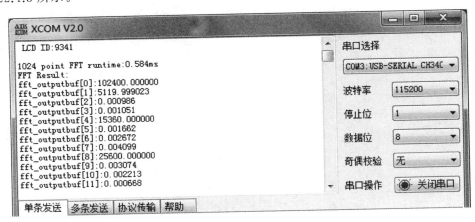

图 22.4.3 FFT 变换后个频点模值

查看所有数据会发现:第 0、1、4、8、1 016、1 020、1 023 这 7 个点的值比较大,其他点的值都很小,接下来就简单分析一下这些数据。

由于 FFT 变换后的结果具有对称性，所以，实际上有用的数据只有前半部分，后半部分和前半部分是对称关系，比如 1 和 1 023、4 和 1 020、8 和 1 016 等就是对称关系，因此只需要分析前半部分数据即可。这样，就只有第 0、1、4、8 这 4 个点比较大，重点分析。

假设采样频率为 1 024 Hz，那么总共采集 1 024 个点，频率分辨率就是 1 Hz，对应到频谱上面，两个点之间的间隔就是 1 Hz。因此，上面生成的 3 个叠加信号：10sin(2PI·i/1 024)＋30sin(2PI·i·4/1 024)＋50cos(2PI·i·8/1 024)，频率分别是 1 Hz、4 Hz 和 8 Hz。

对于上述 4 个值比较大的点，结合 22.3.1 小节的知识，很容易分析得出：第 0 点，即直流分量，其 FFT 变换后的模值应该是原始信号幅值的 N 倍，$N=1024$，所以值是 $100 \times 1\,024 = 102\,400$，与理论完全一样。然后其他点，模值应该是原始信号幅值的 $N/2$ 倍，即 $10 \times 512、30 \times 512、50 \times 512$，而我们计算结果是：5 119.999 023、15 360、256 000，除了第一个点稍微有点点误差(说明精度上有损失)，其他同理论值完全一致。

DSP 测试实验就讲解到这里，其他测试实例读者可以自行研究，这里就不再介绍了。

第 23 章 手写识别实验

现在几乎所有带触摸屏的手机都能实现手写识别。本章将利用 ALIENTEK 提供的手写识别库，在 ALIENTEK 阿波罗 STM32 开发板上实现一个简单的数字字母手写识别。

23.1 手写识别简介

手写识别，是指对在手写设备上书写时产生的有序轨迹信息进行识别的过程，是人际交互最自然、最方便的手段之一。随着智能手机和平板计算机等移动设备的普及，手写识别的应用也被越来越多的设备采用。

手写识别能够使用户按照最自然、最方便的输入方式进行文字输入，易学易用，可取代键盘或者鼠标。用于手写输入的设备有许多种，比如电磁感应手写板、压感式手写板、触摸屏、触控板、超声波笔等。阿波罗 STM32 开发板自带的 TFTLCD 触摸屏（2.8/3.5/4.3/7 寸等）可以作为手写识别的输入设备。接下来将简单介绍手写识别的实现过程。

手写识别与其他识别系统（如语音识别图像识别）一样分为两个过程：训练学习过程，识别过程，如图 23.1.1 所示。图中虚线部分为训练学习过程，该过程首先需要使用设备采集大量数据样本，样本类别数目为 0～9、a～z、A～Z 总共 62 类，每个类别 5～10 个样本不等（样本越多识别率就越高）。对这些样本进行传统的按方向特征提取，提取后特征维数为 512 维，这对 STM32 来讲，计算量和模板库的存储量都难以接受，所以需要运行一些方法进行降维，这里采用 LDA 线性判决分析的方法进行降维。所谓线性判决分析，即假设所有样本服从高斯分布（正态分布），对样本进行低维投影，以达到各个样本间的距离最大化。关于 LDA 的更多知识可以阅读 http://wenku.baidu.com/view/f05c731452d380eb62946d39.html 等参考文档。这里将维度降到 64 维，然后针对各个样本类别进行平均计算得到该类别的样本模板。

而对于识别过程，首先得到触屏输入的有序轨迹，然后进行一些预处理。预处理主要包括重采样，归一化处理。重采样主要是因为不同的输入设备、不同的输入处理方式产生的有序轨迹序列有所不同，为了达到更好的识别结果，我们需要对训练样本和识别输入的样本进行重采样处理，这里主要应用隔点重采样的方法对输入的序列进行重采样。而归一化就是因为不同的书写风格、采样分辨率的差异会导致字体太小不同，因此

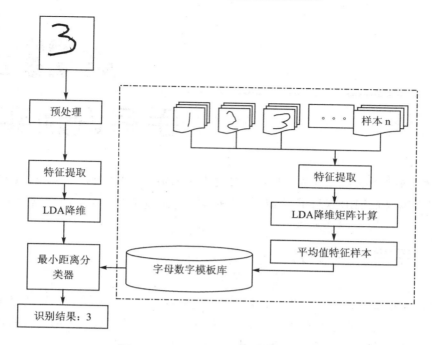

图 23.1.1　字母数字识别系统示意图

需要对输入轨迹进行归一化。这里把样本进行线性缩放的方法归一化为 $64×64$ 像素。

接下来进行同样的 8 方向特征提取操作。所谓 8 方向特征就是首先将经过预处理后的 $64×64$ 输入切分成 $8×8$ 的小方格,每个方格 $8×8$ 个像素,然后对每个 $8×8$ 个小格进行各个方向的点数统计。如某个方格内一共有 10 个点,其中 8 个方向的点分别为 1,3,5,2,3,4,3,2,那么这个格子得到的 8 个特征向量为 [0.1,0.3,0.5,0.2,0.3,0.4,0.3,0.2]。总共有 64 个格子,于是一个样本最终能得到 $64×8=512$ 维特征,更多 8 方向特征提取可以参考一下两个文档:

① http://wenku.baidu.com/view/d37e5a49e518964bcf847ca5.html;

② http://wenku.baidu.com/view/3e7506254b35eefdc8d333a1.html。

由于训练过程进行了 LDA 降维计算,所以识别过程同样需要对应的 LDA 降维过程来得到最终的 64 维特征。这个计算过程就是在训练模板的过程中可以运算得到一个 $512×64$ 维的矩阵,那么通过矩阵乘运算可以得到 64 维的最终特征值:

$$[d_1,d_2,\cdots,d_{512}]\times\begin{bmatrix} l & \cdots & l \\ \vdots & \ddots & \vdots \\ l & \cdots & l \end{bmatrix}=\begin{bmatrix} f_1 \\ \vdots \\ f_{61} \end{bmatrix}$$

最后将这 64 维特征分别与模板中的特征进行求距离运算,得到最小的距离为该输入的最佳识别结果输出:

$$\text{output}=\underset{i\in[1,62]}{\arg\min}\{(f_1-f_1^i)^2+(f_2-f_2^i)^2+\cdots+(f_{64}-f_{64}^i)^2\}$$

手写识别原理就介绍到这里。如果想自己实现手写识别,那得花很多时间学习和研究,但是如果只是应用的话,那么就只需要知道怎么用就可以了。

ALIENTEK 提供了一个数字字母识别库,这样我们不需要关心手写识别是如何实现的,只需要知道这个库怎么用,就能实现手写识别。ALIENTEK 提供的手写识别库由 4 个文件组成:ATKNCR_M_V2.0.lib、ATKNCR_N_V2.0.lib、atk_ncr.c 和 atk_ncr.h。

ATKNCR_M_V2.0.lib 和 ATKNCR_N_V2.0.lib 是两个识别用的库文件(两个版本),使用的时候选择其中之一即可。ATKNCR_M_V2.0.lib 用于使用内存管理的情况,用户必须自己实现 alientek_ncr_malloc 和 alientek_ncr_free 两个函数。ATKNCR_N_V2.0.lib 用于不使用内存管理的情况,通过全局变量来定义缓存区,缓存区需要提供至少 3 KB 的 RAM。读者根据自己的需要选择不同的版本即可。ALIENTEK 手写识别库资源需求:Flash:52 KB 左右,RAM:6 KB 左右。

atk_ncr.c 代码如下:

```c
#include "atk_ncr.h"
#include "malloc.h"
//内存设置函数
void alientek_ncr_memset(char * p,char c,unsigned long len)
{
    mymemset((u8 *)p,(u8)c,(u32)len);
}
//内存申请函数
void * alientek_ncr_malloc(unsigned int size)
{
    return mymalloc(SRAMIN,size);
}
//内存清空函数
void alientek_ncr_free(void * ptr)
{
    myfree(SRAMIN,ptr);
}
```

这里实现了 alientek_ncr_malloc、alientek_ncr_free 和 alientek_ncr_memset 这 3 个函数。

atk_ncr.h 则是识别库文件同外部函数的接口函数声明:

```c
#ifndef __ATK_NCR_H
#define __ATK_NCR_H
//当使用 ATKNCR_M_Vx.x.lib 的时候,不需要理会 ATK_NCR_TRACEBUF1_SIZE 和
//ATK_NCR_TRACEBUF2_SIZE
//当使用 ATKNCR_N_Vx.x.lib 的时候,如果出现识别死机,须适当增加
//ATK_NCR_TRACEBUF1_SIZE 和 ATK_NCR_TRACEBUF2_SIZE 的值
#define ATK_NCR_TRACEBUF1_SIZE    500*4
//定义第一个 tracebuf 大小(单位为字节),如果出现死机,须把该数组适当改大
#define ATK_NCR_TRACEBUF2_SIZE    250*4
//定义第二个 tracebuf 大小(单位为字节),如果出现死机,须把该数组适当改大
//输入轨迹坐标类型
__packed typedef struct _atk_ncr_point
```

```
{
    short x;      //x轴坐标
    short y;      //y轴坐标
}atk_ncr_point;
//外部调用函数
//初始化识别器
//返回值:0,初始化成功
//      1,初始化失败
unsigned char alientek_ncr_init(void);
void alientek_ncr_stop(void);        //停止识别器
//识别器识别
//track:输入点阵集合
//potnum:输入点阵的点数,就是track的大小
//charnum:期望输出的结果数,就是你希望输出多少个匹配结果
//mode:识别模式
//1,仅识别数字
//2,进识别大写字母
//3,仅识别小写字母
//4,混合识别(全部识别)
//result:结果缓存区(至少为:charnum+1个字节)
void alientek_ncr(atk_ncr_point * track,int potnum,int charnum,unsigned char mode,char
                  * result);
void alientek_ncr_memset(char * p,char c,unsigned long len); //内存设置函数
//动态申请内存,当使用ATKNCR_M_Vx.x.lib时,必须实现.
void * alientek_ncr_malloc(unsigned int size);
//动态释放内存,当使用ATKNCR_M_Vx.x.lib时必须实现
void alientek_ncr_free(void * ptr);
#endif
```

此段代码中定义了一些外部接口函数以及一个轨迹结构体等。

alientek_ncr_init,该函数用与初始化识别器,在.lib文件实现,在识别开始之前应该调用该函数。

alientek_ncr_stop,该函数用于停止识别器,在识别完成之后(不需要再识别)调用该函数,如果一直处于识别状态,则没必要调用。该函数也是在.lib文件实现。

alientek_ncr,该函数就是识别函数了。它有5个参数,第一个参数track,为输入轨迹点的坐标集(最好200以内);第二个参数potnum,为坐标集点坐标的个数;第三个参数charnum,为期望输出的结果数,即希望输出多少个匹配结果,识别器按匹配程度排序输出(最佳匹配排第一);第四个参数mode,该函数用于设置模式,识别器总共支持4种模式:仅识别数字、进识别大写字母、仅识别小写字母、混合识别(全部识别)。最后一个参数是result,用来输出结果,注意,这个结果是ASCII码格式的。

alientek_ncr_memset、alientek_ncr_free和alientek_ncr_free这3个函数在atk_ncr.c里面实现,这里就不多说了。

最后看看通过ALIENTEK提供的手写数字字母识别库实现数字字母识别的步骤:

① 调用alientek_ncr_init函数,初始化识别程序。

第23章 手写识别实验

该函数用来初始化识别器,在手写识别进行之前,必须调用该函数。

② 获取输入的点阵数据。

此步通过触摸屏获取输入轨迹点阵坐标,然后存放到一个缓存区里面。注意,至少要输入2个不同坐标的点阵数据才能正常识别。输入点数不要太多,太多的话需要更多的内存,推荐的输入点数范围是100~200点。

③ 调用alientek_ncr函数,得到识别结果。

通过调用alientek_ncr函数可以得到输入点阵的识别结果,结果将保存在result参数里面,采用ASCII码格式存储。

④ 调用alientek_ncr_stop函数,终止识别。

如果不需要继续识别,则调用alientek_ncr_stop函数终止识别器。如果还需要继续识别,重复步骤②和步骤③即可。

以上4个步骤就是使用ALIENTEK手写识别库的方法,十分简单。

23.2 硬件设计

本章实验功能简介:开机的时候先初始化手写识别器,然后检测字库,之后进入等待输入状态。此时,在手写区写数字/字符,每次写入结束后自动进入识别状态进行识别,然后将识别结果输出在LCD模块上面(同时打印到串口)。按KEY0可以进行模式切换(4种模式都可以测试),按KEY2可以进入触摸屏校准(如果发现触摸屏不准,须执行此操作)。DS0用于指示程序运行状态。

本实验用到的资源如下:指示灯DS0、KEY0和KEY2两个按键、串口、LCD模块(含触摸屏)、SPI Flash。这些用到的硬件之前都已经介绍过,这里就不再介绍了。

23.3 软件设计

打开本章实验工程目录可以看到,我们在工程根目录文件夹下新建了一个ATKNCR的文件夹。将ALIETENK提供的手写识别库文件(ATKNCR_M_V2.0.lib、ATKNCR_N_V2.0.lib、atk_ncr.c和atk_ncr.h这4个文件在配套资料→4,程序源码→5,ATKNCR(数字字母手写识别库)文件夹里面)复制到该文件夹下,然后在工程里面新建一个ATKNCR的组,将atk_ncr.c和ATKNCR_M_V2.0.lib加入到该组下面(这里使用内存管理版本的识别库)。最后,将ATKNCR文件夹加入头文件包含路径。

在main.c里面修改代码如下:

```
//最大记录的轨迹点数
atk_ncr_point READ_BUF[200];
//画水平线
//x0,y0:坐标 len:线长度 color:颜色
void gui_draw_hline(u16 x0,u16 y0,u16 len,u16 color)
{
```

```c
        if(len == 0)return;
        LCD_Fill(x0,y0,x0 + len - 1,y0,color);
}
//画实心圆
//x0,y0:坐标 r:半径 color:颜色
void gui_fill_circle(u16 x0,u16 y0,u16 r,u16 color)
{
        ……//省略部分非关键代码,具体代码可参考实验源码
}
//两个数之差的绝对值
//x1,x2:需取差值的两个数
//返回值:|x1 - x2|
u16 my_abs(u16 x1,u16 x2)
{
        ……//省略部分非关键代码,具体代码可参考实验源码
}
//画一条粗线
//(x1,y1),(x2,y2):线条的起始坐标
//size:线条的粗细程度 color:线条的颜色
void lcd_draw_bline(u16 x1, u16 y1, u16 x2, u16 y2,u8 size,u16 color)
{
        ……//省略部分非关键代码,具体代码可参考实验源码
}
int main(void)
{
        u8 i = 0, tcnt = 0,res[10],key;
        u16 pcnt = 0;
        u8 mode = 4;                            //默认是混合模式
        u16 lastpos[2];                         //最后一次的数据
        Cache_Enable();                         //打开 L1 - Cache
        HAL_Init();                             //初始化 HAL 库
        Stm32_Clock_Init(432,25,2,9);           //设置时钟,216 MHz
        delay_init(216);                        //延时初始化
        uart_init(115200);                      //串口初始化
        usmart_dev.init(108);                   //初始化 USMART
        LED_Init();                             //初始化 LED
        KEY_Init();                             //初始化按键
        SDRAM_Init();                           //初始化 SDRAM
        LCD_Init();                             //初始化 LCD
        W25QXX_Init();                          //初始化 W25Q256
        tp_dev.init();                          //初始化触摸屏
        my_mem_init(SRAMIN);                    //初始化内部内存池
        my_mem_init(SRAMEX);                    //初始化外部 SDRAM 内存池
        my_mem_init(SRAMDTCM);                  //初始化内部 CCM 内存池
        alientek_ncr_init();                    //初始化手写识别
        while(font_init())                      //检查字库
        {
                LCD_ShowString(60,50,200,16,16,"Font Error!");delay_ms(200);
                LCD_Fill(60,50,240,66,WHITE);   //清除显示    delay_ms(200);
        }
RESTART:
```

```c
……//此处省略部分代码
tcnt = 100;
tcnt = 100;
while(1)
{
    key = KEY_Scan(0);
    if(key == KEY2_PRES&&(tp_dev.touchtype&0X80) == 0)
    {
        TP_Adjust();        //屏幕校准
        LCD_Clear(WHITE);
        goto RESTART;       //重新加载界面
    }
    if(key == KEY0_PRES)
    {
        LCD_Fill(20,115,219,314,WHITE);  //清除当前显示
        mode ++ ;
        if(mode>4)mode = 1;
        switch(mode)
        {
            case 1:Show_Str(80,207,200,16,"仅识别数字",16,0);      break;
            case 2:Show_Str(64,207,200,16,"仅识别大写字母",16,0);   break;
            case 3:Show_Str(64,207,200,16,"仅识别小写字母",16,0);break;
            case 4:Show_Str(88,207,200,16,"全部识别",16,0);break;
        }
        tcnt = 100;
    }
    tp_dev.scan(0);//扫描
    if(tp_dev.sta&TP_PRES_DOWN)//有按键被按下
    {
        delay_ms(1);//必要的延时,否则老认为有按键按下
        tcnt = 0;//松开时的计数器清空
        if((tp_dev.x[0]<(lcddev.width-20-2)&&tp_dev.x[0]>=(20+2))&& \
            (tp_dev.y[0]<(lcddev.height-5-2)&&tp_dev.y[0]>=(115+2)))
        {
            if(lastpos[0] == 0XFFFF)
            {
                lastpos[0] = tp_dev.x[0];
                lastpos[1] = tp_dev.y[0];
            }
            lcd_draw_bline(lastpos[0],lastpos[1],tp_dev.x[0],tp_dev.y[0],2,BLUE);//画线
            lastpos[0] = tp_dev.x[0];
            lastpos[1] = tp_dev.y[0];
            if(pcnt<200)//总点数少于200
            {
                if(pcnt)
                {
                    if((READ_BUF[pcnt-1].y!= tp_dev.y[0])&& \
                        (READ_BUF[pcnt-1].x!= tp_dev.x[0]))  //x,y 不相等
                    {
                        READ_BUF[pcnt].x = tp_dev.x[0];
                        READ_BUF[pcnt].y = tp_dev.y[0];
```

```c
                            pcnt ++ ;
                        }
                    }else
                    {
                        READ_BUF[pcnt].x = tp_dev.x[0];
                        READ_BUF[pcnt].y = tp_dev.y[0];
                        pcnt ++ ;
                    }
                }
            }
        }else //按键松开了
        {
            lastpos[0] = 0XFFFF;
            tcnt ++ ;
            delay_ms(10);
            //延时识别
            i ++ ;
            if(tcnt == 40)
            {
                if(pcnt)//有有效的输入
                {
                    printf("总点数:%d\r\n",pcnt);
                    alientek_ncr(READ_BUF,pcnt,6,mode,(char*)res);
                    printf("识别结果:%s\r\n",res);
                    pcnt = 0;
                    POINT_COLOR = BLUE;//设置画笔蓝色
                    LCD_ShowString(60 + 72,90,200,16,16,res);
                }
                LCD_Fill(20,115,lcddev.width - 20 - 1,lcddev.height - 5 - 1,WHITE);
            }
        }
        if(i == 30)    {i = 0;LED0_Toggle;}
    }
}
```

这里代码看上去比较多，其实很多都是为 lcd_draw_bline 函数服务的。lcd_draw_bline 函数用于实现画指定粗细的直线，以得到较好的画线效果。main 函数则实现 23.1.2 小节提到的功能。其中，READ_BUF 用来存储输入轨迹点阵，大小为 200，即最大输入不能超过 200 点。注意，这里采集的都是不重复的点阵（即相邻的坐标不相等），这样可以避免重复数据，而重复的点阵数据对识别是没有帮助的。

至此，本实验的软件设计部分结束。

23.4 下载验证

代码编译成功之后，下载代码到 ALIENTEK 阿波罗 STM32 开发板上，得到如图 23.4.1 所示界面。

此时，在手写区写数字/字母即可得到识别结果，如图 23.4.2 所示。

第 23 章 手写识别实验

图 23.4.1 手写识别界面

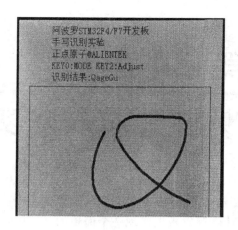

图 23.4.2 手写识别结果

按下 KEY0 可以切换识别模式,同时在识别区提示当前模式。按下 KEY2 可以进行屏幕校准(仅限电阻屏,电容屏无须校准)。每次识别结束都会在串口打印本次识别的输入点数和识别结果,读者可以通过串口助手查看。

第 24 章
T9 拼音输入法实验

上一章在 ALIENTEK 阿波罗 STM32 开发板上实现了手写识别输入,但是该方法只能输入数字或者字母,不能输入汉字。本章将介绍如何在 ALIENTEK 阿波罗 STM32 开发板上实现一个简单的 T9 中文拼音输入法。

24.1 拼音输入法简介

在计算机上汉字的输入法有很多种,比如拼音输入法、五笔输入法、笔画输入法、区位输入法等。其中,又以拼音输入法用得最多。拼音输入法又可以分为很多类,比如全拼输入、双拼输入等。

而在手机上用得最多的应该算是 T9 拼音输入法了,T9 输入法全名为智能输入法,字库容量九千多字,支持十多种语言。T9 输入法是由美国特捷通讯(Tegic Communications)软件公司开发的,解决了小型掌上设备的文字输入问题,已经成为全球手机文字输入的标准之一。

一般,手机拼音输入键盘如图 24.1.1 所示。

在这个键盘上对比传统的输入法和 T9 输入法,输入"中国"两个字需要的按键次数。传统的方法,先按 4 次 9,输入字母 z,再按 2 次 4,输入字母 h,再按 3 次 6,输入字母 o,再按 2 次 6,输入字母 n,最后按 1 次 4,输入字母 g。这样,输入"中"字,要按键 12 次。接着同样的方法输入"国"字,需要按 6 次,总共就是 18 次按键。

1 ;	2 abc	3 def
4 ghi	5 jkl	6 mno
7 pqrs	8 tuv	9 wxyz

图 24.1.1　手机拼音输入键盘

如果是 T9,我们输入"中"字,只需要输入 9、4、6、6、4,即可实现输入"中"字;在选择"中"字之后,T9 会联想出一系列同中字组合的词,如文、国、断、山等。这样输入"国"

字,我们直接选择即可,所以输入"国"字按键 0 次,这样 T9 总共只需要 5 次按键。

这就是 T9 智能输入法的优越之处。正因为 T9 输入法高效便捷的输入方式得到了众多手机厂商的采用,以至于 T9 成为使用频率最高、知名度最大的手机输入法。

本章实现的 T9 拼音输入法没有真正的 T9 那么强大,这里仅实现输入部分,不支持词组联想。

本章主要通过一个和数字串对应的拼音索引表来实现 T9 拼音输入,我们先将汉语拼音所有可能的组合全部列出来,如下所示:

```
const u8 PY_mb_space []={""};
const u8 PY_mb_a     []={"啊阿腌吖锕庵嘎锕呵腌"};
const u8 PY_mb_ai    []={"爱埃挨哎唉哀皑癌蔼矮艾碍隘捱嗳嗌嫒瑷暧砹锿霭"};
const u8 PY_mb_an    []={"安俺按暗岸案鞍氨谙胺埯揞犴庵桉铵鹌黯"};
……此处省略 N 多组合
const u8 PY_mb_zu    []={"足租祖诅阻组卒族俎菹镞"};
const u8 PY_mb_zuan  []={"钻攥纂缵躜"};
const u8 PY_mb_zui   []={"最罪嘴醉蕞觜"};
const u8 PY_mb_zun   []={"尊遵樽鳟撙"};
const u8 PY_mb_zuo   []={"左佐做作坐座昨撮唑柞阼琢嘬作胙祚酢"};
```

这里只列出了部分组合,我们将这些组合称之为码表,然后将这些码表及其对应的数字串对应起来,组成一个拼音索引表,如下所示:

```
const py_index py_index3[]=
{
{"","",(u8*)PY_mb_space},
{"2","a",(u8*)PY_mb_a},
{"3","e",(u8*)PY_mb_e},
{"6","o",(u8*)PY_mb_o},
{"24","ai",(u8*)PY_mb_ai},
{"26","an",(u8*)PY_mb_an},
……此处省略 N 多组合
{"94664","zhong",(u8*)PY_mb_zhong},
{"94824","zhuai",(u8*)PY_mb_zhuai},
{"94826","zhuan",(u8*)PY_mb_zhuan},
{"248264","chuang",(u8*)PY_mb_chuang},
{"748264","shuang",(u8*)PY_mb_shuang},
{"948264","zhuang",(u8*)PY_mb_zhuang},
}
```

其中,py_index 是一个结构体,定义如下:

```
typedef struct
{
  u8 * py_input;    //输入的字符串
  u8 * py;          //对应的拼音
  u8 * pymb;        //码表
}py_index;
```

其中,py_input 是与拼音对应的数字串,比如"94824"。py,是与 py_input 数字串对应的拼音,如果 py_input="94824",那么 py 就是"zhuai"。最后,pymb 就是前面说到的码表。注意，一个数字串可以对应多个拼音，也可以对应多个码表。

有了这个拼音索引表(py_index3)之后，我们只需要将输入的数字串和py_index3索引表里面所有成员的py_input对比，将所有完全匹配的情况记录下来，用户要输入的汉字就被确定了；然后由用户选择可能的拼音组成(假设有多个匹配的项目)，再选择对应的汉字，即完成一次汉字输入。

当然，还可能是找遍了索引表，也没有发现一个完全符合要求的成员，那么我们会统计匹配数最多的情况作为最佳结果，反馈给用户。比如，用户输入"323"，找不到完全匹配的情况，那么就将能和"32"匹配的结果返回给用户。这样，用户还是可以得到输入结果，同时还可以知道输入有问题，提示用户需要检查输入是否正确。

以上就是T9拼音输入法原理最后看看一个完整的T9拼音输入步骤(过程)：

① 输入拼音数字串。

本章用到的T9拼音输入法的核心思想就是对比用户输入的拼音数字串，所以必须先由用户输入拼音数字串。

② 在拼音索引表里面查找、输入字符串匹配的项并记录。

在得到用户输入的拼音数字串之后，在拼音索引表里面查找所有匹配的项目，如果有完全匹配的项目，就全部记录下来；如果没有完全匹配的项目，则记录匹配情况最好的一个项目。

③ 显示匹配清单里面所有可能的汉字，供用户选择。

将匹配项目的拼音和对应的汉字显示出来，供用户选择。如果有多个匹配项(一个数字串对应多个拼音的情况)，则用户还可以选择拼音。

④ 用户选择匹配项，并选择对应的汉字。

用户对匹配的拼音和汉字进行选择，选中其真正想输入的拼音和汉字，实现一次拼音输入。

通过以上4个步骤，就可以实现一个简单的T9汉字拼音输入法。

24.2 硬件设计

本章实验功能简介：开机的时候先检测字库，然后显示提示信息和绘制拼音输入表，之后进入等待输入状态。此时用户可以通过屏幕上的拼音输入表输入拼音数字串(通过DEL可以实现退格)，然后程序自动检测与之对应的拼音和汉字，并显示在屏幕上(同时输出到串口)。如果有多个匹配的拼音，则通过KEY_UP和KEY1进行选择。按键KEY0用于清除一次输入，按键KEY2用于触摸屏校准。

本实验用到的资源如下：指示灯DS0、4个按键(KEY0/KEY1/KEY2/KEY_UP)、串口、LCD模块(含触摸屏)、SPI Flash。这些用到的硬件之前都已经介绍过，这里就不再介绍了。

24.3 软件设计

打开本章实验工程可以看到,我们在根目录文件夹下新建了一个 T9INPUT 的文件夹。在该文件夹下面新建了 pyinput.c、pyinput.h 和 pymb.h 这 3 个文件,然后在工程里面新建一个 T9INPUT 的组,将 pyinput.c 加入到该组下面。最后,将 T9INPUT 文件夹加入头文件包含路径。

打开 pyinput.c,代码如下:

```
//拼音输入法
pyinput t9 =
{
    get_pymb,
    0,
};
//比较两个字符串的匹配情况
//返回值:0xff,表示完全匹配
//      其他,匹配的字符数
u8 str_match(u8 * str1,u8 * str2)
{
    u8 i = 0;
    while(1)
    {
        if( * str1!= * str2)break;          //部分匹配
        if( * str1 == '\0'){i = 0XFF;break;} //完全匹配
        i ++ ; str1 ++ ; str2 ++ ;
    }
    return i;//两个字符串相等
}
//获取匹配的拼音码表
// * strin,输入的字符串,形如:"726"
// * * matchlist,输出的匹配表.
//返回值:[7],0,表示完全匹配;1,表示部分匹配(仅在没有完全匹配的时候才会出现)
//      [6:0],完全匹配的时候,表示完全匹配的拼音个数
//           部分匹配的时候,表示有效匹配的位数
u8 get_matched_pymb(u8 * strin,py_index * * matchlist)
{
    py_index * bestmatch = 0;//最佳匹配
    u16 pyindex_len = 0;u16 i = 0;
    u8 temp,mcnt = 0,bmcnt = 0;
    bestmatch = (py_index * )&py_index3[0];//默认为 a 的匹配
    pyindex_len = sizeof(py_index3)/sizeof(py_index3[0]);//得到 py 索引表的大小
    for(i = 0;i<pyindex_len;i ++ )
    {
        temp = str_match(strin,(u8 *)py_index3[i].py_input);
        if(temp)
        {
            if(temp == 0XFF)matchlist[mcnt ++ ] = (py_index * )&py_index3[i];
            else if(temp>bmcnt)//找最佳匹配
```

```
                {
                    bmcnt = temp;
                    bestmatch = (py_index *)&py_index3[i];//最好的匹配.
                }
            }
        }
        if(mcnt == 0&&bmcnt)//没有完全匹配的结果,但是有部分匹配的结果
        {
            matchlist[0] = bestmatch;
            mcnt = bmcnt|0X80;              //返回部分匹配的有效位数
        }
        return mcnt;//返回匹配的个数
}
//得到拼音码表
//str:输入字符串
//返回值:匹配个数
u8 get_pymb(u8 * str)
{
        return get_matched_pymb(str,t9.pymb);
}
//串口测试用
void test_py(u8 * inputstr)
{
        ……代码省略
}
```

这里总共就 4 个函数,其中,get_matched_pymb 函数是核心,用于实现将用户输入拼音数字串同拼音索引表里面的各个项对比,找出匹配结果,并将完全匹配的项目存放在 matchlist 里面,同时记录匹配数。对于那些没有完全匹配的输入串,则查找与其最佳匹配的项目,并将匹配的长度返回。函数 test_py(代码省略)用于给 USMART 调用,实现串口测试;该函数可有可无,只是在串口测试的时候才用到,不使用时可以去掉,本章将其加入 USMART 控制,读者可以通过该函数实现串口调试拼音输入法。

打开 pyinput.h,代码如下:

```
#ifndef __PYINPUT_H
#define __PYINPUT_H
#include "sys.h"
//拼音码表与拼音的对应表
typedef struct
{
  u8 * py_input;//输入的字符串
  u8 * py;         //对应的拼音
  u8 * pymb;       //码表
}py_index;
#define MAX_MATCH_PYMB      10      //最大匹配数
//拼音输入法
typedef struct
{
  u8( * getpymb)(u8 * instr);                //字符串到码表获取函数
  py_index * pymb[MAX_MATCH_PYMB];           //码表存放位置
```

```c
}pyinput;
extern pyinput t9;
u8 str_match(u8 * str1,u8 * str2);
u8 get_matched_pymb(u8 * strin,py_index * * matchlist);
u8 get_pymb(u8 *  str);
void test_py(u8 * inputstr);
#endif
```

pymb.h 里面完全就是前面介绍的拼音码表,该文件很大,里面存储了所有可以输入的汉字,此部分代码可参考配套资料本例程的源码。

最后看看主函数代码:

```c
const u8 * kbd_tbl[9] = {"←","2","3","4","5","6","7","8","9",};//数字表
const u8 * kbs_tbl[9] = {"DEL","abc","def","ghi","jkl","mno","pqrs","tuv","wxyz",};
//字符表
u16 kbdxsize;        //虚拟键盘按键宽度
u16 kbdysize;        //虚拟键盘按键高度
//加载键盘界面
//x,y:界面起始坐标
void py_load_ui(u16 x,u16 y)
{
……//此处省略部分代码
}
//按键状态设置
//x,y:键盘坐标
//key:键值(0~8)
//sta:状态,0,松开;1,按下
void py_key_staset(u16 x,u16 y,u8 keyx,u8 sta)
{
    u16 i = keyx/3,j = keyx%3;
    if(keyx>8)return;
    if(sta)LCD_Fill(x + j * kbdxsize + 1,y + i * kbdysize + 1,x + j * kbdxsize + kbdxsize -
            1,y + i * kbdysize + kbdysize - 1,GREEN);
    else LCD_Fill(x + j * kbdxsize + 1,y + i * kbdysize + 1,x + j * kbdxsize + kbdxsize - 1,y
            + i * kbdysize + kbdysize - 1,WHITE);
    Show_Str_Mid(x + j * kbdxsize,y + 4 + kbdysize * i,(u8 *)kbd_tbl[keyx],16,kbdxsize);
    Show_Str_Mid(x + j * kbdxsize,y + kbdysize/2 + kbdysize * i,(u8 *)kbs_tbl[keyx],16,
            kbdxsize);
}
//得到触摸屏的输入
//x,y:键盘坐标
//返回值:按键键值(1~9 有效;0,无效)
u8 py_get_keynum(u16 x,u16 y)
{
    u16 i,j;u8 key = 0;
    static u8 key_x = 0;//0,没有任何按键按下;1~9,1~9 号按键按下
    tp_dev.scan(0);
    if(tp_dev.sta&TP_PRES_DOWN)               //触摸屏被按下
    {
        for(i = 0;i<3;i ++ )
```

```
                    {
                        for(j = 0;j<3;j ++ )
                        {
                            if(tp_dev.x[0]<(x + j * kbdxsize + kbdxsize)&&tp_dev.x[0]>(x + j * kbdxsize)&&
                                tp_dev.y[0]<(y + i * kbdysize + kbdysize)&&tp_dev.y[0]>(y + i * kbdysize))
                            {key = i * 3 + j + 1;break;}
                        }
                        if(key)
                        {
                            if(key_x == key)key = 0;
                            else
                            {
                                py_key_staset(x,y,key_x - 1,0);
                                key_x = key;
                                py_key_staset(x,y,key_x - 1,1);
                            }
                            break;
                        }
                    }
                }else if(key_x){py_key_staset(x,y,key_x - 1,0);key_x = 0;}
            return key;
}
//显示结果
//index:0,表示没有一个匹配的结果.清空之前的显示
//      其他,索引号
void py_show_result(u8 index)
{
    LCD_ShowNum(30 + 144,125,index,1,16);                  //显示当前的索引
    LCD_Fill(30 + 40,125,30 + 40 + 48,130 + 16,WHITE);     //清除之前的显示
    LCD_Fill(30 + 40,145,lcddev.width,145 + 48,WHITE);     //清除之前的显示
    if(index)
    {
        Show_Str(30 + 40,125,200,16,t9.pymb[index - 1]->py,16,0);     //显示拼音
        Show_Str(30 + 40,145,lcddev.width - 70,48,t9.pymb[index - 1]->pymb,16,0);
                                                                      //显示汉字
        printf("\r\n 拼音: % s\r\n",t9.pymb[index - 1]->py);          //串口输出拼音
        printf("结果: % s\r\n",t9.pymb[index - 1]->pymb);             //串口输出结果
    }
}
int main(void)
{
    u8 i = 0,result_num,cur_index,key,inputstr[7];  //最大输入 6 个字符 + 结束符
    u8 inputlen;                        //输入长度
    Cache_Enable();                     //打开 L1 - Cache
    HAL_Init();                         //初始化 HAL 库
    Stm32_Clock_Init(432,25,2,9);       //设置时钟,216 MHz
    delay_init(216);                    //延时初始化
    uart_init(115200);                  //串口初始化
    usmart_dev.init(108);               //初始化 USMART
    LED_Init();                         //初始化 LED
```

```c
KEY_Init();                        //初始化按键
SDRAM_Init();                      //初始化 SDRAM
LCD_Init();                        //初始化 LCD
W25QXX_Init();                     //初始化 W25Q256
tp_dev.init();                     //初始化触摸屏
my_mem_init(SRAMIN);               //初始化内部内存池
my_mem_init(SRAMEX);               //初始化外部 SDRAM 内存池
my_mem_init(SRAMDTCM);             //初始化内部 DTCM 内存池
RESTART:
POINT_COLOR = RED;
while(font_init())                 //检查字库
{
    LCD_ShowString(60,50,200,16,16,"Font Error!");   delay_ms(200);
    LCD_Fill(60,50,240,66,WHITE);//清除显示    delay_ms(200);
}
……//此处省略部分代码
if(lcddev.id == 0X5310){kbdxsize = 86;kbdysize = 43;}//根据 LCD 分辨率设置按键大小
else if(lcddev.id == 0X5510){kbdxsize = 140;kbdysize = 70;}
else {kbdxsize = 60;kbdysize = 40;}
py_load_ui(30,195);
memset(inputstr,0,7);              //全部清零
inputlen = 0;                      //输入长度为 0
result_num = 0;                    //总匹配数清零
cur_index = 0;
while(1)
{
    i ++ ;
    delay_ms(10);
    key = py_get_keynum(30,195);
    if(key)
    {
        if(key == 1)               //删除
        {
            if(inputlen)inputlen -- ;
            inputstr[inputlen] = '\0';    //添加结束符
        }else
        {
            inputstr[inputlen] = key + '0';//输入字符
            if(inputlen<7)inputlen ++ ;
        }
        if(inputstr[0]!= NULL)
        {
            key = t9.getpymb(inputstr);     //得到匹配的结果数
            if(key)//有部分匹配/完全匹配的结果
            {
                result_num = key&0X7F;    //总匹配结果
                cur_index = 1;            //当前为第一个索引
                if(key&0X80)              //是部分匹配
                {
                    inputlen = key&0X7F;  //有效匹配位数
```

```
                    inputstr[inputlen] = '\0';//不匹配的位数去掉
                    if(inputlen>1)result_num = t9.getpymb(inputstr);
                                            //重新获取完全匹配字符数
                }
            }else{inputlen-- ;inputstr[inputlen] = '\0';}//没有任何匹配
        }else{cur_index = 0;   result_num = 0; }
        LCD_Fill(30 + 40,105,30 + 40 + 48,110 + 16,WHITE);   //清除之前的显示
        LCD_ShowNum(30 + 144,105,result_num,1,16);           //显示匹配的结果数
        Show_Str(30 + 40,105,200,16,inputstr,16,0);          //显示有效的数字串
        py_show_result(cur_index);
                                        //显示第 cur_index 的匹配结果
    }
    key = KEY_Scan(0);
    if(key == KEY2_PRES&&tp_dev.touchtype == 0)//KEY2 按下,且是电阻屏
    {
        tp_dev.adjust();
        LCD_Clear(WHITE);
        goto RESTART;
    }
    if(result_num)        //存在匹配的结果
    {
        switch(key)
        {
            case WKUP_PRES://上翻
                if(cur_index<result_num)cur_index++ ;
                else cur_index = 1;
                py_show_result(cur_index);     //显示第 cur_index 的匹配结果
                break;
            case KEY1_PRES://下翻
                if(cur_index>1)cur_index-- ;
                else cur_index = result_num;
                py_show_result(cur_index);     //显示第 cur_index 的匹配结果
                break;
            case KEY0_PRES://清除输入
                LCD_Fill(30 + 40,145,lcddev.width-1,145 + 48,WHITE);
                                                //清除之前显示
                goto RESTART;
        }
    }
    if(i == 30)    {i = 0;LED0_Toggle;}
}
```

此部分代码除 main 函数外还有 4 个函数。首先,py_load_ui 函数,用于加载输入键盘,在 LCD 上面显示输入拼音数字串的虚拟键盘。py_key_staset 函数,用于设置虚拟键盘某个按键的状态(按下/松开)。py_get_keynum 函数,用于得到触摸屏当前按下的按键键值,通过该函数实现拼音数字串的获取。py_show_result 函数,用于显示输入串的匹配结果,并将结果打印到串口。

main 函数里面实现了 24.2 节所说的功能,这里并没有实现汉字选择功能,但是有

第 24 章　T9 拼音输入法实验

本例程作为基础，再实现汉字选择功能就比较简单了，读者自行实现即可。注意，kbdxsize 和 kbdysize 代表虚拟键盘按键宽度和高度，程序根据 LCD 分辨率不同而自动设置这两个参数，以达到较好的输入效果。

最后，我们将 test_py 函数加入 USMART 控制，以便串口调试。

至此，本实验的软件设计部分结束。

24.4 下载验证

编译成功之后，下载代码到 ALIENTEK 阿波罗 STM32 开发板上，得到如图 24.4.1 所示界面。

图 24.4.1　汉字输入法界面

此时，在虚拟键盘上输入拼音数字串即可实现拼音输入，如图 24.4.2 所示。

如果发现输入错了，则可以通过屏幕上的 DEL 按钮来退格。如果有多个匹配的情况（匹配值大于 1），则可以通过 KEY_UP 和 KEY1 来选择拼音。按下 KEY0 可以清除当前输入，按下 KEY2 可以实现触摸屏校准（仅限电阻屏，电容屏无须校准）。

还可以通过 USMART 调用 test_py 来实现输入法调试，如图 24.4.3 所示。

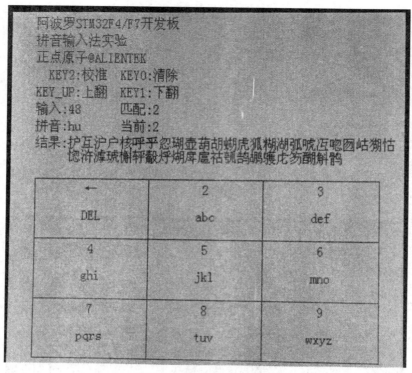

图 24.4.2 实现拼音输入

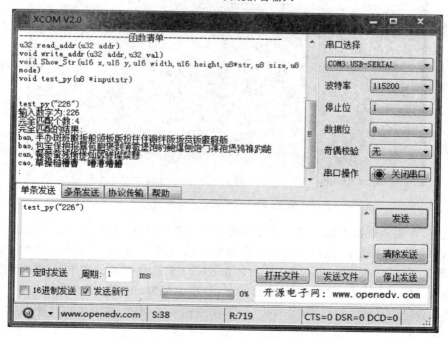

图 24.4.3 USMART 调试 T9 拼音输入法

第 25 章

串口 IAP 实验

IAP,即在应用编程,很多单片机都支持这个功能,STM32F767 也不例外。在之前的 Flash 模拟 EEPROM 实验里面,我们学习了 STM32F767 的 Flash 自编程,本章将结合 Flash 自编程的知识,通过 STM32F767 的串口实现一个简单的 IAP 功能。

25.1 IAP 简介

IAP(In Application Programming)即在应用编程,是用户自己的程序在运行过程中对 User Flash 的部分区域进行烧写,目的是在产品发布后可以方便地通过预留的通信口对产品中的固件程序进行更新升级。通常,实现 IAP 功能时,即用户程序运行中做自身的更新操作,需要在设计固件程序时编写两个项目代码,第一个项目程序不执行正常的功能操作,而只是通过某种通信方式(如 USB、USART)接收程序或数据,执行对第二部分代码的更新;第二个项目代码才是真正的功能代码。这两部分项目代码都同时烧录在 User Flash 中,当芯片上电后,首先是第一个项目代码开始运行,它做如下操作:

① 检查是否需要对第二部分代码进行更新;
② 如果不需要更新则转到④;
③ 执行更新操作;
④ 跳转到第二部分代码执行。

第一部分代码必须通过其他手段,如 JTAG 或 ISP,烧入;第二部分代码可以使用第一部分代码 IAP 功能烧入,也可以和第一部分代码一起烧入,以后需要程序更新时再通过第一部分 IAP 代码更新。

我们将第一个项目代码称为 Bootloader 程序,第二个项目代码称为 APP 程序,它们存放在 STM32F767 Flash 的不同地址范围,一般从最低地址区开始存放 Bootloader,紧跟其后的就是 APP 程序(注意,如果 Flash 容量足够,是可以设计很多 APP 程序的,本章只讨论一个 APP 程序的情况)。这样我们就是要实现 2 个程序:Bootloader 和 APP。

STM32F7 的 APP 程序不仅可以放到 Flash 里面运行,也可以放到 SRAM 里面运行,本章将制作两个 APP,一个用于 Flash 运行,一个用于内部 SRAM 运行。

STM32F7 的 Flash 可以映射到两个地址:0X00200000 或 0X0800 0000,这里仅以

0X0800 0000 为例进行介绍。STM32F7 正常的程序运行流程,如图 25.1.1 所示。

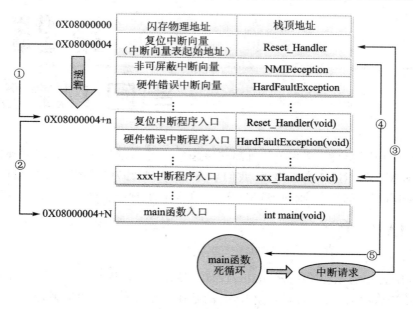

图 25.1.1　STM32F767 正常运行流程图

　　STM32F7 的 Flash 可以映射到两个地址,本章以映射到 0X0800 0000 为例,一般情况下,程序文件就从此地址开始写入。此外,STM32F767 是基于 Cortex-M7 内核的微控制器,其内部通过一张"中断向量表"来响应中断;程序启动后,将首先从"中断向量表"取出复位中断向量执行复位中断程序完成启动;而这张"中断向量表"的起始地址是 0x08000004,当中断来临,STM32F767 的内部硬件机制亦会自动将 PC 指针定位到"中断向量表"处,并根据中断源取出对应的中断向量执行中断服务程序。

　　在图 25.1.1 中,STM32F767 在复位后,先从 0X08000004 地址取出复位中断向量的地址,并跳转到复位中断服务程序,如图标号①所示;在复位中断服务程序执行完之后,会跳转到 main 函数,如图标号②所示;main 函数一般都是一个死循环,在 main 函数执行过程中,如果收到中断请求(发生了中断),则 STM32F767 强制将 PC 指针指回中断向量表处,如图标号③所示;然后,根据中断源进入相应的中断服务程序,如图标号④所示;执行完中断服务程序以后,程序再次返回 main 函数执行,如图标号⑤所示。

　　当加入 IAP 程序之后,程序运行流程如图 25.1.2 所示。

　　在图 25.1.2 所示流程中,STM32F767 复位后,还是从 0X08000004 地址取出复位中断向量的地址,并跳转到复位中断服务程序。在运行完复位中断服务程序之后跳转到 IAP 的 main 函数,如图标号①所示,此部分同图 25.1.1 一样;在执行完 IAP 以后(即将新的 APP 代码写入 STM32F767 的 Flash,灰底部分。新程序的复位中断向量起始地址为 0X08000004+N+M),跳转至新写入程序的复位向量表,取出新程序的复位中断向量的地址,并跳转执行新程序的复位中断服务程序,随后跳转至新程序的 main 函数,如图标号②和③所示。同样,main 函数为一个死循环,并且注意到此时

第 25 章 串口 IAP 实验

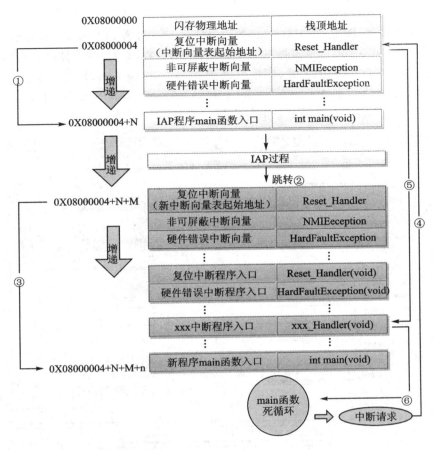

图 25.1.2 加入 IAP 之后程序运行流程图

STM32F767 的 Flash，在不同位置上，共有两个中断向量表。

在 main 函数执行过程中，如果 CPU 得到一个中断请求，则 PC 指针仍强制跳转到地址 0X08000004 中断向量表处，而不是新程序的中断向量表，如图标号④所示；程序再根据我们设置的中断向量表偏移量，跳转到对应中断源新的中断服务程序中，如图标号⑤所示；在执行完中断服务程序后，程序返回 main 函数继续运行，如图标号⑥所示。

通过以上两个过程的分析，我们知道 IAP 程序必须满足两个要求：
① 新程序必须在 IAP 程序之后的某个偏移量为 x 的地址开始；
② 必须将新程序的中断向量表做相应的移动，移动的偏移量为 x；

本章有 2 个 APP 程序，一个为 Flash 的 APP，另外一个为 SRAM 的 APP，图 25.1.2 虽然是针对 Flash APP 来说的，但是在 SRAM 里面运行的过程和 Flash 基本一致，只是需要设置向量表的地址为 SRAM 的地址。

1. APP 程序起始地址设置方法

随便打开一个之前的实例工程，在 Options for Target 'RTC' 对话框选择 Target

选项卡,如图 25.1.3 所示。

默认的条件下,图中 IROM1 的起始地址(Start)一般为 0X08000000,大小(Size)为 0X100000,即从 0X08000000 开始的 1 024 KB 空间为我们的程序存储区。而图中设置起始地址(Start)为 0X08010000,即偏移量为 0X10000(64 KB),因而,留给 APP 用的 Flash 空间(Size)只有 0X100000－0X10000＝0XF0000(960 KB)大小了。设置好 Start 和 Szie 就完成了 APP 程序的起始地址设置。

图 25.1.3　Flash APP Target 选项卡设置

这里的 64 KB 需要根据 Bootloader 程序大小进行选择,比如本章的 Bootloader 程序为 63 KB 左右,理论上只需要确保 APP 起始地址在 Bootloader 之后,并且偏移量为 0X200 的倍数即可(相关知识可参考 http://www.openedv.com/posts/list/392.htm)。这里选择 64 KB(0X10000),留了一些余量,方便 Bootloader 以后的升级修改。

这是针对 Flash APP 的起始地址设置,如果是 SRAM APP,那么起始地址设置如图 25.1.4 所示。

这里将 IROM1 的起始地址(Start)定义为 0X20021000,大小为 0X50000 (320 KB),即从地址 0X20020000 偏移 0X1000 开始存放 APP 代码。因为整个 STM32F767IGT6 的 SRAM 大小(不算 DTCM)为 384 KB,所以 IRAM1(SRAM)的起始地址变为 0X20071000,大小只有 0XF000(60 KB)。这样,整个 STM32F767IGT6 的 SRAM(不含 DTCM)分配情况为:最开始的 4 KB 给 Bootloader 程序使用,随后的 320 KB 存放 APP 程序,最后 60 KB 用作 APP 程序的内存。这个分配关系可以根据实际情况修改,不一定和这里的设置一模一样,注意,保证偏移量为 0X200 的倍数(这里

第 25 章 串口 IAP 实验

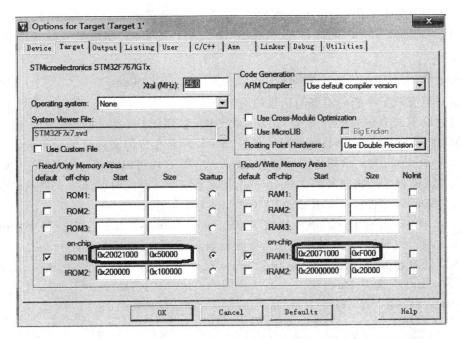

图 25.1.4 SRAM APP Target 选项卡设置

为 0X1000）。

2. 中断向量表的偏移量设置方法

之前讲解过，在系统启动的时候会首先调用 SystemInit 函数初始化时钟系统，同时 SystemInit 还完成了中断向量表的设置。我们可以打开 SystemInit 函数，看看函数体的结尾处有这样几行代码：

```
#ifdef VECT_TAB_SRAM
    SCB->VTOR = RAMDTCM_BASE | VECT_TAB_OFFSET;
                    /* Vector Table Relocation in Internal SRAM. */
#else
    SCB->VTOR = FLASH_BASE | VECT_TAB_OFFSET;
                    /* Vector Table Relocation in Internal FLASH. */
#endif
```

从代码可以理解，VTOR 寄存器存放的是中断向量表的起始地址。默认的情况下 VECT_TAB_SRAM 是没有定义，所以执行"SCB→VTOR = FLASH_BASE | VECT_TAB_OFFSET;"。

对于 Flash APP，我们设置为 FLASH_BASE＋偏移量 0x10000，所以可以在 SystemInit 函数里面修改 SCB→VTOR 的值。当然，为了尽可能不修改系统级别文件，也可以在 Flash APP 的 main 函数最开头处添加如下代码来实现中断向量表的起始地址的重设：

```
SCB->VTOR = FLASH_BASE | 0x10000;
```

以上是 Flash APP 的情况。当使用 SRAM APP 的时候，我们设置起始地址为 SRAM_BASE+0x1000，同样的方法，在 SRAM APP 的 main 函数最开始处添加下面代码：

```
SCB->VTOR = SRAM1_BASE | 0x1000;
```

这样就完成了中断向量表偏移量的设置。

通过以上两个步骤的设置就可以生成 APP 程序了，只要 APP 程序的 Flash 和 SRAM 大小不超过我们的设置即可。不过，MDK 默认生成的文件是.hex 文件，并不方便用作 IAP 更新，我们希望生成的文件是.bin 文件，这样可以方便进行 IAP 升级。这里通过 MDK 自带的格式转换工具 fromelf.exe 来实现.axf 文件到.bin 文件的转换，该工具在 MDK 的安装目录\ARM\ARMCC\bin 文件夹里面。

fromelf.exe 转换工具的语法格式为：fromelf [options] input_file。其中，options 有很多选项可以设置，详细使用可参考配套资料《mdk 如何生成 bin 文件.doc》。

本章通过在 MDK 的 Options for Target 'RTC' 对话框选择 User 选项卡，在 After Build/Rebuild 栏选中 Run #1，并写入 "D:\tools\MDK5.2\ARM\ARMCC\bin\fromelf.exe — bin -o..\OBJ\RTC.bin ..\OBJ\RTC.axf"，如图 25.1.5 所示。

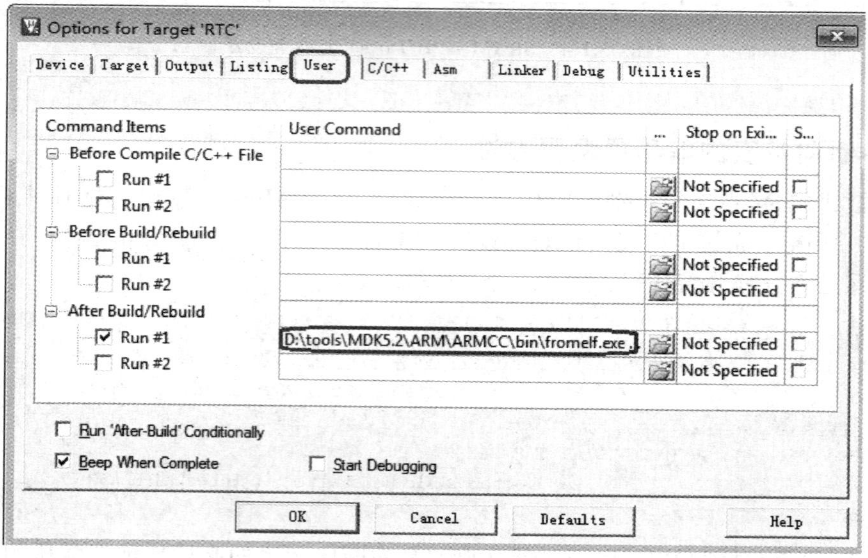

图 25.1.5 MDK 生成.bin 文件设置方法

通过这一步设置，我们就可以在 MDK 编译成功之后调用 fromelf.exe（注意，笔者的 MDK 是安装在 D:\tools\MDK5.2 文件夹下，如果安装在其他目录，则根据自己的目录修改 fromelf.exe 的路径即可），根据当前工程的 RTC.axf 生成一个 RTC.bin 的文件，并存放在 axf 文件相同的目录下，即工程的 OBJ 文件夹里面。得到.bin 文件之后，只需要将这个 bin 文件传送给单片机，即可执行 IAP 升级。

最后再来看看 APP 程序的生成步骤：

① 设置 APP 程序的起始地址和存储空间大小。

对于在 Flash 里面运行的 APP 程序，只需要设置 APP 程序的起始地址和存储空间大小即可。而对于在 SRAM 里面运行的 APP 程序，则还需要设置 SRAM 的起始地址和大小。无论哪种 APP 程序，都需要确保 APP 程序的大小和所占 SRAM 大小不超过设置范围。

② 设置中断向量表偏移量。

这一步按照上面讲解，重新设置 SCB→VTOR 的值即可。

③ 设置编译后运行 fromelf.exe，生成 .bin 文件。

通过在 User 选项卡设置编译后调用 fromelf.exe，根据 .axf 文件生成 .bin 文件，用于 IAP 更新。

通过以上 3 个步骤就可以得到一个 .bin 的 APP 程序，通过 Bootlader 程序即可实现更新。

25.2 硬件设计

本章实验（Bootloader 部分）功能简介：开机的时候先显示提示信息，再等待串口输入接收 APP 程序（无校验，一次性接收），串口接收到 APP 程序之后即可执行 IAP。如果是 SRAM APP，按下 KEY0 即可执行这个收到的 SRAM APP 程序。如果是 Flash APP，则需要先按下 KEY_UP 按键，将串口接收到的 APP 程序存放到 STM32 的内部 Flash，之后再按 KEY2 即可以执行这个 Flash APP 程序。通过 KEY1 按键，可以手动清除串口接收到的 APP 程序。DS0 用于指示程序运行状态。

本实验用到的资源如下：指示灯 DS0、4 个按键（KEY0/KEY1/KEY2/KEY_UP）、串口、LCD 模块。这些用到的硬件之前都已经介绍过，这里就不再介绍了。

25.3 软件设计

本章总共需要 3 个程序：① Bootloader；② Flash APP；③ SRAM APP。其中，我们选择之前做过的 RTC 实验（在本书上册第 22 章介绍）来做 Flash APP 程序（起始地址为 0X08010000），选择触摸屏实验（在第一章介绍）来做 SRAM APP 程序（起始地址为 0X20021000）。Bootloader 是通过 TFTLCD 显示实验（在第而是章介绍）修改得来。本章软件设计仅针对 Bootloader 程序。

复制上册第 20 章的工程（即实验 15）作为本章的工程模版（命名为 IAP Bootloader V1.0），并复制第 7 章实验（Flash 模拟 EEPROM 实验）的 STMFLASH 文件夹到本工程的 HARDWARE 文件夹下，打开本实验工程，并将 STMFLASH 文件夹内的 stm-flash.c 加入到 HARDWARE 组下，同时将 STMFLASH 加入头文件包含路径。

在 HARDWARE 文件夹所在的文件夹下新建一个 IAP 的文件夹，并在该文件夹下新建 iap.c 和 iap.h 两个文件。然后在工程里面新建一个 IAP 的组，将 iap.c 加入到该组下面。最后,将 IAP 文件夹加入头文件包含路径。

打开 iap.c,输入如下代码:

```
iapfun jump2app;
u32 iapbuf[512];      //2 KB 缓存
//appxaddr:应用程序的起始地址
//appbuf:应用程序 CODE
//appsize:应用程序大小(字节)
void iap_write_appbin(u32 appxaddr,u8 * appbuf,u32 appsize)
{
    u32 t;
    u16 i = 0;
    u32 temp;
    u32 fwaddr = appxaddr;//当前写入的地址
    u8 * dfu = appbuf;
    for(t = 0;t<appsize;t + = 4)
    {
        temp = (u32)dfu[3]<<24;
        temp| = (u32)dfu[2]<<16;
        temp| = (u32)dfu[1]<<8;
        temp| = (u32)dfu[0];
        dfu + = 4;//偏移 4 个字节
        iapb == uf[i ++ ] = temp;
        if(i == 512)
        {
            i = 0;
            STMFLASH_Write(fwaddr,iapbuf,512);
            fwaddr + = 2048;//偏移 2048   512 * 4 = 2048
        }
    }
    if(i)STMFLASH_Write(fwaddr,iapbuf,i);//将最后的一些内容字节写进去
}
//跳转到应用程序段
//appxaddr:用户代码起始地址
void iap_load_app(u32 appxaddr)
{
    if((( * (vu32 * )appxaddr)&0x2FF00000) == 0x20000000)     //检查栈顶地址是否合法
    {
        jump2app = (iapfun) * (vu32 * )(appxaddr + 4);
        //用户代码区第二个字为程序开始地址(复位地址)
        MSR_MSP( * (vu32 * )appxaddr);      //初始化 APP 堆栈指针(用户代码区的第一个字用
                                           //于存放栈顶地址)
        jump2app();                        //跳转到 APP
    }
}
```

该文件总共只有 2 个函数,其中,iap_write_appbin 函数用于将存放在串口接收 buf 里面的 APP 程序写入到 Flash。iap_load_app 函数用于跳转到 APP 程序运行,其参数 appxaddr 为 APP 程序的起始地址,程序先判断栈顶地址是否合法,在得到合法的栈顶地址后,通过 MSR_MSP 函数(该函数在 sys.c 文件)设置栈顶地址。最后通过一

个虚拟的函数(jump2app)跳转到 APP 程序执行代码,实现 IAP→APP 的跳转。

保存 iap.c,打开 iap.h 输入如下代码:

```
#ifndef __IAP_H__
#define __IAP_H__
#include "sys.h"
typedef  void (*iapfun)(void);                 //定义一个函数类型的参数
#define FLASH_APP1_ADDR        0x08010000
//第一个应用程序起始地址(存放在 FLASH)
//保留 0X08000000～0X0800FFFF 的空间为 Bootloader 使用(共 64 KB)
void iap_load_app(u32 appxaddr);        //跳转到 APP 程序执行
void iap_write_appbin(u32 appxaddr,u8 *appbuf,u32 applen);//在指定地址开始,写入 bin
#endif
```

这部分代码比较简单,保存 iap.h。本章是通过串口接收 APP 程序的,我们将 usart.c 和 usart.h 做了稍微修改。在 usart.h 中,我们定义 USART_REC_LEN 为 360 KB,也就是串口最大一次可以接收 360 KB 的数据,这也是本 Bootloader 程序所能接收的最大 APP 程序大小。然后新增一个 USART_RX_CNT 的变量,用于记录接收到的文件大小,而 USART_RX_STA 不再使用。在 usart.c 里面修改 USART1_IRQHandler 部分代码如下:

```
//串口1中断服务程序
//注意,读取 USARTx->SR 能避免莫名其妙的错误
u8 USART_RX_BUF[USART_REC_LEN] __attribute__ ((at(0X20021000)));
//接收缓冲,最大 USART_REC_LEN 个字节,起始地址为 0X20021000
//接收状态
//bit15,     接收完成标志 bit14,    接收到 0x0d
//bit13~0,接收到的有效字节数目
u16 USART_RX_STA = 0;              //接收状态标记
u32 USART_RX_CNT = 0;              //接收的字节数
//串口1中断服务程序
void USART1_IRQHandler(void)
{
    u8 Res;
#if SYSTEM_SUPPORT_OS          //使用 OS
    OSIntEnter();
#endif
    if((__HAL_UART_GET_FLAG(&UART1_Handler,UART_FLAG_RXNE)!=RESET))
                                //接收中断(接收到的数据必须是 0x0d 0x0a 结尾)
    {
        HAL_UART_Receive(&UART1_Handler,&Res,1,1000);
        if(USART_RX_CNT<USART_REC_LEN)
        {
            USART_RX_BUF[USART_RX_CNT] = Res;
            USART_RX_CNT ++ ;
        }
    }
    HAL_UART_IRQHandler(&UART1_Handler);
#if SYSTEM_SUPPORT_OS          //使用 OS
```

```
        OSIntExit();
#endif
}
```

这里指定 USART_RX_BUF 的地址是从 0X20021000 开始,该地址也就是 SRAM APP 程序的起始地址！然后在 USART1_IRQHandler 函数里面,将串口发送过来的数据全部接收到 USART_RX_BUF,并通过 USART_RX_CNT 计数。

改完 usart.c 和 usart.h 之后,修改 main 函数如下:

```
int main(void)
{
    u8 t;
    u8 key;
    u32 oldcount = 0;               //老的串口接收数据值
    u32 applenth = 0;               //接收到的 app 代码长度
    u8 clearflag = 0;
    Cache_Enable();                 //打开 L1 - Cache
    HAL_Init();                     //初始化 HAL 库
    Stm32_Clock_Init(432,25,2,9);   //设置时钟,216 MHz
…//此处省略部分代码
    LCD_ShowString(30,130,200,16,16,"KEY_UP:Copy APP2FLASH");
    LCD_ShowString(30,150,200,16,16,"KEY1:Erase SRAM APP");
    LCD_ShowString(30,170,200,16,16,"KEY0:Run SRAM APP");
    LCD_ShowString(30,190,200,16,16,"KEY2:Run FLASH APP");
    POINT_COLOR = BLUE;
    //显示提示信息
    POINT_COLOR = BLUE;//设置字体为蓝色
    while(1)
    {
        if(USART_RX_CNT)
        {
            if(oldcount == USART_RX_CNT)
                            //新周期内,没有收到任何数据,认为本次数据接收完成
            {
                applenth = USART_RX_CNT;
                oldcount = 0;
                USART_RX_CNT = 0;
                printf("用户程序接收完成！\r\n");
                printf("代码长度:%dBytes\r\n",applenth);
            }else oldcount = USART_RX_CNT;
        }
        t++;
        delay_ms(10);
        if(t == 30)
        {
            LED0_Toggle;
            t = 0;
            if(clearflag)
            {
                clearflag--;
                if(clearflag == 0)LCD_Fill(30,210,240,210 + 16,WHITE);//清除显示
            }
```

```c
key = KEY_Scan(0);
if(key == WKUP_PRES)     //WK_UP 按键按下
{
    if(applenth)
    {
        printf("开始更新固件...\r\n");
        LCD_ShowString(30,210,200,16,16,"Copying APP2FLASH...");
        if((( *(vu32 *)(0x20021000 + 4))&0xFF000000) == 0x08000000)
                                                    //判断是否为 0X08XXXXXX.
        {
            iap_write_appbin(FLASH_APP1_ADDR,USART_RX_BUF,
                                        applenth);//更新 FLASH 代码
            LCD_ShowString(30,210,200,16,16,"Copy APP Successed!!");
            printf("固件更新完成！\r\n");
        }else
        {
            LCD_ShowString(30,210,200,16,16,"Illegal FLASH APP!    ");
            printf("非 FLASH 应用程序！\r\n");
        }
    }else
    {
        printf("没有可以更新的固件！\r\n");
        LCD_ShowString(30,210,200,16,16,"No APP!");
    }
    clearflag = 7;//标志更新了显示,并且设置 7 * 300 ms 后清除显示
}
if(key == KEY1_PRES)     //KEY1 按下
{
    if(applenth)
    {
        printf("固件清除完成！\r\n");
        LCD_ShowString(30,210,200,16,16,"APP Erase Successed!");
        applenth = 0;
    }else
    {
        printf("没有可以清除的固件！\r\n");
        LCD_ShowString(30,210,200,16,16,"No APP!");
    }
    clearflag = 7;//标志更新了显示,并且设置 7 * 300ms 后清除显示
}
if(key == KEY2_PRES)     //KEY2 按下
{
    printf("开始执行 FLASH 用户代码!!\r\n");
    if((( *(vu32 *)(FLASH_APP1_ADDR + 4))&0xFF000000) == 0x08000000)
                                                    //判断是否为 0X08XXXXXX
    {
        iap_load_app(FLASH_APP1_ADDR);//执行 FLASH APP 代码
    }else
    {
        printf("非 FLASH 应用程序,无法执行！\r\n");
```

```
                LCD_ShowString(30,210,200,16,16,"Illegal FLASH APP!");
            }
            clearflag = 7;//标志更新了显示,并且设置 7 * 300ms 后清除显示
        }
        if(key == KEY0_PRES)         //KEY0 按下
        {
            printf("开始执行 SRAM 用户代码!! \r\n");
            if(((( * (vu32 * )(0x20021000 + 4))&0xFF000000) == 0x20000000)//0X20XXXXXX?
            {
                iap_load_app(0x20021000);//SRAM 地址
            }else
            {
                printf("非 SRAM 应用程序,无法执行! \r\n");
                LCD_ShowString(30,210,200,16,16,"Illegal SRAM APP!");
            }
            clearflag = 7;;//标志更新了显示,并且设置 7 * 300 ms 后清除显示
        }
    }
}
```

该段代码实现了串口数据处理以及 IAP 更新、跳转等各项操作。至此,Bootloader 程序就设计完成了,但是一般要求 Bootloader 程序越小越好(给 APP 省空间),实际应用时,可以尽量精简代码来得到最小的 IAP。本章例程仅作演示用,所以不对代码做任何精简,最后得到工程截图如图 25.3.1 所示。

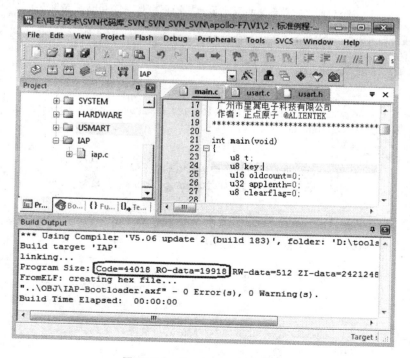

图 25.3.1　Bootloader 工程截图

第 25 章 串口 IAP 实验

可以看出，Bootloader 大小为 42 KB 左右，比较大，主要原因是液晶驱动和 printf 占用了比较多的 Flash；如果想删减代码，则可以去掉不用的 LCD 部分代码和 printf 等，本章为了演示效果，所以保留了这些代码。至此，本实验的软件设计部分结束。

Flash APP 和 SRAM APP 两部分代码可根据 25.1 节的介绍自行修改，注意，Flash APP 的起始地址必须是 0X08010000，而 SRAM APP 的起始地址必须是 0X20021000。

25.4 下载验证

在代码编译成功之后，下载代码到 ALIEN-TEK 阿波罗 STM32F7 开发板上，得到如图 25.4.1 所示界面。

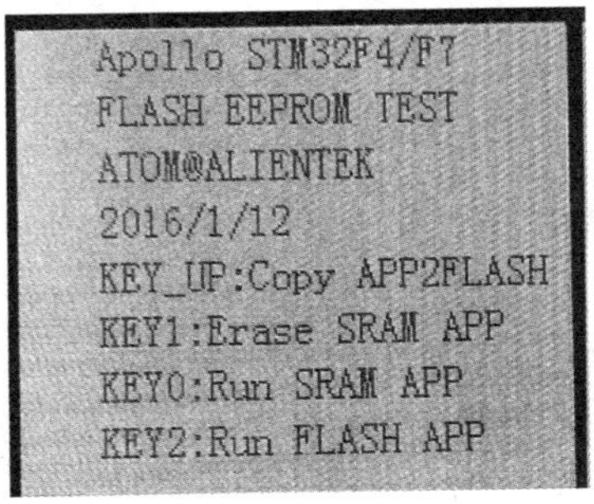

此时，可以通过串口发送 Flash APP 或者 SRAM APP 到阿波罗 STM32F7 开发板，如图 25.4.2 所示。

首先找到开发板 USB 转串口的串口号，打开串口（笔者的计算机是 COM3），再设置波特率为 115 200（图中标号 1 所示）；然后，单击"打开文件"按钮（如图标号 2 所示），找到 APP 程序

图 25.4.1　IAP 程序界面

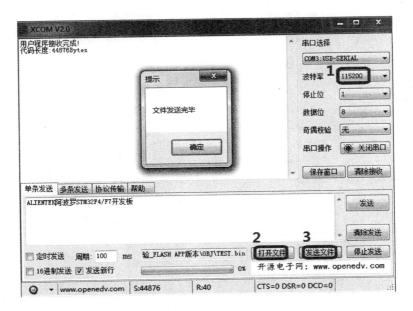

图 25.4.2　串口发送 APP 程序界面

生成的.bin 文件(注意,文件类型得选择所有文件,默认是只打开 txt 文件的);最后单击"发送文件"(图中标号 3 所示),将.bin 文件发送给阿波罗 STM32 开发板,发送完成后,XCOM 会提示文件发送完毕。

开发板收到 APP 程序之后就可以通过 KEY0/KEY2 运行这个 APP 程序了(如果是 Flash APP,则先需要通过 KEY_UP 将其存入对应 Flash 区域)。

第 26 章
USB 读卡器(Slave)实验

　　STM32F7 系列芯片都自带了 USB OTG FS 和 USB OTG HS(HS 需要外扩高速 PHY 芯片实现,速度可达 480 Mbps),支持 USB Host 和 USB Device。阿波罗 STM32F7 开发板没有外扩高速 PHY 芯片,仅支持 USB OTG FS(FS,即全速,12 Mbps),所有 USB 相关例程均使用 USB OTG FS 实现。

　　本章将介绍如何利用 USB OTG FS 在 ALIENTEK 阿波罗 STM32F7 开发板实现一个 USB 读卡器。

26.1　USB 简介

　　USB,是 Universal Serial BUS(通用串行总线)的缩写,中文简称为"通串线"是一个外部总线标准,用于规范计算机与外部设备的连接和通信,是应用在 PC 领域的接口技术,是 1994 年底由英特尔、康柏、IBM、Microsoft 等多家公司联合提出的。USB 接口支持设备的即插即用和热插拔功能。

　　USB 发展到现在已经有 USB1.0/1.1/2.0/3.0 等多个版本,目前用得最多的就是 USB1.1 和 USB2.0,USB3.0 目前已经开始普及。STM32F767 自带的 USB 符合 USB2.0 规范。

　　标准 USB 由 4 根线组成,除 VCC/GND 外,另外为 D+ 和 D−,这两根数据线采用的是差分电压的方式进行数据传输。在 USB 主机上,D− 和 D+ 都是接了 15 kΩ 的电阻到地的,所以在没有设备接入的时候,D+、D− 均是低电平。而在 USB 设备中,如果是高速设备,则会在 D+ 上接一个 1.5 kΩ 的电阻到 VCC;而如果是低速设备,则会在 D− 上接一个 1.5 kΩ 的电阻到 VCC;这样当设备接入主机的时候,主机就可以判断是否有设备接入,并能判断设备是高速设备还是低速设备。接下来简单介绍一下 STM32 的 USB 控制器。

　　STM32F767 系列芯片自带有 USB OTG FS(全速)和 USB OTG HS(高速),其中,HS 需要外扩高速 PHY 芯片实现,这里不做介绍。

　　STM32F767 的 USB OTGFS 是一款双角色设备(DRD)控制器,同时支持从机功能和主机功能,完全符合 USB 2.0 规范的 On−The−Go 补充标准。此外,该控制器也可配置为"仅主机"模式或"仅从机"模式,完全符合 USB 2.0 规范。在主机模式下,OTGFS 支持全速(FS,12 Mbps)和低速(LS,1.5 Mbps)收发器,而从机模式下则仅支持全速(FS,12 Mbps)收发器。OTG FS 同时支持 HNP 和 SRP。

STM32F767 的 USB OTG FS 主要特性可分为 3 类：通用特性、主机模式特性和从机模式特性。

1. 通用特性

- 经 USB-IF 认证，符合通用串行总线规范第 2.0 版；
- 集成全速 PHY，且完全支持定义在标准规范 OTG 补充第 1.3 版中的 OTG 协议：
  ① 支持 A-B 器件识别(ID 线)；
  ② 支持主机协商协议(HNP)和会话请求协议(SRP)；
  ③ 允许主机关闭 VBUS，以在 OTG 应用中节省电池电量；
  ④ 支持通过内部比较器对 VBUS 电平采取监控；
  ⑤ 支持主机到从机的角色动态切换；
- 可通过软件配置为以下角色：
  ① 具有 SRP 功能的 USB FS 从机(B 器件)；
  ② 具有 SRP 功能的 USB FS/LS 主机(A 器件)；
  ③ USB On-The-Go 全速双角色设备；
- 支持 FS SOF 和 LS Keep-alive 令牌：
  ① SOF 脉冲可通过 PAD 输出；
  ② SOF 脉冲从内部连接到定时器 2(TIM2)；
  ③ 可配置的帧周期；
  ④ 可配置的帧结束中断。
- 具有省电功能，如在 USB 挂起期间停止系统、关闭数字模块时钟、对 PHY 和 DFIFO 电源加以管理；
- 具有采用高级 FIFO 控制的 1.25 KB 专用 RAM：
  ① 可将 RAM 空间划分为不同 FIFO，以便灵活有效地使用 RAM；
  ② 每个 FIFO 可存储多个数据包；
  ③ 动态分配存储区；
  ④ FIFO 大小可配置为非 2 的幂次方值，以便连续使用存储单元；
- 一帧之内可以无需要应用程序干预，以达到最大 USB 带宽。

2. 主机(Host)模式特性

- 通过外部电荷泵生成 VBUS 电压；
- 12 个(FS)/16 个(HS)主机通道(管道)：每个通道都可以动态实现重新配置，可支持任何类型的 USB 传输；
- 内置硬件调度器可：
  ① 在周期性硬件队列中存储 12(FS)/16(HS)个中断加同步传输请求；
  ② 在非周期性硬件队列中存储 12(FS)/16(HS)个控制加批量传输请求；

第 26 章　USB 读卡器(Slave)实验

- 管理一个共享 RX FIFO、一个周期性 TX FIFO 和一个非周期性 TX FIFO,以有效使用 USB 数据 RAM。

3. 从机(Slave/Device)模式特性

- 一个双向控制端点 0;
- 5(FS)/7(HS)个 IN 端点(EP),可配置为支持批量传输、中断传输或同步传输;
- 5(FS)/7(HS)个 OUT 端点(EP),可配置为支持批量传输、中断传输或同步传输;
- 管理一个共享 Rx FIFO 和一个 Tx-OUT FIFO,以高效使用 USB 数据 RAM;
- 管理达 6(FS)/8(HS)个专用 Tx-IN FIFO(分别用于每个使能的 IN EP),降低应用程序负荷支持软断开功能。

STM32F767 USB OTG FS 框图如图 26.1.1 所示。

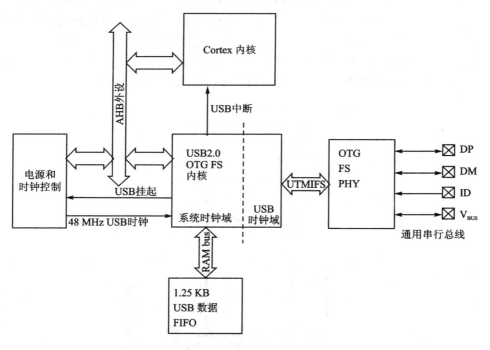

图 26.1.1　USB OTG 框图

对于 USB OTG FS 功能模块,STM32F767 通过 AHB 总线访问(AHB 频率必须大于 14.2 MHz),其中,48 MHz 的 USB 时钟是来自于时钟树图里面的 PLL48CLK(和 SDMMC、RNG 共用)。

STM32F7 的主频一般为 216 MHz,而 USB 需要 48 MHz 的时钟,由主 PLL 经过 Q 分频得到:PLL48CLK = Fvco/PLLQ,Fvco 为 432,设置 PLLQ = 9 就可以得到 48 MHz 的 PLL48CLK 频率。

STM32F767 USB OTG FS 的其他介绍可参考《STM32F7 中文参考手册》第 37 章

内容,这里就不再详细介绍了。

要正常使用 STM32F767 的 USB,就得编写 USB 驱动,而整个 USB 通信的详细过程是很复杂的,本书篇幅有限,不可能在这里详细介绍,有兴趣的读者可以去看看计算机圈圈的《圈圈教你玩 USB》这本书,该书对 USB 通信有详细讲解。要自己编写 USB 驱动是一件相当困难的事情,尤其对于从没了解过 USB 的人来说,基本上不花个一两年时间学习是没法搞定的。不过,ST 提供了一个完整的 USB OTG 驱动库(包括主机和设备),通过这个库可以很方便地实现我们所要的功能,而不需要详细了解 USB 的整个驱动,大大缩短了开发时间。

STM32F7 的 USB 例程全部是以 HAL 库的形式提供的,使用起来比较复杂,为了更好地与 STM32F1/F2/F4 兼容,可以通过修改 STM32F1/F2/F4 的 USB OTG 库来支持 STM32F7。

ST 的 STM32F1/F2/F4 USB OTG 库可以在 http://www.stmcu.org/document/list/index/category-523 下载到(STSW-STM32046),也可以到开发板配套资料下载,路径是:8,STM32 参考资料→STM32 USB 学习资料,文件名:stm32_f105-07_f2_f4_usb-host-device_lib.zip。该库包含了 STM32F1/F2/F4 的 USB 主机(Host)和从机(Device)驱动库,并提供了 14 个例程供我们参考,如图 26.1.2 所示。

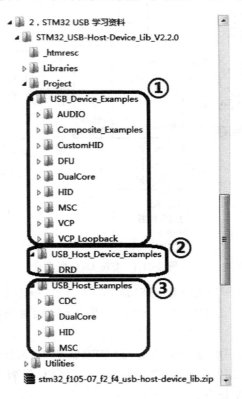

图 26.1.2　ST 提供的 USB OTG 例程

第 26 章　USB 读卡器(Slave)实验

如图 26.1.2 所示,ST 提供了 3 类例程,即设备类(Device,即 Slave)、主从一体类(Host_Device)和主机类(Host),总共 14 个例程。整个 USB OTG 库还有一个说明文档:CD00289278.pdf(在配套资料有提供),即 UM1021,该文档详细介绍了 USB OTG 库的各个组成部分以及所提供的例程使用方法,对于有兴趣学习 USB 的读者,这个文档是必须仔细看的。

这 14 个例程虽然都基于官方 STM32F1/F2/F4 EVAL 板,但是很容易移植到阿波罗 STM32F767 开发板上,稍做修改就可以支持 STM32F7 系列。本章就是移植 STM32_USB‑Host‑Device_Lib_V2.2.0\Project\USB_Device_Examples\MSC 这个例程,以实现 USB 读卡器功能。

26.2　硬件设计

本章实验功能简介:开机的时候先检测 SD 卡、SPI Flash 和 NAND Flash 是否存在,如果存在则获取其容量,并显示在 LCD 上面(如果不存在,则报错)。之后开始 USB 配置,配置成功之后就可以在计算机上发现 3 个可移动磁盘。用 DS1 来指示 USB 正在读/写,并在液晶上显示出来;用 DS0 来指示程序正在运行。

所要用到的硬件资源如下:指示灯 DS0、DS1,串口,LCD 模块,SD 卡,SPI Flash,NAND Flash,USB SLAVE 接口。

前面 6 部分在之前的实例中都介绍过了,在此就不介绍了。接下来看看计算机 USB 与 STM32 的 USB SLAVE 连接口。ALIENTEK 阿波罗 STM32 开发板采用的是 5 PIN 的 MiniUSB 接头,用来和计算机的 USB 相连接,连接电路如图 26.2.1 所示。

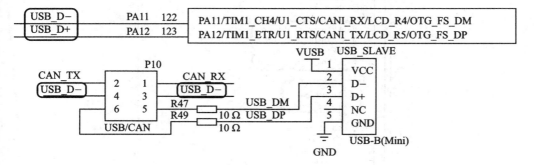

图 26.2.1　MiniUSB 接口与 STM32 的连接电路图

可以看出,USB 座没有直接连接到 STM32F767 上面,而是通过 P10 转接,所以需要用跳线帽将 PA11、PA12 分别连接到 D-、D+,如图 26.2.2 所示。

不过,这个 MiniUSB 座和 USB‑A 座(USB_HOST)是共用 D+ 和 D- 的,所以不能同时使用,这个在使用的时候要特别注意。本实验测试时,USB_

图 26.2.2　硬件连接示意图

HOST 不能插入任何 USB 设备！另外，如果只有 STM32F767 核心板的，可以利用核心板上面的 MicroUSB 接计算机，同样也可以实现本例程的功能。

26.3 软件设计

本章在实验 41 NAND Flash 实验的基础上修改，代码移植自 ST 官方例程：STM32_USB-Host-Device_Lib_V2.2.0\Project\USB_Device_Examples\MSC。由于 V2.2.0 的库仅提供 IAR 工程，所以无法用 MDK 直接打开 ST 的这个例程，不过可以参考 V2.1.0 的库（配套资料提供了 STM32_USB-Host-Device_Lib_V2.1.0.rar），V2.1.0 的库提供了 MDK 工程，它的工程结构和 V2.2.0 的库是一样的。

使用 IAR 打开该例程（V2.2.0 仅提供 IAR 工程）即可知道 USB 相关的代码有哪些，如图 26.3.1 所示。有了这个官方例程做指引，我们就知道具体需要哪些文件，从而实现本章例程。

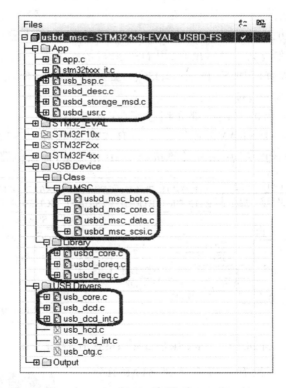

图 26.3.1 ST 官方例程 USB 相关代码

首先，在本章例程（即实验 41 NAND Flash 实验）的工程文件夹下面新建一个 USB 文件夹，并将官方 USB 驱动库相关代码复制到该文件夹下，即复制配套资料→8，STM32 参考资料→STM32 USB 学习资料→STM32_USB-Host-Device_Lib_V2.2.0→Libraries 文件夹下的 STM32_USB_Device_Library、STM32_USB_HOST_Li-

第 26 章 USB 读卡器(Slave)实验

brary 和 STM32_USB_OTG_Driver 共 3 个文件夹的源码到该文件夹下面。

然后,在 USB 文件夹下新建 USB_APP 文件夹来存放 MSC 实现相关代码,即 STM32_USB-Host-Device_Lib_V2.2.0→Project→USB_Device_Examples→MSC→src 下的 usb_bsp.c、usbd_storage_msd.c、usbd_desc.c 和 usbd_usr.c 这 4 个.c 文件,同时复制 STM32_USB-Host-Device_Lib_V2.2.0→Project→USB_Device_Examples→MSC→inc 下面的 usb_conf.h、usbd_conf.h 和 usbd_desc.h 这 3 个文件到 USB_APP 文件夹下。最后 USB_APP 文件夹下的文件如图 26.3.2 所示。

图 26.3.2　USB_APP 代码

之后,根据 ST 官方 MSC 例程在本章例程的基础上新建分组添加相关代码,添加好之后,如图 26.3.3 所示。

因为这个 USB 库是针对 STM32F1/F2/F4 系列的,并不是针对 STM32F7 系列,所以需要对部分代码稍做修改。需要修改的地方有:

① usb_core.c,USB_OTG_CoreInit 函数改为:

```
USB_OTG_STS USB_OTG_CoreInit(USB_OTG_CORE_HANDLE * pdev)
{
  USB_OTG_STS status = USB_OTG_OK;
  USB_OTG_GUSBCFG_TypeDef   usbcfg;
  USB_OTG_GCCFG_TypeDef     gccfg;
  USB_OTG_GAHBCFG_TypeDef   ahbcfg;
#if defined (STM32F446xx) || defined (STM32F469_479xx) || defined (STM32F767xx)
//增加对 STM32F767xx 的判断
  USB_OTG_DCTL_TypeDef      dctl;
  u32 tempreg;
#endif
  usbcfg.d32 = 0;
……//省略部分未改动的代码
  USB_OTG_EnableCommonInt(pdev);
#endif
#if defined (STM32F446xx) || defined (STM32F469_479xx) || defined (STM32F767xx)
//增加对 STM32F767xx 的判断
```

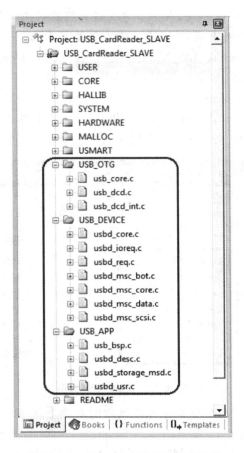

图 26.3.3　添加 USB 驱动等相关代码

```
    //必须注释掉这个(对usbcfg.srpcap的修改),否则无法正常使用
    //usbcfg.d32 = USB_OTG_READ_REG32(&pdev->regs.GREGS->GUSBCFG);
    //usbcfg.b.srpcap = 1;
    //必须新增对GOTGCTL寄存器bit6,bit7的设置,否则USB工作不正常
    tempreg = USB_OTG_READ_REG32(&pdev->regs.GREGS->GOTGCTL);//读
    tempreg| = 1<<6;           //设置BVALOEN = 1
    tempreg| = 1<<7;           //设置BVALOVAL = 1
    USB_OTG_WRITE_REG32(&pdev->regs.GREGS->GOTGCTL,tempreg);     //写
    dctl.d32 = USB_OTG_READ_REG32(&pdev->regs.DREGS->DCTL);
    dctl.b.sftdiscon   = 0;
    USB_OTG_WRITE_REG32(&pdev->regs.DREGS->DCTL, dctl.d32);
    dctl.d32 = USB_OTG_READ_REG32(&pdev->regs.DREGS->DCTL);
    //USB_OTG_WRITE_REG32(&pdev->regs.GREGS->GUSBCFG, usbcfg.d32);
    USB_OTG_EnableCommonInt(pdev);
#endif
    return status;
}
```

② usb_dcd.c,DCD_Init 函数将:

第 26 章　USB 读卡器(Slave)实验

```
# if defined (STM32F446xx) || defined (STM32F469_479xx)
```

改为:

```
# if defined (STM32F446xx) || defined (STM32F469_479xx) || defined (STM32F767xx)
//增加对 STM32F767xx 的判断
```

③ usb_dcd_int.c,DCD_HandleEnumDone_ISR 函数改为:

```
static uint32_t DCD_HandleEnumDone_ISR(USB_OTG_CORE_HANDLE * pdev)
{
  uint32_t hclk = 216000000;              //hclk 时钟为 216 MHz
  USB_OTG_GINTSTS_TypeDef   gintsts;
  USB_OTG_GUSBCFG_TypeDef   gusbcfg;
  //RCC_ClocksTypeDef RCC_Clocks;         //屏蔽掉,系统时钟直接赋值
  USB_OTG_EP0Activate(pdev);
  /* Get HCLK frequency */
  // RCC_GetClocksFreq(&RCC_Clocks);      //屏蔽掉,系统时钟直接赋值
  //hclk = RCC_Clocks.HCLK_Frequency;     //屏蔽掉,系统时钟直接赋值
  ……//省略部分未改动的代码
}
```

　　经过这 3 处修改(接下来的 USB 例程都需要做这个修改)就可以使得该库支持 STM32F7 系列芯片了。此外,移植官方库的时候,我们重点要修改的就是 USB_APP 文件夹下面的代码,其他代码(USB_OTG 和 USB_DEVICE 文件夹下的代码)一般不用修改。

　　usb_bsp.c 提供了几个 USB 库需要用到的底层初始化函数,包括 I/O 设置、中断设置、VBUS 配置以及延时函数等,需要我们自己实现。USB Device(Slave)和 USB Host 共用这个.c 文件。

　　usbd_desc.c 提供了 USB 设备类的描述符,直接决定了 USB 设备的类型、断点、接口、字符串、制造商等重要信息。这个里面的内容一般不用修改,直接用官方的即可。注意,这里 usbd_desc.c 里面的 usbd 即 device 类,同样,usbh 即 host 类,所以通过文件名可以很容易区分该文件是用在 device 还是 host,而只有 usb 字样的那就是 device 和 host 可以共用的。

　　usbd_usr.c 提供用户应用层接口函数,即 USB 设备类的一些回调函数。当 USB 状态机处理完不同事务的时候会调用这些回调函数,通过这些回调函数,就可以知道 USB 当前状态,比如是否枚举成功了、是否连接上了、是否断开了等,根据这些状态,用户应用程序可以执行不同操作,完成特定功能。

　　usbd_storage_msd.c 提供一些磁盘操作函数,包括支持的磁盘个数以及每个磁盘的初始化、读/写等函数。本章设置了 3 个磁盘:SD 卡、SPI Flash 和 NAND Flash。

　　以上 4 个.c 文件里面的函数基本上都是以回调函数的形式被 USB 驱动库调用的,这些代码的具体修改过程可参考配套资料本例程源码,这里只提几个重点地方讲解下:

　　① 要使用 USB OTG FS,则必须在 MDK 编译器的全局宏定义里面定义 USE_USB_OTG_FS 宏,如图 26.3.4 所示。

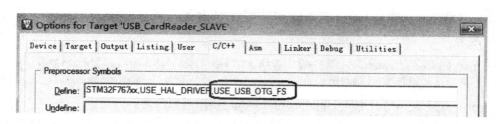

图 26.3.4　定义全局宏 USE_USB_OTG_FS

② 因为阿波罗 STM32F767 开发板没有用到 VUSB 电压检测,所以要在 usb_conf.h 里面将宏定义#define VBUS_SENSING_ENABLED 屏蔽掉。

③ 通过修改 usbd_conf.h 里面的 MSC_MEDIA_PACKET 定义值大小,可以一定程度提高 USB 读/写速度(越大越快),本例程设置 32×1 024,也就是 32 KB 大小。

④ 官方例程不支持大于 4G 的 SD 卡,须修改 usbd_msc_scsi.c 里面的 SCSI_blk_addr 类型为 uint64_t 才可以支持大于 4G 的卡;官方默认是 uint32_t,最大只能支持 4G 卡。

⑤ 官方例程在 2 个或以上磁盘支持的时候存在 bug,需要修改 usbd_msc_scsi.c 里面的 SCSI_blk_nbr 变量,将其改为数组形式"uint32_t SCSI_blk_nbr[3];"。这里数组大小是 3,我们可以支持最多 3 个磁盘,修改数组的大小即可修改支持的最大磁盘个数。修改该参数后相应的有一些函数要做修改,可参考本例程源码。

⑥ 修改 usbd_msc_core.c 里面的 USBD_MSC_MaxLun 定义方式,去掉 static 关键字。然后,在 usbd_msc_bot.c 里面修改 MSC_BOT_CBW_Decode 函数,将 MSC_BOT_cbw.bLUN >1 改为 MSC_BOT_cbw.bLUN > USBD_MSC_MaxLun,以支持多个磁盘。

以上 6 点就是移植的时候需要特别注意的,其他就不详细介绍了(USB 相关源码解释可参考 CD00289278.pdf 文档)。最后修改 main.c 里面代码如下:

```
USB_OTG_CORE_HANDLE USB_OTG_dev;
extern vu8 USB_STATUS_REG;           //USB 状态
extern vu8 bDeviceState;             //USB 连接情况
int main(void)
{
    u8 offline_cnt = 0;    u8 tct = 0;    u8 USB_STA;    u8 Divece_STA;
    Cache_Enable();                  //打开 L1 - Cache
    HAL_Init();                      //初始化 HAL 库
    Stm32_Clock_Init(432,25,2,9);    //设置时钟,216 MHz
    delay_init(216);                 //延时初始化
    uart_init(115200);               //串口初始化
    LED_Init();                      //初始化 LED
    KEY_Init();                      //初始化按键
    SDRAM_Init();                    //初始化 SDRAM
    LCD_Init();                      //初始化 LCD
    W25QXX_Init();                   //初始化 W25Q256
    PCF8574_Init();                  //初始化 PCF8574
```

```c
my_mem_init(SRAMIN);              //初始化内部内存池
my_mem_init(SRAMEX);              //初始化外部内存池
my_mem_init(SRAMDTCM);            //初始化 DTCM 内存池
POINT_COLOR = RED;
LCD_ShowString(30,50,200,16,16,"Apollo STM32F4/F7");
LCD_ShowString(30,70,200,16,16,"USB Card Reader TEST");
LCD_ShowString(30,90,200,16,16,"ATOM@ALIENTEK");
LCD_ShowString(30,110,200,16,16,"2016/7/20");
if(SD_Init())LCD_ShowString(30,130,200,16,16,"SD Card Error!"); //检测 SD 卡错误
else //SD 卡正常
{
    LCD_ShowString(30,130,200,16,16,"SD Card Size:    MB");
    LCD_ShowNum(134,130,SDCardInfo.CardCapacity >> 20,5,16);    //显示 SD 卡容量
}
if(W25QXX_ReadID()!= W25Q256)
LCD_ShowString(30,130,200,16,16,"W25Q128 Error!");              //检测 W25Q128 错误
elseLCD_ShowString(30,150,200,16,16,"SPI FLASH Size:25MB");     //显示容量
if(FTL_Init())LCD_ShowString(30,170,200,16,16,"NAND Error!");   //NAND 错误
else //NAND Flash 正常
{
    LCD_ShowString(30,170,200,16,16,"NAND Flash Size:    MB");
    LCD_ShowNum (158,170,nand_dev.valid_blocknum * nand_dev.block_pagenum * \
            nand_dev.page_mainsize >> 20,4,16);                 //显示 SD 卡容量
}
LCD_ShowString(30,190,200,16,16,"USB Connecting...");           //提示正在建立连接
MSC_BOT_Data = mymalloc(SRAMIN,MSC_MEDIA_PACKET);               //申请内存
USBD_Init(&USB_OTG_dev,USB_OTG_FS_CORE_ID,&USR_desc,            &USBD_MSC_cb,&USR_cb);
delay_ms(1800);
while(1)
{
    delay_ms(1);
    if(USB_STA!= USB_STATUS_REG)//状态改变了
    {
        LCD_Fill(30,210,240,210 + 16,WHITE);//清除显示
        if(USB_STATUS_REG&0x01)//正在写
        {
            LED1(0);
            LCD_ShowString(30,210,200,16,16,"USB Writing...");//提示正写数据
        }
        if(USB_STATUS_REG&0x02)//正在读
        {
            LED1(0);
            LCD_ShowString(30,210,200,16,16,"USB Reading...");//提示正读数据
        }
        if(USB_STATUS_REG&0x04)LCD_ShowString(30,230,200,16,16,
                                        "USB Write Err ");//提示写入错误
        else LCD_Fill(30,230,240,230 + 16,WHITE);//清除显示
        if(USB_STATUS_REG&0x08)LCD_ShowString(30,250,200,16,16,
                                        "USB Read  Err ");//提示读出错误
        else LCD_Fill(30,250,240,250 + 16,WHITE);//清除显示
        USB_STA = USB_STATUS_REG;//记录最后的状态
```

```c
            }
            if(Divece_STA!= bDeviceState)
            {
                if(bDeviceState == 1)LCD_ShowString(30,190,200,16,16,
                        "USB Connected       ");//提示 USB 连接已经建立
                else LCD_ShowString(30,190,200,16,16,"USB DisConnected ");//USB 拔出
                Divece_STA = bDeviceState;
            }
            tct ++ ;
            if(tct == 200)
            {
                tct = 0;
                LED1(1);
                LED0_Toggle;;//提示系统在运行
                if(USB_STATUS_REG&0x10)
                {
                    offline_cnt = 0;//USB 连接了,则清除 offline 计数器
                    bDeviceState = 1;
                }else//没有得到轮询
                {
                    offline_cnt ++ ;
                    if(offline_cnt>10)bDeviceState = 0;//2s 没收到在线标记→USB 被拔出
                }
                USB_STATUS_REG = 0;
            }
        }
    }
}
```

其中,USB_OTG_CORE_HANDLE 是一个全局结构体类型,用于存储 USB 通信中 USB 内核需要使用的的各种变量、状态和缓存等,任何 USB 通信(不论主机,还是从机)都必须定义这么一个结构体以实现 USB 通信,这里定义成 USB_OTG_dev。

USB 初始化非常简单,只需要调用 USBD_Init 函数即可,顾名思义,该函数是 USB 设备类初始化函数,本章的 USB 读卡器属于 USB 设备类,所以使用该函数。该函数初始化了 USB 设备类处理的各种回调函数,以便 USB 驱动库调用。执行完该函数以后,USB 就启动了,所有 USB 事务都是通过 USB 中断触发,并由 USB 驱动库自动处理。USB 中断服务函数在 usbd_usr.c 里面:

```c
//USB OTG 中断服务函数,处理所有 USB 中断
void OTG_FS_IRQHandler(void)
{
    USBD_OTG_ISR_Handler(&USB_OTG_dev);
}
```

该函数调用 USBD_OTG_ISR_Handler 函数来处理各种 USB 中断请求。因此,在 main 函数里面处理过程就非常简单,main 函数里面通过两个全局状态变量(USB_STATUS_REG 和 bDeviceState)来判断 USB 状态,并在 LCD 上面显示相关提示信息。

USB_STATUS_REG 是在 usbd_storage_msd.c 里面定义的一个全局变量,不同

第 26 章　USB 读卡器(Slave)实验

的位表示不同状态,用来指示当前 USB 的读/写等操作状态。

bDeviceState 是在 usbd_usr.c 里面定义的一个全局变量,0 表示 USB 还没有连接,1 表示 USB 已经连接。

注意,因为 USB 通信需要 48 MHz 的时钟,需要把 STM32 的主频倍频到 192 MHz(稍微超频,不影响正常使用),以得到 48 MHz 的 USB 时钟。接下来的几个 USB 例程也都采用 192 MHz 主频,以得到 48 MHz 的 USB 时钟。软件设计部分就介绍到这里。

26.4　下载验证

编译成功之后,下载代码到阿波罗 STM32 开发板上,在 USB 配置成功后(假设已经插入 SD 卡,注意,USB 数据线要插在 USB_SLAVE 口,不是 USB_232 端口!另外,USB_HOST 接口也不要插入任何设备,否则会干扰),LCD 显示效果如图 26.4.1 所示。

此时,计算机提示发现新硬件,并开始自动安装驱动,如图 26.4.2 所示。

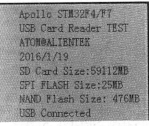

图 26.4.1　USB 连接成功

等 USB 配置成功后,DS1 不亮,DS0 闪烁,并且在计算机上可以看到我们的磁盘,如图 26.4.3 所示。

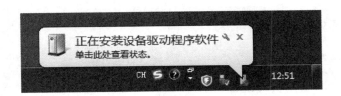

图 26.4.2　USB 读卡器被计算机找到

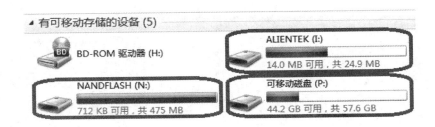

图 26.4.3　计算机找到 USB 读卡器的 3 个盘符

打开设备管理器可以发现,在通用串行总线控制器里面多出了一个 USB 大容量存储设备,同时磁盘驱动器里面多了 3 个磁盘,如图 26.4.4 所示。此时就可以通过计算机读/写 SD 卡、SPI Flash 和 NAND Flash 里面的内容了。在执行读/写操作的时候就可以看到 DS1 亮,并且会在液晶上显示当前的读/写状态。

图 26.4.4　通过设备管理器查看磁盘驱动器

注意,在对 SPI Flash 操作的时候,最好不要频繁往里面写数据,否则很容易将 SPI Flash 写爆。

第 27 章
USB 声卡(Slave)实验

上一章介绍了如何利用 STM32F767 的 USB 接口来做一个 USB 读卡器,本章将利用 STM32F767 的 USB 来做一个声卡。

27.1 USB 声卡简介

ALIENTEK 阿波罗 STM32F767 开发板板载了一颗高性能 CODEC 芯片:WM8978,我们可以利用 STM32F767 的 SAI 接口控制 WM8978 播放音乐,同样,如果结合 STM32F767 的 USB 功能,就可以实现一个 USB 声卡。

同上一章一样,我们直接移植官方的 USB AUDIO 例程,官方例程路径:8,STM32 参考资料→STM32 USB 学习资料→STM32_USB-Host-Device_Lib_V2.2.0→Project→USB_Device_Examples→AUDIO。该例程采用 USB 同步传输来传输音频数据流,并且支持某些控制命令(比如静音控制),例程仅支持 USB FS 模式(不支持 HS),同时不需要特殊的驱动支持,大多数操作系统直接就可以识别。

27.2 硬件设计

本章实验功能简介:开机的时候先显示一些提示信息,之后开始 USB 配置,配置成功之后就可以在计算机上发现多出一个 USB 声卡。我们用 DS1 来指示 USB 是否连接成功,并在液晶上显示 USB 连接状况;如果成功连接,则 DS1 会亮,此时可以将耳机插入开发板的 PHONE 端口,听到来自计算机的音频信号。同时,通过两个按键可以调节音量:按 KEY0 可以增大音量,KEY2 可以减少音量。同样用 DS0 来指示程序正在运行。

所要用到的硬件资源如下:指示灯 DS0、DS1,KEY0 和 KEY2 两个按键,串口,LCD 模块,USB SLAVE 接口,WM8978。这几个部分在之前的实例中都已经介绍过了,在此就不多说了。注意,要通过跳线帽连接 PA11、D-以及 PA12、D+。

27.3 软件设计

本章在第 17 章音乐播放器实验(实验 47)的基础上修改,先打开实验 47 的工程,在HARDWARE文件夹所在文件夹下新建一个USB的文件夹,同上一章一样,对照官方AUDIO例子,将相关文件复制到USB文件夹下。

然后,在工程里面去掉一些不必要的代码,并添加USB相关代码,最终得到如图27.3.1所示的工程。可以看到,USB部分代码同上一章的在结构上是一模一样的,只是.c文件稍微有些变化。同样,移植需要修改的代码,就是USB_APP里面的这4个.c文件。

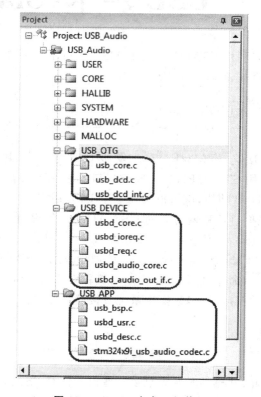

图 27.3.1　USB 声卡工程截图

其中,usb_bsp.c和usbd_usr.c的代码和上一章基本一样,可以用上一章的代码直接替换即可正常使用。usb_desc.c代码同上一章不一样,上一章描述符是大容量存储设备,本章变成了USB声卡了,所以直接用ST官方的就行。

最后,stm324xg_usb_audio_codec.c里面的代码是重点要修改的,该文件是配合USB声卡的WM8994底层驱动相关代码,官方STM32F7xx的板子用的是WM8994,而我们用的是WM8978,需要修改代码,修改后代码如下:

```
u8 volume = 0;                              //当前音量
vu8 audiostatus = 0;                        //bit0:0,暂停播放;1,继续播放
vu8 saiplaybuf = 0;                         //即将播放的音频帧缓冲编号
vu8 saisavebuf = 0;                         //当前保存到的音频缓冲编号
#define AUDIO_BUF_NUM     100               //由于采用的是USB同步传输数据播放
//而STM32 SAI的速度和USB传送过来数据的速度存在差异,比如在 48 kHz下,实
```

```c
//际 SAI 是低于 48 kHz(47.991 kHz)的,所以计算机送过来的数据流会比 STM32 播放
//速度快,缓冲区写位置追上播放位置(saisavebuf == saiplaybuf)时,就会出现
//混叠.设置尽量大的 AUDIO_BUF_NUM 值,可以尽量减少混叠次数
u8 * saibuf[AUDIO_BUF_NUM];//缓冲 AUDIO_BUF_NUM * AUDIO_OUT_PACKET 字节
//音频数据 SAI DMA 传输回调函数
void audio_sai_dma_callback(void)
{
    if((saiplaybuf == saisavebuf)&&audiostatus == 0)SAI_Play_Stop();
else
    {
        saiplaybuf ++ ;
        if(saiplaybuf>(AUDIO_BUF_NUM - 1))saiplaybuf = 0;
        if(DMA2_Stream1 ->CR&(1 << 19))
        DMA2_Stream1 ->M0AR = (u32)saibuf[saiplaybuf];      //指向下一个 buf
        else
            DMA2_Stream1 ->M1AR = (u32)saibuf[saiplaybuf];//指向下一个 buf
    }
}
//配置音频接口
//OutputDevice:输出设备选择,未用到
//Volume:音量大小,0~100
//AudioFreq:音频采样率
uint32_t EVAL_AUDIO_Init(uint16_t OutputDevice, uint8_t Volume, uint32_t AudioFreq)
{
    u16 t = 0;
    for(t = 0;t<AUDIO_BUF_NUM;t ++ )        //内存申请
    {
        saibuf[t] = mymalloc(SRAMIN,AUDIO_OUT_PACKET);
    }
    if(saibuf[AUDIO_BUF_NUM - 1] == NULL)    //内存申请失败
    {
        printf("Malloc Error! \r\n");
        for(t = 0;t<AUDIO_BUF_NUM;t ++ )myfree(SRAMIN,saibuf[t]);
        return 1;
    }
    SAIA_Init(SAI_MODEMASTER_TX,SAI_CLOCKSTROBING_RISINGEDGE,
                            SAI_DATASIZE_16);//设置 SAI,主发送,16 位数据
    SAIA_SampleRate_Set(AudioFreq);     //设置采样率
    EVAL_AUDIO_VolumeCtl(Volume);        //设置音量
    SAIA_TX_DMA_Init(saibuf[0],saibuf[1],AUDIO_OUT_PACKET/2,1);
                                                //配置 TX DMA,16 位
    sai_tx_callback = audio_sai_dma_callback;   //回数指向 audio_sai_dma_callback
    SAI_Play_Start();                           //开启 DMA
    printf("EVAL_AUDIO_Init: % d, % d\r\n",Volume,AudioFreq);
    return 0;
}
//开始播放音频数据
//pBuffer:音频数据流首地址指针
//Size:数据流大小(单位:字节)
uint32_t EVAL_AUDIO_Play(uint16_t * pBuffer, uint32_t Size)
{
```

```
        printf("EVAL_AUDIO_Play:%x,%d\r\n",pBuffer,Size);
        return 0;
}
//暂停/恢复音频流播放
//Cmd:0,暂停播放;1,恢复播放
//返回值:0,成功
//    其他,设置失败
uint32_t EVAL_AUDIO_PauseResume(uint32_t Cmd)
{
    if(Cmd == AUDIO_PAUSE)audiostatus = 0;
    else
    {
        audiostatus = 1;
        SAI_Play_Start();        //开启 DMA
    }
    return 0;
}
//停止播放
//Option:控制参数,1/2,详见:CODEC_PDWN_HW 定义
//返回值:0,成功
//    其他,设置失败
uint32_t EVAL_AUDIO_Stop(uint32_t Option)
{
    printf("EVAL_AUDIO_Stop:%d\r\n",Option);
    audiostatus = 0;
    return 0;
}
//音量设置
//Volume:0~100
//返回值:0,成功
//    其他,设置失败
uint32_t EVAL_AUDIO_VolumeCtl(uint8_t Volume)
{
    volume = Volume;
    WM8978_HPvol_Set(volume * 0.63,volume * 0.63);
    WM8978_SPKvol_Set(volume * 0.63);
    return 0;
}
//静音控制
//Cmd:0,正常
//    1,静音
//返回值:0,正常
//    其他,错误代码
uint32_t EVAL_AUDIO_Mute(uint32_t Cmd)
{
    if(Cmd == AUDIO_MUTE_ON)
    {
        WM8978_HPvol_Set(0,0);          WM8978_SPKvol_Set(0);
    }else
    {
        WM8978_HPvol_Set(volume * 0.63,volume * 0.63);
```

第 27 章　USB 声卡(Slave)实验

```
        WM8978_SPKvol_Set(volume * 0.63);
    }
    return 0;
}
//播放音频数据流
//Addr:音频数据流缓存首地址
//Size:音频数据流大小(单位:harf word,也就是 2 个字节)
void Audio_MAL_Play(uint32_t Addr, uint32_t Size)
{
    u16 i;     u8 t = saisavebuf;    u8 * p = (u8 *)Addr;
    u8 curplay = saiplaybuf;         //当前正在播放的缓存帧编号
    if(curplay)curplay-- ;
    else curplay = AUDIO_BUF_NUM - 1;
    audiostatus = 1;
    t ++ ;
    if(t>(AUDIO_BUF_NUM - 1))t = 0;
    if(t == curplay)            //写缓存碰上了当前正在播放的帧,跳到下一帧
    {
        t ++ ;
        if(t>(AUDIO_BUF_NUM - 1))t = 0;
        printf("bad position: % d\r\n",t);
    }
    saisavebuf = t;
    for(i = 0;i<Size * 2;i ++ )saibuf[saisavebuf][i] = p[i];
    SAI_Play_Start();           //开启 DMA
```

  这里特别说明一下,USB AUDIO 使用的是 USB 同步数据传输,音频采样率固定为 48 kHz(通过 USBD_AUDIO_FREQ 设置,在 usbd_conf.h 里面),这样,USB 传输过来的数据都是 48 kHz 的音频数据流,STM32F767 必须以同样的频率传输数据给 SAI,以同步播放音乐。

  但是,STM32F767 采用的是外部 25 MHz 时钟倍频后分频作为 SAI 时钟,使能主时钟(MCK)输出的时候,只能以 47.991 kHz 频率播放,稍微有点误差。这样,导致 USB 送过来的数据会比传输给 SAI 的数据快一点点,如果不做处理,就很容易产生数据混叠,产生噪声。

  因此,这里提供了一个简单的解决办法:建立一个类似 FIFO 结构的缓冲数组,USB 传输过来的数据全部存放在这些数组里面,同时,通过 SAI DMA 双缓冲机制播放这些数组里面的音频数据;当混叠发生时(USB 传过来的数据赶上 SAI 播放的数据了),直接越过当前正在播放的数组,继续保存。这样,虽然会导致一些数据丢失(混叠时),但是避免了混叠,保证了良好的播放效果(听不到噪声),同时,数组个数越多,效果就越好(越不容易混叠)。

  以上代码中的 AUDIO_BUF_NUM 就是我们定义的 FIFO 结构数组的大小,越大,效果越好,这里定义成 100,每个数组的大小由音频采样率和位数决定,计算公式为:

$$(USBD\_AUDIO\_FREQ * 2 * 2)/1\,000$$

  单位为字节,其中,USBD_AUDIO_FREQ 即音频采样率 48 kHz,这样,每个数组

大小就是192字节。100个数组总共用了19 200字节。

audio_sai_dma_callback 函数是 SAI 播放音频的回调函数,完成 SAI 数据流的发送(切换 DMA 源地址),其他函数则基本都是在 usbd_audio_out_if.c 里面被调用,这里就不再详细介绍了。

最后修改 main 函数如下:

```
USB_OTG_CORE_HANDLE USB_OTG_dev;
extern vu8 bDeviceState;                //USB 连接情况
extern u8 volume;                       //音量(可通过按键设置)
int main(void)
{
    u8 key;    u8 t = 0;    u8 Divece_STA = 0XFF;
    Cache_Enable();                     //打开 L1 - Cache
    HAL_Init();                         //初始化 HAL 库
    Stm32_Clock_Init(432,25,2,9);       //设置时钟,216 MHz
    delay_init(216);                    //延时初始化
    uart_init(115200);                  //串口初始化
    LED_Init();                         //初始化 LED
    KEY_Init();                         //初始化按键
    SDRAM_Init();                       //初始化 SDRAM
    LCD_Init();                         //初始化 LCD
    W25QXX_Init();                      //初始化 W25Q256
    PCF8574_Init();                     //初始化 PCF8574
    WM8978_Init();                      //初始化 WM8978
    WM8978_ADDA_Cfg(1,0);               //开启 DAC
    WM8978_Input_Cfg(0,0,0);            //关闭输入通道
    WM8978_Output_Cfg(1,0);             //开启 DAC 输出
    my_mem_init(SRAMIN);                //初始化内部内存池
    my_mem_init(SRAMEX);                //初始化外部内存池
    my_mem_init(SRAMDTCM);              //初始化 DTCM 内存池
    POINT_COLOR = RED;                  //设置字体为红色
    LCD_ShowString(30,50,200,16,16,"Apollo STM32F4/F7");
    LCD_ShowString(30,70,200,16,16,"USB Sound Card TEST");
    LCD_ShowString(30,90,200,16,16,"ATOM@ALIENTEK");
    LCD_ShowString(30,110,200,16,16,"2016/8/10");
    LCD_ShowString(30,130,200,16,16,"KEY2:Vol -    KEY0:vol + ");
    POINT_COLOR = BLUE;                                     //设置字体为蓝色
    LCD_ShowString(30,160,200,16,16,"VOLUME:");             //音量显示
    LCD_ShowxNum(30 + 56,160,DEFAULT_VOLUME,3,16,0X80);     //显示音量
    LCD_ShowString(30,180,200,16,16,"USB Connecting...");   //提示正在建立连接
    USBD_Init(&USB_OTG_dev,USB_OTG_FS_CORE_ID,&USR_desc,
                                &AUDIO_cb,&USR_cb);
    while(1)
    {
        key = KEY_Scan(1);                                  //支持连按
        if(key)
        {
            if(key == KEY0_PRES)                            //KEY0 按下,音量增加
            {
                volume ++ ;
```

```
            if(volume>100)volume = 100;
        }else if(key == KEY2_PRES)//KEY2 按下,音量减少
        {
            if(volume)volume -- ;
            else volume = 0;
        }
        EVAL_AUDIO_VolumeCtl(volume);
        LCD_ShowxNum(30 + 56,160,volume,3,16,0X80);//显示音量
        delay_ms(20);
    }
    if(Divece_STA!= bDeviceState)//状态改变了
    {
        if(bDeviceState == 1)
        {
            LED1(0);
            LCD_ShowString(30,180,200,16,16,"USB Connected     ");        //连接 OK
        }else
        {
            LED1(1);
            LCD_ShowString(30,180,200,16,16,"USB DisConnected ");         //连接失败
        }
        Divece_STA = bDeviceState;
    }
    delay_ms(20);
    t ++ ;
    if(t>10){    t = 0;     LED0_Toggle;}
}
}
```

此部分代码比较简单,同上一章一样定义了 USB_OTG_dev 结构体,然后通过 USBD_Init 初始化 USB,不过本章实现的是 USB 声卡功能。本章保留了原例程(实验 47)的 USMART 部分,同样可以通过串口 1 设置 WM8978 相关参数。

其他部分就不详细介绍了,软件设计部分就介绍到这里。

27.4 下载验证

代码编译成功之后,通过下载代码到阿波罗 STM32 开发板上,在 USB 配置成功后(注意,USB 数据线要插在 USB_SLAVE 端口,不是 USB_232 端口!另外,USB_HOST 接口不要插任何外设),LCD 显示效果如图 27.4.1 所示。

此时,计算机提示发现新硬件,并自动完成驱动安装,如图 27.4.2 所示。

等 USB 配置成功后,DS1 常亮,DS0 闪烁,并且在设备管理器→声音、视频和游戏控制器里面多了 ALIENTEK STM32F4/F7 USB AUDIO 设备,如图 27.4.3 所示。

然后,设置 ALIENTEK STM32F4/F7 USB AUDIO 为计算机的默认播放设备,则计算机的所有声音都被切换到开发板输出,将耳机插入阿波罗 STM32 开发板的 PHONE 端口即可听到来自计算机的声音。通过按键 KEY0/KEY2 可以增大/减少音

量,默认音量设置的是 65,读者可以自己调节(范围:0~100)。

图 27.4.1　USB 连接成功

图 27.4.2　计算机找到 ALIENTEK USB 声卡

图 27.4.3　设备管理器找到 ALIENTEK USB 声卡

第28章

USB 虚拟串口(Slave)实验

上一章介绍了如何利用 STM32F7 的 USB 接口来做一个 USB 声卡,本章将利用 STM32F7 的 USB 来做一个虚拟串口(VCP)。

28.1 USB 虚拟串口简介

USB 虚拟串口,简称 VCP,是 Virtual COM Port 的简写,是利用 USB 的 CDC 类来实现的一种通信接口。

我们可以利用 STM32 自带的 USB 功能来实现一个 USB 虚拟串口,从而通过 USB 实现计算机与 STM32 的数据互传。上位机无须编写专门的 USB 程序,只需要一个串口调试助手即可调试,非常实用。

同上一章一样,我们直接移植官方的 USB VCP 例程,官方例程路径:8,STM32 参考资料→STM32 USB 学习资料→STM32_USB - Host - Device_Lib_V2.2.0→Project →USB_Device_Examples→VCP,该例程采用 USB CDC 类来实现,利用 STM32 的 USB 接口实现一个 USB 转串口的功能。

28.2 硬件设计

本章实验功能简介:本实验利用 STM32 自带的 USB 功能连接计算机 USB,于是虚拟出一个 USB 串口,实现计算机和开发板的数据通信。本例程功能完全同实验 3 (串口通信实验),只不过串口变成了 STM32 的 USB 虚拟串口。当 USB 连接计算机 (USB 线插入 USB_SLAVE 接口)时,开发板将通过 USB 和计算机建立连接,并虚拟出一个串口(注意,需要先安装配套资料→6,软件资料→1,软件→STM32 USB 虚拟串口驱动→VCP_V1.4.0_Setup.exe 这个驱动软件),USB 和计算机连接成功后 DS1 常亮。

找到虚拟串口后即可打开串口调试助手,实现同实验 3 一样的功能,即 STM32 通过 USB 虚拟串口和上位机对话,STM32 在收到上位机发过来的字符串(以回车换行结束)后原原本本地返回给上位机。下载后,DS0 闪烁,提示程序在运行,同时每隔一定时间,通过 USB 虚拟串口输出一段信息到计算机。

所要用到的硬件资源如下:指示灯 DS0、DS1,串口,LCD 模块,USB SLAVE 接口。这几个部分在之前的实例中都已经介绍过了,在此就不多说了。这里再次提醒大家,要通过跳线帽连接 PA11、D－以及 PA12、D＋。

28.3 软件设计

本章在上册第 31 章 I/O 扩展实验（实验 26）的基础上修改，先打开实验 26 的工程，在 HARDWARE 文件夹所在文件夹下新建一个 USB 的文件夹，同上一章一样，对照官方 VCP 例子，将相关文件复制到 USB 文件夹下。

然后，在工程里面去掉一些不必要的代码，并添加 USB 相关代码，最终得到如图 28.3.1 所示的工程。可以看到，USB 部分代码同上一章的在结构上是一模一样的，只是.c 文件稍微有些变化。同样，移植需要修改的代码，即 USB_APP 里面的这 4 个.c 文件。

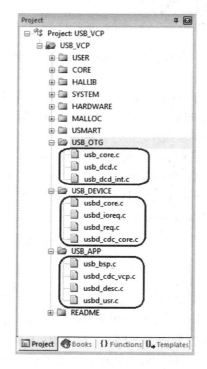

图 28.3.1　USB 虚拟串口工程截图

其中，usb_bsp.c、usbd_usr.c 的代码和上一章基本一样，可以用上一章的代码直接替换即可正常使用。usb_desc.c 代码同上一章不一样，上一章描述符是大容量存储设备，本章变成了 USB 声卡了，所以直接用 ST 官方的就行。

最后，usbd_cdc_vcp.c 里面的代码是重点要修改的，修改后代码如下：

```
//USB 虚拟串口相关配置参数
LINE_CODING linecoding =
{
```

```c
    115200,                //波特率
    0x00,                  //停止位,默认1位
    0x00,                  //校验位,默认无
    0x08                   //数据位,默认8位
};
u8 USART_PRINTF_Buffer[USB_USART_REC_LEN];    //usb_printf 发送缓冲区
//用类似串口1接收数据的方法,来处理USB虚拟串口接收到的数据
u8 USB_USART_RX_BUF[USB_USART_REC_LEN]; //接收缓冲 USART_REC_LEN
//接收状态
//bit15,       接收完成标志
//bit14,       接收到 0x0d
//bit13~0,     接收到的有效字节数目
u16 USB_USART_RX_STA = 0;                     //接收状态标记
extern uint8_t  APP_Rx_Buffer [];             //虚拟串口发送缓冲区(发给计算机)
extern uint32_t APP_Rx_ptr_in;                //虚拟串口接收缓冲区(接收来自计算机的数据)
//虚拟串口配置函数(供USB内核调用)
CDC_IF_Prop_TypeDef VCP_fops =
{
    VCP_Init,
    VCP_DeInit,
    VCP_Ctrl,
    VCP_DataTx,
    VCP_DataRx
};
//初始化 VCP
//返回值:USBD_OK
uint16_t VCP_Init(void)
{
    return USBD_OK;
}
//复位 VCP
//返回值:USBD_OK
uint16_t VCP_DeInit(void)
{
    return USBD_OK;
}
//控制 VCP 的设置
//buf:命令数据缓冲区/参数保存缓冲区
//len:数据长度
//返回值:USBD_OK
uint16_t VCP_Ctrl (uint32_t Cmd, uint8_t * Buf, uint32_t Len)
{
    switch (Cmd)
    {
        case SEND_ENCAPSULATED_COMMAND:break;
        case GET_ENCAPSULATED_RESPONSE:break;
        case SET_COMM_FEATURE:break;
        case GET_COMM_FEATURE:break;
        case CLEAR_COMM_FEATURE:break;
        case SET_LINE_CODING:
            linecoding.bitrate = (uint32_t)(Buf[0] | \
```

```c
                (Buf[1] << 8) | (Buf[2] << 16) | (Buf[3] << 24));
            linecoding.format = Buf[4];
            linecoding.paritytype = Buf[5];
            linecoding.datatype = Buf[6];
            //打印配置参数
            printf("linecoding.format:%d\r\n",linecoding.format);
            printf("linecoding.paritytype:%d\r\n",linecoding.paritytype);
            printf("linecoding.datatype:%d\r\n",linecoding.datatype);
            printf("linecoding.bitrate:%d\r\n",linecoding.bitrate);
            break;
        case GET_LINE_CODING:
            Buf[0] = (uint8_t)(linecoding.bitrate);
            Buf[1] = (uint8_t)(linecoding.bitrate >> 8);
            Buf[2] = (uint8_t)(linecoding.bitrate >> 16);
            Buf[3] = (uint8_t)(linecoding.bitrate >> 24);
            Buf[4] = linecoding.format;
            Buf[5] = linecoding.paritytype;
            Buf[6] = linecoding.datatype;
            break;
        case SET_CONTROL_LINE_STATE:break;
        case SEND_BREAK:break;
        default:break;
    }
    return USBD_OK;
}
//发送一个字节给虚拟串口(发给计算机)
//data:要发送的数据
//返回值:USBD_OK
uint16_t VCP_DataTx (uint8_t data)
{
    APP_Rx_Buffer[APP_Rx_ptr_in] = data;    //写入发送buf
    APP_Rx_ptr_in ++ ;                       //写位置加1
    if(APP_Rx_ptr_in == APP_RX_DATA_SIZE)    //超过buf大小了,归零
    {
        APP_Rx_ptr_in = 0;
    }
    return USBD_OK;
}
//处理从USB虚拟串口接收到的数据
//databuffer:数据缓存区
//Nb_bytes:接收到的字节数
//返回值:USBD_OK
uint16_t VCP_DataRx (uint8_t * Buf, uint32_t Len)
{
    u8 i;
    u8 res;
    for(i = 0;i<Len;i ++ )
    {
        res = Buf[i];
        if((USB_USART_RX_STA&0x8000) == 0)              //接收未完成
        {
```

```c
            if(USB_USART_RX_STA&0x4000)        //接收到了0x0d
            {
                if(res!=0x0a)USB_USART_RX_STA=0;//接收错误,重新开始
                else USB_USART_RX_STA|=0x8000;    //接收完成了
            }else //还没收到0X0D
            {
                if(res==0x0d)USB_USART_RX_STA|=0x4000;
                else
                {
                    USB_USART_RX_BUF[USB_USART_RX_STA&0X3FFF]=res;
                    USB_USART_RX_STA++;
                    if(USB_USART_RX_STA>(USB_USART_REC_LEN-1))\
                        USB_USART_RX_STA=0;//接收数据错误,重新开始接收
                }
            }
        }
    }
    return USBD_OK;
}
//usb 虚拟串口,printf 函数
//确保一次发送数据不超 USB_USART_REC_LEN 字节
void usb_printf(char* fmt,...)
{
    u16 i,j;
    va_list ap;
    va_start(ap,fmt);
    vsprintf((char*)USART_PRINTF_Buffer,fmt,ap);
    va_end(ap);
    i=strlen((const char*)USART_PRINTF_Buffer);//此次发送数据的长度
    for(j=0;j<i;j++)//循环发送数据
    {
        VCP_DataTx(USART_PRINTF_Buffer[j]);
    }
}
```

此部分总共 6 个函数,其中,前 5 个函数用于初始化 VCP_fops 结构体,给 USB 内核调用,以实现相关功能。接下来分别介绍这几个函数。

VCP_Init 用于初始化 VCP,在初始化的时候由 USB 内核调用,这里无须任何操作,所以直接返回 USBD_OK 即可。

VCP_DeInit 用于复位 VCP,我们用不到,所以直接返回 USBD_OK 即可。

VCP_Ctrl 用于控制 VCP 的相关参数,根据 cmd 的不同执行不同的操作。这里主要用到 SET_LINE_CODING 命令,该命令用于设置 VCP 的相关参数,比如波特率、数据类型(位数)、校验类型(奇偶校验)等,保存在 linecoding 结构体里面;在需要的时候,应用程序可以读取 linecoding 结构体里面的参数,以获得当前 VCP 的相关信息。

VCP_DataTx 用于发送一个字节的数据给 VCP。应用程序每调用一次该函数,就可以发送一个字节给 VCP;由 VCP 通过 USB 传输给计算机,从而实现 VCP 的数据发送。

VCP_DataRx 用于 VCP 的数据接收。当 STM32 的 USB 接收到计算机端串口发

送过来的数据时,由 USB 内核程序调用该函数,实现 VCP 的数据接收。我们只需要在该函数里面将接收到的数据保存起来即可,接收的原理同第 8 章(实验 3 串口通信实验)完全一样。

usb_printf 用于实现和普通串口一样的 printf 操作,该函数将数据格式化输出到 USB VCP,功能完全同 printf,方便使用。

USB VCP 相关代码就介绍到这里,详细的介绍可参考 CD00289278.pdf 文档。

最后修改 main 函数如下:

```
USB_OTG_CORE_HANDLE        USB_OTG_dev;
extern vu8 bDeviceState;                    //USB 连接情况
int main(void)
{
    u16 t;
    u16 len;
    u16 times = 0;
    u8 usbstatus = 0;
    Cache_Enable();                         //打开 L1-Cache
    HAL_Init();                             //初始化 HAL 库
    Stm32_Clock_Init(432,25,2,9);           //设置时钟,216 MHz
    delay_init(216);                        //延时初始化
    uart_init(115200);                      //串口初始化
    LED_Init();                             //初始化 LED
    KEY_Init();                             //初始化按键
    SDRAM_Init();                           //初始化 SDRAM
    LCD_Init();                             //初始化 LCD
    W25QXX_Init();                          //初始化 W25Q256
    PCF8574_Init();                         //初始化 PCF8574
    POINT_COLOR = RED;
    LCD_ShowString(30,50,200,16,16,"Apollo STM32F4/F7");
    LCD_ShowString(30,70,200,16,16,"USB Virtual USART TEST");
    LCD_ShowString(30,90,200,16,16,"ATOM@ALIENTEK");
    LCD_ShowString(30,110,200,16,16,"2016/8/10");
    LCD_ShowString(30,130,200,16,16,"USB Connecting...");//提示 USB 开始连接
    USBD_Init(&USB_OTG_dev,USB_OTG_FS_CORE_ID,&USR_desc,
                                            &USBD_CDC_cb,&USR_cb);
    while(1)
    {
        if(usbstatus!= bDeviceState)//USB 连接状态发生了改变
        {
            usbstatus = bDeviceState;//记录新的状态
            if(usbstatus == 1)
            {
                POINT_COLOR = BLUE;
                LCD_ShowString(30,130,200,16,16,"USB Connected    ");//连接成功
                LED1(0);//DS1 亮
            }else
            {
                POINT_COLOR = RED;
                LCD_ShowString(30,130,200,16,16,"USB disConnected ");//USB 断开
```

```
            LED1(1);//DS1 灭
        }
    if(USB_USART_RX_STA&0x8000)
    {
        len = USB_USART_RX_STA&0x3FFF;//得到此次接收到的数据长度
        usb_printf("\r\n 您发送的消息为：%d\r\n\r\n",len);
        for(t = 0;t<len;t ++)
        {
            VCP_DataTx(USB_USART_RX_BUF[t]);//以字节方式,发送给 USB
        }
        usb_printf("\r\n\r\n");//插入换行
        USB_USART_RX_STA = 0;
    }else
    {
        times ++ ;
        if(times % 5000 == 0)
        {
            usb_printf("\r\n 阿波罗 STM32F4/F7 开发板 USB 虚拟串口实验\r\n");
            usb_printf("正点原子@ALIENTEK\r\n\r\n");
        }
        if(times % 200 == 0)usb_printf("请输入数据,以回车键结束\r\n");
        if(times % 30 == 0)LED0_Toggle;//闪烁 LED,提示系统正在运行
        delay_ms(10);
    }
}
```

此部分代码比较简单,同上一章一样定义了 USB_OTG_dev 结构体,然后通过 USBD_Init 初始化 USB,不过本章实现的是 USB 虚拟串口的功能。然后在死循环里面轮询 USB 状态并检查是否接收到数据,如果接收到了数据,则通过 VCP_DataTx 将数据通过 VCP 原原本本地返回给计算机端串口调试助手。

其他部分就不详细介绍了,软件设计部分就介绍到这里。

28.4 下载验证

本例程的测试需要在计算机上先安装 ST 提供的 USB 虚拟串口驱动软件,该软件路径:配套资料→6,软件资料→1,软件→STM32 USB 虚拟串口驱动→VCP_V1.4.0_Setup.exe,双击安装即可。

然后,在代码编译成功之后,下载代码到阿波罗 STM32 开发板上,然后将 USB 数据线插入 USB_SLAVE 口来连接计算机和开发板(注意,不是插 USB_232 端口),此时计算机会提示找到新硬件,并自动安装驱动。不过,如果自动安装不成功(有惊叹号),如图 28.4.1 所示,则可手动选择驱动(以 WIN7 为例)进行安装。在如图 28.4.1 所示的条目上面右击,并在弹出的级联菜单中选择"更新驱动程序软件→浏览计算机以查找驱动程序软件→浏览",选择 STM32 虚拟串口的驱动的路径为:C:\Program Files（x86）

\STMicroelectronics\Software\Virtual comport driver\WIN7,然后单击"下一步"即可完成安装。安装完成后可以看到,设备管理器里面多出了一个 STM32 的虚拟串口,如图 28.4.2 所示。

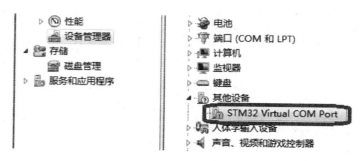

图 28.4.1　自动安装失败

图 28.4.2　发现 STM32 USB 虚拟串口

如图 28.4.2 所示,STM32 通过 USB 虚拟的串口被计算机识别了,端口号为 COM15(可变),字符串名字为 STMicroelectronics Virtual COM Port(固定)。此时,开发板的 DS1 常亮,同时,开发板的 LCD 显示 USB Connected,如图 28.4.3 所示。

图 28.4.3　USB 虚拟串口连接成功

然后打开 XCOM,选择 COM15(根据自己的计算机识别到的串口号选择),并打开串口(注意,波特率可以随意设置)就可以进行测试了,如图 28.4.4 所示。

可以看到,我们的串口调试助手收到了来自 STM32 开发板的数据,同时,按"发送"按钮(串口助手必须选中"发送新行")也可以收到计算机发送给 STM32 的数据(原样返回),说明我们的实验是成功的。实验现象同第 8 章完全一样。

至此,USB 虚拟串口实验就完成了,通过本实验就可以利用 STM32 的 USB 直接和计算机进行数据互传了,具有广泛的应用前景。

第 28 章　USB 虚拟串口(Slave)实验

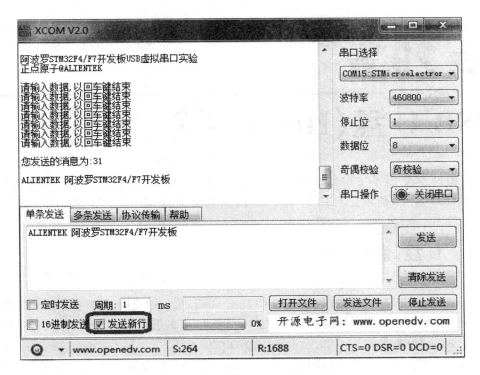

图 28.4.4　STM32 虚拟串口通信测试

第 29 章

USB U 盘（Host）实验

前面两章介绍了 STM32F767 的 USB SLAVE 应用，本章介绍 STM32F767 的 USB HOST 应用，即通过 USB HOST 功能，实现读/写 U 盘/读卡器等大容量 USB 存储设备。

29.1 U 盘简介

U 盘，全称 USB 闪存盘，英文名 USB flash disk，是一种使用 USB 接口但无需物理驱动器的微型高容量移动存储产品，通过 USB 接口与主机连接实现即插即用，是最常用的移动存储设备之一。

STM32F767 的 USB OTG FS 支持 U 盘，并且 ST 官方提供了 USB HOST 大容量存储设备（MSC）例程，ST 官方例程路径：配套资料→8，STM32 参考资料→STM32 USB 学习资料→STM32_USB-Host-Device_Lib_V2.2.0→Project→USB_Host_Examples→MSC。本章代码就是要移植该例程到阿波罗 STM32 开发板上，从而通过 STM32F767 的 USB HOST 接口读/写 U 盘或 SD 卡读卡器等设备。

29.2 硬件设计

本章实验功能简介：开机后检测字库，然后初始化 USB HOST，并不断轮询。当检测并识别 U 盘后，在 LCD 上面显示 U 盘总容量和剩余容量，此时便可以通过 USMART 调用 FATFS 相关函数来测试 U 盘数据的读/写，方法同 FATFS 实验一模一样。当 U 盘没插入的时候，DS0 闪烁，提示程序运行；当 U 盘插入后，DS1 闪烁，提示可以通过 USMART 测试了。

所要用到的硬件资源如下：指示灯 DS0、DS1，串口，LCD 模块，SPI Flash，USB HOST 接口。前面 4 部分在之前的实例中都介绍过了，在此就不介绍了。接下来看看计算机 USB 与 STM32 的 USB HOST 连接口。

ALIENTEK 阿波罗 STM32 开发板的 USB HOST 接口采用的是侧式 USB-A 座，它和 USB SLAVE 的 5PIN MiniUSB 接头是共用 USB_DM 和 USB_DP 信号的，所以 USB HOST 和 USB SLAVE 不能同时使用。USB HOST 同 STM32 的连接原理图如图 29.2.1 所示。

第29章 USB U 盘(Host)实验

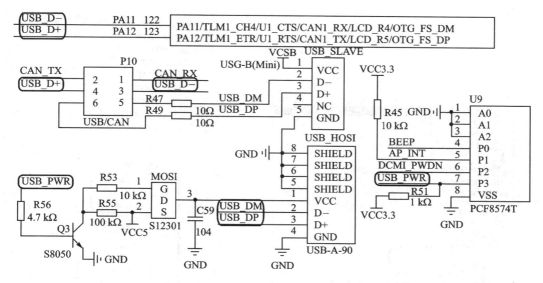

图 29.2.1　USB HOST 接口与 STM32F767 的连接原理图

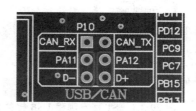

图 29.2.2　硬件连接示意图

从上图可以看出,USB_HOST 和 USB_SLAVE 共用 USB_DM/DP 信号,通过 P10 连接到 STM32F767。所以需要通过跳线帽将 PA11、PA12 分别连接到 D−、D+,如图 29.2.2 所示。

图 29.2.1 中还有一个 USB_PWR 的控制信号,用于控制给 USB 设备供电;该信号连接在 PCF8574T 的 P3 口上面,通过 PCF874T 进行间接控制。PCF8574T 的使用说明见上册第 31 章 I/O 扩展实验。

使用 USB HOST 驱动外部 USB 设备的时候,必须要先控制 USB_PWR 输出 1,给外部设备供电,之后才可以识别到外部设备!

29.3　软件设计

本章在实验 44 图片显示实验的基础上修改,代码移植自 ST 官方例程:STM32_USB − Host − Device_Lib_V2.2.0\Project\USB_Host_Examples\MSC,打开该例程(用 IAR 打开)即可知道 USB 相关的代码有哪些,如图 29.3.1 所示。

有了这个官方例程做指引,我们就知道具体需要哪些文件,从而实现本章例程。usbh_msc_fatfs.c 是为了支持 FATFS 而写的一些底层接口函数,我们例程就直接放到 diskio.c 里面了,方便统一管理。

本例程的具体移植步骤就不一一介绍了,最终移植好之后的工程截图如图 29.3.2 所示。

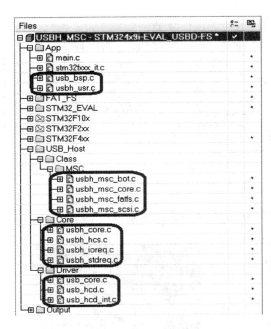
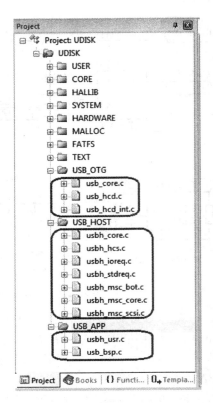

图 29.3.1　ST 官方例程 USB 相关代码　　　图 29.3.2　添加 USB 驱动等相关代码

注意：为了支持 STM32F7，USB OTG 库部分代码要做修改，详见 26.3 节的介绍（USB HOST 实验只需要修改 usb_core.c 文件就可以支持 STM32F7 了）。

移植时重点要修改的就是 USB_APP 文件夹下面的代码，其他代码（USB_OTG 和 USB_HOST 文件夹下的代码）一般不用修改。

usb_bsp.c 的代码和上一章的一样，可以用上一章的代码直接替换即可正常使用。

usbh_usr.c 提供用户应用层接口函数，相比前两章例程，USB HOST 通信的回调函数更多一些，这里重点介绍 3 个函数，代码如下：

```
extern u8 USH_User_App(void);        //用户测试主程序
//USB HOST MSC 类用户应用程序
int USBH_USR_MSC_Application(void)
{
    u8 res = 0;
    switch(AppState)
    {
        case USH_USR_FS_INIT://初始化文件系统
            printf("开始执行用户程序!!! \r\n");
            AppState = USH_USR_FS_TEST;
            break;
        case USH_USR_FS_TEST:     //执行 USB OTG  测试主程序
```

```c
            res = USH_User_App();//用户主程序
            if(res)AppState = USH_USR_FS_INIT;
        break;
        default:break;
    }
    return res;
}
//用户定义函数,实现fatfs diskio的接口函数
extern USBH_HOST         USB_Host;
//读U盘
//buf:读数据缓存区
//sector:扇区地址
//cnt:扇区个数
//返回值:错误状态;0,正常;其他,错误代码
u8 USBH_UDISK_Read(u8 * buf,u32 sector,u32 cnt)
{
    u8 res = 1;
    if(HCD_IsDeviceConnected(&USB_OTG_Core)&&AppState == USH_USR_FS_TEST)
    //连接还存在,且是APP测试状态
    {
        do
        {
            res = USBH_MSC_Read10(&USB_OTG_Core,buf,sector,512 * cnt);
            USBH_MSC_HandleBOTXfer(&USB_OTG_Core ,&USB_Host);
            if(! HCD_IsDeviceConnected(&USB_OTG_Core))
            {
                res = 1;//读/写错误
                break;
            };
        }while(res == USBH_MSC_BUSY);
    }else res = 1;
    if(res == USBH_MSC_OK)res = 0;
    return res;
}
//写U盘
//buf:写数据缓存区
//sector:扇区地址
//cnt:扇区个数
//返回值:错误状态;0,正常;其他,错误代码
u8 USBH_UDISK_Write(u8 * buf,u32 sector,u32 cnt)
{
    u8 res = 1;
    if(HCD_IsDeviceConnected(&USB_OTG_Core)&&AppState == USH_USR_FS_TEST)
    //连接还存在,且是APP测试状态
    {
        do
        {
            res = USBH_MSC_Write10(&USB_OTG_Core,buf,sector,512 * cnt);
            USBH_MSC_HandleBOTXfer(&USB_OTG_Core ,&USB_Host);
            if(! HCD_IsDeviceConnected(&USB_OTG_Core))
            {
```

```
                    res = 1;//读/写错误
                    break;
            };
        }while(res == USBH_MSC_BUSY);
    }else res = 1;
    if(res == USBH_MSC_OK)res = 0;
    return res;
}
```

其中，USBH_USR_MSC_Application 函数通过状态机的方式处理相关事务,执行到这个函数时,说明 U 盘已经被成功识别了,此时用户可以执行一些自己想要做的事情,比如读取 U 盘文件等,这里直接进入到 USH_User_App 函数执行各种处理。

USBH_UDISK_Read 和 USBH_UDISK_Write 这两个函数用于 U 盘读/写,从指定扇区地址读/写指定个数的扇区数据,这两个函数再配合 FATFS 即可实现对 U 盘的文件读/写访问。

其他代码可参考配套资料本例程源码,最后看看 main.c,代码如下：

```
USBH_HOST    USB_Host;
USB_OTG_CORE_HANDLE   USB_OTG_Core;
//用户测试主程序
//返回值:0,正常
//      1,有问题
u8 USH_User_App(void)
{
    u8 led1sta = 1;u8 res = 0;    u32 total,free;
    Show_Str(30,140,200,16,"设备连接成功!",16,0);
    f_mount(fs[3],"3:",1);       //重新挂载 U 盘
    res = exf_getfree("3:",&total,&free);
    if(res == 0)
    {
        POINT_COLOR = BLUE;//设置字体为蓝色
        LCD_ShowString(30,160,200,16,16,"FATFS OK!");
        LCD_ShowString(30,180,200,16,16,"U Disk Total Size:     MB");
        LCD_ShowString(30,200,200,16,16,"U Disk  Free Size:     MB");
        LCD_ShowNum(174,180,total >> 10,5,16);//显示 U 盘总容量 MB
        LCD_ShowNum(174,200,free >> 10,5,16);
    }
    while(HCD_IsDeviceConnected(&USB_OTG_Core))//设备连接成功
    {
        LED1(led1sta^ = 1);
        delay_ms(200);
    }
    LED1(1);                  //关闭 LED1
    f_mount(0,"3:",1);        //卸载 U 盘
    POINT_COLOR = RED;        //设置字体为红色
    Show_Str(30,140,200,16,"设备连接中...",16,0);
    LCD_Fill(30,160,239,220,WHITE);
    return res;
}
int main(void)
```

第29章　USB U盘(Host)实验

```
{
    u8 t;
    Cache_Enable();                        //打开 L1-Cache
    HAL_Init();                            //初始化 HAL 库
    Stm32_Clock_Init(432,25,2,9);          //设置时钟,216 MHz
    delay_init(216);                       //延时初始化
    uart_init(115200);                     //串口初始化
    LED_Init();                            //初始化 LED
    KEY_Init();                            //初始化按键
    SDRAM_Init();                          //初始化 SDRAM
    LCD_Init();                            //初始化 LCD
    W25QXX_Init();                         //初始化 W25Q256
    PCF8574_Init();                        //初始化 PCF8574
    my_mem_init(SRAMIN);                   //初始化内部内存池
    my_mem_init(SRAMEX);                   //初始化外部内存池
    my_mem_init(SRAMDTCM);                 //初始化 DTCM 内存池
    exfuns_init();                         //为 FATFS 相关变量申请内存
    f_mount(fs[0],"0:",1);                 //挂载 SD 卡
    f_mount(fs[1],"1:",1);                 //挂载 SPI Flash
    f_mount(fs[2],"2:",1);                 //挂载 NAND Flash
    POINT_COLOR = RED;
    while(font_init())                     //检查字库
    {
        LCD_ShowString(60,50,200,16,16,"Font Error!");    delay_ms(200);
        LCD_Fill(60,50,240,66,WHITE);            delay_ms(200);     //清除显示
    }
    Show_Str(30,50,200,16,"阿波罗 STM32F4/F7 开发板",16,0);
    Show_Str(30,70,200,16,"USB U 盘实验",16,0);
    Show_Str(30,90,200,16,"2016 年 8 月 11 日",16,0);
    Show_Str(30,110,200,16,"正点原子@ALIENTEK",16,0);
    Show_Str(30,140,200,16,"设备连接中...",16,0);
    //初始化 USB 主机
    USBH_Init(&USB_OTG_Core,USB_OTG_FS_CORE_ID,&USB_Host,
                            &USBH_MSC_cb,&USR_cb);
    while(1)
    {
        USBH_Process(&USB_OTG_Core, &USB_Host);
        delay_ms(1);
        t ++;
        if(t == 200){LED0_Toggle;t = 0;}
    }
}
```

相比 USB SLAVE 例程,这里多了一个 USB_HOST 的结构体定义:USB_Host,用于存储主机相关状态。所以,使用 USB 主机的时候需要两个结构体:USB_OTG_CORE_HANDLE 和 USB_HOST。

然后,USB 初始化使用的是 USBH_Init,用于 USB 主机初始化,包括对 USB 硬件和 USB 驱动库的初始化。如果是 USB SLAVE 通信,则只需要调用 USBD_Init 函数即可;不过 USB HOST 还需要调用另外一个函数 USBH_Process,该函数用于实现

USB 主机通信的核心状态机处理,该函数必须在主函数里面被循环调用,而且调用频率得比较快才行(越快越好),以便及时处理各种事务。注意,USBH_Process 函数仅在 U 盘识别阶段需要频繁反复调用,但是当 U 盘被识别后,剩下的操作(U 盘读/写)都可以由 USB 中断处理。

这里主要看看以上代码中的 USH_User_App 函数,该函数前面有提到,是在 USBH_USR_MSC_Application 函数里面被调用,用于实现 U 盘插入后,用户想要实现的功能;一旦进入到该函数,即表示 U 盘已经成功识别了,所以,函数里面提示设备连接成功,挂载 U 盘(U 盘盘符为 3,0:SD 卡,1:SPI Flash,2:NAND Flash)并读取 U 盘总容量和剩余容量,显示在 LCD 上面。然后,进入死循环,只要 USB 连接一直存在,则一直死循环,同时控制 LED1 闪烁,提示 U 盘已经准备好了。

当 U 盘拔出来后,卸载 U 盘,然后再次提示设备连接中会到 main 函数死循环,等待 U 盘再次连上。

最后,需要将 FATFS 相关测试函数(mf_open/mf_close 等函数)加入 USMART 管理,这里同第 12 章(FATFS 实验)一模一样,可以参考第 12 章的方法操作。

软件设计部分就介绍到这里。

29.4 下载验证

编译成功之后,下载代码到阿波罗 STM32 开发板上,然后在 USB_HOST 端子插入 U 盘/读卡器(带卡)。注意,此时 USB SLAVE 口不要插 USB 线到计算机,否则会干扰。

U 盘成功识别后便可以看到 LCD 显示 U 盘容量等信息,如图 29.4.1 所示。

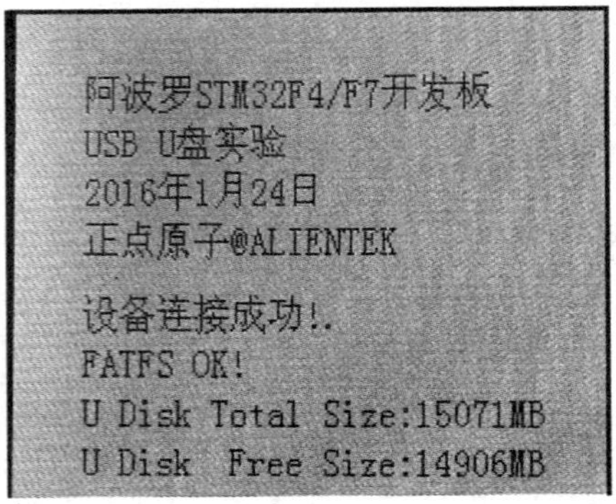

图 29.4.1 U 盘识别成功

此时,便可以通过 USMART 来测试 U 盘读/写了,如图 29.4.2 和图 29.4.3 所示。

图 29.4.2 通过发送"mf_scan_files("3:")"来扫描 U 盘根目录所有文件,然后通过 ai_load_picfile("3:/示例图片.jpg",0,0,480,800,1)解码图片,并显示在 LCD 上面。说明读 U 盘是没问题的。

第29章 USB U盘(Host)实验

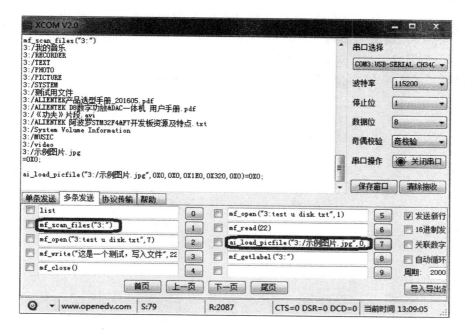

图 29.4.2　测试读取 U 盘读取

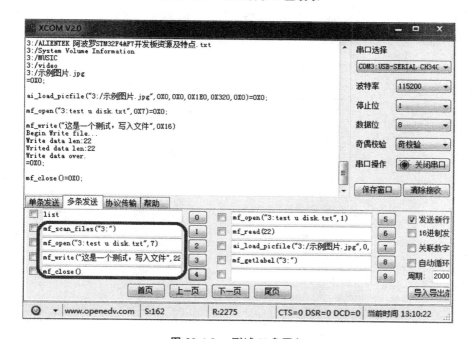

图 29.4.3　测试 U 盘写入

图 29.4.3 通过发送"mf_open("3:test u disk.txt",7)"在 U 盘根目录创建 test u disk.txt 文件,然后发送 mf_write("这是一个测试,写入文件",22)写入"这是一个测试,写入文件"到这个文件里面,然后发送 mf_close()关闭文件,完成一次文件创建。最

后,发送 mf_scan_files("3:")扫描 U 盘根目录文件,发现比图 29.4.2 多出了一个 test udisk.txt 的文件,说明 U 盘写入成功。

至此,就完成了本实验的设计目的,即实现了 U 盘的读/写操作。最后,还可以调用其他函数实现相关功能测试,测试方法同 FATFS 实验(第 12 章)。

第 30 章

USB 鼠标键盘(Host)实验

上一章介绍了如何利用 STM32F767 的 USB HOST 接口来驱动 U 盘,本章将利用 STM32F767 的 USB HOST 来驱动 USB 鼠标/键盘。

30.1 USB 鼠标键盘简介

传统的鼠标和键盘是采用 PS/2 接口和计算机通信的,但是现在 PS/2 接口在计算机上逐渐消失,越来越多的鼠标键盘采用的是 USB 接口了。

USB 鼠标键盘属于 USB HID 设备。USB HID 即 Human Interface Device(人机交互设备)的缩写,键盘、鼠标与游戏杆等都属于此类设备。不过,HID 设备并不一定要有人机接口,只要符合 HID 类别规范的设备都是 HID 设备。

本章同上一章一样,直接移植官方的 USB HID 例程,官方例程路径:配套资料→8,STM32 参考资料→STM32 USB 学习资料→STM32_USB‑Host‑Device_Lib_V2.2.0→Project→USB_Host_Examples→HID,该例程支持 USB 鼠标和键盘等 USB HID 设备,本章将移植这个例程到阿波罗 STM32 开发板上。

30.2 硬件设计

本节实验功能简介:开机的时候先显示一些提示信息,然后初始化 USB HOST,并不断轮询。当检测到 USB 鼠标/键盘的插入后显示设备类型,并显示设备输入数据,如果是 USB 鼠标,则显示鼠标移动的坐标(X、Y 坐标)、滚轮滚动数值(Z 坐标)以及按键(左中右)。如果是 USB 键盘,则显示键盘输入的数字/字母等内容(不是所有按键都支持,部分按键没有做解码支持,比如 F1~F12)。

最后,用 DS0 提示程序正在运行。

所要用到的硬件资源如下:指示灯 DS0、串口、LCD 模块、USB HOST 接口。这几个部分在之前的实例中都已经介绍过了,在此就不多说了。这里再次提醒大家,P10 的连接,要通过跳线帽连接 PA11 和 D−以及 PA12 和 D+。

30.3 软件设计

本章在上册第 20 章实验(实验 15 LTDC LCD(RGB 屏)实验)的基础上修改,先打开实验 15 的工程,在 HARDWARE 文件夹所在文件夹下新建一个 USB 的文件夹,对照官方 HID 例子,将相关文件复制到 USB 文件夹下。

然后,在工程里面添加 USB HID 相关代码,最终得到如图 30.3.1 所示的工程。

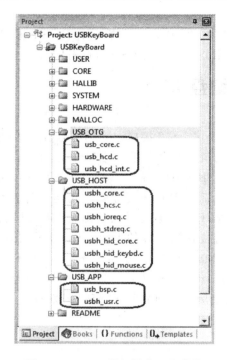

图 30.3.1 USB 鼠标键盘工程截图

注意:为了支持 STM32F7,USB OTG 库部分代码要做修改,详见 26.3 节的介绍(USB HOST 实验只需要修改 usb_core.c 这一个文件就可以支持 STM32F7 了)。

可以看到,USB 部分代码同上一章的在结构上是一模一样的,只是.c 文件稍微有些变化。同样,移植需要修改的代码,即 USB_APP 里面的这两个.c 文件。

其中,usb_bsp.c 的代码和之前的章节一模一样,可以用上一章的代码直接替换即可正常使用。

usbh_usr.c 里面的代码则有所变化,重点代码如下:

```
//下面两个函数为 ALIENTEK 添加,以防止 USB 死机
//USB 枚举状态死机检测,防止 USB 枚举失败导致的死机
//phost:USB_HOST 结构体指针
//返回值:0,没有死机
//      1,死机了,外部必须重新启动 USB 连接
```

第30章 USB鼠标键盘(Host)实验

```c
u8 USBH_Check_EnumeDead(USBH_HOST * phost)
{
    static u16 errcnt = 0;
    //这个状态,如果持续存在,则说明USB死机了
    if(phost ->gState == HOST_CTRL_XFER&&(phost ->EnumState == ENUM_IDLE||
    phost ->EnumState == ENUM_GET_FULL_DEV_DESC))
    {
        errcnt++;
        if(errcnt>2000)//死机了
        {
            errcnt = 0;
            RCC ->AHB2RSTR| = 1 << 7;      //USB OTG FS 复位
            delay_ms(5);
            RCC ->AHB2RSTR& = ~(1 << 7);   //复位结束
            return 1;
        }
    }else errcnt = 0;
    return 0;
}
//USB HID通信死机检测,防止USB通信死机(暂时仅针对DTERR,即Data toggle error)
//pcore:USB_OTG_Core_dev_HANDLE 结构体指针
//phidm:HID_Machine_TypeDef 结构体指针
//返回值:0,没有死机
//      1,死机了,外部必须重新启动USB连接
u8 USBH_Check_HIDCommDead(USB_OTG_CORE_HANDLE * pcore,
                          HID_Machine_TypeDef * phidm)
{
    if(pcore ->host.HC_Status[phidm ->hc_num_in] == HC_DATATGLERR)//DTERR错误
    {
        return 1;
    }
    return 0;
}
//USB键盘鼠标数据处理
//鼠标初始化
void USR_MOUSE_Init      (void)
{
    USBH_Msg_Show(2);           //USB鼠标
    USB_FIRST_PLUGIN_FLAG = 1;//标记第一次插入
}
//键盘初始化
void  USR_KEYBRD_Init(void)
{
    USBH_Msg_Show(1);           //USB键盘
    USB_FIRST_PLUGIN_FLAG = 1;//标记第一次插入
}
//临时数组,用于存放鼠标坐标/键盘输入内容(4.3屏,最大可以输入2 016字节)
__align(4) u8 tbuf[2017];
//USB鼠标数据处理
//data:USB鼠标数据结构体指针
void USR_MOUSE_ProcessData(HID_MOUSE_Data_TypeDef * data)
```

```c
{
    static signed short x,y,z;
    if(USB_FIRST_PLUGIN_FLAG)//第一次插入,将数据清零
    {
        USB_FIRST_PLUGIN_FLAG = 0;
        x = y = z = 0;
    }
    x + = (signed char)data ->x;
    if(x>9999)x = 9999;
    if(x< - 9999)x = - 9999;
    y + = (signed char)data ->y;
    if(y>9999)y = 9999;
    if(y< - 9999)y = - 9999;
    z + = (signed char)data ->z;
    if(z>9999)z = 9999;
    if(z< - 9999)z = - 9999;
    POINT_COLOR = BLUE;
    sprintf((char * )tbuf,"BUTTON:");
    if(data ->button&0X01)strcat((char * )tbuf,"LEFT");
    if((data ->button&0X03) == 0X02)strcat((char * )tbuf,"RIGHT");
    else if((data ->button&0X03) == 0X03)strcat((char * )tbuf," + RIGHT");
    if((data ->button&0X07) == 0X04)strcat((char * )tbuf,"MID");
    else if((data ->button&0X07)>0X04)strcat((char * )tbuf," + MID");
    LCD_Fill(30 + 56,180,lcddev.width,180 + 16,WHITE);
    LCD_ShowString(30,180,210,16,16,tbuf);
    sprintf((char * )tbuf,"X POS:% 05d",x);LCD_ShowString(30,200,200,16,16,tbuf);
    sprintf((char * )tbuf,"Y POS:% 05d",y);LCD_ShowString(30,220,200,16,16,tbuf);
    sprintf((char * )tbuf,"Z POS:% 05d",z);LCD_ShowString(30,240,200,16,16,tbuf);
}
//USB 键盘数据处理
//data:USB 键盘数据结构体指针
void   USR_KEYBRD_ProcessData (uint8_t data)
{
    static u16 pos;
    static u16 endx,endy;
    static u16 maxinputchar;
    u8 buf[4];
    if(USB_FIRST_PLUGIN_FLAG)//第一次插入,将数据清零
    {
        USB_FIRST_PLUGIN_FLAG = 0;
        endx = ((lcddev.width - 30)/8) * 8 + 30;         //得到 endx 值
        endy = ((lcddev.height - 220)/16) * 16 + 220;    //得到 endy 值
        maxinputchar = ((lcddev.width - 30)/8);
        maxinputchar * = (lcddev.height - 220)/16;       //当前 LCD 最大可以显示的字符数
        pos = 0;
    }
    POINT_COLOR = BLUE;
    sprintf((char * )buf,"% 02X",data);
    LCD_ShowString(30 + 56,180,200,16,16,buf);//显示键值
    if(data> = ' '&&data< = '~')
    {
```

```
            tbuf[pos ++ ] = data;
            tbuf[pos] = 0;              //添加结束符
            if(pos>maxinputchar)pos = maxinputchar;//最大输入这么多
        }else if(data == 0X0D)          //退格键
        {
            if(pos)pos -- ;
            tbuf[pos] = 0;              //添加结束符
        }
        if(pos< = maxinputchar)         //没有超过显示区
        {
            LCD_Fill(30,220,endx,endy,WHITE);
            LCD_ShowString(30,220,endx - 30,endy - 220,16,tbuf);
        }
}
```

ST 官方的 USB HID 例程仅仅是能用,很多地方还要改善,比如识别率低、容易死机(枚举/通信都可能死机)等问题,这里 USBH_Check_EnumeDead 和 USBH_Check_HIDCommDead 两个函数就是我们针对官方 HID 例程现有 bug 做出的改进处理。通过这两个函数可以检测枚举/通信是否正常,当出现异常时,直接重启 USB 内核,重新连接设备,这样可以防止死机造成的程序无响应情况。

另外,为了提高对鼠标键盘的识别率和兼容性,对 usbh_hid_core.c 里面的两处代码进行了修改:

① USBH_HID_ClassRequest 函数,修改代码(394 行)为:

```
classReqStatus = USBH_Set_Idle (pdev, pphost, 100, 0);//这里 duration 官方设置的是 0,修
                                                     //改为 100,提高兼容性
```

② USBH_Set_Idle 函数,修改代码(542 行)为:

```
phost->Control.setup.b.wLength.w = 100;   //官方这里设置的是 0,会导致部分鼠标无法识
                                          //别,这里修改为 100 以后识别率明显提高
```

以上两处地方,官方默认值都是设置的 0,我们修改为 100 后可以明显提高 USB 鼠标/键盘的识别率,兼容性好很多。

还有,在 usbh_hid_keybd.h 里面要修改键盘类型的定义,改为:

```
#define QWERTY_KEYBOARD          //通用键盘
//#define AZERTY_KEYBOARD        //法国版键盘
```

ST 官方例程是使用的法国版键盘,一般国内用的是通用键盘,所以,需要换一个宏定义(换成 QWERTY_KEYBOARD)。

最后,在 usbh_hid_mouse.c 里面,MOUSE_Decode 函数用于鼠标数据解析,但是 ST 官方例程仅对 4 字节鼠标数据做了解析,而忽略了 5 字节/6 字节鼠标数据的处理,所以,需要修改该函数为:

```
extern HID_Machine_TypeDef HID_Machine;
static void   MOUSE_Decode(uint8_t * data)
{
    if(HID_Machine.length == 5||HID_Machine.length == 6||HID_Machine.length == 8)
```

```c
        //5/6/8 字节长度的 USB 鼠标数据处理
        {
            HID_MOUSE_Data.button = data[0];
            HID_MOUSE_Data.x      = data[1];
            HID_MOUSE_Data.y      = data[3]<<4|data[2]>>4;
            HID_MOUSE_Data.z      = data[4];
        }else if(HID_Machine.length == 4)    //4 字节长度的 USB 鼠标数据处理
        {
            HID_MOUSE_Data.button = data[0];
            HID_MOUSE_Data.x      = data[1];
            HID_MOUSE_Data.y      = data[2];
            HID_MOUSE_Data.z      = data[3];
        }
        USR_MOUSE_ProcessData(&HID_MOUSE_Data);
}
```

再回到 usbh_usr.c, USR_MOUSE_Init 和 USR_MOUSE_ProcessData 函数用于处理鼠标数据, 在 usbh_hid_mouse.c 里面被调用。USR_MOUSE_Init 在鼠标初始化的时候被调用, 而 USR_MOUSE_ProcessData 函数则在鼠标初始化成功、轮询数据的时候调用, 用来处理鼠标数据, 该函数将得到的鼠标数据显示在 LCD 上面。

同样, USR_KEYBRD_Init 和 USR_KEYBRD_ProcessData 函数用于处理键盘数据, 在 usbh_hid_keybd.c 里面被调用。USR_KEYBRD_Init 在键盘初始化的时候被调用, 而 USR_KEYBRD_ProcessData 函数则在键盘初始化成功、轮询数据的时候调用, 用来处理键盘数据, 该函数将键盘输入的字符显示在 LCD 上面。

其他代码可参考开发板配套资料本例程源码。

最后来看看 main.c 里面的代码, 如下:

```c
USBH_HOST      USB_Host;
USB_OTG_CORE_HANDLE  USB_OTG_Core_dev;
extern HID_Machine_TypeDef HID_Machine;
//USB 信息显示
//msgx:0,USB 无连接
//     1,USB 键盘
//     2,USB 鼠标
//     3,不支持的 USB 设备
void USBH_Msg_Show(u8 msgx)
{
    POINT_COLOR = RED;
    switch(msgx)
    {
        case 0:    //USB 无连接
            LCD_ShowString(30,130,200,16,16,"USB Connecting...");
            LCD_Fill(0,150,lcddev.width,lcddev.height,WHITE);
            break;
        case 1:    //USB 键盘
            LCD_ShowString(30,130,200,16,16,"USB Connected       ");
            LCD_ShowString(30,150,200,16,16,"USB KeyBoard");
            LCD_ShowString(30,180,210,16,16,"KEYVAL:");
```

```c
            LCD_ShowString(30,200,210,16,16,"INPUT STRING:");
            break;
        case 2:        //USB 鼠标
            LCD_ShowString(30,130,200,16,16,"USB Connected         ");
            LCD_ShowString(30,150,200,16,16,"USB Mouse");
            LCD_ShowString(30,180,210,16,16,"BUTTON:");
            LCD_ShowString(30,200,210,16,16,"X POS:");
            LCD_ShowString(30,220,210,16,16,"Y POS:");
            LCD_ShowString(30,240,210,16,16,"Z POS:");
            break;
        case 3:        //不支持的 USB 设备
            LCD_ShowString(30,130,200,16,16,"USB Connected         ");
            LCD_ShowString(30,150,200,16,16,"Unknow Device");
            break;
    }
}
//HID 重新连接
void USBH_HID_Reconnect(void)
{
    //关闭之前的连接
    USBH_DeInit(&USB_OTG_Core_dev,&USB_Host);        //复位 USB HOST
    USB_OTG_StopHost(&USB_OTG_Core_dev);             //停止 USBhost
    if(USB_Host.usr_cb->DeviceDisconnected)          //存在,才禁止
    {
        USB_Host.usr_cb->DeviceDisconnected();       //关闭 USB 连接
        USBH_DeInit(&USB_OTG_Core_dev, &USB_Host);
        USB_Host.usr_cb->DeInit();
        USB_Host.class_cb->DeInit(&USB_OTG_Core_dev,&USB_Host.device_prop);
    }
    USB_OTG_DisableGlobalInt(&USB_OTG_Core_dev); //关闭所有中断
    //重新复位 USB
    __HAL_RCC_USB_OTG_FS_FORCE_RESET();              //USB OTG FS 复位
    delay_ms(5);
    __HAL_RCC_USB_OTG_FS_RELEASE_RESET();//复位结束
    memset(&USB_OTG_Core_dev,0,sizeof(USB_OTG_CORE_HANDLE));
    memset(&USB_Host,0,sizeof(USB_Host));
    //重新连接 USB HID 设备
    USBH_Init(&USB_OTG_Core_dev,USB_OTG_FS_CORE_ID,&USB_Host,
              &HID_cb,&USR_Callbacks);
}
int main(void)
{
    u8 t;
    Cache_Enable();                    //打开 L1-Cache
    HAL_Init();                        //初始化 HAL 库
    Stm32_Clock_Init(432,25,2,9);      //设置时钟,216 MHz
    delay_init(216);                   //延时初始化
    uart_init(115200);                 //串口初始化
    LED_Init();                        //初始化 LED
    KEY_Init();                        //初始化按键
    SDRAM_Init();                      //初始化 SDRAM
```

```c
    LCD_Init();                        //初始化LCD
    W25QXX_Init();                     //初始化W25Q256
    PCF8574_Init();                    //初始化PCF8574
    POINT_COLOR = RED;
    LCD_ShowString(30,50,200,16,16,"Apollo STM32F4/F7");
    LCD_ShowString(30,70,200,16,16,"USB MOUSE/KEYBOARD TEST");
    LCD_ShowString(30,90,200,16,16,"ATOM@ALIENTEK");
    LCD_ShowString(30,110,200,16,16,"2016/8/11");
    LCD_ShowString(30,130,200,16,16,"USB Connecting...");
    //初始化USB主机
    USBH_Init(&USB_OTG_Core_dev,USB_OTG_FS_CORE_ID,
              &USB_Host,&HID_cb,&USR_Callbacks);
    while(1)
    {
        USBH_Process(&USB_OTG_Core_dev, &USB_Host);
        if(bDeviceState == 1)//连接建立了
        {
            if(USBH_Check_HIDCommDead(&USB_OTG_Core_dev,&HID_Machine))
                                    //检测USB HID通信,是否还正常
            {
                USBH_HID_Reconnect();//重连
            }
        }else         //连接未建立的时候,检测
        {
            if(USBH_Check_EnumeDead(&USB_Host))//检测枚举是否死机了
            {
                USBH_HID_Reconnect();//重连
            }
        }
        t ++;
        if(t == 200000)    {LED0_Toggle;t = 0;}
    }
}
```

这里总共3个函数：USBH_Msg_Show用于显示一些提示信息,在usbh_usr.c里面被相关函数调用。USBH_HID_Reconnect函数用于USB HID重新连接,当发现枚举/通信死机的时候,调用该函数实现USB复位重启,以重新连接。main函数就比较简单了,处理方式和上一章几乎一样,只是多了一些通信死机处理。

软件设计部分就介绍到这里。

30.4 下载验证

代码编译成功之后,下载到阿波罗STM32开发板上,然后在USB_HOST端子插入USB鼠标/键盘。注意,此时USB SLAVE口不要插USB线到计算机,否则会干扰。

等USB鼠标/键盘成功识别后便可以看到,LCD显示USB Connected并显示设备类型USB Mouse或者USB KeyBoard,同时也会显示输入的数据,如图30.4.1和图30.4.2所示。

第 30 章　USB 鼠标键盘(Host)实验

其中,图 30.4.1 是 USB 鼠标测试界面,图 30.4.2 是 USB 键盘测试界面。

图 30.4.1　USB 鼠标测试　　　　　　图 30.4.2　USB 键盘测试

注意,由于例程的 HID 内核只处理了第一个接口描述符,所以对于 USB 符合设备,只能识别第一个描述符所代表的设备。体现到实际使用中就是:USB 无线鼠标一般是无法使用(被识别为键盘)的,而 USB 无线键盘可以使用,因为键盘在第一个描述符,鼠标在第二个描述符。

如果想支持 USB 无线鼠标,则可以通过修改 usbh_hid_core.c 里面的 USBH_HID_InterfaceInit 函数来支持。

第31章

网络通信实验

本章将使用 ALIENTEK 阿波罗 STM32F767 开发板自带的网口和 LWIP 实现 TCP 服务器、TCP 客服端、UDP 以及 WEB 服务器这 4 个功能。

31.1 STM32F767 以太网以及 TCP/IP LWIP 简介

31.1.1 STM32F767 以太网简介

STM32F767 芯片自带以太网模块,该模块包括带专用 DMA 控制器的 MAC 802.3 (介质访问控制)控制器,支持介质独立接口(MII)和简化介质独立接口(RMII),并自带了一个用于外部 PHY 通信的 SMI 接口,通过一组配置寄存器可以为 MAC 控制器和 DMA 控制器选择所需模式和功能。

STM32F767 自带以太网模块特点包括:
- 支持外部 PHY 接口,实现 10/100 Mbps 的数据传输速率;
- 通过符合 IEEE802.3 的 MII/RMII 接口与外部以太网 PHY 进行通信;
- 支持全双工和半双工操作;
- 可编程帧长度,支持高达 16 KB 巨型帧;
- 可编程帧间隔(40~96 位时间,以 8 为步长);
- 支持多种灵活的地址过滤模式;
- 通过 SMI(MDIO)接口配置和管理 PHY 设备;
- 支持以太网时间戳(参见 IEEE1588—2008),提供 64 位时间戳;
- 提供接收和发送两组 FIFO;
- 支持 DMA。

STM32F767 以太网功能框图如图 31.1.1 所示。可以看出,STM32F767 必须外接 PHY 芯片才可以完成以太网通信,外部 PHY 芯片可以通过 MII/RMII 接口与 STM32F767 内部 MAC 连接,并且支持 SMI(MDIO&MDC)接口配置外部以太网 PHY 芯片。

第31章 网络通信实验

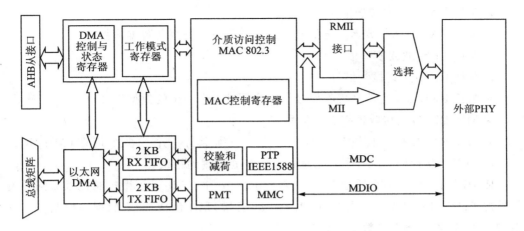

图 31.1.1　STM32F767 以太网框图

接下来分别介绍 SMI/MII/RMII 接口和外部 PHY 芯片。

SMI 接口,即站管理接口,允许应用程序通过 2 条线,即时钟(MDC)和数据线(MDIO),访问任意 PHY 寄存器。该接口支持访问 32 个 PHY,应用程序可以从 32 个 PHY 中选择一个 PHY,然后从任意 PHY 包含的 32 个寄存器中选择一个寄存器,来发送控制数据或接收状态信息。任意给定时间内只能对一个 PHY 中的一个寄存器进行寻址。

MII 接口,即介质独立接口,用于 MAC 层与 PHY 层进行数据传输。STM32F767 通过 MII 与 PHY 层芯片的连接如图 31.1.2 所示。

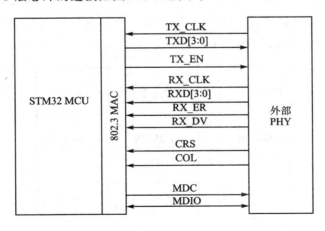

图 31.1.2　MII 接口信号

- MII_TX_CLK:连续时钟信号。该信号提供进行 TX 数据传输时的参考时序,标称频率为:速率为 10 Mbps 时,为 2.5 MHz;速率为 100 Mbps 时,为 25 MHz。
- MII_RX_CLK:连续时钟信号。该信号提供进行 RX 数据传输时的参考时序,标称频率为:速率为 10 Mbps 时为 2.5 MHz;速率为 100 Mbps 时,为 25 MHz。

- MII_TX_EN：发送使能信号。
- MII_TXD[3:0]：数据发送信号。该信号是 4 个一组的数据信号。
- MII_CRS：载波侦听信号。
- MII_COL：冲突检测信号。
- MII_RXD[3:0]：数据接收信号。该信号是 4 个一组的数据信号。
- MII_RX_DV：接收数据有效信号。
- MII_RX_ER：接收错误信号。该信号必须保持一个或多个周期（MII_RX_CLK），从而向 MAC 子层指示在帧的某处检测到错误。

RMII 接口，即精简介质独立接口，降低了在 10/100 Mbps 下微控制器以太网外设与外部 PHY 间的引脚数。根据 IEEE 802.3u 标准，MII 包括 16 个数据和控制信号的引脚。RMII 规范将引脚数减少为 7 个。

RMII 接口是 MAC 和 PHY 之间的实例化对象，有助于将 MAC 的 MII 转换为 RMII。RMII 具有以下特性：

- 支持 10 Mbps 和 100 Mbps 的运行速率；
- 参考时钟必须是 50 MHz；
- 相同的参考时钟必须从外部提供给 MAC 和外部以太网 PHY；
- 提供了独立的 2 位宽（双位）的发送和接收数据路径。

STM32F767 通过 RMII 接口与 PHY 层芯片的连接如图 31.1.3 所示。

可以看出，RMII 相比 MII，引脚数量精简了不少。注意，图中的 REF_CLK 信号是 RMII 和外部 PHY 共用的 50 MHz 参考时钟，必须由外部提供，比如有源晶振或者 STM32F767 的 MCO 输出。不过有些 PHY 芯片可以自己产生 50 MHz 参考时钟，同时提供给 STM32F767，这样也是可以的。

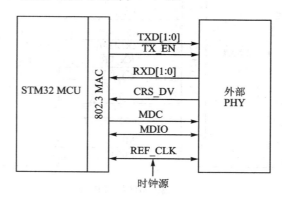

图 31.1.3　RMII 接口信号

本章采用 RMII 接口和外部 PHY 芯片连接来实现网络通信功能，阿波罗 STM32F767 开发板使用的是 LAN8720A 作为 PHY 芯片。接下来简单介绍一下

LAN8720A 芯片。

LAN8720A 是低功耗的 10/100M 以太网 PHY 层芯片，I/O 引脚电压符合 IEEE802.3—2005 标准，支持通过 RMII 接口与以太网 MAC 层通信，内置 10 - BASE - T/100BASE - TX 全双工传输模块，支持 10 Mbps 和 100 Mbps。

LAN8720A 可以通过自协商的方式与目的主机实现最佳连接，支持 HP Auto - MDIX 自动翻转功能，无须更换网线即可将连接更改为直连或交叉连接。LAN8720A 的主要特点如下：

- 高性能的 10/100M 以太网传输模块；
- 支持 RMII 接口以减少引脚数；
- 支持全双工和半双工模式；
- 两个状态 LED 输出；
- 可以使用 25 MHz 晶振以降低成本；
- 支持自协商模式；
- 支持 HP Auto - MDIX 自动翻转功能；
- 支持 SMI 串行管理接口；
- 支持 MAC 接口。

LAN8720A 功能框图如图 31.1.4 所示。

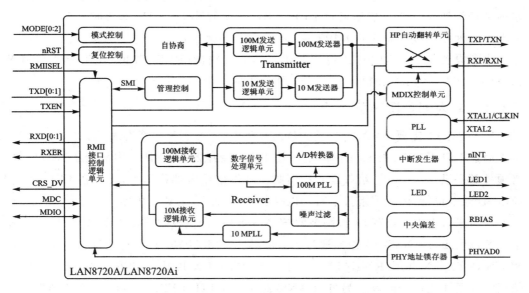

图 31.1.4　LAN8720A 功能框图

LAN8720A 的引脚数比较少,因此,很多引脚具有多个功能。这里介绍几个重要的设置。

1. PHY 芯片地址设置

LAN8720A 可以通过 PHYAD0 引脚来配置,该引脚与 RXER 引脚复用,芯片内部自带下拉电阻,当硬复位结束后,LAN8720A 会读取该引脚电平作为器件的 SMI 地址。接下拉电阻时(浮空也可以,因为芯片内部自带了下拉电阻),设置 SMI 地址为 0;当外接上拉电阻后,可以设置为 1。本章采用的是该引脚浮空,即设置 LAN8720 地址为 0。

2. nINT/REFCLKO 引脚功能配置

nINT/REFCLKO 引脚可以用作中断输出或者参考时钟输出。通过 LED2(nINT-SEL)引脚设置,LED2 引脚的值在芯片复位后被 LAN8720A 读取,当该引脚接上拉电阻(或浮空,内置上拉电阻)时,正常工作后,nINT/REFCLKO 引脚将作为中断输出引脚(选中 REF_CLK IN 模式)。当该引脚接下拉电阻时,正常工作后,nINT/REFCLKO 引脚将作为参考时钟输出(选中 REF_CLK OUT 模式)。

在 REF_CLK IN 模式,外部必须提供 50 MHz 参考时钟给 LAN8720A 的 XTAL1(CLKIN)引脚。在 REF_CLK OUT 模式,LAN8720A 可以外接 25 MHz 石英晶振,通过内部倍频到 50 MHz,然后通过 REFCLKO 引脚输出 50 MHz 参考时钟给 MAC 控制器。这种方式可以降低 BOM 成本。

本章设置 nINT/REFCLKO 引脚为参考时钟输出(REF_CLK OUT 模式),用于给 STM32F767 的 RMII 提供 50 MHz 参考时钟。

3. 1.2 V 内部稳压器配置

LAN8720A 需要 1.2 V 电压给 VDDCR 供电,不过芯片内部集成了 1.2 V 稳压器,可以通过 LED1(REGOFF)来配置是否使用内部稳压器;当不使用内部稳压器的时候,必须外部提供 1.2 V 电压给 VDDCR 引脚。这里使用内部稳压器,所以在 LED1 接下拉电阻(浮空也行,内置了下拉电阻),以控制开启内部 1.2 V 稳压器。

最后来看下 LAN8720A 同阿波罗 STM32F767 开发板的连接关系,如图 31.1.5 所示。可以看出,LAN8720A 总共通过 10 根线同 STM32F767 连接。注意,ETH_MDIO 和 USART2_TX 共用、RMII_TX_EN 和 USART3_RX 共用,所以它们不能同时使用,使用时需要注意这个问题。另外,LAN8720A 的 ETH_RESET 脚是连接在 PCF8574 的 P7 上面的(经过 Q1 取反),所以,使用网络功能的时候,必须配置 PCF8574 对 ETH_RESET 进行控制,才可以正常运行。

图 31.1.5 LAN8720A 与 STM32F767IGT6 连接原理图

31.1.2 TCP/IP LWIP 简介

1. TCP/IP 简介

TCP/IP 中文名为传输控制协议/因特网互联协议,又名网络通信协议,是 Internet 最基本的协议、Internet 国际互联网络的基础,由网络层的 IP 协议和传输层的 TCP 协议组成。TCP/IP 定义了电子设备如何连入因特网以及数据如何在它们之间传输的标准。协议采用了 4 层的层级结构,每一层都呼叫它的下一层所提供的协议来完成自己的需求。通俗而言,TCP 负责发现传输的问题,一有问题就发出信号,要求重新传输,直到所有数据安全正确地传输到目的地。IP 是给因特网的每一台联网设备规定一个地址。

TCP/IP 协议不是 TCP 和 IP 这两个协议的合称,而是指因特网整个 TCP/IP 协议族。从协议分层模型方面来讲,TCP/IP 由 4 个层次组成:网络接口层、网络层、传输层、应用层。OSI 是传统的开放式系统互连参考模型,该模型将 TCP/IP 分为 7 层:物理层、数据链路层(网络接口层)、网络层(网络层)、传输层(传输层)、会话层、表示层和应用层(应用层)。TCP/IP 模型与 OSI 模型对比如表 31.1.1 所列。

表 31.1.1 TCP/IP 模型与 OSI 模型对比

编 号	OSI 模型	TCP/IP 模型
1	应用层	应用层
2	表示层	
3	会话层	
4	传输层	传输层
5	网络层	互联层
6	数据链路层	链路层
7	物理层	

具体一点理解,本例程中的 PHY 层芯片 LAN8720A 相当于物理层,STM32F767 自带的 MAC 层相当于数据链路层,而 LWIP 提供的就是网络层、传输层的功能,应用层是需要用户根据想要的功能去实现的。

2. LWIP 简介

LWIP 是瑞典计算机科学院(SICS)的 Adam Dunkels 等开发的一个小型开源的 TCP/IP 协议栈,是 TCP/IP 的一种实现方式。LWIP 是轻量级 IP 协议,有无操作系统的支持都可以运行。LWIP 实现的重点是在保持 TCP 协议主要功能的基础上减少对 RAM 的占用,只需十几 KB 的 RAM 和 40 KB 左右的 ROM 就可以运行,这使 LWIP 协议栈适合在低端的嵌入式系统中使用。目前 LWIP 的最新版本是 1.4.1,本书采用的就是 1.4.1 版本的 LWIP。

关于 LWIP 的详细信息可以去 http://savannah.nongnu.org/projects/lwip 查阅,LWIP 的主要特性如下:

- ➢ ARP 协议,以太网地址解析协议;
- ➢ IP 协议,包括 IPv4 和 IPv6,支持 IP 分片与重装,支持多网络接口下数据转发;
- ➢ ICMP 协议,用于网络调试与维护;
- ➢ IGMP 协议,用于网络组管理,可以实现多播数据的接收;
- ➢ UDP 协议,用户数据报协议;
- ➢ TCP 协议,支持 TCP 拥塞控制、RTT 估计、快速恢复与重传等;
- ➢ 提供 3 种用户编程接口方式:raw/callback API、sequential API、BSD-style socket API;
- ➢ DNS,域名解析;

- SNMP,简单网络管理协议;
- DHCP,动态主机配置协议;
- AUTOIP,IP 地址自动配置;
- PPP,点对点协议,支持 PPPoE。

从 LWIP 官网上下载 LWIP 1.4.1 版本,打开后如图 31.1.6 所示。

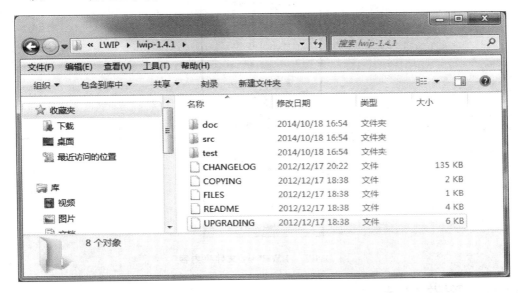

图 31.1.6 LWIP 1.4.1 源码内容

打开从官网上下载下来的 LWIP1.4.1,其中包括 doc、src 和 test 这 3 个文件夹和 5 个其他文件。doc 文件夹下包含了几个与协议栈使用相关的文本文档,doc 文件夹里面有两个比较重要的文档,分别是 rawapi.txt 和 sys_arch.txt。

rawapi.txt 告诉读者怎么使用 raw/callback API 进行编程,sys_arch.txt 包含了移植说明,在移植的时候会用到。src 文件夹是我们的重点,里面包含了 LWIP 的源码。test 是 LWIP 提供的一些测试程序,方便大家使用 LWIP。打开 src 源码文件夹,如图 31.1.7 所示。

src 文件夹由 4 个文件夹组成,分别是 api、core、include、netif。api 文件夹里面是 LWIP 的 sequential API(Netconn)和 socket API 两种接口函数的源码,要使用这两种 API 需要操作系统支持。core 文件夹是 LWIP 内核源码,实现了各种协议支持;include 文件夹里面是 LWIP 使用到的头文件;netif 文件夹里面是与网络底层接口有关的文件。

关于 LWIP 的移植可参考《STM32F767LWIP 开发手册.pdf》(文档路径:配套资料 A 盘根目录)第一章。

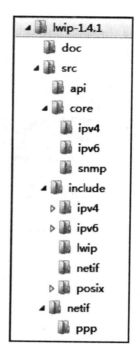

图 31.1.7　LWIP src 文件夹内容

31.2　硬件设计

　　本节实验功能简介：开机后，程序初始化 LWIP，包括初始化 LAN8720A、申请内存、开启 DHCP 服务、添加并打开网卡，然后等待 DHCP 获取 IP 成功。当 DHCP 获取成功后，则在 LCD 屏幕上显示 DHCP 得到的 IP 地址；如果 DHCP 获取失败，那么将使用静态 IP（固定为 192.168.1.30），然后开启 Web Server 服务，并进入主循环，等待按键输入选择需要测试的功能：

　　➢ KEY0 按键，用于选择 TCP Server 测试功能。
　　➢ KEY1 按键，用于选择 TCP Client 测试功能。
　　➢ KEY2 按键，用于选择 UDP 测试功能。

　　TCP Server 测试的时候，直接使用 DHCP 获取到的 IP（若 DHCP 失败，则使用静态 IP）作为服务器地址，端口号固定为 8088。在计算机端，可以使用网络调试助手（TCP Client 模式）连接开发板；连接成功后，则屏幕显示连接上的 Client 的 IP 地址，此时便可以互相发送数据了。按 KEY0 发送数据给计算机，计算机端发送过来的数据将会显示在 LCD 屏幕上。按 KEY_UP 可以退出 TCP Server 测试。

　　TCP Client 测试的时候，先通过 KEY0/KEY2 来设置远端 IP 地址（Server 的 IP），端口号固定为 8087。设置好之后，通过 KEY_UP 确认，随后，开发板会不断尝试连接到所设置的远端 IP 地址（端口 8087），此时需要在计算机端使用网络调试助手（TCP

Server 模式),设置端口为 8087,开启 TCP Server 服务,等待开发板连接。当连接成功后,测试方法同 TCP Server 测试的方法一样。

UDP 测试的时候,同 TCP Client 测试几乎一模一样,先通过 KEY0/KEY2 设置远端 IP 地址(计算机端的 IP),端口号固定为 8089,然后按 KEY_UP 确认。计算机端使用网络调试助手(UDP 模式),设置端口为 8089,开启 UDP 服务。不过对于 UDP 通信,须先按开发板 KEY0,发送一次数据给计算机,随后计算机才可以发送数据给开发板,实现数据互发。按 KEY_UP 可以退出 UDP 测试。

Web Server 的测试相对简单,只需要在浏览器端输入开发板的 IP 地址(DHCP 获取到的 IP 地址或者 DHCP 失败时使用的静态 IP 地址)即可登录一个 Web 界面;在 Web 界面,可以实现对 DS1(LED1)的控制、蜂鸣器的控制、查看 ADC1 通道 5 的值、内部温度传感器温度值以及查看 RTC 时间和日期等。

DS0 用于提示程序正在运行。

本例程所要用到的硬件资源如下:指示灯 DS0、DS1,4 个按键(KEY0/KEY1/KEY2/KEY_UP),串口,LCD 模块,ETH(STM32F767 自带以太网功能),LAN8720A,PCF8574。这几个部分都已经详细介绍过了。另外,本实验测试须自备网线一根、路由器一个。

31.3 软件设计

本章综合了 ALIENTEK《STM32F767LWIP 开发手册.pdf》这个文档里面的 4 个 LWIP 基础例程:UDP 实验、TCP 客户端(TCP Client)实验、TCP 服务器(TCP Server)实验和 Web Server 实验。这些实验测试代码在工程 LWIP\lwip_app 文件夹下,如图 31.3.1 所示。

图 31.3.1　LWIP 文件夹内容

这里面总共有 4 个文件夹:lwip_comm 文件夹,存放了 ALIENTEK 提供的 LWIP 扩展支持代码,方便使用和配置 LWIP;其他 3 个文件夹则分别存放了 TCP Client、TCP Server、UDP 和 Web Server 测试 demo 程序。这里不详细介绍这些内容,详细的介绍可参考 ALIENTEK《STM32F767LWIP 开发手册.pdf》这个文档。本例程工程结构如图 31.3.2 所示。

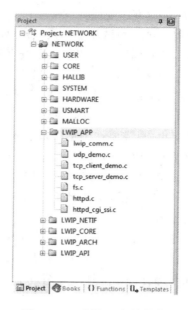

图 31.3.2　例程工程结构体

　　本章例程实现的功能全部由 LWIP_APP 组下的几个 .c 文件实现,这些文件的具体介绍在 ALIENTEK《STM32F767 LWIP 开发手册.pdf》里面,读者可参考该文档学习。
　　最后来看看 main.c 里面的代码,如下:

```
//加载 UI
//mode:
//bit0:0,不加载;1,加载前半部分 UI
//bit1:0,不加载;1,加载后半部分 UI
void lwip_test_ui(u8 mode)
{
    u8 speed;
    u8 buf[30];
    POINT_COLOR = RED;
    if(mode&1<<0)
    {
        LCD_Fill(30,30,lcddev.width,110,WHITE);      //清除显示
        LCD_ShowString(30,30,200,16,16,"Apollo STM32F4/F7");
        LCD_ShowString(30,50,200,16,16,"Ethernet lwIP Test");
        LCD_ShowString(30,70,200,16,16,"ATOM@ALIENTEK");
        LCD_ShowString(30,90,200,16,16,"2016/7/19");
    }
    if(mode&1<<1)
    {
        LCD_Fill(30,110,lcddev.width,lcddev.height,WHITE);     //清除显示
        LCD_ShowString(30,110,200,16,16,"lwIP Init Successed");
        if(lwipdev.dhcpstatus == 2)sprintf((char *)buf,"DHCP IP:%d.%d.%d.%d",
            lwipdev.ip[0],lwipdev.ip[1],lwipdev.ip[2],lwipdev.ip[3]);//打印动态 IP 地址
```

```c
        else sprintf((char *)buf,"Static IP:%d.%d.%d.%d",lwipdev.ip[0],lwipdev.ip[1],
        lwipdev.ip[2],lwipdev.ip[3]);//打印静态 IP 地址
        LCD_ShowString(30,130,210,16,16,buf);
        speed = LAN8720_Get_Speed();//得到网速
        if(speed&1 << 1)LCD_ShowString(30,150,200,16,16,"Ethernet Speed:100M");
        else LCD_ShowString(30,150,200,16,16,"Ethernet Speed:10M");
        LCD_ShowString(30,170,200,16,16,"KEY0:TCP Server Test");
        LCD_ShowString(30,190,200,16,16,"KEY1:TCP Client Test");
        LCD_ShowString(30,210,200,16,16,"KEY2:UDP Test");
    }
}
int main(void)
{
    u8 t;
    u8 key;
    Cache_Enable();                         //打开 L1-Cache
    MPU_Memory_Protection();                //保护相关存储区域
    HAL_Init();                             //初始化 HAL 库
    Stm32_Clock_Init(432,25,2,9);           //设置时钟,216 MHz
    delay_init(216);                        //延时初始化
    uart_init(115200);                      //串口初始化
    usmart_dev.init(108);                   //初始化 USMART
    LED_Init();                             //初始化 LED
    KEY_Init();                             //初始化按键
    SDRAM_Init();                           //初始化 SDRAM
    LCD_Init();                             //初始化 LCD
    PCF8574_Init();                         //初始化 PCF8574
    MY_ADC_Init();                          //初始化 ADC
    RTC_Init();                             //初始化 RTC
    TIM3_Init(1000-1,1080-1);//TIM3 初始化,定时器时钟为 108 MHz,分频系数为 10800-1
                //所以定时器 3 的频率为 108M/1080 = 100K,自动重装载为 1000-1
                //那么定时器周期就是 10 ms
    my_mem_init(SRAMIN);                    //初始化内部内存池
    my_mem_init(SRAMEX);                    //初始化外部内存池
    my_mem_init(SRAMDTCM);                  //初始化 DTCM 内存池
    POINT_COLOR = RED;
    LED0(1);
    lwip_test_ui(1);                        //加载前半部分 UI
    LCD_ShowString(30,110,200,16,16,"lwIP Initing...");
    while(lwip_comm_init())                 //lwip 初始化
    {
        LCD_ShowString(30,110,200,20,16,"LWIP Init Falied! ");    delay_ms(500);
        LCD_ShowString(30,110,200,16,16,"Retrying...         ");  delay_ms(500);
    }
    LCD_ShowString(30,110,200,20,16,"LWIP Init Success!");
    LCD_ShowString(30,130,200,16,16,"DHCP IP configing...");   //等待 DHCP 获取
#if LWIP_DHCP       //使用 DHCP
    while((lwipdev.dhcpstatus!= 2)&&(lwipdev.dhcpstatus!= 0XFF))//等待 DHCP 获取成功
    {
        lwip_periodic_handle();     //LWIP 内核需要定时处理的函数
    }
```

```c
#endif
    lwip_test_ui(2);            //加载后半部分 UI
    httpd_init();               //HTTP 初始化(默认开启 websever)
    while(1)
    {
        key = KEY_Scan(0);
        switch(key)
        {
            case KEY0_PRES://TCP Server 模式
                tcp_server_test();
                lwip_test_ui(3);//重新加载 UI
                break;
            case KEY1_PRES://TCP Client 模式
                tcp_client_test();
                lwip_test_ui(3);//重新加载 UI
                break;
            case KEY2_PRES://UDP 模式
                udp_demo_test();
                lwip_test_ui(3);//重新加载 UI
                break;
        }
        lwip_periodic_handle();
        delay_ms(2);
        t++;
        if(t == 100)LCD_ShowString(30,230,200,16,16,"Please choose a mode!");
        if(t == 200)
        {
            t = 0;
            LCD_Fill(30,230,230,230 + 16,WHITE);//清除显示
            LED0_Toggle;
        }
    }
}
```

这里开启了定时器 3 来给 LWIP 提供时钟,然后通过 lwip_comm_init 函数初始化 LWIP,该函数处理包括初始化 STM32F767 的以太网外设、初始化 LAN8720A、分配内存、使能 DHCP、添加并打开网卡等操作。

注意,因为配置 STM32F767 的网卡使用自动协商功能(双工模式和连接速度),如果协商过程中遇到问题,则会进行多次重试,需要等待很久;而且如果协商失败,那么直接返回错误,导致 LWIP 初始化失败。因此一定要插上网线,然后 LWIP 才能初始化成功,否则肯定会初始化失败,而这个失败不是硬件问题,是因为没插网线。

LWIP 初始化成功后进入 DHCP 获取 IP 状态,当 DHCP 获取成功后,则显示开发板获取到的 IP 地址,然后开启 HTTP 服务。此时可以在浏览器输入开发板 IP 地址,登录 Web 控制界面,进行 Web Server 测试。

在主循环里面可以通过按键选择:TCP Server 测试、TCP Client 测试和 UDP 测试等测试项目,主循环还调用了 lwip_periodic_handle 函数来周期性处理 LWIP 事务。

软件设计部分就介绍到这里。

31.4 下载验证

在开始测试之前,我们先用网线(须自备)将开发板和计算机连接起来。对于有路由器的用户,直接用网线连接路由器,同时计算机也连接路由器,即可完成计算机与开发板的连接设置。对于没有路由器的用户,则直接用网线连接计算机的网口,然后设置计算机的本地连接属性,如图 31.4.1 所示。

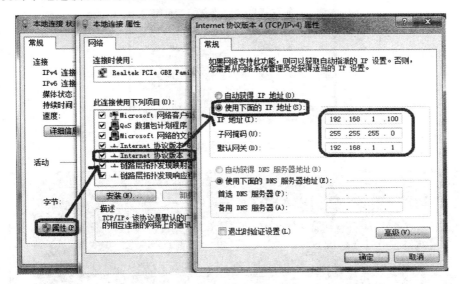

图 31.4.1　开发板与计算机直连时计算机本地连接属性设置

这里设置 IPV4 的属性,设置 IP 地址为 192.168.1.100(100 是可以随意设置的,但是不能是 30 和 1);子网掩码 255.255.255.0;网关 192.168.1.1;DNS 部分可以不用设置。设置完后单击"确定"即可完成计算机端设置,这样开发板和计算机就可以通过互相通信了。

然后,在代码编译成功之后,下载代码到阿波罗 STM32 开发板上(这里以路由器连接方式介绍,下同,且假设 DHCP 获取 IP 成功),LCD 显示如图 31.4.2 所示界面。

此时屏幕提示选择测试模式,可以选择 TCP Server、TCP Client 和 UDP 这 3 项测试。不过,先来看看网络连接是否正常。从图 31.4.2 可以看到,我们开发板通过 DHCP 获取到的 IP 地址为 192.168.1.137,因此,在计算机上先来 ping 一下这个 IP,看看能否 ping 通,以检查连接是否正常(Start→运行→CMD),如图 31.4.3 所示。

可以看到,开发板所显示的 IP 地址是可以 ping 通的,说明我们的开发板和计算机连接正常,可以开始后续测试了。

31.4.1　Web Server 测试

这个测试不需要任何操作来开启,开发板在获取 IP 成功(也可以使用静态 IP)后

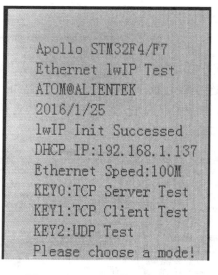

图 31.4.2　DHCP 获取 IP 成功

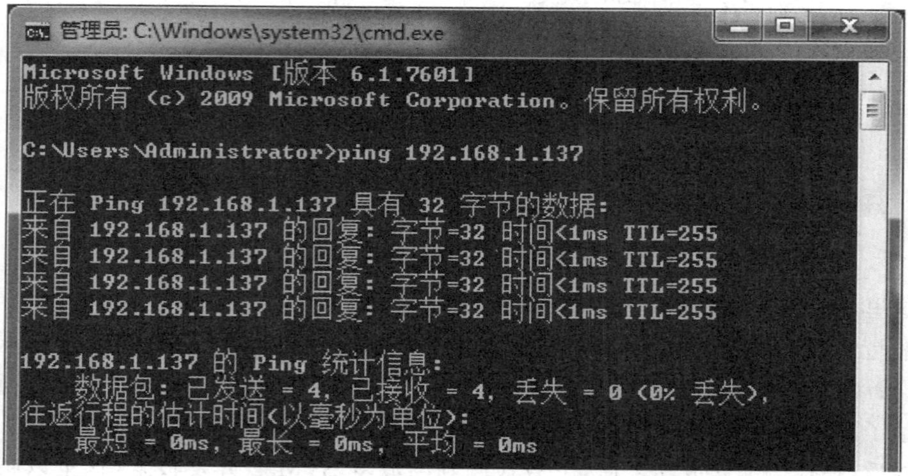

图 31.4.3　ping 开发板 IP 地址

即开启了 Web Server 功能。在浏览器输入 192.168.1.137(开发板显示的 IP 地址)即可进入一个 Web 界面,如图 31.4.4 所示。

该界面总共有 5 个子页面:主页、LED/BEEP 控制、ADC/内部温度传感器、RTC 实时时钟和联系我们。登录 Web 时默认打开的是主页面,介绍了阿波罗 STM32F767 开发板的一些资源、特点和 LWIP 的一些简介。

单击"LED/BEEP 控制"进入该子页面,即可对开发板板载的 DS0(LED1)和蜂鸣器进行控制,如图 31.4.5 所示。此时,选择 ON,然后单击 SEND 按钮即可点亮 LED1 或者打开蜂鸣器。同样,发送 OFF 即可关闭 LED1 或蜂鸣器。

第 31 章 网络通信实验

图 31.4.4 Web Server 测试网页

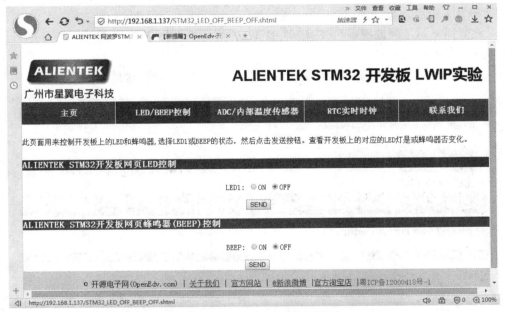

图 31.4.5 LED/BEEP 控制页面

单击"ADC/内部温度传感器"进入该子页面,则会显示 ADC1 通道 5 的值和 STM32 内部温度传感器所测得的温度,如图 31.4.6 所示。

ADC1_CH5 是我们开发板多功能接口 ADC 的输入通道,默认连接在 TPAD 上。

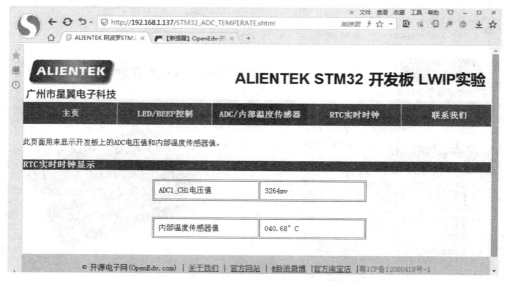

图 31.4.6　ADC/内部温度传感器测试页面

TPAD 带有上拉电阻,所以这里显示 3.3 V 左右,读者可以将 ADC 接其他地方来测量电压。同时,该界面还显示了内部温度传感器采集到的温度值。该界面每个一秒钟刷新一次。

单击"RTC 实时时钟"进入该子页面,则会显示 STM32 内部 RTC 的时间和日期,如图 31.4.7 所示。

此界面显示了阿波罗 STM32F767 自带的 RTC 实时时钟的当前时间和日期等参数,每隔 1 秒钟刷新一次。

最后,单击"联系我们"即可进入到 ALIENTEK 官方店铺,这里就不再介绍了。

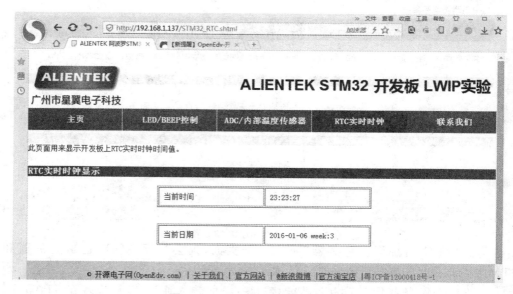

图 31.4.7　RTC 实时时钟测试页面

第 31 章 网络通信实验

31.4.2 TCP Server 测试

在提示界面按 KEY0 即可进入 TCP Server 测试,此时,开发板作为 TCP Server。此时,LCD 屏幕上显示 Server IP 地址(就是开发板的 IP 地址),Server 端口固定为 8088,如图 31.4.8 所示。

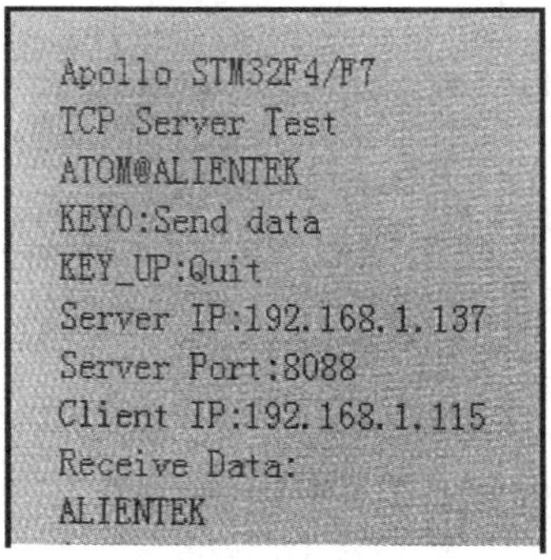

图中显示了 Server IP 地址是 192.168.1.137,Server 端口号是 8088。上位机配合我们测试,需要用到一个网络调试助手的软件,该软件在配套资料→6,软件资料→软件→网络调试助手→网络调试助手 V3.8.exe。

在计算机端打开网络调试助手,设置协议类型为 TCP Client,服务器 IP 地址为 192.168.1.137,服务器端口号为 8088,然后单击"连接"即可连上开发板的 TCP Sever,此时,开发板的液晶显示"Client IP:192.168.1.115(计算机的 IP 地址)",如图 31.4.8 所示。而网络调试助手端则显示连接成功,如图 31.4.9 所示。

按开发板的 KEY0 按键即可发送数据给计算机。同样,计算机端输入数据时,也可以通过网络调试助手发送给开发板。按 KEY_UP 按键可以退出 TCP Sever 测试,返回选择界面。

图 31.4.8 TCP Sever 测试界面

图 31.4.9 计算机端网络调试助手 TCP Client 测试界面

31.4.3 TCP Client 测试

在提示界面，按 KEY1 即可进入 TCP Client 测试，此时，先进入一个远端 IP 设置界面，也就是 Client 要去连接的 Server 端的 IP 地址。通过 KEY0/KEY2 可以设置 IP 地址，通过前面的测试可知计算机的 IP 是 192.168.1.115，所以这里设置 Client 要连接的远端 IP 为 192.168.1.115，如图 31.4.10 所示。

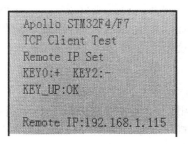

图 31.4.10 远端 IP 地址设置

设置好之后，按 KEY_UP 确认，则进入 TCP Client 测试界面。开始的时候，屏幕显示 Disconnected。然后在计算机端打开网络调试助手，设置协议类型为 TCP Server，本地 IP 地址为 192.168.1.115（计算机 IP），本地端口号为 8087，然后单击"连接"开启计算机端的 TCP Server 服务，如图 31.4.11 所示。

图 31.4.11 计算机端网络调试助手 TCP Server 测试界面

计算机端开启 Server 后稍等片刻，开发板的 LCD 即显示 Connected，如图 31.4.12 所示。

第 31 章 网络通信实验

```
Apollo STM32F4/F7
TCP Client Test
ATOM@ALIENTEK
KEY0:Send data
KEY_UP:Quit
Local IP:192.168.1.137
Remote IP:192.168.1.115
Remote Port:8087
STATUS:Connected
Receive Data:
ALIENTEK
```

图 31.4.12　TCP Client 测试界面

连接成功后，计算机和开发板即可互发数据。同样，开发板还是按 KEY0 发送数据给计算机，测试结果如图 31.4.11 和图 31.4.12 所示。按 KEY_UP 按键可以退出 TCP Client 测试，返回选择界面。

31.4.4　UDP 测试

在提示界面，按 KEY2 即可进入 UDP 测试，UDP 测试同 TCP Client 测试一样，要先设置远端 IP 地址。设置好之后，进入 UDP 测试界面，如图 31.4.13 所示。

```
Apollo STM32F4/F7
UDP Test
ATOM@ALIENTEK
KEY0:Send data
KEY_UP:Quit
Local IP:192.168.1.137
Remote IP:192.168.1.115
Remote Port:8089
STATUS:Connected
Receive Data:
ALIENTEK
```

图 31.4.13　UDP 测试界面

可以看到，UDP 测试时要连接的端口号为 8089，所以网络调试助手需要设置端口号为 8089。另外，UDP 不是基于连接的传输协议，所以，这里直接就显示 Connected 了。在计算机端打开网络调试助手，设置协议类型为 UDP，本地 IP 地址为 192.168.1.115（计算机 IP），本地端口号为 8089，然后单击"连接"开启计算机端的 UDP 服务，如图 31.4.14 所示。

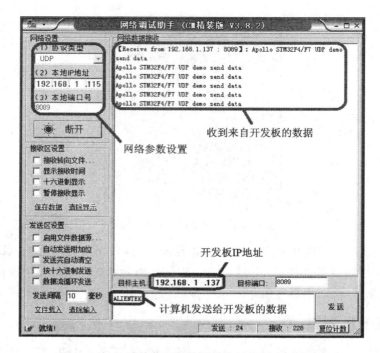

图 31.4.14 计算机端网络调试助手 UDP 测试界面

然后,先按开发板的 KEY0 发送一次数据给计算机端网络调试助手,这样计算机端网络调试助手便会识别出开发板的 IP 地址,然后就可以互相发送数据了。按 KEY_UP 按键可以退出 UDP 测试,返回选择界面。

第 32 章
μC/OS-Ⅱ实验 1——任务调度

前面所有的例程都是跑的裸机程序(裸奔),从本章开始,我们将分 3 个章节介绍 μC/OS-Ⅱ(实时多任务操作系统内核)的使用。本章将介绍 μC/OS-Ⅱ最基本也是最重要的应用:任务调度。

32.1 μC/OS-Ⅱ简介

μC/OS-Ⅱ的前身是 μC/OS,最早出自于 1992 年美国嵌入式系统专家 Jean J.Labrosse 在《嵌入式系统编程》杂志的 5 月和 6 月刊上刊登的文章连载,并把 μC/OS 的源码发布在该杂志的 BBS 上。目前最新的版本 μC/OS-Ⅲ已经出来,但是现在使用最为广泛的还是 μC/OS-Ⅱ,本章主要针对 μC/OS-Ⅱ进行介绍。

μC/OS-Ⅱ是一个可以基于 ROM 运行的、可裁减的、抢占式、实时多任务内核,具有高度可移植性,特别适合于微处理器和控制器,是和很多商业操作系统性能相当的实时操作系统(RTOS)。为了提供最好的移植性能,μC/OS-Ⅱ最大程度上使用 ANSI C 语言进行开发,并且已经移植到近 40 多种处理器体系上,涵盖了从 8 位到 64 位各种 CPU(包括 DSP)。

μC/OS-Ⅱ是专门为计算机的嵌入式应用设计的,绝大部分代码是用 C 语言编写的。CPU 硬件相关部分是用汇编语言编写的,总量约 200 行的汇编语言部分被压缩到最低限度,为的是便于移植到任何一种其他的 CPU 上。用户只要有标准的 ANSI 的 C 交叉编译器,有汇编器、链接器等软件工具,就可以将 μC/OS-Ⅱ嵌入到开发的产品中。μC/OS-Ⅱ具有执行效率高、占用空间小、实时性能优良和可扩展性强等特点,最小内核可编译至 2 KB。μC/OS-Ⅱ已经移植到了几乎所有知名的 CPU 上。

μC/OS-Ⅱ构思巧妙、结构简洁精练、可读性强,同时又具备了实时操作系统的全部功能,虽然只是一个内核,但非常适合初次接触嵌入式实时操作系统的朋友,可以说是麻雀虽小,五脏俱全。μC/OS-Ⅱ(V2.92 版本)体系结构如图 32.1.1 所示。

① 这部分是系统配置文件,用来配置所需的系统功能,比如需要用到的 μC/OS-Ⅱ的模块、时钟频率等。

② 这部分为用户的应用程序,即使用 μC/OS-Ⅱ完成的应用层代码,文件不一定命名为 app.c,可以命名为其他的。注意,app_hooks.c 里面是钩子函数的应用层代码,app_cfg.h 是与 APP 配置有关的,这个是 Micrium 公司提供的模板,不使用的话就可以

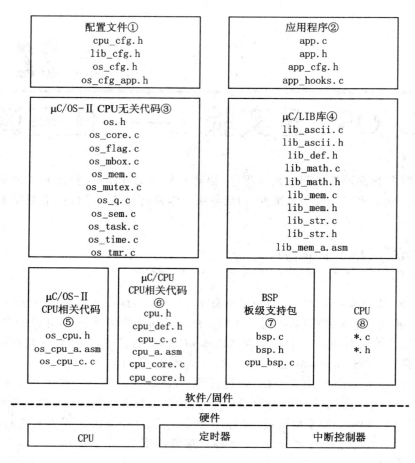

图 32.1.1 μC/OS-Ⅱ体系结构图

直接删掉。

③ 这部分是 μC/OS-Ⅱ 的核心源码,是与处理器无关的代码,都是由高度可移植的 ANSI C 编写的。

④ Micrium 重写了 stdlib 库中的一些函数,如内存复制、字符串相关函数等,这样做的目的是保证在不同应用程序和编译器之间的可移植性。

⑤ 这部分的文件需要根据不同的 CPU 架构去做修改,也就是移植的过程。从这里可看出移植的真正核心就是这 3 个文件的修改。

⑥ 此部分是 Micrium 官方封装起来的 CPU 相关功能代码,比如打开和关闭中断等。

⑦ 板级支持包(BSP),说白了就是外设驱动代码,根据需求自行编写,不一定要用 bsp.c 和 bsp.h 这样的文件命名。cpu_bsp.c 是与 cpu 有关的驱动。

⑧ CPU 厂商提供的针对本公司 CPU 所制作的库函数,比如 ST 针对 STM32 提供的 STD 和 HAL 这种库函数。

第32章 μC/OS-Ⅱ实验1——任务调度

图32.1.1中定时器的作用是为μC/OS-Ⅱ提供系统时钟节拍,从而实现任务切换和任务延时等功能。这个时钟节拍由OS_TICKS_PER_SEC(在os_cfg.h中定义)设置,一般设置μC/OS-Ⅱ的系统时钟节拍为1~100 ms,具体根据所用处理器和使用需要来设置。本章利用STM32F7的SYSTICK定时器来提供μC/OS-Ⅱ时钟节拍。

关于μC/OS-Ⅱ在STM32F7的详细移植过程可参考配套资料资料《STM32F7 UCOS开发手册.pdf》,教程在配套资料根目录,这里就不详细介绍了。

μC/OS-Ⅱ早期版本只支持64个任务,但是从2.80版本开始,支持任务数提高到255个,一般64个任务都是足够多了,很难用到这么多个任务。μC/OS-Ⅱ保留了最高4个优先级和最低4个优先级的总共8个任务,用于拓展使用,但实际上,μC/OS-Ⅱ一般只占用了最低2个优先级,分别用于空闲任务(倒数第一)和统计任务(倒数第二),所以剩下给我们使用的任务最多可达255-2=253个(V2.92)。

任务其实就是一个死循环函数,能实现一定的功能。一个工程可以有很多这样的任务(最多255个),μC/OS-Ⅱ对这些任务进行调度管理,让这些任务可以并发工作(注意,不是同时工作,并发只是各任务轮流占用CPU,任何时候还是只有一个任务能够占用CPU),这就是μC/OS-Ⅱ最基本的功能。μC/OS任务的一般格式为:

```
void MyTask (void * pdata)
{
    任务准备工作…
    while(1)//死循环
    {
        任务 MyTask 实体代码;
        OSTimeDlyHMSM(x,x,x,x);//调用任务延时函数,释放cpu控制权
    }
}
```

假如新建了2个任务为MyTask和YourTask,这里先忽略任务优先级的概念,两个任务死循环中延时时间为1 s。如果某个时刻任务MyTask在执行中,当它执行到延时函数OSTimeDlyHMSM的时候,则释放CPU控制权,这时任务YourTask获得CPU控制权开始执行;任务YourTask执行过程中也会调用延时函数延时1 s释放CPU控制权,这个过程中任务A延时1 s到达,重新获得CPU控制权,重新开始执行死循环中的任务实体代码。如此循环,现象就是两个任务交替运行,就好像CPU在同时做两件事情一样。

疑问来了,如果有很多任务都在等待,那么先执行哪个任务呢?任务在执行过程中,如果想停止之后去执行其他任务是否可行呢?这里就涉及任务优先级以及任务状态任务控制的一些知识,后面会提到,更详细的介绍可以参考任哲的《μC/OS-Ⅱ实时操作系统》一书。

前面学习的所有实验都是一个大任务(死循环),这样,有些事情就比较不好处理,比如音乐播放器实验在音乐播放的时候还希望显示歌词,如果是一个死循环(一个任务),那么很可能在显示歌词的时候音频出现停顿(尤其是采样率高的时候),这主要是因为歌词显示占用太长时间,导致I^2S数据无法及时填充而停顿。而如果用

μC/OS-Ⅱ来处理,那么我们可以分2个任务,音乐播放一个任务(优先级高),歌词显示一个任务(优先级低)。由于音乐播放任务的优先级高于歌词显示任务,音乐播放任务可以打断歌词显示任务,从而及时给I^2S填充数据,保证了音频不断而显示歌词又能顺利进行。这就是μC/OS-Ⅱ带来的好处。

这里有几个μC/OS-Ⅱ相关的概念需要了解一下:任务优先级,任务堆栈,任务控制块,任务就绪表和任务调度器。

任务优先级,这个概念比较好理解,μC/OS中,每个任务都有唯一的一个优先级。优先级是任务的唯一标识。在μC/OS-Ⅱ中,使用CPU的时候,优先级高(数值小)的任务比优先级低的任务具有优先使用权,即任务就绪表中总是优先级最高的任务获得CPU使用权,只有高优先级的任务让出CPU使用权(比如延时)时,低优先级的任务才能获得CPU使用权。μC/OS-Ⅱ不支持多个任务优先级相同,也就是每个任务的优先级必须不一样。

任务堆栈,就是存储器中的连续存储空间。为了满足任务切换、响应中断时保存CPU寄存器中的内容以及任务调用其他函数时的需要,每个任务都有自己的堆栈。在创建任务的时候,任务堆栈是任务创建的一个重要入口参数。

任务控制块OS_TCB,用来记录任务堆栈指针、任务当前状态以及任务优先级等任务属性。μC/OS-Ⅱ的任何任务都是通过任务控制块(TCB)来控制的,一旦任务创建了,任务控制块OS_TCB就会被赋值。每个任务管理块有3个最重要的参数,分别是任务函数指针、任务堆栈指针、任务优先级。任务控制块就是任务在系统里面的"身份证"(μC/OS-Ⅱ通过优先级识别任务),详细介绍可参考任哲的《嵌入式实时操作系统μC/OS-Ⅱ原理及应用》一书第2章。

任务就绪表,简而言之,就是用来记录系统中所有处于就绪状态的任务。它是一个位图,系统中每个任务都在这个位图中占据一个进制位,该位置的状态(1或者0)表示任务是否处于就绪状态。

任务调度的作用一是在任务就绪表中查找优先级最高的就绪任务,二是实现任务的切换。比如说,当一个任务释放CPU控制权后进行一次任务调度,这个时候任务调度器首先要去任务就绪表查询优先级最高的就绪任务,查到之后进行一次任务切换,转而去执行下一个任务。关于任务调度的详细介绍可参考《嵌入式实时操作系统μC/OS-Ⅱ原理及应用》一书第3章相关内容。

μC/OS-Ⅱ的每个任务都是一个死循环。每个任务都处在以下5种状态之一的状态下,这5种状态是:睡眠状态、就绪状态、运行状态、等待状态(等待某一事件发生)和中断服务状态。

睡眠状态,任务在没有被配备任务控制块或被剥夺了任务控制块时的状态。

就绪状态,系统为任务配备了任务控制块且在任务就绪表中进行了就绪登记,任务已经准备好了,但由于该任务的优先级比正在运行的任务的优先级低,还暂时不能运行,这时任务的状态叫就绪状态。

运行状态,该任务获得CPU使用权,并正在运行中,此时的任务状态叫运行状态。

第32章 μC/OS-Ⅱ实验1——任务调度

等待状态,正在运行的任务需要等待一段时间或需要等待一个事件发生再运行时,该任务就会把CPU的使用权让给别的任务而使任务进入等待状态。

中断服务状态,一个正在运行的任务一旦响应中断申请就会中止运行而去执行中断服务程序,这时任务的状态叫中断服务状态。

μC/OS-Ⅱ任务的5个状态转换关系如图32.1.2所示。

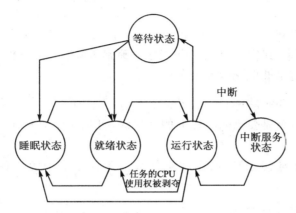

图 32.1.2 μC/OS-Ⅱ任务状态转换关系

接下来看看在μC/OS-Ⅱ中,与任务相关的几个函数:

(1) 建立任务函数

如果想让μC/OS-Ⅱ管理用户的任务,必须先建立任务。μC/OS-Ⅱ提供了2个建立任务的函数:OSTaskCreate 和 OSTaskCreateExt,一般用 OSTaskCreate 函数来创建任务。但是,如果某个任务中要使用到 FPU,那么就只能用函数 OSTaskCreateExt 来创建,因为 OSTaskCreate 函数并没有提供针对 FPU 的处理选项,而函数 OSTaskCreateExt 有。

OSTaskCreate 函数原型为:

```
OSTaskCreate(void( * task)(void * pd),void * pdata,OS_STK * ptos,INTJ prio);
```

该函数包括4个参数:task 是指向任务代码的指针;pdata 是任务开始执行时,传递给任务的参数的指针;ptos 是分配给任务的堆栈的栈顶指针;prio 是分配给任务的优先级。

每个任务都有自己的堆栈,堆栈必须申明为 OS_STK 类型,并且由连续的内存空间组成。可以静态分配堆栈空间,也可以动态分配堆栈空间。OSTaskCreateExt 函数原型为:

```
INT8U   OSTaskCreateExt (void ( * task)(void * p_arg),    void       * p_arg,
                         OS_STK    * ptos,                INT8U        prio,
                         INT16U      id,                  OS_STK     * pbos,
                         INT32U    stk_size,              void       * pext,
                         INT16U      opt);
```

该函数的参数就比较多了:task 是指向任务函数的函数指针;p_arg 指向传递给任

务函数的参数；ptos 是分配给任务的堆栈的栈顶指针；prio 是任务优先级；id 是任务 ID 号，范围是 0~65 535；pbos 是任务堆栈的栈底指针；stk_size 是任务堆栈大小；pext 是用户补充的存储区，作为对 TCB 的补充，不使用的时候设置为 0；opt 是任务选项，有 3 个可选选项，分别是 OS_TASK_OPT_STK_CHK、OS_TASK_OPT_STK_CLR 和 OS_TASK_OPT_SAVE_FP。它们分别为检查任务堆栈、任务堆栈清零和保存浮点 (FPU) 寄存器。

(2) 任务删除函数

所谓的任务删除，其实就是把任务置于睡眠状态，并不是把任务代码给删除了。μC/OS-Ⅱ提供的任务删除函数原型为：

```
INT8U OSTaskDel(INT8U prio);
```

其中，参数 prio 就是要删除的任务的优先级，可见该函数是通过任务优先级来实现任务删除的。

注意，任务不能随便删除，必须在确保被删除任务的资源被释放的前提下才能删除！

(3) 请求任务删除函数

前面提到，必须确保被删除任务的资源被释放的前提下才能将其删除，所以通过向被删除任务发送删除请求来实现任务释放自身占用资源后再删除。μC/OS-Ⅱ提供的请求删除任务函数原型为：

```
INT8U OSTaskDelReq(INT8U prio);
```

同样，还是通过优先级来确定被请求删除任务。

(4) 改变任务的优先级函数

μC/OS-Ⅱ在建立任务时会分配给任务一个优先级，但是这个优先级并不是一成不变的，而是可以通过调用 μC/OS-Ⅱ提供的函数修改时。μC/OS-Ⅱ提供的任务优先级修改函数原型为：

```
INT8U OSTaskChangePrio(INT8U oldprio,INT8U newprio);
```

(5) 任务挂起函数

任务挂起和任务删除有点类似，但是又有区别。任务挂起只是将被挂起任务的就绪标志删除，并做任务挂起记录，并没有将任务控制块链表里面删除，也不需要释放其资源；而任务删除则必须先释放被删除任务的资源，并将被删除任务的任务控制块也给删了。被挂起的任务在恢复（解挂）后可以继续运行。μC/OS-Ⅱ提供的任务挂起函数原型为：

```
INT8U OSTaskSuspend(INT8U prio);
```

(6) 任务恢复函数

有任务挂起函数，就有任务恢复函数，通过该函数将被挂起的任务恢复，让调度器能够重新调度该函数。μC/OS-Ⅱ提供的任务恢复函数原型为：

第32章 μC/OS-Ⅱ实验1——任务调度

```
INT8U OSTaskResume(INT8U prio);
```

μC/OS-Ⅱ与任务相关的函数就介绍这么多。最后来看看在 STM32F7 上面运行 μC/OS-Ⅱ的步骤：

① 移植 μC/OS-Ⅱ。

要想 μC/OS-Ⅱ在 STM32F7 正常运行，当然首先是需要移植 μC/OS-Ⅱ，这部分已经做好了（移植过程参考配套资料的"STM32F7 UCOS 开发手册.pdf"）。

注意，ALIENTEK 提供的 SYSTEM 文件夹里面的系统函数直接支持μC/OS-Ⅱ，只需要在 sys.h 文件里面将 SYSTEM_SUPPORT_OS 宏定义改为 1 即可通过 delay_init 函数初始化 μC/OS-Ⅱ的系统时钟节拍，为 μC/OS-Ⅱ提供时钟节拍。

② 编写任务函数并设置其堆栈大小和优先级等参数。

编写任务函数，以便 μC/OS-Ⅱ调用。

设置函数堆栈大小，这个需要根据函数的需求来设置。如果任务函数的局部变量多、嵌套层数多，那么相应的堆栈就得大一些；如果堆栈设置小了，很可能出现的结果就是 CPU 进入 HardFault，遇到这种情况就必须把堆栈设置大一点了。另外，有些地方还需要注意堆栈字节对齐的问题，如果任务运行出现莫名其妙的错误（比如用到 sprintf 出错），须考虑是不是字节对齐的问题。

设置任务优先级需要根据任务的重要性和实时性设置，高优先级的任务有优先使用 CPU 的权利。

③ 初始化 μC/OS-Ⅱ，并在 μC/OS-Ⅱ中创建任务。

调用 OSInit，初始化 μC/OS-Ⅱ，通过调用 OSTaskCreate 函数创建我们的任务。

④ 启动 μC/OS-Ⅱ。

调用 OSStart，启动 μC/OS-Ⅱ。

通过以上 4 个步骤，μC/OS-Ⅱ就开始在 STM32F7 上面运行了。注意，必须对 os_cfg.h 进行部分配置，以满足自己的需要。

32.2 硬件设计

本节实验功能简介：本章在 μC/OS-Ⅱ里面创建 3 个任务：开始任务、LED0 任务和 LED1 任务，开始任务用于创建其他（LED0 和 LED1）任务，之后挂起；LED0 任务用于控制 DS0 的亮灭，DS0 每秒钟亮 80 ms；LED1 任务用于控制 DS1 的亮灭，DS1 亮 300 ms，灭 300 ms，依次循环。

所要用到的硬件资源如下：指示灯 DS0、DS1。这个在前面已经介绍过了。

32.3 软件设计

本章在第 6 章实验（实验 1）的基础上修改，在该工程源码下面加入 UCOSII 文件夹，存放 μC/OS-Ⅱ源码（我们已经将 μC/OS-Ⅱ源码分为 5 个文件夹，分别是 uC-

CPU、uC-LIB、UCOS_BSP、uCOS-CONFIG 和 uCOS-II)。

打开工程,新建 UCOSII_BSP、UCOSII_CPU、UCOSII_LIB、UCOSII_CORE、UCOSII_PORT 和 UCOSII_CONFIG 共 6 个分组,分别添加 UCOSII 的 5 个文件夹下的源码,并且添加相应的头文件路径。最后得到工程如图 32.3.1 所示。

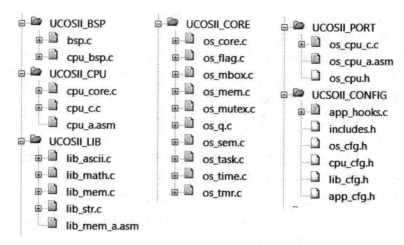

图 32.3.1　向分组中添加源码

本章将对 os_cfg.h 里面 OS_TICKS_PER_SEC 的值定义为 200,也就是设置 μC/OS-II 的时钟节拍为 5 ms,同时,设置 OS_MAX_TASKS 为 20,也就是最多 20 个任务(包括空闲任务和统计任务在内)。其他配置可参考本实验源码。

前面提到,我们需要在 sys.h 里面设置 SYSTEM_SUPPORT_UCOS 为 1,以支持 μC/OS-II,通过这个设置不仅可以实现利用 delay_init 来初始化 SYSTICK,产生 μC/OS-II 的系统时钟节拍,还可以让 delay_us 和 delay_ms 函数在 μC/OS-II 下能够正常使用(实现原理参考 5.1 节),这使得之前的代码可以十分方便地移植到 μC/OS-II 下。虽然 μC/OS-II 也提供了延时函数:OSTimeDly 和 OSTimeDLyHMSM,但是这两个函数的最少延时单位只能是一个 μC/OS-II 时钟节拍,在本章即 5 ms,显然不能实现 μs 级的延时,而 μs 级的延时在很多时候非常有用,比如 I^2C 模拟时序、DS18B20 单总线器件操作等。而通过我们提供的 delay_us 和 delay_ms 则可以方便地提供 μs 和 ms 的延时服务,这比 μC/OS-II 本身提供的延时函数更好用。

在设置 SYSTEM_SUPPORT_UCOS 为 1 之后,μC/OS-II 的时钟节拍由 SYSTICK 的中断服务函数提供,该部分代码如下:

```
//systick 中断服务函数,使用 OS 时用到
void SysTick_Handler(void)
{
    if(delay_osrunning == 1)            //OS 开始跑了,才执行正常的调度处理
    {
        OSIntEnter();                   //进入中断
        OSTimeTick();                   //调用 uc/os 的时钟服务程序
```

第32章 µC/OS-Ⅱ实验1——任务调度

```
        OSIntExit();                          //退出中断,会触发进行中断级任务切换
    }
}
```

其中,OSIntEnter 是进入中断服务函数,用来记录中断嵌套层数(OSIntNesting 增加 1);OSTimeTick 是系统时钟节拍服务函数,在每个时钟节拍了解每个任务的延时状态,使已经到达延时时限的非挂起任务进入就绪状态;OSIntExit 是退出中断服务函数,该函数可能触发一次任务切换(当 OSIntNesting==0 && 调度器未上锁 && 就绪表最高优先级任务!=被中断的任务优先级时),否则继续返回原来的任务执行代码(如果 OSIntNesting 不为 0,则减 1)。

事实上,任何中断服务函数都应该加上 OSIntEnter 和 OSIntExit 函数,这是因为µC/OS-Ⅱ是一个可剥夺型的内核,中断服务子程序运行之后,系统会根据情况进行一次任务调度去运行优先级别最高的就绪任务,而并不一定接着运行被中断的任务。

最后,打开 main.c,输入如下代码:

```c
/////////////////////////////UCOSII 任务设置///////////////////////////////////
//START 任务
#define START_TASK_PRIO          10               //设置任务优先级
#define START_STK_SIZE           128              //设置任务堆栈大小
OS_STK START_TASK_STK[START_STK_SIZE];            //任务堆栈
void start_task(void * pdata);                    //任务函数
//LED0 任务
#define LED0_TASK_PRIO           7                //设置任务优先级
#define LED0_STK_SIZE            128              //设置任务堆栈大小
OS_STK LED0_TASK_STK[LED0_STK_SIZE];              //任务堆栈
void led0_task(void * pdata);                     //任务函数
//LED1 任务
#define LED1_TASK_PRIO           6                //设置任务优先级
#define LED1_STK_SIZE            128              //设置任务堆栈大小
OS_STK LED1_TASK_STK[LED1_STK_SIZE];              //任务堆栈
void led1_task(void * pdata);                     //任务函数
int main(void)
{
    Cache_Enable();                               //打开 L1-Cache
    HAL_Init();                                   //初始化 HAL 库
    Stm32_Clock_Init(432,25,2,9);                 //设置时钟,216 MHz
    delay_init(216);                              //延时初始化
    uart_init(115200);                            //串口初始化
    LED_Init();                                   //初始化 LED
    OSInit();                                     //UCOS 初始化
    OSTaskCreateExt((void( * )(void * ) )start_task,    //任务函数
                    (void *          )0,                //传递给任务函数的参数
                    (OS_STK *        )&START_TASK_STK[START_STK_SIZE - 1],
                                                        //任务堆栈栈顶
                    (INT8U           )START_TASK_PRIO,  //任务优先级
                    (INT16U          )START_TASK_PRIO,  //任务 ID,这里设置
                                                        //为和优先级一样
                    (OS_STK *        )&START_TASK_STK[0],  //任务堆栈栈底
```

```c
                        (INT32U      )START_STK_SIZE,            //任务堆栈大小
                        (void *      )0,                         //用户补充的存储区
                        (INT16U      )OS_TASK_OPT_STK_CHK|\      //任务选项
                                      OS_TASK_OPT_STK_CLR|\
                                      OS_TASK_OPT_SAVE_FP);
    OSStart();  //开始任务
}
//开始任务
void start_task(void * pdata)
{
    OS_CPU_SR cpu_sr = 0;
    pdata = pdata;
    OSStatInit();                       //开启统计任务
    OS_ENTER_CRITICAL();                //进入临界区(关闭中断)
    //LED0 任务
    OSTaskCreateExt((void( * )(void * ) )led0_task,
                        (void *      )0,
                        (OS_STK *    )&LED0_TASK_STK[LED0_STK_SIZE - 1],
                        (INT8U       )LED0_TASK_PRIO,
                        (INT16U      )LED0_TASK_PRIO,
                        (OS_STK *    )&LED0_TASK_STK[0],
                        (INT32U      )LED0_STK_SIZE,
                        (void *      )0,
                        (INT16U      ) OS_TASK_OPT_STK_CHK|\
                                       OS_TASK_OPT_STK_CLR|\
                                       OS_TASK_OPT_SAVE_FP);
    //LED1 任务
    OSTaskCreateExt((void( * )(void * ) )led1_task,
                        (void *      )0,
                        (OS_STK *    )&LED1_TASK_STK[LED1_STK_SIZE - 1],
                        (INT8U       )LED1_TASK_PRIO,
                        (INT16U      )LED1_TASK_PRIO,
                        (OS_STK *    )&LED1_TASK_STK[0],
                        (INT32U      )LED1_STK_SIZE,
                        (void *      )0,
                        (INT16U      ) OS_TASK_OPT_STK_CHK|\
                                       OS_TASK_OPT_STK_CLR|\
                                       OS_TASK_OPT_SAVE_FP);
    OS_EXIT_CRITICAL();                       //退出临界区(开中断)
    OSTaskSuspend(START_TASK_PRIO);           //挂起开始任务
}
//LED0 任务
void led0_task(void * pdata)
{
    while(1)
    {
        LED0(0);
        delay_ms(80);
        LED0(1);
        delay_ms(920);
    };
```

```
}
//LED1 任务
void led1_task(void * pdata)
{
    while(1)
    {
        LED1(0);
        delay_ms(300);
        LED1(1);
        delay_ms(300);
    };
}
```

该部分代码创建了 3 个任务：start_task、led0_task 和 led1_task，优先级分别是 10、7 和 6，堆栈大小都是 128（注意，OS_STK 为 32 位数据）。main 函数只创建了 start_task 一个任务，然后在 start_task 再创建另外两个任务，创建之后将自身（start_task）挂起。这里单独创建 start_task 是为了提供一个单一任务，从而实现应用程序开始运行之前的准备工作（比如外设初始化、创建信号量、创建邮箱、创建消息队列、创建信号量集、创建任务、初始化统计任务等）。

在应用程序中经常有一些代码段必须不受任何干扰地连续运行，这样的代码段叫临界段（或临界区）。因此，为了使临界段在运行时不受中断打断，在临界段代码前必须用关中断指令使 CPU 屏蔽中断请求，而在临界段代码后必须用开中断指令解除屏蔽而使得 CPU 可以响应中断请求。μC/OS-Ⅱ 提供 OS_ENTER_CRITICAL 和 OS_EXIT_CRITICAL 两个宏来实现，这两个宏需要我们在移植 μC/OS-Ⅱ 的时候实现，本章采用方法 3（即 OS_CRITICAL_METHOD 为 3）来实现这两个宏。因为临界段代码不能被中断打断，将严重影响系统的实时性，所以临界段代码越短越好。

在 start_task 任务中，我们在创建 led0_task 和 led1_task 的时候不希望中断打断，故使用了临界区。其他两个任务十分简单了，这里就不细说了，注意，这里使用的延时函数还是 delay_ms，而不是直接使用的 OSTimeDly。

另外，一个任务里面一般是必须有延时函数或者其他可以引发任务切换的函数，以释放 CPU 使用权，否则可能导致低优先级的任务因高优先级的任务不释放 CPU 使用权而一直无法得到 CPU 使用权，从而无法运行。

软件设计部分就介绍到这里。

32.4 下载验证

编译成功之后，下载代码到阿波罗 STM32 开发板上，可以看到，DS0 一秒钟闪一次，而 DS1 则以固定的频率闪烁，说明两个任务（led0_task 和 led1_task）都已经正常运行了，符合我们预期的设计。

32.5 任务删除、挂起和恢复测试

前面简单建立了两个任务，主要是让读者了解 μC/OS Ⅱ 怎么运行以及怎样创建任务。下面补充介绍一个实验测试任务的删除、挂起和恢复。为了和本书配套的寄存器版本章节保持一致，这里不另起一章。实验代码在配套资料的"实验 62 UCOSII 实验 1－2－任务创建删除挂起恢复"中，如下：

```
//START 任务
#define START_TASK_PRIO         10           //开始任务的优先级为最低
#define START_STK_SIZE          128          //设置任务堆栈大小
OS_STK START_TASK_STK[START_STK_SIZE];       //任务任务堆栈
void start_task(void * pdata);               //任务函数
//LED 任务
#define LED_TASK_PRIO           7            //设置任务优先级
#define LED_STK_SIZE            128          //设置任务堆栈大小
OS_STK LED_TASK_STK[LED_STK_SIZE];           //任务堆栈
void led_task(void * pdata);                 //任务函数
//蜂鸣器任务
#define BEEP_TASK_PRIO          5            //设置任务优先级
#define BEEP_STK_SIZE           128          //设置任务堆栈大小
OS_STK BEEP_TASK_STK[BEEP_STK_SIZE];         //创建任务堆栈空间
void beep_task(void * pdata);                //任务函数接口
//按键扫描任务
#define KEY_TASK_PRIO           3            //设置任务优先级
#define KEY_STK_SIZE            128          //设置任务堆栈大小
OS_STK KEY_TASK_STK[KEY_STK_SIZE];           //创建任务堆栈空间
void key_task(void * pdata);                 //任务函数接口
int main(void)
{
    Cache_Enable();                          //打开 L1 - Cache
    HAL_Init();                              //初始化 HAL 库
    Stm32_Clock_Init(432,25,2,9);            //设置时钟,216 MHz
    delay_init(216);                         //延时初始化
    uart_init(115200);                       //串口初始化
    LED_Init();                              //初始化 LED
    KEY_Init();                              //初始化按键
    PCF8574_Init();                          //初始化 PCF8574
    OSInit();                                //UCOS 初始化
    OSTaskCreateExt((void( * )(void * ))start_task,         //任务函数
                    (void *           )0,                   //传递给任务函数的参数
                    (OS_STK *         )&START_TASK_STK[START_STK_SIZE - 1],
                    (INT8U            )START_TASK_PRIO,     //任务优先级
                    (INT16U           )START_TASK_PRIO,     //任务 ID
                    (OS_STK *         )&START_TASK_STK[0],  //任务堆栈栈底
                    (INT32U           )START_STK_SIZE,      //任务堆栈大小
                    (void *           )0,                   //用户补充的存储区
                    (INT16U           )OS_TASK_OPT_STK_CHK|\
                                       OS_TASK_OPT_STK_CLR|\
```

```
                            OS_TASK_OPT_SAVE_FP);
    OSStart();  //开始任务
}
//开始任务
void start_task(void * pdata)
{
    OS_CPU_SR cpu_sr = 0;
    pdata = pdata;
    OSStatInit();    //开启统计任务
    OS_ENTER_CRITICAL();    //进入临界区(关闭中断)
    //LED任务
    OSTaskCreateExt((void( * )(void * ))led_task,
                    (void *         )0,
                    (OS_STK *       )&LED_TASK_STK[LED_STK_SIZE - 1],
                    (INT8U          )LED_TASK_PRIO,
                    (INT16U         )LED_TASK_PRIO,
                    (OS_STK *       )&LED_TASK_STK[0],
                    (INT32U         )LED_STK_SIZE,
                    (void *         )0,
                    (INT16U         )OS_TASK_OPT_STK_CHK|\
                                     OS_TASK_OPT_STK_CLR|\
                                     OS_TASK_OPT_SAVE_FP);
    //BEEP任务
    OSTaskCreateExt((void( * )(void * ))beep_task,
                    (void *         )0,
                    (OS_STK *       )&BEEP_TASK_STK[BEEP_STK_SIZE - 1],
                    (INT8U          )BEEP_TASK_PRIO,
                    (INT16U         )BEEP_TASK_PRIO,
                    (OS_STK *       )&BEEP_TASK_STK[0],
                    (INT32U         )BEEP_STK_SIZE,
                    (void *         )0,
                    (INT16U         )OS_TASK_OPT_STK_CHK|\
                                     OS_TASK_OPT_STK_CLR|\
                                     OS_TASK_OPT_SAVE_FP);
    //按键任务
    OSTaskCreateExt((void( * )(void * ))key_task,
                    (void *         )0,
                    (OS_STK *       )&KEY_TASK_STK[KEY_STK_SIZE - 1],
                    (INT8U          )KEY_TASK_PRIO,
                    (INT16U         )KEY_TASK_PRIO,
                    (OS_STK *       )&KEY_TASK_STK[0],
                    (INT32U         )KEY_STK_SIZE,
                    (void *         )0,
                    (INT16U         )OS_TASK_OPT_STK_CHK|\
                                     OS_TASK_OPT_STK_CLR|\
                                     OS_TASK_OPT_SAVE_FP);
    OS_EXIT_CRITICAL();                    //退出临界区(开中断)
    OSTaskSuspend(START_TASK_PRIO);//挂起开始任务
}
//LED任务
void led_task(void * pdata)
```

```c
{
    while(1)
    {
        LED0_Toggle;
        LED1_Toggle;
        delay_ms(500);
    }
}
//蜂鸣器任务
void beep_task(void * pdata)
{
    while(1)
    {
        if(OSTaskDelReq(OS_PRIO_SELF) == OS_ERR_TASK_DEL_REQ)
//判断是否有删除请求
        {
            OSTaskDel(OS_PRIO_SELF);                    //删除任务本身 TaskLed
        }
        PCF8574_WriteBit(BEEP_IO,0);                    //打开蜂鸣器
        delay_ms(60);
        PCF8574_WriteBit(BEEP_IO,1);                    //关闭蜂鸣器
        delay_ms(940);
    }
}
//按键扫描任务
void key_task(void * pdata)
{
    u8 key;
    while(1)
    {
        key = KEY_Scan(0);
        if(key == KEY0_PRES)
        {
            OSTaskSuspend(LED_TASK_PRIO);    //挂起 LED 任务,LED 停止闪烁
        }
        else if (key == KEY2_PRES)
        {
            OSTaskResume(LED_TASK_PRIO);     //恢复 LED 任务,LED 恢复闪烁
        }
        else if (key == WKUP_PRES)
        {
            OSTaskDelReq(BEEP_TASK_PRIO);
                    //发送删除 BEEP 任务请求,任务睡眠,无法恢复
        }
        else if(key == KEY1_PRES)
        {
            //重新创建任务 beep
            OSTaskCreateExt((void( * )(void * ))beep_task,
                            (void *            )0,
                (OS_STK *          )&BEEP_TASK_STK[BEEP_STK_SIZE - 1],
                (INT8U             )BEEP_TASK_PRIO,
```

```
                    (INT16U        )BEEP_TASK_PRIO,
                    (OS_STK *      )&BEEP_TASK_STK[0],
                    (INT32U        )BEEP_STK_SIZE,
                    (void *        )0,
                    (INT16U        )OS_TASK_OPT_STK_CHK|
            OS_TASK_OPT_STK_CLR|OS_TASK_OPT_SAVE_FP);
    }
        delay_ms(10);
    }
}
```

该代码在 start_task 中创建了 3 个任务,分别为 led_task、beep_task 和 key_task。led_task 是 LED0 和 LED1 每隔 500 ms 翻转一次。beep_task 在没有收到删除请求的时候是隔一段时间蜂鸣器鸣叫一次,key_task 是进行按键扫描。当 KEY_RIGHT 按键按下的时候,挂起任务 led_task,这时 LED0 和 LED1 停止闪烁。当 KEY_LEFT 按键按下的时候,如果 led_task 被挂起则恢复之,如果没有挂起则没有影响。当 KEY_UP 按键按下的时候,删除任务 beep_task。当 KEY1 按键按下的时候,重新创建任务 beep_task。

我们的测试顺序为:首先,下载代码之后可以看到,LED0 和 LED1 不断闪烁,同时蜂鸣器不断鸣叫。这个时候按下 KEY0 则 led_task 任务被挂起,可以看到,LED 不再闪烁。接着,按下 KEY2 则 led_task 任务重新恢复,可以看到,LED 恢复闪烁。然后,按下 KEY_UP 则任务 beep_task 被删除,所以蜂鸣器不再鸣叫。这个时候再按下按键 KEY_DOWN 则任务 beep_task 被重新创建,所以蜂鸣器恢复鸣叫。

第 33 章

μC/OS-Ⅱ 实验 2——信号量和邮箱

上一章学习了如何使用 μC/OS-Ⅱ、μC/OS-Ⅱ 的任务调度,但是并没有用到任务间的同步与通信,本章将学习两个最基本的任务间通信方式:信号量和邮箱。

33.1 μC/OS-Ⅱ 信号量和邮箱简介

系统中的多个任务在运行时,经常需要互相无冲突地访问同一个共享资源,或者需要互相支持和依赖,甚至有时还要互相加以必要的限制和制约,才保证任务的顺利运行。因此,操作系统必须具有对任务的运行进行协调的能力,从而使任务之间可以无冲突、流畅地同步运行,而不致导致灾难性的后果。

例如,任务 A 和任务 B 共享一台打印机,如果系统已经把打印机分配给了任务 A,则任务 B 因不能获得打印机的使用权而应该处于等待状态,只有当任务 A 把打印机释放后,系统才能唤醒任务 B 使其获得打印机的使用权。如果这两个任务不这样做,那么会造成极大的混乱。

任务间的同步依赖于任务间的通信。在 μC/OS-Ⅱ 中,是使用信号量、邮箱(消息邮箱)和消息队列这些被称作事件的中间环节来实现任务之间的通信的。本章仅介绍信号量和邮箱,消息队列将会在下一章介绍。

1. 事件

两个任务通过事件进行通信的示意图如图 33.1.1 所示。图中任务 1 是发信方,任务 2 是收信方。任务 1 负责把信息发送到事件上,这项操作叫发送事件。任务 2 通过读取事件操作对事件进行查询:如果有信息则读取,否则等待。读事件操作叫请求事件。

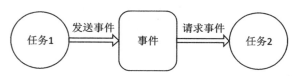

图 33.1.1　两个任务使用事件进行通信的示意图

为了把描述事件的数据结构统一起来,μC/OS-Ⅱ 使用叫事件控制块(ECB)的数据结构来描述诸如信号量、邮箱(消息邮箱)和消息队列这些事件。事件控制块中包含

包括等待任务表在内的所有有关事件的数据,事件控制块结构体定义如下:

```
typedef struct
{
    INT8U   OSEventType;                        //事件的类型
    INT16U  OSEventCnt;                         //信号量计数器
    void  * OSEventPtr;                         //消息或消息队列的指针
    INT8U   OSEventGrp;                         //等待事件的任务组
    INT8U OSEventTbl[OS_EVENT_TBL_SIZE];        //任务等待表
#if OS_EVENT_NAME_EN > 0u
    INT8U  * OSEventName;                       //事件名
#endif
} OS_EVENT;
```

2. 信号量

信号量是一类事件。使用信号量的最初目的是给共享资源设立一个标志,该标志表示该共享资源的占用情况。这样,当一个任务在访问共享资源之前,就可以先对这个标志进行查询,从而在了解资源被占用的情况之后再来决定自己的行为。

信号量可以分为两种:一种是二值型信号量,另外一种是 N 值信号量。

二值型信号量好比家里的座机,任何时候只能有一个人占用,而 N 值信号量则好比公共电话亭,可以同时有多个人(N 个)使用。

μC/OS-Ⅱ将二值型信号量称为互斥型信号量,将 N 值信号量称为计数型信号量,也就是普通的信号量。本章介绍的是普通信号量,互斥型信号量的介绍可参考《嵌入式实时操作系统 μC/OS-Ⅱ原理及应用》5.4 节。

接下来看看在 μC/OS-Ⅱ中,与信号量相关的几个函数(未全部列出,下同):

(1) 创建信号量函数

在使用信号量之前,我们必须用函数 OSSemCreate 来创建一个信号量,该函数的原型为:

```
OS_EVENT * OSSemCreate (INT16U cnt);
```

该函数返回值为已创建信号量的指针,而参数 cnt 则是信号量计数器(OSEventCnt)的初始值。

(2) 请求信号量函数

任务通过调用函数 OSSemPend 请求信号量,该函数原型如下:

```
void OSSemPend ( OS_EVENT * pevent, INT16U timeout, INT8U * err);
```

其中,参数 pevent 是被请求信号量的指针,timeout 为等待时限,err 为错误信息。

为防止任务因得不到信号量而处于长期的等待状态,函数 OSSemPend 允许用参数 timeout 设置一个等待时间的限制;当任务等待的时间超过 timeout 时,可以结束等待状态而进入就绪状态。如果参数 timeout 被设置为 0,则表明任务的等待时间为无限长。

(3) 发送信号量函数

任务获得信号量,并在访问共享资源结束以后必须要释放信号量,释放信号量也叫发送信号量,发送信号通过 OSSemPost 函数实现。OSSemPost 函数在对信号量的计数器操作之前,首先要检查是否还有等待该信号量的任务。如果没有,就把信号量计数器 OSEventCnt 加一;如果有,则调用调度器 OS_Sched( )去运行等待任务中优先级别最高的任务。函数 OSSemPost 的原型为:

```
INT8U OSSemPost(OS_EVENT * pevent);
```

其中,pevent 为信号量指针,该函数在调用成功后,返回值为 OS_ON_ERR;否则,根据具体错误返回 OS_ERR_EVENT_TYPE、OS_SEM_OVF。

(4) 删除信号量函数

应用程序如果不需要某个信号量了,那么可以调用函数 OSSemDel 来删除该信号量,该函数的原型为:

```
OS_EVENT * OSSemDel (OS_EVENT * pevent,INT8U opt, INT8U * err);
```

其中,pevent 为要删除的信号量指针,opt 为删除条件选项,err 为错误信息。

3. 邮　　箱

在多任务操作系统中,常常需要在任务与任务之间通过传递一个数据(这种数据叫消息)的方式来进行通信。为了达到这个目的,可以在内存中创建一个存储空间作为该数据的缓冲区。如果把这个缓冲区称为消息缓冲区,则在任务间传递数据(消息)的最简单办法就是传递消息缓冲区的指针。我们把用来传递消息缓冲区指针的数据结构叫邮箱(消息邮箱)。

在 μC/OS-Ⅱ 中,我们通过事件控制块的 OSEventPrt 来传递消息缓冲区指针,同时使事件控制块的成员 OSEventType 为常数 OS_EVENT_TYPE_MBOX,则该事件控制块就叫消息邮箱。

接下来看看在 μC/OS-Ⅱ 中与消息邮箱相关的几个函数。

1) 创建邮箱函数

创建邮箱通过函数 OSMboxCreate 实现,该函数原型为:

```
OS_EVENT * OSMboxCreate (void * msg);
```

函数中的参数 msg 为消息的指针,函数的返回值为消息邮箱的指针。

调用函数 OSMboxCreate 前须先定义 msg 的初始值。在一般的情况下,这个初始值为 NULL;但也可以事先定义一个邮箱,然后把这个邮箱的指针作为参数传递到函数 OSMboxCreate 中,使之一开始就指向一个邮箱。

2) 向邮箱发送消息函数

任务可以通过调用函数 OSMboxPost 向消息邮箱发送消息,这个函数的原型为:

```
INT8U OSMboxPost (OS_EVENT * pevent,void * msg);
```

其中,pevent 为消息邮箱的指针,msg 为消息指针。

3) 请求邮箱函数

当一个任务请求邮箱时需要调用函数 OSMboxPend,这个函数的主要作用就是查看邮箱指针OSEventPtr是否为NULL,如果不是NULL,则把邮箱中的消息指针返回给调用函数的任务,同时用OS_NO_ERR通过函数的参数err通知任务获取消息成功;如果邮箱指针OSEventPtr是NULL,则使任务进入等待状态,并引发一次任务调度。

函数OSMboxPend的原型为：

```
void * OSMboxPend(OS_EVENT * pevent, INT16U timeout, INT8U * err);
```

其中,pevent为请求邮箱指针,timeout为等待时限,err为错误信息。

4) 查询邮箱状态函数

任务可以通过调用函数OSMboxQuery查询邮箱的当前状态。该函数原型为：

```
INT8U OSMboxQuery(OS_EVENT * pevent, OS_MBOX_DATA * pdata);
```

其中,pevent为消息邮箱指针,pdata为存放邮箱信息的结构。

5) 删除邮箱函数

在邮箱不再使用的时候,我们可以通过调用函数OSMboxDel来删除一个邮箱。该函数原型为：

```
OS_EVENT * OSMboxDel(OS_EVENT * pevent, INT8U opt, INT8U * err);
```

其中,pevent为消息邮箱指针,opt为删除选项,err为错误信息。

关于μC/OS-Ⅱ信号量和邮箱就介绍到这里,更详细的介绍可参考《嵌入式实时操作系统μC/OS-Ⅱ原理及应用》第5章。

33.2 硬件设计

本节实验功能简介:本章将μC/OS-Ⅱ里面创建6个任务:开始任务、LED任务、触摸屏任务、蜂鸣器任务、按键扫描任务和主任务。开始任务用于创建信号量、创建邮箱、初始化统计任务以及其他任务的创建,之后挂起;LED任务用于DS0控制,提示程序运行状况;蜂鸣器任务用于测试信号量,是请求信号量函数,每得到一个信号量,蜂鸣器就叫一次;触摸屏任务用于在屏幕上画图,可以用于测试CPU使用率;按键扫描任务用于按键扫描,优先级最高,将得到的键值通过消息邮箱发送出去;主任务则通过查询消息邮箱获得键值,并根据键值执行DS1控制、信号量发送(蜂鸣器控制)、触摸区域清屏和触摸屏校准等控制。

所要用到的硬件资源如下:指示灯DS0、DS1,4个按键(KEY0/KEY1/KEY2/KEY_UP),PCF8574(控制蜂鸣器),LCD模块。这些在前面的学习中都已经介绍过了。

33.3 软件设计

本章在第一章实验(实验31触摸屏实验)的基础上修改。首先,是μC/OS-Ⅱ代码的添加,具体方法同上一章一模一样,这里不再详细介绍了。

加入 μC/OS-Ⅱ 代码后，只需要修改 main.c 函数了。打开 main.c，输入如下代码：

```c
////////////////////////////////UCOSⅡ任务设置////////////////////////////////
//START 任务
#define START_TASK_PRIO         10              //设置任务优先级
#define START_STK_SIZE          128             //设置任务堆栈大小
OS_STK START_TASK_STK[START_STK_SIZE];          //任务堆栈
void start_task(void * pdata);                  //任务函数
//触摸屏任务
#define TOUCH_TASK_PRIO         7               //设置任务优先级
#define TOUCH_STK_SIZE          128             //设置任务堆栈大小
OS_STK TOUCH_TASK_STK[TOUCH_STK_SIZE];          //任务堆栈
void touch_task(void * pdata);                  //任务函数
//LED 任务
#define LED_TASK_PRIO           6               //设置任务优先级
#define LED_STK_SIZE            128             //设置任务堆栈大小
OS_STK LED_TASK_STK[LED_STK_SIZE];              //任务堆栈
void led_task(void * pdata);                    //任务函数
//蜂鸣器任务
#define BEEP_TASK_PRIO          5               //设置任务优先级
#define BEEP_STK_SIZE           128             //设置任务堆栈大小
OS_STK BEEP_TASK_STK[BEEP_STK_SIZE];            //任务堆栈
void beep_task(void * pdata);                   //任务函数
//主任务
#define MAIN_TASK_PRIO          4               //设置任务优先级
#define MAIN_STK_SIZE           128             //设置任务堆栈大小
OS_STK MAIN_TASK_STK[MAIN_STK_SIZE];            //任务堆栈
void main_task(void * pdata);                   //任务函数
//按键扫描任务
#define KEY_TASK_PRIO           3               //设置任务优先级
#define KEY_STK_SIZE            128             //设置任务堆栈大小
OS_STK KEY_TASK_STK[KEY_STK_SIZE];              //任务堆栈
void key_task(void * pdata);                    //任务函数
////////////////////////////////////////////////////////////////////////////
OS_EVENT * msg_key;                             //按键邮箱事件块指针
OS_EVENT * sem_beep;                            //蜂鸣器信号量指针
//加载主界面
void ucos_load_main_ui(void)
{
…//此处省略函数定义
}
int main(void)
{
    Cache_Enable();                             //打开 L1-Cache
    HAL_Init();                                 //初始化 HAL 库
    Stm32_Clock_Init(432,25,2,9);               //设置时钟,216 MHz
    delay_init(216);                            //延时初始化
    uart_init(115200);                          //串口初始化
    LED_Init();                                 //初始化 LED
    KEY_Init();                                 //初始化按键
    PCF8574_Init();                             //初始化 PCF8574
```

```c
        SDRAM_Init();                                        //初始化SDRAM
        LCD_Init();                                          //初始化LCD
        tp_dev.init();                                       //初始化触摸屏
        ucos_load_main_ui();                                 //加载主界面
        OSInit();                                            //UCOS初始化
        OSTaskCreateExt((void(*)(void*))start_task,          //任务函数
                        (void *          )0,                 //传递给任务函数的参数
                        (OS_STK *        )&START_TASK_STK[START_STK_SIZE-1],
                                                             //任务堆栈栈顶
                        (INT8U           )START_TASK_PRIO,   //任务优先级
                        (INT16U          )START_TASK_PRIO,   //任务ID,这里设置为
                                                             //和优先级一样
                        (OS_STK *        )&START_TASK_STK[0],//任务堆栈栈底
                        (INT32U          )START_STK_SIZE,    //任务堆栈大小
                        (void *          )0,                 //用户补充的存储区
                        (INT16U          )OS_TASK_OPT_STK_CHK|\
                        OS_TASK_OPT_STK_CLR|\
                        OS_TASK_OPT_SAVE_FP);                //任务选项
        OSStart();                                           //开始任务
}
//画水平线
//x0,y0:坐标   len:线长度   color:颜色
void gui_draw_hline(u16 x0,u16 y0,u16 len,u16 color)
{
        …//此处省略函数定义}
//画实心圆
//x0,y0:坐标   r:半径   color:颜色
void gui_fill_circle(u16 x0,u16 y0,u16 r,u16 color)
{
        …//此处省略函数定义
}
//两个数之差的绝对值
//x1,x2:需取差值的两个数
//返回值:|x1-x2|
u16 my_abs(u16 x1,u16 x2)
{
        if(x1>x2)return x1-x2;
        else return x2-x1;
}
//画一条粗线
//(x1,y1),(x2,y2):线条的起始坐标   size:线条的粗细程度   color:线条的颜色
void lcd_draw_bline(u16 x1, u16 y1, u16 x2, u16 y2,u8 size,u16 color)
{
        …//此处省略函数定义
}
void start_task(void *pdata)
{
        OS_CPU_SR cpu_sr = 0;
        pdata = pdata;
        msg_key = OSMboxCreate((void *)0);                   //创建消息邮箱
        sem_beep = OSSemCreate(0);                           //创建信号量
        OSStatInit();                                        //开启统计任务
```

```
    OS_ENTER_CRITICAL();                              //进入临界区(关闭中断)
//触摸任务
    OSTaskCreateExt((void(*)(void*))touch_task,
                    (void *           )0,
                    (OS_STK *         )&TOUCH_TASK_STK[TOUCH_STK_SIZE - 1],
                    (INT8U            )TOUCH_TASK_PRIO,
                    (INT16U           )TOUCH_TASK_PRIO,
                    (OS_STK *         )&TOUCH_TASK_STK[0],
                    (INT32U           )TOUCH_STK_SIZE,
                    (void *           )0,
                    (INT16U           )OS_TASK_OPT_STK_CHK|\
                                       OS_TASK_OPT_STK_CLR|\
                                       OS_TASK_OPT_SAVE_FP);
    OSTaskCreateExt(   //省略部分代码);                //LED任务
    OSTaskCreateExt(……//省略部分代码);                 //蜂鸣器任务
    OSTaskCreateExt(……//省略部分代码);                 //主任务
    OSTaskCreateExt(……//省略部分代码);                 //按键任务
    OS_EXIT_CRITICAL();                               //退出临界区(开中断)
    OSTaskSuspend(START_TASK_PRIO);                   //挂起开始任务
}
/LED任务
void led_task(void * pdata)
{
    u8 t;
    while(1)
    {
        t++;
        delay_ms(10);
        if(t == 8)LED0(1);                            //LED0 灭
        if(t == 100)                                  //LED0 亮
        {
            t = 0;
            LED0(0);
        }
    }
}
//蜂鸣器任务
void beep_task(void * pdata)
{
    u8 err;
    while(1)
    {
        OSSemPend(sem_beep,0,&err);                   //请求信号量
        PCF8574_WriteBit(BEEP_IO,0);                  //打开蜂鸣器
        delay_ms(60);
        PCF8574_WriteBit(BEEP_IO,1);                  //关闭蜂鸣器
        delay_ms(940);
    }
}
//触摸屏任务
void touch_task(void * pdata)
```

```c
{
    u32 cpu_sr;
    u16 lastpos[2];                          //最后一次的数据
    while(1)
    {
        tp_dev.scan(0);
        if(tp_dev.sta&TP_PRES_DOWN)          //触摸屏被按下
        {
            if(tp_dev.x[0]<lcddev.width&&tp_dev.y[0]<lcddev.height&&tp_dev.y[0]>120)
            {
                if(lastpos[0] == 0XFFFF)
                {
                    lastpos[0] = tp_dev.x[0];
                    lastpos[1] = tp_dev.y[0];
                }
                //进入临界段,防止其他任务打断LCD操作,而导致液晶乱序
                OS_ENTER_CRITICAL();
                lcd_draw_bline(lastpos[0],lastpos[1],tp_dev.x[0],tp_dev.y[0],2,RED);
                OS_EXIT_CRITICAL();
                lastpos[0] = tp_dev.x[0];
                lastpos[1] = tp_dev.y[0];
            }
        }else
        {
            lastpos[0] = 0XFFFF;
            delay_ms(10);                    //没有按键按下的时候
        }
    }
}
//主任务
void main_task(void * pdata)
{
    u32 key = 0;
    u8 err, semmask = 0, tcnt = 0;
    while(1)
    {
        key = (u32)OSMboxPend(msg_key,10,&err);
        switch(key)
        {
            case 1://控制 DS1
                LED1_Toggle;break;
            case 2://发送信号量
                semmask = 1;
                OSSemPost(sem_beep);
                break;
            case 3://清除
                LCD_Fill(0,121,lcddev.width-1,lcddev.height-1,WHITE);
                break;
            case 4://校准,仅电阻屏有效,电容屏无须校准
                OSTaskSuspend(TOUCH_TASK_PRIO);  //挂起触摸屏任务
                if((tp_dev.touchtype&0X80) == 0)TP_Adjust();
```

```c
                    OSTaskResume(TOUCH_TASK_PRIO);        //解挂
                    ucos_load_main_ui();                  //重新加载主界面
                    break;
            }
            if(semmask||sem_beep->OSEventCnt)             //需要显示sem
            {
                POINT_COLOR = BLUE;
                //显示信号量的值
                LCD_ShowxNum(212,50,sem_beep->OSEventCnt,3,16,0X80);
                if(sem_beep->OSEventCnt == 0)semmask = 0; //停止更新
            }
            if(tcnt == 10)                                //0.6秒更新一次CPU使用率
            {
                tcnt = 0;
                POINT_COLOR = BLUE;
                LCD_ShowxNum(192,30,OSCPUUsage,3,16,0);   //显示CPU使用率
            }
        tcnt ++ ;
        delay_ms(10);
        }
}
//按键扫描任务
void key_task(void * pdata)
{
    u8 key;
    while(1)
    {
        key = KEY_Scan(0);
        if(key)OSMboxPost(msg_key,(void * )key);          //发送消息
        delay_ms(10);
    }
}
```

该部分代码创建了6个任务:start_task、led_task、beep_task、touch_task、main_task和key_task,优先级分别是10和7～3,堆栈大小都是128。

该程序的运行流程比上一章复杂了一些,我们创建了消息邮箱msg_key,用于按键任务和主任务之间的数据传输(传递键值);另外,创建了信号量sem_beep,用于蜂鸣器任务和主任务之间的通信。

本代码中使用了μC/OS-Ⅱ提供的CPU统计任务,通过OSStatInit初始化CPU统计任务,然后在主任务中显示CPU使用率。

另外,主任务中用到了任务的挂起和恢复函数,在执行触摸屏校准的时候,我们必须先将触摸屏任务挂起,待校准完成之后,再恢复触摸屏任务。这是因为触摸屏校准和触摸屏任务都用到了触摸屏和TFTLCD,而这两个东西是不支持多个任务占用的,所以必须采用独占的方式使用,否则可能导致数据错乱。

软件设计部分就介绍到这里。

33.4 下载验证

编译成功之后,下载代码到阿波罗 STM32 开发板上,可以看到 LCD 显示界面如图 33.4.1 所示。

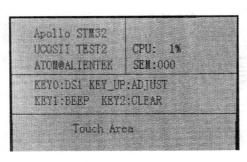

图 33.4.1 初始界面

从图中可以看出,默认状态下,CPU 使用率仅为 1% 左右。按 KEY0 可以控制 DS1 的亮灭;按 KEY1 可以控制蜂鸣器的发声(连续按下多次后可以看到,蜂鸣每隔 1 秒叫一次),同时,可以在 LCD 上面看到信号量的当前值;按 KEY2 可以清除触摸屏的输入;按 KEY_UP 可以进入校准程序进行触摸屏校准(注意,电容触摸屏不需要校准,所以如果是电容屏,按 KEY_UP 就相当于清屏一次的效果,不会进行校准)。

第 34 章

μC/OS-Ⅱ 实验 3——消息队列、信号量集和软件定时器

上一章学习了 μC/OS-Ⅱ 的信号量和邮箱的使用,本章将学习消息队列、信号量集和软件定时器的使用。

34.1 消息队列、信号量集和软件定时器简介

1. 消息队列

使用消息队列可以在任务之间传递多条消息。消息队列由 3 个部分组成:事件控制块、消息队列和消息。当把事件控制块成员 OSEventType 的值置为 OS_EVENT_TYPE_Q 时,该事件控制块描述的就是一个消息队列。

消息队列的数据结构如图 34.1.1 所示。可以看到,消息队列相当于共用一个任务等待列表的消息邮箱数组,事件控制块成员 OSEventPtr 指向了一个叫队列控制块(OS_Q)的结构,该结构管理了一个数组 MsgTbl[],该数组中的元素都是一些指向消息的指针。

队列控制块(OS_Q)的结构定义如下:

```
typedef struct os_q
{
    struct os_q * OSQPtr;
    void  * * OSQStart;
    void  * * OSQEnd;
    void    * * OSQIn;
    void  * * OSQOut;
    INT16U   OSQSize;
    INT16U   OSQEntries;
} OS_Q;
```

该结构体中各参数的含义如表 34.1.1 所列。

第34章 µC/OS-Ⅱ实验3——消息队列、信号量集和软件定时器

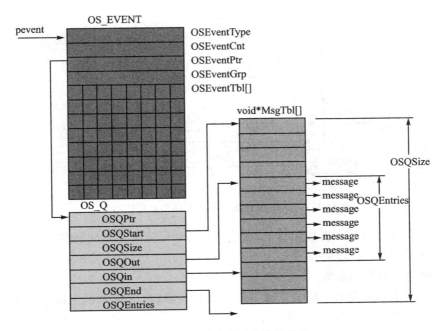

图 34.1.1 消息队列的数据结构

表 34.1.1 队列控制块各参数含义

参　数	说　明
OSQPtr	指向下一个空的队列控制块
OSQSize	数组的长度
OSQEntres	已存放消息指针的元素数目
OSQStart	指向消息指针数组的起始地址
OSQEnd	指向消息指针数组结束单元的下一个单元,使得数组构成了一个循环的缓冲区
OSQIn	指向插入一条消息的位置。当它移动到与OSQEnd相等时,则被调整到指向数组的起始单元
OSQOut	指向被取出消息的位置。当它移动到与OSQEnd相等时,则被调整到指向数组的起始单元

其中,可以移动的指针为 OSQIn 和 OSQOut,而指针 OSQStart 和 OSQEnd 只是一个标志(常指针)。当可移动的指针 OSQIn 或 OSQOut 移动到数组末尾,也就是与 OSQEnd 相等时,可移动的指针将会被调整到数组的起始位置 OSQStart。也就是说,从效果上来看,指针 OSQEnd 与 OSQStart 等值。于是,这个由消息指针构成的数组就头尾衔接起来形成了一个如图 34.1.2 所示的循环的队列。

µC/OS-Ⅱ初始化时,系统将按文件 os_cfg.h 中的配置常数 OS_MAX_QS 定义 OS_MAX_QS 个队列控制块,并用队列控制块中的指针 OSQPtr 将所有队列控制块链

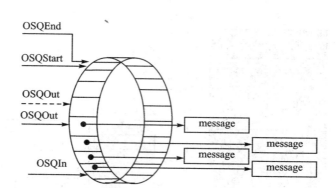

图 34.1.2 消息指针数组构成的环形数据缓冲区

接为链表。由于这时还没有使用它们,故这个链表叫空队列控制块链表。

接下来看看在 μC/OS-Ⅱ 中与消息队列相关的几个函数(未全部列出,下同)。

(1) 创建消息队列函数

创建一个消息队列首先需要定义一个指针数组,然后把各个消息数据缓冲区的首地址存入这个数组中,然后再调用函数 OSQCreate 来创建消息队列。创建消息队列函数 OSQCreate 的原型为:

```
OS_EVENT * OSQCreate(void * * start,INT16U size);
```

其中,start 为存放消息缓冲区指针数组的地址,size 为该数组大小,该函数的返回值为消息队列指针。

(2) 请求消息队列函数

请求消息队列的目的是从消息队列中获取消息。任务请求消息队列需要调用函数 OSQPend,该函数原型为:

```
void * OSQPend(OS_EVENT * pevent,INT16U timeout,INT8U * err);
```

其中,pevent 为所请求的消息队列的指针,timeout 为任务等待时限,err 为错误信息。

(3) 向消息队列发送消息函数

任务可以通过调用 OSQPost 或 OSQPostFront 两个函数来向消息队列发送消息。函数 OSQPost 以 FIFO(先进先出)的方式组织消息队列,函数 OSQPostFront 以 LIFO(后进先出)的方式组织消息队列。这两个函数的原型分别为:

```
INT8U OSQPost(OS_EVENT * pevent,void * msg);
INT8U OSQPostFront (OS_EVENT * pevent,void * msg);
```

其中,pevent 为消息队列的指针,msg 为待发消息的指针。

消息队列还有其他一些函数,感兴趣的读者可以参考《嵌入式实时操作系统 μC/OS-Ⅱ 原理及应用》第 5 章。

2. 信号量集

在实际应用中,任务常常需要与多个事件同步,即要根据多个信号量组合作用的结果来决定任务的运行方式。为了实现多个信号量组合的功能,μC/OS-Ⅱ定义了一种特殊的数据结构——信号量集。

信号量集能管理的信号量都是一些二值信号,所有信号量集实质上是一种可以对多个输入的逻辑信号进行基本逻辑运算的组合逻辑,其示意图如图 34.1.3 所示。

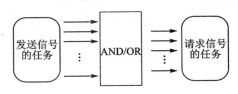

图 34.1.3　信号量集示意图

不同于信号量、消息邮箱、消息队列等事件,μC/OS-Ⅱ不使用事件控制块来描述信号量集,而使用了一个叫标志组的结构 OS_FLAG_GRP 来描述。OS_FLAG_GRP 结构如下:

```
typedef struct
{
    INT8U     OSFlagType;           //识别是否为信号量集的标志
    void     *OSFlagWaitList;       //指向等待任务链表的指针
    OS_FLAGS  OSFlagFlags;          //所有信号列表
}OS_FLAG_GRP;
```

成员 OSFlagWaitList 是一个指针,当一个信号量集被创建后,这个指针指向了这个信号量集的等待任务链表。

与其他前面介绍过的事件不同,信号量集用一个双向链表来组织等待任务,每一个等待任务都是该链表中的一个节点(Node)。标志组 OS_FLAG_GRP 的成员 OSFlagWaitList 就指向了信号量集的这个等待任务链表。等待任务链表节点 OS_FLAG_NODE 的结构如下:

```
typedef struct
{
    void    *OSFlagNodeNext;        //指向下一个节点的指针
    void    *OSFlagNodePrev;        //指向前一个节点的指针
    void    *OSFlagNodeTCB;         //指向对应任务控制块的指针
    void    *OSFlagNodeFlagGrp;     //反向指向信号量集的指针
    OS_FLAGS OSFlagNodeFlags;       //信号过滤器
    INT8U    OSFlagNodeWaitType;    //定义逻辑运算关系的数据
} OS_FLAG_NODE;
```

其中,OSFlagNodeWaitType 是定义逻辑运算关系的一个常数(根据需要设置),其可选值和对应的逻辑关系如表 34.1.2 所列。

表 34.1.2　OSFlagNodeWaitType 可选值及其意义

常　数	信号有效状态	等待任务的就绪条件
WAIT_CLR_ALL 或 WAIT_CLR_AND	0	信号全部有效(全 0)
WAIT_CLR_ANY 或 WAIT_CLR_OR	0	信号有一个或一个以上有效(有 0)
WAIT_SET_ALL 或 WAIT_SET_AND	1	信号全部有效(全 1)
WAIT_SET_ANY 或 WAIT_SET_OR	1	信号有一个或一个以上有效(有 1)

OSFlagFlags、OSFlagNodeFlags、OSFlagNodeWaitType 三者的关系如图 34.1.4 所示。

为了方便说明,图中将 OSFlagFlags 定义为 8 位,但是 μC/OS-Ⅱ 支持 8 位、16 位、32 位定义,这个通过修改 OS_FLAGS 的类型来确定(μC/OS-Ⅱ 默认设置 OS_FLAGS 为 16 位)。

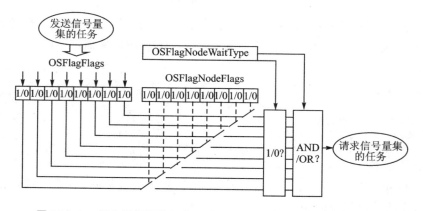

图 34.1.4　标志组与等待任务共同完成信号量集的逻辑运算及控制

图 34.1.4 清楚地表达了信号量集各成员的关系:OSFlagFlags 为信号量表,通过发送信号量集的任务设置;OSFlagNodeFlags 为信号滤波器,由请求信号量集的任务设置,用于选择性地挑选 OSFlagFlags 中的部分(或全部)位作为有效信号;OSFlagNodeWaitType 定义有效信号的逻辑运算关系,也是由请求信号量集的任务设置,用于选择有效信号的组合方式(0/1? 与/或?)。

举个简单的例子,假设请求信号量集的任务设置 OSFlagNodeFlags 的值为 0X0F,设置 OSFlagNodeWaitType 的值为 WAIT_SET_ANY,那么只要 OSFlagFlags 低 4 位的任何一位为 1,请求信号量集的任务将得到有效的请求,从而执行相关操作;如果低 4 位都为 0,那么请求信号量集的任务将得到无效的请求。

接下来看看在 μC/OS-Ⅱ 中与信号量集相关的几个函数。

(1) 创建信号量集函数

任务可以通过调用函数 OSFlagCreate 来创建一个信号量集。函数 OSFlagCreate 的原型为:

```
OS_FLAG_GRP   * OSFlagCreate (OS_FLAGS flags, INT8U * err     );
```

其中，flags 为信号量的初始值（即 OSFlagFlags 的值），err 为错误信息，返回值为该信号量集的标志组的指针，应用程序根据这个指针对信号量集进行相应的操作。

（2）请求信号量集函数

任务可以通过调用函数 OSFlagPend 请求一个信号量集，函数 OSFlagPend 的原型为：

```
OS_FLAGSOSFlagPend(OS_FLAG_GRP * pgrp, OS_FLAGS flags, INT8U wait_type,
                                                INT16U timeout, INT8U  * err);
```

其中，pgrp 为所请求的信号量集指针，flags 为滤波器（即 OSFlagNodeFlags 的值），wait_type 为逻辑运算类型（即 OSFlagNodeWaitType 的值），timeout 为等待时限，err 为错误信息。

（3）向信号量集发送信号函数

任务可以通过调用函数 OSFlagPost 向信号量集发信号，函数 OSFlagPost 的原型为：

```
OS_FLAGS OSFlagPost (OS_FLAG_GRP * pgrp, OS_FLAGS flags, INT8U opt, INT8U * err);
```

其中，pgrp 为所请求的信号量集指针，flags 为选择所要发送的信号，opt 为信号有效选项，err 为错误信息。

所谓任务向信号量集发信号，就是对信号量集标志组中的信号进行置"1"（置位）或置"0"（复位）的操作。至于对信号量集中的哪些信号进行操作，则用函数中的参数 flags 来指定；对指定的信号是置"1"还是置"0"，则用函数中的参数 opt 来指定（opt = OS_FLAG_SET 时为置"1"操作，opt = OS_FLAG_CLR 时为置"0"操作）。

信号量集就介绍到这，更详细的介绍可参考《嵌入式实时操作系统 μC/OS-Ⅱ 原理及应用》第 6 章。

3. 软件定时器

μC/OS-Ⅱ 从 V2.83 版本以后加入了软件定时器，这使其功能更加完善，在其上的应用程序开发与移植也更加方便。在实时操作系统中，一个好的软件定时器实现要求有较高的精度、较小的处理器开销，且占用较少的存储器资源。

通过前面的学习可知，μC/OS-Ⅱ 通过 OSTimTick 函数对时钟节拍进行加 1 操作，同时遍历任务控制块，以判断任务延时是否到时。软件定时器同样由 OSTimTick 提供时钟，但是软件定时器的时钟还受 OS_TMR_CFG_TICKS_PER_SEC 设置的控制，也就是在 μC/OS-Ⅱ 的时钟节拍上面再做了一次"分频"，软件定时器的最快时钟节拍就等于 μC/OS-Ⅱ 的系统时钟节拍，这也决定了软件定时器的精度。

软件定时器定义了一个单独的计数器 OSTmrTime，用于软件定时器的计时。μC/OS-Ⅱ 并不在 OSTimTick 中进行软件定时器的到时判断与处理，而是创建了一个高于应用程序中所有其他任务优先级的定时器管理任务 OSTmr_Task，在这个任务中进行定时器的到时判断和处理。时钟节拍函数通过信号量给这个高优先级任务发信号。

这种方法缩短了中断服务程序的执行时间,但也使得定时器到时处理函数的响应受到中断退出时恢复现场和任务切换的影响。软件定时器功能实现代码存放在tmr.c文件中,移植时只须在os_cfg.h文件中使能定时器并设定定时器的相关参数。

μC/OS-Ⅱ中软件定时器的实现方法是,将定时器按定时时间分组,使得每次时钟节拍到来时只对部分定时器进行比较操作,缩短了每次处理的时间。但这就需要动态地维护一个定时器组。定时器组的维护只是在每次定时器到时时才发生,而且定时器从组中移除和再插入操作不需要排序。这是一种比较高效的算法,减少了维护所需的操作时间。

μC/OS-Ⅱ软件定时器实现了3类链表的维护:

```
OS_EXTOS_TMR OSTmrTbl[OS_TMR_CFG_MAX];                      //定时器控制块数组
OS_EXT OS_TMR  *OSTmrFreeList;                              //空闲定时器控制块链表指针
OS_EXT OS_TMR_WHEELOSTmrWheelTbl[OS_TMR_CFG_WHEEL_SIZE];//TIM轮
```

其中,OS_TMR为定时器控制块。定时器控制块是软件定时器管理的基本单元,包含软件定时器的名称、定时时间、在链表中的位置、使用状态、使用方式以及到时回调函数及其参数等基本信息。

OSTmrTbl[OS_TMR_CFG_MAX]:以数组的形式静态分配定时器控制块所需的RAM空间,并存储所有已建立的定时器控制块;OS_TMR_CFG_MAX为最大软件定时器的个数。

OSTmrFreeLiSt:为空闲定时器控制块链表头指针。空闲态的定时器控制块(OS_TMR)中,OSTmrnext和OSTmrPrev两个指针分别指向空闲控制块的前一个和后一个,组织了空闲控制块双向链表。建立定时器时,从这个链表中搜索空闲定时器控制块。

OSTmrWheelTbl[OS_TMR_CFG_WHEEL_SIZE]:该数组的每个元素都是已开启定时器的一个分组,元素中记录了指向该分组中第一个定时器控制块的指针以及定时器控制块的个数。运行态的定时器控制块(OS_TMR)中,OSTmrnext和OSTmrPrev两个指针同样也组织了所在分组中定时器控制块的双向链表。软件定时器管理所需的数据结构示意图如图34.1.5所示。

OS_TMR_CFG_WHEEL_SIZE定义了OSTmrWheelTbl的大小,同时这个值也是定时器分组的依据。按照定时器到时值与OS_TMR_CFG_WHEEL_SIZE相除的余数进行分组,不同余数的定时器放在不同分组中,相同余数的定时器处在同一组中,由双向链表连接。这样,余数值为0~OS_TMR_CFG_WHEEL_SIZE-1的不同定时器控制块,正好分别对应了数组元素OSTmr-WheelTbl[0]~OSTmrWheelTbl[OS_TMR_CFGWHEEL_SIZE-1]的不同分组。每次时钟节拍到来时,时钟数OSTmrTime值加1,然后进行求余操作,只有余数相同的那组定时器才有可能到时,所以只对该组定时器进行判断。这种方法比循环判断所有定时器更高效。随着时钟数的累加,处理的分组也由0~OS_TMR_CFG_WHE EL_SIZE-1循环。这里推荐OS_TMR_CFG_WHEEL_SIZE的取值为2^N,以便采用移位操作计算余数,缩短处理时间。

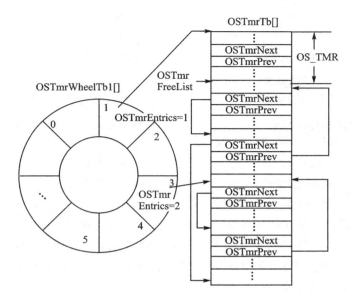

图 34.1.5 软件定时器管理所需的数据结构示意图

信号量唤醒定时器管理任务,并计算出当前所要处理的分组后,程序遍历该分组中的所有控制块,将当前 OSTmrTime 值与定时器控制块中的到时值(OSTmrMatch)相比较。若相等(即到时),则调用该定时器到时回调函数;若不相等,则判断该组中下一个定时器控制块。如此操作,直到该分组链表的结尾。软件定时器管理任务的流程如图 34.1.6 所示。

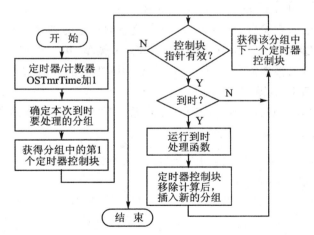

图 34.1.6 软件定时器管理任务流程

运行完软件定时器的到时处理函数之后,需要进行该定时器控制块在链表中的移除和再插入操作。插入前需要重新计算定时器下次到时时所处的分组,计算公式如下:

定时器下次到时的 OSTmrTime 值(OSTmrMatch)= 定时器定时值 + 当前 OSTmrTime 值

新分组＝定时器下次到时的 OSTmrTime 值（OSTmrMatch）％OS_TMR_CFG_WHEEL_SIZE

接下来看看在 μC/OS-Ⅱ中与软件定时器相关的几个函数。

(1) 创建软件定时器函数

创建软件定时器通过函数 OSTmrCreate 实现，该函数原型为：

```
OS_TMR * OSTmrCreate (INT32U dly, INT32Uperiod, INT8Uopt, OS_TMR_CALLBACK callback, void
* callback_arg, INT8U * pname, INT8U * perr);
```

dly，用于初始化定时时间。对于单次定时（ONE - SHOT 模式）的软件定时器来说，这就是该定时器的定时时间；而对于周期定时（PERIODIC 模式）的软件定时器来说，这是该定时器第一次定时的时间，从第二次开始定时时间变为 period。

period，在周期定时（PERIODIC 模式），该值为软件定时器的周期溢出时间。

opt，用于设置软件定时器工作模式，可以设置的值为 OS_TMR_OPT_ONE_SHOT 或 OS_TMR_OPT_PERIODIC。如果设置为前者，则说明是一个单次定时器；如果设置为后者，则表示是周期定时器。

callback，为软件定时器的回调函数。当软件定时器的定时时间到达时，会调用该函数。

callback_arg，为回调函数的参数。

pname，为软件定时器的名字。

perr，为错误信息。

软件定时器的回调函数有固定的格式，我们必须按照这个格式编写，软件定时器的回调函数格式为：void (* OS_TMR_CALLBACK)(void * ptmr, void * parg)。其中，函数名可以自己随意设置；而 ptmr 这个参数是软件定时器用来传递当前定时器的控制块指针的，所以一般设置其类型为 OS_TMR * 类型；第二个参数（parg）为回调函数的参数，这个就可以根据需要设置了，也可以不用，但是必须有这个参数。

(2) 开启软件定时器函数

任务可以通过调用函数 OSTmrStart 开启某个软件定时器，该函数的原型为：

```
BOOLEAN   OSTmrStart (OS_TMR * ptmr, INT8U * perr);
```

其中，ptmr 为要开启的软件定时器指针，perr 为错误信息。

(3) 停止软件定时器函数

任务可以通过调用函数 OSTmrStop 停止某个软件定时器，该函数的原型为：

```
BOOLEAN   OSTmrStop (OS_TMR * ptmr, INT8Uopt, void * callback_arg, INT8U * perr);
```

其中，ptmr 为要停止的软件定时器指针。

opt 为停止选项，可以设置的值及其对应的意义为：

➢ OS_TMR_OPT_NONE，直接停止，不做任何其他处理；

➢ OS_TMR_OPT_CALLBACK，停止，用初始化的参数执行一次回调函数；

➢ OS_TMR_OPT_CALLBACK_ARG，停止，用新的参数执行一次回调函数。

第34章 μC/OS-Ⅱ实验3——消息队列、信号量集和软件定时器

callback_arg,新的回调函数参数。
perr,错误信息。
软件定时器就介绍到这。

34.2 硬件设计

本节实验功能简介:本章将在 μC/OS-Ⅱ 里面创建 7 个任务:开始任务、LED 任务、触摸屏任务、队列消息显示任务、信号量集任务、按键扫描任务和主任务。开始任务用于创建邮箱、消息队列、信号量集以及其他任务,之后挂起;触摸屏任务用于在屏幕上画图,测试 CPU 使用率;队列消息显示任务请求消息队列,得到消息后显示收到的消息数据;信号量集任务用于测试信号量集,采用 OS_FLAG_WAIT_SET_ANY 的方法,任何按键按下(包括 TPAD)时,该任务都会控制蜂鸣器发出"滴"的一声;按键扫描任务用于按键扫描,优先级最高,将得到的键值通过消息邮箱发送出去;主任务创建 3 个软件定时器(定时器 1,100 ms 溢出一次,显示 CPU 和内存使用率;定时 2,200 ms 溢出一次,在固定区域不停地显示不同颜色;定时 3,100 ms 溢出一次,用于自动发送消息到消息队列),并通过查询消息邮箱获得键值,根据键值执行 DS1 控制、控制软件定时器 3 的开关、触摸区域清屏、触摸屏校和软件定时器 2 的开关控制等。

所要用到的硬件资源如下:指示灯 DS0、DS1,4 个机械按键(KEY0/KEY1/KEY2/KEY_UP),TPAD 触摸按键,PCF8574(控制蜂鸣器),LCD 模块。

这些在前面的学习中都已经介绍过了。

34.3 软件设计

本章在第 9 章实验(实验 39 内存管理实验)的基础上修改,首先,是 μC/OS-Ⅱ 代码的添加,具体方法同第 32 章一模一样。另外,我们创建了 7 个任务,加上统计任务、空闲任务和软件定时器任务,总共 10 个任务。

还需要在 os_cfg.h 里面修改软件定时器管理部分的宏定义,修改如下:

```
#define OS_TMR_EN                1u        //使能软件定时器功能
#define OS_TMR_CFG_MAX           16u       //最大软件定时器个数
#define OS_TMR_CFG_NAME_EN       1u        //使能软件定时器命名
#define OS_TMR_CFG_WHEEL_SIZE    8u        //软件定时器轮大小
#define OS_TMR_CFG_TICKS_PER_SEC 100u      //软件定时器的时钟节拍(10 ms)
#define OS_TASK_TMR_PRIO         0u        //软件定时器的优先级,最高
```

这样就使能 μC/OS-Ⅱ 的软件定时器功能了,并且设置最大软件定时器个数为 16,定时器轮大小为 8,软件定时器时钟节拍为 10 ms(即定时器的最少溢出时间为 10 ms)。

最后只需要修改 main.c 函数了,打开 main.c,输入如下代码:

```
//////////////////////////////UCOSII 任务设置//////////////////////////////
//START 任务
```

```c
#define START_TASK_PRIO          10          //设置任务优先级
#define START_STK_SIZE          128          //设置任务堆栈大小
OS_STK START_TASK_STK[START_STK_SIZE];       //任务堆栈
void start_task(void * pdata);               //任务函数
//LED任务
#define LED_TASK_PRIO            7           //设置任务优先级
#define LED_STK_SIZE            128          //设置任务堆栈大小
OS_STK LED_TASK_STK[LED_STK_SIZE];           //任务堆栈
void led_task(void * pdata);                 //任务函数
//触摸屏任务
#define TOUCH_TASK_PRIO          6           //设置任务优先级
#define TOUCH_STK_SIZE          128          //设置任务堆栈大小
OS_STK TOUCH_TASK_STK[TOUCH_STK_SIZE];       //任务堆栈
void touch_task(void * pdata);               //任务函数
//队列消息显示任务
#define QMSGSHOW_TASK_PRIO       5           //设置任务优先级
#define QMSGSHOW_STK_SIZE       128          //设置任务堆栈大小
OS_STK QMSGSHOW_TASK_STK[QMSGSHOW_STK_SIZE]; //任务堆栈
void qmsgshow_task(void * pdata);            //任务函数
//主任务
#define MAIN_TASK_PRIO           4           //设置任务优先级
#define MAIN_STK_SIZE           128          //设置任务堆栈大小
OS_STK MAIN_TASK_STK[MAIN_STK_SIZE];         //任务堆栈
void main_task(void * pdata);                //任务函数
//信号量集任务
#define FLAGS_TASK_PRIO          3           //设置任务优先级
#define FLAGS_STK_SIZE          128          //设置任务堆栈大小
OS_STK FLAGS_TASK_STK[FLAGS_STK_SIZE];       //任务堆栈
void flags_task(void * pdata);               //任务函数
//按键扫描任务
#define KEY_TASK_PRIO            2           //设置任务优先级
#define KEY_STK_SIZE            128          //设置任务堆栈大小
OS_STK KEY_TASK_STK[KEY_STK_SIZE];           //任务堆栈
void key_task(void * pdata);                 //任务函数
OS_EVENT  * msg_key;                         //按键邮箱事件块
OS_EVENT  * q_msg;                           //消息队列
OS_TMR    * tmr1;                            //软件定时器1
OS_TMR    * tmr2;                            //软件定时器2
OS_TMR    * tmr3;                            //软件定时器3
OS_FLAG_GRP * flags_key;                     //按键信号量集
void * MsgGrp[256];                          //消息队列存储地址,最大支持256个消息
//软件定时器1的回调函数
//每100ms执行一次,用于显示CPU使用率和内存使用率
void tmr1_callback(OS_TMR * ptmr,void * p_arg)
{
    static u16 cpuusage = 0;
    static u8 tcnt = 0;
    POINT_COLOR = BLUE;
    if(tcnt == 5)
    {
```

第 34 章 μC/OS-II 实验 3——消息队列、信号量集和软件定时器

```c
        LCD_ShowxNum(182,10,cpuusage/5,3,16,0);            //显示 CPU 使用率
        cpuusage = 0;
        tcnt = 0;
    }
    cpuusage + = OSCPUUsage;
    tcnt ++ ;
    LCD_ShowxNum(182,30,my_mem_perused(SRAMIN),3,16,0); //显示内存使用率
    LCD_ShowxNum(182,50,((OS_Q*)(q_msg->OSEventPtr))->OSQEntries,3,16,0X80);
//显示队列当前的大小
}
//软件定时器 2 的回调函数
void tmr2_callback(OS_TMR * ptmr,void * p_arg)
{
    static u8 sta = 0;
    switch(sta)
    {
        case 0:LCD_Fill(131,221,lcddev.width - 1,lcddev.height - 1,RED);break;
        case 1:LCD_Fill(131,221,lcddev.width - 1,lcddev.height - 1,GREEN);break;
        case 2:LCD_Fill(131,221,lcddev.width - 1,lcddev.height - 1,BLUE);break;
        case 3:LCD_Fill(131,221,lcddev.width - 1,lcddev.height - 1,MAGENTA);break;
        case 4:LCD_Fill(131,221,lcddev.width - 1,lcddev.height - 1,GBLUE);break;
        case 5:LCD_Fill(131,221,lcddev.width - 1,lcddev.height - 1,YELLOW);break;
        case 6:LCD_Fill(131,221,lcddev.width - 1,lcddev.height - 1,BRRED);break;
    }
    sta ++ ;
    if(sta>6)sta = 0;
}
//软件定时器 3 的回调函数
void tmr3_callback(OS_TMR * ptmr,void * p_arg)
{
    u8 * p;
    u8 err;
    static u8 msg_cnt = 0;          //msg 编号
    p = mymalloc(SRAMIN,13);        //申请 13 个字节的内存
    if(p)
    {
        sprintf((char * )p,"ALIENTEK %03d",msg_cnt);
        msg_cnt ++ ;
        err = OSQPost(q_msg,p);     //发送队列
        if(err! = OS_ERR_NONE)      //发送失败
        {
            myfree(SRAMIN,p);       //释放内存
            OSTmrStop(tmr3,OS_TMR_OPT_NONE,0,&err);   //关闭软件定时器 3
        }
    }
}
//加载主界面
void ucos_load_main_ui(void)
{
…//此处省略函数定义
```

```c
}
int main(void)
{
    Cache_Enable();                      //打开L1-Cache
    HAL_Init();                          //初始化HAL库
    Stm32_Clock_Init(432,25,2,9);        //设置时钟,216 MHz
    delay_init(216);                     //延时初始化
    uart_init(115200);                   //串口初始化
    LED_Init();                          //初始化LED
    KEY_Init();                          //初始化按键
    PCF8574_Init();                      //初始化PCF8574
    SDRAM_Init();                        //初始化SDRAM
    LCD_Init();                          //初始化LCD
    TPAD_Init(8);                        //初始化触摸按键
    tp_dev.init();                       //初始化触摸屏
    my_mem_init(SRAMIN);                 //初始化内部内存池
    ucos_load_main_ui();                 //加载主界面
    OSInit();                            //UCOS初始化
    OSTaskCreateExt((void(*)(void*))start_task,         //任务函数
                    (void *          )0,                //传递给任务函数的参数
                    (OS_STK *        )&START_TASK_STK[START_STK_SIZE-1],
//任务堆栈栈顶
                    (INT8U           )START_TASK_PRIO,  //任务优先级
                    (INT16U          )START_TASK_PRIO,  //任务ID,这里设置
//为和优先级一样
                    (OS_STK *        )&START_TASK_STK[0],//任务堆栈栈底
                    (INT32U          )START_STK_SIZE,   //任务堆栈大小
                    (void *          )0,                //用户补充的存储区
                    (INT16U          )OS_TASK_OPT_STK_CHK|\
                                      OS_TASK_OPT_STK_CLR|\
                                      OS_TASK_OPT_SAVE_FP);//任务选项

    OSStart();//开始任务
}
////////////////////////////////////////////////////////////////////////
//画水平线
//x0,y0:坐标   len:线长度 color:颜色
void gui_draw_hline(u16 x0,u16 y0,u16 len,u16 color)
{
…//此处省略函数定义
}
//画实心圆
//x0,y0:坐标  r:半径   color:颜色
void gui_fill_circle(u16 x0,u16 y0,u16 r,u16 color)
{
    …//此处省略函数定义
}
//两个数之差的绝对值
//x1,x2:需取差值的两个数
//返回值:|x1-x2|
u16 my_abs(u16 x1,u16 x2)
```

```
    if(x1>x2)return x1 - x2;
    else return x2 - x1;
}
//画一条粗线
//(x1,y1),(x2,y2):线条的起始坐标
//size:线条的粗细程度    color:线条的颜色
void lcd_draw_bline(u16 x1, u16 y1, u16 x2, u16 y2,u8 size,u16 color)
{
    …//此处省略函数定义
}
//////////////////////////////////////////////////////////////////
//开始任务
void start_task(void * pdata)
{
    OS_CPU_SR cpu_sr = 0;
    u8 err;
    pdata = pdata;
    msg_key = OSMboxCreate((void *)0);          //创建消息邮箱
    q_msg = OSQCreate(&MsgGrp[0],256);          //创建消息队列
    flags_key = OSFlagCreate(0,&err);           //创建信号量集
    OSStatInit();   //开启统计任务
    OS_ENTER_CRITICAL();   //进入临界区(关闭中断)
    //LED任务
    OSTaskCreateExt((void( * )(void * ) )led_task,
                    (void *            )0,
                    (OS_STK *          )&LED_TASK_STK[LED_STK_SIZE - 1],
                    (INT8U             )LED_TASK_PRIO,
                    (INT16U            )LED_TASK_PRIO,
                    (OS_STK *          )&LED_TASK_STK[0],
                    (INT32U            )LED_STK_SIZE,
                    (void *            )0,
                    (INT16U            ) OS_TASK_OPT_STK_CHK|、
                                         OS_TASK_OPT_STK_CLR|\
                                         OS_TASK_OPT_SAVE_FP);
    OSTaskCreateExt(……//省略部分代码);            //触摸任务
    OSTaskCreateExt(……//省略部分代码);            //消息队列显示任务
    OSTaskCreateExt(……//省略部分代码);            //主任务
    OSTaskCreateExt(……//省略部分代码);            //信号量集任务
    OSTaskCreateExt(……//省略部分代码);            //按键任务
    OS_EXIT_CRITICAL();                          //退出临界区(开中断)
    OSTaskSuspend(START_TASK_PRIO);              //挂起开始任务
}
//LED任务
void led_task(void * pdata)
{
    u8 t;
    while(1)
    {
        t ++;
```

```
            delay_ms(10);
            if(t == 8)LED0(1);        //LED0 灭
            if(t == 100)              //LED0 亮
            {
                t = 0;LED0(0);
            }
        }
    }
}
//触摸屏任务
void touch_task(void * pdata)
{
    u32 cpu_sr;
    u16 lastpos[2];              //最后一次的数据
    while(1)
    {
        tp_dev.scan(0);
        if(tp_dev.sta&TP_PRES_DOWN)              //触摸屏被按下
        {
            if(tp_dev.x[0]<(130 - 1)&&tp_dev.y[0]<lcddev.height&&tp_dev.y[0]>(220 + 1))
            {
                if(lastpos[0] == 0XFFFF)
                {
                    lastpos[0] = tp_dev.x[0];
                    lastpos[1] = tp_dev.y[0];
                }
                //进入临界段,防止其他任务,打断LCD操作,导致液晶乱序
                OS_ENTER_CRITICAL();
                lcd_draw_bline(lastpos[0],lastpos[1],tp_dev.x[0],tp_dev.y[0],2,RED);
                OS_EXIT_CRITICAL();
                lastpos[0] = tp_dev.x[0];
                lastpos[1] = tp_dev.y[0];
            }
        }else
        {
            lastpos[0] = 0XFFFF;
            delay_ms(10);        //没有按键按下的时候
        }
    }
}
//队列消息显示任务
void qmsgshow_task(void * pdata)
{
    u8 * p,err;
    while(1)
    {
        p = OSQPend(q_msg,0,&err);//请求消息队列
        LCD_ShowString(5,170,240,16,16,p);//显示消息
        myfree(SRAMIN,p);
        delay_ms(500);
    }
}
```

```c
//主任务
void main_task(void *pdata)
{
    u32 key = 0;
    u8 err;
    u8 tmr2sta = 1;        //软件定时器 2 开关状态
    u8 tmr3sta = 0;        //软件定时器 3 开关状态
    u8 flagsclrt = 0;      //信号量集显示清零倒计时
    tmr1 = OSTmrCreate(10,10,OS_TMR_OPT_PERIODIC,\    //100ms 执行一次
                    (OS_TMR_CALLBACK)tmr1_callback,0,"tmr1",&err);
    tmr2 = OSTmrCreate(10,20,OS_TMR_OPT_PERIODIC,\    //200ms 执行一次
                    (OS_TMR_CALLBACK)tmr2_callback,0,"tmr2",&err);
    tmr3 = OSTmrCreate(10,10,OS_TMR_OPT_PERIODIC,\    //100ms 执行一次
                    (OS_TMR_CALLBACK)tmr3_callback,0,"tmr3",&err);
    OSTmrStart(tmr1,&err);//启动软件定时器 1
    OSTmrStart(tmr2,&err);//启动软件定时器 2
    while(1)
    {
        key = (u32)OSMboxPend(msg_key,10,&err);
        if(key)
        {
            flagsclrt = 51;//500ms 后清除
            //设置对应的信号量为 1
            OSFlagPost(flags_key,1 << (key-1),OS_FLAG_SET,&err);
        }
        if(flagsclrt)//倒计时
        {
            flagsclrt--;
            if(flagsclrt == 1)LCD_Fill(140,162,239,162+16,WHITE);//清除显示
        }
        switch(key)
        {
            case 1://控制 DS1
                LED1_Toggle;break;
            case 2://控制软件定时器 3
                tmr3sta = !tmr3sta;
                if(tmr3sta)OSTmrStart(tmr3,&err);
                else OSTmrStop(tmr3,OS_TMR_OPT_NONE,0,&err);//关软件定时器 3
                break;
            case 3://清除
                LCD_Fill(0,221,129,lcddev.height-1,WHITE);
                break;
            case 4://校准
                OSTaskSuspend(TOUCH_TASK_PRIO);               //挂起触摸屏任务
                OSTaskSuspend(QMSGSHOW_TASK_PRIO);             //挂起队列显示任务
                OSTmrStop(tmr1,OS_TMR_OPT_NONE,0,&err);        //关闭软件定时器 1
```

```c
                    //关闭软件定时器2
                    if(tmr2sta)OSTmrStop(tmr2,OS_TMR_OPT_NONE,0,&err);
                    if((tp_dev.touchtype&0X80) == 0)TP_Adjust();
                    OSTmrStart(tmr1,&err);                  //重新开启软件定时器1
                    if(tmr2sta)OSTmrStart(tmr2,&err);       //重新开启软件定时器2
                    OSTaskResume(TOUCH_TASK_PRIO);          //解挂
                    OSTaskResume(QMSGSHOW_TASK_PRIO);       //解挂
                    ucos_load_main_ui();                    //重新加载主界面
                    break;
            case 5://软件定时器2 开关
                    tmr2sta = ! tmr2sta;
                    if(tmr2sta)OSTmrStart(tmr2,&err);       //开启软件定时器2
                    else
                    {
                        //关闭软件定时器2
                        OSTmrStop(tmr2,OS_TMR_OPT_NONE,0,&err);
                        //提示定时器2关闭了
                        LCD_ShowString(148,262,240,16,16,"TMR2 STOP");
                    }
                    break;
            }
        delay_ms(10);
    }
}
//信号量集处理任务
void flags_task(void * pdata)
{
    u16 flags;
    u8 err;
    while(1)
    {
        //等待信号量
        flags = OSFlagPend(flags_key,0X001F,OS_FLAG_WAIT_SET_ANY,0,&err);
        if(flags&0X0001)LCD_ShowString(140,162,240,16,16,"KEY0 DOWN   ");
        if(flags&0X0002)LCD_ShowString(140,162,240,16,16,"KEY1 DOWN   ");
        if(flags&0X0004)LCD_ShowString(140,162,240,16,16,"KEY2 DOWN   ");
        if(flags&0X0008)LCD_ShowString(140,162,240,16,16,"KEY_UP DOWN");
        if(flags&0X0010)LCD_ShowString(140,162,240,16,16,"TPAD DOWN   ");
        PCF8574_WriteBit(BEEP_IO,0);
        delay_ms(50);
        PCF8574_WriteBit(BEEP_IO,1);
        OSFlagPost(flags_key,0X001F,OS_FLAG_CLR,&err);//全部信号量清零
    }
}
//按键扫描任务
void key_task(void * pdata)
{
    u8 key;
    while(1)
    {
        key = KEY_Scan(0);
        if(key == 0)
        {
```

```
            if(TPAD_Scan(0))key = 5;
        }
        if(key)OSMboxPost(msg_key,(void*)key);//发送消息
        delay_ms(10);
    }
}
```

本章创建了7个任务、3个软件定时器及其回调函数,所以,整个代码有点多,我们创建的7个任务为 start_task、led_task、touch_task、qmsgshow_task、flags_task、main_task 和 key_task,优先级分别是10和7~2,堆栈大小都是128。

这里还创建了3个软件定时器 tmr1、tmr2 和 tmr3,其中,tmr1 用于显示 CPU 使用率和内存使用率,每 100 ms 执行一次;tmr2 用于在 LCD 的右下角区域不停地显示各种颜色,每 200 ms 执行一次;tmr3 用于定时向队列发送消息,每 100 ms 发送一次。

本章依旧使用消息邮箱 msg_key 在按键任务和主任务之间传递键值数据,之后创建信号量集 flags_key,在主任务里面将按键键值通过信号量集传递给信号量集,从而处理任务 flags_task,实现按键信息的显示以及发出按键提示音。

本章还创建了一个大小为 256 的消息队列 q_msg,通过软件定时器 tmr3 的回调函数向消息队列发送消息,然后在消息队列显示任务 qmsgshow_task 里面请求消息队列,并在 LCD 上面显示得到的消息。消息队列还用到了动态内存管理。

主任务 main_task 里面实现了 34.2 节介绍的功能:KEY0 控制 LED1 亮灭;KEY1 控制软件定时器 tmr3 的开关,间接控制队列信息的发送;KEY2 清除触摸屏输入;KEY_UP 用于触摸屏校准,在校准的时候要先挂起触摸屏任务、队列消息显示任务,并停止软件定时器 tmr1 和 tmr2,否则可能对校准时的 LCD 显示造成干扰;TPAD 按键用于控制软件定时器 tmr2 的开关,间接控制屏幕显示。

软件设计部分就介绍到这里。

34.4　下载验证

编译成功之后,下载代码到阿波罗 STM32 开发板上,可以看到,LCD 显示界面如图 34.4.1 所示。可以看出,默认状态下,CPU 使用率为 7% 左右,比上一章多出一些,这主要是由 key_task 里面增加了不停的刷屏(tmr2)操作导致的。

按 KEY0 可以控制 DS1 的亮灭;按 KEY1 则可以启动 tmr3 控制消息队列发送,可以在 LCD 上面看到 Q 和 MEM 的值慢慢变大(说明队列消息在增多,占用内存也随着消息增多而增大),在 QUEUE MSG 区开始显示队列消息,再按一次 KEY1 则停止 tmr3,此时可以看到 Q 和 MEM 逐渐减小。当 Q 值变为 0 的时候,QUEUE MSG 也停止显示(队列为空)。

按 KEY2 按键可以清除 TOUCH 区域的输入。按 KEY_UP 按键可以进行触摸屏校准(仅电阻屏,电容屏无须校准)。按 TPAD 按键可以启动、停止 tmr2,从而控制屏幕的刷新。在 TOUCH 区域可以输入手写内容。任何按键按下时,蜂鸣器都会发出

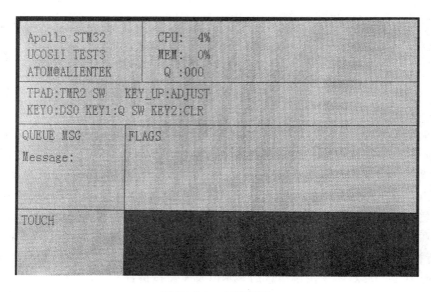

图 34.4.1 初始界面

"滴"的一声,提示按键被按下,同时在 FLAGS 区域显示按键信息。

参考文献

[1] 刘军,张洋.精通 STM32F4[M].北京:北京航空航天大学出版社,2013.
[2] 刘军,张洋.原子教你玩 STM32[M].2 版.北京:北京航空航天大学出版社,2015.
[3] 意法半导体.STM32F7 中文参考手册.2 版.2015.
[4] 意法半导体.STM32F7xx 参考手册(英文版).2 版.2016.
[5] 意法半导体.STM32F7 编程手册(英文版).2 版.2016.
[6] Joseph Yiu. ARM Cortex-M3 权威指南[M].宋岩.译.北京:北京航空航天大学出版社,2009.
[7] 刘荣,圈圈教你玩 USB[M].北京:北京航空航天大学出版社,2009.
[8] ARM. Cortex M7 Generic User Guide.Rev r1p0.2015.
[9] ARM. Cortex M7 Technical Reference Manual.Rev r1p0.2015.
[10] Microsoft. FAT32 白皮书.夏新,译.Rev 1.03.2000.
[11] 瑞萨电子.CAN 入门书.Rev.1.00.2006.
[12] 任哲.嵌入式实时操作系统 μC/OS-Ⅱ原理与应用[M].2 版.北京:北京航空航天大学出版社.2009.